国家科学技术学术著作出版基金资助出版

电磁脉冲及其工程防护
（第2版）

Electromagnetic Pulse and Its Engineering Protection（2nd Edition）

周璧华　石立华　王建宝　陈海林　陈彬　著

国防工业出版社

·北京·

图书在版编目（CIP）数据

电磁脉冲及其工程防护／周璧华等著. —2 版. —
北京：国防工业出版社，2019.10
ISBN 978 – 7 – 118 – 11547 – 5

Ⅰ. ①电… Ⅱ. ①周… Ⅲ. ①电磁脉冲 – 电磁辐射 –
辐射防护 Ⅳ. ①TL7

中国版本图书馆 CIP 数据核字（2019）第 206970 号

※

*国防工业出版社*出版发行

（北京市海淀区紫竹院南路 23 号　邮政编码 100048）
天津嘉恒印务有限公司印刷
新华书店经售

*

开本 710×1000　1/16　印张 35¾　字数 668 千字
2019 年 10 月第 1 版第 1 次印刷　印数 1—2000 册　　定价 188.00 元

（本书如有印装错误，我社负责调换）

国防书店：(010)88540777　　　发行邮购：(010)88540776
发行传真：(010)88540755　　　发行业务：(010)88540717

前　言

本书的初版(2003年),主要聚焦于核爆炸形成的高功率电磁脉冲环境、核电磁脉冲对电子和电气设备及系统的耦合、模拟与测量技术,对微电子设备的耦合效应及其防护等问题。当前,随着地面附近高压输电线、输油和输气金属管道等超长金属体的不断增加,高空核电磁脉冲(HEMP)E3部分、地磁暴一类变化缓慢(覆盖频段极低)但持续时间很长的高能量电磁环境产生的耦合及其干扰毁伤效应不容忽视。伴随微电子技术的迅猛发展,雷电电磁脉冲(LEMP)对地面附近大量电线、电缆的耦合及所产生的毁伤效应日趋严重。处于各种高功率、高能量电磁环境威胁下的微电子化、信息化、网络化设施及系统变得越来越脆弱。为此,在本书再版之际,增添了相关内容,全书由原来的9章扩充为14章。新增内容包括以下五个方面:

(1)在第1章中,基于电磁脉冲的基本概念及主要特征,概述了HEMP E1部分、LEMP、高功率微波等高功率电磁环境的特点,重点介绍了地磁暴与HEMP E3部分等高能量电磁环境的形成机理、时域特性和频率特性及其毁伤效应。

(2)在第4章中,基于雷电的形成机理及分类,论述了云闪与地闪的不同特征,对雷电进行观测研究的重要性与现状以及作者在相关领域的研究进展;第5章则分析了LEMP观测研究现状和新近的进展,重点针对LEMP的数值模拟问题,综述了不同回击模型的适用范围、研究进展及其有效性验证等问题。

(3)在第7章中,针对线缆LEMP耦合计算的几种常用模型,重点讨论了Agrawal模型和LEMP耦合计算的时域有限差分(FDTD)两步法。采用Agrawal模型分析了LEMP对地面架空线缆耦合问题;按FDTD两步法,对埋地线缆和开孔屏蔽室的LEMP耦合问题进行了数值分析,得出了一些具有工程应用价值的重要结论。

(4)在第9章中,基于常用脉冲场测量传感器的结构、等效电路和响应特性及相关的信号调理、传输与采集问题,重点阐述了电磁脉冲传感器的时域标定及数据处理方法;在第10章中,根据模拟试验数据,针对电磁脉冲场(含低阻抗场)对微电子系统的干扰与损伤效应、设备端口处的传导干扰及其影响因素等进行了分析和讨论。

(5)在第13章中,基于前人相关研究成果,介绍了作者团队对不同类型接地系统(含非金属接地模块、可移动接地装置)冲击阻抗的数值分析和试验研究结果;在第 14 章中,针对电磁防护设计中不可或缺的搭接技术,补充介绍了国际上的相关标准,并针对电磁脉冲对电子、电气系统在信号有线传输过程中的耦合效应,增添了实现光隔离的相关解决方案。

当今的战争依然是核威慑下的信息化战争,是高技术的较量。面对包括核电磁脉冲在内的各种高功率、高能量电磁环境,业已信息化、微电子化的各种军用和民用电子、电气设备与系统所受到的威胁越来越严重。本书修订后,对进一步提高各种军用、民用设施与信息系统在核威慑下信息化战争中的生存能力具有重要参考价值。对于其他涉及电磁脉冲耦合、模拟、测量与防护等问题的研究,亦有参考意义。

本书可供电子学与信息系统、核科学领域从事电磁兼容、抗电磁脉冲加固等方面工作的科研和工程技术人员参考,亦可作为高等院校有关专业本科生、研究生教材和教师的教学参考书。

全书由周璧华教授提出修订纲目,并执笔写成除第 1、5、7、10 章以外的各章;石立华教授完成了第 6、9 章的修订和第 10 章的写作;王建宝博士完成了第 1、5、7 章中的大部分写作;陈海林博士承担了第 1、14 章中的部分写作。陈彬教授对修订版的书稿进行了全面的审查,并提出了修改意见。

贲德院士、邱爱慈院士和刘尚合院士对本书的框架结构和内容安排提出了宝贵意见,并对全书做了专审。高成教授、余同彬副教授、刘凯副教授、刘宜平高工、杨春山副教授、贺宏兵副教授、陈加清副教授以及李先进、任合明、孟鑫、杨波、邱实、郭飞、李皖、江志东、张琪、姜慧、郭建明、朱凯鄂、何伟、刘培山、徐云、付亚鹏等同事和学生们均为本书稿的完成和图片制作做出了贡献。在此一并表示诚挚的感谢。

本书承蒙贲德院士、邱爱慈院士和刘尚合院士的推荐,特此致谢。

由于作者的水平和写作经验有限,疏漏和错误之处在所难免,恳请读者给予指正。

作者

第1版前言

电磁脉冲是一种短暂的瞬变电磁现象,从时域看,一般具有陡峭的前沿,宽度较窄,从频域看,则覆盖了较宽的频带。除了人们熟知的雷电会产生电磁脉冲以外,静电放电以及大功率电子、电气开关的动作也会产生电磁脉冲。特别是核爆炸产生的电磁脉冲,峰值场强极高,上升时间极短,其能量之大,作用范围之广,是其他任何电磁脉冲无法相比的,因而对各种军用和民用的电子、电气设备与系统构成的威胁最为严重。于是,20世纪70年代以来,核电磁脉冲及其工程防护技术受到各大国军方的普遍关注。通常在文献中提及电磁脉冲(EMP)时,如果在电磁脉冲前不加任何定语,皆指核电磁脉冲(NEMP)。当前,随着核技术的发展和非核电磁脉冲武器的出现,不仅提高电磁脉冲在核爆炸能量中的份额并增强其威力已成为可能,而且,非核电磁脉冲炸弹也能产生类似的效应。加之,军用电子、电气设备微电子化,使其对于电磁脉冲的敏感性和易损性日趋严重。因此,有关电磁脉冲及其工程防护的理论和技术便成为当今世界各大国研究的热点之一。国内在这一方面也开展了大量的工作,取得了不少成果。本书作者长期从事电磁脉冲及其工程防护技术研究,这本专著系统总结了作者以往的有关研究成果,并综述了该领域的研究发展。

全书共分9章,重点为核电磁脉冲环境数值模拟技术、电磁脉冲模拟器的试验模拟与量测技术、电磁脉冲工程防护技术等几个方面:

(1)在电磁脉冲环境研究方面,阐述了核电磁脉冲的产生机理,系统地介绍了核电磁脉冲环境数值计算的方法与结果。在此基础上,对国外发布的有关标准进行了讨论。从军事工程建设与抗核加固的实际出发,建立了电磁脉冲的各种耦合模型,对电磁脉冲能量进入防护工程的主要渠道进行了分析,并与某些试验结果进行了对比。

(2)综述了国内外各种电磁脉冲模拟设备及其相关技术,介绍了颇具新意的多用途电磁脉冲模拟器。在电磁脉冲试验量测方面,对电磁脉冲传感器及测量系统做了全面的介绍和系统的总结,提出了用于脉冲传感器时域标定的建模和评价方法、脉冲测量失真信号的校正与复原等一些新的方法。

(3)关于电磁脉冲工程防护技术,介绍了对钢筋混凝土等常用建筑材料的电磁脉冲屏蔽效能进行时域全波分析的新方法,将数值分析结果与有关试验结果做了相互补充与验证。根据国内外资料和某些试验结果讨论了微电子设备对电磁脉

V

冲的敏感性。以作者进行理论分析、试验研究和工程设计的经验为基础,讨论了各种工程防护技术的综合运用问题。

此外,介绍了 γ 与电磁脉冲同时作用的环境模拟与耦合计算。最后联系其他高功率电磁环境,阐明了作者的综合电磁防护思路,综述了电磁武器的最新发展动态。

当今世界的战争是核威慑下的信息化战争,是高技术的较量。核爆炸产生的电磁脉冲对于各种信息设备与系统构成了极其严重的威胁。本书对提高各种军用和民用设施与信息系统在核威慑下的信息化战争中的生存能力具有重要参考价值。对于其他电磁脉冲的耦合、模拟、测量与防护等问题的研究,亦有参考意义。

本书可供电子学与信息系统、核科学领域从事电磁兼容、抗电磁脉冲加固等方面工作的科研和工程技术人员参考,亦可作为高等院校有关专业本科生、研究生和教师的参考书。

全书由周璧华提出编著纲目,并执笔写成除第 6 章以外的各章。陈彬博士提供了第 3、5、7、8 章的部分初稿,石立华博士承担了第 6 章的写作。

乔登江院士对本书的框架结构和内容安排提出了宝贵意见,并对全书做了专审。陈雨生研究员、马运普教授、陈子铭副教授和郭英俊高工为本书的写作提供了有关资料,作者的同事和学生们均为本书稿的完成和图片制作做出了贡献。在此一并表示诚挚的感谢。

本书承蒙乔登江院士和陶宝祺院士推荐,特此致谢。

由于作者的水平和写作经验有限,疏漏和错误之处在所难免,恳请读者给予指正。

作者

目　　录

Contents

第1章 电磁脉冲与电磁环境

电磁脉冲(Electromagnetic Pulse,EMP)是电磁能量的短脉冲形式,早先又称瞬变电磁扰动。依据源的不同,电磁脉冲可表现为辐射的电场、磁场形式或者传导的电流、电压形式,可由自然产生,亦可由人为制造形成[1]。

每当提及 EMP,人们首先想到的是核电磁脉冲(Nuclear Electromagnetic Pulse, NEMP)。因为核武器是迄今威力最大的武器,核爆炸产生的杀伤破坏效应中包含了爆后几秒到几十秒时间内起作用的电磁脉冲。人们不会忘记,1962 年 7 月 8 日,美国在约翰斯顿岛上空 400km 处爆炸了一枚 1400kt 的核弹,这次爆炸引起了许多民用电力系统的失效[2]。距地面零点 1300km 的夏威夷的瓦胡岛上"30 条街灯支路同时发生故障"。在檀香山,"几百个防盗报警器的铃响了,电力线路中许多断路器跳闸"。还有资料说:这次爆炸使"瓦胡岛上的照明变压器烧坏,檀香山与威克岛的远距离短波通信中断。夏威夷岛上美军的电子通信监视指挥系统全部失去控制和调节能力;警戒雷达故障丛生,荧光屏上发生无数的回波和亮点;电子战存储程序出现严重误差……"。半个多世纪以来,人们已弄清楚了上述电力、电子设备及系统出现的毁伤效应,是由美国在 1300km 以外进行的一次高空核试验引起的。试验产生的电磁脉冲就是本书在下文所要涉及的高空核电磁脉冲(High Altitude Electromagnetic Pulse,HEMP)。当然,不同类型的核武器采取不同高度、不同形式的爆炸都会产生 EMP,统称 NEMP,这些将在后续的章节中讨论。

除了 NEMP 之外,非核武器产生的高功率微波(High Power Microwave,HPM)、人为但非故意产生电磁毁伤效应的雷达系统等辐射形成的高强辐射场(High Intensity Radiated Fields,HIRF)等均属人为制造的 EMP。至于自然产生的 EMP 则有雷电电磁脉冲(Lightning Electromagnetic Pulse,LEMP)、静电放电(Electrostatic Discharge,ESD)近旁的电磁场、地磁暴产生的地磁感应电流(Geomagnetic Induced Current,GIC)和地表感应电势(Earth Surface Potential,ESP)等。本章将结合相关技术发展状况及标准化工作对这些电磁环境的特点逐一进行介绍和分析。

1. 高功率电磁环境与高能量电磁环境

人们之所以关注 EMP,是因其构成的高功率或高能量电磁环境,对电子、电气设备及系统的安全运行构成了严重威胁。HEMP 中的 E1 部分、HPM、HIRF、LEMP 和 ESD 电流近旁辐射场等属于高功率电磁环境;GIC 和 HEMP 中的 E3 部分属于高能量电磁环境。就物理量而论,功率为能量对时间的变化率,高功率的电磁环境意味着电磁环境参数随时间的变化率高,其频谱分布至较高的频段;反之高能量的电磁环境则随时间的变化率低,其频谱分布在较低的频段。

2. 电磁环境效应的影响因素

什么样的电磁环境会对什么样的电子或电气设备及系统产生什么样的效应,是本书讨论的重点之一。在对电磁环境效应进行分析时,首先关心的是电磁环境与耦合对象的相互关系,包括耦合对象(例如电线、电缆、孔洞和缝隙等)与入射波极化方向一致性的程度,耦合对象的电尺寸与入射波主要分布频段波长是否可比拟。为此,本章重点论述高功率和高能量电磁环境的时域特性和频率特性。

1.1 电 磁 脉 冲

1.1.1 电磁脉冲概念的起源与发展

电磁脉冲概念的出现,最早可追溯至 1945 年 7 月 16 日美国进行的第一次核试验(曼哈顿计划)。当时,研制成功了世界上第一台核反应堆的科学家恩利克·费米(Enrico Fermi)作为"曼哈顿计划"主要科学顾问,预测到核链式反应可能产生电磁脉冲,并对电缆、电子设备等产生干扰,故对试验用的电子设备都进行了屏蔽处理[3]。据美国官方技术资料记载:"对所有的信号线都进行了屏蔽,很多情况下甚至是双重屏蔽。"[4] 1951 年至 1953 年期间,英国在进行核试验过程中,发现大量电子设备不能正常工作甚至被烧坏,后来才认识到这该归因于核试验产生的电磁脉冲,当时称之为"radioflash"。这些现象随即引起了科学家们的重视,并且很快认定核爆炸产生的康普顿(Compton)电流为核电磁脉冲之源。但受当时条件所限,还无法对电磁脉冲场进行详细、可靠的计算,对电磁脉冲效应缺少定量认识,导致了后续核试验中很多测量问题的发生。较为明确的是,核电磁脉冲场的量值是非常高的[5-6]。据公开报道,苏联于 1956 年 11 月 17 日利用火箭发射的方式进行了首次高空核试验。随后,美国于 1958 年 4 月 28 日进行了"硬饼干 - Ⅰ"(Hardtack - Ⅰ)丝兰(Yucca)高空核试验。在这次高空核试验中,美国专门针对高空核电磁脉冲场进行了试验测量。试验中产生的核电磁脉冲电场峰值超过了试验设备的量程(估计达 5 倍之多),同时发现了很多与地面核爆炸电磁脉冲不同的现象。比如 Yucca 电磁脉冲是正脉冲且为水平极化,而地面核爆炸电磁脉冲为垂直极化的负脉冲,但在当时这些差异并没有引起人们足够重视,只是被当作了可能的电磁波传播异常[7]。直到 1962 年美国在代号为"Starfish Prime"的高空核试验中再次发现这些现象,并预见到其潜在的战略意义,科学家们这才对高空核电磁脉冲重新认识并进行了大量的研究,相关的物理模型得到进一步完善和改进,大量的数值仿真工作也相应开展起来[8-15]。美国学者 C. E. Baum 先生总结了电磁脉冲历史上的重要事件[5-6],详见表 1.1。

表 1.1 1945—1975 年期间与电磁脉冲有关的重要事件

1945 年	"三位一体"事件:据报道,由于费米预测到核爆炸会产生电磁脉冲信号,故试验电子设备均做了屏蔽处理
1951 年	洛斯阿拉莫斯科学实验室(LASL)的学者 C. H. Papas 提出了瞬发 γ 射线与大气作用产生的康普顿电流为 NEMP 之源
1951—1952 年	Shuster、Cowan 和 Reines 等学者进行了首次有计划的电磁脉冲观测
1951—1953 年	英国第一次原子弹试验,"电闪"(radioflash)导致设备失灵
1957 年	Bethe 利用电偶极子模型理论估算了 HEMP 信号(早期峰值估算不正确)
1957 年	Haas 在"PLOMBBOB"系列试验中对磁场进行了测量(检验电磁脉冲能否引爆磁性水雷)
1958 年	英美联合会议开始讨论系统的电磁脉冲易损性和防护加固问题
1958 年	苏联学者 Kampaneets 公开发表了有关核电磁脉冲的文章
1959 年	英国学者 Pomham 和 Taylor 提出了"电闪"(radioflash)理论
1959 年	开始关注电磁脉冲对"民兵"导弹发射井地下电缆的耦合问题
1962 年	"玻璃鱼缸"(Fishbowl)高空核试验中,电磁脉冲测量超过量程,首次展示了 HEMP 信号的大小
1962 年	"SMALL BOY"触地爆 NEMP 试验
1962 年	Karzas 和 Latter 发表了两篇公开文章,提出了利用早期核爆炸和晚期磁流体产生的 NEMP 信号探测核爆炸试验
1963 年	针对军事系统电磁脉冲防护加固的文章开始在公开刊物中出现
1963—1964 年	美国空军武器实验室(AFWL,现为美国空军研究实验室)进行了首次电磁脉冲系统试验
1963—1964 年	Longmire 在 AFWL 开展了电磁脉冲系列讲座,提出了地面核爆炸电磁脉冲的详细理论,并利用磁偶极子模型估算了高空 NEMP 信号的峰值
1964 年	LASL/AFWL 电磁脉冲系列文献中的第一篇出版
1965 年	Karzas 和 Latter 发表文章,介绍了高空磁偶极子模型中电磁脉冲高频信号的近似处理方法
1967 年	为开展导弹的电磁脉冲效应试验,第一座 NEMP 导波模拟器"ALECS"建成
1967 年	"AJAX"地下核试验
1969 年	Graham 和 Schaefer 研究了内电磁脉冲的产生机理
1970 年	Schaefer 论证了地下 NEMP 试验的可能性,并给出了初步设计
1973 年	AFWL 举办了第一次 NEMP 联合会议
1974 年	"MING BLADE"地下核爆炸电磁脉冲试验,用于检验近地核爆炸电磁脉冲模型
1975 年	"DINING CAR"地下核爆炸电磁脉冲试验,这是首次对系统级硬件的 NEMP 效应试验
1975 年	"MIGHTY EPIC"地下核爆炸电磁脉冲试验

20 世纪 60 年代以来,世界各国建造了许多核电磁脉冲模拟器,随着核电磁脉冲模拟技术的发展,仅适用于正弦连续波的传统电磁学方法,解决不了模拟器建造过程中碰到的一些瞬变电磁场问题,于是逐渐形成了专门研究单个脉冲现象的瞬

变电磁学。其理论研究的工具涉及奇点展开法、时域有限差分法等;在试验研究中则建立起一整套关于脉冲的产生、辐射和测量的技术。20 世纪 70 年代中期,这些业已成熟的独特的崭新的理论和试验技术大量扩展到相近领域,尤其是关于核电磁脉冲的作用及加固概念,可直接在雷电和高功率微波领域应用,瞬变电磁传感器及测量技术可用于一切需要测量快速变化电磁场、电流和电压的场合。于是,该领域的权威学者 C. E. Baum 于 1992 年以《从电磁脉冲到高功率电磁学》[5] 为题,发表了一篇著名的综述性论文,提出电磁脉冲研究已发展到了高功率电磁学(国际无线电科学联盟(URSI)最先提出该学术术语)阶段,高功率电磁学(High Power Electromagnetics,HPEM)作为一个新的学科开始逐渐形成。由电磁脉冲到高功率电磁学是一个逐步发展和融合的过程,很难明确地将其界定为新旧两个时期。表 1.2 列出了 20 世纪 70 年代以来高功率电磁学发展史上的一些重要事件[6]。值得注意的是,表中显著展现这一发展融合过程的事件为《IEEE 电磁兼容学报》(*IEEE Transactions on Electromagnetic Compatibility*)先后出版的三个关于 EMP 技术的专刊。这就是:1978 年 2 月第 20 卷关于核电磁脉冲的专刊;1992 年 8 月第 34 卷关于高功率微波(HPM)的专刊;2004 年 8 月第 46 卷关于高功率电磁学(HPEM)和恶意电磁干扰(IEMI)的专刊。特别是第 46 卷这期专刊,汇集了高功率电磁环境的分类与模拟以及相关试验设备、各种电参量的测量技术、分析模型与时域算法、传输线响应、传导干扰、电子系统的敏感性与毁伤效应预测、滤波和屏蔽等防护技术、标准化进展等方面的学术论文,可谓高功率电磁学学科建设趋于成熟的标志。

表 1.2　20 世纪 70 年代以来高功率电磁学发展史上的重要事件

1976 年	《瞬态电磁场》(L. B. Felsen 编)出版, C. E. Baum 在 *Proceedings of the IEEE* 杂志上发表了综述性文章(首次对奇点展开法(SEM)进行了论述)
1978 年	*IEEE Transactions on Antennas and Propagation* 和 *IEEE Transactions on Electromagnetic Compatibility* 出版了关于 NEMP 的联合专刊
1978 年	首次公开举办了 NEMP 会议,之后每逢偶数年召开
1978 年	Langmuir 天文台开始了雷电通道物理和直击雷作用项目的研究,新墨西哥理工大学、美国空军武器实验室、美国空军飞行动力学实验室和法国有关机构参加了这项工作
1979 年	以 SIEMII(法国)为代表的电磁脉冲模拟器开始在欧洲建造
1980 年	ATLASI 电磁脉冲模拟器建成(可在其木制支架测试台上开展大飞机的电磁脉冲效应试验)
1980 年	《电磁脉冲作用》(K. S. H. Lee 编)由 AFWL 出版
1980 年	对 NASAF - 106 战机(包括后续 CV - 580、法国 Transall 运输机)进行雷击效应试验
1981 年	《电磁学》杂志出版了奇点展开法专刊
1981 年	URSI 的 E 国际工作组(噪声和干扰控制科学基础)成立(C. E. Baum 为主席)
1982 年	*IEEE Transactions on Electromagnetic Compatibility* 出版了关于雷电及其对飞行器作用的专刊

1983 年	在新墨西哥州索科罗（Socorro,NM）首次举办了电磁脉冲作用与防护加固的短期研讨会
1984 年	URSI 报告《核电磁脉冲及其效应》出版
1985 年	*IEEE Transactions on Plasma Science* 出版了关于高功率微波发生器的专刊
1986 年	《电磁学》杂志出版了大系统电磁拓扑专刊
1987 年	C. L. Longmire 等公开了 HEMP 波形
1987 年	国家无线电会议（USNC/URSI）高功率电磁学分会成立
1987 年	《高功率微波源》（V. L. Granatstein 和 I. Alexeff 编）出版
1988 年	EMPRESSII 电磁脉冲模拟器建成（建在远洋驳船上用于船舶测试）
1990 年	《雷电电磁学》（R. L. Gardner 编）出版
1990 年	URSI 的 E 国际工作组（高功率电磁学）成立（R. L. Gardner 为主席）
1992 年	C. E. Baum 在 *Proceedings of the IEEE* 杂志上发表特约文章"From the Electromagnetic Pulse to High Power Electromagnetics"
1992 年	*IEEE Transactions on Electromagnetic Compatibility* 出版了关于高功率微波的专刊
1993 年	在北京召开了电磁脉冲专题国际研讨会（C. E. Baum 参加）
1993 年	国际电工委员会颁布了 EMP 和 HPE 系列标准：IEC61000 – 2 – 9《HEMP 环境描述——辐射骚扰》
1994 年	NEM 会议首次在欧洲（法国波尔多）召开,会议更名为 EUROEM（在美国称为 AMEREM）
1995—1996 年	美国和西方学者参观了位于彼得堡和莫斯科的电磁脉冲模拟器（后迁至乌克兰的哈尔科夫市）
1996 年	"AMEREM1996"国际会议将"超宽带""短脉冲电磁学"等主题纳入其中
1996 年	俄罗斯学者参加了"AMEREM1996"国际会议,并参观了 Kirtland 空军基地及相关设施,部分俄罗斯学者被吸纳为电磁脉冲学会会士
1998 年 *	*IEEE Transactions on Electromagnetic Compatibility* 出版了关于雷电及其电磁脉冲的第一期专刊
1999 年 *	在瑞士苏黎世召开的国际会议上提出了"电磁恐怖"的概念
2003 年 *	Michael Abrams 发表了论文"Dawn of the E – Bomb"
2004 年	高功率电磁学和恶意电磁干扰专刊出版
2004 年	美国国会报告"Report of the Commission to Assess the Threat to the United States from Electromagnetic Pulse（EMP）Attack"发表
2007 年	C. E. Baum 发表了文章"Reminiscences of High Power Electromagnetics"
2009 年 *	*IEEE Transactions on Electromagnetic Compatibility* 出版了关于雷电及其电磁脉冲的第二期专刊
2013 年 *	*IEEE Transactions on Electromagnetic Compatibility* 出版了关于高空核电磁脉冲的专刊
2015 年 *	2015 年亚洲电磁学国际会议（ASIAEM2015）在韩国济州岛召开
* :本书作者添加	

1.1.2 电磁脉冲特征描述

电磁脉冲可分为以下两类:第一类为自然产生的电磁脉冲,包括地闪回击电流产生的雷电电磁脉冲,静电放电产生的电磁脉冲,空间天气变化形成的电磁脉冲;第二类为人为制造的电磁脉冲,包括核爆炸产生的核电磁脉冲,高功率微波等非核武器产生的电磁脉冲,广播、通信、雷达、导航系统等有意产生的电磁脉冲,电力电网、交通运输系统、电子设备等无意产生的电磁脉冲。

电磁脉冲的特征一般从以下几个方面进行描述:

1)能量形式

电磁脉冲可以表现为辐射型的电场或磁场,也可以是传导型的电压或电流,这取决于产生电磁脉冲的源和传播途径等。例如:核电磁脉冲、雷电电磁脉冲和雷达波等为辐射型的;电磁脉冲耦合进电线或电缆形成的电压、电流和有线通信中的信号传输等都是传导型的。

2)时域特性

时域特性包括波形的峰值、上升时间、半峰值宽度以及持续时间等。实际的电磁脉冲波形较为复杂,于是人们提出了多种数学模型用以描述其主要时域特征。其中较为典型的波形有双指数脉冲、微分高斯脉冲和阻尼正弦波脉冲等。

(1)双指数脉冲是用双指数波形来描述上升时间短、衰落速度慢、持续时间较长的电磁脉冲,如高空核电磁脉冲和雷电电磁脉冲都采用双指数形式。脉冲电场强度数学表达式为

$$E(t) = kE_p(e^{-\alpha t} - e^{-\beta t}) \tag{1.1.1}$$

式中:E_p 为电场强度峰值;k 为修正系数;α 和 β 为相关参数。其波形如图 1.1 所示。

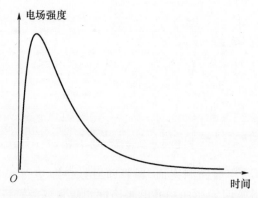

图 1.1 双指数脉冲波形

(2)微分高斯脉冲是对高斯脉冲求导后得到的一种脉冲,其优点是不含零频率分量,可用于超宽带高功率微波的理论计算与模拟仿真。脉冲电场强度数学表

6

达式为

$$E(t) = kE_p \frac{t - t_0}{\tau} e^{-\frac{4\pi(t-t_0)^2}{\tau^2}} \qquad (1.1.2)$$

其典型波形如图 1.2 所示。

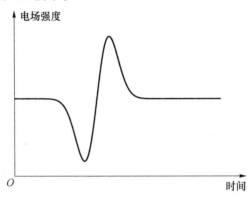

图 1.2　微分高斯脉冲波形

（3）阻尼正弦波脉冲是当一定尺寸的电线、电缆或电子设备暴露于宽频带的高功率电磁脉冲环境中时，会在电线、电缆中或电子设备内部产生耦合电压和耦合电流。当电线、电缆或电子设备的电尺寸可与电磁环境中的波段相比拟时，所产生的耦合效应最强。耦合电压或耦合电流大多表现为阻尼正弦波形式，其数学表达式为

$$A(t) = kA_p e^{-t} \sin(2\pi t) \qquad (1.1.3)$$

式中：e^{-t} 为阻尼项。其波形如图 1.3 所示。

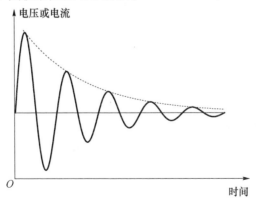

图 1.3　阻尼正弦波脉冲波形

与照射脉冲相比，耦合脉冲能量小，频带窄。实际上，在进行设备抗扰度试验时，通常采用注入阻尼正弦波脉冲的方式来替代电磁环境产生的耦合效应。

3）频域特性

频域特性主要指脉冲带宽、频谱分布、能谱密度、累积能谱密度和能量密度分

布,一般可通过对脉冲时域波形进行傅里叶变换得到这些参数。下面以双指数脉冲为例简述频域特性的计算步骤。

对双指数函数的时域表达式进行傅里叶变换,其频域表达式为

$$E(\omega) = kE_p \left(\frac{1}{\alpha + j\omega} - \frac{1}{\beta + j\omega} \right)$$

$$= kE_p \left[\frac{\alpha}{\alpha^2 + \omega^2} - \frac{\beta}{\beta^2 + \omega^2} + j \left(\frac{\omega}{\beta^2 + \omega^2} - \frac{\omega}{\alpha^2 + \omega^2} \right) \right] \tag{1.1.4}$$

在自由空间中,平面波的电场和磁场存在以下的换算关系:

$$H(\omega) = \frac{E(\omega)}{\eta} \tag{1.1.5}$$

式中:$\eta \approx 377\Omega$,为自由空间的波阻抗。

则能谱密度公式为

$$s(\omega) = \frac{|E(\omega)|^2}{\eta} = \frac{k^2 E_p^2 (\beta - \alpha)^2}{\eta(\omega^2 + \beta^2)(\omega^2 + \alpha^2)} \tag{1.1.6}$$

累积能谱密度是指脉冲累积到频率 ω 的总能量,其算式为

$$W(\omega) = \frac{1}{\pi} \int_0^\omega s(\omega) d\omega$$

$$= \frac{k^2 E_p^2 (\beta - \alpha)}{\pi\eta(\beta + \alpha)} \left(\frac{1}{\alpha} \arctan \frac{\omega}{\alpha} - \frac{1}{\beta} \arctan \frac{\omega}{\beta} \right) \tag{1.1.7}$$

于是归一化累积能谱密度为

$$w(\omega) = \frac{W(\omega)}{W(\omega = +\infty)}$$

$$= \frac{2}{\pi(\beta - \alpha)} \left(\beta \arctan \frac{\omega}{\alpha} - \alpha \arctan \frac{\omega}{\beta} \right) \tag{1.1.8}$$

能量密度分布即频谱中某一频段($\omega_1 - \omega_2$)能量占总能量的百分比,其表达式为

$$\rho = \frac{W(\omega_2) - W(\omega_1)}{W(\omega = +\infty)}$$

$$= \frac{2}{\pi(\beta - \alpha)} \left[\beta \left(\arctan \frac{\omega_2}{\alpha} - \arctan \frac{\omega_1}{\alpha} \right) - \alpha \left(\arctan \frac{\omega_2}{\beta} - \arctan \frac{\omega_1}{\beta} \right) \right]$$

$$\tag{1.1.9}$$

1.1.3 电磁环境相关标准化组织及标准

为处理电磁兼容和电磁干扰领域的技术问题,国际上有很多组织负责电磁环境相关的标准化工作[16],例如国际大电网会议(CIGRE)、国际供电会议(CIRDE)、

8

电气电子工程师学会(IEEE)、国际电工委员会(IEC)、国际电报电话咨询委员会(CCITT)、国际无线电咨询委员会(CCIR)、国际通信联盟(ITU)、国际电热联盟(UIE)等。其中较为著名的组织有国际电工委员会(IEC)下辖的电磁兼容技术委员会(TC77)和国际无线电干扰特别委员会(CISPR)、欧洲电工标准化委员会(CENELEC)以及美国国防部(DoD)。

1.1.3.1 CISPR

国际无线电干扰特别委员会(CISPR)于1934年6月在法国巴黎正式成立,1946年CISPR巴黎会议后成为IEC所属的一个特别委员会。CISPR作为涉足电磁兼容标准的重要国际组织之一,其下属分会及名称如下:

A分会:无线电干扰测量与统计方法。

B分会:工业、科学、医疗射频设备、其他(重)工业设备及架空电力线、高压设备和电力牵引系统的无线电干扰。

D分会:汽车与内燃机的干扰。

F分会:家用电器、电动工具、照明器具及类似设备的干扰。

H分会:保护无线电业务的限值。

I分会:信息技术多媒体设备与接收机的电磁兼容性。

1.1.3.2 TC77

国际电工委员会电磁兼容技术委员会(TC77)成立于1973年6月,早期主要从事抗扰度标准制定和频率范围在150kHz以下的电磁发射标准制定,后来成立了SC77C分会,主要承担核电磁脉冲和高功率电磁环境相关标准的制定。TC77现有3个分会,共同负责IEC 61000系列标准的制定,其组织架构如图1.4所示[17]。

SC77C分会最初负责HEMP相关标准的制定,而后其工作范围扩展到所有高功率电磁威胁,包括恶意电磁干扰。1992年以来,IEC SC77C分会针对高功率电磁环境相关技术问题发布、出版了多项标准和出版物。到2009年为止,该分会共发布了14个关于HEMP的标准和6个关于HPEM的标准,均包含在IEC 61000系列标准中(图1.5)[18],具体有:

总则:介绍HEMP、HPEM的效应和威胁基本概念、术语和原理。

环境:规定了辐射和传导威胁环境,其中辐射环境是根据公开文献信息建立的,传导环境是利用现有的EMC耦合模型和试验数据建立的。

试验和测量技术:基于设备的位置规定了抗干扰试验的等级,抗干扰试验尽可能采用IEC EMC现有的试验方法。

安装防护指南:为设备管理者提供防护指导,防护器件说明和试验方法依赖于现有的EMC方法。

通用标准:介绍室内设备的抗HEMP干扰性。

9

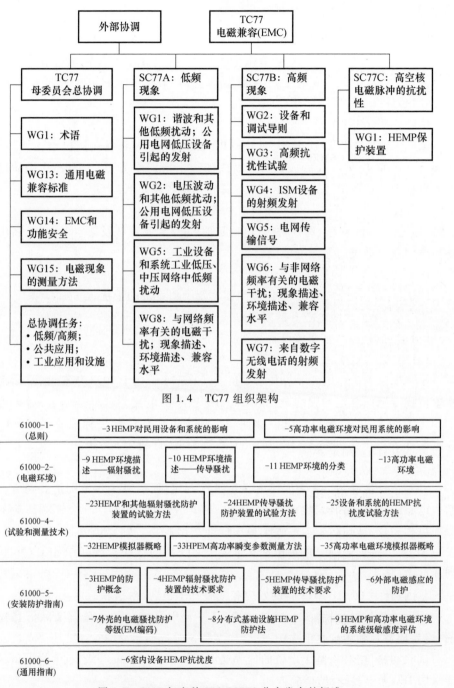

图 1.4 TC77 组织架构

图 1.5 2009 年底前 IEC SC77C 分会发布的标准

1.1.3.3 CENELEC

欧洲电工标准化委员会(CENELEC)成立于1973 年,是欧洲地区从事 EMC 工作最重要的一个区域性组织。CENELEC 不但负责协调各成员国在电气领域(包括 EMC)的所有标准,同时制定欧洲标准(EN 系列)。CENELEC 从事电磁兼容工作的技术委员会是 TC210,专门负责欧洲的 EMC 标准制定和转化工作,设有一个分技术委员会 TC210A 和 5 个工作组。

CENELEC 与 IEC 之间存在合作关系,并遵循以下合作原则:

(1) 如果 EMC 的 IEC 标准已经存在,则 CENELEC 的标准采用 IEC 标准,而不重新考虑制定。CENELEC 的标准编号与采用的 IEC 标准编号相对应。EN61000 对应于 IEC61000,CISPR ×× 对应于 EN550 ××。

(2) IEC 考虑将已经存在的欧洲标准转化为国际标准。

1.1.3.4 美国相关军用标准的发布

美国在电磁环境效应和防护方面处于世界领先水平,特别是在军事领域的应用中,美军标已较为完善。

自美国陆军通信兵于 1934 年制定了第一个专业标准 SCL - 49《电屏蔽和车载无线电电源》以后,各军种独立的电磁兼容/电磁干扰标准不断出现,这给各种武器系统(设备)的研发和采购带来了很大困难。此后,1967 年美军发布了第一个国防部统一的标准系列,MIL - STD - 461《设备电磁干扰特性要求》、MIL - STD - 462《电磁干扰特性测量》和 MIL - STD - 463《电磁干扰和电磁兼容性技术术语的定义和单元制》,作为控制设备和分系统电磁干扰特性分析的接口标准。2007 年发布的 MIL - STD 461F[19]《分系统和设备电磁干扰特性的控制要求》则使上述标准系列趋于完善,至今,这一标准系列已被世界上许多国家军队所采用。

1997 年 3 月,美军在 MIL - STD - 6051、MIL - STD - 1818、MIL - STD - 1385 等标准的基础上,制定、发布了 MIL - STD - 464《系统电磁环境效应要求》,首次将电磁环境效应涉及的内容正式纳入标准,成为电磁环境效应研究史上的又一个里程碑。之后不断更新,2002 年美军颁布了 MIL - STD - 464A,2010 年发布了新近的 MIL - STD - 464C[20]。

1.1.3.5 我国的 EMC 标准化组织

我国的 EMC 测试及标准化工作起步于 20 世纪 60 年代。对应于 CISPR 成立了全国无线电干扰标准化技术委员会,对应 TC77 成立了全国电磁兼容标准化技术委员会。

全国无线电干扰标准化技术委员会成立于 1986 年,从事我国无线电干扰标准的制定、修订和审查。目前设立 6 个分会(SC),均与 CISPR 各分会相对应(包括工作范围),其中 H 分会除与 CISPR/H 的工作范围相对应外,还研究我国无线电系统与非无线电系统之间的干扰。

全国电磁兼容标准化技术委员会成立于 2000 年 4 月,主要负责协调 IEC TC77 的国内归口工作,推进对应 IEC 61000 系列有关 EMC 标准的国家标准制定、修订和审查工作,目前已成立 3 个分会。

1.2 高功率电磁环境

所谓电磁环境,是指存在于给定场所的电磁现象的总和,它在我们生活的环境中,是一个完备的组成部分。各种电子设备,如无线电和电视广播台、通信塔台、雷达与导航设备、计算机和家用电器等,在它们正常工作期间,都有意或无意地将电磁能量辐射到环境中去。当这些源产生的电磁环境足够强,即功率密度足够高时,就可能干扰很多电子、电气设备和系统的正常工作。这些正是电磁兼容学科以及电磁防护研究领域面临的问题和研究内容。此外,为了维护电子电气设备及系统的正常工作,我们还需面对那些人为制造的高功率电磁环境的威胁,例如核电磁脉冲、高功率微波等。

1.2.1 高功率电磁环境概述

2005 年 3 月,IEC SC77C 发布了 IEC 61000 - 2 - 13[21] 标准,其中,高功率电磁环境被定义为:当电磁环境中的电场强度峰值超过了 $100\text{V} \cdot \text{m}^{-1}$ 时,对应于自由空间平面波的功率密度超过了 $26.5\text{W} \cdot \text{m}^{-2}$,即称为高功率电磁环境。

高功率电磁环境可以是辐射型的,也可以是传导型的,所谓传导型可理解为:处于辐射型高功率电磁环境中的电缆、电线通过耦合或注入可形成电流和电压,电压的典型值超过 1kV。

高功率电磁环境可以是包络调制下的点频信号的多个周期振荡,如阻尼正弦波,也可以是以上信号的脉冲群形式;可以是超宽带瞬时信号,也可以是超宽带瞬时信号脉冲群。

依据相对带宽 f_{bw} 和百分比带宽 p_{bw} 等频谱参数,潜在的辐射型高功率电磁环境威胁可分为三类:窄带、中等宽带、超宽带。美国国防部高级研究计划局(Defense Advanced Research Projects Agency,DARPA)给出的相对带宽 f_{bw} 和百分比带宽 p_{bw} 的定义如下[22]:

$$f_{bw} = \frac{2(f_h - f_l)}{f_h + f_l} \tag{1.2.1}$$

$$p_{bw} = \frac{2(f_h - f_l)}{f_h + f_l} \times 100\% \tag{1.2.2}$$

式中:f_h 和 f_l 分别代表频谱中上、下频率限值。针对不同频谱特征的电磁脉冲,f_h 和 f_l 的取值方式有两种,即从功率角度出发的经典 - 3dB 带宽截止频率和从能量角度出发的 90% 能量带宽截止频率。具体可参照 IEC61000 - 2 - 13 标准附录。

依据以上定义,可按表 1.3 对高功率电磁环境进行分类。

表 1.3　按百分比带宽的分类方法

带宽类型	百分比带宽 p_{bw}
窄带信号	$p_{bw} \leqslant 1\%$
中等宽带信号	$1\% < p_{bw} \leqslant 25\%$
超宽带信号	$p_{bw} > 25\%$

考虑到表 1.3 所列分类方法是从"通信信号"的观点出发的,还不能充分描述高功率电磁环境的带宽特性。为此,C. E. Baum 重新定义了带宽比 b_r 和百分比带宽 p_{bw} 两个参数[23]:

$$b_r = \frac{f_h}{f_l} \tag{1.2.3}$$

$$p_{bw} = 2\frac{b_r - 1}{b_r + 1} \times 100\% \tag{1.2.4}$$

依据 b_r 和 p_{bw} 的定义,并与脉冲功率发射技术相统一,重新按表 1.4 所列的数据对高功率电磁环境进行了分类。

表 1.4　采用带宽比 b_r 和百分比带宽 p_{bw} 的分类方法

带宽类型	带宽比 b_r	百分比带宽 p_{bw}
窄带	$b_r \leqslant 1.01$	$p_{bw} \leqslant 1\%$
中等宽带	$1.01 < b_r \leqslant 3$	$1\% < p_{bw} \leqslant 100\%$
次超宽带	$3 < b_r \leqslant 10$	$100\% < p_{bw} \leqslant 163.64\%$
超宽带	$b_r > 10$	$163.64\% < p_{bw} \leqslant 200\%$

除以上依据带宽划分高功率电磁环境以外,还可以从功率源技术先进程度和高功率电磁环境效应等方面进行分类,具体可参照文献[24-25]。

典型的高功率电磁环境有地闪回击电流产生的雷电电磁脉冲场、静电放电近旁的电磁场、核爆炸产生的电磁脉冲、非核武器产生的高功率微波和雷达系统等产生的高强辐射场等。需要注意的是,上述核爆炸所包含的高空核电磁脉冲,其晚期部分(E3A 和 E3B)不在此列。

从图 1.6[21]可以看出:依据 IEC61000-2-9 标准定义的 HEMP 早期波形,其频谱宽度可达 300MHz;由雷电放电电流电磁辐射形成的 LEMP 有意义的频谱分量可达 10MHz,虽然分布的频段较低,但与 HEMP 同频段的谱密度相比高出两个量级;在高频段,窄带高功率微波(包含以往定义的高功率微波和高强辐射场等)和宽带高功率微波(包含以往定义的超宽带)是高功率电磁环境中的两种主要形式。图中的 HPM 和 HIRF 从 0.2GHz 延伸至 5GHz,因频带较窄,图中只能以箭头形式表示。至于一般的电磁干扰环境(EMI Environments)就未必能与高功率电磁环境相比了。

窄带 HPM 一般采用脉冲功率技术产生的强流脉冲电子束驱动高功率微波器

13

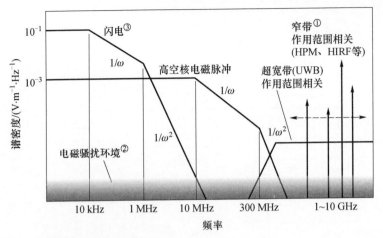

① 窄带的范围：0.2~5GHz。
② 并非仅指高功率电磁环境。
③ 有意义的谱分量直至10MHz。

图 1.6　典型高功率电磁环境的频带及谱密度比较

件,并利用电子束与波的相互作用将电子动能转化为电磁波辐射出去。超宽带（Ultra Wideband,UWB）作为武器而言,则是利用快速开关技术产生纳秒级甚至皮秒级超短脉冲,从而获得超宽带电磁辐射输出,并不需要电子束作为中间媒质,其频谱更宽,而脉冲源输出的能量相对要低一些。

　　文献［26］在十几年前曾对 HPM、UWB 和 HEMP 的主要参数做了归纳,见表 1.5。由表中数据可见,HPM 和 UWB 没有严格的界限。至于 HEMP,该表所列参数与美国新近发布的标准仍然是一致的,与美国前些年的一些标准相比,上升时间短了,脉宽窄了,而峰值功率却高出几个量级。

表 1.5　HPM、UWB 和 HEMP 的主要参数

类别		HPM	UWB	HEMP
天线处峰值功率 P_{pa}		100MW ~ 20GW	几吉瓦 ~ 20GW	50000TW
脉冲半高宽 t_{hw}		小于 1μs	小于 10ns	约 20ns
上升时间 t_r（10% ~ 90%）		10 ~ 20ns	小于 1ns	1 ~ 5ns
脉冲源输出能量 W_g		100J ~ 20kJ	5J ~ 500J	10^6 GJ
覆盖频带		500MHz ~ 10GHz	100MHz ~ 50GHz	0 ~ 200MHz
不同距离处能量密度	– 100m	$1\mu J \cdot m^{-2}$ ~ $200J \cdot m^{-2}$	8nJ ~ 1μJ	120μJ
	– 1km	$10mJ \cdot m^{-2}$ ~ $2J \cdot m^{-2}$		120μJ
	– 10km	$0.1mJ \cdot m^{-2}$ ~ $0.2J \cdot m^{-2}$		120μJ

类别		HPM	UWB	HEMP
不同距离处功率密度	−100m	$1W \cdot m^{-2} \sim 200MW \cdot m^{-2}$	$2 \sim 100W$	600W
	−1km	$10mW \cdot m^{-2} \sim 2MW \cdot m^{-2}$		
	−10km	$0.1mW \cdot m^{-2} \sim 200kW \cdot m^{-2}$		
不同距离处场强峰值	−100m	$20 \sim 300kV \cdot m^{-1}$	$4 \sim 20kV \cdot m^{-1}$	$50kV \cdot m^{-1}$
	−1km	$2 \sim 30kV \cdot m^{-1}$		
	−10km	$0.2 \sim 3kV \cdot m^{-1}$		
重复率		单个短脉冲 或 $10 \sim 250Hz$	单个短脉冲 或几赫~几十赫	单个短脉冲
照射面积		小于 $1km^2$	小于 $10km^2$	$5 \times 10^6 km^2$
作用距离		几十千米	小于 100m	
辐射方法		天线	天线或有规律的爆炸	核爆炸

值得注意的是,美军标 MIL – STD – 464C 中对高功率微波的定义:由微波源(武器)的高功率或高能量密度辐射而产生的一种射频环境。高功率微波运行的典型频率在 100MHz~35GHz 之间,但也包括伴随技术发展可能产生的其他频率。这些微波源可以是单脉冲、重复脉冲、复合调制脉冲或连续波发射。已不再专门来定义 UWB,只将 HPM 分为窄带和宽带两类(表1.6、表1.7)。在该标准的附录 A 中按百分比带宽 p_{bw}(3dB 下降点和中心频率的比值)做了这样的区分:$p_{bw} < 1\%$ 的 HPM 称为窄带 HPM;$p_{bw} > 1\%$ 的称为宽带 HPM。

表 1.6　窄带 HPM 的外电磁环境(距源 1km 处)

频率/GHz	2~2.7	3.6~4	4~5.4	8.5~11	14~18	28~40
电场强度/($kV \cdot m^{-1}$)	18.0	22.0	35.0	69.0	12.0	7.5

表 1.7　宽带 HPM 的外电磁环境(距源 100m 处)

频率/MHz	30~150	150~225	225~400	400~700	700~790	790~1000	1000~2000	2000~2700	2700~3000
电场强度/($mV \cdot m^{-1}$)	33000	7000	7000	1330	1140	1050	840	240	80

1.2.2　高空核电磁脉冲 E1 部分

美国于 1997 年 3 月 18 日发布的军用标准 MIL – STD – 464《系统电磁环境效应要求》[27]中,将高空核爆炸在地面附近产生的电磁场分为 E1、E2 和 E3 三个部分,分别代表了核电磁脉冲早、中、晚三个不同时段,如图 1.7 所示。

图中 E1 为瞬发 γ 信号,是由爆炸释放的瞬发 γ 射线与大气作用产生康普顿效应形成的,所释放的能量只占总能量的 0.1% 左右。但 E1 的场强峰值高达几十千伏/米,上升时间仅为纳秒级,持续时间小于 1μs,可通过天线、建筑物孔洞

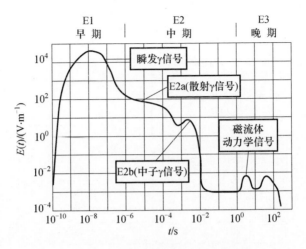

图 1.7　高空核电磁脉冲总体时域特性

和一些长短导线,耦合至中频、高频、甚高频和某些超高频频段的无线电设备中。E1 可使各种固定的、移动的、可运载的陆基系统、飞机、导弹、水面舰艇、电子设备和部件的运行遭受临时性或永久性破坏。因此,所有陆地上的军用系统和设备基本上都必须考虑对于 E1 效应的防护,最常用的防护措施有电磁屏蔽、滤波和浪涌抑制等。

1 ~ 100μs 时段,由散射 γ 射线产生的场更为重要,散射 γ 信号是在较低高度上由前期 γ 射线散射所形成的电流产生,其持续时间相对较长,如图中的 E2a(散射 γ 信号)所示,其场强峰值为 10 ~ 100V · m^{-1}。瞬发 γ 信号和散射 γ 信号到达地面后可视为平面波,能以特定的极化方向在空间自由传播。对于高度为 50 ~ 100km 的核爆炸,E2a 在地面附近形成的场对设备构成的威胁最为严重,可以耦合到长导线、垂直天线塔和具有拖曳天线的飞机中。这种信号的主要频率分量分布在低频和甚低频范围。对 E2a 的防护可采用电磁滤波器和浪涌放电器。

1 ~ 10ms 时段,占统治地位的场是由高能中子与空气分子的原子核非弹性碰撞产生的 γ 射线形成的,如图中的 E2b(中子 γ 信号)所示。这段时间内电磁脉冲的产生机制因大地的存在而受到强烈的影响,E2b 垂直电场分量的峰值小于10V · m^{-1}。对于 20 ~ 50km 高度上的低空爆炸,地面上的中子 γ 信号最强,在这一时段,地面反射特别重要。图中所画为垂直电场,可耦合到导体中的水平电场非常小。E2b(中子 γ 信号)可以耦合到长的架空线缆、埋地电缆和潜艇的低频、甚低频扩展天线中,由于其主要频段与交流电、声频频谱重叠,使得对其滤波变得困难。

1 ~ 100s 时段,被电离和加热的武器碎片及被俘获的空气在地磁场中运动,感应形成大地中的电场,这种效应产生的场被称为磁流体动力学电磁脉冲,由武器约25% 的能量驱动,见图中 E3。E3 部分的电场强度虽然仅几十毫伏/米,上升时间为秒级,但脉冲持续时间长达百秒量级,其电场水平分量能够耦合到包括海底电缆

16

在内的电力线路和长的通信线路中,1Hz 以下的低频分量使得屏蔽和绝缘发生困难。磁爆试验的结果表明,市电和地面线路遭到破坏的可能性严重存在。

HEMP 的 E1 部分电场最强,对长导体耦合产生的电流峰值一般也是最高的;而 E3 持续时间最长,在电场对时间的积分方面占有优势,从而以不同于 E1 的机理使系统产生故障甚至毁伤。E3 的时间跨度从 1s 到数分钟,很大一部分与地磁暴的威胁交叠,二者经常被同时论及,其分析方法也几乎是一样的。主要差别:一是对 E3 建模时,一些与地面水平电场和水平磁场关联的高频分量必须加以考虑;二是与 E3 相关的水平电场明显高于地磁暴电场。

国际电工委员会 IEC 61000 – 2 – 9 标准[28]给出了 HEMP 三个部分时域波形的另一种表现形式,如图 1.8 所示。

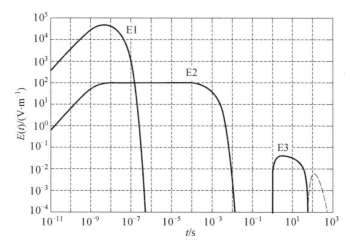

图 1.8　高空核电磁脉冲 E1、E2 和 E3 部分的时域特性

HEMP 的 E1 部分场强峰值高,上升时间和持续时间短,按 IEC 61000 – 2 – 13 定义,可划为高功率电磁环境一类;HEMP 的 E3 部分场强低,但持续时间长,能量大,属于高能量电磁环境。E3 部分将在 1.4 节详细介绍,下面重点论述 E1 部分。

世界上只有苏联和美国进行过为数不多的高空核试验。涉及高空核爆炸电磁脉冲实测波形的资料极少。美国 1962 年在进行一系列高空核试验的过程中,Los Alames 科学实验室成功地测到了电磁脉冲早期部分的波形,如图 1.9 的曲线 C 所示。图中曲线 A 为理论计算得出的结果,曲线 B 则是曲线 A 用测试设备的系统响应函数进行卷积计算得出的[29]。

由图 1.9 可以看出,计算结果与实测结果吻合得很好。显然,图中的理论波形可用双指数函数来拟合。根据高空核爆电磁脉冲的基本理论模型,采用指数上升的理想 γ 射线源进行简单计算时,虽然不能包括所有可能想到的情况,但却能给出相对合理的电磁场特性,对于工程应用还是非常有价值的。因此,在一些有关的标准和公开出版物中,高空核爆炸电磁脉冲早期的典型波形,通常都以双指数函

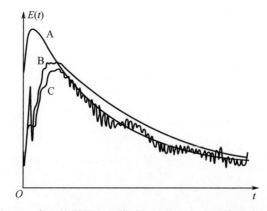

图 1.9　高空核爆炸电磁脉冲理论波形与实测波形的比较

A—计算结果；B—A 与仪器响应的卷积；C—测量结果。

数来描述：

$$E(t) = kE_p(e^{-\alpha t} - e^{-\beta t}) \qquad (1.2.5)$$

式中：k 为修正系数；E_p 为电场强度峰值；α、β 分别为表征脉冲前、后沿的参数。双指数脉冲的波形参数定义如图 1.10 所示。

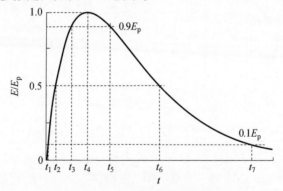

图 1.10　双指数脉冲的波形参数定义

E_p—电场强度峰值；t_r—上升时间，$t_r = t_3 - t_1$；t_p—峰时，$t_p = t_4$；t_d—脉宽，$t_d = t_5 - t_3$；

t_{hw}—半峰宽，$t_{hw} = t_6 - t_2$；t_f—衰落时间，$t_f = t_7 - t_5$；t_{pf}—峰值衰落时间，$t_{pf} = t_7 - t_4$。

　　目前，较有影响的 HEMP 早期部分标准波形见于美国国防部制定的一系列军用标准和手册，美国 Bell 实验室标准和国际电工委员会制定的 HEMP 标准等。

　　1）美国国防部标准

　　美国国防部为检验军用电气和电子设备、分系统及系统方面耐受各种电磁毁伤的能力，制定了各种电磁环境标准及其试验标准。其中，HEMP 是一个重要环节。在研究 HEMP 电磁环境、模拟设备、测量技术基础上，针对敏感军事电气、电子设备和系统，通过大量效应试验进行了摸索，到 20 世纪 80 年代，陆续形成了关于 HEMP 辐射环境、试验方法的军用标准，用以规范相应的 HEMP 考核试验。

其中的 MIL – STD – 2169 标准全文虽然没有公布,但在相关引文中 HEMP 的参数是公开的,其 E1 部分的标准双指数型波形参数为:$\alpha = 4.76 \times 10^8 \text{s}^{-1}$,$\beta = 3.0 \times 10^7 \text{s}^{-1}$,$k = 1.285$,$E_p = 50 \text{kV} \cdot \text{m}^{-1}$。

1986 年 8 月 4 日发布的 MIL – STD – 461C《为控制电磁干扰而制定的电磁发射和敏感度要求》[30]中,电磁脉冲首次被写入该军标的 RS05 部分。其中规定的电磁脉冲场强峰值 $E_p = 50 \text{kV} \cdot \text{m}^{-1}$,上升时间 $t_r \approx 5 \text{ns}$,脉宽 $t_d \approx 30 \text{ns}$,衰落时间 $t_f \approx 550 \text{ns}$。

此后的修订版 MIL – STD – 461D 于 1993 年 1 月 1 日发布,其中 RS105 部分的 HEMP 标准适用范围变宽,规定试验用波形峰时 $t_p \leqslant 10 \text{ns}$,峰时衰落时间 $t_{pf} \geqslant 75 \text{ns}$。1999 年 8 月 20 日发布的 MIL – STD – 461E 采用了 IEC 61000 – 2 – 9 中定义的 HEMP 早期波形,将脉冲上升时间 t_r 改为 1.8 ~ 2.8ns,半峰宽 t_{hw} 改为(23 ±5)ns。

1997 年 3 月 18 日发布的军用标准 MIL – STD – 464《系统电磁环境效应要求》及后续版本(464A、464B 和 464C)均采用了 IEC 61000 – 2 – 9 中定义的 HEMP 早期波形。

2)Bell 实验室标准

该实验室 1975 年给出的 HEMP 早期波形参数为:$k = 1.05$,$E_p = 50 \text{kV} \cdot \text{m}^{-1}$,$\alpha = 4 \times 10^6 \text{s}^{-1}$,$\beta = 4.76 \times 10^8 \text{s}^{-1}$。对应时域波形常被称为"Bell 实验室波形"[31-32],时频特性如图 1.11 所示。由图可见,其波形的上升时间 $t_r < 5 \text{ns}$,半峰宽 $t_{hw} < 200 \text{ns}$。

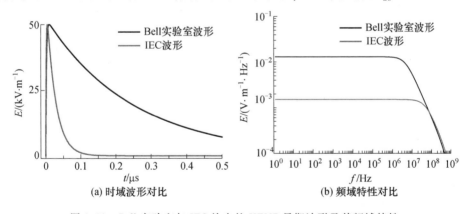

图 1.11 Bell 实验室与 IEC 给出的 HEMP 早期波形及其频域特性

3)国际电工委员会(IEC)标准

1987 年,C. L. Longmire 等给出了 HEMP 早期部分的计算波形[33],W. A. Radasky 等拟合得出的对应双指数波形参数为[5,34-35]:$k = 1.3$,$E_p = 50 \text{kV} \cdot \text{m}^{-1}$,$\alpha = 4 \times 10^7 \text{s}^{-1}$,$\beta = 6 \times 10^8 \text{s}^{-1}$。

国际电工委员会于 1996 年发布的 IEC 61000 – 2 – 9《HEMP 环境描述——辐射骚扰》[28],给出了 HEMP 早期、中期和晚期波形的有关定义和辐射参数。其中 E1 部分的波形特征参数采用了 C. L. Longmire 和 W. A. Radasky 的研究成果,其对应时域波形和频谱如图 1.11 所示。

IEC 波形与 Bell 实验室波形时域特性相比,上升时间短了,脉宽窄了;频域特性相比,谱线幅度降低,但覆盖频带加宽。二者的波形特征参数列于表 1.8。

表 1.8 两种双指数型脉冲波形特征参数对比

波形	Bell 实验室波形	IEC 波形	备注
表达式	$kE_0(e^{-\alpha t} - e^{-\beta t})$		
k	1.05	1.3	
$E_p/(\text{kV} \cdot \text{m}^{-1})$	50	50	
α/s^{-1}	4×10^6	4×10^7	
β/s^{-1}	4.76×10^8	6×10^8	
t_r/ns	4.1	2.5	
t_f/ns	550	55	
t_p/ns	10.1	4.8	
t_{hw}/ns	184	23	
$W_T/(\text{J} \cdot \text{m}^{-2})$	0.891	0.114	总能量密度

由表 1.8 所列数据可以看出,IEC 波形与 Bell 实验室波形峰值相同,均为 $50\text{kV} \cdot \text{m}^{-1}$,但 IEC 波形脉宽窄,持续时间短,其总能量密度要小。依据表 1.8 中所列波形数据,对两种脉冲的能谱密度和归一化累积能谱密度进行计算的结果示于图 1.12。

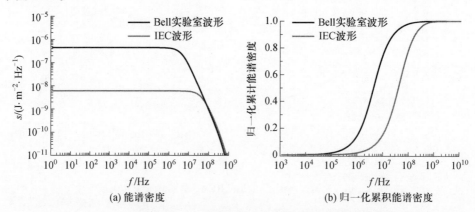

(a) 能谱密度 (b) 归一化累积能谱密度

图 1.12 两种脉冲的能谱密度和归一化累积能谱密度对比

由图 1.12 可见,Bell 实验室波形的主要能量集中在 $10^5 \sim 10^8$Hz 频段,而 IEC 波形的主要能量分布频段要高,在 $10^6 \sim 10^9$Hz。进一步对这两种双指数型脉冲分布于各个频段的能量占总能量的比例进行计算,结果见表 1.9 和图 1.13。

由表 1.9 和图 1.13 可以看出:对于 Bell 实验室波形,98.2% 的能量集中在 100MHz 以下,最大能量频段为 $10^6 \sim 10^7$Hz,对应波长为几十米到几百米;对于 IEC 波形,99.7% 的能量集中在 1GHz 以下,最大能量频段为 $10^7 \sim 10^8$ Hz,对应波长为几米到几十米。

表 1.9　两种双指数型脉冲能量密度分布情况对比

频率/Hz	Bell 实验室波形	IEC 波形
$10^0 \sim 10^1$	1.444×10^{-6}	1.528×10^{-7}
$10^1 \sim 10^2$	1.444×10^{-5}	1.528×10^{-6}
$10^2 \sim 10^3$	1.444×10^{-4}	1.528×10^{-5}
$10^3 \sim 10^4$	1.444×10^{-3}	1.528×10^{-4}
$10^4 \sim 10^5$	0.014	1.528×10^{-3}
$10^5 \sim 10^6$	0.141	0.015
$10^6 \sim 10^7$	**0.607**	0.149
$10^7 \sim 10^8$	0.218	**0.638**
$10^8 \sim 10^9$	0.018	0.193
累积	**0.982**	**0.997**

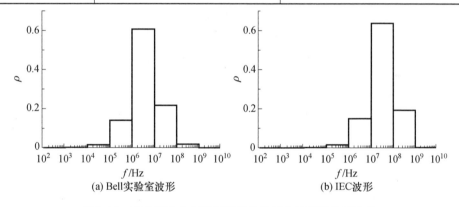

(a) Bell实验室波形　　(b) IEC波形

图 1.13　两种脉冲分布于各频段的能量占总能量的百分比

1.2.3　雷电电磁脉冲

雷电是自然大气中的放电现象,虽然自古以来为人们所熟知,但对雷电电磁脉冲(LEMP)的认知还是近几十年特别是近三四十年的事情。各种防雷装置在一定程度上虽然能保护人民生命与财产的安全,但并不能成功阻止 LEMP 造成的间接雷害事故。随着信息时代的到来,微电子设备被广泛应用于各个领域,雷电流引起的间接效应即 LEMP 辐射效应变得越来越突出,危及的范围越来越大。据中国气象局防雷办公室的不完全统计,1997—2008 年的 12 年间,全国因雷灾造成直接经济损失达百万元以上的事故有 391 起,其中受灾最为严重是通信、广电、金融、医疗等领域的电子、电气设备。这些设备的损毁往往并非直接遭受雷击造成,多半因 LEMP 将雷电释放的能量耦合进电子、电气系统,在设备端口上形成的过电压、过电流超出了设备的承受能力所致。而集成度越来越高的微电子器件在电子、电气设备中的广泛应用又使设备承受过电压、过电流的能力不断降低。电子、电气设备遭雷致损的情况严重,呈逐年上升的趋势,全球公认,一个雷击点周围大约2km范围内皆为危险区[36]。LEMP效应如此严重,对其做深入研究是十分必要的。国内外的研究者们对LEMP环境进行了大量的实际测量、理论分析和预测研究等卓有成效的工作。然而,由于雷电现象是一非常复杂的物理过程,雷电流的随机性、多变性和不确定性,给LEMP的相关研究带来诸多困难,至今仍有许多问题有待研究。例如,长期以来用于LEMP电场测量的设备仅有所谓"快天线"和"慢天线",只能完成对LEMP垂直分量的测试,所积累的数据也只有地闪回击电流产生的LEMP垂直分量。至于LEMP水平分量,特别是发生在距地面10km上下的云闪水平向放电电流所产生的LEMP水平分量,测试数据极少。现有的国内外标准所规范的一些对雷电间接效应的防护措施及试验手段,也都是基于LEMP垂直分量测量数据而提出的。可见,对于LEMP及其防护问题的基础研究任重道远。

关于LEMP环境及其对电子、电气设备与系统的耦合问题将在第3章、第6章详细讨论,下面仅介绍涉及雷电防护的美国国防部标准中的相关内容。

美国于1997年3月发布了军用标准MIL-STD-464[27],针对新研制的和改进的各种武器系统,提出了电磁环境效应的防护要求。其中,对于进行雷电直接效应和间接效应试验的环境参数做了规定。2010发布的MIL-STD-464C与MIL-STD-464相比,对雷电的直接和间接效应环境的描述做了以下修改:其一,用于雷电直接效应试验的电压波形由2幅改为4幅,见图1.14,图中4个波形分别与A、B、C、D四个电流分量相对应;其二,用于雷电间接效应试验的电压波形中多次闪击的次数,由"一个A分量跟随着23个D/2分量,布满可长达2s的一个周期内"改为"……13个D/2分量,……可长达1.5s……",见图1.15;其三,在表1.10所列雷电间接效应波形参数中,增加了A_h分量,适用于评估高空飞机传输区1C的雷电首次回击效应。

表1.10　雷电间接效应波形参数

电流分量	图形说明	$i(t) = I_0(e^{-\alpha t} - e^{-\beta t})$		
		I_0/A	α/s^{-1}	β/s^{-1}
A	强闪击	218810	11354	647265
A_h	传输区首次回击	164903	16065	858888
B	中间电流	11300	700	2000
C	续流电流	400(对0.5s)	—	—
D	回击	109405	22708	1294530
D/2	多次闪击	54703	22708	1294530
H	多次闪击脉冲串	10572	187191	19105100

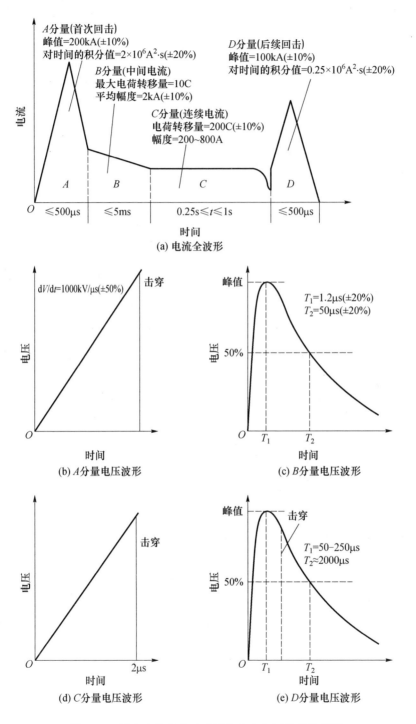

图 1.14　雷电直接效应试验用电流和电压波形示意图

23

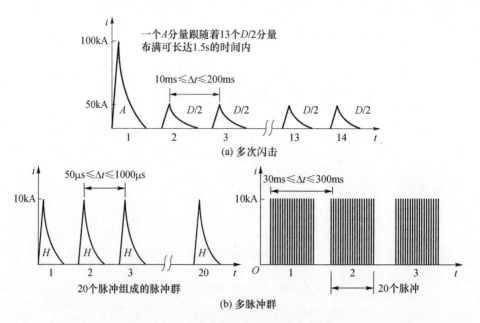

图 1.15　雷电间接效应试验用电流波形

按该标准的规定,对于空间系统,期望提供飞行器和运载火箭对直击雷的防护,通常不要求飞行器和运载火箭在直接遭受雷击时生存下来。雷电对飞行器和运载火箭的间接效应,要求用 100m 或更远距离上的电磁场。在发射前通过检测应能预计系统由雷击造成的使用性能上的任何损失。表 1.11 列出的一种特殊情况,用于直击雷附近的军用装备。表 1.11 和图 1.14、图 1.15 规定的雷电间接效应要求与雷电导引装置的电特性有关。暴露条件下的军用装备一般不要求导引装置起作用。然而,它必须免遭表 1.11 所规定的直击雷附近电磁耦合效应的毁伤。存放军用装备的包装物要设雷电导引装置,使装备免遭毁伤。

表 1.11　直击雷附近的电磁场

距闪击 10m 处的磁场变化率/$(A \cdot m^{-1} \cdot s^{-1})$	2.2×10^{9}
距闪击 10m 处的电场变化率/$(V \cdot m^{-1} \cdot s^{-1})$	6.8×10^{11}

当雷电有可能在近处发生时,其效应可按以上规定加以考虑。对任一系统,抗雷电间接效应的加固要求都包含了对近处雷电的防护。当仅要求地面系统可在与中等雷电有一定距离处工作,许多系统才须承受某些风险。例如,对于战术掩蔽部中的设备,要求其在距闪击 50m 处生存概率为 90%,对该掩蔽部来说,50m 就是一个合适的风险判据。这类要求可使一般的雷电防护在减少设计和施工费用的情况下达到一个较高的水平。

MIL - STD - 464C 标准对于雷电直接和间接效应环境,在描述相同的威胁时定义不同,这说明它们的用途不一样。为了评估设备对威胁的防护能力,直接效应环境的确定要采用现有的试验方法。间接效应环境更重预测,以应用为目的。用于飞机的这些电磁环境要求经研究确定后,应表达成对其他系统也适用的环境规定,这将是该标准更新版本时要考虑的问题。对天然雷的最新测量结果表明,一些实测的雷电流波形,其频谱中较高的频率分量比雷电模型规定的比例还要大。

所有的航空系统都必须对雷电效应进行防护,但不是要求所有系统的防护水平都一样。例如,飞机发射的导弹可能仅需要防护到必须防止运载飞机损伤的程度。

金属蒙皮飞机对直击雷的防护通常限于对燃料系统、天线和雷达罩的防护。飞机因雷击造成的损失多数由于燃料箱飞弧和爆炸引起,其他则是由于间接效应使燃料箱中的电线打火造成的。用非金属结构件制造的飞机,燃料系统的防护变得困难得多,更加严格的维护要求应做出详细说明。由于飞行和引擎系统所用的电子、电气装置增加,飞机对于雷电间接效应的防护变得更加重要。同时,为了减轻飞机重量而采用的非金属蒙皮对 LEMP 所能提供的屏蔽作用显然会降低。

对地面设备的专用防护措施,很大程度上取决于结构的类型和它所包含的设备。要提供有防护作用的装置,诸如飞机跑道中的接闪棒、避雷器地网等。在 MIL - E - 4158、MIL - STD - 1542、MIL - HDBK - 454 和 NFPA780 等美国军用标准和手册中,均提供了减轻雷电对设备影响的指导性意见。

在系统设计期间,为了得出最佳设计方案,通常要进行多次研究性试验和分析。这些试验和分析可以看作检验过程的一部分,但必须提供适当的文件。文件的细节应包括实物说明、波形、仪器以及成功还是失败的判据。

飞机的飞行试验通常在检验雷电防护设计之前。在这种情况下,飞行试验程序必须包括在与雷暴相距一个规定距离(例如 40233.6m)范围内禁止飞行的限制。雷闪有时发生在与雷暴云距离较远处,雷雨从该区域离开后 1h 还可能发生闪电。大的电荷积聚区能继续通过一架飞行在相反电荷积聚区之间的飞机放电。

天然发生的雷电事件是一种十分复杂的现象。MIL - STD - 464C 标准所给出的雷电波形是技术团体在模拟自然雷电环境方面做出的最好尝试,可用于防雷措施的设计和检验。用这些波形没有认证的必要,按照可能遇到的自然雷电进行设计是足够的。例如,飞机头上的雷达天线罩已安装了雷电防护装置并通过试验做了检验。当飞机遭到雷击,天然雷电常常击穿雷达天线罩。其后的试验也不能重复使其失效。这个结果与我们不可能重复自然发生的雷电事故十分相似。诸如燃料箱、机翼这些部分只要用了非金属(合成)材料,就有必要专门进行试验。

MIL - STD - 464C 标准中对雷电直接效应和间接效应试验环境参数的规定,不仅适用于飞机和其他飞行器,而且可用于有雷电防护要求的其他任何设施及场合。不仅可用于防雷试验,还可用于相关的数值分析。

1.2.4　高功率微波

高功率微波(HPM)技术是 20 世纪 70 年代发展起来的一门新兴学科,是脉冲功率技术、等离子体物理学、电真空技术和微波电子学相结合的产物。巨大的军事、商业应用价值引起了许多国家对该学科的研究热情和极大重视,使之成为备受关注的前沿交叉学科之一。

HPM 是一个界限比较模糊的学术用语,各种定义有一些细节上的差异[37]:美国空军科学顾问委员会(SAB)对 HPM 的定义是,功率为 0.01 ~ 100GW、频率为 0.1 ~ 100GHz 的电磁波;James Benford 和 Jobn Swegle 等在 *High Power Microwave*[38]一书中将功率大于 0.1GW、频率为 1 ~ 300GHz 的电磁被称为 HPM;C. D. Taylor 定义的 HPM 则是功率大于 0.1GW、频率为 0.3 ~ 300GHz 的电磁波。R. J. Barker 和 E. Schamiloglu 在其编写的 *High Power Microwave Sources and Technologies*[39]一书中写道,HPM 这一术语可从两个侧面解释:一是指脉冲持续时间长、重复频率高或波束连续的高平均功率微波信号;二是指脉冲连续时间短暂、重复频率低或单次发射的高峰值功率微波信号。

对于建立在高功率脉冲技术基础上的 HPM,依据其产生原理和发生器的不同,可概括为两种类型:一类是利用高能强流电子束作为介质,通过束-波相互作用产生电磁辐射,即 HPM;另一类则是直接采用先进的开关技术,如油、气体或固体开关等,产生一种脉冲很窄、上升沿很陡、频带很宽的电磁信号,通常称之为超宽带(UWB)电磁脉冲。

1.2.4.1　高功率脉冲技术

HPM 是高功率脉冲技术(又称脉冲功率技术)的主要应用之一。所谓高功率脉冲技术,刘锡三在文献[40]中这样描述:通俗地说,是"一门产生准确波形的纳秒高压脉冲技术"。其实质是将脉冲能量在时间尺度上进行压缩,以获得在极短时间内的高峰值功率输出。首先由初级储能技术(电容器储能、电感器储能、超导储能、机械储能、化学储能、核能等)产生所需要的初级脉冲波形(毫秒至微秒级),然后再利用脉冲形成线和开关技术在时间尺度上进行压缩,从而使峰值功率获得极大提高。

高功率脉冲技术其应用范畴主要有三类:①产生强流粒子束,包括电子束、离子束和中子源;②产生高功率电磁脉冲辐射,包括 X 射线或 γ 射线、HPM、UWB 以及从红外到紫外的相干光源等;③直接产生强电脉冲效应,包括强磁场、强电场、电磁炮、内爆等离子体、等离子体焦点、脉冲电晕放电和声击波等。

利用脉冲功率系统产生强流粒子束工作原理如图 1.16 所示。

该系统主要包括三个部分:①储能装置,如被广泛使用的 Marx 发生器,用以产生高压脉冲;②脉冲形成线或快速开关装置,将 Marx 发生器产生的毫秒或微秒级高压脉冲压缩至纳秒量级;③真空二极管用于产生强流粒子束。

图 1.16　利用脉冲功率系统产生强流粒子束原理框图

1）储能装置

储能装置为脉冲功率系统的第一级,早期也有用范德格拉夫静电加速器作为储能设备直接对传输线进行直流充电,但由于该设备缺少灵活性且输出功率低,已不再使用。现今主要的储能装置可分为电容式储能装置、电感式储能装置、磁通压缩发生器和脉冲变压器四类。

（1）电容式储能装置:主要指 Marx 发生器,它是以发明者德国科学家 Erwin Marx 的姓命名的。Marx 发生器在很短的时间内,能够输出兆焦耳量级的巨大能量,输出电压达几兆伏至几十兆伏,是当代脉冲功率系统比较理想的储能器。该发生器将电容器低压并联充电,串联高压放电。其工作原理详见 8.3.1 节和8.3.2 节。

（2）电感式储能装置:电感储能方式在脉冲功率系统中有巨大的应用潜力,其工作原理如图 1.17 所示。用电流源将能量存储在电感 L_c 中。当开关 S_1 突然断开、S_2 关闭时,迅速将能量转给负载。与电容储能相比,由于电感储能密度大,为前者的 100 ~ 1000 倍,可达 10 ~ 40MJ $\cdot$ m^{-3},功率密度是电容储能装置的 4 ~ 120 倍,因此电感储能装置体积小,成本低。

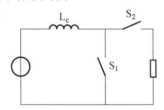

图 1.17　电感式储能装置工作原理示意图

电感储能技术在电磁推进领域中得到了重要的应用。但受限于断路开关当前所能达到的水平,断开时间为数百纳秒,故在强流电子束中的应用还不多见。俄罗斯报道的某装置(3.1MV,44kA,500ns)就是采用电感充电和电爆炸丝开关的脉冲加速器,但其初级储能器还是采用 Marx 发生器,如图 1.18 所示[40]。

（3）磁通压缩发生器[41-44]:又称为爆炸脉冲功率系统,其基本原理是利用磁流体力学中的磁场冻结效应,通过利用外力压缩磁通面积来实现机械能向磁能的转换。一种较为方便和高效的磁通压缩发生器结构示意图及其等效电路分别如图 1.19、图 1.20 所示,直径为 D、长为 L 的圆柱筒内的磁通密度 Φ 和磁能 W 之间的关系为

$$W = \frac{2\Phi^2 L}{\pi\mu_0 D^2}$$
　　　　　　　　　　　　　　（1.2.6）

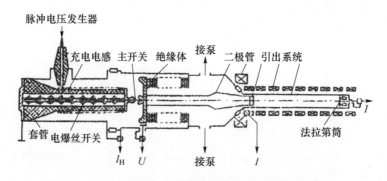

图 1.18　采用电感充电和电爆炸丝开关的脉冲加速器

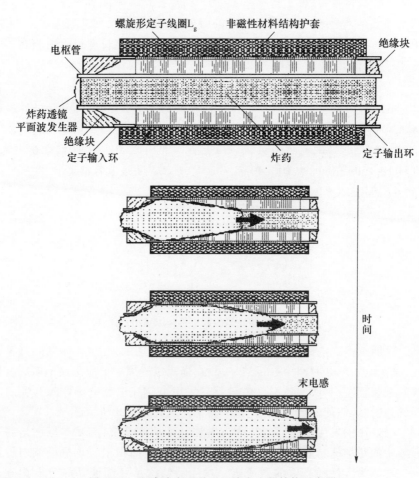

图 1.19　电感减小型磁通压缩发生器结构示意图

按式(1.2.6),磁能 W 与筒直径的平方 D^2 成反比关系,当利用外力将筒的直径压缩为 d,由于磁通守恒,磁能即增大为原来的 $(D/d)^2$ 倍。

随着技术的发展,这种从外向内驱动金属套筒直接压缩磁通的方法,逐渐被减

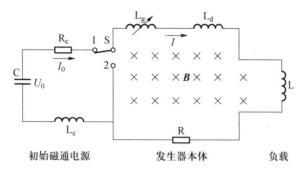

图 1.20　电感减小型磁通压缩发生器等效电路图

小线圈自感的方法所取代。从电路观点看,磁通密度可写为

$$\Phi = I \cdot L \qquad (1.2.7)$$

根据式(1.2.7),减小回路电感势必导致电流的增大。

在发生化学爆炸之前,一组电容器通过输入环给线圈(定子)馈电,线圈内产生初磁场,装填在金属管(电枢)内的炸药从起爆端向负载端爆炸,由于金属管在爆炸时向外膨胀,碰到线圈时便使之短路,这种沿爆轰方向移动的短路飞速向前推进,使回路电感迅速减小,同时将俘获在定子与电枢间的磁通压缩在越来越小的空间内,从而产生峰值极高的电流脉冲,获得峰值磁感应强度极高的脉冲磁场。

(4)脉冲变压器[40]:为了产生高功率电脉冲,早期也曾用过空气芯变压器,又称特斯拉(Tesla)变压器,但由于储能较小,逐渐被弃而不用。20世纪80年代,俄罗斯人成功地实现了特斯拉变压器和脉冲形成线在空间结构上的一体化设计,使得这一技术在建造重复频率脉冲功率装置技术中独领风骚。如图1.21所示,脉冲形成线的内、外导体同时也是变压器两端开环的磁导体,从而使脉冲功率系统建造得更紧凑。此时,造成脉冲形成线充电效率降低的分布电容不复存在,也不存在减弱变压器电可靠性的边缘效应。为此,俄罗斯大电流所研制了 Sinus 系列产品,例如 Sinus $-5(700\mathrm{kV}, 7\mathrm{kA}, 10\mathrm{ns}, 100\mathrm{Hz})$ 已向世界出售。

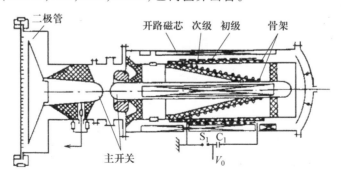

图 1.21　特斯拉变压器与脉冲形成线在空间结构上一体化设计示意图

29

2）脉冲形成线[45,46]

通常情况下，由脉冲装置产生的高压脉冲在微秒量级，如果直接连接负载或二极管，不仅得不到高功率，而且负载有可能工作不正常。为此，高压脉冲在送到负载或二极管之前，需要先经过一段传输线，以便对高压脉冲进行压缩整形，这段传输线又称为脉冲形成线（Pulse Forming Line，PFL）。下面以单传输线和双传输线为例来阐述高压脉冲压缩整形的过程。

（1）单传输线：单传输线对负载放电的等效电路如图 1.22 所示。

传输线的特性阻抗为 Z_0，由恒压源通过电阻 R（$R \gg Z_0$）充电至电压 V_0。假设开关 S 为理想开关，负载阻抗与传输线匹配，即 $R_L = Z_0$。在 S 接通瞬间，$t = 0$ 时刻，距离 $z = L$ 处将产生一个负向的行波 V_-，依据传输线理论，其电流 $I_- = -V_-/Z_0$，按基尔霍夫电压和电流定律以及负载 R_L 处的边界条件，有

$$\begin{cases} V_L = V_0 + V_- \\ I_L = I_- \\ V_L = I_L R_L \end{cases} \tag{1.2.8}$$

联立上式解得

$$V_L = V_0/2 \tag{1.2.9}$$

$$V_- = -V_0/2 \tag{1.2.10}$$

当 $t = L/c$ 时，c 为真空中光速，行波 V_- 到达 $z = 0$ 处，由于 $R \gg Z_0$，全反射产生一正向行波 $V'_+ = V_-$，该行波电流 $I'_+ = V'_+/Z_0$。

当 $t = 2L/c$ 时，行波 V'_+ 再次到达 $z = L$ 处，由于 $Z_0 = R_L$，无反射行波产生，依据基尔霍夫电压定律，有

$$V_L = V_0 + V_- + V'_+ = 0 \tag{1.2.11}$$

根据以上分析可知，在开关 S 接通后，负载上将出现如图 1.23 所示的矩形电压脉冲，其幅度 $V_L = V_0/2$，脉宽 $t_0 = 2L/c$。

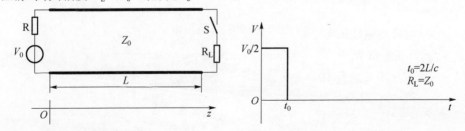

图 1.22　单传输线的等效电路　　图 1.23　阻抗匹配时负载上的电压波形

当终端负载不匹配时，主脉冲后在负载上还将出现一系列附加脉冲，如图 1.24 所示。利用传输线理论推导表明，在一般情况下，负载上的 k 级脉冲电压为

30

$$V_k = V_0 \frac{R_L}{R_L + Z_0} \left(\frac{R_L - Z_0}{R_L + Z_0} \right)^{k-1} \qquad (1.2.12)$$

式中：$k = 1, 2, 3, \cdots$。

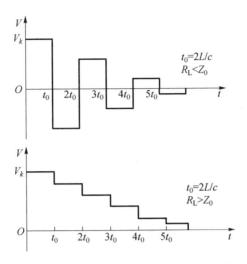

图 1.24　阻抗不匹配时负载上的电压波形

（2）双传输线：单传输线的主要缺点是负载上的电压脉冲幅度只是储能线电压的一半，为了得到与充电电压相同的脉冲幅度，通常采用图 1.25 所示的双传输线结构。布鲁姆莱恩于 1948 年最先提出了双同轴传输线原理，故双传输线又称 Blumlein 线。下面结合电路结构图来分析 Blumlein 线的工作过程。

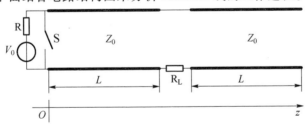

图 1.25　双传输线的电路结构

图中，两段传输线的特性阻抗均为 Z_0，由恒压源通过电阻 $R(R \gg Z_0)$ 充电至电压 V_0。负载阻抗 $R_L = 2Z_0$，负载电压 $V_L = 0$。在理想开关 S 接通瞬间，$t = 0$ 时刻，$z = 0$ 处产生一正向行波 V_+，依据基尔霍夫电压定律，$V_+ = -V_0$。

当 $t = L/c$ 时，正向行波 V_+ 到达负载 R_L，由于阻抗不匹配，V_+ 产生反射行波 V'_- 和透射行波 V'_+。因负载阻抗可看作集总元件，此时的反射系数和透射系数分别为

$$\rho = \frac{(R_L + Z_0) - Z_0}{(R_L + Z_0) + Z_0} = \frac{1}{2} \qquad (1.2.13)$$

$$\tau = \frac{2(R_L + Z_0)}{(R_L + Z_0) + Z_0} = \frac{3}{2} \qquad (1.2.14)$$

则反射行波电压为

$$V'_- = \rho V_+ = -\frac{V_0}{2} \qquad (1.2.15)$$

透射波经 R_L 分压后,到达第二段传输线的透射行波电压为

$$V'_+ = \tau V_+ \frac{Z_0}{R_L + Z_0} = -\frac{V_0}{2} \qquad (1.2.16)$$

负载 R_L 上的电压为

$$V_L = \tau V_+ \frac{R_L}{R_L + Z_0} = -V_0 \qquad (1.2.17)$$

当 $t = 2L/c$ 时,反射行波 V'_- 和透射行波 V'_+ 分别到达左右两端。由于左端短路,因此反射系数 $\rho = -1$,产生正向行波 $V''_+ = -V'_- = V_0/2$;由于右端开路,因此反射系数 $\rho = 1$,产生负向行波 $V''_- = V'_+ = -V_0/2$。

当 $t = 3L/c$ 时,正向行波 V''_+ 和负向脉冲 V''_- 同时到达负载 R_L 处,此时,正向行波 V''_+ 在第二段传输线产生的透射电压与负向脉冲 V''_- 产生的反射电压幅值相等,极性相反,相互抵消的结果是在第二段传输线上再无行波产生;同理,第一段传输线上同样再无行波产生。

依据基尔霍夫电压定律,有

$$V_0 + V_+ + V'_- + V''_+ = V_L + V_0 + V'_+ + V''_- \qquad (1.2.18)$$

故 $V_L = 0$。

以上分析结果表明,在开关 S 接通后,负载上延迟一段时间($t = L/c$)后,将出现图 1.26 所示的矩形电压脉冲,其幅度 $V_L = V_0$,脉宽 $t_0 = 2L/c$。

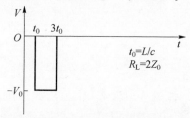

图 1.26 匹配时负载上的电压波形

当终端负载 $R_L \neq 2Z_0$ 时,主脉冲后在负载上还将出现一系列附加脉冲,如图 1.27 所示。

根据传输线理论推导的结果表明,在一般情况下,负载上的 k 级脉冲电压为

$$V_k = -V_0 \frac{2R_L}{R_L + 2Z_0} \left(\frac{R_L - 2Z_0}{R_L + 2Z_0}\right)^{k-1} \qquad (1.2.19)$$

32

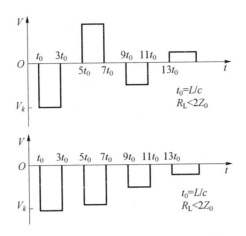

图 1.27 阻抗不匹配时负载上的电压波形

完全匹配时,单传输线只能产生幅值为充电电压一半的电压脉冲,与之相比,Blumlein 线传输给负载的脉冲电压幅值提高了 1 倍,故又称倍压传输线。

除了这里讨论的单传输线和双传输线外,还有其他的传输线方式可以给出幅值比充电电压大许多倍的脉冲,如利用串联方式、螺旋方式连接起来的传输网络,以及沿长度方向具有变波阻抗的传输线等,这里就不一一详细介绍了。

1.2.4.2 高功率微波(HPM)

HPM 的分类是广义的,它包括很多类微波。HPM 一词通常描述在军事上称为窄带 HPM 器件的微波源。这些器件一般采用强流相对论电子束驱动,利用诸如谐振腔的互作用结构使电子束产生群聚,从而将电子束的动能转换成射频能量。一般情况下,辐射出由源的性质所决定的窄带微波。这种窄带器件可以是短脉冲、高峰值功率的,也可以是工作在高重频或连续波模式下的高平均功率器件。后者的峰值功率可能很低,但这种长脉冲、高重频或连续波工作模式要比短脉冲的 HPM 源辐射更多的能量[39]。

HPM 的产生过程可概括为三步,如图 1.28 所示[37]。

图 1.28　HPM 的产生过程示意图

第一步,利用脉冲功率系统产生强流相对论电子束;第二步,利用 HPM 源将强流相对论电子束能量转换为微波能量;第三步,通过天线将微波能量辐射出去,产生 HPM。

R. J. Barker 和 E. Schamiloglu 在 *High Power Microwave Sources and Technologies* (2001)[39]一书中对美国高功率窄带微波源的性能进行了总结,见表 1.12。

表 1.12 高功率窄带微波源性能总结(美国)

序号	功率/MW	频率/MHz	调谐	脉宽/ns	能量/J	重频	质量	备注
1	1×10^3	$400 \sim 800$	可	$75 \sim 125$	100	S. S	220lb	Maxwell(PI)虚阴极振荡器
2	400	$325 \sim 407$	可	小于140	小于56	S. S	约750lb	AFRL 虚阴极振荡器(DART)
3	400	$435 \sim 544$	可	小于140	小于56	S. S	约500lb	AFRL 虚阴极振荡器(DART)
4	400	$660 \sim 820$	可	小于140	小于56	S. S	约250lb	AFRL 虚阴极振荡器(DART)
5	1.5×10^4	1.3×10^3	否	90	1350	S. S	大	NRL 相对论速调管放大器(Friedman)
6	3×10^3	1.1×10^3	否	80	240	S. S	大	Maxwell(PI)相对论磁控管
7	2×10^3	1.3×10^3	否	200	400	S. S	200lb[①]	AFRL 磁绝缘线振荡器
8	1.5×10^3	1.3×10^3	否	120	180	S. S	1200lb[①]	AFRL 相对论速调管振荡器
9	1×10^3	$(0.8 \sim 2) \times 10^3$	可	$75 \sim 125$	100	S. S	220lb	Maxwell(PI)虚阴极振荡器
10	1.6×10^3	2.4×10^3	否	30	50	S. S	大	LANL Reditron
11	1×10^3	3.5×10^3	否	180	180	S. S	大	NRL 相对论速调管放大器(Friedman)
12	1×10^3	$(2 \sim 4) \times 10^3$	可	$75 \sim 125$	100	S. S	220lb	Maxwell(PI)虚阴极振荡器
13	800	2.8×10^3	±18%	40	30	100Hz	大	Maxwell(PI) Orion 磁控管
14	1×10^3	$(4 \sim 8) \times 10^3$	可	$25 \sim 75$	75	S. S	44lb	Maxwell(PI)虚阴极振荡器
15	320	5.5×10^3	±11%	80	25	S. S	800lb[②]	AFRL 返波管
16	1×10^3	$(8 \sim 10) \times 10^3$	可	$25 \sim 75$	75	S. S	44lb	Maxwell(PI)虚阴极振荡器
17	800	9.4×10^3	±2%	15	12	10Hz	250lb	Cornell 返波放大器[③]
18	500	10×10^3	±20%	100	50	S. S	75lb	马里兰大学等离子体返波管[③]
19	300	8.5×10^3	否	10	3	S. S	4.4lb[②]	Maxwell(PI)相对论磁控管
20	260	8.2×10^3	否	$5 \sim 15$	4	S. S	重	LANL L. O. 回旋管

序号	功率/MW	频率/MHz	调谐	脉宽/ns	能量/J	重频	质量	备注
21	150	3×10^3	否	3000	450	50Hz	1000lb	SLAC DASY 速调管
22	50	1×10^3	否	2500	125	60Hz	250lb	SLAC 周期永磁聚焦调速管
23	约2×10^4	1×10^3	否	约50	小于1000	S. S	大	AURORA 反射二极管

注:S. S 表示单次;1lb ≈ 0.454kg;①近期目标;②无磁铁;③MURI 实验

典型 HPM 的时域特性:从图 1.29 所示 HPM 典型波形可以看出,中心频率为 f_0 的微波信号被一个脉冲群调制,单个调制脉冲的宽度为 t_{pd},调制脉冲的重复频率和周期分别为 f_{per} 和 t_{per},脉冲群的持续时间为 t_{bd}。

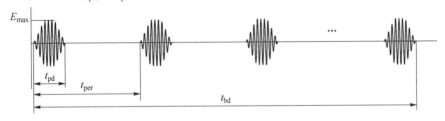

图 1.29　典型 HPM 的时域特性

从对系统的易损性考虑,这里所说的窄带指电场能量在一个窄的频带内传输,以获得非常高的功率。因为在单一频率上传输几千伏/米量级的场是相当容易的。当然,每个受试系统的易损频率不尽相同。试验中观察到的结果往往是采用窄带试验的设备故障为永久性损伤。在 MIL－STD－464C 标准[20]中给出了一般情况下 1000m 距离上 HPM 威胁限值,见前文中的表 1.6 所列。

1.2.4.3　超宽带(UWB)

UWB 是 HPM 的一种重要类型,与窄带 HPM 的不同之处在于:它不以高能强流电子束作为介质,而是直接利用快速开关技术对储能装置产生的高压脉冲进行脉冲整形和压缩,形成脉冲宽度很窄、上升前沿很陡、频带很宽的电磁信号。UWB 的特点是:峰值功率高(大于 1GW)、覆盖频带宽(相对带宽超过 25%,频率范围从几十兆赫伸展到几吉赫乃至几十吉赫)、上升时间短(亚纳秒或皮秒量级)。20 世纪 80 年代制造的第一个宽带脉冲源是具有高重频、快上升沿的 Bournlea 脉冲发生器,它以 CX1599 氢气闸流管为基础,能够产生 5kV 的电压脉冲,脉冲的上升时间为 3ns,重复频率为 1kHz。后来 Bournlea 研究人员利用铁氧体线脉冲锐化电路对脉冲进行了压缩,使上升时间减小到 500ps,最终建成了快上升沿、高电压的 UWB 源[39,47]。

UWB 高功率脉冲辐射源是将电能或磁能通过压缩以极窄的高功率脉冲通过天线发射出去的装置,其主要构成如图 1.30 所示。由脉冲功率系统产生高压脉冲,通过快速开关进行整形压缩后馈送到天线向空间发射,亚纳秒开关和天线是这类装置的关键技术。

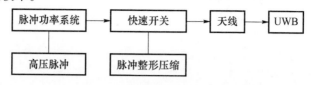

图 1.30　UWB 高功率脉冲源的主要构成

　　早期的研究侧重于理论和低功率水平的实验研究,进入 20 世纪 80 年代后,以实现高功率 UWB 脉冲为目标的研究进入了高潮。世界各国在军事背景的牵引下,投入了大量的人力和物力,所开展的高功率 UWB 微波技术研究工作进展很快。在该领域技术水平最高的是美国和俄罗斯,但他们的侧重点略有不同。俄罗斯以 Tesla 变压器技术和火花隙开关为主,美国在注重火花隙开关的同时,也关注对光导开关的研究[48]。

　　根据 UWB 脉冲发生器中开关的类型,可将 UWB 源分为三大类:气体开关源、液体开关源和固体开关源。

　　R. J. Barker 和 E. Schamiloglu 在其编写的 *High Power Microwave Sources and Technologies*[39] 一书中,对美国高功率超宽带微波源性能进行了总结,如表 1.13 所列。

表 1.13　高功率超宽带微波源性能总结(美国)

源/天线	时间	类型	工作电压 /kV	性能因子 /kV	备注
Bournlea/TEM 喇叭	1986 年	闸流管开关	10	3.5	天线很大,6ft 孔径 TEM 喇叭
BASS™103/finline	1989 年	光导固态	12	10	GEM 系列的前身
SNIPER/TEM 喇叭	1991 年	流动油开关	250	120	SNL 源
Kmtech PdHer/kipper 形喇叭	1992 年	固态	4	4.2	400V 开关的串、并联组合
PHOENIX/TEM 喇叭	1992 年	流动油火花隙	600	200	
EMBL/TEM 喇叭	1992 年	双极火花隙	750	380	SNL 源
GEM - 1/inline array	1993 年	光导固态	12	75	16 个开关充电到 12kV
LCO/12 碟形(UHF)	1993 年	H 火花隙开关	125	400	Fat 偶极柱型次反射面 (SNL 源)
H - 2/TEM 喇叭	1993 年	H 火花隙开关	500	350	
H - 3/18TEM 喇叭	1994 年	H 火花隙开关	400	360	可在 1MV 下工作
GEM - 2/finline array	1994 年	光导固态	17	1650	144 个开关充电到 12kV

源/天线	时间	类型	工作电压/kV	性能因子/kV	备注
GEM – l/finline array	1995 年	光导固态	12	100	8 个改进型开关充电到12kV
TLO/fat dipole	1995 年	见备注	1500	240	双极传输线振荡器（SNL源）
IRA/4m 抛物面	1995 年	H 火花隙开关	120	1300	独特的天线/负载设计，获得最大远场
LCO/fat dipole（VHF）	1996 年	气体火花隙开关	400	190	SNL 源
H – 5/TEM 喇叭/布儒斯特角窗	1997 年	H 火花隙开关	125	270	小型化
H – 5/TEM 喇叭	1997 年	H 火花隙开关	145	430	简单喇叭天线,可充很高电压

UWB 常以重复形式出现,其典型时域波形如图 1.31 所示。UWB 电磁辐射的频带可宽达几十兆赫到几十吉赫,与 HPM 相比,后者是频带分布在宽频范围内的一种窄带电磁辐射。UWB 的辐射能量虽然比 HPM 小,但其优势是能量分布在一个很宽的频带上。

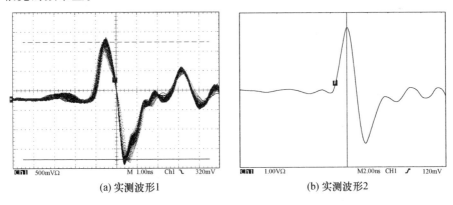

(a) 实测波形1   (b) 实测波形2

图 1.31　UWB 的时域特性

UWB 电磁辐射环境的场强峰值取决于发射功率和观测点与源的距离,典型值为 $1 \sim 100kV \cdot m^{-1}$,重频为 $1 \sim 1000Hz$,即每秒 $1 \sim 1000$ 个脉冲。MIL – STD – 464C 给出了 100m 距离上宽带 HPM 的外电磁环境,见前面的表 1.7。

1.2.5　静电放电电磁脉冲[49]

静电放电（Electrostatic Discharge,ESD）是一种常见的自然现象,其放电电流产生的近场,造成的重大损失和危害事例不胜枚举。1969 年年底在不到一个月的时间里,曾经由于 ESD 引发了荷兰、挪威、英国三艘 20 万吨级超级油轮相继在洗舱时爆炸;ESD 也曾使国际通信卫星 II - F1 ~ IV - F8 及美国的阿尼克、欧洲航天局的航海通信卫星等数十颗卫星发生故障,以致不能正常工作。在电子工业领域,随着微电子技术的迅猛发展,全球每年因 ESD 造成的损失高达百亿美元。

鉴于静电危害的严重性,世界各工业发达国家都十分重视静电防护及相关研究工作。特别是 ESD 形成的宽频带电磁辐射会对电子系统形成干扰以致损伤,因此在各种电子产品的电磁兼容性设计中都必须考虑对 ESD 的防护要求。美国原国防部技术情报中心(后改为国防文件中心)于 1991 年发布的 ADA243367 报告中,就已将 ESD 作为电磁环境效应中的一个重要组成部分。美军标和国际电工委员会标准中,凡与电磁兼容性相关的规定都包含了对 ESD 防护的具体要求。如在 IEC 61000 - 4 - 2[50] 标准中,对人体 - 金属 ESD 模型的参数、测试仪器及试验方法都做了明确的规定,并对该标准不断进行修订。从 1991 年发布的 IEC 801 - 2 到 2001 年发布的 IEC 61000 - 4 - 2 已进行了多次大的修改。对 ESD 的防护不仅涉及其引发的灾害事故和生产安全性问题,而且包含了有关 ESD 形成电磁干扰的系统及系统间的电磁兼容性问题。

1.2.5.1 静电的起电和消散

静电起电最常见的原因是两种材料的接触和分离。两物体接触和分离产生静电的过程涉及构成物体的材料间电子的转移问题。如图 1.32(a)所示,物体 A 和物体 B 的原子中质子和电子的数目相同,故这两种物体都呈电中性。但当这两种物体接触后再分离,有的电荷就会从其中一种物体表面转移到另一种物体表面。物体失去电子或得到电子取决于相接触的这两种物体的材料特性。失去电子的物体带正电,而得到电子的物体带负电,如图 1.32(b)所示。

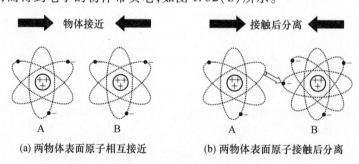

(a) 两物体表面原子相互接近   (b) 两物体表面原子接触后分离

图 1.32 静电起电示意图

图 1.32 有助于对静电起电过程的理解,而实际的静电起电机制是比较复杂的。所有静电起电过程均包含静电的产生和静电的消散两种作用,在连续不断的起电过程中,静电不断产生,不断积累,使物体的带电量增加;与此同时,物体所带的电荷也不断消散,使物体的带电量逐步减少。当静电的产生和静电的消散两种作用处于动态平衡状况时,物体才能处于稳定的带电状态,这时物体带有确定的电量。

38

静电消散的主要途径：一是通过空气，使物体上所带的电荷与大气中的异号电荷中和；二是通过带电体自身及与大地相连接物体的传导作用，使电荷向大地泄漏。

1.2.5.2 静电放电的特点

ESD 是指带电体周围的场强超过周围介质的绝缘击穿场强时，因介质产生电离而使带电体上的静电荷部分或全部消失的现象。

通常把偶然产生的 ESD 称为 ESD 事件，而实际发生的 ESD 事件往往是因物体上积累了一定的静电电荷，对地静电电位较高引起的。带有静电电荷的物体通常被称为静电源，它在 ESD 过程中的作用是至关重要的。ESD 的特点：其一，静电放电可形成瞬时大电流。过去，人们认为静电的放电是一种高电位、强电场、小电流的过程，其实这种看法并不完全正确。的确有些静电放电过程产生的放电电流比较小，如电晕放电，但是在大多数情况下，静电放电过程往往会产生瞬时脉冲大电流，尤其是带电导体或手持小金属物体（如钥匙或螺丝刀等）的带电人体对接地导体产生火花放电时，产生的瞬时脉冲电流的强度可达到几十安甚至上百安。其二，静电放电过程会产生较强的电磁辐射，形成电磁脉冲。过去人们在研究 ESD 的危害时，主要关心的是 ESD 产生的注入电流对电火工品、电子器件、电子设备及其他一些静电敏感系统的危害，以及 ESD 的火花对易燃易爆气体、粉尘等的引燃、引爆问题，忽视了 ESD 的电磁脉冲效应。近些年来随着静电测试技术及测试手段的不断进步，人们已清楚地认识到，ESD 过程中会产生上升时间极快、持续时间极短的初始大电流脉冲，并伴随产生强烈的电磁辐射，形成 ESD EMP。在 ESD 电流近场的作用下，往往会引起附近电子系统中敏感部件的损坏、翻转，使某些装置中的电火工品误爆，造成事故。因此，ESD EMP 作为近场危害源，可与 HEMP、LEMP 相提并论。

这里值得注意的是，实际上的静电放电是一个极其复杂的过程，它不仅与材料、物体形状和放电回路的电阻值有关，而且在放电时往往涉及非常复杂的气体击穿过程，因而 ESD 是一种很难重复的随机过程。

1.2.5.3 静电放电的分类、发生条件与特点

由于带电体可能是固体、流体、粉体以及其他条件的不同，ESD 可能有多种形态。仅依据 ESD 的特点，从防止静电危害方面考虑，ESD 可大致分为电晕放电、刷形放电、火花放电、传播型刷形放电、粉堆放电、雷状放电和电场辐射放电七种类型。各类 ESD 的发生条件和特点如表 1.14 所列。

1.2.5.4 静电放电电磁脉冲的时频特性

国际电工委员会于 2001 年 4 月发布的 IEC 61000 - 4 - 2《静电放电抗扰度测试》[50]标准中，给出的人体金属模型静电电压在 4kV 条件下放电的短路电流波形如图 1.33 所示，其表达式见式（1.2.20）。经频谱分析得出的百分能量分布情况见图 1.34，由图可见，98% 的能量分布于 $10^5 \sim 10^9$Hz 频段。可见，ESD 近场对那些尺寸较小的微电子电路的毁伤效应是不可忽视的，这也是在 ESD 对微电子器件毁

表 1.14　各类 ESD 的发生条件与特点

种类	发生条件	特点及引燃引爆性
电晕放电	当电极相距较远时,在物体表面尖端或突出部位电场较强处较易发生	有时有声光,气体介质在物体尖端附近局部电离,形成放电通道。感应电晕单次脉冲放电能量小于 $20\mu J$,有源电晕单次脉冲放电能量较此大若干倍,引燃能力甚小
刷形放电	在带电电位较高的静电非导体与导体间较易发生	有声光,放电通道在静电非导体表面附近形成许多分叉,在单位空间内释放的能量较小,一般每次放电能量不超过 4mJ,引燃、引爆能力中等
火花放电	主要发生在相距较近的带电金属导体间或静电导体间	有声光,放电通道一般不形成分叉,电极具有明显放电集中点,释放能量比较集中,引燃、引爆能力较强
传播型刷形放电	仅发生在具有高速起电的场合,当静电非导体的厚度小于 8mm 时,其表面电荷密度大于等于 $0.27mC \cdot m^{-2}$ 时较易发生	放电时有声光,将静电非导体上一定范围内所带的大量电荷释放,放电能量大,引燃、引爆能力很强
粉堆放电	主要发生在容积达到 $100m^3$ 或更大的料仓中,粉体进入料仓时流量越高,粉粒绝缘性越好,越容易形成放电	首先在粉堆顶部产生空气电离,形成仓壁到堆顶的等离子体导电通道,放电能量可达 10mJ,引燃、引爆能力强
雷状放电	空气中带电粒子形成空间电荷云且规模大、电荷密度大的情况下发生,如承压的液体或液化气等喷出时形成的空间电荷云	放电能量极大,引燃、引爆能力极强
电场辐射放电	依赖于高电场强度下气体的电离,当声电体附近的电场强度达到 $3MV \cdot m^{-1}$ 时,放电就可发生	放电时,带电体表面可能发射电子,这类放电能量比较小,引燃、引爆能力较小,出现这类放电的概率低

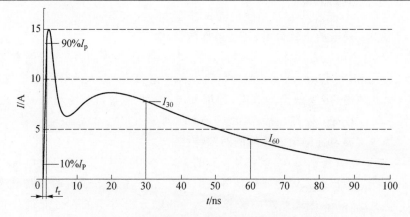

图 1.33　4kV 理想化接触式静电放电电流波形

I_p—峰值电流;t_r—脉冲上升时间。

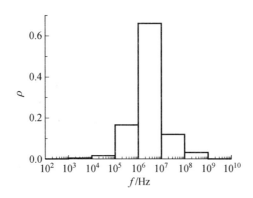

图 1.34　静电放电电流波形频谱百分能量分布图

伤效应试验中,除了放电点处会发生毁伤现象外,其他非放电点处常会受到损伤的原因所在。

$$i(t) = \frac{i_1}{k_1} \frac{(t/\tau_1)^n}{1+(t/\tau_1)^n} \exp(-t/\tau_2) + \frac{i_2}{k_2} \frac{(t/\tau_3)^n}{1+(t/\tau_3)^n} \exp(-t/\tau_4) \quad (1.2.20)$$

其中

$$k_1 = \exp(-\tau_1(n\tau_2/\tau_1)^{n-1}/\tau_2)$$
$$k_2 = \exp(-\tau_3(n\tau_4/\tau_3)^{n-1}/\tau_4)$$

式中: $\tau_1 = 1.3\mathrm{ns}$; $\tau_2 = 2\mathrm{ns}$; $\tau_3 = 12\mathrm{ns}$; $\tau_4 = 37.8\mathrm{ns}$; $i_1 = 17.5\mathrm{A}$; $i_2 = 9\mathrm{A}$; $n = 1.8$。

1.2.6　高功率电磁环境的效应

美国军标 MIL-STD-464C(2010 年 12 月修订板)对于电磁环境效应(Electromagnetic Environmental Effects, E3)是这样定义的:电磁环境对军事力量、设备、系统和平台运行能力的影响。它涵盖所有的电磁学科,包括电磁兼容、电磁干扰、电磁易损性、电磁脉冲、电磁防护、静电放电及电磁辐射对人员、武器装备与易挥发物质的危害。电磁环境效应包含了由射频系统、超宽带装置、高功率微波系统、雷电、沉积静电等所有电磁环境的贡献所产生的电磁效应。

HPM、UWB 和 HEMP 等高功率电磁环境对电子、电气设备及系统的效应是十分显著的,文献[51]列举了一些因受电磁照射导致军用飞行器系统、医疗设备失效的实例及分析总结。其中令人难以想象的例子是美国 Forrestal 号航空母舰事件:1967 年 7 月 29 日,在这艘航空母舰上,有一飞机导弹上的电缆屏蔽接头明显没有安装好。在该接头受到舰上雷达照射时,因性能降低而使雷达辐射的能量进入电缆内,在其中产生射频电压,致使导弹点火横扫甲板并击中其他飞机,引起飞机、炸弹和导弹的相继爆炸,造成 7200 万美元的损失,134 人失去生命或失踪。

就 HPM、UWB 和 HEMP 对电子系统的耦合而论,其耦合途径主要有:①前门(front-door)耦合,指入射波通过系统的天线接收形成的耦合;②后门(back-door)耦合,指入射波通过系统金属壳体上的孔、缝、电缆接头等形成的耦合。尤其是当入射波的波长与系统的特征尺寸相近时,将产生共振现象,使耦合大大增强。例如,王建国等试验研究和数值模拟的结果表明:对于 14mm × 1mm 的长缝,当微波辐射电场垂直于缝的长边时,在微波波长与孔缝周长近似相等的频率范围内存在强耦合。若定义孔缝的特征频率 $f_c = c/l$(c 为光速,l 为孔缝周长),则当入射波频率 $f = f_c$ 时即发生共振,此时金属腔体内的微波功率密度与入射功率密度处于同一量级。缝隙中的耦合电场约增强至入射微波电场的 8 倍。又如边长为 120mm、壁厚 3mm 的正方形金属腔体,当其与入射波方向垂直的一面中央处开 18mm × 18mm 小孔,入射的 UWB 为垂直极化波,高斯脉冲幅值为 10^3V·m^{-1},上升时间为 0.3ns,脉冲宽度约为 0.6ns,数值分析的结果表明[52],脉冲波在腔体内衰减得很快,脉冲场主要集中于小孔附近。腔内小孔轴线上距孔 6mm 处的耦合场波形如图 1.35 所示。由该波形可以看出,通过小孔耦合进入腔体的 UWB(主脉冲),与腔体发生了孔腔共振(主脉冲后的高频振荡)。图 1.36 所示腔体中心处信号的频谱说明,此处的场以腔体的谐振信号为主,其谐振峰位于 1.7 ~ 1.8GHz 处,与腔体谐振频率的主模相吻合,其后的几个谐振峰也分别与谐振频率的高次模吻合。

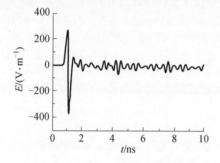 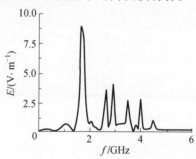

图 1.35　UWB 作用下腔体内耦合场波形　　图 1.36　UWB 作用下腔体中央处的信号频谱

不同类型的高功率电磁环境,其覆盖的频段和谱密度之间存在较大差异,故对电力、电子设备的耦合、毁伤效应差别很大。

对于设备的易损性试验,0.2 ~ 5GHz 这个频段倍受关注。当然频段高一些或低一些都可能对受试设备的性能产生影响,特别是系统有所响应的频段。

大量毁伤事件和研究成果表明[21]:对于民用电子设备和设施而言,200MHz ~ 5GHz 频段(波长为 0.06 ~ 1.5m)的高功率电磁环境是最具威胁性的,这是因为:①大量的发射和接收天线工作在这一频段,这就为环境电磁场提供了耦合途径;②典型的孔、缝、开口等的谐振频率处于这一频段,可将环境电磁场耦合进电子、电气设备和系统;③金属外壳连接处的铆钉间距典型尺寸一般是这一频段(1 ~ 2GHz)的四分之一波长,依据天线理论,铆钉之间缝隙可看作四分之一波长天线,故耦合效应较强;④一般电路箱体的物理尺寸决定了其谐振频率大致在 1 ~ 2GHz 频段;⑤系统内部的电线、电缆长度大致为这一频段对应波长的四分之一,为环境电磁场的耦合提供了内部途径。

但是对于高压传输线、火车轨道等很长的金属线体而言,具有较长波长频率分量的高空核电磁脉冲 E3 和雷电电磁脉冲的耦合则更为容易。

通过各种渠道耦合进入系统金属壳体内的 HPM、UWB 和 HEMP 能量,会对电子器件产生干扰、翻转、闭锁甚至烧毁等破坏效应,使其功能下降以致失效。损伤模式有热二次击穿,瞬时热效应引起的金属化失效,电压击穿和复杂波形引起的其他失效。失效的严重程度与功率密度有关,HPM 的有关数据见表 1.15[53]。

表 1.15 电子系统对不同功率密度 HPM 的效应

HPM 功率密度	效　　应
$0.01 \sim 1 mW \cdot cm^{-2}$	雷达和通信设备产生强干扰,设备不能正常工作
$0.01 \sim 1 W \cdot cm^{-2}$	使通信、雷达、导航等系统的微波电子设备失效或者烧毁
$10 \sim 100 W \cdot cm^{-2}$	壳体内产生瞬变电磁场,并进入壳体内部电路,产生感应电压,出现功能紊乱,误码,逻辑混乱,甚至永久失效
$10^3 \sim 10^4 W \cdot cm^{-2}$	强场作用,引起许多非线性效应,产生微观力学效应或非常吸收,可在短时间内毁坏目标

正是由于 HPM(含 UWB)对电子系统具有如此强的毁伤效应,因此 HPM 武器对军事电子系统构成的威胁十分严重。特别是随着微电子技术的迅猛发展,武器系统全面实现了微电子化,基于超大规模集成电路而发展起来的军事专用集成系统获得广泛应用,使通信、雷达、导航以及各种指挥、控制、识别、定位系统实现了灵巧化和智能化,然而也大大降低了军事电子系统对微波能量的防护能力。HPM 武器作为一种定向能武器,以破坏敌方电子部件为目的,是一种可摧毁敌方武器系统使作战方式发生革命性变化的新一代武器,在核威慑条件下的信息战中受到特别的关注。

1.3 地磁暴与 HEMP E3 部分

1.3.1 地磁暴[54-56]

除地闪雷电电磁脉冲场和静电放电产生的电磁脉冲场外,自然产生的电磁脉冲环境还包含重要的一类,即由太阳耀斑、日冕、磁层、太阳风等空间天气引发的地磁场的剧烈变化,包括地磁暴、地磁亚暴、地磁钩扰和地磁脉动等。

1.3.1.1 地磁场概述

地磁场是由地球内部的磁性岩石以及分布在地球内部和外部的电流所产生的各种磁场成分叠加而成。由于磁场起源不同,各种磁场成分的空间分布和时间变化规律也大不相同。因此,有必要对地磁场的组成进行分类研究。

按照场源位置划分,地磁场可以分为内源场和外源场两大部分。内源场起源于地表以下的磁性物质和电流,它可以进一步分为地核场、地壳场和感应场三部分。地核场又称作主磁场,现在普遍认为它是由地核磁流体发电机过程产生的。地壳场又叫岩石圈磁场或局部异常磁场,是由地壳和上地幔磁性岩石产生的。主磁场和局部异常场变化缓慢,有时又合称为稳定磁场。感应场是外部变化磁场在地球内部生成的感应电流的磁场,感应场与外源变化场一样,具有较快的时间变化。

外源场起源于地表以上的空间电流体系,主要分布在电离层和磁层中,行星际空间的电流对变化磁场的直接贡献很小。由于这些电流体系随时间变化较快,所以外源磁场通常又叫作变化磁场或瞬变磁场。根据电流体系及其磁场的时间变化特点,一般可以把变化磁场分为平静变化磁场和扰动磁场。

从全球平均来看,地核主磁场部分占总磁场的95%以上,地壳磁场约占4%,外源变化磁场及其感应磁场只占总磁场的1%。地球的变化磁场部分虽然比主磁场弱得多,但是它们随时间的变化却相当剧烈,这也正是其名称的由来。这部分磁场的变化周期(或时间尺度)通常为几分之一秒到几天。变化磁场主要是由高空电流体系产生的,此外,这些电流体系在导电的地球内部产生的感应电流对变化磁场也有一定的贡献。考虑到变化磁场的起源,人们也把太阳活动和近地空间环境变化所引起的地磁场季节变化、年变化、11年周期变化归入变化磁场的范畴。

1.3.1.2 地球变化磁场与地磁暴的扰动

地球变化磁场起源于磁层-电离层电流体系,这些电流体系是由磁层-电离层系统中发生的动力学过程和电动力学过程所产生的。这些过程的能量主要来源于太阳,太阳上经常发生各种复杂的活动过程,如太阳黑子、耀斑、谱斑、暗条、冕洞、射电爆发、日冕物质抛射等。太阳能量以电磁辐射和微粒辐射两种形式不断地向行星际空间发射,影响着磁层-电离层近地空间环境的状态和动力学过程。电离层是地球高层大气吸收太阳辐射,发生电离而生成的,磁层是太阳风与地球磁场作用的结果,太阳潮汐作用引起了电离层运动并产生了太阳静日变化电流,太阳风能量、动量和质量通过行星际磁场与地磁场重联而输入磁层,产生了磁暴、亚暴和其他扰动。其中磁暴是最重要的一种扰动类型。根据磁暴起始时段 H 分量的特点,可将其分为急始型磁暴和缓始型磁暴两类。H 分量以急剧变化开始的,称为急始型;以缓慢变化开始的,称为缓始型。对一典型的磁暴,它的发生过程一般可以分成以下几个阶段:

(1)初相:在磁暴发生后的最初几小时内,H 分量在平缓变化的基础上显著上升,称这一时段为磁暴的初相,在此阶段,磁场值虽然高于平静值,但受扰动的变化不大。

(2)主相:继初相之后,H 分量迅速大幅度下降,约经几小时或半天下降至最低值,并伴随着剧烈的起伏变化,这一时段称为磁暴的主相。主相显示了磁暴的主要特点,磁暴的大小就是用主相最低点的幅度衡量的,一般磁暴为几十到几百纳特。

(3)恢复相:继主相之后,水平分量又逐渐回升,在此时段磁场仍因扰动而起伏,但扰动强度渐渐减弱,约经过2~3天恢复到正常的变化形态,特大磁暴后的恢

44

复有时要持续一个多月。这一时段称为磁暴的恢复相。

磁暴的初相、主相、恢复相这一典型形式的地磁变化过程是从地磁台的 H 分量变化中消去正常日变化得到的,被称为暴时变化（storm time variation）,而后将多站结果用时序平均法进行平均,即得到描述磁暴变化的"Dst 指数"和"Dst 变化"。磁暴发生时全球磁场的变化除了不同纬度上的差异,还有明显的经度差异。

地磁亚暴是另一种重要的扰动变化,它主要表现在极区和高纬度区。在极光带,亚暴有极其复杂的变化形态,在中低纬度,亚暴表现为变化较平缓的湾扰。亚暴通常持续几十分钟到一两小时,有时一个接一个连续发生,有时孤立发生。亚暴的发生与日冕物质抛射和耀斑爆发等太阳活动过程有密切关系。

钩扰是偶尔能观测到的一种扰动类型,出现的范围限于中低纬度白天一侧。形态规则呈钩状,幅度一般也不大。

比上述磁扰周期更短的是地磁脉动,这是最经常出现的一种地磁扰动,幅度不大,周期范围很宽。在常规地磁台只能看到长周期脉动,而短周期脉动要用快速记录才可得到。根据形态特征,脉动可分成持续性（规则）脉动和不规则脉动两大类,每大类又根据周期分为若干类。

最早提出太阳带电粒子影响地磁场扰动假说的是挪威物理学家伯克兰（1908）,但是最早观测到太阳耀斑发生后地磁场扰动现象的则是英国天文学家卡林顿。1859 年 9 月 1 日 11:15,太阳耀斑爆发,紧随其后,地磁场立刻发生了钩扰变化,耀斑爆发后约 18h,也就是第二天凌晨 4:50 出现了强烈磁暴。现在我们知道,钩扰变化是耀斑爆发产生的强紫外辐射使低电离层电离度增加的结果,而磁暴则是耀斑爆发的高能带电粒子到达地球附近产生的。2003 年,Tsurutani 等利用印度孟买地磁台的记录估计,这个磁暴的最大暴时变化指数达到 760nT,是有记录以来最强的一次磁暴。图 1.37 可视为太阳耀斑与地磁扰动有密切关系的最早证据,图 1.37(a)为卡林顿于 1859 年 9 月 1 日 11:15 测到的耀斑,图中 A 和 B 是耀斑开始时的位置,后来耀斑移动到位置 C 和 D,图 1.37(b)是英国克尤台的地磁三分量记录,耀斑爆发后,地磁场立刻发生钩扰变化,18h 后地磁台记录到强烈磁暴。

1.3.1.3　地磁暴的破坏效应

地磁暴发生时,地球磁层、电离层电流体系产生的变化磁场和这些电流体系,均会在有一定导电性能的地球内部产生感应电流,从而对地球上的电力系统、通信系统、交通运输系统和长距离输油管道等公共设施的正常运行构成威胁。对电力系统的破坏最为严重的一次要数 1989 年 3 月加拿大魁北克地区的大规模停电事故。由太阳耀斑引起的地磁暴在该地区的电网中产生的巨大感应电流,造成了电力系统变压器饱和,产生的谐波电流使电网上起稳压作用的"静态无功补偿器"断开,导致了电网电压剧烈下降,造成詹姆斯海湾电力线跳闸,整个电力系统崩溃,致使全区停电达 9h。此次事故造成的直接经济损失为数千万美元,间接经济损失和社会影响更是无法估计。加拿大研究人员曾对五大不同电压等级高压电力系统的

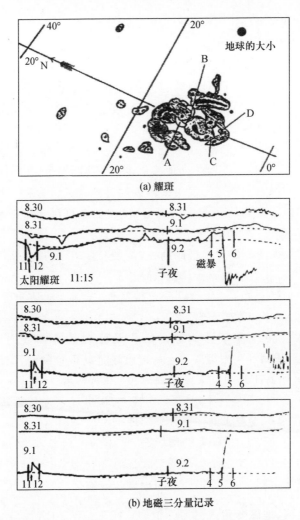

(a) 耀斑

(b) 地磁三分量记录

图 1.37 太阳耀斑与地磁扰动有密切关系的最早证据

地磁感应电流(Geomagnetic Induced Current,GIC)做了详细研究分析,在地表感应电势(Earth Surface Potential,ESP)取 1V・km^{-1}的情况下,分别计算出了五大电力系统中的单相导线和变压器单相绕组的 GIC 峰值,结果列于表 1.16。

表 1.16 加拿大五大电力系统中单项导线和变压器单相绕组的 GIC 峰值

电力系统名称	电压/kV	单相导线 GIC 峰值/A	变压器单相绕组 GIC 峰值/A
Hydro - Quebec	735	120	80
B. CHydro	500	50	40
Novascotia	345	33	30
ManitobaHydro	230	20	10
OntarioHydro	230	25	5

磁暴引起的通信系统故障更为常见,人们在 100 多年前就意识到这个问题的严重性。远在 1859 年 9 月初的一次大磁暴期间,电报线路中的异常感应电压就曾引发了通信故障。此后,这类事故经常发生:1940 年 3 月 24 日,大磁暴使美国明尼安波利斯 80% 的长途电话中断;1958 年 2 月 10 日,大磁暴使纽芬兰到英格兰的贝尔电话电缆中产生的感应电压高达 2.7kV。1989 年 3 月大磁暴期间地磁活动性与通信质量的对应关系如图 1.38 所示,图中地磁场活动性用 x 分量的日变幅(DRX)描述;通信质量用电波传播质量指数(RPQ)描述。

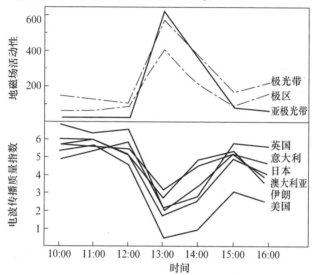

图 1.38　1989 年 3 月大磁暴期间地磁活动性与通信质量的对应关系

在阿拉加斯、加拿大、俄罗斯等高纬度地区,远距离输油管道通过地磁活动性极高的极光带地区,地磁变化在输油管道内产生的巨大感应电流高达 1000A。管道与大地构成电流回路,加速了输油管道的电化学腐蚀。地磁活动性与管-地电压相关变化情况如图 1.39 所示,其中:图(a)反映了 X 分量日变幅与管-地电压的相关变化;图(b)为磁暴期间地磁场的变化;而从图(c)中则可看出,该磁暴期间管-地电压的涨落变化超出了安全阈值。

地磁暴影响铁路系统的记录始于瑞典,1982 年 7 月 13 日至 14 日强磁暴期间,瑞典一些铁路段出现了异常。位于瑞典南端 45km 处的铁路段,交通信号灯由绿色变为红色,一会又变回了绿色,随后又变成了红色,称之为"闪红"。迄今,瑞典、俄罗斯等高纬度国家已经发生过多起磁暴干扰铁路系统的事件,主要现象仍是轨道电路上的信号灯"闪红"。磁暴对轨道电路的侵害,主要因感应电流流入轨道电路和钢轨,进而流入扼流变压器,引发扼流变压器磁饱和,从而影响信号的传输和接收,影响收端轨道继电器所接收到的电压,使轨道信号灯出现"闪红"现象。GIC 的影响过程可用图 1.40 来概括。

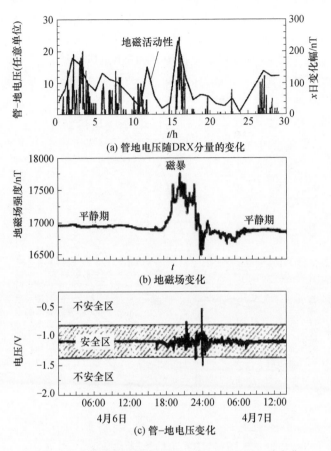

图 1.39　磁暴期间地磁活动性与管－地电压相关变化

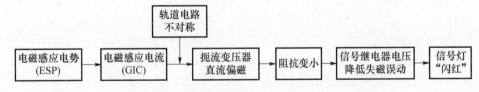

图 1.40　GIC 造成轨道信号灯"闪红"的影响过程示意框图

1.3.2　HEMP E3 环境[57]

　　HEMP E3 也被称为磁流体动力学（MHD）EMP,源于被电离化的核弹碎片及大气相对于地磁场的运动。美国于 1958 年在太平洋进行的"柚木和橙子"（Teak and Orange）外大气层核试验及在大西洋进行的"阿耳弓斯（Argus）行动"中,首次注意到 E3,并在此后进行的"玻璃鱼缸"（Fishbowl）系列外大气层核试验,特别是1962 年的"星鱼"（Starfish）试验中,获得更多的相关信息。对这些试验的分析结果表明,E3 电磁环境基本上是由两种不同物理机制的爆发过程产生,二者均对电子系统构成重大威胁。

依据时间发展顺序,E3 可分为两个过程:

1～10s 时段称为爆震波(Blast Wave),又称 E3A;10～300s 时段称为强抬升(Heave),又称 E3B。E3A 是因火球膨胀排斥地磁场而产生的一个磁泡。随后,磁泡中的碎片沿地磁力线流动,加热并电离上方的大气使其轻快地膨胀、上浮。这些上浮的导电碎片横扫地磁力线产生的电流在碎片中流动,从而在碎片下方的地面产生磁场,此即被定义为 E3B 的过程。这两个过程在不同的时段产生,而且在地球表面产生的电场具有不同的地理分布。

通过对核试验数据的分析,以及 20 世纪 70 年代、80 年代针对 E3 HEMP 物理机制所建立的理论和数值模型,人们已经对 E3 HEMP 有了定性理解。这类低电平场能够对大量与电力、通信有关的商用和军用网络构成重大威胁。

1.3.2.1 爆震波(E3A)过程

外大气层核爆炸所释放的能量中 75% 以上是以 X 射线向外辐射的,这些 X 射线在向下辐射过程中,通常在 80～110km 高度上被大气层吸收。其余能量中的绝大部分为武器碎片的动能,这些碎片被高度电离,因此具有很高的电导率。碎片向外膨胀,排斥导电区前面的地磁力线,形成一个"磁泡"。磁泡的初始膨胀取决于碎片的速度(1000km·s^{-1} 以上),随后的膨胀取决于爆炸发生的高度。在低于 300km 的高度上,磁泡外的大气密度是减缓膨胀的主要影响因素。由于向上方的稀薄空气膨胀比向下方的稠密空气更为容易,因此磁泡变得不对称。在更高高度上,磁泡的膨胀因受各向异性的磁压而减缓,碎片的动能转变为变形场线的磁能。磁压的各向异性体现在沿着磁力线方向磁泡膨胀更快,而在垂直于磁力线方向膨胀较慢。对于远离爆点的观察者而言,磁扰可看作爆点处排列方向与地磁场一致的一个偶极子产生的。这一电磁信号产生的机理是 Karzas 和 Latter 于 1962 年提出的假设。由此得出的场值非常低,但能在大范围空间内长时间存在。因此,它对非常长的通信线路(例如具有铜加强件的海底光缆)以及商用电力线的耦合受到人们的关注。

对于早期磁泡近乎球形的膨胀而言,地面上的扰动磁场可用一个磁偶极子近似,其大小由下式给出:

$$M(t) = -\frac{B_0 R(t)^3}{2} \tag{1.3.1}$$

式中:$R(t)$ 为随时间变化的磁泡半径;B_0 为地磁场值。典型情况下,磁泡在核爆炸后不到 1s 的时间内达到最大尺寸,而后在几秒内坍塌。在接近太阳周期极小值的夜间发生的核爆炸,受扰动的磁场在一个比磁泡动态过程更短的时间内通过电离层传播到地面,故用静磁场来近似是合理的。然而在太阳活跃期的夜间和所有白天发生的核爆炸,由于磁扰通过电离层散射到达地面的时间比磁泡的生长和坍塌过程要长得多,因此在地面产生的磁扰和电场很小。

不考虑核爆炸产生的 X 射线带来的影响,对地磁场扰动产生的电场可以直接计算。核爆炸约 75% 的能量是作为 X 射线以几千电子伏级的量子能辐射的。对于高度在 100km 以上的爆炸,射向下方的 X 射线在 80~110km 高度上由于光电过程的影响,停留在上层大气中。在最早的几微秒时间内,这些光电子沉积其能量形成附加的二次电子群,使该区域充分电离成为一个高电导率区。由于更多的是活跃的 X 射线谱,该区域可以一直延伸到 110km 高空爆点位置所能看到的地平线之外,对于到达地面的爆炸区域产生的电磁信号起到屏蔽作用。其基本物理机制如图 1.41 所示。火球优先向下方沿地磁场膨胀,形成对地磁场的扰动。地磁场线被紧紧束缚在导电的 X 射线带内。在地下受侧边散射的影响,对地磁场线的束缚很小,且仅存在小于趋肤深度的区域,该趋肤深度随时间不断增大。

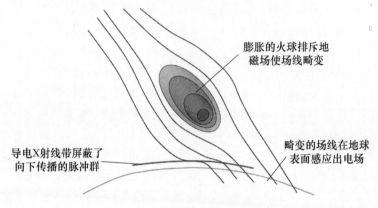

膨胀的火球排斥地磁场使场线畸变

导电 X 射线带屏蔽了向下传播的脉冲群

畸变的场线在地球表面感应出电场

图 1.41　爆震波现象示意图

由于 X 射线带的屏蔽效应,对于爆震波信号而言,最强的场将出现在 X 射线带边缘的上方区域。X 射线带下方的场是由于扰动磁场在其边缘下沿水平方向"滑行"形成的,而不是垂直穿透,该场可以通过计算磁标位函数获得。若视地球为理想导体,X 射线带边缘的扰动磁场可用以下公式计算:

$$\Delta \boldsymbol{B} = -\nabla \phi_M \tag{1.3.2}$$

然后可以计算出 X 射线带下方无源区域的场。

具有均匀水平磁场且指向北方的偶极子,主要产生东西方向的电场。均匀导电地面上与磁扰相关的电场($V \cdot m^{-1}$)可通过卷积进行计算,即

$$E(t) = \frac{1}{\sqrt{\pi \mu_0 \sigma_g}} \int_0^t \frac{\mathrm{d}\tau}{t-\tau} \frac{\partial B(\tau)}{\partial \tau} \tag{1.3.3}$$

式中:σ_g 为大地电导率($S \cdot m^{-1}$);$\mu_0 = 4\pi \times 10^{-7}$($H \cdot m^{-1}$),为自由空间磁导率;$B$ 为磁扰(T);对电导率为 $10^{-3} S \cdot m^{-1}$ 或 $10^{-4} S \cdot m^{-1}$ 的均匀大地,水平电场的单位通常用 $V \cdot km^{-1}$。然而,大地电导率在垂直方向层状分布非常重要,对高频分量的影响较大。

因为磁扰的上升时间比 E3A 和 E3B 过程的衰落都要快,所以对于均匀导电土

壤,电场的峰值与磁场峰值有关,可按以下公式计算,即

$$E_{pk} \approx \frac{0.9B_{pk}}{\sqrt{\mu_0 \sigma_g t_r}}$$ (1.3.4)

式中:t_r 为扰动磁场的上升时间,定义为上升到峰值的 10% ~90% 所经历的时间。

电场的水平分量与磁场的水平分量正交,包括海洋在内的各处大地电导率统一取为 10^{-3} S·m^{-1}。值得注意的是,在 X 射线带下方东西方向的电场相对均匀,而该区域之外的电场方向和大小都迅速变化。对北半球低纬度上方的核爆炸而言,最强的场正好出现在 X 射线带之北。

1.3.2.2 爆炸高度、大气层和爆炸当量对爆震波的影响

如前所述,核爆炸时电离层的状态会强烈影响电场峰值的大小。图 1.42 给出了中等当量核爆炸产生的电场峰值随爆炸高度和电离层密度变化的规律。

图 1.43 给出了夜间在 400km 高空发生最小的太阳爆发时,E3A 电场峰值随爆炸当量的变化曲线。图中数据表明,导电区域的最大半径与爆炸当量的立方根成正比。这是因为磁扰的范围与导电区域的半径成立方关系,而在很大当量范围内峰值电场与当量近似成线性关系。

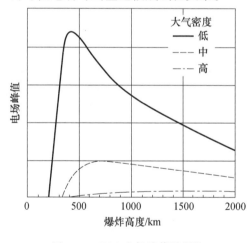

图 1.42　E3A 电场峰值随爆炸
高度和大气层密度的变化

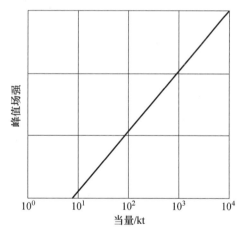

图 1.43　E3A 电场峰值随
爆炸当量的变化

1.3.2.3 强抬升(E3B)过程

100km 以上高度核爆炸 E3 电磁脉冲的第二部分为强抬升效应。其基本原理如图 1.44 所示。

对于高度在 130km 以上的爆炸,弹体碎片和经震动加热的空气离子流沿地磁场线向下行进,直至将其能量沉积在 130km 的高空。这两个过程的贡献在于对电离层 E 层的加热和附加的电离。爆炸辐射的紫外线也对这片区域加热,且这种对中心区域的加热有利于爆发过程的行进。被加热的空气经过短暂的膨胀期之后便

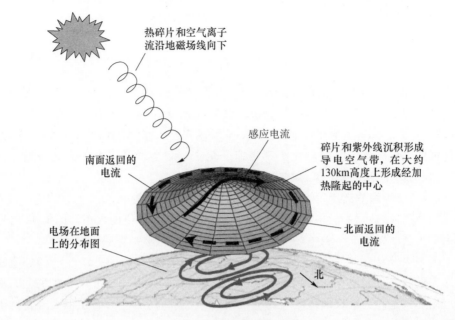

图 1.44　强抬升过程示意图

轻快地上升。在图中,这片电导率较强的区域用灰色"帽子"表示,被加热的区域中心比周边上升得更快。当该导电层上升到与地磁场相交割时,根据发电机效应,会感应出电流,如图中"帽顶"上的实线箭头所示。感应电流向西流动,同时在加热和抬升较慢的区域,伴随出现南向和北向的回流。于是在 E 层中的总电流呈"8"字形。该电流在大地中感应出方向相反的电流,而大地电导率为有限值,这意味着大地中将产生相同方向的电场。

E3A 可用磁偶极子模型描述。结合磁通量守恒和导电区域的上升轨迹,抬升的基本过程也可以用一个简化模型来描述。

假定在 130km 高空的这片区域是完全导电的,且以重力加速度弹道式地上升。假定水平地磁场为 B_0,重力加速度为 a,上升区域原来的高度为 h_0,则扰动磁场为

$$\Delta B = B_0\left(\frac{h_0}{h_0 + at^2/2}\right) \tag{1.3.5}$$

设水平地磁场的最大值为 $0.4\mathrm{Gs}$[①],通过卷积计算,可得出均匀土壤电导率为 $10^{-3}\mathrm{S} \cdot \mathrm{m}^{-1}$ 情况下水平电场随时间的变化波形,如图 1.45 所示。

该简化模型给出了电场峰值的合理值。经详细计算,当抬升区域开始去离子化时,水平电场下降得更快,同时由于抬升区域的横向范围有限,地磁场随之"从侧旁泄漏出来"。在图 1.45 中,最高场强出现在加热温度最高的大气层下方。因

---

① 　$1\mathrm{Gs} \approx 10^{-4}\mathrm{T}$。

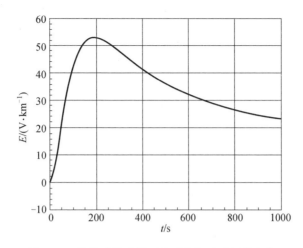

图 1.45   简化强抬升模型水平电场随时间的变化

为对大气层的加热仅限局部区域(如延伸几百千米),可以预测 E3B 场的覆盖范围要比 E3A 过程小很多。对 E3B 抬升过程的数值模拟结果也证明了这一点。

电场在地面上的分布图反映了电流在导电的抬升区中的流动。例如:电场分布图的中心区域与最大能量沉积区对应;为保持总的磁通量不变(即所谓的"发电机效应"),会产生一个很大的东西方向流动的感应电流,同时在远离抬升驱动电流的区域将出现伴随回流,以维持总的电流。这些电流的流动导致 E3 抬升场呈现典型的双靶心分布。在靶心区域,感应电流和回流的作用相互抵消,场强为零。由于电导率随时间和空间变化,抬升的时空分布也在不断变化,感应电流和回流作用恰好抵消的位置并不固定,而是随时间不断改变。不幸的是,"玻璃鱼缸"系列试验中记录下的都是靶心区域 E3A 抬升磁场的数据。

1.3.2.4   爆炸高度、当量对强抬升电场峰值的影响

E3A 的最大场强发生在约 400km 高度上的爆炸,而 E3B 电场峰值达到最大值的爆炸高度则非常低,见图 1.46 中 E3B 的电场峰值随爆炸高度变化的曲线。在大约 200km 以下的高度上强抬升区域的加热主要取决于紫外线沉积,对于更高的爆炸,则主要取决于沿磁场线向下流动的碎片和被加热的空气离子,因此,图中在 200km 高度附近,电场峰值随着爆炸高度的增加沿斜线向下变化。

对于高度低于 130km 的爆炸,电场峰值随爆炸当量的变化如图 1.47 所示。与 E3A 不同,在爆炸当量低于 100kt 的情况下,电场峰值就饱和了,再大的当量也不会产生更高的场强。然而,爆炸当量增大时其场的分布范围会进一步扩大,使得地面上更大的区域内的水平电场接近峰值。

1.3.2.5   低空核爆炸

当爆炸高度低于 100km,E3A 将由另一种效应即偶极子 E3 取代。这种效应与 E3A 过程火球排斥地磁场引起地面磁场扰动类似,其主要区别在于:此时火球膨

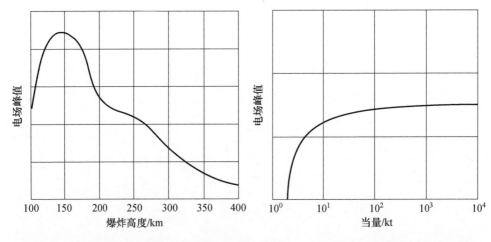

图 1.46　E3B 电场峰值随爆炸高度的变化　　图 1.47　E3B 电场峰值随爆炸当量的变化

胀受地磁场的影响很小(地磁场对火球膨胀的限制只在高空发生),主要受大气压力的限制。最终尺寸的火球区域对地磁场的排斥作用非常小,故磁偶极距极小,当距离地面观测者非常近时更是如此。由于缺乏一个体现 100km 以上爆炸 E3A 特征分布的 X 射线电离中间区域,因此此时 X 射线带外的电场和磁场都最大。与 100km 以上高空爆炸产生的 E3A 或 E3B 相比,偶极子 E3 产生的地面电场非常小,极少考虑其对系统生存能力的影响。

1.3.2.6　E3 数值计算方法

在人们关注磁流体动力学电磁脉冲作用下长线系统的生存能力之前,已经出现了很多计算核爆炸对大气层上层电磁波传播扰动的数值技术。对雷达和无线电通信的研究促进了这些技术的发展,最初的研究是关于核环境中反弹道导弹系统的雷达运行,当敌方在大气层上方引爆核武器,通过电离使雷达致盲,随后再入飞行器在没有拦截的情况下顺利抵达低空。之所以关注核爆炸电离对无线电通信的影响,与核导弹潜艇、轰炸机和导弹发射井接收应急作战信息通信能力的损失有关。除了无线电通信信号强度的损耗以外,由于电离区包含复杂的条纹结构,这意味着即便是在特定的路径上有足够强的信号,无线电信息也可能变得难解,需要建立电导率随时间变化的精确模型来模拟不同调制方案和数据比率的影响。这促进了针对磁泡及其在磁场中崩塌、E 区或电离层中离子化武器碎片和震动空气等问题的二维和三维模拟技术的发展。

1.3.2.7　与苏联 E3 数据的比较

1962 年 10 月,苏联完成了一系列高空核试验,以评估所设计的反弹道导弹系统的性能。试验期间测量了与 E3B 信号相关的磁场,并观察到多次因 E1 和 E3 导致的停电故障。但因试验是在白天进行的,所以 E3A 信号较小。近年来,这些试验的详细资料已公开报道,文献[55]将有关数值结果与苏联 10 月 28 日在 150km

高度上进行的 300kt 当量爆炸数据进行了比较。

150km 高度上的爆炸接近于产生最强 E3B 磁场的情况,在这一高度上来自核爆炸装置的紫外线对 E3B 的贡献最为重要。无法将数值结果与强场区的数据进行比较,因为试验中磁力计数据是在离次爆点非常远的位置获取的。场分布图的靶心一般位于次爆点的南侧和北侧约 110km 处,观测到的地面范围为 227 ~ 371km。

将数值计算结果与实测的次爆点北侧 227km、东侧 362km 和 371km 处的磁场进行比较的结果,如图 1.48 至图 1.50 所示,数值结果和实测波形一致性较好。

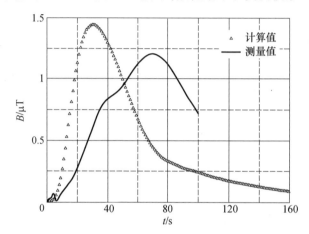

图 1.48　次爆点北侧 227km 处计算结果与实测波形的比较

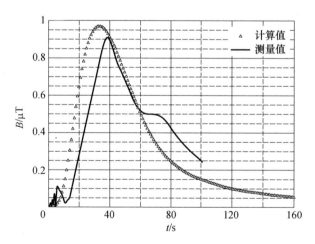

图 1.49　次爆点东侧 362km 处计算结果与实测波形的比较

1.3.2.8　IEC 标准中关于 E3 的相关规定

经国际电工委员会研究,HEMP E3 出现在非密应用的标准中。该标准将 E3A 和 E3B 组合成一个波形,但对场的空间范围或方位没有进行规定。图 1.51 规定

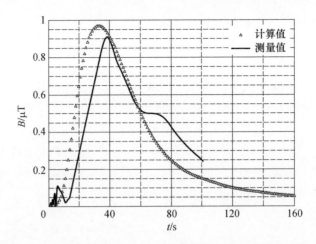

图 1.50 次爆点东侧 371km 处计算结果与实测波形的比较

了 E3 水平电场的波形,适用于电导率为 $10^{-4}S \cdot m^{-1}$ 的均匀土壤,对其他大地电导率情况下的 E3,可用下式按比例计算,即

$$E3 \sim \sigma_g^{-1/2} \tag{1.3.6}$$

水平磁场可依据图 1.51 波形按前述求取电场的算式通过反卷积运算得出,计算结果如图 1.52 所示。

$$B(t) = \sqrt{\frac{\mu_0 \sigma}{\pi}} \int_0^t \frac{\mathrm{d}\tau}{\sqrt{t-\tau}} E(\tau) \tag{1.3.7}$$

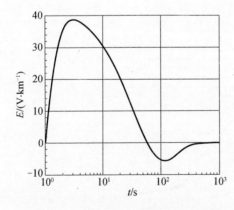

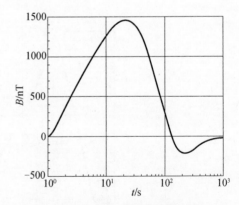

图 1.51 IEC 61000-2-9 中给定的
E3 水平电场波形

图 1.52 根据电场得出的磁场波形

参 考 文 献

[1] Wikipedia. Electromagnetic pulse [EB/OL]. [2015-03-02]. https://en.wikipedia.org/wiki/Electromagnetic_pulse.

［2］ Vittitoe C N. System Design and Assessment Notes：Did High – Altitude EMP Cause the Hawaiian Streetlight Incident？［R］. Sandia National Laboratories，1989.

［3］ Wikipedia. Nuclear Electromagnetic Pulse［EB/OL］.［2015 – 02 – 23］. https：//en. wikipedia. org/wiki/Nuclear_electromagnetic_pulse.

［4］ Bainbridge K T. Trinity：Report LA – 6300 – H［R］. Los Alamos Scientific Laboratory，1976.

［5］ Baum C E. From the Electromagnetic Pulse to High – Power Electromagnetics［J］. Proceedings of the IEEE，1992，80（6）：789 – 817.

［6］ Baum C E. Reminiscences of High – Power Electromagnetics［J］. IEEE Transactions on Electromagnetic Compatibility，2007，49（2）：211 – 218.

［7］ Defense Atomic Support Agency. Operation Hardtack Preliminary Report：Technical Summary of Military Effects：Report ADA369152［R］. 1959：346 – 350.

［8］ Broad W J. Nuclear Pulse（Ⅰ）：Awakening to the Chaos Factor［J］. Science，1981，212：1009 – 1012.

［9］ Broad W J. Nuclear Pulse（Ⅱ）：Ensuring Delivery of the Doomsday Signal［J］. Science. 1981，212：1116 – 1120.

［10］ Broad W J. Nuclear Pulse（Ⅲ）：Playing a Wild Card［J］. Science，1981，212：1248 – 1251.

［11］ Longmire C L. Fifty Odd Years of EMP：NBC Report［R］. 2004：47 – 51.

［12］ Pfeffer R，Shaeffer D L. A Russian Assessment of Several USSR and US HEMP Tests［J］. Combating WMD Journal，2009，3：33 – 38.

［13］ Longmire C L. Justification and Verification of High – Altitude EMP Theory，Part 1：LLNL – 9323905［R］. Lawrence Livermore National Laboratory，1986.

［14］ Darrah J H，et al. Special Joint Issue on the Nuclear Electromagnetic Pulse［J］. IEEE Trans. Electromagn. Compat. ，1978：1 – 193.

［15］ Louis W S，Jr A. Calculational Model for High Altitude EMP：Report ADA009208［R］. 1975.

［16］ 邱焱，肖霆. 电磁兼容标准与认证［M］. 北京：北京邮电大学出版社，2001.

［17］ 杨凤鸣，刘琦. 电磁兼容（EMC）最新发展动态［J］. 华北电力技术，1999，2：40 – 45.

［18］ Hoad R，Radasky W A. Progress in IEC SC 77C High – Power Electromagnetics Publications in 2009［C］. 2010 Asia – Pacific International Symposium on Electromagnetic Compatibility，Beijing，China，2010：762 – 765.

［19］ United States Department of Defense. Requirements for the Control of Electromagnetic Interference Characteristics of Subsystem and Equipment：MIL – STD – 461F［S］. 2007.

［20］ United States Department of Defense. Electromagnetic Environmental Effects Requirements for Systems：MIL – STD – 464C［S］. 2010.

［21］ International Electrotechnical Commission. Electromagnetic Compatibility（EMC）– Part 2 – 13：Environment – High – Power Electromagnetic（HPEM）Environments – Radiated and Conducted：IEC 61000 – 2 – 13［S］. 2005.

［22］ OSD/DARPA. Ultra – Wideband Radar Review Panel，Assessment of Ultra – Wideband（UWB）Technology［R］. Defense Advanced Research Project Agency（DARPA），Arlington，VA，1990.

［23］ Baum C E. Modification of TEM – Fed Reflector for Increased Efficiency［R］. Sensor and Simulation Note 458，2001：8.

［24］ Giri D V. Classification of Intentional EMI Based on Bandwidth［C］. Proc. American Electromagnetics（AMEREM）2002，Annapolis，MD，2002.

［25］ Giri D V，Tesche F M. Classification of Intentional Electromagnetic Environments（IEME）［J］. IEEE Transactions on Electromagnetic Compatibility，2004，46（3）：322 – 328.

［26］Ianoz M，Wipf H. Modeling and Simulation Methods to Assess EM Terrorism Effects ［C］. Proc. Asia – Pasific CEEM，Shanghai，China. 2000：1 – 4.

［27］United States Department of Defense. Electromagnetic Environmental Effects Requirements for Systems MIL – STD – 464 ［S］. 1997.

［28］International Electrotechnical Commission. Electromagnetic Compatibility（EMC）– Part 2：Environment – Section 9：Description of HEMP Environment – Radiated Disturbance：IEC 61000 – 2 – 9［S］. 1996.

［29］Lee K S H. EMP Interaction：Principles，Techniques，and Reference Data ［M］. Washington DC：Hemisphere Publishing Corp. ，1986.

［30］United States Department of Defense. Requirements for the Control of Electromagnetic Interference Characteristics of Subsystem and Equipment：MIL – STD – 461C ［S］. 1986.

［31］Bell laboratories. Inc. EMP Engineering and Design Principles ［M］. NJ：Bell Telephone laboratories，Inc. ，Techn. Publ. 1975.

［32］Mindel I N. DNA EMP Awareness Course Notes：ADA058307［R］. 1977.

［33］Longmire C L，Hamilton R M，Hahn J M. A Nominal Set of High – Altitude EMP Environments：ORNL/Sub/86 – 18417/1 ［R］. Oak Ridge National Laboratory，1987.

［34］Radasky W A. Review of Unclassified HEMP Calculations and Analytic Waveforms：NEM 1990 Record ［R］. 1990：71.

［35］Ianoz M，Nicoara B I C，Radasky W A. Modeling of an EMP Conducted Environment ［J］. IEEE Transactions on Electromagnetic Compatibility，1996，38（3）：400 – 413

［36］Peter Hasse. 低压系统防雷保护［M］. 傅正财，页蛮誉，译. 北京：中国电力出版社，2005.

［37］周传明，刘国治，刘永贵，等. 高功率微波源［M］. 北京：原子能出版社，2007.

［38］Benford J，Swegle J A，Schamiloglu E. 高功率微波［M］. 江伟华，张驰，译. 2 版. 北京：国防工业出版社，2009.

［39］Barker R J，Schamiloglu E. 高功率微波源与技术 ［M］.《高功率微波源与技术》翻译组，译. 北京：清华大学出版社，2005.

［40］刘锡三. 高功率脉冲技术 ［M］. 北京：国防工业出版社，2007.

［41］Knoepfel H. Pulsed High Magnetic Fields ［M］. London：North – Holland Publishing，1970：177 – 179.

［42］Crawford J C，Damerow R A. Explosively Driven High – Energy Generators ［J］. Journal of Applied Physics，1968，39（11）：5224 – 5231.

［43］Fowler C M，Garn W B，Caird R S. Production of Very High Magnetic Fields by Implosion ［J］. Journal of Applied Physics，1960，31（3）：588 – 594.

［44］Shearer J W，et al. Explosive – Driven Magnetic – Field Compression Generators ［J］. Journal of Applied Physics，1968，39（4）：2102 – 2114.

［45］米夏兹 Γ A. 真空放电物理和高功率脉冲技术 ［M］. 李国政，译. 北京：国防工业出版社，2007.

［46］孔金瓯. 电磁波理论 ［M］. 吴季，等，译. 北京：电子工业出版社，2003.

［47］黄裕年，任国光. 高功率超宽带电磁脉冲技术 ［J］. 微波学报，2002，18（4）：90 – 94.

［48］纪卫莉. 用光电导开关产生超宽带电磁辐射的研究 ［D］. 西安：西安理工大学，2005.

［49］刘尚合，武占成. 静电放电及危害防护 ［M］. 北京：北京邮电大学出版社，2004.

［50］International Electrotechnical Commission. Electromagnetic Compatibility（EMC）– Part 4 – 2：Testing and Measurement Techniques – Electrostatic Discharge Immunity Test：IEC 61000 – 4 – 2 ［S］. 2001.

［51］Radasky W A，Baum C E，Wik M W. Introduction to the Special Issue on High – Power electromagnetics （HPEM）and Intentional Electromagnetic Interference（IEMI）［J］. IEEE Transactions on Electromagnetic Compatibility，2004，46（3）：314 – 321.

[52] 刘顺坤,傅君眉,周辉,等. 电磁脉冲对目标腔体的孔缝耦合效应数值研究[J]. 电波科学学报,1999,
    14(2):202 - 206.

[53] 王瑛,欧阳立新,张国春. 高功率微波弹发展现状浅析[J]. 微波学报,1998,14(1):79.

[54] 徐文耀. 地球电磁现象物理学[M]. 合肥:中国科学技术大学出版社,2009.

[55] 熊年禄. 唐存琛,李行健. 电离层物理概论[M]. 武汉:武汉大学出版社,1999.

[56] 范婷霞. 磁暴侵害轨道电路系统的物理过程研究[D]. 北京:华北电力大学出版社.2013.

[57] Gilbert J,Kappenman J,RADASKY W A,et al. The Late - Time (E3) High - Altitude Electromagnetic Pulse
    (HEMP) and Its Impact on the U. S. Power Grid:Meta - R - 321 [R]. Metatech Corporation,2010.

第2章 核武器的爆炸效应与电磁脉冲

核武器是迄今威力最大的武器。核武器在爆炸瞬间能释放巨大的能量,这些能量可以转化为不同的杀伤破坏效应。核爆炸的杀伤破坏效应分为两类:第一类在爆后几秒到几十秒时间内起作用,称为瞬时杀伤破坏效应,包括冲击波、热辐射(或称光辐射)、早期核辐射和电磁脉冲;第二类作用时间可持续几天甚至更久,是爆炸产物剩余核辐射形成的放射性沾染,包括 γ 辐射和 β 粒子[1-4]。

自 1945 年 7 月 16 日美国在新墨西哥州的沙漠上成功地进行了世界上首次原子弹试验以来,核武器经过半个多世纪的发展,其技术水平不断提高,作战性能不断完善。目前,掌握先进核技术的国家已能通过运用核裂变、核聚变反应控制技术,新的核材料技术和组装工艺技术等,研制具有可控性的或产生特殊毁伤效应的新一代核武器。回顾核武器的发展历程:第一代核武器是用铀和钚制造的原子弹,这种武器重量大,可靠性差,不便于运载;第二代核武器为热核武器,即氢弹,威力增大,体积和重量减小,且提高了安全性和可靠性,故便于远程运载。然而,核爆炸具有的多种杀伤破坏效应限制了核武器在战场上的实际使用,特别是当它在发挥巨大作战威力的同时将给人类社会造成种种严重的灾难。由核爆炸产生的放射性沾染,由核爆炸热辐射效应引发的大火及燃烧形成的烟尘将使环境和生态遭到空前的破坏。为此,新一代核武器的发展方向是通过专门设计,有选择地增强其某一种杀伤破坏效应并削弱其他效应,这样一种效应经过"剪裁"和加强的核弹,被称为剪裁效应核武器或增强效应核武器。例如,中子弹是以高能中子为主要杀伤因素,并使冲击波和光辐射等效应减弱的小型氢弹。它作为一种战术核武器能有效地杀伤人员,对付装甲集群目标,而对建筑物和武器装备的破坏作用则很小,放射性沾染也很小。现今某些有核国家已将中子弹列为装备。据测算,1 枚当量(产生同样能量所需要的 TNT 炸药的重量,下同)为 1kt 的中子弹,在 150m 高度爆炸时,产生的瞬时核辐射杀伤半径可达 800m,对坦克乘员的杀伤威力相当于当量为 10kt 的原子弹,而冲击波对建筑物的破坏半径约为 550m,不及相同当量原子弹的 1/2。而冲击波弹则是以冲击波效应为主要杀伤破坏因素的特殊性能氢弹。1980 年,美国宣布研制成功冲击波弹,并称这种武器的放射性沉降比相同威力的纯裂变武器降低一个数量级以上,且光辐射破坏效应显著减小,杀伤破坏作用已与常规武器接近。再如,剪裁效应核武器中的核定向能武器以核爆炸能作为动力源,利用核弹释放的巨大能量激励或驱动产生高能的激光束、粒子束、电磁脉冲、等离子体等,并使其定向发射,因而可以有选择地攻击目标[2,5-7]。

尽管作为核定向能武器的核电磁脉冲弹的研发状况至今还不明朗,然而即便是普通氢弹,若采用高空爆炸方式(即爆炸高度在30km以上),以电磁脉冲形式释放的能量在整个爆炸能量中所占的份额也将比大气层内的核爆炸提高几个数量级。尤为重要的是,对地面而言,其他效应的影响都已很小,电磁脉冲几乎成了唯一的核爆炸效应。何况,增强核武器的某一杀伤破坏效应并削弱其他效应是核武器一个方面的发展方向。从另一方面看,伴随着微电子技术的迅猛发展,广泛应用于各种军用设备和系统中的微电子设备集成度越来越高,瞬息万变的信息化战场时刻离不开微电子设备,而微电子设备及系统对电磁脉冲又是极为敏感的。微电子元器件的集成度越高,对电磁脉冲的易损性就越高。各种信息设备与系统是否能安全运行,在很大程度上将影响战争的胜负。鉴于核电磁脉冲对信息设备与系统构成的严重威胁以及电磁脉冲弹等电磁武器的发展,各种核与非核电磁武器产生的毁伤效应及其工程防护技术受到了特别的关注。本章将在介绍核武器及其爆炸效应的基础上,重点论述核电磁脉冲的产生机理和核电磁脉冲的特点。

2.1 核 武 器

2.1.1 核武器与常规武器比较

核武器是利用自持核裂变或核聚变反应(或两者兼有)瞬间释放的巨大能量产生爆炸作用,造成大规模杀伤或破坏效果的武器。

核武器的杀伤破坏效应与采用普通高能炸药(如TNT)的常规武器相比,相似的一面在于,当核武器在30km以下的大气层内爆炸时,其释放的能量中约有50%以冲击波的形式出现,因此,就其破坏作用而言,主要由冲击波造成[2]。

然而,核爆炸与炸药爆炸存在本质差别:

(1)核爆炸的威力要比最大的常规炸药爆炸高出几千倍乃至几百万倍。

(2)就释放同等的能量而言,核爆炸所需的装药量比高能炸药要小得多。

(3)核爆炸所达到的温度比高能炸药爆炸高得多。核爆炸时,有相当大一部分能量以光和热的形式放射出来,称为热辐射。在距离爆点很远的范围内,热辐射能灼伤人或动物的皮肤,还容易引起火灾。

(4)核爆炸伴有穿透力强的、有害的射线,这就是早期核辐射。

(5)核爆炸后的剩余物质在相当长的时间内都具有放射性,即剩余核辐射。早期核辐射和剩余核辐射都是核爆炸独有的效应。

从爆炸释放能量的机理看,常规炸药爆炸所释放的能量是由化学反应产生的,是爆炸物原子之间重新排列(例如高能炸药中氢、碳、氧和氮原子之间重新排列)形成新的原子的结果。而核爆炸释放的能量则是由特定的核反应产生的,是爆炸物原子核内的质子和中子重新排列形成新的不同原子核的结果。这种由特定的核反应产生的能量即核能,亦即通常所说的"原子能"。原子核内质子与中子之间的作用力比原子之间的作用力大得多,相等质量的物质,核能比化学能高出若干数量级。

2.1.2 裂变核武器与聚变核武器

在核反应过程中,要使核能的释放足以引起爆炸,除了需要有质量的净减以外,还要求反应一旦发生就能自动地持续下去。有两类核反应能够满足这样的条件,这就是核裂变和核聚变[2,7]。

一个重原子核(如^{235}U、^{239}Pu)分裂为两个或几个较轻的原子核,称为核裂变。利用重原子核的自持裂变链式反应原理制成的核武器称为裂变核武器,即通常所说的原子弹。这种武器中的裂变装料平时处于次临界状态,不会产生核爆炸。起爆时利用常规炸药爆炸使次临界状态的裂变装料在瞬间达到超临界状态,产生自持裂变链式反应,其能量便以爆炸形式瞬间释放出来。

裂变核武器一般由外壳、引爆系统、化学(常规)炸药、反射层、核装料和中子源等部分组成。引爆系统用于引爆化学炸药。化学炸药爆炸用于压拢或压紧核装料,使之达到超临界状态,实现核爆炸。反射层可减少中子漏失,提高核武器威力,保证裂变链式反应在瞬间进行[8]。

轻原子核相遇,聚合成为较重的原子核,称为核聚变。聚变反应必须在几千万摄氏度的高温下才能发生,故又称为热核反应。聚变反应释放的能量高于裂变反应。例如1kg氘、氚混合物完全聚合释放出的能量是1kg ^{235}U裂变能量的4倍多。利用氢的同位素氘、氚等轻原子的聚变反应原理制成的核武器称为核聚变武器或热核武器,俗称氢弹。聚变反应的条件目前只能由核裂变武器来提供。因此,目前的氢弹在组成上除了弹壳、反射层与热核装料外,还要包含一枚小型的原子弹。

一枚完善的氢弹必须包括以下三个部分:①初级系统,为钚原子弹或铀原子弹,作为引发聚变反应的扳机;②次级系统,为弹内发生聚变反应并用高能中子诱发重核裂变的部分,是氢弹的主体;③三级系统,该系统可任意做出选择,既可利用它产生辐射,也可利用核能产生各种特殊效应。前文提到的剪裁效应核武器如构成时在次级系统或三级系统上下功夫,可望达到增强某种效应而削弱其他效应的目的。

例如,在中子弹中,初级系统是一枚钚弹。钚弹爆炸并开始解体的瞬间,钚裂变产物和空气等生成等离子体,这是一种强电离的离子和电子的混合体,包含了钚弹几乎全部的爆炸能。由于等离子体温度高达上亿摄氏度,因而成为一种强X射线源。通常,这些射线在很近距离内便被钚弹材料和空气所吸收。将钚弹放入中子弹椭球反射层内的一个聚焦点上,放在另一个聚焦点上的则是次级系统,即需要点燃的聚变材料。初级系统和聚变材料彼此间隔一段距离,一旦X射线生成并以光速传播,则在钚弹碎片膨胀前便到达聚变材料。X射线以极其巨大的压力压缩次级系统,这样就完全具备了发生聚变反应所需的条件。结果是,在初级系统的膨胀火球到达次级系统前,聚变反应就已经完成。

最易点燃的聚变反应是氘氚聚变,反应产生一个氦核和一个能量为 14MeV 的中子($D + T \rightarrow {}^4He + n$),这就是氢弹和中子弹所利用的主要反应。氢弹和中子弹这两种核聚变武器的主要区别除了威力上的巨大差异外,研制目的也不同。

作为氢弹,实际上是一种用来摧毁城市的无比巨大的燃烧弹。氢弹的反射层和惰层是天然铀或贫铀,聚变反应产生的大量 14MeV 的中子穿过铀层时,能量很大,足以使铀核裂变。增加这样一个三级系统,便使氢弹威力显著加大。由于加了一层铀外层而制成的威力巨大的氢弹俗称铀弹。同样,如加一层钴外壳,便可制成"极脏"的氢弹,产生极大的放射性沉降。

反之,作为中子弹,其目的是要最大限度地放出中子,尽量减小其力学效应、热效应和放射性沉降。为此,宜采用中子易透过的材料如铍或铁作反射层和惰层。同时,为减少铀或钚的裂变产物产生的沉降,可设法改进辐射反射层,使之更有效地利用初级系统能量,更有效地聚焦。这样,通过很小的聚变爆炸,即能触发聚变反应。当然其力学效应和热效应不可能降到聚变反应本身所固有的效应极限之下。

2.1.3 核试验与核武库

核试验是研制和发展核武器必不可少的手段,核试验的方式很多,但大致可分为地面以上(包括高空、空中、地面和水面)和地下(包括平洞、竖井和水下)两大类。按法国国际战略关系研究所发表的《战略年鉴》中的数据,自美国 1945 年 7 月 16 日在新墨西哥州的阿拉莫果多进行首次核试验以来,至 1996 年 9 月 24 日第 51 届联合国大会通过《全面禁止核试验条约》为止,全世界总共进行了 2047 次核试验,其中包括印度进行的一次试验。苏联、美国、法国、英国、中国五个核大国进行核试验的次数见表 2.1。表中所列数据可能没有包括一些几十吨以下的低当量试验和微差爆炸试验以及一次试验同时进行两个核装置或多个核装置的试验,以及和平利用核爆炸的试验[9]。

表 2.1 各国核试验次数统计

国别	核试验次数					占全世界总次数的比例/%
	空中地面	高空	水下	地下	总计	
美国	188	14	5	825	1032	50.4
苏联	158	5	1	551	715	35.0
法国	45			165	210	10.2
英国	21			24	45	2.2
中国	45				45	2.2
合计	2047					100

图 2.1、图 2.2 分别为中国于 1964 年和 1967 年进行原子弹和氢弹试验时记录的烟云照片。

图 2.1　中国原子弹地面爆炸
烟云照片(1964 年 10 月 16 日)

图 2.2　中国氢弹空中爆炸
烟云照片(1967 年 6 月 17 日)

关于核爆炸试验产生的电磁脉冲(NEMP),虽然美国在进行第一次核试验之前,美籍意大利物理学家 Enrico Fermi 就曾预言核爆炸会有 NEMP 产生,但未引起足够重视。图 2.3、图 2.4 为 1958 年苏联、美国会谈时,苏联提供的距爆点 10km 范围内原子弹和氢弹爆炸产生的 NEMP 电场波形。[2]

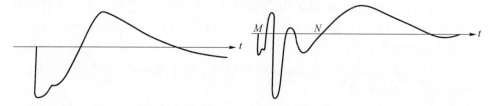

图 2.3　原子弹爆炸产生的 NEMP 电场波形　　图 2.4　氢弹爆炸产生的 NEMP 电场波形

1991 年圣诞节前夕,随着苏联的解体,冷战结束。此前,美国、苏联、英国、法国、中国五个核大国共有核弹头 5 万多个,总当量超过 1.4×10^7 kt(毁灭日本广岛的原子弹当量仅为 12.5kt),其中 90% 以上集中在美国和苏联手中。据曾任国际原子能机构公关部长的吉田康彦掌握的情况,仅苏联、美国就拥有 6 万枚原子弹,不仅可相互毁灭数十次,而且足以将整个地球摧毁约二十次。目前世界上五个核大国都已宣布暂停核试验,但是《全面禁止核试验条约》并没有生效。核试验虽已暂停,但从世界上核武器与核试验的发展动态看,仍存在许多不确定因素,某些国家仍旧在研究新概念核武器,如低威力的核武器,并在努力缩短核试验准备工作的周期。美国能源部下属的国家核安全局(NNSA)于 2006 年 10 月宣布的"Complex 2030",是美国核武器综合体的一项新的发展计划,按此计划,到 2030 年美国将拥有一个由新的可靠替换弹头组成的更小规模、更安全的核武库,且具有长期可靠性,具备每年生产和拆除 125 枚验证武器的能力,从而实现由对核武器部署数量的依赖转向对核武器综合体能力的依赖,满足其保持核威慑的需要[10]。

2.2　核电磁脉冲的产生机理

核爆炸辐射的瞬发 γ 射线是激励电磁脉冲的主要因素。当核爆炸在地面或地面以上发生时, γ 辐射将形成突然增大的电子流,这些电子是由康普顿效应、光电效应和电子对效应产生的,其中由康普顿效应产生的康普顿电子对激励电磁脉冲起主要作用。若核爆炸发生在均匀的大气中,所形成的电子流是球形对称的,则在电子流分布的球形区域内只存在径向电场,不向外辐射电磁能量。实际上,由于大地的存在,大气密度随高度的指数分布,地球磁场的影响以及核装置本身的不对称性,电子流不可能按球形对称分布,致使电磁脉冲向外辐射。

不同高度上的核爆炸, γ 辐射形成的电子流空间分布有所不同,所受地磁场的影响也不一样,形成电磁脉冲的机理便有所区别。至于发生在地下的核爆炸,由于爆炸产物被封闭在地下,其电磁脉冲的成因与地面以上的核爆炸也不尽相同。另外,受 γ 辐照的金属腔体,由于金属界面的存在,腔体内形成的电磁脉冲以及腔体表面向外发射电子激励的系统表面的电磁脉冲,二者的产生机理则要专门加以讨论。因为发生在地面以上和地面以下的核爆炸,电磁脉冲的形成均与核爆炸周围的环境有关,也都属于环境电磁脉冲,而腔体内外形成的电磁脉冲则与腔体自身的特点有关。

2.2.1　核爆炸 γ 辐射源

从核武器起爆开始到弹体飞散为止产生的 γ 辐射,包括伴随裂变过程的 γ 辐射、裂变产物 γ 辐射和中子在弹体材料中非弹性散射和被俘获所产生的 γ 辐射,这是一个持续时间小于 10^{-5} s 的极短的脉冲过程,称为瞬发 γ 辐射。这部分 γ 辐射既能反映弹内核反应过程的信息,也是形成电磁脉冲的主要激励源。

从弹体飞散到早期核辐射对地面 γ 剂量的贡献可以忽略为止,即在 $10^{-5} \sim$ 15s 这段时间内的 γ 辐射被称为缓发 γ 辐射。它主要由裂变产物 γ 辐射、空气中氮俘获 γ 辐射和少量的土壤俘获 γ 辐射组成[2]。

当百万吨级核武器地面爆炸时,对形成电磁脉冲有贡献的 γ 辐射能量发射率随时间变化的全过程如图 2.5 所示[3]。

对于离地面稍高一点的爆炸,中子到达地面需要一些时间,因而土壤非弹性散射 γ 辐射和俘获 γ 辐射稍向后推迟。随着爆高的增加,空气非弹性散射 γ 辐射和俘获 γ 辐射的强度减小,而它们的寿命却因空气密度的减小而增加。对于非常高

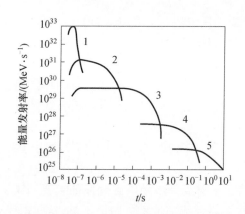

图 2.5　1Mt 核武器地面爆炸 γ 辐射能量发射率随时间变化的典型过程

1—瞬发 γ 辐射和地面非弹性散射 γ 辐射;2—空气非弹性散射 γ 辐射;
3—地面俘获 γ 辐射;4—空气俘获 γ 辐射;5—裂变碎片 γ 辐射.

的爆炸,土壤非弹性散射 γ 辐射、俘获 γ 辐射消失,空气非弹性散射 γ 辐射和俘获 γ 辐射到达的高度不会超过 30km。

2.2.2　γ 辐射与物质的相互作用

核爆炸辐射的 γ 光子与物质相互作用的方式有光电效应、康普顿效应和电子对三种类型。在光子与原子相互作用的过程中,光子具有的全部能量转变为电子的动能和在原子中的结合能,这个过程称为光电效应。参与光电效应的光子失去全部能量后离开了 γ 光子源,而获得能量的电子便从原子中弹射出来。

γ 辐射在与原子核库仑场的相互作用中,光子能量全部被吸收而发射出电子——正电子对的过程称为电子对效应。同光电效应一样,在光子产生电子对效应后便完全离开了 γ 光子流,但这一过程伴随有能量低于入射光子(初级光子)的次级 γ 辐射。

康普顿效应则是具有一定能量的入射光子在原子中电子上发生的散射。在发生康普顿效应的过程中,γ 光子与原子中的电子碰撞后,光子的一部分能量传递给了电子,并向着一个新的方向发射。获得能量的电子发生反冲,如图 2.6 所示。如此具有一定能量和动量的电子称为康普顿电子。

对于给定的 γ 光子流而言,在与物质相互作用过程中,产生上述三种类型效应中任何一种效应的概率取决于 γ 光子的能量与被作用物质的原子序数。在我们所关心的光子能区范围内,对于低原子序数的物质(例如空气)主要是康普顿效应。图 2.7 给出了温度为 273K、压强为 760mm 汞柱的空气光子质量吸收系数随光子能量的变化曲线。所谓光子质量吸收系数,是指光子束通过某物质时被减弱的等效截面(因光子被吸收)与该物质的质量之比。等效截面越大,表明该物质吸收该种能量光子的本领越强。由图 2.7 可见:当光子能量低于 0.1MeV 时,主要为

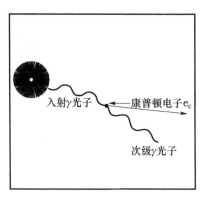

图 2.6　康普顿散射与康普顿电子

光电效应;当光子能量大于 0.1MeV 时,主要为康普顿效应;当光子能量高于1.02MeV 时,电子对效应所占的地位随着光子能量的增加变得重要起来。电子对效应形成负电子和正电子,在电荷上是等量的,对电场没有贡献,在研究电磁脉冲问题时,一般不予考虑。典型裂变装置辐射的 γ 光子其能量范围的理论值为 1～5MeV,平均能量约为 1.5MeV。故核爆炸辐射的 γ 光子与物质的相互作用主要是康普顿效应。

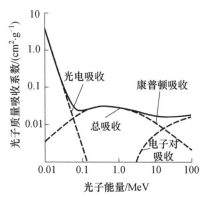

图 2.7　空气中光子的质量吸收系数随光子能量的变化

2.2.3　康普顿电流模型

核爆炸早期核反应过程中产生的瞬发 γ 辐射,穿出弹体进入大气层,发生康普顿散射,从 γ 辐射中获得动能的康普顿电子大体沿着原 γ 辐射的方向(以爆点为原点的径向),以接近光速的速度向外运动,从而形成了康普顿电流 J_c。

康普顿电子在运动过程中与其周围的空气分子碰撞,使空气分子电离,产生大量的次级电子和正离子。平均每 MeV 约产生 3×10^4 个次级电子,这些电子不再具有高速径向飞行的特点。电子和离子对的贡献是使空气的电导率 σ 大大增加。

康普顿电子沿径向飞出的结果,使爆点附近缺少电子,远处电子过剩,即正、负电荷分离,形成了一个大体为径向的电场 E_r,该电场阻止康普顿电子继续向外运动。同时,由于空气电导率 σ 增加,在电场 E_r 的作用下形成了与康普顿电流方向相反的回电流 σE_r。康普顿电流 J_c、回电流 σE_r 和空间电荷 ρ 随 γ 辐射的时间谱变化并互相转化,从而激励电磁脉冲。由于康普顿电流是激励电磁脉冲的主要因素,因而将这种激励机理称为康普顿电流模型。

由于核爆炸产生的 γ 辐射主要通过康普顿效应沉积其能量,故 J_c 分布的区域被称为沉积区。又因 J_c 电流是电磁脉冲的主要激励源,通常又将 J_c 分布的区域称为电磁脉冲源区。

在极端理想化的条件下,当电磁脉冲源区的 J_c 完全球形对称时,在以爆点为原点的球坐标下,电场强度 E 只存在径向分量,即

$$E_\theta = E_\Phi = 0, \ E_r \neq 0 \qquad (2.2.1)$$

由麦克斯韦方程组中的法拉第电磁感应定律,有

$$\frac{\partial B}{\partial t} = -\nabla \times E = 0 \qquad (2.2.2)$$

又 $t = 0$ 时 $B = 0$,故任何时刻 $B = 0$。这表明,完全球形对称的核爆炸形成的电磁脉冲源区是不可能向外辐射能量的。换言之,源区向外辐射电磁脉冲能量的必要条件之一即必须存在不对称因素。而实际上这样一种不对称因素总是存在的,尤其是发生在地面、近地面或外层空间的核爆炸,电磁脉冲源区的不对称性十分显著,因此将产生较强的电磁辐射。

虽然由 γ 辐射产生的康普顿电流是激励电磁脉冲的主要因素,但是高能中子、热 X 射线和地磁场的影响也是形成电磁脉冲复杂波形的重要因素。

对于氢弹爆炸,热核反应过程中产生的大量高能中子,在运动过程中与氢、氮等原子核相互作用,除释放出次级 γ 辐射外,还释放出质子和 α 粒子流。这些带正电的粒子也大体上沿着径向运动,将产生与康普顿电流 J_c 方向相反的电流 J_n,同时产生大量次级电子,使空气电导率增加。由此也同样会产生附加的径向电场。当然,由于质子和 α 粒子流的速度小,射程短,因此产生的附加电场比 γ 辐射形成的场小得多。但高能中子的出现,使 γ 辐射建立的径向场发生振荡,且使电流源发生振动。这也许是形成氢弹爆炸电磁脉冲前沿部分高频振荡的主要原因。

一般,热 X 射线的发射比瞬发 γ 辐射要晚,在 γ 辐射已建立的电场和电离环境中,热 X 射线使空气产生更多的电离,造成附加的电导率 σ_x,从而回电流增加为 $(\sigma + \sigma_x)E$,使径向场的场强进一步减小。因此,$\sigma_x E$ 的贡献可能会使电磁脉冲的波形上叠加一个小的脉冲。

高速运动的康普顿电子在地磁场的作用下其运动轨道将发生偏转,使得康普顿电流 J_c 的径向分量 J_r 略有减小,同时出现切向电流分量 J_t。当核爆炸在地面附近发生时,J_t 要比 J_r 小得多,但 J_t 的存在会使电磁脉冲波形的前沿上出现快信号。

随着爆炸高度的增加，J_t/J_r的比值增加，约在30km的高度上，J_t与J_r同量级，J_t对电磁脉冲的贡献必须做细致的考虑。

综上所述，电磁脉冲的激励过程如图2.8所示。

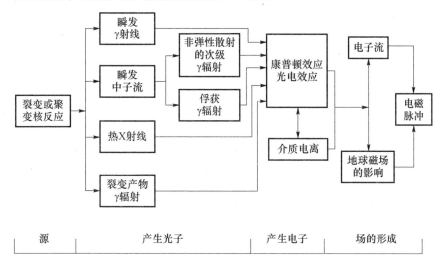

图2.8　电磁脉冲激励过程示意图

2.2.4　地面核爆炸电磁脉冲

核武器在地面或接近地面处爆炸时，向下方辐射的中子和γ光子很快被地面上层的岩土介质吸收，在γ辐射方向上基本不发生电荷分离现象，即不产生电场。然而，在向外和向上的其他方向上，γ辐射使空气电离并造成电荷的分离。康普顿电子及其在空气中产生的大量次级电子由爆点向外运动比质量较大的正离子容易得多，可到达距爆点1～10km处。留在爆点附近的正离子与电离区(源区)边缘之间即形成较强的径向电场。这些电子流的净效应为一竖直向上的合成电子流(净电子流)，从而源区被激励，向外辐射电磁能量，如图2.9所示。

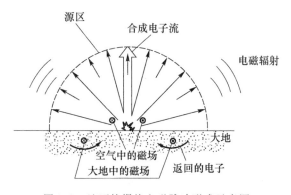

图2.9　地面核爆炸电磁脉冲形成示意图

另一方面,由于大地的导电性能相对较高,为源区中的电子返回爆点附近提供了一条通路,这就导致了电流环路的形成。即电子在空气中从爆心向外运动,然后通过电导率较高的大地返回。由这样的电流环产生了非常高的水平磁场。在源区内,特别是在靠近地面处,当从地面上方向下看时,磁力线是以顺时针方向环绕爆点的,如图2.9所示。在离爆点非常近的地方,当高度电离的空气导电性能超过大地时,转移到大地的传导电流趋于减小,磁场相应减小。

地面核爆炸时,由γ辐射形成的电磁脉冲源区,覆盖范围的半径为3~8km。爆炸当量大,则覆盖半径大。

如果核爆炸不是发生在地面上,而是在地面以上百米左右的高度上,则γ辐射就能与大面积的地面相作用。大地的电导率会因此大大增加,流入大地的电流随之增加,地表附近的磁场也会随之加强。

爆高低于2km的低空核爆炸,电磁脉冲具有地面核爆炸电磁脉冲的典型特征[11]。

2.2.5　中等高度空中核爆炸电磁脉冲

当核爆炸的高度低于30km而电磁脉冲源区又不接触地面时,爆点下方的空气密度要比上方的大,而且这种竖直方向上的密度差别是随着爆高的增加而增加的,但总的来说,差别不是很大。康普顿效应的碰撞频率以及空气的电离情况与空气密度的变化规律一致,源区上下的不对称性总是存在的。由此产生了一个竖直方向上的合成电子流,在发生电离的区域内激励振荡,其能量以电磁脉冲的形式辐射出去,在与合成电子流垂直的方向上辐射最强,如图2.10所示。此外,康普顿电子受地磁场偏转的结果,还要向外辐射一个持续时间短的高频脉冲。

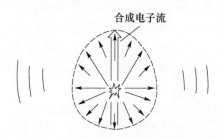

图2.10　空中爆炸电磁脉冲形成示意图

中等高度空中核爆炸电磁脉冲源区的半径为5~15km,随爆高的增加而增加。源区没有明确的边界,其半径可按空气电导率达到10^{-7} S·m^{-1}的范围来估计[3]。

2.2.6　高空核爆炸电磁脉冲

若核爆炸发生在30km以上的高空,γ光子向上方辐射,进入密度很低的大气中,以至于γ射线在被吸收之前要走很远的距离。另一方面,γ光子向下方辐射将碰到密度逐渐增大的大气。γ辐射与空气分子相互作用形成的电磁脉冲源区,大致呈中间厚而边缘薄的圆饼状。源区的大小是爆高和爆炸当量的函数。十万吨级及百万吨级核爆炸在不同爆高条件下电磁脉冲源区的半径和高度,分别如图2.11和图2.12所示[1]。

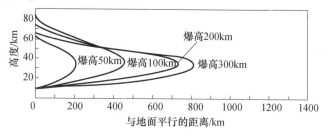

图2.11　0.1Mt核武器在不同高度爆炸时电磁脉冲源区的范围

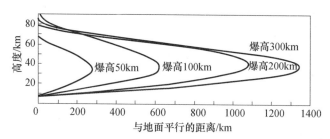

图2.12　1Mt核武器在不同高度爆炸时电磁脉冲源区的范围

图中横坐标为从爆点与其地面投影点(称地面零点)连线算起平行于地面的距离,曲线是根据γ辐射的估算值与不同密度空气已知的吸收系数计算出来的。由图可见,爆点正下方源区最厚,随着与爆点水平距离的增加源区逐渐变薄。这是因为随着与爆点距离的增加,γ辐射的强度下降。γ光子向着地面方向射出时,要通过密度不断增加的空气,因而大部分γ射线在高为15~65km的空气层中就被吸收了。然而,源区在水平方向上的分布范围是相当宽的。

在源区内,由于大气密度极低,γ辐射与空气分子、原子相互作用产生的康普顿电子,与其他空气分子、原子碰撞的次数较少,故行程很长,只要不是沿着地球磁场磁力线的方向射出,其运动轨迹就要受到地磁场的偏转而发生弯曲,从而获得径向加速度,围绕磁力线连续旋转。这样一些密度随时间变化做螺旋运动的电子将形成相干相加的电磁辐射,如图2.13所示。高空爆炸以这种方式产生的电磁脉冲与中等高度空中爆炸和地面爆炸时由于源区非对称性形成的电磁脉冲相比,高频成分要丰富得多。

电磁脉冲不仅从源区垂直向下辐射,还从源区边缘以不同角度辐射。其中频率较高的分量在地面上的作用区域延伸至视界范围(即从爆点向下看到的地面范围,最远点为爆点至地球表面的切点)。频率较低的分量其辐射区域甚至能延伸至视界范围之外。

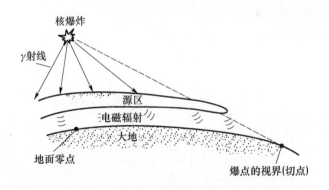

图 2.13　高空核爆炸电磁脉冲形成示意图

上述在 γ 辐射能量沉积区域内,由于康普顿电流和大气电导率变化激励产生的电磁脉冲构成了高空核爆炸电磁辐射的主要部分,也可称之为沉积信号。另外,高空核爆炸电磁脉冲还包含一个幅度较低、持续时间长达 100s 级的信号,被称为磁流体动力学信号或场位移信号,其产生机理可用场位移模型来描述。如图 2.14 所示,核爆炸的火球是一个等离子体球,它以一定的速度向外膨胀,同时将排斥地磁场。若将等离子体等效为一个磁偶极子,用以估算场位移模型激励的电磁辐射,设火球向外膨胀的速度近似于光速,地磁场的磁感应强度 $B'_0 = 3 \times 10^{-5}$T,则可能达到的最大电场强度 $E_{\max} \approx 5 \times 10^2$V·m^{-1},其覆盖的频段为 1Hz 以下的极低频。

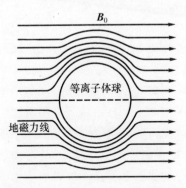

图 2.14　等离子体球排斥地磁场示意图

2.2.7　地下核爆炸电磁脉冲

地下核爆炸时,γ 辐射与爆点四周的岩土介质相互作用产生的康普顿效应同样会引起电荷分离并形成电磁脉冲。然而密度远远高于空气的岩土介质限制了电离区的膨胀。具有一定电导率的介质又使电磁辐射很快衰减,尤其是高频分量衰减得更快。因此,地下核爆炸电磁脉冲的源区范围小,辐射范围也小。

另外,地下核爆炸时还会由场位移效应产生电磁脉冲。核爆炸时被封闭在地下的急剧膨胀的火球是一个等离子体,其电导率极高。等离子体外的磁场并不能穿透该区域。随着等离子体的膨胀,地球磁场受到排斥而发生位移,磁力线被压缩和张弛的结果就会向外辐射电磁能量。

在地下核试验的坑道中,受到 γ 辐射作用的空气会产生与近地核爆炸类似的电磁脉冲。与等离子体接触或受 γ 辐射作用的金属管道有电流流过也会辐射电磁能量[12]。

2.2.8 内电磁脉冲(IEMP)

内电磁脉冲是指受到 γ 射线或 X 射线辐照的金属腔体内产生的电磁脉冲,其产生机理与大气层中核爆炸产生电磁脉冲的机理类似。与后者的根本区别在于内电磁脉冲仅局限在金属所界的腔体内,故又称腔体电磁脉冲。这个腔体既可以是导弹、卫星某部分的腔体,也可以是其他类型的空间或空隙,例如同轴电缆内外导体所界的空间。

由于金属界面的存在,使得内电磁脉冲与大范围空间内形成的电磁脉冲有较大的差异。金属腔体的形状和尺寸将对电磁脉冲的波形产生影响。例如,对于圆柱形腔体,内电磁脉冲可以看成以腔体为波导管、以康普顿电流和传导电流为激励源的受迫振荡问题。波长比管径大的电磁波分量将被截止,因而内电磁脉冲的波形高频振荡较为显著,且持续时间相对缩短。

2.2.9 系统电磁脉冲(SGEMP)

当 γ 辐射或 X 射线直接作用于系统构件时,会在构件外表面打出康普顿电子或光电子,使构件局部失去电荷而引起电荷的不平衡。如果构件的表面为金属,则电荷立即重新分布,即有电流流动,这样的电流称为置换电流,是一种表面电流。与此同时,向外辐射电磁能量,这就是通常所说的系统电磁脉冲,又称系统感生电磁脉冲。若构件表面仅局部为金属或全部是绝缘介质,即使存在电荷不平衡,电荷也无法流动,从而引起局部电位的升高,即出现了所谓充电现象。充电电位取决于充电的电荷及电容量,这种充电会导致噪声增大,引起干扰。当充电电位足够高时,使某两点的电位差足够大,就会发生电击穿。

2.3 核电磁脉冲的特点

不同的核装置,不同类型的爆炸,在不同的位置上,电磁脉冲的特性是不同的,电磁脉冲的覆盖区域常被划分为源区和辐射区。源区即 γ 辐射的能量沉积区,是 γ 光子与空气或其他物质相互作用产生康普顿电流的区域;辐射区即电磁脉冲辐射场所覆盖的区域。

2.3.1 地面核爆炸和近地核爆炸电磁脉冲的主要特点[9-12]

由地面爆炸和近地爆炸(爆高在 2km 以下的低空爆炸)产生的电磁脉冲,在源区范围内,地面附近电场强度峰值高达 $10^4 \sim 10^5 \mathrm{V \cdot m^{-1}}$,到达峰值的时间一般为 $10^{-8} \sim 10^{-7} \mathrm{s}$,持续时间长达 $10^{-3} \mathrm{s}$ 以上。磁感应强度的峰值高达 $10^{-3} \sim 10^{-2} \mathrm{T}$,到达峰值的时间约为 $10^{-6} \mathrm{s}$。触地核爆炸时,对地面以上的空间,若以爆点为原点取球坐标系,则电场强度 E_r、E_θ 和磁感应强度 B_ϕ 的典型波形及其频谱和在频域的能量分布情况如图 2.15、图 2.16 和图 2.17 所示。

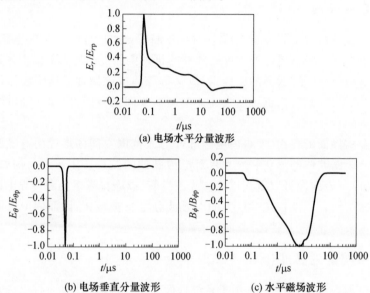

(a) 电场水平分量波形

(b) 电场垂直分量波形

(c) 水平磁场波形

图 2.15 10kt 核武器触地爆炸地面附近电磁脉冲各场量归一化波形图

虽然不同当量核爆炸与爆点不同距离、地下不同深度处电磁脉冲的时域波形不同,但变化是有规律的。

(1) 对同一观测点,当量越大,电磁脉冲的峰值越高。但源区范围内地下各场量随当量的变化并不十分明显,当量即使变化两个量级,场强的变化一般都不到一个量级。

(2) 地面以下,与爆点相同的水平距离上,随着深度的增加各场量的峰值不断减小,陡度变缓,所包含的各种频率分量中 90% 以上能量集中的频段下移。大地岩土介质的电导率越高,这种变化越显著(尤其是电场)。

在源区边界处,地面附近辐射场的场强峰值,比起同样当量的空中爆炸,大 $10 \sim 100$ 倍。沿地面向外,场强随地面上观测点与爆点距离的变化由下式给出:

$$E = \frac{R_0}{R} E_0 \qquad (2.3.1)$$

式中:R_0 为源区边界与爆点的距离(m);R 为地面上的观测点与爆点的距离(m);

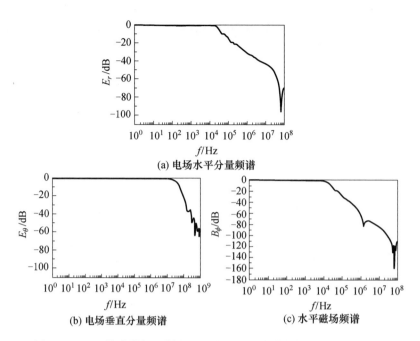

图 2.16　10kt 核武器触地爆炸地面附近电磁脉冲各场量归一化频谱图

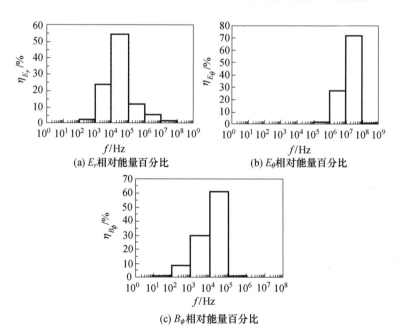

图 2.17　10kt 核武器触地爆炸地面附近电磁脉冲各场量不同频段能量占总能量的百分比

E_0 为源区边界处辐射场场强（$V \cdot m^{-1}$）；E 为距爆点 R 处辐射场场强（$V \cdot m^{-1}$）。

R_0 为 3～8km，大小取决于爆炸当量；E_0 约为几千伏每米。

2.3.2 高空核爆炸电磁脉冲的主要特点

对于高空核爆炸,在地面附近,电磁脉冲一般可作平面波处理,尽管不同位置上波形不同,峰值和上升时间都不一样,但可用一双指数波来近似,典型波形如图2.18所示。其频谱及在频域的能量分布如图2.19、图2.20所示。

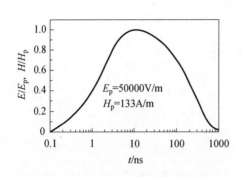

图 2.18　高空核爆炸电磁脉冲典型波形

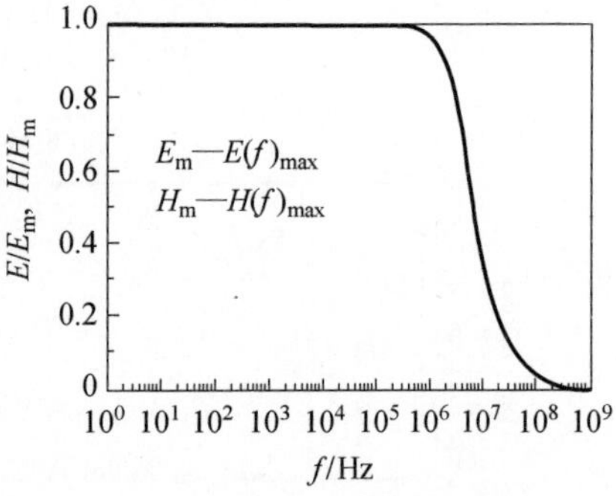

图 2.19　HEMP 归一化频谱图

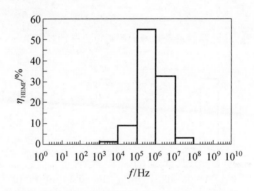

图 2.20　HEMP 频谱图中各频段能量比例图

2.3.3 核电磁脉冲的一般特点

从能量看,核爆炸产生的瞬发 γ 射线能量约占爆炸能量的 0.3%,其中以电磁脉冲形式释放的能量,在高空爆炸时约占这一部分能量的 $1/10^2$,在地面爆炸时占 $1/10^7$。按此比例计算,百万吨级核武器高空爆炸以电磁脉冲形式释放的能量,高空爆炸时约为 10^{11}J,地面爆炸时约为 10^6J[1]。尽管这些能量分布在非常大的面积上,电子、电力系统的某些部分作为电磁能量的收集器从中耦合 1J 以上的能量是完全可能的。例如,计算结果表明,受高空核爆炸电磁脉冲作用的终端匹配的上千米长的电力线即可收集到几百焦耳的能量。而在极短的时间内,接收几分之一焦耳的能量就可能造成电子设备的临时性故障或永久性破坏。在电磁脉冲模拟试验中,百分之几焦耳的能量即可使低频晶体管损坏,千分之一焦耳的能量就足以使微波半导体二极管损坏。

从波形看,核电磁脉冲具有很高的场强峰值,电场强度可达 $10^4 \sim 10^5 \mathrm{V \cdot m^{-1}}$,磁感应强度可达 10mT,而且很快上升至峰值。上升时间的典型数据为 10^{-8}s。从频谱看,以高空核爆炸电磁脉冲为例,其频谱覆盖了从超长波直至微波低端的整个频段,从而对无线电通信、导航和广播等系统的安全运行构成了严重威胁。

从覆盖的地域看,地面爆炸时电磁脉冲源区的覆盖半径为 3 ~ 8km,而高空爆炸时地球上凡能看到爆点的地方皆能受到电磁脉冲的覆盖。爆高为 40km 时,电磁脉冲覆盖的地面半径为 712km;爆高为 80km 时,覆盖半径达 1000km。因此,暴露在高空核爆炸电磁脉冲环境中的长导体(如架空电力线、架空通信线、铁轨等)可收集到巨大的能量。而与这些长导体相连的电力、电子设备就可能遭受损坏。

正由于核电磁脉冲具有上述特点,因而对电子、电气设备及系统构成了严重的威胁。特别是随着核武器技术的不断发展与进步,经专门设计的核武器可以大大增强其电磁脉冲效应,提高电磁脉冲能量在整个爆炸能量中的份额,陡化前沿,增加高频辐射,以致激励高功率微波,定向辐射电磁能。在当今的信息化战争中,核电磁脉冲的巨大威力受到了特别的重视。

参 考 文 献

[1] Glasstone S, Dolan P J. The Effects of Nuclear Weapons [M]. Washington: United States Department of Defense and the Energy Research and Development Adminidtration,1977.

[2] 乔登江. 核爆炸物理概论[M]. 北京:原子能出版社,1988.

[3] Longmire C L. On the Electromagnetic Pulse Produced by Nuclear Explosion[J]. IEEE Trans. EMC,1978, 20(1):3 – 13.

[4] John R L. Theory of The High Altitude Electromagnetic Pulse: AD – 777846 [R]. 1974.

[5] Rabindra N G. EMP Environment and System Hardness Design [M]. Gainesville: Don White Consultants, Inc,1984.

[6] Otho V K,Majer B S. Introduction to the Electromagnetic Pulse:AD – 735654[R]. 1971.

[7] 赖祖武. 抗辐射电子学[M]. 北京:国防工业出版社,1998.

[8] 李伟,徐宏. 追踪裂变光环——核武器[M]. 太原:山西科学技术出版社,2003.

[9] 中国人民解放军总装备部军事训练教材编辑工作委员会. 地下核爆炸及其应用[M]. 北京:国防工业出版社,2002.

[10] 洛晋. 核世纪[M]. 北京:中国民族摄影艺术出版社,1998.

[11] 刘凯. 地面核爆炸 SREMP 数值计算及数据压缩研究[D]. 南京:工程兵工程学院,1998.

[12] Chen D J, Zhou B H, Shi L H. An Investigation into Underground EMP Produced by a Surface Burst[C]. Proc. IEEE Int. Symp. Electromagn. Compat,Beijing,China,1992:40 – 43.

第 3 章　核电磁脉冲环境

为了确定系统对于核电磁脉冲的易损性或设计能够承受核电磁脉冲威胁的系统与工程防护措施,首先必须弄清楚核电磁脉冲的特性。然而,如前所述,不同的核装置,不同类型的爆炸,在不同的位置上,电磁脉冲的特性是不同的。从电磁防护的"最不利原则"出发,人们尤其关心那些威胁最为严重的电磁脉冲环境,这就是由地面核爆炸或高空核爆炸产生的电磁脉冲环境。通过核试验进行大量的实际测试,固然是给出各种条件下电磁脉冲特性及其变化规律的有效手段,但利用理论研究成果和有限的实测数据进行数值模拟更加切实可行。特别是在核试验停止以后,对电磁脉冲环境的研究主要依赖于数值计算[1-9]。

关于地面核爆炸电磁脉冲环境,由于核爆炸物理过程的复杂性和数学分析的困难,早期研究主要致力于对麦克斯韦方程组和空气电离方程作数值解,从而求得电磁脉冲的时域波形[4,5]。其后,虽然也曾研究出一些近似的解析解,但因做了过多的简化,其计算结果只能用于定性分析或估算数量级的大小。至于那些以实测数据和数值计算结果为基础得出的近似表达式,反映了特定条件下的某些规律,其适用范围自然受到条件的限制。地面核爆炸电磁脉冲二维数值计算最早由L. Longmire 等于 1970 年完成,并建立了称为 LEMP1 的软件。LEMP1 是在球坐标系和圆柱坐标系中对引入推迟时间的麦克斯韦方程组做差分计算,其方案是合理的,计算是成功的。在 LEMP1 的基础上,许多学者又做了一些新的探索,如引入不同形式的推迟时间(包括推迟时间为零),采用不同的坐标系和采用不同的场量表达形式等。陈雨生等对 LEMP1 进行过大量的研究和实算。文献[6]则在吸收和研究前人成果的基础上对地面以下的电磁脉冲环境予以更多的关心,特别考虑了大地因 γ 辐射产生的感生电导率对地下场造成的影响。

关于高空核爆炸电磁脉冲环境,从 20 世纪 60 年代初开始,国外进行过大量的研究。W. J. Karzas 和 R. Latter 的理论研究为描述当时未经证实的高空核电磁脉冲高频分量提供了理论模型,并由美国 1962 年在太平洋上空进行的高空核试验测试结果给予了证实。此后,研究者们编制了各种各样的计算程序,诸如 CHAP、HEMP、HEMPB 和 HAPS 等,对高空核电磁脉冲成功地进行了计算。在计算中,一般采用所谓宏观模型,即以高层大气中产生的电子电流的表达式求解麦克斯韦方程组。亦即根据单位时间间隔内通过单位面积的电荷量——电流密度进行计算。也有采用微观模型的,计算中不是根据电流密度,而是详细地算出单个加速电子的

78

场,然后再将对场有贡献的所有电子的效应叠加起来,求得总的场。由文献[4]可见,国内研究人员的计算结果与国外大体上是一致的。

本章将详细介绍文献[6]关于地面核爆炸电磁脉冲的计算方案及其计算结果。对于高空核爆炸电磁脉冲,则在简要介绍陈雨生所用计算方案及计算结果的基础上,对国外标准中采用的一些标准波形做些讨论。

3.1 分析地面核爆炸电磁脉冲环境的物理基础

3.1.1 物理模型与场方程

根据地面核爆炸产生电磁脉冲的机理,采用康普顿电流模型(见2.2.3节)对其电磁脉冲环境进行分析。

假定爆炸以后地面上方以爆点为球心,半径为 r_0 的半球为完全等离子体,其表面切向场为零。在该半球的地面下方,从爆点向下,以竖直方向的垂线为轴线,半径为 r_0 的圆柱面上同样切向场为零。地面上方半径为 r_{max} 的半球面以及地面下方半径为 r_{max} 的圆柱面为电流源和空气电导率消失的边界。忽略地磁场影响。上述模型坐标选为:地面上方——球坐标,地面下方——柱坐标,二坐标系皆以爆点为原点,z 轴为对称轴,如图3.1所示。

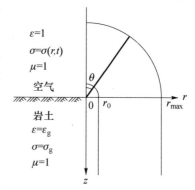

图3.1 地面核爆炸源区坐标系

选用 CGS – G 单位制(厘米·克·秒－高斯单位制)。该单位制的电场和电荷用静电单位(ESU),磁场和电流用电磁单位(EMU),与国际单位制(MKS)单位间的换算关系列于表3.1。采用该单位制的麦克斯韦方程组可以明显地表现光速,而且在真空条件下,自由波的 E 和 B 相等,这些性质有助于变量的变换。

表 3.1 CGS – G 单位制与国际单位制间的换算关系

物理量	CGS – G 单位制	国际单位制
电场	1ESU	$3 \times 10^4 \mathrm{V} \cdot \mathrm{m}^{-1}$
磁场	1G	$10^{-4}\mathrm{T}$
电荷	1ESU	$(1/3) \times 10^{-9}\mathrm{C}$
电流	1EMU	$10\mathrm{A}$
介电常数	ε	$\varepsilon/\varepsilon_0 (\varepsilon_0 = (36\pi \times 10^9)^{-1}\mathrm{F} \cdot \mathrm{m}^{-1})$
电导率	1cm^{-1}	$(10/3)\mathrm{S} \cdot \mathrm{m}^{-1}$
磁导率	μ	$\mu/\mu_0 (\mu_0 = (4\pi \times 10^{-7})^{-1}\mathrm{H} \cdot \mathrm{m}^{-1})$

采用 CGS – G 单位制的麦克斯韦方程组如下:

$$\begin{cases} \dfrac{1}{c}\dfrac{\partial B}{\partial t} = -\nabla \times E \\[2mm] \dfrac{\varepsilon_r \mu_r}{c}\dfrac{\partial E}{\partial t} + \mu_r(4\pi\sigma E + 4\pi J) = \nabla \times B \\[2mm] \nabla \cdot E = \dfrac{4\pi}{\varepsilon_r}\rho \\[2mm] \nabla \cdot B = 0 \end{cases} \tag{3.1.1}$$

式中:E 为电场强度矢量;B 为磁感应强度矢量;ε_r 为相对介电常数,真空时 $\varepsilon_r = 1$;μ_r 为相对磁导率,非铁磁介质 $\mu_r = 1$;J 源电流矢量(康普顿电流矢量);σ 为介质电导率;ρ 为自由电荷密度,它遵守电荷守恒定律。

$$\nabla \cdot (\sigma E + J) + \frac{1}{c}\frac{\partial \rho}{\partial t} = 0 \tag{3.1.2}$$

由于式(3.1.1)中的两个散度方程不含对时间的偏导数,故它们对时变场不作限制。数值解时只要 $t = 0$ 时场的 E、B 值满足这两个散度方程,那么以后任何 t 时刻仍然自动满足。故可将这两个方程搁置一旁。

根据以上模型,在球坐标系中,康普顿电流仅有径向分量 J_r,由 J_r 激励的场量为 B_φ、E_r、E_θ,而 B_φ、E_θ 对康普顿电流的反作用(自洽效应)又产生了电流的 θ 分量 J_θ。此外,因空间上的对称,$\partial / \partial\varphi = 0$,式(3.1.1)即变为一个描述二维问题的方程组。

在地面上方的球坐标系 (r, θ, φ) 中,当取 $\mu_r = 1$ 时,由 J_r、J_θ 激励产生的横磁波(TM)场方程为

$$\begin{cases} \dfrac{1}{c}\dfrac{\partial B_\varphi}{\partial t} = \dfrac{1}{r}\left[\dfrac{\partial E_r}{\partial\theta} - \dfrac{\partial}{\partial r}(rE_\theta)\right] \\[2mm] \dfrac{\varepsilon_r}{c}\dfrac{\partial E_r}{\partial t} + 4\pi\sigma E_r + 4\pi J_r = \dfrac{1}{r\sin\theta}\dfrac{\partial}{\partial\theta}(\sin\theta B_\varphi) \\[2mm] \dfrac{\varepsilon_r}{c}\dfrac{\partial E_\theta}{\partial t} + 4\pi\sigma E_\theta + 4\pi J_\theta = -\dfrac{1}{r}\dfrac{\partial}{\partial r}(rB_\varphi) \end{cases} \tag{3.1.3}$$

与此相应,在地面下方的柱坐标系中,当取 $\mu_r = 1$ 时,由 J_{rg}、J_{zg} 激励的横磁波场方程为

$$\begin{cases} \dfrac{1}{c}\dfrac{\partial B_\varphi}{\partial t} = \dfrac{\partial E_z}{\partial r} - \dfrac{\partial E_r}{\partial z} \\[2mm] \dfrac{\varepsilon_r}{c}\dfrac{\partial E_r}{\partial t} + 4\pi\sigma E_r + 4\pi J_{rg} = -\dfrac{\partial B_\varphi}{\partial z} \\[2mm] \dfrac{\varepsilon_r}{c}\dfrac{\partial E_z}{\partial t} + 4\pi\sigma E_z + 4\pi J_{zg} = \dfrac{1}{r}\dfrac{\partial(rB_\varphi)}{\partial r} \end{cases} \tag{3.1.4}$$

考虑到康普顿电流是以光速 c 从爆点向外移动的,对同一个 t 时刻,在不同的径向距离 r 上,对应着不同时刻的 $J_r(t-r/c)$,为了计算方便,引入了推迟时间 τ（以 cm 为单位）:

$$\tau = ct - r \tag{3.1.5}$$

对式(3.1.3)、式(3.1.4)做如下变换:

$$\frac{1}{c}\frac{\partial}{\partial t} \rightarrow \frac{\partial}{\partial \tau}, \quad \frac{\partial}{\partial r} \rightarrow \frac{\partial}{\partial r} - \frac{\partial}{\partial \tau} \tag{3.1.6}$$

得到以下方程组:

地面以上,空气中 $\varepsilon_r = 1$,有

$$\begin{cases} \dfrac{\partial B_\varphi}{\partial \tau} = \dfrac{1}{r}\dfrac{\partial E_r}{\partial \theta} - \dfrac{1}{r}\dfrac{\partial}{\partial r}(rE_\theta) + \dfrac{1}{r}\dfrac{\partial}{\partial \tau}(rE_\theta) \\[2mm] \dfrac{\partial E_r}{\partial \tau} + 4\pi\sigma E_r + 4\pi J_r = \dfrac{1}{r\sin\theta}\dfrac{\partial}{\partial \theta}(\sin\theta B_\varphi) \\[2mm] \dfrac{\partial E_\theta}{\partial \tau} + 4\pi\sigma E_\theta + 4\pi J_\theta = -\dfrac{1}{r}\dfrac{\partial}{\partial r}(rB_\varphi) + \dfrac{1}{r}\dfrac{\partial}{\partial \tau}(rB_\varphi) \end{cases} \tag{3.1.7}$$

地面以下,ε_r 记作 ε_g,σ 记作 σ_g,有

$$\begin{cases} \dfrac{\partial B_\varphi}{\partial \tau} = \dfrac{\partial E_z}{\partial r} - \dfrac{\partial E_z}{\partial \tau} - \dfrac{\partial E_r}{\partial z} \\[2mm] \varepsilon_g\dfrac{\partial E_r}{\partial \tau} + 4\pi\sigma_g E_r + 4\pi J_{rg} = -\dfrac{\partial B_\varphi}{\partial z} \\[2mm] \varepsilon_g\dfrac{\partial E_z}{\partial \tau} + 4\pi\sigma_g E_z + 4\pi J_{zg} = \dfrac{1}{r}\dfrac{\partial(rB_\varphi)}{\partial r} - \dfrac{1}{r}\dfrac{\partial(rB_\varphi)}{\partial \tau} \approx \dfrac{\partial B_\varphi}{\partial r} - \dfrac{1}{r}\dfrac{\partial(rB_\varphi)}{\partial \tau} \end{cases}$$

$$\tag{3.1.8}$$

对式(3.1.7)中的第三式,考虑到 r 足够大,与 $\dfrac{\partial B_\varphi}{\partial r}$ 相比,$\dfrac{B_\varphi}{r}$ 项可忽略,故可作以上近似。

引入新的场量 F 和 G,则

地面以上,有

$$F = r(E_\theta + B_\varphi), \quad G = r(E_\theta - B_\varphi) \tag{3.1.9}$$

地面以下,有

$$F = r(\sqrt{\varepsilon_g}E_z - B_\varphi), \quad G = r(\sqrt{\varepsilon_g}E_z + B_\varphi) \tag{3.1.10}$$

式(3.1.9)、式(3.1.10)的物理意义:F 代表向外辐射能量的部分,称为辐射场;G 代表源区内部消耗能量的部分,称为内逸场。

地面以上,按式(3.1.9)有

$$E_\theta = \frac{F+G}{2r}, \quad B_\varphi = \frac{F-G}{2r} \tag{3.1.11}$$

将式(3.1.11)代入式(3.1.7),得方程组

$$\begin{cases} \dfrac{\partial F}{\partial r} + 2\pi\sigma F = -4\pi r J_\theta + \dfrac{\partial E_r}{\partial \theta} - 2\pi\sigma G \\[3mm] \dfrac{\partial G}{\partial \tau} + \pi\sigma G = \dfrac{1}{2}\dfrac{\partial G}{\partial r} - 2\pi r J_\theta - \dfrac{1}{2}\dfrac{\partial E_r}{\partial \theta} - \pi\sigma F \\[3mm] \dfrac{\partial E_r}{\partial \tau} + 4\pi\sigma E_r = -4\pi J_r + \dfrac{1}{2r^2\sin\theta}\dfrac{\partial}{\partial\theta}\left[\sin\theta(F-G)\right] \end{cases} \tag{3.1.12}$$

地面以下,按式(3.1.10)有

$$E_z = \frac{F+G}{2r\sqrt{\varepsilon_g}}, \quad B_\varphi = \frac{G-F}{2r} \tag{3.1.13}$$

将式(3.1.13)代入式(3.1.8)并忽略 J_{zg}、J_{r_g},得方程组

$$\begin{cases} \dfrac{\partial E_r}{\partial \tau} + \dfrac{4\pi\sigma_g}{\varepsilon_g}E_r = \dfrac{1}{2\varepsilon_g r}\dfrac{\partial}{\partial z}(F-G) \\[3mm] \dfrac{\partial G}{\partial \tau} + \dfrac{2\pi\sigma_g}{\sqrt{\varepsilon_g}(\sqrt{\varepsilon_g}+1)}G = \dfrac{1}{(\sqrt{\varepsilon_g}+1)r}\dfrac{\partial G}{\partial r} - \dfrac{\sqrt{\varepsilon_g}r}{\sqrt{\varepsilon_g}+1}\dfrac{\partial E_r}{\partial z} - \dfrac{2\pi\sigma_g}{\sqrt{\varepsilon_g}(\sqrt{\varepsilon_g}+1)}F \\[3mm] \dfrac{\partial F}{\partial \tau} + \dfrac{2\pi\sigma_g}{\sqrt{\varepsilon_g}(\sqrt{\varepsilon_g}-1)}F = -\dfrac{1}{\sqrt{\varepsilon_g}-1}\dfrac{\partial F}{\partial r} + \dfrac{r\sqrt{\varepsilon_g}}{\sqrt{\varepsilon_g}-1}\dfrac{\partial E_r}{\partial z} - \dfrac{2\pi\sigma_g}{\sqrt{\varepsilon_g}(\sqrt{\varepsilon_g}-1)}G \end{cases}$$

$$\tag{3.1.14}$$

3.1.2 初始条件与边界条件

1)初始条件

地面以上空气中,$\tau=0$,一切场量为0。地面以下略去电流源,认为其中的场是由地面以上的场通过地面渗入地下的,当地面上的场尚未传到某点时,即 $\tau - \sqrt{\varepsilon_g}z \leqslant 0$ 时,该点所有的场量为零。

2)联接条件

在空–地交界处,场的切向分量连续,即

$$\begin{cases} E_r|_{\theta=\pi/2} = E_r|_{z=0} \\[2mm] B_\varphi|_{\theta=\pi/2} = -B_\varphi|_{z=0} \end{cases} \tag{3.1.15}$$

82

3）边界条件

在内边界 $r = r_0$ 处,场的切向分量(地面以上为 E_θ;地面以下为 E_z)为零,并由此得

$$F|_{r=r_0} = -G|_{r=r_0} \qquad (3.1.16)$$

由轴对称条件得

$$F|_{\theta=0} = G|_{\theta=0} \qquad (3.1.17)$$

在地下深处,当 $z \geqslant z_{max}$(z_{max} 取频率为 20kHz 的场分量衰减至 e^{-10} 的深度),由于岩土介质的吸收,场可忽略,故有

$$E_r|_{z \geqslant z_{max}} = 0$$

外边界:

在 $r \geqslant r_{max}$ 处,大地作为理想导体处理,地面以上 F、G、E_r 各场量可由下列函数展开为球谐函数,并在 $r = r_{max} - \Delta r$ 处确定系数后求得。

$$\begin{cases} rE_r(\tau) = \sum_{2n+1} e_l(r,\tau) p_l(\cos\theta) \\[2mm] F(\tau) = \sum_{2n+1} f_l(r,\tau) p_l^1(\cos\theta) \\[2mm] G(\tau) = \sum_{2n+1} g_l(r,\tau) p_l^1(\cos\theta) \end{cases} \qquad (3.1.18)$$

式中:$n = 0,1,2,\cdots$;$p_l(\cos\theta)$ 和 $p_l^1(\cos\theta)$ 分别为勒让德多项式和连带勒让德多项式。

$$\begin{cases} f_1(r,\tau) = 2b_1(\tau) + \dfrac{2}{r}\int b_1(\tau)\,\mathrm{d}\tau + \dfrac{1}{r^2}\iint b_1(\tau)\,\mathrm{d}\tau^2 \\[3mm] g_1(r,\tau) = \dfrac{1}{r^2}\iint b_1(\tau)\,\mathrm{d}\tau^2 \\[3mm] e_1(r,\tau) = \dfrac{2}{r}\int b_1(\tau)\,\mathrm{d}\tau + \dfrac{1}{r^2}\iint b_1(\tau)\,\mathrm{d}\tau^2 \end{cases} \qquad (3.1.19)$$

$$\begin{cases} f_3(r,\tau) = 2b_3(\tau) + \dfrac{12}{r}I_1(b_3) + \dfrac{36}{r^2}I_2(b_3) + \dfrac{60}{r^3}I_3(b_3) + \dfrac{45}{r^4}I_4(b_3) \\[3mm] g_3(r,\tau) = \dfrac{6}{r^2}I_2(b_3) + \dfrac{30}{r^3}I_3(b_3) + \dfrac{45}{r^4}I_4(b_3) \\[3mm] e_3(r,\tau) = \dfrac{12}{r}I_1(b_3) + \dfrac{72}{r^2}I_2(b_3) + \dfrac{180}{r^3}I_3(b_3) + \dfrac{180}{r^4}I_4(b_3) \end{cases}$$

$$(3.1.20)$$

$$
\left\{
\begin{aligned}
f_5(r,\tau) &= 2b_5(\tau) + \frac{30}{r}I_1(b_5) + \frac{225}{r^2}I_2(b_5) + \frac{1050}{r^3}I_3(b_5) + \frac{3150}{r^4}I_4(b_5) + \\
&\quad \frac{5670}{r^5}I_5(b_5) + \frac{4725}{r^6}I_6(b_5)
\end{aligned}
\right.
$$

$$
\left\{
g_5(r,\tau) = \frac{15}{r^2}I_2(b_5) + \frac{210}{r^3}I_3(b_5) + \frac{1260}{r^4}I_4(b_5) + \frac{3780}{r^5}I_5(b_5) + \frac{4725}{r^6}I_6(b_5)
\right.
$$

$$
\left\{
\begin{aligned}
e_5(r,\tau) &= \frac{30}{r}I_1(b_5) + \frac{450}{r^2}I_2(b_5) + \frac{3150}{r^3}I_3(b_5) + \frac{12600}{r^4}I_4(b_5) + \\
&\quad \frac{28350}{r^5}I_5(b_5) + \frac{28350}{r^6}I_6(b_5)
\end{aligned}
\right.
$$

$$(3.1.21)$$

式中: $I_n(b_l) = \underbrace{\int \cdots \int}_{n重积分} b_l(\tau)\mathrm{d}\tau^n$。

3.1.3 康普顿电流

按照 γ 射线在空气中的输运规律,距爆点 r 处的 γ 射线剂量率可近似表示为

$$\dot{F}_r(t,r) = \dot{f}_r(t)\frac{\mathrm{e}^{-r/\lambda_r}}{4\pi r^2} \tag{3.1.22}$$

式中: $\dot{f}_r$ 为单位时间内出弹壳的 γ 数; λ_r 为 γ 射线随距离衰减的一个常数。对空气电离,该常数取 γ 的能量吸收自由程。平均能量为 $1.5\,\mathrm{MeV}$ 的瞬发 γ 源,其能量吸收自由程为 $4.05 \times 10^4\,\mathrm{cm}$。

γ 穿过空气时,产生康普顿反冲电子通量,形成的康普顿电流密度对空间某点被定义为

$$\boldsymbol{J} = -\frac{e_q}{c}n_c v_e \tag{3.1.23}$$

式中: n_c 为单位体积内的康普顿电子数; v_e 为康普顿电子的速度矢量; e_q 为电子的电量,为 $4.803242 \times 10^{-10}\,\mathrm{ESU}$; c 为光速。

t 时刻,在 r 处的康普顿电子数 n_c 即为该时刻到达 r 处的 γ 射线所产生的康普顿电子数。加上更早时刻 t' 在距爆点更近 r' 处产生的且刚好在 t 时刻赶到 r 点的康普顿电子数,康普顿电流的公式便可写成

$$\boldsymbol{J} = \frac{e_q}{c}\frac{\boldsymbol{e}_r v_0 \cos\theta_e}{4\pi r^2 \lambda_j}\mathrm{e}^{-r/\lambda_j}\int_0^{R_e/v_0}\mathrm{d}\tau_c'\dot{f}_r\left[\tau - \tau_c'\left(1 - \frac{v_0}{c}\right)\right] \tag{3.1.24}$$

式中: $\tau = t - r/c$; $\boldsymbol{e}_r$ 为 r 方向的单位矢量; v_0 为康普顿电子的初始速度; λ_j 为介于 γ 射线能量吸收自由程与线性吸收自由程之间的量,对平均能量为 $1.5\,\mathrm{MeV}$ 的瞬发

γ 射线，$1.94 \times 10^4 \text{cm} < \lambda_j < 4.05 \times 10^4 \text{cm}$；$\theta_e$ 为康普顿电子的平均偏转角；R_e 为康普顿电子的平均射程，即康普顿电子向前走过的直线距离，约为康普顿电子平均路程的一半。

在空气中，R_e/v_0 约为 10^{-8}s 量级，$v_0/c \approx 0.9$，故 $(R_e/c)(1 - v_0/c)$ 为 10^{-9}s 量级。在这么短的时间内，$\dot{f}_r(\tau)$ 可近似认为是常量。故式(3.2.24)的零级近似为

$$J = \frac{e_q}{c} e_r \frac{e^{-r/\lambda_j}}{4\pi r^2} \frac{R_e}{\lambda_j} \cos\theta_e \cdot \dot{f}_r \qquad (3.1.25)$$

当不考虑场对康普顿电子运动轨迹的反作用，即所谓自洽问题时，康普顿电流可按式(3.1.25)计算；若考虑自洽问题，则电流不仅有 r 方向的分量 J_r，还应有 θ 方向的分量 J_θ，就不能简单地按式(3.1.25)计算了。

当考虑了大气密度随高度的变化以及离子参与导电的影响，并认为电离参数与大气密度无关，由式(3.1.25)，取 $\lambda_j = 2.3 \times 10^4 \text{cm}$，$R_e = 6 \times 10^2 \text{cm}$，实算时康普顿电流可取为

$$J_r = -4.177 \times 10^{-22} \frac{e^{-rk(\theta)/\lambda_j}}{4\pi r^2} \cdot \dot{f}_r(\tau) \qquad (3.1.26)$$

式中

$$k(\theta) = \begin{cases} 1 & \theta = \dfrac{\pi}{2} \\ \dfrac{R}{r\cos\theta}(1 - e^{-r\cos\theta/R}) & \theta \neq \dfrac{\pi}{2} \end{cases} \qquad (3.1.27)$$

式中：$R = 9 \times 10^5 \text{cm}$。

3.1.4 空气电导率

康普顿电子在运动中不断产生次级电子和正离子。次级电子以速率 α_e 附着在氧分子上，形成负离子；电子和负离子分别以复合系数 β 和 β_i 与正离子复合。设单位体积内的电子数为 n_e，负离子数和正离子数分别为 n_- 和 n_+（$n_+ = n_e + n_-$），雪崩系数为 G_e，则空气的电离方程为

$$\begin{cases} c\dfrac{dn_e}{d\tau} + [\alpha_e - G_e + \beta(n_e + n_-)]n_e = S(t) \\ c\dfrac{dn_-}{d\tau} + \beta_i(n_e + n_-)n_- = \alpha_e n_e \end{cases} \qquad (3.1.28)$$

式中：$S(t)$ 为单位时间在单位体积内所产生的电子数。采取统计平均的方法，可认为，每个康普顿电子所产生的次级电子近似地集中于同一单位体积内，且产生一电子-正离子对需 33eV 的能量。则 $S(t)$ 近似为

$$S(t) = 3 \times 10^4 E_\gamma \frac{e^{-r/\lambda_\sigma}}{4\pi r^2 \lambda_\sigma} \dot{f}_r \qquad (3.1.29)$$

式中：E_γ 为 γ 光子平均能量(MeV)。

解电离方程(3.1.28),可求得 n_e 和 n_-,从而得空气电导率为

$$\sigma = \frac{e_q}{c}\left[n_e\mu_e + (2n_- + n_e)\mu_i \right] \tag{3.1.30}$$

式中:μ_e 为电子迁移率;μ_i 为离子迁移率。

3.1.5 大地电导率

地面核爆炸时,爆炸辐射的 γ 光子在大地中沉积,必然引起大地电参数的变化,但是由于大地岩土介质的密度较高,约为空气的 10^3 倍,大地中的 γ 射线能量沉积范围只限于地表。因此,在计算地面核爆炸电磁脉冲环境时,一般不考虑由此而引起的大地电参数的变化。通常的做法是将电磁脉冲源区地面以下岩土介质的电导率视为常数,而将其余部分的岩土介质视为理想导体,亦即图 3.1 中地下部分,$r_0 < r < r_{max}$ 范围内 σ 为常数;$r \leqslant r_0$ 或 $r \geqslant r_{max}$ 范围内 σ 按理想导体考虑。

尽管地面核爆炸时大地中 γ 能量的沉积范围只限于地表,然而大地受 γ 照射产生的感生电导率还是引人注目的。例如,岩土介质的本底电导率 σ_{g0} 通常为 $(10^{-2} \sim 10^{-4})\mathrm{S} \cdot \mathrm{m}^{-1}$,对当量在 10kt 以上的地面爆炸,距爆点百米以外,地下 0.5m 以内,因受 γ 照射产生的附加的感生电导率 $\Delta\sigma_g$ 可达 $10^{-3} \sim 10^{-1}\mathrm{S} \cdot \mathrm{m}^{-1}$。作者曾经从计算地面核爆炸电磁脉冲源区大地表层的 γ 辐射剂量率入手,对大地受 γ 照射产生的感生电导率做过数值分析。其计算结果表明,对本底电导率偏低的岩土介质,感生电导率有可能大大超过本底电导率。因此,在计算地面核爆炸电磁脉冲环境时给予适当关心还是必要的。

此外,大地电参数随频率变化,即存在所谓色散问题。考虑到电导率随频率的升高呈增加趋势,通常将电导率视为常数的做法,就岩土介质对电磁脉冲场强峰值的衰减而言是偏于保守的。

3.2 地面核爆炸电磁脉冲环境的数值分析

3.2.1 差分方程的建立

求解的场方程式(3.1.12)、式(3.1.14)和空气电离方程式(3.1.28)都是下述形式的微分方程:

$$\frac{\partial f}{\partial \tau} + \psi f = \zeta \tag{3.2.1}$$

时域有限差分(Finite - Difference Time - Domain,FDTD)法是求解此类微分方程的优选工具。

为了提高差分计算的精度,对于方程式(3.2.1),这里利用其通解公式来建立

差分方程,其精确解为

$$f(\tau) = e^{-\int_{\tau_0}^{\tau}\psi(\tau')\,d\tau'}\left(f(\tau_0) + \int_{\tau_0}^{\tau}\zeta(\tau')e^{\int_{\tau_0}^{\tau'}\psi(\tau'')\,d\tau''}\,d\tau'\right) \tag{3.2.2}$$

式中

$$\int_{\tau_0}^{\tau}\zeta(\tau')e^{\int_{\tau_0}^{\tau'}\psi(\tau'')\,d\tau''}\,d\tau' = \int_{\tau_0}^{\tau}\frac{\zeta(\tau')}{\psi(\tau')}\,d\left(e^{\int_{\tau_0}^{\tau'}\psi(\tau'')\,d\tau''}\right) \tag{3.2.3}$$

式(3.2.3)的右边写成差分形式的一阶近似式,有

$$\int_{\tau_0}^{\tau}\frac{\zeta(\tau')}{\psi(\tau')}\,d\left(e^{\int_{\tau_0}^{\tau'}\psi(\tau'')\,d\tau''}\right) \approx \left(\frac{\zeta}{\psi}\right)^{n+\frac{1}{2}}\left(e^{\int_{\tau_0}^{\tau}\psi(\tau'')\,d\tau''} - 1\right)$$

$$\approx \left(\frac{\zeta}{\psi}\right)^{n+\frac{1}{2}}\left(e^{\psi^{n+\frac{1}{2}}\Delta\tau} - 1\right)$$

式中

$$\left(\frac{\zeta}{\psi}\right)^{n+\frac{1}{2}} = \frac{\zeta\left(\tau_0 + \dfrac{\Delta\tau}{2}\right)}{\psi\left(\tau_0 + \dfrac{\Delta\tau}{2}\right)}$$

$$\psi^{n+\frac{1}{2}} = \psi\left(\tau_0 + \frac{\Delta\tau}{2}\right)$$

$$\Delta\tau = \tau - \tau_0$$

因此,若取一阶近似,并记 $f^{n+1} = f(\tau)$, $f^n(\tau) = f(\tau_0)$, $x = \psi^{n+\frac{1}{2}}\Delta\tau$ 则式(3.2.2)可写成以下差分方程式,即

$$f^{n+1} = e^{-x}f^n + (1 - e^{-x})\left(\frac{\zeta}{\psi}\right)^{n+\frac{1}{2}} \tag{3.2.4}$$

若对式(3.2.3)的右边分部积分,得

$$\int_{\tau_0}^{\tau}\frac{\zeta(\tau')}{\psi(\tau')}\,d\left(e^{\int_{\tau_0}^{\tau'}\psi(\tau'')\,d\tau''}\right) = \frac{\zeta(\tau')}{\psi(\tau')}e^{\int_{\tau_0}^{\tau'}\psi(\tau'')\,d\tau''}\bigg|_{\tau_0}^{\tau} - \int_{\tau_0}^{\tau}e^{\int_{\tau_0}^{\tau'}\psi(\tau'')}\frac{d}{d\tau'}\left(\frac{\zeta(\tau')}{\psi(\tau')}\right)d\tau'$$

$$\tag{3.2.5}$$

对上式中的微分项作二阶近似,有

$$\frac{d}{d\tau'}\left(\frac{\zeta(\tau')}{\psi(\tau')}\right) \approx \left(\left(\frac{\zeta}{\psi}\right)^{n+1} - \left(\frac{\zeta}{\psi}\right)^{n}\right)\bigg/\Delta\tau \tag{3.2.6}$$

将式(3.2.6)代入式(3.2.5),并记

$$\left(\frac{\zeta}{\psi}\right)^{n+1} = \frac{\zeta(\tau)}{\psi(\tau)}, \quad \left(\frac{\zeta}{\psi}\right)^{n} = \frac{\zeta(\tau_0)}{\psi(\tau_0)}$$

则

$$\int_{\tau_0}^{\tau}\frac{\zeta(\tau')}{\psi(\tau')}\,d\left(e^{\int_{\tau_0}^{\tau'}\psi(\tau'')\,d\tau''}\right)$$

$$= \left(\frac{\zeta}{\psi}\right)^{n+1} e^{\int_{\tau_0}^{\tau'} \psi(\tau'')d\tau''} - \left(\frac{\zeta}{\psi}\right)^n - \frac{\left(\frac{\zeta}{\psi}\right)^{n+1} - \left(\frac{\zeta}{\psi}\right)^n}{\Delta\tau} \int_{\tau_0}^{\tau} \frac{1}{\psi(\tau')} d\left(e^{\int_{\tau_0}^{\tau'} \psi(\tau'')d\tau''}\right)$$

$$\approx \left(\frac{\zeta}{\psi}\right)^{n+1} e^x - \left(\frac{\zeta}{\psi}\right)^n - \frac{\left(\frac{\zeta}{\psi}\right)^{n+1} - \left(\frac{\zeta}{\psi}\right)^n}{\Delta\tau} \left[\frac{1}{\psi^{n+\frac{1}{2}}}(e^x - 1)\right]$$

$$= \left(\frac{\zeta}{\psi}\right)^{n+1} e^x - \left(\frac{\zeta}{\psi}\right)^n - \left[\left(\frac{\zeta}{\psi}\right)^{n+1} - \left(\frac{\zeta}{\psi}\right)^n\right] \frac{e^x - 1}{x}$$

$$= \left(\frac{\zeta}{\psi}\right)^n \left[\frac{e^x - 1}{x} - 1\right] + \left(\frac{\zeta}{\psi}\right)^{n+1} \left(e^x - \frac{e^x - 1}{x}\right) \tag{3.2.7}$$

将式(3.2.7)代入式(3.2.2)得

$$f^{n+1} = e^{-x} f^n + \left(\frac{1 - e^{-x}}{x} - e^{-x}\right)\left(\frac{\zeta}{\psi}\right)^n + \left(1 - \frac{1 - e^{-x}}{x}\right)\left(\frac{\zeta}{\psi}\right)^{n+1} \tag{3.2.8}$$

式(3.3.8)即为式(3.3.2)的二阶近似差分方程式。

3.2.2 网格选取

考虑到地面核爆炸电磁脉冲源区半径达几千米,整个空间 γ 源的分布很不均匀。在近爆点区, γ 射线剂量率随 r 的变化剧烈;而远爆点区,变化平缓。为了在源区场的计算中充分反映 γ 源空间分布的非均匀性,必须采用较小尺度的网格。源区分布的空间范围如此之大,若在均匀网格空间中解决源区场的计算,所需的网格数将十分巨大,其计算量之大是一般的计算机不能承受的。为此,采用非均匀网格: r 方向上的网格在 r 小时取密; r 大时取稀。在地面附近,地面上的 θ 网格和地面下的 z 网格均取密,远离地面处则取稀。

参照文献[1],所选网格的示意图如图 3.2 所示。图中: r 方向取值 $r_1 = 30 \sim 450\text{m}$, $r_{\max} = 3 \sim 4\text{km}$。 r 网格由内边界半径 r_0、外边界半径 $r_{\max}$、总网点数 n 及第一个径向间隔 δr_0 等初始参数确定,由下式给出:

$$r_k = r_0 + \delta r_0(k - 1) + \frac{r_{\max} - r_0 - \delta r_0(n_r - 1)}{(n_r - 1)(n_r - 2)} \cdot (k - 1)(k - 2) \tag{3.2.9}$$

式中: r_k 为第 k 个网格点与爆点的距离。

θ 网格分均匀和非均匀两种,均匀网格总数为 $n_{\theta f}$,非均匀网格总数为 $n_{\theta s}$。均匀网格的间隔 $\delta\theta_\alpha$ 由下式给出:

$$\delta\theta_\alpha = \frac{\pi}{2} \Big/ (n_{\theta f} - 1) \tag{3.2.10}$$

令 $\theta_1 = 0$,取 $\theta_{1+1/2} = \delta\theta_\alpha/2$,然后建立均匀半点网格,即取

$$\theta_{j+1/2} = \theta_{j-1/2} + \delta\theta_\alpha \tag{3.2.11}$$

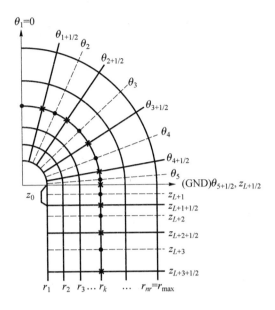

图 3.2 网格示意图

×—E_r 取值点；·—F、G 和 σ 取值点。

式中：$j = 2 \sim n_{\theta f} - 1$。最后剩下的间隔 $\delta\theta_\alpha/2$ 再分成 $n_{\theta s}$ 个非均匀网格，即取

$$\theta_{n\theta f - 1 + q + 1/2} = \theta_{n\theta f - 2 + q + 1/2} + \delta\theta_\alpha/2^{q+1} \qquad (3.2.12)$$

式中：$q = 1 \sim n_{\theta s}$。对于 $L = n_{\theta s} + n_{\theta f}$，取为

$$\theta_{L+1/2} = \theta_{L-1/2} + \delta\theta_\alpha/2^{n_{\theta s}+1} = \frac{\pi}{2} \qquad (3.2.13)$$

由上式可见，θ 网格的最小增量 $\delta\theta_0 = \delta\theta_\alpha/2^{n_{\theta s}+1}$。在 θ 的半点网格基础上，可按下式得到 θ 的整点网格，即

$$\theta_j = \frac{1}{2}(\theta_{j-1/2} + \theta_{j+1/2}) \qquad (3.2.14)$$

式中：$j = 2 \sim L$。

地下 z 网格的选取：由于场的变化随地下深度逐渐减弱，因此随 z 的增大网格由密变稀，在足够深处变为较稀疏的均匀网格。令地面处 $z_{L+1/2} = 0$，取 $z_{L+1+1/2} = z_0$，$z_{L+2+1/2} = 2z_0$，首先建立半点网格。由非均匀网格总数 n_{zs}，按下式确定网格点坐标，即

$$z_{L+q+1+1/2} = z_{L+q+1/2} + 2^q z_0 \qquad (3.2.15)$$

式中：$q = 2 \sim n_{zs}$。再由均匀网格总数 n_{zl} 建立 z 网格的均匀网格点坐标，即

$$z_{j+1/2} = z_{j-1/2} + 2^{n_{zs}+1} z_0 \qquad (3.2.16)$$

在此基础上，再建立 z 的整点网格，即

$$z_{j+1} = \frac{1}{2}(z_{j+1+1/2} + z_{j+1/2}) \qquad (3.2.17)$$

式中：$j = L \sim L + n_{zs} + n_{zf}$。

计算中，取 $n_r = 65$，$n_{\theta s} = 3 \sim 6$，$n_{\theta f} = 5 \sim 12$，$n_{zs} = 2 \sim 7$，$n_{zf} = 3 \sim 9$。

3.2.3 场方程与电离方程的差分解

考虑到方程组（3.1.12）的显式解无条件地不稳定，而隐式解有条件地稳定[6]，故求解差分方程时，在 θ 方向和 z 方向取稳式格式并采用追赶法，而 r 方向则取显式格式。整个方程均取中心差分。

用 E 代替 E_r 后，地面以上空气中微分方程组（3.1.12）的差分形式为

$$
\begin{cases}
G_{k,j}^{n+1} = e^{-s} G_{k,j}^{n-1} + (1 - e^{-s}) \left\{ \dfrac{1}{2\pi\sigma_{k,j}^n} \left[\dfrac{\delta_1/\delta_2}{\delta_1 + \delta_2} (G_{k+1,j}^n - G_{k,j}^n) + \right.\right. \\[2mm]
\left.\left. \dfrac{\delta_2/\delta_1}{\delta_1 + \delta_2} (G_{k,j}^n - G_{k-1,j}^n) - \dfrac{E_{k,j+1/2}^n - E_{k,j-1/2}^n}{\theta_{j+1/2} - \theta_{j-1/2}} \right] - \dfrac{2r}{\sigma_{k,j}^n} J_{\theta k,j}^n - F_{k,j}^n \right\} \quad j = 2 \sim L \\[4mm]
F_{k,j}^{n+1} = F_{k-1,j}^{n+1} e^{-x} + \left(\dfrac{1 - e^{-x}}{x} - e^{-x} \right) a_{k-1,j}^{n+1} + \left(1 - \dfrac{1 - e^{-x}}{x} \right) a_{k,j}^{n+1} \qquad j = 2 \sim L \\[4mm]
E_{k,j+1/2}^{n+1} = \dfrac{1}{\Delta_\theta} E_{k,c}^{n+1} - \dfrac{1 - \Delta_\theta}{\Delta_\theta} E_{k,j-1/2}^{n+1} \qquad j = 1 \sim L - 1
\end{cases}
$$

$$ (3.2.18) $$

$$
E_{k,c}^{n+1} = E_{k,c}^{n-1} e^{-y} +
$$

$$
\frac{1 - e^{-y}}{4\pi\sigma_{k,c}^n} \left(-4\pi J_{r_{k,c}}^n + \frac{\sin\theta_{j+1}(F_{k,j+1}^{n+1} + F_{k,j+1}^{n-1} - 2G_{k,j+1}^n) - \sin\theta_j(F_{k,j}^{n+1} - F_{k,j}^{n-1} - 2G_{k,j}^n)}{4r_k^2 \times \sin\theta_c(\theta_{j+1} - \theta_j)} \right)
$$

$$ (3.2.19) $$

式中：上角标 $n+1$ 表示对应于第 $n+1$ 个循环的时刻；j 为第 j 个 θ 网格点；k 为第 k 个 r 网格点；$s = \pi\sigma_{k,j}^n(\delta\tau^n + \delta\tau^{n-1})$，其中 $\delta\tau^n = \tau^{n+1} - \tau^n$，$\tau^{n+1} = \sum_0^{n+1} \delta\tau^i$；$\delta_1 = r_k - r_{k-1}$；$\delta_2 = r_{k+1} - r_k$；$x = 2\pi\sigma_{k-1/2,1}^{n+1}(r_k - r_{k-1})$；$a_{k,j}^{n+1} = (E_{k,j+1/2}^{n+1} - E_{k,j-1/2}^{n+1})/[2\pi\sigma_{k,j}^{n+1}(\theta_{j+1/2} - \theta_{j-1/2})] - 2r_k J_{\theta k,j}^{n+1}/\sigma_{k,j}^{n+1} - G_{k,j}^{n+1}$；$\Delta_\theta = \dfrac{\theta_c - \theta_{j-1/2}}{\theta_{j+1/2} - \theta_{j-1/2}}$；$\theta_c = \dfrac{1}{2}(\theta_{j+1} + \theta_j)$；$y = 4\pi\sigma_{k,c}^n(\delta\tau^n + \delta\tau^{n-1})$。

地面以下微分方程组（3.1.14）的差分形式为

$$G_{k,j}^{n+1} = G_{k,j}^{n-1} e^{-s_g} + (1 - e^{-s_g}) \left\{ \frac{\sqrt{\varepsilon_g}}{2\pi\sigma_g} \left[\frac{\delta_1/\delta_2}{\delta_1+\delta_2} (G_{k+1,j}^n - G_{k,j}^n) + \frac{\delta_1/\delta_2}{\delta_1+\delta_2} (G_{k,j}^n - G_{k-1,j}^n) - \right. \right.$$

$$\left. \left. r_k \sqrt{\varepsilon_g} \frac{E_{k,j+1/2}^n - E_{k,j-1/2}^n}{Z_{j+1/2} - Z_{j-1/2}} \right] - F_{k,j}^n \right\} \quad j = (L+1) \sim (L + n_{zs} + n_{zf}) \quad (3.2.20a)$$

$$\begin{cases} F_{k,j}^{n+1} = F_{k,j}^{n-1} e^{-x_g} + (1 - e^{-x_g}) \left\{ \frac{-\sqrt{\varepsilon_g}}{2\pi\sigma_g} \left[\frac{\delta_1/\delta_2}{\delta_1+\delta_2} (F_{k+1,j}^n - F_{k,j}^n) + \right. \right. \\ \\ \left. \left. \frac{\delta_1/\delta_2}{\delta_1+\delta_2} (F_{k,j}^n - F_{k-1,j}^n) \right] + \frac{\varepsilon_g r_k}{4\pi\sigma_g} \frac{E_{k,j+1/2}^{n+1} + E_{k,j+1/2}^{n-1} - E_{k,j-1/2}^{n+1} - E_{k,j-1/2}^{n-1}}{Z_{j+1/2} - Z_{j-1/2}} - \right. \\ \\ \left. G_{k,j}^n \right\} \quad j = (L+1) \sim (L + n_{zs} + n_{zf}) \\ \\ E_{k,j+\frac{1}{2}}^{n+1} = \frac{1}{1 - \Delta z} E_{k,c}^{n+1} - \frac{\Delta z}{1 - \Delta z} E_{k,j+1+1/2}^{n+1} \quad j = (L+1) \sim (L + n_{zs} + n_{zf}) \end{cases}$$

$$(3.2.20b)$$

$$E_{k,c}^{n+1} = E_{k,c}^{n-1} e^{-y_g} + \frac{1 - e^{-y_g}}{4\pi\sigma_g} \left(\frac{F_{k,j+1}^{n+1} + F_{k,j+1}^{n-1} - F_{k,j}^{n+1} - F_{k,j}^{n-1} + 2G_{k,j}^n - 2G_{k,j+1}^n}{4 r_k (z_{j+1} - z_j)} \right)$$

$$(3.2.21)$$

式中

$$s_g = \frac{2\pi\sigma_g}{\sqrt{\varepsilon_g}(\sqrt{\varepsilon_g} + 1)} (\delta\tau^n + \delta\tau^{n-1})$$

$$x_g = \frac{2\pi\sigma_g}{\sqrt{\varepsilon_g}(\sqrt{\varepsilon_g} - 1)} (\delta\tau^n + \delta\tau^{n-1})$$

$$y_g = \frac{4\pi\sigma_g}{\varepsilon_g} (\delta\tau^n + \delta\tau^{n-1})$$

$$\Delta z = \frac{z_c - z_{j+1/2}}{z_{j+1+1/2} - z_{j+1/2}}$$

$$z_c = \frac{1}{2} (z_{j+1} + z_j)$$

差分方程组（3.2.18）和（3.2.20）中，尚缺 $L+1/2$ 处一个 E 方程，因该处微分方程不成立。为此，利用地空界面处切向场 E_r 和 B_φ 连续的条件，先分别在界面两侧 $L+1/4$ 和 $L+3/4$ 处建立两个 E_r 差分方程，再利用 $L+1/4$、$L-1/2$ 两处的 E_r 以及 $L+3/4$、$L+1+1/2$ 两处的 E_r 分别外插 $L+1/2$ 处的 E_r，最后，从这四个方程中消去 $L+1/4$ 和 $L+3/4$ 处的 E_r 以及地面的 B_φ，从而建立起 $L+1/2$ 处 E（即 E_r）的以下方程：

$$E_{L+1/2}^{n+1} = (\overline{H} - H_{L-1/2}E_{L-1/2}^{n+1} - H_L F_L^{n+1} - H_{L+1}F_{L+1}^{n+1} - H_{L+3/2}E_{L+1+1/2}^{n+1})/H_{L+1/2}$$

$$(3.2.22)$$

式中

$$H_{L-1/2} = [(1-\Delta_a)4\pi\sigma_{k,L+1/4}^n r_k \sin\theta_{L+1/4}(\theta_{L+1/2}-\theta_L)]/(1-e^{-y_g})$$

$$H_L = \sin\theta_L/4r_k$$

$$H_{L+1} = -1/4r_k$$

$$H_{L+3/2} = 4\pi\sigma_g(1-\Delta_g)(z_{L+1}-z_{L+1/2})/(1-e^{-y_g})$$

$$H_{L+1/2} = \Delta_a H_{L-1/2}/(1-\Delta_a) + \Delta_g H_{L+3/2}/(1-\Delta_g)$$

$$\overline{H} = H_L(2G_{k,L}^n - F_{k,L}^{n+1}) + H_{L+1}(2G_{k,L+1}^n - F_{k,L+1}^{n-1}) -$$

$$H_{L-1/2}\frac{1-e^{-y_g}}{1-\Delta_a}\left(\frac{J_r}{\sigma}\right)_{k,L+1/4}^n + H_{L-1/2}e^{-y_g}\left(E_{k,L-1/2}^{n-1} + \frac{\Delta_a}{1-\Delta_a}E_{k,L+1/2}^{n-1}\right) +$$

$$H_{L+3/2}e^{-y_g}\left(E_{k,L+1+1/2}^{n-1} + \frac{\Delta_g}{1-\Delta_g}E_{k,L+1/2}^{n-1}\right) \qquad (3.2.23)$$

其中

$$y_g = 4\pi\sigma_{k,L+1/4}^n(\delta\tau^n + \delta\tau^{n-1})$$

$$\Delta_a = (\theta_{L+1/4}-\theta_{L-1/2})/(\theta_{L+1/2}-\theta_{L-1/2})$$

$$\Delta_g = (z_{L+1+1/2}-z_{L+3/4})/(z_{L+1+1/2}-z_{L+1/2})$$

电离方程(3.1.28)的差分解为

$$\begin{cases} n_{ek,j}^{n+1} = e^{-\varphi_e}n_{e,j}^{n-1} + \dfrac{1-e^{-\varphi_e}}{\varphi_e}[\dot{\gamma}_{k,j}^n(\delta\tau^n + \delta\tau^{n-1})] \\[3mm] n_{-k,j}^{n+1} = e^{-\varphi_-}n_{ek,j}^{n-1} + \dfrac{1-e^{-\varphi_-}}{\varphi_-}[\alpha_e n_{ek,j}^n(\delta\tau^n + \delta\tau^{n-1})] \end{cases} \qquad (3.2.24)$$

式中:$\delta\tau$ 为差分时间步长。

$$\varphi_e = [\alpha_e + \beta(n_{ek,j}^n + n_{-k,j}^n) - G_e](\delta\tau^n + \delta\tau^{n-1})/c$$

$$\varphi_- = \beta_i(n_{ek,j}^n + n_{-k,j}^n)(\delta\tau^n + \delta\tau^{n-1})/c$$

$$\dot{\gamma} = 1.1e^{-r\cos\theta/R}\dot{f}_r(\tau)e^{-rk(\theta)/\lambda_\sigma}/4\pi r^2$$

92

$$\alpha_e = 1.3 \times 10^8 \mathrm{s}^{-1}$$

$$\beta = 2.5 \times 10^{-7} \mathrm{cm}^3/\mathrm{s}$$

式中：$G_e = 5.7 \times 10^8 \rho_r y^5/(1 + 0.3 y^{2.5})$；$\beta_i = 2.3 \times 10^{-6} \mathrm{cm}^3/\mathrm{s}$；$\lambda_\sigma = 3.3 \times 10^4 \mathrm{cm}$；$c = 3.0 \times 10^{10} \mathrm{cm}$；$y = E/\rho_r$；$E = \sqrt{E_r^2 + E_\theta^2}$；$\rho_r = \rho/1.23 \mathrm{mg} \times \mathrm{cm}^{-3}$（$\rho$ 为空气密度）。

因此，按式(3.1.30)空气电导率为

$$\sigma_{k,j}^{n+1} = 1.601 \times 10^{-20} [n_{ek,j}^{n+1} \mu_e + \mu_i (2 n_{-k,j}^{n+1} + n_{ek,j}^{n+1})] \qquad (3.2.25)$$

式中：$\mu_e = 10^6 \mathrm{ESU}(\mathrm{cm}^3 \cdot \mathrm{s}^{-1})$；$\mu_i = 750 \mathrm{ESU}(\mathrm{cm}^3 \cdot \mathrm{s}^{-1})$。

3.2.4　计算步骤

（1）确定时间步长 $\delta\tau^n$ 及 τ^{n+1}。$\delta\tau^n$ 是差分计算中第 $n+1$ 个循环的时间步长，$\tau^{n+1} = \tau^{n+1} + \delta\tau^n$。在确定其值时，它应为 $\delta\tau^n = \min(\delta\tau_1, \delta\tau_2, \delta\tau_3)$，其中

$$\begin{cases} \delta\tau_1 = \min\left(f_s \dfrac{r_{k+1/2} \delta\theta_j}{1.5}\right) \\[2ex] \delta\tau_2 = \begin{cases} f_s \sqrt{\varepsilon_g} \delta z_{\min} & 2\pi\sigma_g \delta z_{\min} \leqslant 1 \\[1ex] f_s 2\pi\sigma_g \sqrt{\varepsilon_g} \delta z_{\min}^2 & 2\pi\sigma_g \delta z_{\min} > 1 \end{cases} \\[2ex] \delta\tau_3 = \dfrac{f_{acc}}{\beta_\tau} \end{cases} \qquad (3.2.26)$$

式中：$k = 1 \sim n_r - 1$；$j = 1 \sim L - 1$；$r_{k+1/2} = (r_{k+1} + r_k)/2$；$\delta\theta_j = \theta_{j+1} - \theta_j$；$\delta z_{\min} = z_0/2$；$\beta_\tau = [\ln \dot{f}_r(\tau^n + \delta\tau^{n-1}) - \ln \dot{f}_r(\tau^n)]/\delta\tau^{n-1}$；$f_s \leqslant 1$ 为稳定性因子；$f_{acc} \leqslant 1$ 为精确度因子。

实际进行计算时，对于第一个循环，由于 $\tau^0 = 0$，则 $\tau^1 = \delta\tau^0$，而 $\delta\tau^0$ 仍然为 $\delta\tau^0 = \min(\delta\tau_1, \delta\tau_2, \delta\tau_3)$，其中 $\delta\tau_1$ 和 $\delta\tau_2$ 分别按式(3.2.26)计算，而 $\delta\tau_3$ 的计算，则是取 $\beta_\tau = (1/3) \times 10^{-2}$。从第二个循环开始直到后面的 $n+1$ 个循环，$\delta\tau^n$ 均按上述给定的选取方式确定。

（2）将径向康普顿电流 J_r 推进到 τ^{n+1} 时刻（$k = 1 \sim n_r$；$j = 1 \sim L$）。

（3）将 n_-、n_e 和 σ 推进到 τ^{n+1} 时刻，计算电离差分方程(3.2.24)，求出 n_e^{n+1} 和 n_-^{n+1}，继而求得 σ^{n+1}。其网格参数为 $k = 1 \sim n_r$，$j = 1 \sim L$。

（4）将 $r = r_0$ 处的 F、G 和 E_r 推进到 τ^{n+1} 时刻，其网格参数为 $k = 1$，$j = 1 \sim (L + n_{zs} + n_{zf})$。

（5）将 $r < r_{\max}$ 处的 G 推进到 τ^{n+1} 时刻，其网格参数为 $k = 2 \sim (n_r - 1)$，$j = 1 \sim (L + n_{zs} + n_{zf})$。

计算的流程框图如图3.3所示。

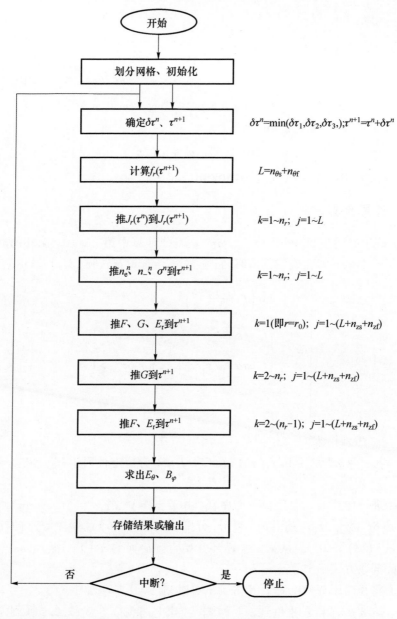

图 3.3 差分计算流程框图

3.2.5 部分计算结果

计算时所取 $\dot{f}_r$ 的时间谱如图 3.4 所示，大地电导率 σ_g 取 0.006cm^{-1}（CGS－G 单位制），计算网格典型参数列于表 3.2。部分计算结果如图 3.5 至图 3.15 所示。典型数据列于表 3.3 至表 3.5。

94

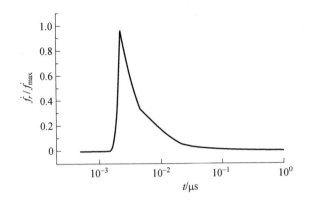

图 3.4 $\dot{f}_r$ 的时间谱

表 3.2 计算网格典型参数

| 当量/kt | R/cm | | | $n_{\theta s}$ | $n_{\theta f}$ | $\delta\theta_\alpha$/rad | n_{zs} | n_{zf} | Z_0/cm | n_r |
	r_0	r_{max}	δr_0							
10	3000	322000	200	5	9	0.1848	7	4	50	65
100 ~ 1000	45000	397000	1500	6	12	0.13659	7	4	75	65

表 3.3 10kt 地面核爆炸地面以下 E_r 在频域的能量分布典型数据（%）

深度/m \ 频段/Hz	1 ~ 10	10 ~ 100	100 ~ 1k	1k ~ 10k	10k ~ 100k	100k ~ 1M	1M ~ 10M	10M ~ 100M
0.5	0.00133	0.0133	0.133	0.0491	83.0	12.1	3.66	0.678
3.0	0.00183	0.0183	0.183	0.674	90.5	8.01	0.585	0.00282
15	0.0055	0.055	0.55	2.03	96.3	1.05	0.00018	0.00000
63	0.096	0.96	9.6	35.4	52.8	0.956	0.104	0.011
225	0.205	2.05	20.55	75.8	1.26	0.123	0.0125	0.0013

表 3.4 10kt 地面核爆炸地面以下 E_θ 在频域的能量分布典型数据（%）

深度/m \ 频段/Hz	1 ~ 10	10 ~ 100	100 ~ 1k	1k ~ 10k	10k ~ 100k	100k ~ 1M	1M ~ 10M	10M ~ 100M	100M ~ 1G
0.25	0.000	0.00269	0.0269	0.269	2.69	1.577	45.5	49.8	0.089
2.0	0.094	0.941	9.41	34.7	43.6	4.42	5.98	0.78	0.00
11	0.130	1.31	13.0	48.2	37.0	0.284	0.00577	0.000	0.000
47	0.190	1.90	19.0	70.2	8.68	0.0021	0.000	0.000	0.000
191	0.205	2.05	20.5	75.8	1.26	0.129	0.0131	0.000	0.000
447	0.808	8.08	80.8	2.78	6.75	0.657	0.000	0.000	0.000

表 3.5　10kt 地面核爆炸地面以下 B_φ 在频域的能量分布典型数据(%)

深度/m ＼ 频段/Hz	1 ~ 10	10 ~ 100	100 ~ 1k	1k ~ 10k	10k ~ 100k	100k ~ 1M	1M ~ 10M
0.25	0.081	0.81	8.1	30	60	0.92	0.033
2.0	0.087	0.87	8.7	32.1	57.5	0.66	0.010
11	0.118	1.18	11.8	43.6	43.2	0.134	0.00
47	0.191	1.91	19.1	70.5	8.24	0.0036	0.000
191	0.289	2.89	28.9	67.1	0.734	0.0731	0.000
447	0.415	4.15	38.9	49.5	6.37	0.637	0.00

（1）10kt 地面核爆炸电磁脉冲计算结果举例(图 3.5 至图 3.10)。

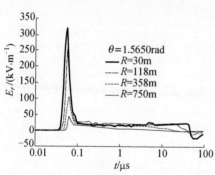

图 3.5　10kt 地面核爆炸地表附近空气
中与爆点不同距离处 E_r 波形比较

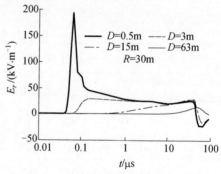

图 3.6　10kt 地面核爆炸距爆点 30m
不同深度处 E_r 波形

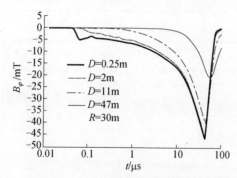

图 3.7　10kt 地面核爆炸距爆点 30m
与爆点不同深度处 B_φ 波形比较

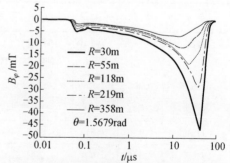

图 3.8　10kt 地面核爆炸地表附近空气中
与爆点不同距离处 B_φ 波形

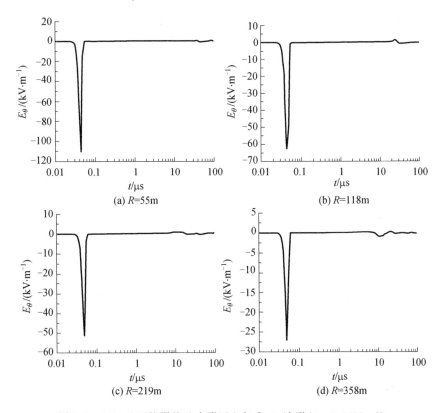

(a) R=55m

(b) R=118m

(c) R=219m

(d) R=358m

图 3.9　10kt 地面核爆炸地表附近空气中 E_θ 波形（$\theta = 1.5679\text{rad}$）

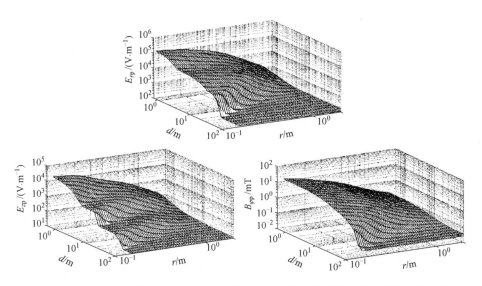

图 3.10　10kt 地面核爆炸地面以下电磁脉冲各场量的峰值随爆点距离及深度的变化

（2）100kt 地面核爆炸电磁脉冲计算结果举例（图 3.11、图 3.12）。

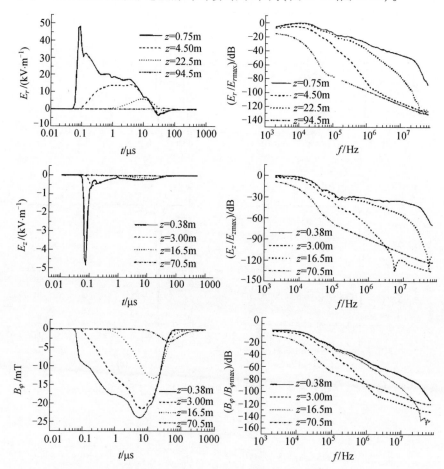

图 3.11　100kt 地面核爆炸距爆点 750m 地下不同深度处各场量的时域波形及其频谱

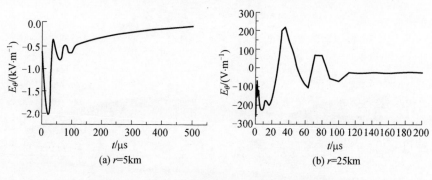

图 3.12　100kt 地面核爆炸 $r > r_{max}$ 处典型波形

（3）1000kt 地面核爆炸电磁脉冲计算结果举例（图 3.13、图 3.14）。

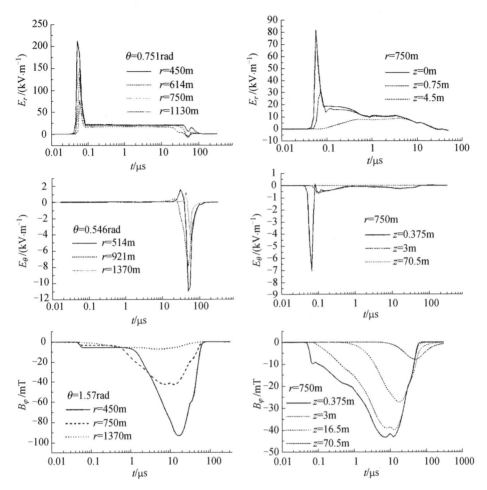

图 3.13　1000kt 地面核爆炸地面以上
电磁脉冲各场量典型波形

图 3.14　1000kt 地面核爆炸地面以下距爆点
750m 不同深处电磁脉冲各场量波形比较

（4）地面核爆炸时大地岩土介质辐射感生电导率对地下电磁脉冲场的影响。设大地岩土介质本底电导率为 σ_{go}，因受核爆炸辐射的 γ 射线照射产生的感生电导率为 $\Delta\sigma_\gamma$，则大地电导率 $\sigma_g = \sigma_{go} + \Delta\sigma_\gamma$。对于 100kt 地面核爆炸，$\Delta\sigma_\gamma$ 取值为：距爆点 450m 处，$\Delta\sigma_\gamma$ 的峰值比 σ_{go} 高一个量级，750m 处 $\Delta\sigma_\gamma$ 与 σ_{go} 同。从整体上只考虑地面以下 1m 以内的 $\Delta\sigma_\gamma$。部分计算结果如图 3.15 所示。对比图(a)与图(b)的波形可以看出，考虑与不考虑大地辐射感生电导率 $\Delta\sigma_\gamma$，地下不同深度处波形的变化情况是不同的，越靠近地表，变化越大。例如，0.75m 深处 E_r 峰值由大约 5000V·m^{-1} 变化至 3000V·m^{-1}。另外，在与爆点不同距离上亦有类似规律，显然，与爆点相距较远处，因 $\Delta\sigma_\gamma$ 小，对地下场的影响也小。

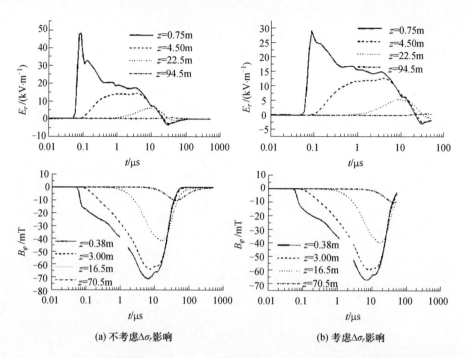

(a) 不考虑Δσ_r影响　　　　　　(b) 考虑Δσ_r影响

图 3.15　100kt 地面核爆炸距爆点 450m 不同深度处电磁脉冲各场量波形受 $\Delta\sigma_\gamma$ 影响情况

（5）地面核爆炸地面以下电磁脉冲峰值随大地电导率变化的典型数据。地面核爆炸时，对地面以下的电磁脉冲场而言，大地岩土介质的电导率越低，电磁脉冲电场强度的峰值衰减越少。表 3.6 列出了 100kt 地面核爆炸时大地电导率 σ_g 由 $0.02S \cdot m^{-1}$ 减小为 $0.002S \cdot m^{-1}$ 时地下电磁脉冲各场量峰值变化的典型数据。由表中数据可以看出，当 σ_g 减小一个量级时，电场强度的增加十分明显，而磁感应强度峰值的变化较小，浅表处磁场还略有减小。

表 3.6　100kt 地面核爆炸当大地电导率减小一个量级时地下
电磁脉冲峰值相对于原值的倍数

场量 与爆点距离/m　　深度/m	E_r		E_z		B_φ	
	0.75	22.5	0.38	16.5	0.38	16.5
750	1.85	4.80	2.66	9.44	0.743	1.11
1964	3.14	10.00	4.00	34.12	0.920	1.19

（6）地面核爆炸电磁脉冲峰值随当量变化的典型曲线。地面核爆炸时，当量增加，电磁脉冲场强峰值随之增加。电磁脉冲各场量的峰值随当量、随 r 的变化规律如图 3.16 所示，其中图（a）的纵坐标 $E_p = |[E_{rp}^2 + E_{\theta p}^2]^{1/2}| \approx E_{rp}$。由图可见，即使当量增加两个量级，在与爆点距离相同的位置上，场强峰值的增加一般都不到一个量级，尤其在近爆点处场强峰值增加的倍数很有限。

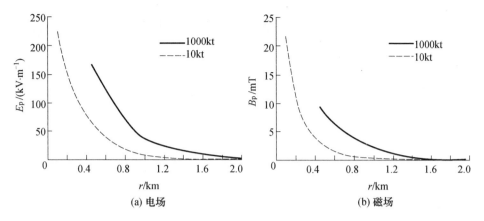

图 3.16　不同当量地面核爆炸地面附近($\theta = 1.57\text{rad}$)电磁脉冲峰值随 r 的变化

3.3　高空核爆炸电磁脉冲环境研究

3.3.1　高空核爆炸电磁脉冲的理论分析

当核爆炸发生在大气层以上,例如100km的高度上,瞬发 γ 辐射较强。γ 光子穿出弹体外壳后,位于厚度仅几米而半径以光速增加的一个球面壳层中。该壳层向下扩展的部分,与 20～40km 高度上的大气层发生明显的相互作用。高度约30km 处,康普顿电流将达到最大值。此高度以上因空气密度低,康普顿散射作用弱,而在较低的高度上,则 γ 光子又大部分已被吸收了。在 γ 辐射的能量沉积区,康普顿电流有两个分量:一为沿爆点向外的径向分量;二为地磁场作用下引起的与径向垂直的横向分量。由于 γ 辐射壳层与大气相互作用不可能是球对称的,因此径向电流也会如电偶极子模型那样激励起横向场,由径向电流激励的场时间特性与电流的空间分布有关,滞后于 γ 辐射和康普顿电流,是一个峰值较低的长脉冲。激励电磁脉冲横向场的电流源主要是康普顿电流的横向分量,类似于磁偶极子模型,而且横向电流所激励的场,其时间特性与电流的空间分布无关,仅有赖于辐射源的特性,基本上与康普顿电流是同步的,故峰值高,持续时间短[10-15]。

为了简化分析,我们想象一个密度随高度按指数规律变化的平面大气层,上面有一个同样是平面的 γ 射线脉冲从垂直方向与之接近。以爆点为直角坐标系的原点,z 轴相当于离开爆点的径向,取向下,令 y 轴为地磁场方向,则康普顿电流有两个分量:J_z、J_x,将产生仅仅依赖于 z 和 t 的场分量 E_z、E_x 和 B_y。与 3.1 节做数值计算时所用的方法一样,采用 CGS - G 单位制,麦克斯韦方程组变为

$$\begin{cases} \dfrac{1}{c}\dfrac{\partial B_y}{\partial t} = -\dfrac{\partial}{\partial z}E_x \\[2mm] \dfrac{1}{c}\dfrac{\partial E_x}{\partial t} + 4\pi\sigma E_x + 4\pi J_x = -\dfrac{\partial}{\partial z}B_y \\[2mm] \dfrac{1}{c}\dfrac{\partial E_z}{\partial t} + 4\pi\sigma E_z + 4\pi J_z = 0 \end{cases} \tag{3.3.1}$$

引入推迟时间 τ，辐射 F，内逸场 G，有

$$\tau = ct - z \tag{3.3.2}$$

$$\begin{cases} F = E_x + B_y, \quad G = E_x - B_y \\[1mm] E_x = (F+G)/2, \quad B_y = (F-G)/2 \end{cases} \tag{3.3.3}$$

在推迟时间下，式(3.3.1)中的偏微分应作如下变换：

$$\begin{cases} \dfrac{1}{c}\dfrac{\partial}{\partial t} \rightarrow \dfrac{\partial}{\partial \tau} \\[2mm] \dfrac{\partial}{\partial z} \rightarrow \dfrac{\partial}{\partial z} - \dfrac{\partial}{\partial \tau} \end{cases} \tag{3.3.4}$$

于是，式(3.3.1)变为

$$\begin{cases} \dfrac{\partial F}{\partial z} + 2\pi\sigma F = -4\pi J_x - 2\pi\sigma G \\[2mm] \dfrac{\partial G}{\partial \tau} + \pi\sigma G = \dfrac{1}{2}\dfrac{\partial G}{\partial Z} - 2\pi J_x - \pi\sigma F \\[2mm] \dfrac{\partial E_z}{\partial \tau} + 4\pi\sigma E_z = -4\pi J_z \end{cases} \tag{3.3.5}$$

方程(3.3.5)中的第三式是一个普通的一阶微分方程。在早期，J_z 和 σ 从任意小值开始，然后随 τ 增加。因此，E_z 也是从任意小值开始的。于是，在足够早的时刻，σE_z 项可以忽略，该方程的解为

$$E_z \approx -4\pi \int_{-\infty}^{\tau} J_z \mathrm{d}\tau \tag{3.3.6}$$

由式(3.3.6)，若 J_z 按指数增加，则 E_z 也按指数增加。在某个时刻，σE_z 项可与 $\partial E_z/\partial \tau$ 相比拟，当 $\sigma E_z \gg \partial E_z/\partial \tau$，忽略方程(3.3.5)第三式中的 $\partial E_z/\partial \tau$，则可得到以下近似公式，即

$$E_z \approx -\dfrac{J_z}{\sigma} \equiv E_{zs} \tag{3.3.7}$$

E_{zs} 称为 E_z 的饱和值。E_z 饱和，即表明 $\partial E_z/\partial \tau \approx 0$，亦即 $\partial E_z/\partial t \approx 0$，$E_z$ 随时间 t 的变化可以被忽略。$\partial E_z/\partial \tau \approx 0$ 也意味着 $\sigma E_z \approx -J_z$，其物理意义在于：空间某点的康普顿电流 J_z 分量与传导电流 σE_z 数值相等而方向相反，该处的净电流为零。

假定 J_z 按 $e^{\alpha t}$ 增长，$\alpha \approx 10^8 \mathrm{s}^{-1}$，并注意到 E_z 正比于 J_z 对 τ（上升时间与光速的乘积）的积分，则 E_z 的饱和条件为电导率达到以下数值，即

$$\sigma \geqslant \frac{\alpha}{4\pi c} \mathrm{cm}^{-1} \tag{3.3.8}$$

按国际单位制，式（3.3.8）的右边近似为 $10^{-3} \mathrm{S} \cdot \mathrm{m}^{-1}$ 可以估算径向电场 E_z 的饱和范围。利用文献[3]中计算 σ 的简化公式和数据可以得出，产生这样一个饱和的径向电场，需要 $10^7 \mathrm{Gy} \cdot \mathrm{s}^{-1}$ 的剂量率。对于一个 1000kt 的普通核爆炸，饱和场将出现在距爆点 50km 的范围内。

方程（3.3.5）中的第一式亦有类似的性质，假定 G 小于 F（正如下面将要证明的那样），σG 项可以忽略，则该式和第三式具有相同的形式，所不同的是前者以 z 为变量，后者以 τ 为变量。当 σ 较小，σF 项也可忽略，方程（3.3.5）第一式的解为

$$F(z,\tau) \approx -4\pi \int_{-\infty}^{z} J_x(z',\tau)\mathrm{d}z' = -4\pi \int_{-\infty}^{z} J_{x_0} e^{z'/H_0} \mathrm{d}z' \approx -4\pi H_0 J_x(z,\tau) \tag{3.3.9}$$

式中：H_0 为大气标高，可取为 7km。

同样，当 σ 变得足够大时，F 将达到饱和值 F_s，有

$$F_s = -2J_x/\sigma \tag{3.3.10}$$

F 出现饱和的条件为

$$\sigma \geqslant \frac{1}{2\pi H_0} \mathrm{cm}^{-1} \tag{3.3.11}$$

按国际单位制，式（3.3.11）的右边近似为 $10^{-6} \mathrm{S} \cdot \mathrm{m}^{-1}$，这比使 E_z 饱和所需的 σ 值小 3 个量级。于是，辐射场 F 的饱和距离即 F_s 达到的范围要比 E_{zs} 大 30 倍，若仍以 1000kt 普通核爆炸为例，F 饱和场将达到距爆点 1500km 处。F 与 E_z 的饱和条件存在这样大差别的原因在于，F 为 J_x 对高度的积分，由式（3.3.9），近似为大气标高 H_0（7km）与 J_x 的乘积。而 E_z 为 J_z 对上升时间与光速的乘积（该乘积仅为几米）积分。同样的理由，G 比 F 小，因为方程（3.3.5）第二式表明，G 为 J_x 对上升时间与光速的乘积积分。还要看到，一旦 F 饱和（$F_s = -2J_x/\sigma$），则在 G 的方程中，源项（$2\pi J_x + \pi \sigma F$）为零。这就意味着，在 F 饱和区域内，辐射波感应了一个抵消 J_x 的传导电流 σF，使得激励内逸波的净电流为零。

当 $F \gg G$，由式（3.3.3）有

$$E_x \approx B_y, \quad F \approx 2E_x \tag{3.3.12}$$

方程（3.3.5）中的第一式则可写作

$$\frac{\partial E_x}{\partial z} + 2\pi \sigma E_x = -2\pi J_x(z,\tau) \tag{3.3.13}$$

此式为求解高空核爆炸电磁脉冲辐射场近似解的基本方程。若不采用 CGS – G

单位制而采用国际单位制,式(3.3.13)变为

$$2\frac{\partial E_x}{\partial z} + Z_0\sigma E_x = -Z_0 J_x \tag{3.3.14}$$

式中:Z_0 为空间阻抗,$Z_0 = \sqrt{\mu_0/\varepsilon_0} = 377\Omega$。

当 γ 辐射不是面源而是点源,在以爆点为坐标原点,地磁场方向为极轴的球坐标系中,对式(3.3.14)作以下变换:

$$\frac{\partial}{\partial z} \rightarrow \frac{1}{r}\frac{\partial}{\partial r}r \tag{3.3.15}$$

即可写成

$$\begin{cases} \dfrac{1}{r}\dfrac{\partial}{\partial r}(rE_\theta) + 2\pi\sigma E_\theta = -2\pi J_\theta \\ \dfrac{1}{r}\dfrac{\partial}{\partial r}(rE_\varphi) + 2\pi\sigma E_\varphi = -2\pi J_\varphi \end{cases} \tag{3.3.16}$$

这是一组由横向电流求解横向场的方程。由 Karzas 和 Latter 首先导出[9]。

在给定的几何条件下,求得 J_θ、J_φ 和 σ 的表达式后,可对方程(3.3.16)求解。文献[10]作了有关推导和求解。由解的表达式可以看出,在 γ 辐射能量的沉积区,$E_\theta(t)$、$E_\varphi(t)$ 的持续时间与康普顿电流的持续时间同量级,其波形与 γ 辐射至观测点的入射角关系极为密切。在沉积区以下为无源的辐射场,其场强振幅按正比于 $1/r$ 的规律衰减。

3.3.2 高空核爆炸电磁脉冲的数值计算

高空核爆炸时,核装置释放的 γ 射线与大气相互作用散射出康普顿电子。因高空大气稀薄,康普顿电子射程较长,故受地磁场偏转明显,使得康普顿电流既有强的径向分量,也有强的横向分量。同时,大气密度随高度变化也使这些电流分量本身既是 γ 辐射剂量率的函数,又与坐标有关。此外,地磁场并不与地面垂直,不能按轴对称问题考虑。计算将是三维的,为减小计算量,要设法降低计算的维数。

关于电离空气电导率的计算,因高空电磁脉冲源区的范围很大,电子与分子或离子的碰撞频率变化很大,故空气电导率的算式应取复杂形式。

与以上对地面核爆炸电磁脉冲的计算相比,另一不同之处是,就 γ 源而论,高空爆炸时,没有土壤对中子的非弹性散射 γ 辐射和俘获 γ 辐射,空气的非弹性散射 γ 辐射和俘获 γ 辐射也可以忽略。因此,γ 辐射随时间的衰减将比地面爆炸快得多,并将影响电磁脉冲的波形。

当采用时域有限差分法进行计算时,因计算的空间范围大,对空间网格的选择将带来一些限制。

1) 计算方案

以爆点为坐标原点取球坐标系 (r, θ, φ),极轴指向与地磁场 $\boldsymbol{B}_0$ 的方向重合,

在北半球,它指向地面,如图 3.17 所示。设地磁场与地面铅垂线的夹角为 θ_0(磁倾角即为 $\pi/2 - \theta_0$),磁偏角为 φ_0。计算时取 $\theta_0 = 30°$,$\varphi_0 = 0°$。由图 3.17 可以得出,通过爆点并与 $\boldsymbol{B}_0$ 垂直的线只有 φ 值在某一范围内才能与地球表面有交点。当爆高为 100km,$\varphi_0 = 0°$ 时,此范围为 $110.5° \leqslant \varphi \leqslant 249.5°$。

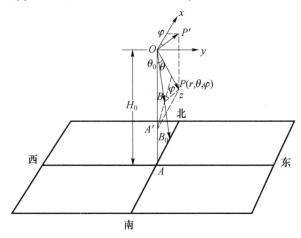

图 3.17   坐标系及其与地理位置的相对关系($\varphi_0 = 0$)

取 CGS – G 单位制,引入推迟时间 τ,辐射场 F,内逸场 G,有

$$\begin{cases} \tau = ct - r \\ F_b = r(E_\theta + B_\varphi) \\ G_b = r(E_\theta - B_\varphi) \\ F_e = r(E_\varphi - B_\theta) \\ G_e = r(E_\varphi + B_\theta) \end{cases} \qquad (3.3.17)$$

由麦克斯韦方程组中的两个旋度方程出发,可推导出关于 E_r、B_r、F_b、G_b、F_e、G_e 的三维偏微分方程组,导出电流 J_r、J_θ、J_φ 和次级电子 n_{sec} 以及源区空间任一点电导率 σ 的算式。为了减少计算量,根据 γ 值很大,场随 θ、φ 的变化比较缓慢等特点,略去了三维偏微分方程组中对 θ、φ 求偏导的各项,得出了以下求 TM 波和 TE 波的两组偏微分方程组,即

$$\begin{cases} \dfrac{\partial E_r}{\partial \tau} + 4\pi\sigma E_r = -4\pi J_r + \dfrac{\cot\theta}{2r^2}(F_b - G_b) \\ \dfrac{\partial G_b}{\partial \tau} + \pi\sigma G_b = -2\pi r J_\theta - \pi\sigma F_b + \dfrac{1}{2}\dfrac{\partial G_b}{\partial r} \\ \dfrac{\partial F_b}{\partial r} + 2\pi\sigma F_b = -4\pi r J_\theta - 2\pi\sigma G_b \end{cases} \qquad (3.3.18)$$

105

$$\begin{cases} \dfrac{\partial B_r}{\partial \tau} = -\dfrac{F_e + G_e}{2r^2}\cot\theta \\[3mm] \dfrac{\partial G_e}{\partial \tau} + \pi\sigma G_e = -2\pi r J_\varphi - \pi\sigma F_e + \dfrac{1}{2}\dfrac{\partial G_e}{\partial r} \\[3mm] \dfrac{\partial F_e}{\partial r} + 2\pi\sigma F_e = -4\pi r J_\varphi - 2\pi\sigma G_e \end{cases} \quad (3.3.19)$$

内边界条件:$r = r_0$ 处满足

$$\begin{cases} F_b\,|_{r=r_0} = -G_b\,|_{r=r_0} \\[2mm] F_e\,|_{r=r_0} = -G_e\,|_{r=r_0} \end{cases} \quad (3.3.20)$$

初始条件:$\tau \leqslant 0$ 时,一切场量为零。

采用时域有限差分法,按中心差分建立式(3.3.18)和式(3.3.19)的差分方程,取一阶近似。在网格的选取上,r 方向取非均匀网格。第 R 个网格点的 r_k 值为

$$r_k = r_0 + \delta r_0(k-1) + \frac{r_{\max} - r_0 - \delta r_0(k_c - 1)}{(k_c - 1)(k_c - 2)}(k-1)(k-2) \quad (3.3.21)$$

式中:$r_0 = 1 \times 10^6 \mathrm{cm}$;$r_{\max} = 9.67 \times 10^6 \mathrm{cm}$;$\delta r_0 = 5 \times 10^4 \mathrm{cm}$;$k_c = 34$。

在时间步长的选取上,使 γ 剂量率 $\dot{f}_r(\Delta\tau)$ 比 $\dot{f}_r(0)$ 大 3%,相当于令 $\Delta\tau = 6.9\mathrm{cm}$,以后按需要任意改变时间步长,每循环递增或递减 1%。

计算中采用平滑方法增加稳定性,对任一场量 f,其 τ^{n+1} 时刻的值 f^{n+1} 取为

$$f^{n+1} = (1 - a_s)f_c^{n+1} + 2a_s f^n - a_s f^{n-1} \quad (3.3.22)$$

式中:a_s 为平滑因子,取 0.1;f_c^{n+1} 为 τ^{n+1} 时刻计算出的场值;f^n,f^{n-1} 分别为 τ^n,τ^{n-1} 时刻的场值。

取 γ 辐射平均能量为 1.5MeV,康普顿电子的平均能量为 0.75MeV,速度 $v_0 = 0.914c$(c 为光速),$B_0 = 0.05\mathrm{mT}$,爆炸当量为 1000kt,爆高 $H = 1 \times 10^7 \mathrm{cm}$。

2)计算结果摘要

(1)$r \geqslant 1.5\mathrm{km}$ 的所有场点,按 CGS – G 单位制,都有 $|E_\theta| \approx |B_\varphi|$ 和 $|E_\varphi| \approx |B_\theta|$。这说明,对高空核爆炸电磁脉冲而言,无论是 TM 波还是 TE 波,其波阻抗均为平面波波阻抗。

(2)$r \geqslant 1.5\mathrm{km}$ 的所有场点,均有 $|F_b| \gg |G_b|$,$|F_e| \gg |G_e|$。数据表明,高空核爆炸电磁脉冲辐射场远远大于内逸场。这与前面理论分析的结果是一致的。

(3)除 $\theta = 0°$ 以外,空间同一点上,就电场强度绝对值的峰值而言,$|E_\varphi|_p$ 与 $|E_\theta|_p$ 均比 $|E_r|_p$ 大,而 $|E_\varphi|_p$ 又比 $|E_\theta|_p$ 大,且 r 愈大,二者相差愈多,最多可差一个量级。$|E_\varphi|_p$ 可达每米数万伏。

(4)关于电场强度的极性,E_φ、E_r 均为正极性,E_θ 的极性与 θ 有关,当 $\theta < 90°$,E_θ 为负,$\theta > 90°$,E_θ 为正。当 φ、r 为定值,$E_\varphi(t)$ 的峰值 $E_{\varphi p}$ 与峰值出现时间 $t_{\varphi p}$ 均

随 θ 变化。以图 3.18 为例,当 $\varphi=0°,r=50km$ 时,随着 θ 的增加, $E_{\varphi p}$ 减小, $t_{\varphi p}$ 增大,脉冲宽度显著增加。当 φ,θ 为定值时, $E_{\varphi p}$ 和 $t_{\varphi p}$ 亦随 r 变化。

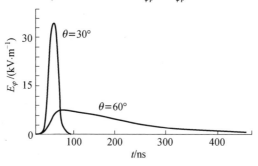

图 3.18　$E_{\varphi}(t)$ 波形($\varphi=0°,r=50km$)

表 3.7 列出了 $\varphi=0°,\theta$ 为不同值时, $E_{\varphi p}$ 和 $t_{\varphi p}$, $E_{\theta p}$ 和 $t_{\theta p}$ 随 r 的变化情况。由表中数据可以看出: φ,θ 为定值,随着 r 增大, $E_{\varphi p}$ 和 $E_{\theta p}$ 均减小, $t_{\varphi p}$ 和 $t_{\theta p}$ 也减小或不变;当 $r\geqslant 50km,\theta=60°$, $E_{\varphi p}$ 和 $E_{\theta p}$ 随 r 的一次方衰减。峰值出现时间变小,意味着脉冲上升沿变陡,脉宽变窄。

表 3.7　当 $\varphi=0°$, E_{φ} 和 E_{θ} 峰值与峰值出现时间随 r 与 θ 的变化情况

r/km	E_{φ}				E_{θ}			
	峰值 $E_{\varphi p}/(kV\cdot m^{-1})$		峰值出现时间 $t_{\varphi p}/ns$		峰值 $E_{\theta p}/(kV\cdot m^{-1})$		峰值出现时间 $t_{\theta p}/ns$	
	$\theta=30°$	$\theta=60°$	$\theta=30°$	$\theta=60°$	$\theta=30°$	$\theta=60°$	$\theta=30°$	$\theta=60°$
1.5	30	28	82	76	-22	8	154	166
20	30	15	76	76	-15	4	106	142
50	36	8	58	76	-7	2	58	142
100	8	4	43	76	-0.8	1	58	142

（5）由计算取得的数据,将 $E_{\varphi p}$ 按正比于 $1/r$ 外推得到地面上 $E_{\varphi p}$ 的一些数据:爆点投影点处($\varphi=180°,\theta=30°$) $E_{\varphi p}\approx 3kV\cdot m^{-1}$;爆点投影点正南方距投影点 58km 处($\varphi=180°,\theta=60°$) $E_{\varphi p}\approx 5kV\cdot m^{-1}$;173km 处($\varphi=180°,\theta=90°$) $E_{\varphi p}\approx 10kV\cdot m^{-1}$ 。

3.3.3　高空核爆炸电磁脉冲在地面上的覆盖范围及场分布

前已述及,高空核爆炸时,电磁脉冲不只是从源区垂直向下辐射,还从源区的边缘并以不同角度向地面辐射。因此,电磁脉冲的高频分量在地面上的作用区域延伸至视界范围(即地面上能够"见到"爆点的范围),频率较低的分量甚至能伸延到视界范围之外。显然,爆点越高,电磁脉冲在地面上的覆盖范围越宽。若以从爆点向下所能"见到"的地面范围(即视界范围)来计算电磁脉冲在地面上的覆盖半径 R ,地球半径 $R_e=6370km$,则 R 随爆高 H 的变化如表 3.8 所列。

表 3.8　高空核爆炸电磁脉冲在地面上的覆盖半径随爆高的变化情况

爆高 H/km	40	50	60	70	80	90	100
覆盖半径 R/km	712	796	871	940	1004	1065	1121

　　地面上受电磁脉冲覆盖的范围内,场强峰值的大小将取决于爆炸当量、爆高、观测点的位置以及相对于地磁场的方位。文献[13]给出了爆炸当量在几十万吨以上,爆高为 $100\sim500\text{km}$,地面零点(爆点在地面上的投影点)位于北纬 $30°\sim60°$ 之间的情况下,按场强峰值最大值 $E_{\max}$ 计算的等场强线,如图 3.19 所示。图中按爆高的整数倍标出了地面上各点与地面零点的距离。此图用于地球赤道以南地区时,图中指示磁场北的方向应改为磁场南。由图中等场强线的分布情况可以看出,电磁脉冲覆盖范围内,大部分地区的电场强度高于 $0.5E_{\max}$,当量在几十万吨以下时,另当别论,因为此时在地面视界处的场强已明显低于 $0.5E_{\max}$。

　　图 3.19 所示的等场强线不适用于爆高大于 500km 的情况,因为对于这样的爆高,电磁脉冲在地面上的覆盖半径已低于爆高的 5 倍,而该图与地面零点的距离是以爆高来标度的,因而不再具有任何意义。

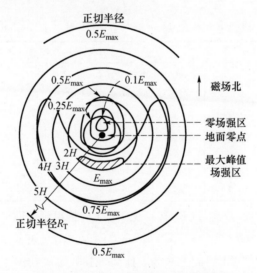

图 3.19　地面上等场强线的分布情况

　　地面上电磁脉冲场强线的分布主要取决于地磁场的方位、磁倾角以及观测点与爆点的距离等几何因素。图 3.19 略偏向地面零点之北的低场强区是由地磁场磁力线与水平方向之间的倾角造成的。从理论上说,低场强区的中心存在一个零场强点,该处康普顿电子并不围绕磁力线转,而是直接沿着磁力线的方向运动,但由于其他的作用过程,比如 γ 辐射沉积区内的振荡,将在地面产生弱的电磁脉冲。在更大的地面范围内,场强的其他变化则是由离爆炸点的斜距不同而引起的。

虽然 E_{max} 随地面零点所处纬度的变化可能并不很大,但地面上电磁脉冲等场强线的分布将随磁倾角的变化而改变。当纬度高于 60°,磁倾角较大, E_{max} 和 $0.75E_{max}$ 的等场强线越趋近于围绕地面零点。当磁倾角为 90°,从理论上说,等场强线可能由一族围绕地面零点的圆组成。地面零点处的场强为零。当纬度低于 30°,磁倾角较低,地面上的等场强线将变得更不像圆,发散的趋势将有所增加。

参 考 文 献

[1] Longley H J,Longmire C L. Development and Testing of LEMP1:LA – 4346[R]. 1969.

[2] Longley H J,Longmire C L. Development of the Glanc EMP Code:AD – 774773[R]. 1973.

[3] Longmire C L. On the Electromagnetic Pulse Produced by Nuclear Explosions[J]. IEEE Trans. Antennas Propagat. ,1978,26(1):3.

[4] Richtmyer R D. Stability of the new Radio Flash Code:LA – 3864[R]. 1968.

[5] Longley H J. Compton Current in Presence of Fields for LEM1:LA – 4348[R]. 1970.

[6] Chen D J,Zhou B H,Shi L H. An Investigation into Underground EMP Produced by a Surface Burst[C]. Beijing:Proc. IEEE Int. Symp. Electromagn. compat. ,1992:40 – 43.

[7] Shi L H,Zhou B H. A Neural Network Model for the Analysis and Evaluation of Electromagnetic Environments [C]. Xi'an,China:Proc. Asia – Pacific Conf. Environ. Electromagnetic. ,1996:214 – 217.

[8] 刘凯. 地面核爆炸 SREMP 数值计算及数据压缩研究[D]. 南京:工程兵工程学院,1998.

[9] Karzas W J,Latter R. Electromagnetic Radiation from a Nuclear Explosion in Space[J]. Phys. Rev. 1962,126 (6):1919.

[10] Karzas W J,Latter R. The Electromagnetic Signal due to the Interaction of Nuclear Explosion with the Earth's Magnetic Field[J]. Journal of Geophysical Research,1962,67(12).

[11] Odencrantz F K. Electromagnetic Effects form High – Altitude Nuclear Explosions[J]. Journal of Geophysical Research,1963,68(7):2057.

[12] John R L. Theory of the High Altitude Electromagnetic Pulse:AD – 777846[R]. March,1974.

[13] Glasstone S, Dolan P J. The Effects of Nuclear Weapons [M]. Washington: United States Department of Defense and the Energy Research and Development Adminidtration,1977.

[14] Ricketts L W, Bridges J E, Miletta J. EMP Radiation and Protective Techniques [M]. New York: John Wiley&Sons Inc. , 1976.

[15] 乔登江. 核爆炸物理概论[M]. 北京:原子能出版社,1988.

第4章 雷电的形成及其特性

雷电又称闪电,作为人们日常熟知的一种天气现象,属自然大气中瞬间发生的超强、超长放电现象,且伴随有强烈的声、光和电磁辐射。汉语词汇"雷鸣""电闪"是我国远古以来对雷电发光、发声现象的描述。

本章首先简述雷电的形成机理及分类,在此基础上讨论云闪和地闪的不同特征,最后重点论述对雷电进行观测研究的重要性与现状,从大气电场观测技术、对地闪雷电流的定点观测研究、LEMP 观测技术的新进展到雷电过程观测研究的高电压试验和人工引雷方法。

4.1 雷电的形成机理

关于雷电的形成问题,早在东周典籍《庄子》中曾做了这样的论述:"阴阳纷争故为电,阳阴交争故为雷,阴阳错行,天地大骇,于是有雷、有霆。"可谓世界上最早涉及雷电的学说,"雷公""电母"之说可视为该学说的一个人性化的注释。鉴于雷电主要起源于雷暴云(又称雷暴),在讨论其形成机理时,首先要看雷暴云是如何生成,又是如何起电的。

4.1.1 雷暴云的生成

雷暴云为人们所熟知的生成过程如下:大地在太阳照射下,吸收的热量远多于大气层,故白天地面温升高于上层大气,夏日尤甚。于是,近地面大气因温度升高,体积膨胀,密度减小,因而上升。此时江、湖等水面上的空气温度较低又含有较多水汽,迅速流过来补充热空气上升后留下的空位。流来的湿冷空气又吸热而上升,如此产生了空气的对流运动。上升的湿热气流因上空温度低,使水汽凝结到漂浮在大气中的固体凝结核上,形成雾滴,这就形成了云。并逐步由小块淡积云发展成大块浓积云,再发展成雷暴云。而后出现大雨、暴雨和雷电。

发生在云与地之间的闪电其放电电流一般为几十千安,最大可达二三百千安,电流之大可谓超强。对单体雷暴而言,闪电长度一般为几千米,超级雷暴长达上百千米,由多个单体雷暴组成的雷暴系统最长可达 400km,空间上的如此伸延可谓超长。雷暴所覆盖的若大空间,大气环境变化多端,异常复杂,加之宇宙射线、X 射线的入侵,铸就了雷电的复杂性、随机性和不确定性,使得雷电成为最难进行实况观测和实验模拟的自然现象之一。因为对于一个固定的空间点来说,发生雷击是一个小概率事件,要想快速而详细记录各种雷电的全过程是极其困难的。在实验室内也不可能完全模拟如此环境复杂而时间上很短、空间上很长的实况。迄今为止,人们还难以系统地对云中情况做实地测量,对云中电荷的分布也只能勾勒出一个大概的图像,尚不清楚其细微结构,甚至还不清楚电荷的主要载体是什么。

近半个世纪以来,世界上众多的大气物理学家都曾对雷暴云起电的物理成因进行过研究,且提出过多种假说。但是无论是基于实验室工作提出的,还是根据一些物理现象或概念给出的数值模拟结果,还没有一种解释或说法能够令人十分满意。主要电荷是在水凝物上,还是以较小的离子形态存在?初始放电是出自某一极性电荷区,还是同时出自两种异号电荷区?……。所以,关于起电机理的突破,有待于科学技术的更大进步。但以下事实[1]为大家所公认:

(1)起电过程主要发生在雷暴云的起初阶段和成熟(云中形成浓重的凝结物)阶段。

(2)雷暴单体(有明显边界的大云团,也称云胞)中出现的大气电过程和降水过程的持续时间平均约 0.5h。

(3)参与一次闪电的闪电电荷总量平均为 20～30C。闪电电矩平均为 100C·km。

(4)闪电发生的频率可达每分钟几次。因为云体荷电水滴悬浮在空气中,而云体本身并非良导体,所以每次放电只能是局部区域内比较集中的相互靠近的那些电荷,待云中其他邻近电荷再聚集到足够数量之后才可能有下一次闪电放电,所以两次放电之间常有几十毫秒的间隔。

(5)第一次闪电一般出现于雷达测到雷暴云出现降水粒子后 10～20min 时间内,此时云中较大范围内的大气电场强度应大于 $3 \times 10^5 \mathrm{V \cdot m^{-1}}$。

(6)雷暴云中有固态和液态水成物,云中主要负电荷区一般位于 −5℃层,正电荷区位于其上方几千米处,当然也并非绝对如此。

4.1.2　雷暴云的起电

起电即为从媒质中分离出正、负自由电荷。关于雷暴云的起电机理前人曾进行过多方面的研究,基于实验数据或数值模拟,已提出了多种假说[2,3]。通常有以下几种:

1)感应起电机理

雷暴云形成时,所含降水粒子在垂直大气电场中将感应电荷。晴天大气电场的方向指向地面,故云中被极化的水滴下部带正电。水滴下沉时与大气离子相遇,将俘获与水滴下部电荷异号的负离子,于是下沉的降水粒子从整体上看带负电。而大气正离子则受水滴下部电荷排斥而继续上升,从而在雷暴云的下部形成负电荷区,上部成为正电荷区。这一学说可以大致说明雷暴云起始阶段的电荷分布。Aufdermauer 等发表于 1972 年的实验室实验结果表明,感应过程只有在环境电场

高于 $10kV \cdot m^{-1}$ 时才有显著作用[4]。

2）温差起电机理

所有的观测结果表明,雷暴云中有大量冰晶、雹粒、过冷水滴。在冰块中存在 H^+ 和 OH^- 两种离子,离子浓度随温度的升高而增大。冰块两端温度不同时,热端离子浓度高,冷端离子浓度低。因离子浓度上的差异,必然产生扩散现象:离子从浓度高处(热端)向浓度低处(冷端)扩散。由于 H^+ 离子质量小,扩散速度大,单位时间内到达冷端的 H^+ 离子多于 OH^- 离子,这就导致了冷端带正电,并随之建立起冰块内部的静电场,其电场方向由冷端指向热端。该电场阻止 H^+ 离子的继续扩散,最终达到动态平衡,在宏观上显示为冰块电偶极化。

雷暴云中类似的温差电现象以两种方式产生。其一,冰粒、雹粒相互碰撞摩擦时,在相互接触中有温差就会产生温差电效应,即有离子的迁移。当接触双方分开时,各自带上异号电荷,并在重力和气流的双重作用下相互分离,从而形成雷暴云中正、负电荷相对集中的复杂分布。其二,过冷水滴与雹粒在相互接触过程中,过冷水滴以雹粒为凝结核就会发生相变,由液态迅速变为固态而包在雹粒上,在结冰的同时放出潜热,这些热量的放出使过冷水滴内部膨胀,造成已凝结的外层冰壳破裂成冰屑,并形成温度差而导致温差电效应,低温的冰屑带正电,并因其轻而小易被气流携带上升至云的上部,所以雷暴云的上部集聚起大量正电荷。

3）与降水无直接关系的起电机理

例如对流起电机理,认为电荷来自云外的大气离子和地面尖端放电产生的电晕离子,正、负电荷在垂直气流的作用下被分离。这一机理可能对雷暴云底部较弱正电荷区的形成起重要作用。

以上几种机理虽然各不相同,但并不相互排斥,而可以是同时存在,相辅相成的。

鉴于雷暴内部结构十分复杂,对云内实况的观测受到很大限制,研究者们曾对雷暴云或雷暴的起电机理进行过数值模拟研究,起电模式通常是在动力模式的基础上引入电场力和各种起电过程。最具代表性的是 Takahashi T[5] 的工作,他建立了一个一维轴对称云模式,用以研究浅对流暖云的电荷结构特征。作为该项工作的延伸,Chiu C[6] 模拟了深对流暖云空间电荷的分布特性,给出了电荷偶极分布和云下部较弱的正电荷区结果,并发现强的电活动依赖于云中的强降水率。Rawling F[7] 最早在模式中引入了较为完整的非感应起电过程。其后,言穆弘[8] 在相关数值模拟中建立了一个模拟雷暴云动力和电力发展的二维时变轴对称模式,基于雷暴云中的 10 种主要微物理过程,除考虑了扩散和电导起电外,还重点引入了感应和非感应起电以及次生冰晶起电的作用。模拟结果发现,软雹碰撞冰晶是形成雷暴三极性电荷结构和局地产生足以使空气击穿的强电场的主要物理过程。为之后张义军等[9] 对雷暴中放电过程的数值模拟提供了基础。

4.1.3 雷暴云的放电

虽然在雪暴、沙尘暴、火山爆发和核爆炸产生的蘑菇云中,偶尔也可观测到闪电现象,但是研究较少。大气中发生的瞬时高电压、大电流、长距离闪电放电现象,大多数与雷暴云相关联。

雷暴云的放电,与起电一样也是一个十分复杂的物理过程。雷暴云在地面产生的电场一直是用来衡量雷暴强弱的一个重要参数。通常雷暴可在地面产生每米几千伏的大气电场,而灌木、草丛等各种自然接地的尖凸物处电场比周围环境电场要高出几十至几百倍。当场强超过一定的阈值(一般为每米几千伏),尖凸物便发生电晕放电,向空中释放离子,可形成厚达几百米的空间电荷层,对地面电场形成强烈的屏蔽作用。同时,空中电场可能比地面电场强几倍至十几倍。因此,地面大气电场强度并不能恰当反映雷暴强弱的真实情况。

晴天的大气电场代表着一个重要的参考状态,雷暴的发生是相对于这一正常状态的偏离。晴天时大气带正电荷,微弱导电,在大气电场强度很高时也不会出现大的电流,平均电流密度约为 $3 \times 10^{-12} A \cdot m^{-2}$。地球带负电荷,全球总电荷约为 $-5 \times 10^5 C$,地球上的面电荷密度约为 $-10^{-9} C \cdot m^{-2}$。不同高度的垂直电场强度在地表呈现最大值,就全球平均而言其值为 $120V \cdot m^{-1}$,海洋上则为 $130V \cdot m^{-1}$。地球电荷明显维持恒定的事实,表明存在着一个再生的机制,这就是可称为全球发电机的雷暴。雷暴中的电荷结构能够维持从地球向上流进云底的垂直电流,同时也驱动从云顶流进电离层的电流;而在晴天区域,则有大约 1.8kA 的晴天电流从电离层流向地球,这就构成了全球电路。此外,通过近期的探空观测和研究发现,中高层大气瞬态发光事件(Transient Luminous Events,TLE)、起电的雷阵雨等也都对全球电路有一定的贡献。前者为雷暴发生瞬间在其上方常诱发的一类大空间尺度的短暂发光现象,如红闪等[10];后者产生的电流虽然不能与雷电相比,但对电离层的充电作用不应被忽略。郄秀书等在文献[11]中给出的全球电路的示意图如图 4.1 所示。电离层和地面构成一个球形电容器,如令地面电位为零,则电离层电位平均约为250kV。雷暴活动相当于一个发电机,上连电离层,下接导电地面。全球每一时刻发生的 1800 个雷暴可产生约 1A 的上行电流到电离层,不断地向这个巨型电容器充电,从而维持了全球电路的平衡。

在雷暴区,全球雷暴输出的功率可高达 $2 \times 10^{11} W$,平均每个雷暴约提供 $10^8 W$。在晴天区,雷暴提供的总功率约为 $5 \times 10^8 W$,每个雷暴约提供 $2.5 \times 10^5 W$。这些能量源于太阳的辐射能,通过大气过程特别是云的过程转化而来。地球和雷雨云之间的电荷输送由闪电放电、尖端的电晕放电和降水三者共同完成。地闪常常将负电荷输送到地球,平均每次输送 20C。根据地面和卫星的观测结果,全球闪电发生频数包括云闪和地闪在内为 $30 \sim 100 s^{-1}$,而在任何时候,约有 2000 个雷暴存在,一天中,全球闪电达 900 万次[12]。活跃在雷暴下方的尖端电晕放电提供了

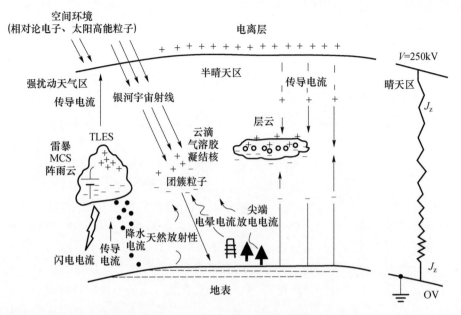

图 4.1　全球大气电路与电平衡示意图

丰富的离子源,它是由地球向上垂直输送电荷的主要途径,而闪电输送的电荷可能仅仅是一个次要的补充。

4.2　雷电的分类

4.2.1　按闪电的外观形状分类

　　按闪电的外观形状可将其分为线状闪电、带状闪电、片状闪电、联珠状闪电和球状闪电。其中以线状闪电最为常见。

　　片状闪电是云闪表现出来的一种,其实云闪大多是线状的,只是在被云遮住时闪电的光照亮了上部的云,或是反射的光映入了人的眼帘,看上去就成为片状的亮光了。线状闪电可以发生在云际,被人们看到的更多发生在云地之间。通常看到的树枝状且有很多分叉的线状闪电其实是若干次线状闪电的重合,每次闪电的时间间隔仅几分之一秒,人眼无法分辨。如果此时恰好有强风吹过闪电通道,使各次放电的通道产生平移,这时人们可看到罕见的带状闪电了。

　　联珠状闪电更为罕见,似乎都是在强雷暴中一次强烈线状闪电之后偶尔出现。在火箭人工引雷中,有时也能在较强的闪电之后观测到联珠状闪电。

　　特别值得一提的是球状闪电,简称球闪,俗称滚地雷,是一个等离子体火球。球闪的出现概率远大于带状闪电和联珠状闪电,大量球闪的目击报告表明[13],它具有很多奇特的性质,能从极小的缝隙中钻入室内,甚至穿过玻璃和金属板进入密闭的飞机舱内。其形状多为球形,也有椭球形、梨形、纺锤形、带形及柱形等形状的。这种等离子体火球直径一般为几厘米到几十厘米,也有小于1cm和大到几米的。

4.2.2 按闪电发生的空间位置分类

按闪电发生的空间位置可将其分为云内闪电、云际闪电、云 - 空气闪电和云地闪电。

对于云内闪电、云际闪电和云 - 空气闪电这三种闪电过程,目前还没有有效的资料来加以区分,但均属没有到达地面的闪电放电,从地面上测得的大量电场记录看也十分类似,故统称为云闪。云闪发生率占全部闪电的2/3以上,其中又以云内闪电发生率最高,占全部闪电的一半以上。随着科学技术的发展,云闪的危害不仅表现在航空、航天方面,其产生的电磁辐射对天空和地面上微电子设备的威胁日趋严重,在微电子设备获得广泛应用的今天,加强对云闪LEMP的观测及防护研究已迫在眉睫。

云地闪电即地闪,俗称落地雷,是发生于云体与地面之间的对地放电,其走向多垂直于地面。按地闪先导所转移电荷的极性和运动方向又可将其分为如图4.2所示四种类型[11,14]:①下行负地闪,由向下移动的负极性先导激发,向下输送负电荷,占全部地闪的90%以上;②下行正地闪,由携带正电荷的下行先导激发,故向下输送的是正电荷,占全部地闪的10%以下;③上行负地闪,由携带正电荷从地面向上移动的先导激发,从云中向地面输送的是负电荷;④上行正地闪,由携带负电荷从地面向上移动的先导激发,从云中向地面输送的是正电荷。③、④两种属上行雷,比较罕见,通常发生在高山顶上或较高的建筑物上,近来随着地面上很高的建筑物和高架结构物的增多,上行雷有增多的趋势。不论是正地闪还是负地闪,均为对地放电,故对人类的危害大,是防雷加固的重点。

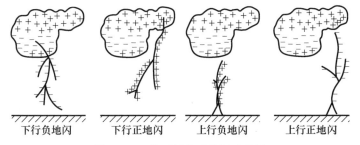

图 4.2 四种不同类型地闪示意图

4.2.3 与雷电有关的其他大气放电现象

20世纪90年代以来,大量的观测研究结果表明,伴随雷暴的发生,常会诱发雷暴云上方大空间尺度的中高层大气放电现象,根据其短暂的发光特征,称之为中高层大气瞬态发光事件。按此类事件光辐射的形态特征和发生位置,可划分为五类[11]:其一,红闪,又称红色精灵,自电离层底部快速向下发展,速度可达10000km·s[-1];其二,蓝色喷流,又称蓝激流,以相对较慢的速度自雷暴云顶部向上发展,可达约40km的高度;其三,电磁脉冲源导致的光辐射和甚低频扰动(Emissions of Light and VLF Perturbation Due to EMP Sources,EIVES),是发生于低电离层区域的圆环状放电,径向扩展范围可达300km;其四,巨大喷流,为自云顶向电离层快速向上发展的放电事件,故而建立了雷暴云顶和电离层之间的直接电连接;其五,光环,为一种自电离层向下发展的短暂发光,水平尺度为40~70km,常伴随红闪或在红闪之前发生,故也被称为精灵光环。

其中的EIVES发生于低电离层区域80~95km的高度上,水平扩展可达200~600km,持续时间不到1ms,红色,可由正、负地闪产生的电磁脉冲激发,亦可由闪电产生的感应场激发。光辐射和甚低频扰动是迄今发现的发生高度最高、水平尺度最大的中高层大气瞬态发光事件,其形态特征如图4.3[10]所示。

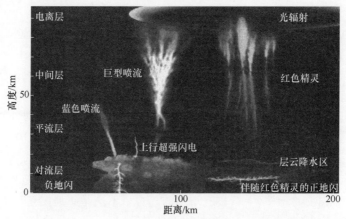

图4.3 中高层大气瞬态发光事件的形态特征

4.3 雷电的一般特征

4.3.1 云闪的特征

云闪通常发生在云中正、负电荷区之间,持续时间约半秒,与地闪近似。一个典型的云内放电过程长度可达5~10km,中和几十库仑的电荷。当云中局域大气电场达到10^6V·m^{-1}时,带电雾滴间就会因空气介质的电击穿而导电、发光,产生与地闪先导类似的击穿过程。云闪的放电过程一般开始于连续传播的击穿过程,当遇到极性相反的电荷源时,便引发与地闪回击类似的反向放电过程,被称为K过程。在这一过程中放电电流产生的小而快的电场变化被称为K变化,测得的快变化波形常显示为脉冲群,其持续时间平均为 0.7ms,脉冲之间的间隔平均为 12.5ms。云闪毫秒级放电特征的有关参量列于表 4.1[14]。

表 4.1　云闪毫秒级放电特征参量

放电过程	参量	典型值
总体放电	高度/km	4~12
	持续时间/s	0.3~0.5
	中和电荷/C	5~30
初始流光	持续时间/ms	250
	速度/($m \cdot s^{-1}$)	$1~5 \times 10^4$
	电流/A	100~1000
反冲流光	一次放电所包含的数目	6
	持续时间/ms	<1
	速度/($m \cdot s^{-1}$)	1×10^6
	电流/A	1400
	中和的电荷/C	1

　　文献[14]曾按云闪产生的电场将云内过程区分为初始、活跃和结束三个阶段,如图 4.4 所示。图中:I、V. A. 和 J 分别代表初始阶段、非常活跃期和最后阶段;上、下的波形分别为采用快、慢两种天线的测量结果。该系统测得的是电场变化量,不反映静电场。所谓天线的"快"与"慢",是因采集电场信号的 RC 电路所取时间常数不同,导致系统特征频率的不同。时间常数越大,特征频率越低,低频响应越好;反之亦然。两种测量结果相互补充,相得益彰。

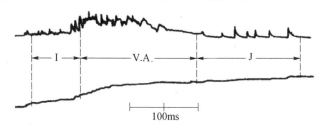

图 4.4　云闪产生的电场变化波形

　　由图 4.4 可见:初始阶段慢波形(下面曲线)为正向变化,快波形(上面曲线)中有幅度相对较大的脉冲;活跃阶段,慢波形出现幅度较大的正向变化,表明这一期间电荷转移量较大,快天线波形脉冲数量和幅度都比初始阶段要大,意味着云内放电活动相对剧烈;最后阶段,快电场变化以间隔时间较长的 K 变化为主要特征,慢电场变化停止增长。这种所谓的快、慢天线一直沿用至今,从测量结果可以看出云闪过程中垂直方向空间的电场变化。而云闪的放电不仅限于垂直方向,不可回避且更为重要的是在水平方向的大尺度发展,亟待开展对云闪过程引起的空间水平方向电场的测量研究。

另一方面,从确定闪电发生的空间位置入手,必须对其放电过程发生的位置进行定位研究。考虑到无论是在什么位置上发生的闪电,在其放电过程中发生的空气击穿常会辐射大量高频脉冲,通过对这些辐射源的定位观测,可对放电过程发生的位置进行定位。例如采用甚高频(Very High Frequency,VHF)到达时间差(Time of Arrival,TOA)法和VHF干涉仪法,根据放电电流辐射的脉冲到达相距一定距离天线的时间差或相位差对辐射源进行定位。特别是近年来,随着闪电VHF辐射源定位技术的快速发展,雷电定位网(Lightning Mapping Array,LMA)能以50ns的时间分辨力和50~100m的空间定位精度展现闪电放电的三维时空演变过程。

此外,对闪电放电辐射源进行定位还可采用VHF/UHF(Ultra High Frequency)窄带或宽带干涉技术。前者利用基线组合形成的天线阵列,对所接收的信号或采用滤波器选择某一适当频率的信号,通过一系列组件得到该信号到达不同天线的相位差。后者则是通过对不同天线接收的宽带信号作快速傅里叶变换(FFT)变换,得到多个不同信号到达不同天线的相位差和时间差。根据测得的数据,实现对被接收信号辐射源的定位。

董万胜等于1999年7月29日在广州从化地区采用宽带干涉仪系统和快、慢天线,成功地实现了对一次云闪放电过程的定位[15]。三副相距10m的VHF天线构成正交基线阵列,各天线通过50m长的同轴电缆经低端截止频率为25MHz的高通滤波器与一台四通道示波器相连。示波器的带宽为1GHz,分辨率为8bit,各通道记录长度为2M采样点。示波器采样频率设置为1GHz,采用分段记录方式。同步测量垂直电场慢变化的电场仪时间常数为6s,所测得的慢变化信号经时间常数为100μs的微分电路后转化为电场快变化信号再被放大100倍(采样频率1MHz,记录长度1M样点)也被同步记录。所测得的云闪辐射源定位结果和快慢电场变化波形分别如图4.5和图4.6所示。

整个放电过程持续时间约为260ms,初始40ms期间的慢变化波形呈现平稳正向变化,快变化波形中有幅度相对较大的脉冲。在40~120ms期间,慢变化波形首先负向变化,然后正向变化,快变化波形中脉冲数量和峰值都明显大于初始阶段。表示宽带辐射记录段触发时刻的垂直短线也比前期密集,但垂直短线疏密不均,说明辐射仍然具有间歇脉冲特征,对应云闪的活跃阶段。120ms以后慢变化波形中有明显的阶梯形正向变化,电场快变化波形中脉冲数量较少,且间隔较大,对应云闪的最后阶段。

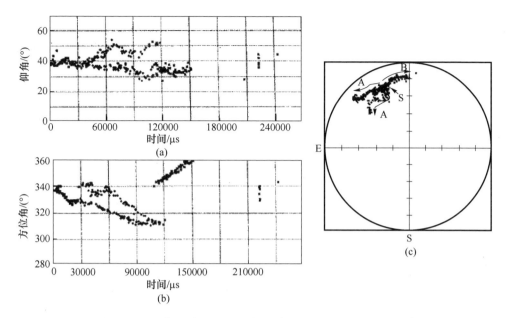

图 4.5　1999 年 7 月 29 日 16 时 50 分一次云闪辐射源定位结果

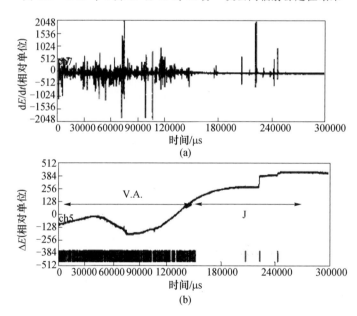

图 4.6　1999 年 7 月 29 日 16 时 50 分一次云闪产生的电场变化波形

　　张义军等在文献[16]中介绍的 2000 年 6 月 11 日和 12 日采用 LMA 技术观测到的两次典型的云闪,其放电结构分别为正常极性和反极性的云内放电。所谓正常极性云内放电指闪电发生在云上部正电荷区与中部负电荷区之间,图 4.7 所示的双层结构放电,分别位于 9 ~ 11km 和 6 ~ 8km 高度上,闪电起始于 8km 高度上的

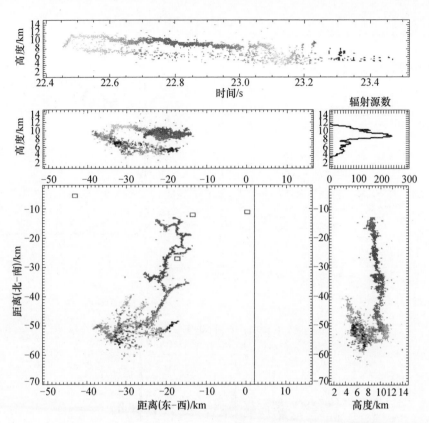

图 4.7　2000 年 6 月 12 日 00 时 13 分一次典型的正常极性云闪放电辐射源定位结果

负电荷区,垂直向上发展到 11km 上的正电荷区。而反极性云内放电则是发生在上负下正的电荷区之间,图 4.8 所示的双层结构电荷区分别位于 7～8km 和 11km 的高度上,负先导从 10.5km 高度处起始,垂直向下发展,至 8km 高度后便转向水平方向延伸,并形成多个分叉。

　　从以上对云闪进行观测的典型成果可以看出,云闪放电过程往往在水平方向有较大尺度的发展,这是万万不可忽视的。发生在几千米至十多千米高度上的水平方向放电,其电流产生的 LEMP 场应以水平分量为主。虽然这一水平场分量传播到地面附近时会随大地的电特性发生一些改变,但对地面上下在水平方向敷设的大量长导体产生的较强耦合应予关注。积极开展对云闪 LEMP 三维电场的测量技术及其对地面附近长导体的耦合影响研究是很有必要的。

4.3.2　地闪的特征

　　由于地闪对地面物体和人畜构成严重威胁,且其放电通道暴露于云体之外,易于进行光学观测,故目前对地闪放电过程已有比较系统的研究。近些年来,随着微电子技术的迅猛发展,用于雷电测试研究的设备采样率不断提高,性能大幅提升,

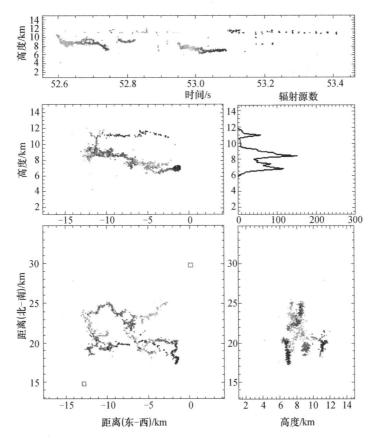

图 4.8 2000 年 6 月 11 日 22 时 37 分一次反极性云闪放电辐射源定位结果

对闪电的认识亦随之不断深化。

地闪分为正地闪和负地闪。正地闪是向大地输送正电荷的对地放电过程,其发生概率低,但具有较长的云内水平方向的放电,其空间长度达几十至上百千米。正地闪的回击数也较少,大多数仅包含一次回击过程,发生两次以上回击的所占比例很低。我国 2009 年、2010 年在大兴安岭地区观测到的 185 次正地闪中,175 次为单次回击,比例高达 94.6%,三次回击的仅 1 次,回击数平均为 1.1,在测得的全部地闪中正地闪仅占 10.2%。我国内陆高原的正地闪比例相对高,为 15% ～ 20%[17]。在 Heidler F 等[18]1998 年发表的在德国的观测结果为:36 次正地闪中,仅有一次回击的为 32 次,占总正地闪数的 88.9%,回击数为 2 次的正地闪 4 次。正地闪发生概率最高的是日本的冬季雷暴,通常占到 40% ～90%,而美国的佛罗里达地区这一数据仅为 3% ～9%。

考虑到正地闪的发展过程与负地闪类似,只是整个放电过程等效地中和了云中的正电荷。下面仅讨论发生频率最高的下行负地闪过程。

地闪放电可划分为以下几个子过程:预击穿过程(preliminary breakdown

process)、梯式(级)先导(stepped leader)、回击(return stroke)、直窜(箭式)先导(dart leader)、后续回击(subsequent return stroke)、回击间的过程等。

　　预击穿过程是在地闪通道伸展出云底之前发生于云内的弱电离过程和放电过程。从地面观测到的电场变化看,在负地闪首次回击之前的电场变化持续时间从几毫秒到几百毫秒不等,典型值为几十毫秒。图 4.9 为 Berger K 和 Vogelsanger 于 1966 年发表的负地闪发展过程示意图,是根据静止照相和条纹照相拍摄到的结果绘制而成的[11],该图描绘了除预击穿以外的其他发展过程。

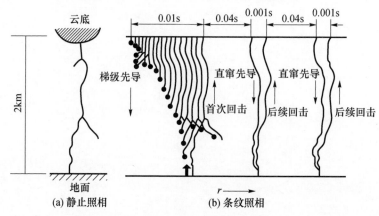

图 4.9　根据静止照相和条纹照相拍摄结果绘制的负地闪发展过程示意图

　　文献[14]在总结前人相关研究成果的基础上对地闪放电的各个子过程进行了梳理。

　　梯级先导是地闪放电的初始阶段,是为地闪回击过程开辟通道的主要物理过程之一。通常发光梯级先导的直径为 1～10m,先导的电荷也包含在几乎同样尺寸的通道中,但先导电流应流动在直径为几毫米的中心核内(Schonland,1953)。Williams 等(1963)利用先导电流磁场测得的两个梯级先导的平均电流为 50～63A, Thomson 等(1985)在 Florida 利用 62 个梯级先导接近地面时产生的电场变化得到梯级先导电流为 100A～5kA,均值为 1.3kA。梯级先导的总电荷为 10～20C,据此算得单位梯级长度的平均电荷为 $10^{-3}\mathrm{C}\cdot\mathrm{m}^{-1}$。

　　1999 年 Chen 等利用 0.1μs 时间分辨率的光学设备观测了两次下行梯级负先导 A 和 B,发现梯级先导始于一系列尖锐的光脉冲,300～400μs 以后光输出以上升缓慢、持续时间相对较长的浪涌变化和光强持续增加的连续发光部分为特征。梯级先导的整体速度:A 为 $(4.5～11.2)\times10^5\mathrm{m}\cdot\mathrm{s}^{-1}$,B 为 $(4.9～5.8)\times10^5\mathrm{m}\cdot\mathrm{s}^{-1}$。梯级长度:A 为 7.9～19.8m,B 为 8.5m。梯级间隔:A 为 5～50μs,B 为 18～21μs。光脉冲 0～100% 的上升时间:A 为 0.5～3.5μs,B 为 0.6～1.2μs。

　　在地闪的对地放电过程中,先导与回击之间的过程被称为连接过程(attachment process)。一些静止和高速摄像系统也不断地证实,首次回击和后续回击之前有上行连接先导存在,对负地闪而言一般称为迎面先导,对正地闪则为始发的上行先导。连接过程直接与雷击的物理机制相联系,是研究地面上电力线和高层建筑等雷电防护问题亟待解决的内容之一。

回击过程是地闪中对地面输送大量电荷产生大电流和强电磁辐射的阶段,一直是雷电研究的重要对象。对下行负地闪而言,其头部相对于地面的电位超过 10^7 V,在头部接近地面时,地面的自然尖端或高大建筑物等突出物体上会因空气击穿诱发一个或几个上行先导,这样的先导一旦在地面上方几十米处与下行先导相接,首次回击就发生了。回击沿着已经电离的先导通道连续向上传播,在地面附近时回击上行的速度约为光速的三分之一,并随高度而衰减,从地面到通道顶部的时间一般为 $100\,\mu s$。首次回击电流停止后,若放电过程随之结束的称为单闪击闪电。如在较短时间内通道顶部能重新聚集起足够的电荷,则可能发生以直窜先导或直窜–梯级先导引导的后续回击。通常一次对地的放电过程中可包含一次或几次先导–回击过程。负地闪放电过程的毫秒级特征参量列于表 4.2。

表 4.2　负地闪放电过程的毫秒级特征参量

负极性云地闪电		最小	典型值	最大
总体情况	回击数	1	3~4	26
	回击时间间隔/ms	3	40~80	100
梯级先导	持续时间/ms	3	6~20	50
	梯级长度/m	3	50	200
	梯级间隔/μs	30	50	125
	平均速度/(10^5 m·s^{-1})	1.0	2	2.6
	沉积电荷/C	3	5	20
	平均电流/A		300	
	梯级电流峰值/kA		≥1	
首次回击	峰值电流/kA	2	10~40	110
	速度/(10^7 m·s^{-1})	2.0	10	>14
直窜先导	持续时间/ms		2	
	传播速度/(10^6 m·s^{-1})	1.0	2	2.1
	沉积电荷/C	0.2	1	6
	平均电流/A		500	
直窜–梯级先导	梯级长度/m		10	
	先导间隔/μs		10	
	平均速度/(m·s^{-1})		1×10^6	
后续回击	峰值电流/kA		10	
	速度/(10^8 m·s^{-1})		1	

负地闪与正地闪相比,二者电流特征差别明显,Berger K 等(1975)曾根据在塔上对雷电进行长期观测积累的数据,对负地闪与正地闪的电流特征进行了对比[19],见表 4.3。

表 4.3　负地闪与正地闪电流特征对比

个例数	参　数		超过给定值的百分比		
			95%	50%	5%
101	峰值电流/kA（最小值 2kA）	负地闪首次回击	14	30	80
135		负地闪后续回击	4.6	12	30
20		正地闪首次回击（无后续回击记录）	4.6	35	250
93	电荷/C	负地闪首次回击	1.1	5.2	24
122		负地闪后续回击	0.22	1.4	11
94		负地闪（总）	1.3	7.5	40
26		正地闪（总）	20	80	350
90	脉冲电荷/C	负地闪首次回击	1.1	4.5	20
117		负地闪后续回击	0.22	0.95	4.0
25		正地闪首次回击	20	16	150
89	上升沿持续时间/μs（2μs 至峰值）	负地闪首次回击	1.8	5.5	1.8
118		负地闪后续回击	0.22	1.1	4.5
19		正地闪首次回击	3.5	22	200
92	di/dt 最大值/$(kA \cdot \mu s^{-1})$	负地闪首次回击	5.5	12	32
122		负地闪后续回击	12	40	120
21		正地闪首次回击	0.20	2.4	32
90	回击持续时间/μs（2μs 至峰值）	负地闪首次回击	30	75	200
115		负地闪后续回击	6.5	32	140
16		正地闪首次回击	25	230	2000
91	$I^2 dt$ 积分/$(A^2 \cdot s)$	负地闪首次回击	6.0×10^3	5.5×10^4	5.5×10^5
88		负地闪后续回击	5.5×10^2	6.0×10^3	5.2×10^4
26		正地闪首次回击	2.5×10^4	6.5×10^3	1.5×10^7
94	闪电持续时间/μs	负地闪（包括单次回击）	0.15	13	1100
39		负地闪（不包括单次回击）	31	180	900
24		正地闪（仅为单次回击）	14	85	500

表 4.3 中数据显示:正地闪回击电流上升时间、持续时间比负地闪首次回击长很多;正地闪转移的电荷量无论是脉冲变化部分还是整个放电过程都比负地闪大得多。

4.4　对雷电的观测研究

4.4.1　雷电观测研究的重要性及现状

　　以上在讨论雷电特征过程中所涉及的一些数据,都是由前人通过大量的观测研究得出的。由于在雷电的起电、放电过程中,伴随电荷的产生、积累、移动与电击穿的生成,在引起大气电场变化的同时,时域特性不同的电流会形成不同波段的电磁辐射,并产生刺眼的闪光和巨大的声响,从而为人们采用不同手段对雷电各种特性的观测提供了方便。而从另一方面看,雷电所包含的静电荷转移、电磁脉冲辐射和电、光、声、热等不同尺度、不同类型的物理过程又是十分复杂的,加之雷电的发生具有瞬时性和半随机性,对雷电的观测研究至今仍存在大量尚未解决的问题。

　　除了对自然雷电直接进行观测外,实验室长间隙放电虽然可以在一定程度上模拟闪电放电过程,但由于实验室条件和真实的大气环境相差较大,而且所形成的通道在空间尺度上无法与自然界雷电过程相比,因而其实验结果还需要自然雷电过程的验证。

　　半个世纪以来,随着人工触发雷电技术和高速大容量记录存储设备的出现,通过对地闪通道基电流波形的直接测量,人们对于地闪和云闪主要放电阶段和放电的电参量、雷暴云内电荷区的主要分布特征,闪电的始发、传播和电位、电荷区之间的相互关系等有了进一步的认识,同时也有超出传统闪电研究范畴的发现。无疑,雷电观测技术每前进一步都会加深人们对于雷电物理机制的理解。Schonland等[20]通过高时间分辨条纹相机在南非的观测揭示了地闪的基本过程,定义了先导、回击等雷电的基本术语;Kitagawa 和 Brook[21]通过高分辨率电场变化测量比较了云闪与地闪发展阶段的异同;Krehbiel 等[22]通过"慢天线"多站组网,首次揭示了参与地闪回击放电的电荷量和电荷结构,以及回击间的电荷有效传输问题;Few[23]采用声学定位的方法首次描述了云内闪电通道的结构特征;Proctor[24]、Rhodes 等[25]、Shao 等[26]通过 VHF 定位结果描绘出了闪电的射频图像,进而揭示了地闪和云闪的时空演变规律。

　　雷电探测积累的资料,是雷电物理研究的依据,也是进行雷电防护研究的基础。特别是在地面和空中测得的 LEMP 场数据,直接反映了测点处的电磁环境状况,是研究雷电直接毁伤效应和间接毁伤效应防护措施的根据。另外,雷电探测资料的完善也有助于进一步提出可靠的雷电预报、预警方法。

4.4.2　对大气电场的观测技术及其工程应用

　　雷电观测离不开对雷电预报、预警方法的研究。大气电场仪作为测量大气静电场及其变化的设备,与电场数据处理装置组合,前者根据导体在电场中产生感应电荷的原理完成对大气电场的测量,后者可实时读出电场值。将测量数据传送至计算机经专用软件分析处理,便可对局部地区潜在的雷暴活动及静电电击的危险性做出短期预报(见图4.10)。由于在局部地域形成的静电场随距离衰减很快,常用大气电场仪的探测半径仅限于10~20km。可以提供10min~1h的雷电预报时间。

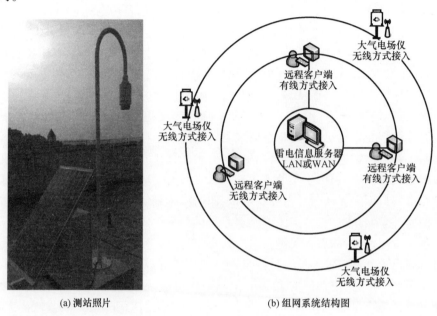

| (a)测站照片 | (b)组网系统结构图 |

图4.10 大气电场无线组网探测系统

1)传统的场磨式大气电场仪

用于大气电场观测的系统其传感部分即大气电场仪(大气平均电场仪的俗称,又称静电场电场仪),一般根据导体在电场中会产生感应电荷的原理来测量大气静电场及其变化,常见的场磨式大气电场仪结构示意图如图4.11所示。

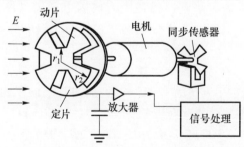

图4.11 单定子场磨式电场仪结构示意图

当图4.11中动片旋转时,定片交替地暴露在被测电场中或被接地屏蔽片遮挡,从而产生交变信号输出。定子上的感应电荷 $Q(t)$ 为时间的函数,其值与外界

126

电场强度 E 成正比,且

$$Q(t) = -\varepsilon_0 E A(t) \tag{4.4.1}$$

式中:ε_0 为自由空间介电常数,$\varepsilon_0 = 8.86 \times 10^{-12} \mathrm{F \cdot m^{-1}}$;$A(t)$ 为定子表面积($\mathrm{m^2}$);E 为被测电场场强($\mathrm{V \cdot m^{-1}}$),方向以指向转子时为正。

电场的极性采用同步检波的方法来区别,同步检波的参考相位脉冲由与转子形状相似并与转子同步运行的机械斩波叶片和槽形光电耦合器件产生。感应电荷 $Q(t)$ 经处理后,直接以数字方式输出被测电场的强度值和极性。

假设转子运动从转子和定子的扇形片重叠的一瞬间($t=0$)开始,即屏蔽片完全遮挡感应片时,这时定子上的感应电荷最少。针对图 4.11 所示的电场仪,其扇形片片数为 4,内外半径分别为 r_1、r_2,转子遮挡或暴露整个定子的时间为 T,则有在 $0 < t < T$ 时间内,定子被遮挡的面积逐渐变小,定子暴露面积的变化率为

$$\frac{\mathrm{d}A(t)}{\mathrm{d}t} = \frac{\mathrm{d}(4\pi f t(r_2^2 - r_1^2))}{\mathrm{d}t} = 4\pi f(r_2^2 - r_1^2) \tag{4.4.2}$$

式中:f 为电机的旋转频率(Hz)。

在 $t = T$ 时,定子和转子的扇形片交叉,这时定子上的感应电荷最大,这种状态为交叉状态。而在 $T < t < 2T$ 时间内,定子暴露在电场中的面积逐渐变小,其变化率为

$$\frac{\mathrm{d}A(t)}{\mathrm{d}t} = \frac{\mathrm{d}(4\pi f t(r_2^2 - r_1^2))}{\mathrm{d}t} = -4\pi f(r_2^2 - r_1^2) \tag{4.4.3}$$

若忽略边缘效应,则在定子完全暴露的瞬间,传感器输出的等效电压幅值为

$$V = 4\pi \varepsilon_0 f K(r_2^2 - r_1^2) E \tag{4.4.4}$$

式中:ε_0 为自由空间介电常数;K 为一个无量纲常数,由放大器的反馈电阻和反馈电容以及转子周期来确定。

由式(4.4.4)可以看出,传感器输出电压与环境电场呈线性关系,其极性可根据同步传感器检波得到的信号来确定。

数据可实时读取,经存储和分析处理后,可对局部地区潜在的雷暴活动及静电电击的危险性做出短期预报。预警范围为 10 ~ 20km,预警时间为 10min ~ 1h。

2)新型大气电场测量系统

长期以来被广泛采用的大气电场测量装置,其转子的接地是通过与接地的电刷接触来实现的。对电场极性的判断,需要具有与转子位置同步的检测机械结构和相应的电路,一般采用光电检测手段。转子通过电刷接地,一旦电刷磨损,接地即变得不可靠,由此引入的噪声严重,从而影响测量精度。电刷的存在不仅增加了机械结构的复杂性,用以判断电场极性的光电同步检测也变得复杂起来。

姜慧等[27]针对场磨仪探头的上述不足,研制了一套新型大气电场测量系统,

其电场传感器免除了易磨损的接地电刷和光电同步检测。采用双定子差分式结构,并将定子直接布设在用于智能控制和数据采集处理的印制板上,如图 4.12 所示。通过同步采集直流电机换向电流的脉动信号,来检测电场探头转子的位置,实现对电场极性的判断。采用混合信号处理芯片进行智能控制和数据信号处理,实现了可编程自动增益控制,增大了电场的测量范围。通过 12 位差分 A/D 采样,提高了测量精度。数字处理装置输出的电场值有多种存储方式,既可用于地面电场的测量,也可用于空中电场的测量。图 4.13 为电机电流信号和电场感应信号的波形图。由图可见,只要将转子的初始位置调整到能完全屏蔽一组定子,即可使电场感应信号和电机电流信号同相位,从而实现通过采集电机电流的脉动信号来判断电场的极性。

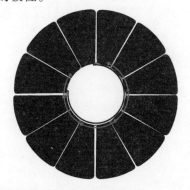

图 4.12　两组定子布于印制电路板上　　图 4.13　电机电流信号与电场感应信号

大气电场测量系统采用了混合信号处理芯片,可编程放大、差分 A/D 采样以及软件检波,电路结构显著简化,系统体积减小,可靠性增强。所用芯片有两个 A/D 转换器(ADC):ADC0 和 ADC1,其中 ADC0 为一个 12 位的多路差分 A/D 转换器,用于差分采集两个定子的感应信号,而 ADC1 为一个 8 位的 A/D 转换器,用于采集电机电流的脉动信号。该芯片还具有可编程自动增益控制的功能,可通过软件编程实现信号的自适应增益调整。在测量过程中无需整流电路,完全交流采样,通过软件检波检测电场的峰值和极性,用差分 A/D 进行采样。由 ADC0 和 ADC1 采样得到的信号传送至小型 ARM7 系统进行数据处理、储存和传输,便于对数据的应用。测量的电场值既可以存储于智能存储片,也可以通过有线或无线的方式传送至终端计算机。图 4.14 为该测量系统的信号处理装置工作原理框图。

3)地物环境对地面大气电场测量的影响问题

在地面大气电场监测中,测量结果受地物环境的影响较大,建筑物、树木等地面凸出物和地形都会引起附近大气电场的显著变化,这在地面大气电场仪联网中将会影响以致失去各观测点数据间的可比性。

针对这一问题,姜慧等将地面上凸出的建筑物、植物等简化为形状规则的立方

128

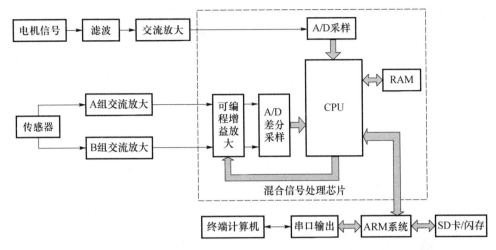

图 4.14　新型大气电场测量系统信号处理装置工作原理框图

体、柱体和球体三种基本单元,分别对这三种基本单元周围的大气电场进行了计算和讨论[28]。采用电磁场仿真软件 Ansoft Maxwell 进行了仿真分析,得出了地面凸出物的形状、距离、高度对大气电场影响的解析关系式,进而得出了不同条件下近似的环境修正系数。这些修正系数虽然是采用理想模型得到的,但为实际测量中的数据修正提供了理论依据,有一定指导意义和参考价值。

　　这里以 $10\text{m} \times 30\text{m} \times 15\text{m}$ 的立方体为例,所建立的坐标系如图 4.15 所示。设初始均匀电场 $E_0 = 1\text{kV} \cdot \text{m}^{-1}$,建筑物周围的电场会发生畸变。设有四个电场仪分别设置在 $A(0,0,16)$、$B(22,0,3)$、$C(15,20,0)$ 和 $D(56,50,0)$ 四个探测点。考虑电场仪测得的是 z 向电场分量,仿真计算得出的四个电场仪测量结果分别为 $E_A = 2.14$,$E_B = 0.784$,$E_C = 0.744$,$E_D = 0.9897$(单位:$\text{kV} \cdot \text{m}^{-1}$)。在表 4.4 中列出了测量结果、进行修正的情况以及经修正后的电场值。

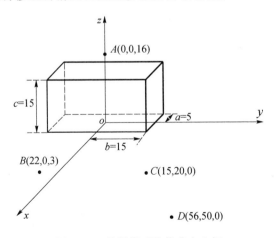

图 4.15　算例模型及待求点坐标

表 4.4 四个探测点的修正系数和电场值

探测点	修正系数 δ	初始电场 E_0/($kV \cdot m^{-1}$)	测量值 E/($kV \cdot m^{-1}$)	修正后电场值 E'/($kV \cdot m^{-1}$)
A	1.65	1	2.14	1.3
B	0.85	1	0.784	0.922
C	0.75	1	0.744	0.992
D	1	1	0.9897	0.9897

4.4.3 对地闪雷电流的定点观测研究

由于雷电带有半随机性,尽管可以根据大量统计数据预知在某一区域内雷电发生的概率较大,但是雷电击中这一区域中某一特定的目标的概率仍然十分小。通常只能采取"守株待兔"的方法进行定点观测,即在高塔或者高的建筑物上安装传感器来直接进行测量。鉴于雷电的峰值电流特别大,一般为几十千安,有时可达上百千安,要测量如此大的电流,对传感器和测量设备的要求很高。正因为如此,长期以来人们已测得的自然雷电流的时域波形十分有限,且大都是在人工所建的塔上获得的。瑞士、南非、巴西,加拿大、俄罗斯和德国等许多国家相继建立了雷电观测站,对雷电进行测量和研究,既获得了珍贵的数据,也加深了人们对雷电的认识和了解。

瑞士的圣萨尔瓦托(San Salvatore)观测站设置在最高点为海拔914m、高出湖面640m 的山上,1958 年利用瑞士邮电局 60m 高的发射塔,在塔上增设了放置分流器的平台,塔顶附加了一根 10m 长的钢棒。被测雷电流波形通过专用电缆引入记录室内,用示波器记录分流器两端的电位差获得雷电流波形。Berger 和 Anderson 于 1975 年在文献[19]中公布了他们长期以来利用该装置获得的观测结果,并根据测量到的地闪的闪击方向和所输送电荷的极性,将地闪分为下行负地闪、下行正地闪、上行负地闪、上行正地闪四种。图 4.16(a)和图 4.16(b)分别是根据 88 次和 10 次观测到的电流波形取其平均而得出的负地闪首次回击波形。该电流峰值的典型值在 20kA 左右,平均为 20 ~ 40kA,变化范围为 2 ~ 200kA,200kA 的发生概率为 1% 。图 4.17 为后续回击的平均电流波形,是根据所记录的 76 次负地闪后续回击得出的。与首次闪击相比,后续回击的上升沿时间较短(只有 1.1μs),且持续时间也短于首次闪击。

Garbagnati 及其同事在意大利一座 40m 高的电视塔(海拔高约 900m)顶部,安装了采集雷电流信号的同轴分流器,采用示波器记录 3kA 以上的信号[29]。

南非 Eriksson 等则是将 Rogowski 线圈安装在一根 60m 高的绝缘杆底部,用以测量雷电流[30,31]。观测到的闪电中由下行负先导触发的超过 50% ,没有观测到正闪电。但观测到的数据中电流上升时间特别快,而在其他地方的观测数据中并没

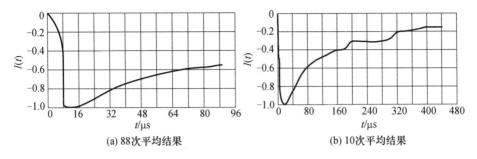

(a) 88次平均结果   (b) 10次平均结果

图4.16　Berger等1975年公布的负地闪首次回击波形

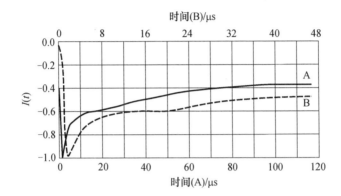

图4.17　Berger等1975年公布的负地闪后续回击波形

有这种现象。

巴西于1985年在其东南部的Morro do Cachimbo山上建立了拉美国家中的第一个雷电观测站。观测塔高60m,平面布局如图4.18所示,利用一个改装的闪电计数器来充当雷电预警设备,当有雷暴活动靠近的时候,闪电计数器自动启动整个系统的工作。根据雷暴活动的远近令系统采用不同的模式工作,在雷暴活动很远时系统取睡眠模式,雷暴活动临近时系统取触发模式,做测量前的准备。系统一旦激活,电场仪以及远处两个站的摄像设备也开始启动,准备记录闪电通道的三维路径以及先导的发展方向。

观测站中用于雷电流测量的系统如图4.19所示。在13年的观测中,共记录了157次闪电的雷电流波形[32]。

上述瑞士、意大利、南非和巴西对雷电的观测都是在几十米高的低塔上实现的。以下再来看一看加拿大、俄罗斯和德国在百米以上高塔上进行的雷电流测量研究工作。

加拿大的CN塔位于多伦多市,高度为553m,每年会遭受到数十次的雷击,A M Hussein和W Janischewskyj利用该塔对雷电流及LEMP进行了多年的观测研究,积累了丰富的资料[33-40]。CN塔雷电观测站的布置如图4.20所示[37],Rogowski线圈安装在塔上距地面474m处,测量带宽为40MHz,用以测量雷电流对时间的变

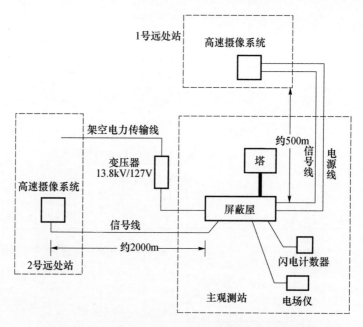

图 4.18　巴西 Morro do Cachimbo 观测站的平面布局

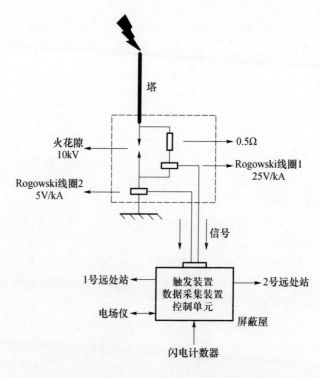

图 4.19　Morro do Cachimbo 雷电流测量系统示意图

化率 di/dt。测得的信号经三同轴电缆送示波器进行记录。后来又在 509m 高处安装了一个新型 Rogowski 线圈,并采用光纤传输测量信号,提高了测量系统的信噪比。此外,采用两套家庭摄像系统正交地架设在 CN 塔远处对闪电录像,并在 CN 塔北面 2km 处的观测站里安装有高速照相机,每秒可以对闪电拍摄 1000 张照片;安装了四套 GPS 设备,对所有的测量设备进行时间同步,以便将测得的电流与其所产生的 LEMP 配对。

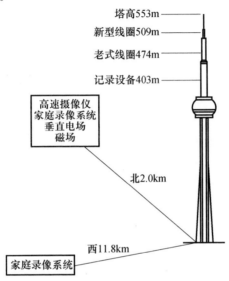

图 4.20　加拿大 CN 塔观测站的布局示意图

CN 塔上两个 Rogowski 线圈测得的雷电流数据显示,最大电流陡度平均为 19.4kA·μs^{-1},两组电流波形的平均峰值分别为 6.38kA 和 9kA,触发时刻到峰值的平均时间为 0.86μs(新型线圈)。数据分析结果表明首次回击的电流陡度比后续回击小,但电流峰值比后续回击大。图 4.21 为 1999 年 1 月 2 日 22 时 27 分 02 秒在 CN 塔上对同一次闪电所测得的雷电流波形[37]。从图中可以明显地看出新

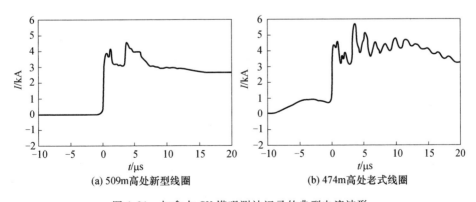

图 4.21　加拿大 CN 塔观测站记录的典型电流波形

型线圈与老式线圈相比,对噪声具有更好的抑制能力。此外,从电流波形可以看出,电流在塔身的传输过程中存在着反射。在首次峰值之后大约 3.6μs 出现了一个最大峰值,表明在塔基和大地这一阻抗不连续点处的反射系数为正,反射波形与原始波形叠加形成了波形的最大峰值。

1991—2005 年,CN 塔摄像系统共记录到 404 次闪电击中塔身,但其中只有 16 次恰好击中塔顶,大多数闪电落点在塔顶下方 5.4~70m 范围内[41]。统计数据表明,击中塔身的闪电其持续时间及单次闪电的回击数要比那些击中塔顶的闪电小,且随着落雷点与塔顶距离的增大,闪电持续时间有减小的趋势。这一结论可供高大建筑物综合防雷设计参考,雷电击中高大建筑物侧面时造成的危害及其防护问题有待进一步研究。

俄罗斯莫斯科的 Ostankino 电视塔高 540m,Gorin 等利用该塔在四个半雷暴季节中,共观测到 143 次闪电击中该塔,一次雷暴中最多遭到 12 次雷击,即每年约遭雷击 12 次。安装在塔体最上部的线圈记录到 41 次闪击,测得的最大电流为46kA,波形上升时间为 1~10μs,半峰值宽度为 20~70μs。其中大多数(49 次)为上行闪电,一部分闪电起始于塔顶下方 12~36m 处。有两次下行闪电甚至打在塔顶下方 200~300m 处[42]。

Gorin 等在塔身距离地面高度为 47m、272m 和 533m 处测量到同一次闪电的三个不同的雷电流波形[43],如图 4.22 所示。显然,塔基处的电流峰值比塔顶的要大很多,且波形上升沿比塔顶明显陡峭,可见在雷电击中高塔时,雷电流在沿高塔传播时其峰值大小和上升时间会发生明显的变化。

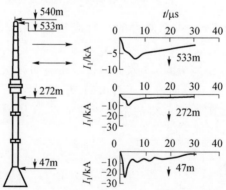

图 4.22 俄罗斯 Ostankino 塔上不同高度处测得的雷电流波形

德国的 Peissenberg 通信塔位于慕尼黑附近一座海拔高度为 250m 的山脊上,在塔身高度为 13m 和 167m 处分别安装了 Rogowski 线圈,测量系统安装示意图如图 4.23 所示[44,45]。在塔顶和塔基测得的数据分别通过同轴电缆传输至位于塔基的屏蔽小室内,再用示波器采集记录。塔顶线圈的灵敏度为 1V/kA,带宽为0.15Hz~200kHz;塔基线圈的灵敏度为 10V/kA,带宽 2Hz~300MHz。数据记录系统由三台示波器和一台微机组成。该系统可以自动开始工作。当闪电发生并将示波器触发后,计算机从示波器读取数据,写入硬盘然后再为下一次触发做准备。在观测过程中,只测量到一次下行负闪,大部分闪电为上行闪电。图 4.24 为同一次闪电在塔基和塔顶测得的电流波形[46]。

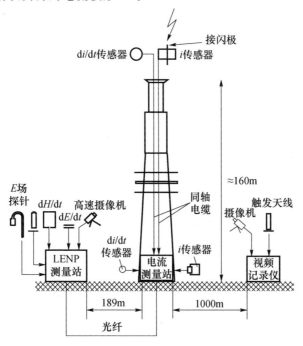

图 4.23　德国 Peissenberg 塔测试设备安装示意图

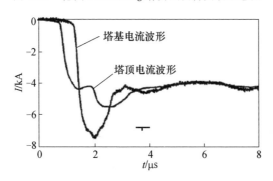

图 4.24　德国 Peissenberg 塔上测得的雷电流波形

　　上述世界各国利用低塔和高塔所进行的雷电观测研究,为雷电防护研究和标准化建设积累了大量可供参考的数据资料。特别是 Berger 和 Anderson 于 1975 年发表的观测研究结果,一直被作为制定相关防雷标准的依据并沿用至今。然而,从图 4.21、图 4.22、图 4.24 可以看出,受塔高、线圈位置、塔基与不同电参数大地界面对雷电流反射等方面的影响,在塔身不同位置处测得的这些波形往往是不一致的,并非地闪回击电流自身的时间特性。如何对地闪回击电流进行精度较高的测量,是一项亟待研究解决的课题。

4.4.4 雷电过程观测研究的其他方法

1) 高电压试验

在对自然地闪的观测研究中,要想在近距离上捕捉所关心的信号显然是十分困难的。在高电压实验室中,通过在金属棒－板或棒－棒间隙(常取 1～3m)施加高压,以产生初始电晕、流柱、先导、末跃、击穿等长间隙放电过程,进行雷电的物理模拟试验,不失为一种方便、可行的技术手段。

棒－棒间隙作为实验室条件下用于研究自然雷击过程的主要放电间隙结构之一,如何获取棒－棒间隙放电发展过程是开展上述研究工作的关键。文献[47]进行了棒－棒间隙操作冲击放电过程的试验观测研究,试验布置如图 4.25 所示。图中采用高速摄影仪对放电发展过程进行观测,根据观测结果,通过对操作冲击作用下的正、负极性棒－棒间隙放电发展过程的分析,总结了放电发展过程中跃变尺度、放电发展速度等特征参数随间隙尺度以及放电发展过程的变化规律。

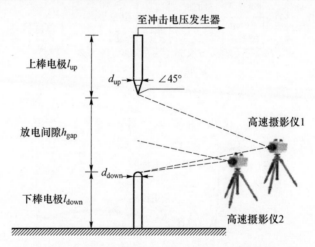

至冲击电压发生器

上棒电极l_{up}

d_{up} ∠45°

高速摄影仪1

放电间隙h_{gap}

d_{down}

下棒电极l_{down}

高速摄影仪2

图 4.25　棒－棒间隙操作冲击放电过程试验布置示意图

为了进一步深入研究长间隙放电的机理和放电电流的特性,并以其模拟雷击放电,文献[48]通过分析高速摄影仪的成像原理,设计了针对不同放电阶段先导通道光学特性的观测方法,通过合理设计电极结构,研制数字化光电隔离采集系统,实现了对高电位放电通道电流的测量;基于 Pockels 效应,所研制的集成光波导瞬态电场仪可测量的电场峰值上限达 $800kV \cdot m^{-1}$;基于高速摄影仪曝光时钟信号,确定了各测量设备的数据同步方案。从而为准确获取长空气间隙放电关键物理参数,揭示其物理过程提供了有力支撑。采用上述高电位电流测量系统,对正极性操作波 3m 棒－板试验条件下的放电通道电流进行了测量,所测的放电通道电流波形如图 4.26 所示。

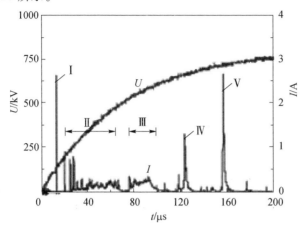

图 4.26　正极性操作波 3m 棒 - 板间隙放电通道电流实测波形

Ⅰ—初始电晕；Ⅱ—先导发展第 1 阶段；Ⅲ—先导发展第 2 阶段；

Ⅳ—第 1 次"restrike"；Ⅴ—第 2 次"restrike"。

由图 4.26 可见,试验中对各种物理参数的测量技术达到了较高的水平,取得预期的试验结果。至于能否(或在多大程度上)对雷电这样一种放电长度远远超过米级的过程进行模拟,尚需进一步探究。

2）人工引雷技术

20 世纪 70 年代发展起来的陆地人工引雷技术,为研究雷电过程开辟了新途径。人工引雷即在雷暴电环境下采用专门的装置和设施,人为地在云地间触发闪电[14]。雷暴云是产生雷电的源,随着云中电荷的大量产生和堆积,云地间的电场不断上升,当电场超过一定值时,在云中或地面上如能始发一持续向上或向下的先导,即可导致云中电荷与大地间的放电,即地闪。自然雷的始发涉及初始流光的始发和流光的传输两个过程。人工引雷的研究成果和实践均表明,如能在雷暴云电场中快速移动或伸长一细长导体,即可模拟自然雷始发的这两个过程,从而产生云地间的闪电。

现有人工引雷技术分为经典型和空中型两类。经典型采用几百米长的金属线有序地缠绕于线轴上,线的一端固定于地面的引流杆上,线轴被固定在小型火箭上,通过火箭向上发射的过程,牵引线轴上的金属线不断地快速向上面的雷暴云方向延伸,从而达到触发闪电的目的。因该金属线下端经引流杆接地,通过套在引流杆下端的 Rogowski 线圈,即可对雷电流进行测量。如此引发的上行流光不会产生首次回击,所引之雷往往是不成熟的闪电。在此基础上发展起来的空中型引雷技术则采用长度为百米上下的尼龙绳连接在金属线下端与引流杆之间,使金属线下端与大地绝缘,且下端具有一定高度,从而可引发双向先导,以促成地面回击的产生。虽然可产生首次回击,但电流小,且引雷的成功率低。此外,所用尼龙绳在被雨水打湿的情况下,也就与经典型没有区别了,即使尼龙绳并未被打湿,一旦在受风影响的情况下与引流杆有所偏移,还会发生所引之雷打不到引流杆上的情况,雷电流的测量也就不能实现了。

世界公认的首次人工引雷成功于 1960 年,由 Newman 等采用火箭拖带金属线运动,在美国西海岸近海的船上实现。之后,法国的 Hubert、Fieux 等 1975 年完成了陆地上的人工引雷试验,中国、日本和巴西则是学习法国经验基础上开展了人工引雷技术的研究并逐步加以改善。虽然人工所引之雷与自然雷在时间特性和强度方面还是有差别的,但当前不失为对自然地闪的一种最好的模拟手段。美国佛罗里达国际雷电研究与测试中心(International Center for Lightning Research and Testing, ICLRT)作为一个固定的试验场地,自 1994 年以来持续进行人工引雷试验,平均每年成功引雷 20 多次。之前,还曾在美国的 Kennedy 航空发射中心进行过类似的试验。通过人工引雷试验,为地闪回击模型的构建、LEMP 环境的数值模拟及其对电线、电缆耦合等问题的研究提供了试验依据。Rakov 和 Uman 曾对 Kennedy 航空发射中心和 ICLRT 人工引雷试验研究成果进行了全面的总结和回顾[49,50]。ICLRT 人工引雷的雷电资料也曾被用于对雷电定位系统定位精度及探测效率的检验。

中国自 1989 年首次采用专用火箭成功引雷以来,中国科学院寒区旱区环境与工程研究所曾先后在甘肃永登、北京康庄、上海南汇、江西南昌、广州从化、甘肃平凉和山东滨州等多个地区成功进行了人工引雷试验。近年来,中国科学院大气物理研究所和中国气象科学研究院分别在滨州和从化这两处具有不同雷暴特征的区域成功开展了一系列人工引雷试验,为雷电物理研究、防雷措施的研究与检验提供了试验条件。

参 考 文 献

[1] 虞昊. 现代防雷技术基础[M]. 2 版. 北京:清华大学出版社,2005.

[2] Moson B J. The Physics of clouds[M]. London:Oxford University Press,1971.

[3] Mogono C. Thunderstorms[M]. Armsterdam:Elsevier,1980.

[4] Aufdermauer A N,Johnson D A. Charge separation due to riming in an electric field[J]. Q J R Met Soc,1972, 98:369 - 382.

[5] Takahashi T. Warm cloud electrification in a shallow axisymmetric cloud model[J]. J Atmos Sci,1979,31: 2236 - 2258.

[6] Chiu C. Numerical study of cloud electrification in an axisymmetric time - depend cloud model[J]. J Geophys Res. ,1978,83:25 - 5049.

[7] Rawling F. A numerical study of thunderstrom electrification by using a three - dimensional model in cooperation the ice phase[J]. Q J R Meteorol Soc. , 1982,108:779 - 800.

[8] 言穆弘,郭昌明,葛正谟. 积云动力和电过程二维模式研究 I 理论和模式[J]. 地球物理学报,1996,39: 52 - 64.

[9] 张义军,言穆弘,刘欣生. 雷暴中放电过程的模式研究[J]. 科学通报,1999,44:1322 – 1325.

[10] Pasko V P. Electric jets[J]. Nature,2003,423:927 – 929.

[11] 郄秀书,张其林,袁铁,等. 雷电物理学[M]. 北京:科学出版社,2013.

[12] Martin A U. The art and science of lighning protection[M]. London:Cambridge University Press,2008.

[13] 杜世刚. 球状闪电之谜[J]. 物理, 1998,27(7):418 – 422.

[14] 王道洪,郄秀书,郭昌明. 雷电与人工引雷[M]. 上海:上海交通大学出版社,2000.

[15] 董万胜,刘欣生,张义军,等. 云闪放电通道发展及其辐射特征[J]. 高原气象,2003,22(3):221 – 225.

[16] 张义军,Krehbiel P R,刘欣生,等. 闪电放电通道的三维结构特征[J]. 高原气象,2003,22(3):217 – 220.

[17] 张义军,言穆弘,孙安平,等. 雷暴电学[M]. 北京:气象出版社,2009.

[18] Heidler F,Hopf C. Measurement results of the electric fields in cloud – to – ground lightning in nearby Munich,Germany[J]. IEEE Trans Electromagn Compat,1998,40(4):436 – 443.

[19] Berger k,Anderson R P,Kroninger H. Parameters of lightning flashes[J]. Electra,1975 ,80:23 – 37.

[20] Schonland B F J,Collen H. Progressive lightning[J]. Nature, 1933,132:407 – 408.

[21] Kitagawa N,Brook M. A comparison of intracloud and cloud – to – ground lightning discharges[J]. J. Geophys. Res. 1960,65(4):1189 – 1201.

[22] Krehbiel P R,Brook M,Mccrory R A. An analysis of the charge structure of lightning discharges to ground[J]. J. Geophys. Res. 1979,84(C5):2432 – 2456.

[23] Few A A. Lightning channel reconstruction from thunder measurements [J]. J. Geophys. Res. 1970, 75(36):7517 – 7523.

[24] Proctor D E. A hyperbolic system for obtaining VHF radio pictures of lightning[J]. J. Geophys. Res. 1971, 76(6):1478 – 1489.

[25] Rhodes C,Shao X,Krehbiel P,et al. Observations of lightning phenomena using radio interferometry[J]. J. Geophys. Res. , 1994,99(D6):13059 – 13082.

[26] Shao X M,Krehbiel P R. The spatial and temporal development of intracloud lightning[J]. J. Geophys. Res. 1996,101(D21):26628 – 26641.

[27] 姜慧,周璧华,李炎新. 新型静电场测量系统研制[J]. 电波科学学报,2009,24(增刊):31 – 34.

[28] 周璧华,姜慧,杨波,等. 地物环境对地面大气电场测量的影响[J]. 电波科学学报,2010,25(5):839 – 844.

[29] Garbagnati E,Giudice E,Lo Piparo G B ,et al. Survey of the characteristics of lightning stroke currents in Italy – Results obtained in the years from 1970 – 1973:E N. E. L. Report R5/63 – 27[R]. 1974.

[30] Eriksson A J,Geldenhuys H J,Bourn G W. Fifteen years data of lightning measurements on a 60 meter mast [J]. Trans. South African Inst. Electr. Eng. ,1989,80(1):98 – 103.

[31] Eriksson A J. Lightning and tall structures[J]. Trans. South Afr. IEE,1978,8(69):238 – 252.

[32] Visacro S,Schroeder M A,Soares A Jr. Statistical analysis of lightning current parameters measurements at morro do cachimbo station[J]. Journal of Geophysical Research,2004,109(D1).

[33] Hussein A M,Milewski M ,Janischewskyj W. Correlating the characteristics of the CN tower lightning return – stroke current with those of its generated electromagnetic pulse[J]. IEEE Trans Electromagn Compat,2008, 50(3):642 – 650.

[34] Hussein A M,Janischewskyj W,Chang J S,et al. Simultaneous measurement of lightning parameters for strokes to the Toronto Canadian National Tower[J]. J. Geophys. Res. ,1995,100(D5):8853 – 8861.

[35] Hussein A M,Janischewskyj W,Milewski M,et al. Current waveform parameters of CN tower lightning return strokes[J]. Journal of Electrostatics,2004,60:149 – 162.

[36] Kordi B, Moini R, Janischewskyj W, et al. Application of the antenna theory model to a tall tower struck by lightning[J]. J. Geophys. Res. ,2003,108(D17).

[37] Motoyama H, Janischewskyj W, Hussein A M, et al. Electromagnetic field radiation model for lightning strokes to tall structures[J]. IEEE Transactions on Power Delivery,1996,11:1624 – 1632.

[38] Janischewskyj W, Hussein A M, Shostak V, et al. Analysis of electromagnetic fields from lightning strokes to the Toronto CN Tower and from lightning in the surrounding area[C]. Proc. CIGRE Symp. Power System Electromagnetic Compatibility, Lausanne, Switzerland, 1993.

[39] Janischewskyj W, Hussein A M, Shostak V, et al. Statistics of lightning strikes to the Toronto Canadian National tower (1978 – 1995)[J]. IEEE Transactions on Power Delivery,1997,12:1210 – 1221.

[40] Janischewskyj W, Shostak V, Barrat J, Hussein A M, et al. Collection and use of lightning return stroke parameters taking into account characteristics of the struck object[C]. 23rd International Conference on Lightning Protection, Florence, Italy, 1996.

[41] Hussein A M, Milewski M, Janischewskyj W, et al. Characteristics of lightning flashes striking the CN Tower below its tip[J]. Journal of Electrostatics,2007,65:307 – 315.

[42] Golde R H. 雷电[M]. 李文恩,李福寿,译. 北京:电力工业出版社,1982.

[43] Gorin B N, Shkilev A V. Measurement of lightning currents at the Ostankino tower[J]. Elektrich,1984, 16(8):64 – 65.

[44] Fuchs F. On the transient behavior of the telecommunication tower at the mountain Hoher Peissenberg[C]. 24th International Conference on Lightning Protection, Birmingham, U. K,1998.

[45] Beierl O. Front shape parameters of negative subsequent strokes measured at the Peissenberg tower[C]. 21st International Conference on Lightning Protection, Berlin, Germany, 1992.

[46] Rachidi F. The Quandary of Direct Measurement and Indirect Estimation of lightning current parameters[C]. 27th International Conference on Lightning Protection, Avignon, France, 2004.

[47] 谷山强,陈维江,陈家宏,等. 雷电放电过程高速摄像观测研究[J]. 高电压技术,2008,34(10):2030 – 2035.

[48] 陈维江,谷山强,谢施君,等. 长空气间隙放电过程的试验观测技术[J]. 中国电机工程学报,2015, 32(5):13 – 21.

[49] Rakow V A, Uman M A. Lightning:Physics and Effects[M]. New York:Cambridge University Press,2003.

[50] Rakow V A, Uman M A, RambokK J. A review of ten years of triggered – lightning experiments at camp blanding [J]. Atmos Res. ,2005,76:503 – 517.

第 5 章　雷电电磁脉冲

尽管人们对雷电现象的认识有久远的历史,但开始注意闪电放电时的电磁瞬变过程并对它有所认识,时间并不长。将 LEMP 作为高功率电磁环境之一列入相关国内外标准,还是在 20 世纪末和 21 世纪初。对 LEMP 的认识离不开对其电磁特性的观测研究,而迄今为止,相关观测手段有限,观测技术有待进一步提升和完善。本章首先对 LEMP 观测研究中不足之处进行分析,介绍这一方面新近的研究进展。接下来重点讨论 LEMP 的数值模拟问题,对不同回击模型的适用范围、研究进展及其有效性验证等问题进行论述。

5.1　雷电电磁脉冲环境问题

所谓 LEMP 环境是指雷电发生时由雷电放电电流辐射形成的电磁环境。当前从电磁防护角度出发所说的 LEMP 环境,一般只限于地闪回击电流产生的部分。虽然雷电在地面附近形成的电磁环境中也包含了云闪产生的 LEMP,且云闪占全部闪电数的 2/3 以上,但由于云闪是发生在云内、云间和云与空气之间的闪电,其放电通道不接触地面,一般较高,对其放电路径的定位、确认,雷电流的测量需要采用多种测量技术,至今尚无这一方面的测量研究报道。故本章讨论的 LEMP 如不作专门交代,皆指地闪产生的。

5.1.1　LEMP 观测研究现状

目前国内外有关电磁防护的各种民用或军用标准中都会涉及 LEMP,所谓 LEMP,如第 1 章中的相关论述,系指地闪放电电流产生的高功率电磁环境。至于在地闪过程中发生的其他小电流击穿过程,其辐射形成的电磁环境不在"高功率"之列。为了防止 LEMP 对电子、电气设备及系统形成干扰和破坏效应,首先必须对 LEMP 进行观测研究。

长期以来,国内外对 LEMP 的观测分别在自然雷发生和人工引雷条件下进行,测得的波形均为 LEMP 的垂直分量,且人工所引之雷与自然雷 LEMP 波形特征有别。如第 4 章所述,对自然雷 LEMP 的观测一般是在利用地面低塔和高塔进行雷电流测量时,于塔体附近设置探头对 LEMP 电场进行测量。受塔高、线圈位置、塔基与大地界面对雷电流反射等方面的影响,除了在塔身不同位置处测得的电流波形不一致以外,在塔体附近测得的 LEMP 波形自然受到同样的影响,即与塔高、测点位置和大地界面相关。至于人工所引之雷,无论是"经典型"还是"空中型",由于不产生首次回击或首次回击电流小,LEMP 波形或测不到或测得的偏小。可见,在不同的地域,不同的条件下,广泛开展对来自任意方向自然雷电 LEMP 的观测研究是必要的。

当然,对 LEMP 的观测研究仅限于对地闪 LEMP 电场垂直分量的测量还是不够的。仅就地闪而言,即便雷电流像地面垂直接地振子天线那样垂直于地面(只是假设),所产生的 LEMP 场不仅有垂直分量,水平分量同样不可忽视。特别是地面附近的电线、电缆绝大多数沿水平方向敷设,与其极化方向一致的 LEMP 水平分量会形成强耦合。在微电子设备广泛应用于电子、电气系统的当今时代,这已成为雷电间接毁伤效应频发的一个重要原因。另外,再从云闪的特征(见 4.3.1 节)看,其发生在几千米至十多千米高度上的水平方向放电,产生的 LEMP 场应以水平分量为主,对地面附近电线、电缆的耦合效应显著。应当说,以往已发生过的 LEMP 通过地面附近电线电缆的耦合所形成的毁伤效应,与云闪有无关系、云闪会有多大影响,都是值得研究的。在地面附近,全面开展对 LEMP 的三维观测研究已迫在眉睫。

以往测量 LEMP 垂直分量采用的电场仪如图 5.1 所示。

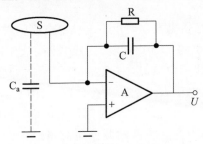

图 5.1　闪电电场测量仪电原理图

图中,将面积为 S 的平板天线(直径一般为 300mm 上下)接入负反馈放大电路中,反馈部分采用 RC 电路,天线的对地电容设为 C_a。空气的介电常数为 ε_0,当环境电场变化 ΔE 时,由高斯定律,在圆盘表面感应产生的电荷量即为 $\varepsilon_0 \Delta ES$。将此感应信号经调理电路(电荷放大器)处理即转变为电压信号,对电压信号中的频率分量 ω 而言,当满足 $\omega \gg (R \cdot C)^{-1}$ 时,输出电压变化量 ΔU 与外界电场强度变化量 ΔE 满足

$$\Delta U = \frac{\varepsilon_0 S}{C} \Delta E \tag{5.1.1}$$

采用图 5.1 所示电场测量仪即可将测得的 ΔU 传输至信号采集和实时处理终端的输入端,完成对 LEMP 电场的采集和实时处理。通过选择不同的 RC 参数可分别完成对 LEMP 快变化电场(瞬变电场)和大气慢变化电场的测量。其中的慢

变化波形呈现阶梯状,其每一级阶梯的"高低"反映了一段时间内大气中电荷转移量的大小,并与快波形峰值的大小相对应。因此,分别作为测量雷电电场"快变化"和"慢变化"的两种测量仪,一直被广泛应用于雷电物理及 LEMP 防护方面的研究,并取得大量成果[1-6]。

这里的问题是,"快变化"和"慢变化"两种电场仪的区别仅涉及 RC 参数的选取,换言之,是电场仪 RC 参数决定了电场仪测量系统的传递函数。那么,能否利用 RC 参数对系统的传递函数的影响,仅通过对"快变化"波形的一次测量给出"慢变化"波形呢?答案是肯定的。

5.1.2 LEMP 测量技术的新进展

从 LEMP 防护角度出发,必须对地闪回击电流及其产生的 LEMP 环境进行全面的观测研究,下面是近些年来取得的一些新进展。

1. 光隔离 LEMP 垂直电场测量系统

以往可供利用的所谓雷电电场变化仪是用于测量雷电过程电流辐射场垂直分量的仪器,分"快变化"和"慢变化"两种电场仪,显然难以满足 LEMP 防护的需要。近 10 来年,周璧华、郭建明、邱实等发明的光隔离 LEMP 垂直电场测量系统[7,8]框图及实物分别如图 5.2 和图 5.3 所示,其天线为直径 120mm 的金属圆板,用来接收 LEMP 电场信号;调理电路由场效应管放大电路和 RC 积分回路组成,将天线接收的信号转变成电压信号;由半导体发光二极管完成电光转换后,光信号经由非金属加强构件的光缆传输至远端;再经光电二极管及放大电路转变为电信号由采集卡采集接收,即采用光隔离技术实现了被测电场信号的传输。

图 5.2 闪电电场全波光隔离测量仪系统框图

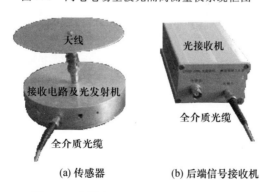

(a) 传感器 (b) 后端信号接收机

图 5.3 光隔离 LEMP 垂直电场测量系统

与传统的同类 LEMP 电场测量系统相比,该测量系统前端传感器体积明显减小,既稳定了天线的电容值,又便于做防水处理,信号传输采用光隔离技术后又避免了电缆传输带来的干扰问题。

更为重要的是,随着高速、大容量芯片的不断涌现及其功能的不断提升,通过一台仪器测量,全面获得闪电电场慢变化和快变化的信息已有可能。于是,文献[9]基于对快、慢电场变化测量仪时域与频域响应特征的分析,提出了快、慢电场变化仪的测量结果可归结为对被测电场变化的一阶高通滤波,作为一线性时不变系统,其传递函数[10]为

$$H(\omega) = \frac{U(\omega)}{E(\omega)} = \frac{\mathrm{j}\omega C_\mathrm{a} R}{\mathrm{j}\omega (C_\mathrm{a} + C) R + 1} \approx \frac{\mathrm{j}\omega C_\mathrm{a} R}{\mathrm{j}\omega CR + 1} = \frac{\mathrm{j}\omega \varepsilon S R}{\mathrm{j}\omega \tau + 1} \qquad (5.1.2)$$

于是,可由所测电场快变化信号通过反演运算来求解电场慢变化信号。记所测快变化信号为 $E_\mathrm{f}(t)$,其频谱函数和传递函数分别为 $E_\mathrm{f}(\omega)$ 和 $H_\mathrm{f}(\omega)$,慢变化信号 $E_\mathrm{s}(t)$ 的频谱函数和传递函数分别为 $E_\mathrm{s}(\omega)$ 和 $H_\mathrm{s}(\omega)$,则由快变化电场测量仪测试结果求解电场慢变化信号时域特性的运算流程如图 5.4 所示。

$$E_\mathrm{f}(t) \xrightarrow{\mathrm{FFT}} E_\mathrm{f}(\omega) \xrightarrow{H_\mathrm{f}^{-1}(\omega)} E_\mathrm{o}(\omega) \xrightarrow{H_\mathrm{s}(\omega)} E_\mathrm{s}(\omega) \xrightarrow{\mathrm{IFFT}} E_\mathrm{s}(t)$$

图 5.4　由快天线测试数据反演慢天线测试结果运算程序示意图

由式(5.1.2),可得对输出电场频域特性进行逆变换的算式:

$$H_\mathrm{f}^{-1}(\omega) = \frac{\mathrm{j}\omega\tau_\mathrm{f} + 1}{\mathrm{j}\omega\varepsilon S R} = \frac{\tau_\mathrm{f}}{\varepsilon S R} + \frac{1}{\mathrm{j}\omega\varepsilon S R} \qquad (5.1.3)$$

于是,由快变化电场测量仪测试结果求解慢变化电场时域特性的表达式如下:

$$E_\mathrm{s}(t) = F^{-1}\left[U_\mathrm{f}(\omega) H_\mathrm{f}^{-1}(\omega) \right]$$

$$= \frac{1}{\varepsilon S R} \cdot \left[\tau_\mathrm{f} \cdot u_\mathrm{f}(t) + \int_0^t u_\mathrm{f}(\xi)\,\mathrm{d}\xi - \frac{1}{2}\int_{-\infty}^{\infty} u_\mathrm{f}(\xi)\,\mathrm{d}\xi \right] \qquad (5.1.4)$$

采用系统函数逆变换求解慢变化电场时域特性,免除了多用一副慢天线进行测量带来的麻烦,这对闪电电场的测量无疑具有十分重要的意义。因为闪电慢电场测量仪所测信号的频率下限为几赫兹,这就意味着慢电场测量仪的时间常数必须设计为秒级,系统的时间常数是由 RC 确定的,而 R 值的提高受到环境湿度的限制,一般只能通过提高 C 值来增加系统的时间常数。根据式(5.1.1),C 值增加势必降低系统的灵敏度,即系统灵敏度与带宽是一对矛盾,故在系统设计时无法同时满足高灵敏度与宽带宽的要求。采用所测电场快变化信号反演求解电场真实信号(含慢变化)的系统设计有效克服了这一技术难点。

该项技术利用与系统传递函数对应的离散数字滤波器模型,实现了不同时间常数 LEMP 垂直电场测量波形之间的转换,以一台 LEMP 垂直电场仪可同时获得"快""慢"两种变化的电场波形。采用该测量系统,在南京地区 2010 年 8 月和 9 月发生的两次地闪中,实际测得及经反演得出的地面垂直电场慢变化波形对比情况

如图 5.5[8] 所示。

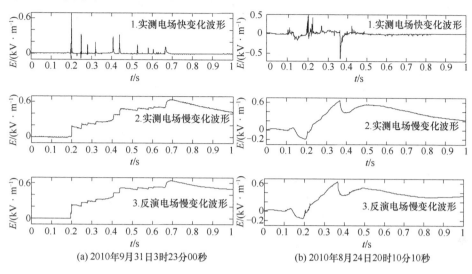

(a) 2010年9月31日3时23分00秒　　(b) 2010年8月24日20时10分10秒

图 5.5　两次闪电实测及经反演得出的地面垂直电场慢变化波形对比

2. 二维差分结构光隔离 LEMP 水平电场测量系统

无论云闪、地闪,其放电电流产生的 LEMP 场分布于三维空间,既有垂直分量,也有水平分量。这里必须强调的是,水平分量会对地面附近沿水平方向敷设的大量电线和电缆形成强耦合,对 LEMP 的防护而言至关重要。而对地面附近 LEMP 水平电场的测量具有一定难度,需要采用水平振子一类的天线,此类天线与地面之间存在的分布电容,会同时接收 LEMP 场的垂直分量,干扰对 LEMP 水平电场的测量。故迄今为止能够收集到的实测 LEMP 水平电场数据十分有限。由何伟研制成功的二维差分结构光隔离 LEMP 水平电场传感器[11],采用了图 5.6 所示的相互垂直的两对圆板状天线,分别接内置差分电路的输入端,排除了 LEMP 垂直分量的干扰。所接收的 LEMP 水平分量通过光隔离系统传输至后置采集记录终端,对测得的两组相互垂直的水平分量数据进行合成运算,即可完成对来自任意方向的 LEMP 水平电场的

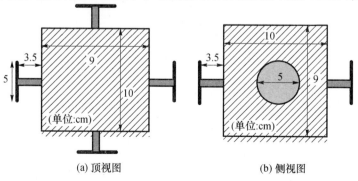

(a) 顶视图　　　　　　(b) 侧视图

图 5.6　光隔离二维水平电场传感器外形图

测量。结合对电流源方向的标定结果，还可用于对地闪回击通道的定向。徐云在此二维 LEMP 水平电场测量系统的基础上，加上一副如前所述的光隔离 LEMP 垂直电场测量系统，即构成了三维电场系统[12]，其探头的尺寸和外形如图 5.7 所示。

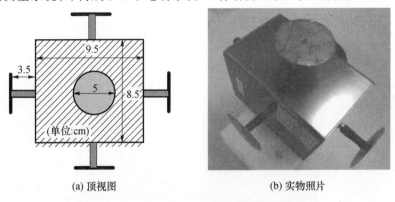

(a) 顶视图　　　　　　　　　(b) 实物照片

图 5.7　光隔离三维电场传感器实物外形图及照片

江志东等则在机械结构、电路设计和数据采集等方面对以上 LEMP 三维电场测量系统做了进一步的改进和完善，其三维电场测量系统实物与配置如图 5.8 和图 5.9 所示。并在此基础上，规范了在有界波模拟器中进行时域标定的程序，根据每一维系统输出电压与被测电场之间的响应关系，可给出每一维测量系统的标定曲线和灵敏度以及系统传递函数，且便于进行不同时间常数测量系统输出波形之间的转换[13]，对所测得的失真波形进行矫正。

图 5.8　改进型 LEMP 三维电场测量系统实物图

对于 LEMP 三维电场测量系统测得的波形，按其中垂直电场的波形特征，云闪和地闪波形的不同特征在最初的 10ms 时段差别最为显著[14]。云闪的初始阶段有大量峰值较小的脉冲，平均脉冲间隔为 680μs，放电时间为 50~30ms；接下来为极活跃阶段，以大量峰值较高的脉冲和迅速变化的电场为其特征，但与初始活动阶段相比没有明显的突变；而最后阶段则有间歇脉冲，与前一过程相比明显不同，表现为相对较慢的变化。而对测得 LEMP 波形属正地闪还是负地闪的判定较为方便，

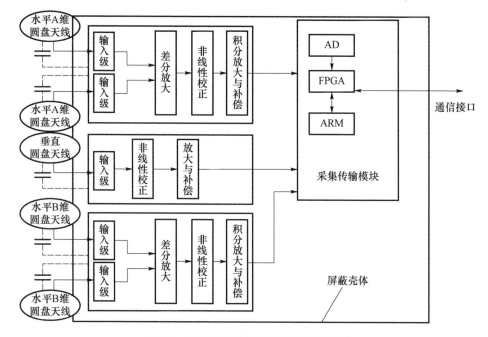

图 5.9　LEMP 三维电场测量系统配置图

因二者方向相反,依标定结果即可识别。文献[12]采用 LEMP 三维电场测量系统所测得的云闪、负地闪和正地闪垂直电场的典型波形如图 5.10 所示,于 2012 年 8 月 20 日 14 时 28 分 35 秒在南京地区观测到的一组负地闪全波和首次回击的波形分别如图 5.11 和图 5.12 所示。

　　由图 5.12(a)与图 5.12(c)可以看出,LEMP 三维电场测量系统测得的垂直电场和水平电场波形一致,但垂直电场波形的峰值比水平电场高两个量级。这是由地闪回击电流方向大体上与地面垂直所决定的。

　　根据前面 4.2.1 节中对云闪特征的分析,云闪放电过程往往在水平方向有尺度较大的发展。发生在几千米至十多千米高度上的水平方向放电,其电流产生的 LEMP 场应以水平分量为主。文献[12]在地面附近采用 LEMP 三维电场测量系统,于 2012 年 8 月 19 日 19 时 46 分 26 秒在南京地区观测到的一组云闪波形如图 5.13 所示。

5.1.3　LEMP 与 NEMP 比较

　　LEMP 与 NEMP 相比:相似之处在于,同为瞬变电磁现象,同样构成高功率电磁环境,也同样危及电力、电子设备与系统特别是微电子设备系统的安全运行;不同之处在于,除了产生机理大不相同以外,就时域波形而言,地闪 LEMP 多为脉冲群,NEMP 为单一脉冲。此外,文献[15]认为:LEMP 与 HEMP 对飞机一类尺寸不太大的物体的作用是一样的,因为 LEMP 在小范围内近似为均匀场;而对诸如电力

147

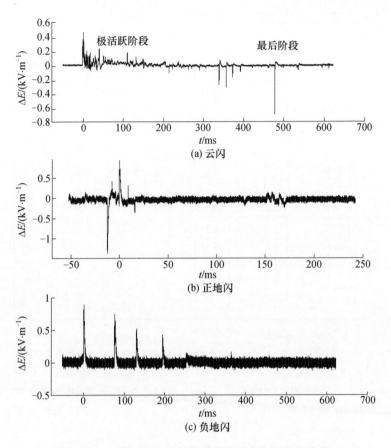

图 5.10　三维 LEMP 电场仪测得的垂直电场典型波形

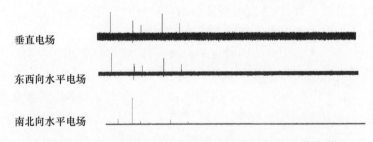

图 5.11　三维 LEMP 电场仪测得的 20120820 142835 号波形组

网、通信网一类大系统的作用就不一样了,因为 HEMP 在相当大的空域范围内皆为均匀场,LEMP 则不是。

20 世纪 80 年代初,文献[16]、[17]曾对 LEMP 与 HEMP 做过对比。有关 LEMP 的数据主要根据地闪回击电流的时域特性得出,而回击电流的时域特性来自两个方面:其一,设置在瑞士、意大利、南非等地的测试塔在闪击时直接测得的回击电流波形。由于塔的电感、电容、山地接地阻抗特性等因素的影响都比较大,有

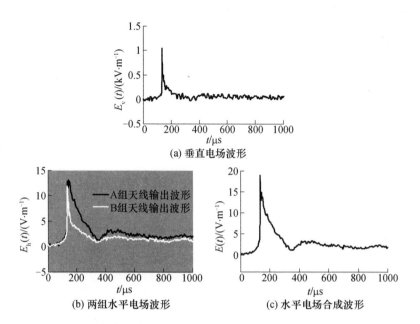

(a) 垂直电场波形

(b) 两组水平电场波形

(c) 水平电场合成波形

图 5.12　三维 LEMP 电场仪测得的 2012 年 8 月 20 日 14 时 28 分 35 秒地闪首次回击波形

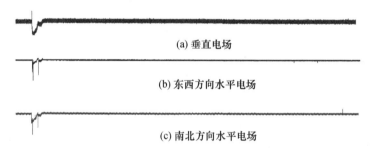

(a) 垂直电场

(b) 东西方向水平电场

(c) 南北方向水平电场

图 5.13　三维 LEMP 电场仪在地面附近测得的 2012 年 8 月 19 日 19 时 46 分 26 秒云闪波形

关首次回击的测试结果可能丢失一些高频分量。其二,根据回击电流远区电场和磁场的时域测量结果,采用适用于地闪回击电流产生的电场和磁场的模型,按近似公式计算得出。

HEMP 波形选为

$$E(t) = E_0(e^{-\alpha t} - e^{-\beta t}) \quad t \geqslant 0 \tag{5.1.5}$$

$$H(t) = H_0(e^{-\alpha t} - e^{-\beta t}) \quad t \geqslant 0 \tag{5.1.6}$$

式中: $E_0 = 5.2 \times 10^4 \mathrm{V \cdot m^{-1}}$; $H_0 = 1.4 \times 10^2 \mathrm{A \cdot m^{-1}}$; $\alpha = 4.0 \times 10^6 \mathrm{s^{-1}}$; $\beta = 5.0 \times 10^8 \mathrm{s^{-1}}$。

按照回击电流的时域特性计算得出的场,其频谱与 HEMP 对比情况如图 5.14 和图 5.15 所示[16,17]。

由图 5.15 可见,对于地闪首次回击,根据远场的测量结果得出的频谱,在

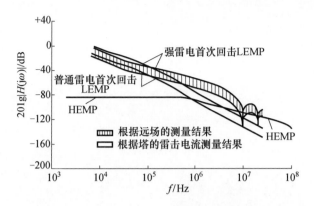

图 5.14　首次回击 LEMP 与 HEMP 磁场幅度谱比较

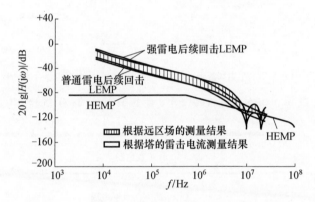

图 5.15　后续回击 LEMP 与 HEMP 磁场幅度谱比较

10^5 Hz 以上频段 HEMP 高于 LEMP。这是因为塔上测得的电流上升率较低的缘故。但是,对后续回击而言,与 HEMP 的幅度谱相比二者的差别要小一些。对于按测试数据取其平均值的普通回击,无论首次回击还是后续回击,根据测量数据其幅度谱在 10^7 Hz 附近与 HEMP 相当,在低于 10^7 Hz 的频段上则超过了 HEMP。强度在平均值以上的回击其电场幅度谱在 10^7 Hz 以上也都超过了 HEMP。两图中,按远场测量数据得出的幅度谱在 1×10^7 Hz 和 2×10^7 Hz 两处掉了下来,这是由于电流出现了大的变化,在 0.1μs 的时间内上升至峰值造成的,实际波形没有这样的变化。两文献将 LEMP 与 HEMP 做对比的目的在于,利用 LEMP 形成的高功率电磁环境,对飞机做抗 HEMP 加固方面的模拟试验。通过对 LEMP 与 HEMP 频谱的比较得出的结论是:对一次普通雷电闪击(按测试数据取其平均值)而言,距直接雷电闪击 1m 处,地面附近回击电流磁场的傅里叶幅度谱在 $10^4 \sim 10^7$ Hz 范围内将超过 HEMP;强雷电闪击的首次回击附近约 50m 范围内,近地面处产生的电场幅度谱在 10^6 Hz 以下频段超过了 HEMP;普通雷电闪击的首次回击附近,则在 3×10^5 Hz 以下频段大于 HEMP。关于电场幅度谱的比较如图 5.16 所示。

文献[16,17]的作者认为,文中的计算结果虽然是针对地面附近一架理想化

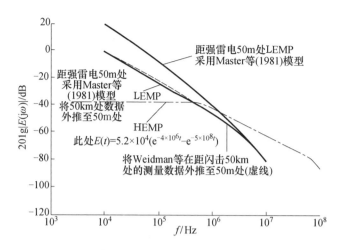

图 5.16　距强雷电首次回击 50m 处 LEMP 电场幅度谱与 HEMP 比较

的飞机得出的,但主要结果对于任一类似尺寸的地基系统都适用。

　　关于利用 LEMP 对飞机做 HEMP 模拟试验的主张,文献[18]认为:对飞机来说,按正常情况暴露于 LEMP 环境中是为了获得有关 HEMP 防护方面的信息;经精心准备后暴露于 LEMP 环境中则可检验对 HEMP 防护的有效性。由于飞机遇到雷电的概率较低,具有随机性和不确定性,需要大量的机载仪器,加之 LEMP 的高频分量明显低于 HEMP,将 LEMP 用于观察和检验 HEMP 的效应并不可取。

　　C. E. Baum 在文献[19]中讨论雷击区 LEMP 环境时认为,迄今人们对雷电形成的电磁环境了解得并不如 HEMP 那样充分,对于受雷击的系统,尚缺乏有关其表面电荷或电场的翔实资料。可以预料,具有大气击穿强度量级的场强(每米几兆伏),会在飞机等物体表面发生闪击,而大气击穿伴随有雷电的电晕放电和电弧放电产生,电晕影响着孔缝和天线的电磁响应,电弧作为系统电尺寸的一部分,会使系统的共振频率偏移。美国国家航空航天局(NASA)对 F - 106 飞机做直接雷击试验的结果表明,就飞机表面场的峰值而言,E/H 值的变化很大,其典型值大到可与自由空间的波阻抗相比。对于雷电作用的物理过程定性地看更像地面核爆炸电磁脉冲,而不像 HEMP,定量地看与二者都十分不同。

　　对于回击电流产生的场与回击电流之间的关系,文献[19]认为,应当注意其他过程对场也有贡献,用雷电远场测试数据去推断或猜想回击电流,除了在确定其峰值的数量级上尚有意义之外,似乎过于大胆了。关于飞机对 HEMP 和直击雷响应的比较问题,根据一些环境模型计算结果和飞机实际试验(HEMP 是模拟的,雷电是天然的)结果得出的表面场频谱,发现在 1MHz 以下的频段雷电占优势;在大约 10MHz 以上的频段 HEMP 占优势。而对 1～10MHz 频段的问题并没有很好地解决,因为雷电电弧使共振偏移了。有意义的是,就机内的典型响应而言,HEMP 要比雷电大。当然,雷电还可能造成飞机的机械性损伤。

5.1.4 飞行器可能遭遇的雷电环境及相关试验标准

伴随航空航天事业的迅猛发展,不断增加的飞行器除了在起升和下降阶段会受到地闪袭击之外,在飞行过程中遭受的主要是云闪的袭击。根据飞机实测结果的统计数据,由飞行中飞机自身始发的闪电约占 90% ;而由飞机截断的闪电只占约 10% 。雷电造成飞机损坏的概率虽然很小,但后果往往是灾难性的。一架典型的商用飞机大约每 3000 飞行小时遭遇雷击一次,即约每年一次。Anderson 和 Kroninger[20]查阅了南非航空公司 1948—1974 年的雷击记录,大多数雷击发生在 3 ~ 5km 高度,平均每 10000 飞行小时雷击数在 1 ~ 4 之间。据美国军方统计,20 世纪 70 年代的 10 年间,平均每年一架飞机遭雷击而坠毁,各种等级事故每年不下百起。这些统计数据彼此一致。

美国空军和国家航空航天局等曾组织对雷暴云和云闪的实测调查和研究[21],将 F – 100F、F – 106B、CV – 580、C – 160 等现役飞机进行防雷改装,装备了专用的检测记录仪器,直接飞进雷暴云中和云闪空域,观测采集第一手数据。F – 100F 项目在 1964—1966 年实施。飞进雷暴云中测量电性质的扰动,记录电流数据,拍摄闪电的照片。共记录到 49 次闪电放电的数据。F – 106B 项目在 1980—1986 年实施。在 1.5 ~ 12km 高度作穿过雷暴云飞行 1500 次,遭雷击 714 次。若以高度 6km 划分,在高处比低处雷击多 10 倍。搜集了飞机表面的电场时变率和磁场时变率以及流过飞机的电流和电流时变率的统计资料。CV – 580 项目在 1984 和 1985 年实施。探测飞机表面电场时变率和电流密度(表面磁场)时变率,记录电场可至低频 1Hz。机械装置的电场测量仪可探测从直流到 1kHz 的电场。C – 160 项目在 1984 和 1988 年实施。C – 160 机身最长,为 32.4m。1984 年没发表什么数据。1988 年的研究着重观测雷电的起始过程。

J. A. Plumer(1992)也曾对 20 世纪 90 年代早期已有的试验标准进行了综述和讨论[22]。1999 年,美国机动车工程师协会(Society of Automotive Engineers,SAE)发布了以下三个主要的飞机雷电防护标准,等同于欧洲民用航空设备组织(European Organization for Civil Aviation Equipment,EUROCAE)标准:

ARP5412(ED84)[23],飞机雷电环境和相关试验波形,其修订版 ARP5412A 于 2005 年发布;

ARP5413(ED81)[24],飞机电气与电子系统的雷电间接效应验证,于 2007 年发布;

ARP5414(ED91)[25],飞机雷电分区,ARP5414A 于 2005 年发布。

ARP 为航空航天领域推荐标准的缩写,ED 为欧洲民用航空设备组织标准文件的缩写。以上 ARP 与其等同的 ED 标准相比,只是其中有些附录对条文的描述有所不同而已。SAE、FAA(Federal Aviation Administration)、EUROCAE 以及各种军事及其他组织早期发布的大量版本,其中许多内容已在上述三个主要标准中被引用。

ARP5412 规定了一系列用于飞机雷电试验的电压、电流波形。电流试验波形分为 A、B、C、D、D/2 和 H 这几个分量。根据已知的雷电特征,波形 A ~ D/2 分量代表要求严酷的地闪回击电流,飞机只有在非常低的高度才会碰到。ARP5412 中规定,实验室中可用允许的近似波形来替代理想电流波形。H 分量来源于 F − 106B、CV − 580、C − 160 项目获得的试验数据,用于描述在飞行中的飞机上观测到的多个电流脉冲群。

对于 H 分量脉冲的数量、脉冲群的个数以及脉冲群中脉冲之间的时间间隔等作出的规定,Rakov 在文献[26]中对其演变过程进行了讨论。H 分量是根据 F − 106B 飞行在大约 10km 高度上测得的数据首次作出的规定。为了以足够高的频率分辨率来测量脉冲的波形,数据记录系统每次雷击只能记录一个脉冲群。磁带记录仪测得的波形严重变形,但能推测类似波形的产生。Fisher 等(1999)研究表明[27],F − 106B 项目测得的脉冲群波形明显发生在起始阶段,这是促使 H 分量制定的最早动力,脉冲群中最大脉冲峰值接近 10kA。CV − 580、C − 160 项目提供了另外的脉冲群数据[28],起始阶段脉冲群典型峰值约 1kA,后续脉冲峰值不确定。Mazur 和 Moreau 建议[29]所测得的起始过程波形在每次雷击中可以重复多次,而且 Moreau(2000)认为,这多个起始过程就是规定 H 分量为多个脉冲群的来源,试验波形的峰(幅)值应该比保守的典型 1kA 脉冲峰值高 1 个量级,试验波形的其他分量也应是如此。1992 年,Mazur 和 Moreau 研究了雷击后期产生的电流脉冲,把它们归结于反冲通道,其持续时间和脉冲间隔比 H 分量都要长。也许最好是将 H 分量看作保守的、折中的标准试验波形,它同时考虑了与梯级先导有关的电流脉冲群以及流过飞机表面的由一定距离上反冲流光引起的脉冲电流。

ARP5412 规定了四种电压试验波形,用于确定飞机雷击附着点以及通过非导电表面或结构的击穿路径。电压施加于外部电极和接地机身之间。四种电压波形分别用于产生飞机上观测到的不同类型的雷击伤。电压 A 波以 1000kV・ms⁻¹ 的速度线性上升;B 波在 1.2μs(±20%)达到峰值,50μs(±20%)降到半峰值;C 波线性上升,在 2μs(±50%)跌落至零;D 波在 50 ~ 250μs 达到峰值,约 2ms 降到半峰值。

飞机不同区域遭受的雷击等级是不一样的,ARP5414 对此作了规定。区域 1A 是飞机上可能直接遭受首次回击的区域,不会出现由于雷击通道相对于飞机运动产生的后续回击。区域 1B 为首次回击会长时间附着的区域,区域 1C 为首次回击的传播区域,区域 2A 为回击扫掠区域,区域 2B 为回击长时间扫掠附着区,区域 3 为传导电流区域,无直接雷击通道附着。不同的电流、电压试验波形适用于不同区域的雷电效应试验,详见 ARP5412 表 3。雷电间接效应试验要求见 ARP5413。

美国于 1997 年 3 月发布的军用标准 MIL − STD − 464[30]对于雷电的直接效应和间接效应(雷电流引起的次级效应)试验环境参数作了规定。其最近的修订版

MIL – STD – 464C 于 2010 年 12 月发布,其中用于可能直接遭到雷击的空间飞行器和装备进行雷电试验的电流波形和电压波形、对直击雷间接效应试验环境的描述等在第 1 章中已有介绍。

5.2　地闪雷电电磁脉冲的数值模拟

随着信息时代的到来,微电子设备被广泛应用于各个领域,雷电流引起的次级效应即 LEMP 辐射效应变得越来越突出,且危及的范围越来越大。据中国气象局雷电防护管理办公室的不完全统计,1997—2008 年的 12 年间,全国因雷击造成的直接经济损失在百万元以上的雷灾事故有 391 起,其中受灾最为严重是通信、广电、金融、医疗等领域的电子、电气设备[31]。而电子、电气设备的损毁往往并非由直接遭受雷击造成,多半因 LEMP 将雷电释放的能量耦合进电子、电气系统,在设备端口上形成的过电压、过电流超出了设备的承受能力所致。随着电子、电气设备中微电子器件集成度的不断提高,其承受过电压、过电流的能力不断降低,故遭雷致损的情况呈逐年上升的趋势。国内外的研究者对地闪 LEMP 环境做了许多实际测量、理论分析和预测等卓有成效的工作[32]。

地闪回击过程一直是 LEMP 研究的主要对象。要研究 LEMP 效应,就必须首先建立回击过程中通道电流随时间和空间变化的模型,即回击模型。本节简要介绍各种回击模型,探讨和总结检验回击模型有效性的准则,重点研究目前应用最广泛的工程模型,提出简单工程模型的改进方法[33,34],并分析回击速度、电流上升沿特征对 LEMP 波形的影响。

在 LEMP 数值分析方面,除了回击模型本身的缺陷外,以往的计算方法尚存在一些亟待解决的问题,特别是在大地电参数对 LEMP 的影响方面,处理不够严谨。如有的近似计算方法把大地看作理想导体,有的近似算法只适用于大地电导率比较高的情形,还有些近似算法只适用于计算距回击通道 100m 以远的场。本节简要介绍地闪 LEMP 的各种计算方法,重点介绍杨春山等提出的地闪 LEMP 的两种有效算法[35]:近似镜像法和时域有限差分(FDTD)法。并在分析这两种算法应用范围的基础上,阐述如何采用"近似镜像法 + 表面阻抗法"的混合法计算地闪 LEMP 近区水平电场,如何利用近似镜像法分析 LEMP 近场的大地色散效应。最后,对如何采用改进的工程模型研究首次回击和后续回击产生的 LEMP 的时空分布特征进行论述。

5.2.1　地闪回击模型

地闪回击模型是为了在理论上研究地闪回击电流及其产生的电磁脉冲而建立的数学模型。Bruce 和 Golde[36]于 1941 年建立了第一个地闪回击模型。后来随着微电子技术和光电技术的发展,地面观测有了明显的改善,对地闪回击电流辐射场测试数据进行了系统总结,进而在理论上对回击模型进行了大量研究。Rakov 和 Uman 根据回击模型支配方程式的种类把回击模型归纳为四类[37]:气体动力学模型、电磁模型、分布电路模型和工程模型。这四类回击模型中,气体动力学模型可用来求得回击通道电阻随时间变化的函数,该函数正是电磁模型和分布电路模型的参数之一;分布电路模型和工程模型一般不考虑雷电通道的分支,均假设雷电回击通道垂直于地面;而电磁模型对于首次回击和其后的闪击任何通道的几何形状都能刻画出来。电磁模型、分布电路模型和工程模型均可用于对 LEMP 的数值分析。

1. 电磁模型

该模型建立在有耗细线天线的基础上,以细线天线来模拟地闪回击通道,采用矩量法求解麦克斯韦方程式(5.2.1),可得沿回击通道的电流及其辐射的 LEMP 时空分布[38]。

$$
\begin{cases}
\nabla \times E = -\mu \dfrac{\partial H}{\partial t} \\[2mm]
\nabla \times H = J + \varepsilon \dfrac{\partial E}{\partial t} \\[2mm]
\nabla \cdot E = \dfrac{\rho}{\varepsilon} \\[2mm]
\nabla \cdot H = 0
\end{cases}
\tag{5.2.1}
$$

式中:ε 和 μ 分别为媒质的介电常数和磁导率;E 和 H 分别为电场强度和磁场强度;J 和 ρ 分别为电流密度和电荷密度。J 和 ρ 由电流连续性方程确定。

$$
\nabla \cdot J = -\frac{\partial \rho}{\partial t}
\tag{5.2.2}
$$

由式(5.2.1)可得如下波动方程:

$$
\begin{cases}
\nabla^2 E(r,t) - \dfrac{1}{c^2} \dfrac{\partial^2}{\partial t^2} E(r,t) = \mu \dfrac{\partial J}{\partial t}(r,t) + \dfrac{1}{\varepsilon} \nabla \rho(r,t) \\[3mm]
\nabla^2 H(r,t) - \dfrac{1}{c^2} \dfrac{\partial^2}{\partial t^2} H(r,t) = -\nabla \times J(r,t)
\end{cases}
\tag{5.2.3}
$$

给定单极子天线的输入阻抗及激励电压(相当于通道底部电流),经过一些复杂的变换,然后应用矩量法即可求得通道的电流及其产生的 LEMP。

2. 电路模型

分布电路模型[39~41]将地闪放电看作一垂直传输线上的瞬变过程,传输线的特征是以单位长度的电阻(R)、电感(L)、电容(C)来描述的,也称为 R - L - C 传输线模型。传输线沿线电压、电流分布可用电报方程求解,同样可以求出辐射电磁场的分布。若将传输线参数 R 作为放电通道电导率的函数,而电导率是随通道温度和压力变化的,则可采用气体动力学模型求得。因此,将分布参数电路模型与气体动力学模型相结合是一种合理的选择。式(5.2.4)为电报方程,可以用差分法求出通道电流,然后计算其产生的 LEMP。

$$
\begin{cases}
-\dfrac{\partial V(z,t)}{\partial z} = L\,\dfrac{\partial I(z,t)}{\partial t} + RI(z,t) \\[2mm]
-\dfrac{\partial I(z,t)}{\partial z} = C\,\dfrac{\partial V(z,t)}{\partial t}
\end{cases}
\tag{5.2.4}
$$

3. 工程模型

典型的工程模型可以分为两类:电流传输(Current Propagation,CP)模型和电流产生(Current Generation,CG)模型[42],或称为传输线类(Transmission – Line – type,TL)模型和传播电流源类(Traveling – Current – Source – type,TCS)模型。如果电流源设在回击通道底部,回击通道仅仅作为传输电流的媒质,则这类工程模型为电流传输模型,主要有传输线类的 TL[43]、MTLE[44]、MTLL[45]模型等。如果设电流源(电晕电流)沿回击通道分布,则称为电流产生模型,主要有 BG 模型[36]、TCS 模型[46]和 DU 模型[47]等。实际上电流传输模型也可以转换为电流产生模型[43]。

表 5.1 和表 5.2 为几种经典的工程模型。除 DU 模型外,以上五种模型都可以用一个简单的表达式统一描述,即

$$
I(z',t) = u(t - z'/v_{\mathrm{f}}) P(z') I(0, t - z'/v)
\tag{5.2.5}
$$

式中:$I(z',t)$ 为在任意高度 z' 和任意时间 t 的通道电流(A);$u(t)$ 为单位函数,当 $t \geq z'/v_{\mathrm{f}}$ 时取 1,否则取零;$I(0,t)$ 为通道基电流函数;v 为电流波传输速度(m·s^{-1});v_{f} 为回击速度(m·s^{-1})。

表 5.1　电流传输模型($t \leqslant z'/v_{\mathrm{f}}$)

TL 模型	$I(z',t) = I(0, t - z'/v)$
MTLL 模型	$I(z',t) = (1 - z'/H) \cdot I(0, t - z'/v)$
MTLE 模型	$I(z',t) = e^{-z'/\lambda} \cdot I(0, t - z'/v)$
$v = v_{\mathrm{f}}$ 为常数,H、λ 为常数	

表 5.2　电流产生模型($t \leqslant z'/v_{\mathrm{f}}$)

BG 模型	$I(z',t) = I(0,t)$
TCS 模型	$I(z',t) = I(0, t + z'/c)$
DU 模型	$I(z',t) = I(0, t + z'/c) - I(0, z'/v^{*}) e^{-(t - z'/v_{\mathrm{f}})/\tau_{\mathrm{D}}}$
$v^{*} = v_{\mathrm{f}}/(1 + v_{\mathrm{f}}/c)$,$v_{\mathrm{f}}$ 为常数,c 为光速度,τ_{D} 为常数	

若设 DU 模型中的放电常数 $\tau_{\mathrm{D}} = 0$,则 DU 模型就变为 TCS 模型了。五种工程模型的电流衰减因子 $P(z')$ 和电流波传输速度 v 见表 5.3。从表 5.3 还可以看出:如果把 TCS 模型中电流向下传播的速度设为无穷大,则 TCS 模型变为 BG 模型;若

把 TL 模型中的电流传播回击速度看作无穷大,则 TL 模型也可以变为 BG 模型。除以上六种简单的工程模型外,还有一些改进的工程模型,如 MULS 模型[48]、MDU 模型[49]以及 Cooray 提出的模型[50]等。其中 MULS 模型仅比 MTLE 模型多了一项均匀电流,MDU 模型在 DU 模型的基础上考虑了随高度变化的回击速度及放电电流速度,Cooray 提出的模型比较复杂,但也可以归类于电流产生(CG)模型。

表 5.3　五类简单工程模型中的 $P(z')$ 和 v

模型	$P(z')$	v
TL	1	v_f
MTLL	$1 - z'/H$	v_f
MTLE	$\exp(-z'/\lambda)$	v_f
BG	1	∞
TCS	1	$-c$

5.2.2　地闪回击模型比较及改进

对于地闪 LEMP 远区场的理论分析,目前在工程上应用最广泛的是工程模型和电磁模型。本节首先对几类回击模型的有效性进行比较,而后依据实测 LEMP 波形特点,对工程回击模型进行改进,以便更加确切地预测 LEMP 环境。

1. 回击模型的有效性验证

对回击模型的验证主要是考核其能否比较准确、有效地预测 LEMP 环境。目前对回击模型的有效性进行验证主要有两种方法:第一种是以典型的回击通道底部电流和回击速度作为模型的输入参量计算其产生的电磁场,然后与典型实测 LEMP 场的特征进行比较;第二种是针对某一次回击,以实测回击通道底部电流和回击速度作为输入参量计算其产生的 LEMP 场,并与该次回击的实测 LEMP 场进行比较。由于自然雷回击电流不易测量,一般只有在人工引雷或自然闪电击中高塔时才可能采集到通道底部电流数据。因此前一种验证回击模型有效性的方法更具有普适性。

以往在人工引雷条件下的实测 LEMP 远场波形[40,41,51]具有如下五个典型特征[37,52,53]:①大约 1km 以远的电场和磁场都有一个起始尖峰;②几十千米范围内的电场在初始峰值后有一个缓慢上升的斜坡,持续时间超过 100μs;③几千米范围内的磁场在初始峰值后有一个"驼峰",最大值在 10~40μs 之间;④50~200km 范围内的电场和磁场在初始峰值过后几十微秒内有过零点现象;⑤几百米范围内的电场在初始峰值后有一个几十微秒的平台。这五个典型特征已成为检验回击模型有效性的基本准则。

随着人工引雷技术及光学、电学测量技术的发展,在人工引雷条件下,利用高速摄像等光学测量系统可以间接测得回击通道的电流波形及回击速度,这就为回击模型的验证及新的回击模型的提出提供了最佳的实验手段。高速光学测量系统可以测量到的光学特征包括辉点前沿速度、光强度及上升时间。由于回击过程中测量到的光学强度与回击电流有很好的相关性[44]，因此这些光学特征对应着通道不同高度处的回击速度、电流峰值及电流上升沿。

对雷电回击过程的光学测量结果表明[54~59]：①回击速度随通道高度的增加而减小；②通道电流随通道高度增加而减小；③通道电流上升沿随通道高度增加而增加。这三个光学特征也应成为检验回击模型有效性不可缺少的基本标准。

2. 回击模型的比较

文献[37]、[52]和[60]曾对常用的工程模型进行了详细的比较和讨论。在电流传输模型中，TL模型没有考虑电荷从先导通道中汲出和中和，所以它仅适合于计算场的初始峰值，不能计算长时间的场；在电流产生模型中，TCS模型和BG模型中回击波前产生的电流是不连续的。对指定的某次回击而言，由TL、MTLE、MTLL和DU模型计算得出的5km处的电场峰值平均绝对误差小于20%，而TCS模型计算得出的电场峰值平均绝对误差可达40%[37,61]。文献[37]根据各种工程模型的有效性比较结果以及模型的数学简单性对六种工程模型进行了排序，从优到劣的顺序是MTLL、DU、MTLE、TCS、BG和TL。但TL模型更适合于根据电流峰值估计场的初始峰值，或反之，从场的初始峰值估计电流峰值。

实际上，MTLL、DU等模型在计算回击LEMP近场时还存在不足之处。如图5.17所示，MTLL模型虽然能比较准确地估计场的初始峰值，但计算出的近距离垂直电场在初始峰值后存在一个$10\mu s$左右的凹陷，与实测近距离电场波形的差别较大；DU模型计算出的近距离的电场波形与实测波形吻合很好，但模型中的放电常数τ_D的取值对场的峰值的影响很大。

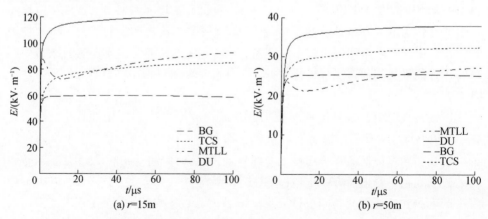

图5.17 按四种工程模型算得的距回击通道15m和50m处的地面垂直电场

根据以上总结出的回击模型有效性基准对八个工程模型及一个电磁模型（AT模型）进行比较，结果列于表5.4。其中DU模型若采用两个放电常数，则标有星号(＊)的特征均可以体现[47]。可以看出,DU模型、AT模型[50]以及Cooray的模型能够体现出实测LEMP的多数特征和回击过程的光学特征。就光学特征而言,只有Cooray的模型能体现所有的光学特征,DU模型和AT模型中除了回击速度不随高度衰减外,回击电流的两个光学特征也能很好地体现出来。由于多数工程模型中一般都将初始的回击速度设为常数,因此,只要假设回击速度是通道高度或时间的衰减函数,那么所有工程模型都可以体现出回击过程中回击速度随高度衰减的光学特征。

表5.4　八个回击模型及一个电磁模型有效性比较

特征\模型	回击电磁场特征				回击光学特征			
	初始峰值	电场近场斜坡	磁场近场驼峰	远场过零点	电场近场平台	回击速度随高度衰减	电流随高度衰减	上升沿随高度增加
BG	有	有	有	无	有	无	有	无
TL	有	无	有	无	无	无	无	无
DU	有	有	有	＊	有	无	＊	＊
TCS	有	有	有	＊	有	无	无	无
MULS	有	有	无	有	有	无	无	无
MTLE	有	有	无	有	有	无	无	无
MTLL	有	有	无	有	有	无	无	无
Cooray	有	有	有	有	有	有	有	有
AT	有	有	有	无	有	无	有	有
＊指通道基电流函数的相对变化可以导致这个特征的出现								

3. 工程回击模型的改进

Baba和Ishii在文献[53]中针对电流上升沿的变化对回击电磁场的影响问题进行了考查,得出的结论是电流上升沿随高度的增加对回击LEMP场的波形影响不大。他们的模型以MTLL模型为基础,并对回击通道电流表达式(5.2.5)中的$P(z')$进行了如下修正:

$$P(z',t) = \left[1 - \exp\left(-\frac{t - z'/v_f}{\tau} \cdot \frac{\lambda_p}{z'} \right) \right] \cdot \left(1 - \frac{z'}{H} \right) \qquad (5.2.6)$$

式中:v_f为回击速度(m·s^{-1});λ_p为高度常数(m);τ为时间常数(s)。回击电流上升沿的变化率可以通过调整λ_p和τ来控制。

基于上述改进模型,假设回击速度是通道高度的函数,则可对除DU模型外的其他五个简单工程模型进行改进,使之满足光学测量特征。改进后的工程模型通道电流一般表达式为

$$I(z',t) = u(t - z'/v_a)P(z',t)I(0, t - z'/v_a) \qquad (5.2.7)$$

159

式中

$$P(z',t) = \left[1 - \exp\left(-\frac{t - z'/v_a}{\tau} \cdot \frac{\lambda_p}{z'} \right) \right] \cdot P(z') \qquad (5.2.8)$$

v_a 为回击通道的平均回击速度,可以表示为

$$v_a(z') = z' \bigg/ \int_{z=0}^{z'} \frac{\mathrm{d}z}{v_f(z)} \qquad (5.2.9)$$

Wang 等在文献[56]中利用高速光学测量系统测得人工引雷后续回击的回击速度在通道底部 400m 内的大致变化情况,如图 5.18 所示。由图可见,人工触发的雷电其后续回击阶段的回击速度也存在较大的衰减。

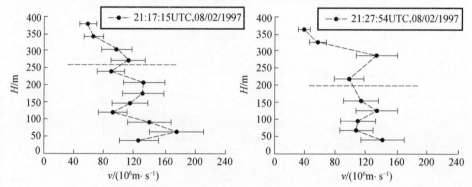

图 5.18 雷电通道底部回击速度随高度分布
(图中的水平虚线代表导线的高度,UTC 为世界协调时)

虽然,目前对回击通道的光学观测只限于通道底部几百米范围内,无法得到整个通道回击速度随高度的变化情况,对回击速度的建模尚处于探索阶段,精确的回击速度模型还需要以更多的实测数据为基础。这里不妨设整个通道的回击速度随通道高度指数衰减[62],即

$$v(z') = v_0 \exp(-z'/\lambda) \qquad (5.2.10)$$

式中:v_0 为通道底部的回击速度($\mathrm{m \cdot s^{-1}}$);λ 为速度衰减常数。

通道底部的回击速度初始值与回击电流峰值是否存在相关性目前还不很明确。Lundholm[63] 提出回击速度与回击电流峰值之间存在如下关系:

$$v_{rs} = \frac{c}{\sqrt{1 + W/I_p}} \qquad (5.2.11)$$

式中:v_{rs} 为回击速度($\mathrm{m \cdot s^{-1}}$);c 为光速,$c = 3 \times 10^8 \mathrm{m \cdot s^{-1}}$;$I_p$ 为回击通道基电流峰值(kA);W 为一常数。

Hubert 和 Mouget[64] 及 Idone 等[65] 利用最小二乘法对他们的实验数据进行拟合,得出 $W = 40$。但 Willett 等[66] 及 Mach 和 Rust[57] 的研究表明回击速度和回击电

160

流之间不存在相关性。目前,在 LEMP 理论计算中回击速度初始值一般都取实测回击速度的典型值。

通道回击速度随速度衰减常数和通道高度变化的情况如图 5.19 所示,其中 v_0 取 $1.3 \times 10^8 \mathrm{m \cdot s^{-1}}$,$\lambda = \infty$ 对应整个通道的回击速度为常数。

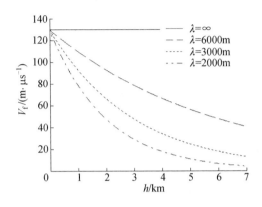

图 5.19　回击速度与通道高度的关系

图 5.19 中通道底部回击速度的衰减率比图 5.18 中实测回击速度的衰减率要低,主要是考虑实测的通道高端回击速度与通道的倾斜有关,由此导致实测值比真实值要低,因而使实测的通道高端回击速度呈现快速衰减的特征[54]。

图 5.20 为四种改进的工程模型通道电流的时空分布,图中实线显示初始模型的电流分布,虚线为改进模型的电流分布(回击速度取定值)。可以看出,改进模型的通道电流上升沿随通道高度的增加而增加,而且在改进的 TCS 和 BG 模型中,回击波前的不连续性也消失了。

Nucci 等[52]指出在初始的工程模型中没有考虑到的一些光学特征,如通道电流上升沿随高度的增加而增加、回击速度随通道高度的增加而减小等会影响过零点时间及磁场"驼峰"的出现。另一方面,这些光学特征也可能会影响电场"斜坡"的出现。由于 TCS 模型能产生磁场"驼峰"特征而不能产生"过零点"现象,因此可用该模型来研究这些光学特征对磁场"驼峰"及远场"过零点"特征的影响;在五个简单的工程模型中,只有 TL 模型不能产生电场"斜坡"特征,因此 TL 模型可以用来研究这些光学特征对电场"斜坡"的影响。以 Nucci 等在文献[52]给出的电流函数为回击通道基电流函数,用 TCS 和 TL 模型可以分析电流上升沿衰减常数和回击速度衰减常数对 LEMP 典型波形特征的影响。

图 5.21 为采用 TCS 模型计算得出的距回击通道 5km 处的磁场波形。由图可以看出,电流上升时间随通道高度的增加而增加及回击速度随通道高度的增加而减小,均趋于削弱磁场"驼峰",但回击速度的影响更大,回击速度随通道的快速衰减可导致磁场"驼峰"特征的消失。

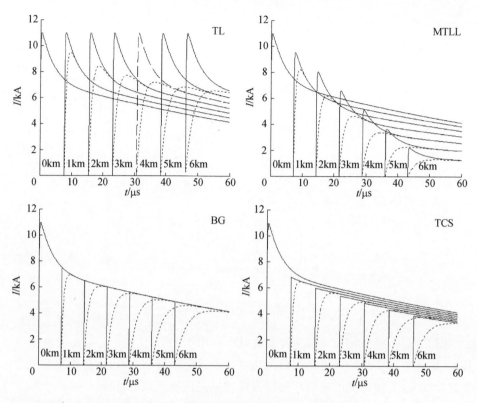

图 5.20　改进的工程模型通道电流的时空分布

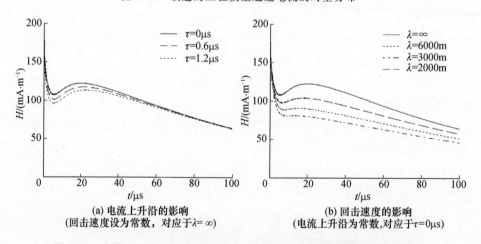

(a) 电流上升沿的影响　　　　　　　　(b) 回击速度的影响
（回击速度设为常数,对应于$\lambda=\infty$）　　（电流上升沿为常数,对应于$\tau=0\mu s$）

图 5.21　电流上升沿及回击速度对 5km 处磁场"驼峰"的影响（TCS 模型）

　　电流上升沿及回击速度的变化对远场"过零点"的影响如图 5.22 所示。可以看出电流上升沿对远场"过零点"时间的影响不大,但回击速度对远场"过零点"的影响却不能忽略,而回击速度的快速衰减可以导致远场"过零点"现象的出现,"过零点"时间大概出现在初始峰值后 80 μs 左右。

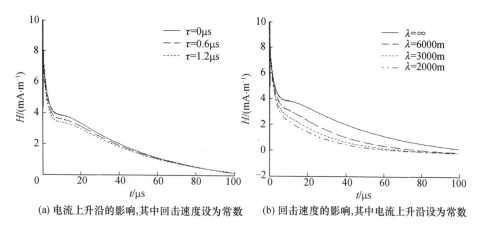

(a) 电流上升沿的影响,其中回击速度设为常数　　(b) 回击速度的影响,其中电流上升沿设为常数

图 5.22　电流上升沿及回击速度对 100km 处磁场"过零点"的影响(TCS 模型)

需要指出的是,有文献报道在电磁(EM)模型中把通道看作垂直于地面的导体,这样的模型不能重现"过零点"特征,但在通道顶端带有一段水平通道来模拟云内部分的模型却能重现合理的"过零点"特征[67],这说明了通道顶端的云层对"过零点"的出现也有不可忽视的影响。事实上,在各种工程模型中,除了 MTLL 模型指定了回击通道顶端边界条件外,其他模型都没有对回击通道顶端边界条件进行处理,因而在计算远场时一般都假设回击通道高度为无穷大,没有考虑顶端反射的影响。但不管是人工引雷还是天然雷电,云层的高度有限,一般在几千米之内。当回击电流到达云层的时候,由于回击通道和云层连接边界阻抗不连续而引起反射。该反射电流必然会影响远场过零点特征的出现与否。由于目前对回击电流顶端在云层的分布还无法了解,因此,导致远场"过零点"特征出现的因素还有待进一步研究。

由 TL 模型计算得出的 5km 处的垂直电场如图 5.23 所示。容易看出,电流上升沿随通道高度的变化对电场"斜坡"的影响不大,但回击速度随高度的变化对电场"斜坡"的影响却很大,回击速度随高度的缓慢衰减即可导致 TL 模型中电场"斜

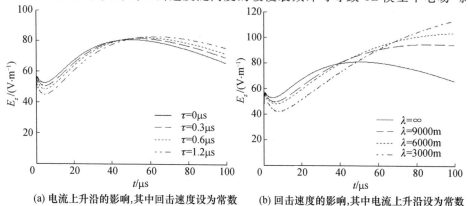

(a) 电流上升沿的影响,其中回击速度设为常数　　(b) 回击速度的影响,其中电流上升沿设为常数

图 5.23　电流上升沿及回击速度对 5km 处电场"斜坡"的影响(TL 模型)

坡"的出现。

为检验改进的工程模型的有效性,杨春山等计算了 5 个模型在 50m、5km 处的电场及 5km、100km 处的磁场[35],计算结果见图 5.24 和表 5.5。可以看出,因为引入了电流上升沿衰减因子及回击速度衰减因子,所有改进的工程模型都能重现回击过程的光学测量特征,而且初始模型不能产生的一些特征也因此而产生了,如改进的 TL 模型能重现电场的"斜坡"特征,改进的 MTLL、BG 和 TCS 模型能重现远场"过零点"特征,特别是改进的 BG 和 TCS 模型能重现所有实测 LEMP 的特征。

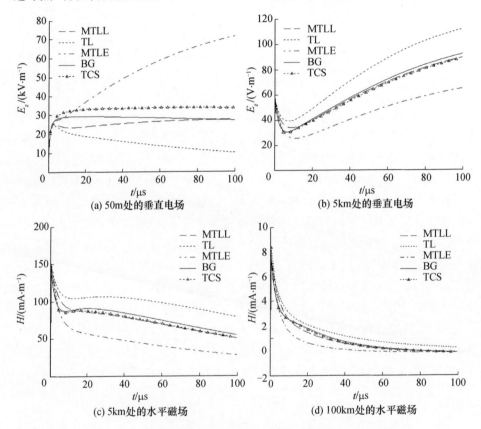

图 5.24　按改进工程模型计算得出的垂直电场和水平磁场波形

表 5.5　改进工程回击模型的有效性比较

特征 模型	回击电磁场特征				回击光学特征			
	初始峰值	电场近场斜坡	磁场近场驼峰	远场过零点	电场近场平台	回击速度随高度衰减	电流随高度衰减	上升沿随高度增加
BG	有	有	有	有	有	有	有	有
TCS	有	有	有	有	有	有	有	有

164

特征\模型	回击电磁场特征				回击光学特征			
	初始峰值	电场近场斜坡	磁场近场驼峰	远场过零点	电场近场平台	回击速度随高度衰减	电流随高度衰减	上升沿随高度增加
TL	有	有	有	无	无	有	有	有
MTLE	有	有	无	有	无	有	有	有
MTLL	有	有	无	有	有	有	有	有

Thottappillil 和 Uman 在文献[61]中指出,回击速度对场的峰值影响比较大。一般说来,对同一通道基电流,除几百米范围内的电场外,磁场及几千米远的电场峰值随回击速度的增加而增大。由 TCS 模型计算出的电场峰值比实际测量值要高,平均误差约为 40%,而由 TL、MTLE、DU 模型计算出的平均误差约为 20%,但在他们的计算中回击速度取为常数。如果在计算中考虑回击速度随高度衰减的模型,那么按 TCS 模型的计算结果误差会相应减小,与实测结果可能会吻合得更好。文献[68]的研究结果表明,由 TCS 模型计算得出的距回击通道 15m 和 30m 处的垂直电场及电场和磁场的导数与实测结果吻合不是很好,而 TL 模型的计算结果与实测结果吻合比较好(对前几微秒而言)。考虑到 BG 模型具有不符合物理意义的一面(向下传输的电流速度为无穷大),改进的 MTLL 应当更适合于 LEMP 的计算。

5.2.3　地闪电磁脉冲计算方法

在地闪 LEMP 数值分析方面,以往除了回击模型本身的缺陷外,在计算方法上也存在一些需要解决的问题,特别是在大地电参数对雷电电磁场的影响方面,处理不够严谨。如有的近似计算方法把大地看作理想导体,有的近似计算方法只适用于大地电导率比较高的情形,还有的近似计算方法只适用于计算距回击通道 100m 以远的场等。本节在简要回顾 LEMP 多种计算方法的基础上,重点介绍文献[35]提出的 LEMP 场的两种算法:近似镜像法和 FDTD 法,并分析二者的应用范围,在此基础上,提出用"近似镜像法 + 表面阻抗法"的混合法来计算雷电回击电流产生的水平电场。

1. LEMP 计算方法回顾

在地闪回击模型中一般近似认为回击通道不分支且垂直于地面,通道周围为无穷空间,通道电流分布已知。对通道中的某一小段电流元 Idh,在满足一定条件下可以看作一垂直电偶极子,如图 5.25 所示。

设观察点 $p(z,r)$ 与电偶极子及其镜像偶极子的距离分别为 R_0、R_1,H_0 为雷击点与地面的距离,一般近似为零。大地电导率和介电常数分别为 σ_g 和 $\varepsilon_g = \varepsilon_0 \varepsilon_r$。则有耗半空间上垂直电偶极子的电矢位为[69]

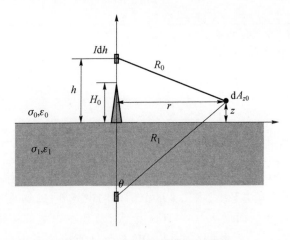

图 5.25　地闪回击通道几何模型

$$dA_{z0} = \frac{\mu_0 Idh}{4\pi} \left\{ \frac{\exp(-jk_0 R_0)}{R_0} + \frac{\exp(-jk_0 R_1)}{R_1} - \right.$$

$$\left. 2\int_0^\infty J_0(\lambda\rho) e^{-v_0(z+h)} \frac{v_1}{n^2 v_0 + v_1} \frac{\lambda}{v_0} d\lambda \right\} \quad (5.2.12)$$

式中

$$v_i = \sqrt{\lambda^2 - k_i^2},\ i = 0,1,\ R_0 = \sqrt{r^2 + (z-h)^2},\ R_1 = \sqrt{r^2 + (z+h)^2}$$

$$k_0^2 = -j\omega\mu_0(\sigma_0 + j\omega\varepsilon_0),\ k_1^2 = -j\omega\mu_0(\sigma_g + j\omega\varepsilon_g)$$

由电偶极子产生的场可按如下公式计算：

$$\begin{cases} dE_r = \dfrac{1}{j\omega\mu_0\varepsilon} \dfrac{d^2 A_{z0}}{drdz} \\[2mm] dE_z = \dfrac{1}{j\omega\mu_0\varepsilon} \left(\dfrac{d^2}{d^2 z} + k_0^2 \right) A_{z0} \\[2mm] dH_\phi = -\dfrac{1}{\mu_0} \dfrac{dA_{z0}}{dr} \end{cases} \quad (5.2.13)$$

式(5.2.12)中第三项就是著名的 Sommerfeld 积分，由于积分中存在极点且收敛速度很慢，很难用数值计算得出精确结果，必须进行近似处理。因此，围绕着 Sommerfeld 积分，产生了各种近似计算方法。

2. 理想近似法

如果把大地看作理想导体，式(5.2.12)可以简化为

$$dA_{zp} = \frac{\mu_0 Idh}{4\pi} \left\{ \frac{\exp(-jk_0 R_0)}{R_0} + \frac{\exp(-jk_0 R_1)}{R_1} \right\} \quad (5.2.14)$$

由麦克斯韦方程可得各场分量:

$$dE_r = \frac{Idh}{j4\pi\omega\varepsilon_0}\left[\frac{-k_0^2R_0^2+j3k_0R_0+3}{R_0^5}(z-h)r\right]\exp(-jk_0R_0)+$$

$$\frac{Idh}{j4\pi\omega\varepsilon_0}\left[\frac{-k_0^2R_1^2+j3k_0R_1+3}{R_1^5}(z+h)r\right]\exp(-jk_0R_1) \quad (5.2.15a)$$

$$dE_z = \frac{Idh}{j4\pi\omega\varepsilon_0}\left\{\frac{-k_0^2R_0^2+j3k_0R_0+3}{R_0^5}(z-h)^2+\right.$$

$$\left.\frac{k_0^2R_0^4-R_0^2-jk_0R_0^3}{R_0^5}\right\}\exp(-jk_0R_0)+\frac{Idh}{j4\pi\omega\varepsilon_0}\times$$

$$\left\{\frac{-k_0^2R_1^2+j3k_0R_1+3}{R_1^5}(z+h)^2+\frac{k_0^2R_1^4-R_1^2-jk_0R_1^3}{R_1^5}\right\}\exp(-jk_0R_1)$$

$$(5.2.15b)$$

$$dH_\varphi = \frac{Idh}{4\pi}\left[\frac{jk_0R_0r+r}{R_0^3}\right]\exp(-jk_0R_0)+\frac{Idh}{4\pi}\left[\frac{jk_0R_1r+r}{R_1^3}\right]\exp(-jk_0R_1)$$

$$(5.2.15c)$$

在地闪回击通道电流分布已知的条件下,将回击通道中的电流分为许多单位长度的电流元,然后对各个电流元进行傅里叶变换,再根据式(5.2.15)对通道中所有的"偶极子元"进行积分,最后进行傅里叶逆变换即可得到地闪回击电流产生的电磁场的时域结果。

显然,在理想近似条件下,式(5.2.15)也可以直接化简为以下的时域积分形式:

$$dE_{rp} = \frac{dh}{4\pi\varepsilon_0}\left\{\frac{3r(z-h)}{R_0^5}\int_0^t i(h,\tau-R_0/c)d\tau+\frac{3r(z-h)}{cR_0^4}i(h,t-R_0/c)+\right.$$

$$\left.\frac{r(z-h)}{c^2R_0^3}\frac{\partial}{\partial t}i(h,t-R_0/c)\right\}+\frac{dh}{4\pi\varepsilon_0}\left\{\frac{3r(z+h)}{R_1^5}\int_0^t i(h,\tau-R_1/c)d\tau+\right.$$

$$\left.\frac{3r(z+h)}{cR_1^4}i(h,t-R_1/c)+\frac{r(z+h)}{c^2R_1^3}\frac{\partial}{\partial t}i(h,t-R_1/c)\right\} \quad (5.2.16a)$$

$$dE_{zp} = \frac{dh}{4\pi\varepsilon_0}\left\{\frac{2(z-h)^2-r^2}{R_0^5}\int_0^t i(h,\tau-R_0/c)d\tau+\frac{2(z-h)^2-r^2}{cR_0^4}i(h,t-R_0/c)-\right.$$

$$\left.\frac{r^2}{c^2R_0^3}\frac{\partial}{\partial t}i(h,t-R_0/c)\right\}+\frac{dh}{4\pi\varepsilon_0}\left\{\frac{2(z+h)^2-r^2}{R_1^5}\int_0^t i(h,\tau-R_1/c)d\tau+\right.$$

$$\left.\frac{2(z+h)^2-r^2}{cR_1^4}i(h,t-R_1/c)-\frac{r^2}{c^2R_1^3}\frac{\partial}{\partial t}i(h,t-R_1/c)\right\} \quad (5.2.16b)$$

$$dH_{\varphi p} = \frac{dh}{4\pi}\left\{\frac{r}{R_0^3}i(h,t-R_0/c) + \frac{r}{cR_0^2}\frac{\partial}{\partial t}i(h,t-R_0/c)\right\} +$$

$$\frac{dh}{4\pi}\left\{\frac{r}{R_1^3}i(h,t-R_1/c) + \frac{r}{cR_1^2}\frac{\partial}{\partial t}i(h,t-R_1/c)\right\} \quad (5.2.16c)$$

对回击通道中所有的"偶极子元"进行积分即可求出指定观察点电磁场的时域结果。

理想近似法具有能直接进行时域计算、计算效率高的优点,且对距回击通道几千米范围之内的垂直电场和水平磁场来说,理想近似法计算结果不会产生较大的误差[70]。但对地面附近的水平电场而言,当大地电导率比较小时,这种近似带来的误差可能会很大。因为大地不是严格意义上的理想导体,其电参数 σ_g 和 ε_{rg} 数值变化范围很宽[71-73],特别是对岩石、沙土和混凝土而言,大地电导率比较低。在这种情形下,不适合用理想近似法来计算地面附近的水平电场。

3. 最速下降法

Collin 采用最速下降法对 Sommerfeld 积分进行近似处理,得出上半空间电偶极子的矢势为[74,75]

$$dA_{z0} = \frac{\mu_0 I dh}{4\pi}\left\{\frac{\exp(-jk_0 R_0)}{R_0} - \frac{\sqrt{\kappa-\sin^2\theta}-\kappa\cos\theta}{\sqrt{\kappa-\sin^2\theta}+\kappa\cos\theta}\frac{\exp(-jk_0 R_1)}{R_1}\right\}$$

$$(5.2.17)$$

式中:$\kappa = \varepsilon_r + \sigma_g/j\omega\varepsilon_0$;$\theta$ 是 R_1 与 z 轴正方向的夹角。

式(5.2.17)的物理意义是十分明显的,它由初级源直接辐射的球面波和由初级源的镜像源辐射的球面波构成,式中第二项球面波前面的系数刚好是以入射角 θ 投射到介质平面上的平面波的 Fresnel 反射系数,故这一项就是被地面反射的波。若大地可看作理想导体,即 $\sigma_g \to \infty$,此时 $\kappa \to \infty$,Fresnel 反射系数为 -1,式(5.2.17)同样可化式(5.2.14)。

在回击电流主频谱范围内有 $|\kappa| \gg \sin^2\theta$。因此,式(5.2.17)可以进一步近似为

$$dA_{z0} = \frac{\mu_0 I dh}{4\pi}\left\{\frac{\exp(-jk_0 R_0)}{R_0} - \frac{\sqrt{\kappa}-\kappa\cos\theta}{\sqrt{\kappa}+\kappa\cos\theta}\frac{\exp(-jk_0 R_1)}{R_1}\right\} \quad (5.2.18)$$

则垂直电偶极子在有耗半空间的辐射场可表示为

$$dE_r = \frac{I dh}{j4\pi\omega\varepsilon_0}\frac{\partial^2}{\partial r\partial z}\left\{\frac{\exp(-jk_0 R_0)}{R_0} - \frac{\sqrt{\kappa}-\kappa\cos\theta}{\sqrt{\kappa}+\kappa\cos\theta}\frac{\exp(-jk_0 R_1)}{R_1}\right\}$$

$$(5.2.19a)$$

$$dE_z = \frac{I dh}{j4\pi\omega\varepsilon_0}\left(\frac{\partial^2}{\partial z^2}+k_0^2\right)\left\{\frac{\exp(-jk_0 R_0)}{R_0} - \frac{\sqrt{\kappa}-\kappa\cos\theta}{\sqrt{\kappa}+\kappa\cos\theta}\frac{\exp(-jk_0 R_1)}{R_1}\right\}$$

$$(5.2.19b)$$

$$dH_\varphi = -\frac{Idh}{4\pi_0} \frac{\partial}{\partial r} \left\{ \frac{\exp(-jk_0R_0)}{R_0} - \frac{\sqrt{\kappa} - \kappa\cos\theta}{\sqrt{\kappa} + \kappa\cos\theta} \frac{\exp(-jk_0R_1)}{R_1} \right\} \quad (5.2.19c)$$

最速下降法中的 Sommerfeld 积分采用了 Hankel 函数的大宗量近似条件,即 $|\lambda\rho| \gg 1$,因此式(5.2.17)也不适用于 θ 接近于 $\pi/2$ 的情形。由于自然雷击多发生在高层建筑物、塔尖上,离地平面有一定距离(约几米到上百米),因此地闪回击电流通道起点高度 H_0 大于零。在这种情况下,可以用最速下降法计算距回击通道几百米以远的 LEMP。

再有就是 Norton 法,当大地电导率比较高时,式(5.2.12)可化简为[76]

$$dA_{z0} = \frac{\mu_0 Idh}{4\pi} \left\{ \frac{\exp(-jk_0R_0)}{R_0} + R_v \frac{\exp(-jk_0R_1)}{R_1} + (1-R_v)\cdot F(p)\cdot \frac{\exp(-jk_0R_1)}{R_1} \right\}$$
$$(5.2.20)$$

式中:$F(\omega) = 1 - j\sqrt{\pi p}\cdot\exp(-p)\cdot\mathrm{erfc}(j\sqrt{p})$,$p = -jk_0R_1^3(\cos\theta + \Delta_0)^2/2r^2$,$R_v = (\cos\theta - \Delta_0)/(\cos\theta + \Delta_0)$,$\Delta_0 = u\sqrt{1 - u^2\sin^2\theta} \approx u, \cos\theta = (z+h)/R_1, \sin\theta = r/R_1$,$u = k_0/k_1 = \sqrt{j\omega\varepsilon_0/(\sigma_g + j\omega\varepsilon_g)}$,其中 erfc 为误差补偿函数。

式(5.2.20)中第一项可以看作偶极子的辐射波,第二项为地表的反射波,而第三项为表面波。当大地电导率比较高($\sigma_g \geq 10^{-3} \mathrm{S\cdot m^{-1}}$)时,在距回击通道 $100 \sim 1000\mathrm{m}$ 范围内 Norton 法的计算结果与精确的 Sommerfeld 积分计算结果相比,误差小于 10%[77]。然而,对大地电导率更低的情形,其计算精度无法确定,而且 Norton 法计算公式比较烦琐,计算量也比较大。

除了以上几种近似计算的方法外,Bannister 在文献[78]中还给出了有耗半空间中垂直电偶极子产生的电磁场的频域计算公式,根据该文的分析,当大地折射率 $n^2 \gg 1$ 时,其计算公式适用于任何场点。而回击电流产生的 LEMP 主要分布在 $10^4 \sim 10^7 \mathrm{rad/s}$ 频段,当大地电导率 $\sigma_g \geq 10^{-3} \mathrm{S\cdot m^{-1}}$,相对介电常数在 $3 \sim 10$ 范围内时,计算结果表明 $n^2 \gg 1$。

实际上,大地电导率是地面附近水平电场的主要影响因素,而对垂直电场和水平磁场的影响比较小。因此,许多研究者对地闪回击电流产生的水平电场的计算方法进行了研究,其中应用比较广泛的有斜波法[79]和表面阻抗法[80,81]。

斜波法计算地面水平电场的频域公式为

$$E_r(z=0,r) = \frac{1}{\sqrt{\varepsilon_r + \sigma_g/j\omega\varepsilon_0}} \cdot E_{zp}(z=0,r) \quad (5.2.21)$$

式中:E_{zp} 为理想近似法计算出的垂直电场。

用斜波法来计算地面水平电场必须满足两个条件[80]:①垂直电场必须是辐射场;②入射波必须贴近于地面。不幸的是,在地闪回击通道附近,这两个条件都不满足。计算结果表明,斜波法仅适用于计算距回击通道几千米远的地面水平电场[82]。

Cooray[80]利用表面阻抗法得出了地面水平电场的计算公式,他的分析表明,表面阻抗法仅适用于计算距回击通道 200m 以远的地面水平电场。Cooray[80]和 Rubinstein[81]建议采用如下技巧来计算水平电场:①采用表面阻抗公式,地面水平电场可以从地面磁场中得到;②某一高度的水平电场可用同一高度处由理想近似计算出的水平电场加上同一距离处地面水平电场得出。在表面阻抗法的基础上,Rubinstein[81]导出了类似的水平电场计算公式,称为 Cooray – Rubinstein 公式,可表示为

$$E_r(z = h, r) = -\frac{\sqrt{\mu_0}}{\sqrt{\varepsilon_r + \sigma_1/\mathrm{j}\omega\varepsilon_0}} \cdot H_{\varphi p}(z = 0, r) + E_{rp}(z = h, r) \quad (5.2.22)$$

式中:E_{rp}、$H_{\varphi p}$ 为理想近似法计算出的水平电场和水平磁场。

Cooray 提出了一个比较精确的计算水平磁场的方法[83],即在理想近似法中加上 Norton 衰减函数。这个方法能够提高低电导率下远区磁场的计算精度。因此,他指出式(5.2.22)中利用此方法计算出的水平磁场替代理想近似法计算出的水平磁场,可以提高水平电场的计算精度。计算结果表明,对电导率为 0.01 ~ 0.001S·m^{-1} 的大地,Cooray – Rubinstein 公式可以很精确地计算距回击通道 100m 以远的水平电场[84]。

5.2.4 时域有限差分法

FDTD 法是 1966 年 Yee 首次提出的一种直接求解麦克斯韦微分方程的时域方法[85],经过近半个世纪的发展已成为一种成熟的数值计算方法,应用范围也越来越广泛,在天线和电波传播、微波理论和技术、电磁兼容等领域都有大量关于 FDTD 法及应用的文献。在早期的研究当中,并没有直接利用 FDTD 计算 LEMP 的报道。这可能是雷电研究者对远场关注较多,而 FDTD 法在计算远场时受计算机容量、速度等因素的限制,几乎不可实现。实际上,对距地闪回击通道几百米范围内的近场而言,由于回击电流 90% 以上的能量集中于 100Hz ~ 1MHz 频段,该频段最短波长为几百米,因此完全可以用 FDTD 法来计算回击电流产生的 LEMP。杨春山等在文献[86]中首次采用 FDTD 法在二维柱坐标系中计算了地闪产生的 LEMP 近场,并对地面以上 LEMP 的分布规律进行了研究。由于 FDTD 法在整个计算域内求解 Maxwell 方程,LEMP 场的计算不受回击放电通道距离的限制,可以计算近到距放电通道 10m 以内的场,而距放电通道越近,LEMP 破坏作用越大。可见,FDTD 法是研究地闪放电通道附近 LEMP 场分布的有力工具。

对图 5.25 所示的回击模型,可以看作一个二维问题,采用图 5.26 所示的柱坐标 Yee 网格,其差分方程如下:

$$E_r^{n+1}\left(i + \frac{1}{2}, j\right) = a_1 E_r^n\left(i + \frac{1}{2}, j\right) - \frac{a_2}{\Delta z}\left[H_\phi^{n+1/2}\left(i + \frac{1}{2}, j + \frac{1}{2}\right) - \right.$$

170

$$H_\phi^{n+1/2}\left(i+\frac{1}{2},\ j-\frac{1}{2}\right)\Big] \tag{5.2.23a}$$

$$E_z^{n+1}\left(i,\ j+\frac{1}{2}\right) = a_1 E_z^n\left(i,\ j+\frac{1}{2}\right) + \frac{a_2}{\Delta r}\Big[r_{i+1/2} H_\phi^{n+1/2}\left(i+\frac{1}{2},\ j+\frac{1}{2}\right) -$$

$$r_{i-1/2} H_\phi^{n+1/2}\left(i-\frac{1}{2},\ j+\frac{1}{2}\right)\Big] \tag{5.2.23b}$$

$$H_\phi^{n+1/2}\left(i+\frac{1}{2},\ j+\frac{1}{2}\right) = H_\phi^{n-1/2}\left(i+\frac{1}{2},\ j+\frac{1}{2}\right) + \frac{b_1}{\Delta r}\Big[E_z^n\left(i+1,\ j+\frac{1}{2}\right) -$$

$$E_z^n\left(i,\ j+\frac{1}{2}\right)\Big] - \frac{b_1}{\Delta z}\Big[E_r^n\left(i+\frac{1}{2},\ j+1\right) - E_r^n\left(i+\frac{1}{2},\ j\right)\Big] \tag{5.2.23c}$$

式中:$a_1 = (2\varepsilon - \sigma\Delta t)/(2\varepsilon + \sigma\Delta t)$;$a_2 = 2\Delta t/(2\varepsilon + \sigma\Delta t)$;$b_1 = \Delta t/\mu_0$。

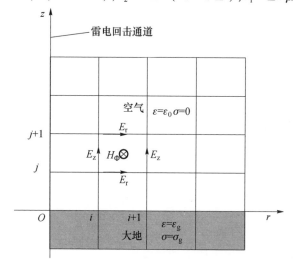

图 5.26 二维坐标 FDTD 网格结构

为减少计算量,可仅计算包含回击通道在内的半个剖面的场,对轴线上的 E_z 需要进行特别处理。根据安培环路定理,其差分格式如下:

无源区:

$$E_z^{n+1}\left(i,\ j+\frac{1}{2}\right) = a_1 E_z^n\left(i,\ j+\frac{1}{2}\right) + \frac{4a_2}{\Delta r} H_\phi^{n+1/2}\left(\frac{1}{2},\ j+\frac{1}{2}\right) \tag{5.2.24}$$

有源区:

$$E_z^{n+1}\left(i,\ j+\frac{1}{2}\right) = a_1 E_z^n\left(i,\ j+\frac{1}{2}\right) + \frac{4a_2}{\Delta r} H_\phi^{n+1/2}\left(\frac{1}{2},\ j+\frac{1}{2}\right) - \frac{4\Delta t}{\pi\varepsilon_0 \Delta r^2} I\left(0,\ j+\frac{1}{2}\right)$$

$$\tag{5.2.25}$$

171

式中：a_1，a_2 定义同式（5.2.23）；$I(0,j+0.5)$ 为距地面高度为 $(j+0.5)\cdot\Delta z$ 处的电流元，一般通过某一回击模型与地面处测量的通道基电流联系起来。空气中的介电常数 $\varepsilon=\varepsilon_0$，电导率 $\sigma=0$，大地中的介电常数 $\varepsilon=\varepsilon_g=\varepsilon_0\varepsilon_{rg}$，电导率 $\sigma=\sigma_g$。在空气与大地的交界面，介电常数和电导率取两者的平均值。

在计算中采用改进 Mur 一阶吸收边界条件：

沿 z 方向：

$$H_\phi^{n+1/2}\left(i+\frac{1}{2},j_{\max}+\frac{1}{2}\right)=H_\phi^{n-\frac{1}{2}}\left(i+\frac{1}{2},j_{\max}+\frac{1}{2}\right)+$$

$$\frac{v\Delta t-\Delta z}{v\Delta t+\Delta z}\left[H_\phi^{n+\frac{1}{2}}\left(i+\frac{1}{2},j_{\max}-\frac{1}{2}\right)-H_\phi^{n-\frac{1}{2}}\left(i+\frac{1}{2},j_{\max}+\frac{1}{2}\right)\right] \quad (5.2.26)$$

$$H_\phi^{n+\frac{1}{2}}\left(i+\frac{1}{2},j_{\min}-\frac{1}{2}\right)=H_\phi^{n-\frac{1}{2}}\left(i+\frac{1}{2},j_{\min}+\frac{1}{2}\right)+$$

$$\frac{v\Delta t-\Delta z}{v\Delta t+\Delta z}\left[H_\phi^{n+\frac{1}{2}}\left(i+\frac{1}{2},j_{\min}+\frac{1}{2}\right)-H_\phi^{n-\frac{1}{2}}\left(i+\frac{1}{2},j_{\min}-\frac{1}{2}\right)\right] \quad (5.2.27)$$

沿 r 方向：

$$H_\phi^{n+\frac{1}{2}}\left(i_{\max}+\frac{1}{2},j+\frac{1}{2}\right)=c_1 H_\phi^{\frac{1}{2}}\left(i_{\max}-\frac{1}{2},j+\frac{1}{2}\right)+$$

$$c_2 H_\phi^{n+\frac{1}{2}}\left(i_{\max}+\frac{1}{2},j+\frac{1}{2}\right)+c_3 H_\phi^{n-\frac{1}{2}}\left(i_{\max}-\frac{1}{2},j+\frac{1}{2}\right) \quad (5.2.28)$$

式中

$$c_1=\frac{\left[\dfrac{1}{2\Delta r}-\dfrac{1}{2v\Delta t}-\dfrac{1}{8r_i}\right]}{\left[\dfrac{1}{2\Delta r}+\dfrac{1}{2v\Delta t}+\dfrac{1}{8r_i}\right]},\ c_2=\frac{\left[\dfrac{1}{2v\Delta t}-\dfrac{1}{2\Delta r}-\dfrac{1}{8r_i}\right]}{\left[\dfrac{1}{2\Delta r}+\dfrac{1}{2v\Delta t}+\dfrac{1}{8r_i}\right]},\ c_3=\frac{\left[\dfrac{1}{2\Delta r}+\dfrac{1}{2v\Delta t}-\dfrac{1}{8r_i}\right]}{\left[\dfrac{1}{2\Delta r}+\dfrac{1}{2v\Delta t}+\dfrac{1}{8r_i}\right]};$$

其中：v 为 LEMP 在空气或地下的传播速度。

为了保证时域迭代的稳定性，选取的时间步长 Δt 应满足 Courant 条件：$\Delta t\leqslant\min(\Delta r,\Delta z)/(2c)$，其中 Δr、Δz 分别为沿 r 方向和 z 方向的空间步长，c 为真空中的光速。

由于 LEMP 在大地中的波长和波速随频率及大地电参数变化，因此给数值计算中参数的选取带来一定的麻烦。经过分析，以回击通道基电流频谱能量比较集中的频段中的某一频率对应的波速代入相关公式中可以使计算稳定，反射也比较小。计算中的时间步长 Δt 和空间步长 Δr、Δz 可按如下方法选取：当大地电导率 $\sigma_g\leqslant1\times10^{-3}\mathrm{S\cdot m^{-1}}$ 时，为确保计算精度，最大空间步长取为 0.5m，时间步长取为 0.5ns；当大地电导率 $\sigma_g=1\times10^{-2}\mathrm{S\cdot m^{-1}}$ 时，经计算得 $\lambda_{\min}\approx2\mathrm{m}$，若仍以 0.5m 的空间步长来计算，理论上不满足稳定性条件，但从回击电流能量在频域的分布情况看，主要集中在 1MHz 以下的频段，1MHz 以上频段的能量低于 10%，且这些频率分量引起的数值色散比较小,因此仍然可用 0.5m 的空间步长来近似计算大地电导率 $\sigma_g = 1 \times 10^{-2} \mathrm{S} \cdot \mathrm{m}^{-1}$ 的情形。当大地电导 $\sigma_g > 1 \times 10^{-2} \mathrm{S} \cdot \mathrm{m}^{-1}$,此时基本上可将大地看作理想导体,或用其他解析方法计算。

5.2.5 近似镜像法

电磁理论的基本问题,是在一定的介质中求解满足边界条件的麦克斯韦方程。按照唯一性定理,给定边界条件,域上的值就可以唯一地被确定。这样,就可在不含真实源的区域内的适当位置上,放上虚拟源,即镜像来代替实际的边界,以满足边界条件。因而在真实源区,求解边值问题的 Green 函数,就被简化为求取自由空间的点源及其镜像的解,这就是镜像法。前面介绍的理想近似法实际上是镜像法的特殊情形。

对有限导电大地,可以利用谱域法[87]得到精确的格林函数。但谱域法比较复杂,计算量大,不适用于 LEMP 的计算,精确镜像理论[87]也存在同样的问题。相比较而言,由近似镜像法求得的近似格林函数比谱域法求得的精确格林函数要简单得多,用起来也十分方便。近似格林函数的导出,虽然利用电荷镜像,但不同于静场近似,因为在近似模型中考虑了交变性,属动态模型。但这种模型是一种低频近似,或者说是近场近似,只适用于场点和源点之间的距离和波长之比不大的情形。由于回击电流的能量主要分布在 1MHz 以下的频段,故近似镜像法适用于 LEMP 近场的计算。图 5.27 为近似镜像法中的两镜像代表示意图。R_2 为观察点到"校正镜像"的距离,其他变量意义与图 5.25 相同。

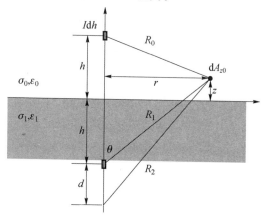

图 5.27　两镜像代表示意图

垂直电偶极子($I\mathrm{d}h$)产生的电矢位式(5.2.12)可表示为如下谱域积分形式:

$$\mathrm{d}A_{z0} = \frac{\mu_0 I \mathrm{d}h}{4\pi} \left\{ \frac{\exp(-\mathrm{j}k_0 R_0)}{R_0} + \int_0^\infty J_0(\lambda r) \mathrm{e}^{-v_0(z+h)} f(v_0) \frac{\lambda}{v_0} \mathrm{d}\lambda \right\} \quad (5.2.29)$$

式中:$J_0(\lambda r)$ 为零阶贝塞尔函数;$f(v_0)$ 为谱域反射系数,可表示为

$$f(v_0) = \frac{n^2 v_0 - \sqrt{\alpha^2 + v_0^2}}{n^2 v_0 + \sqrt{\alpha^2 + v_0^2}} \tag{5.2.30}$$

式中：$n^2 = k_1^2/k_0^2$ 为大地复折射率；$\alpha^2 = k_1^2 - k_0^2$；$v_0 = (\lambda^2 - k_0^2)^{0.5}$。

根据近似镜像理论[87]，当 $|v_0| \to \infty$ 即 $\lambda \to \infty$ 时，谱域反射系数 $f(v_0)$ 趋近于有限值 A：

$$A = f(\infty) = \frac{n^2 - 1}{n^2 + 1} \tag{5.2.31}$$

另一方面，当 $|v_0/\alpha| \ll 1$ 时，谱域反射系数 $f(v_0)$ 在 $|v_0| = 0$ 处可以展开成泰勒级数：

$$f(v_0) = -1 + 2n^2 \left(\frac{v_0}{\alpha}\right) - 2n^4 \left(\frac{v_0}{\alpha}\right)^2 + (2n^6 - n^2)\left(\frac{v_0}{\alpha}\right)^3 + \cdots \tag{5.2.32}$$

利用近似镜像理论中的两镜像代表法，谱域反射系数 $f(v_0)$ 可以近似为

$$f(v_0) \approx A - B\exp(-v_0 d) \tag{5.2.33}$$

式(5.2.32)中的线性项可以近似为

$$f(v_0) \approx -1 + 2n^2 \left(\frac{v_0}{\alpha}\right) \approx \frac{1}{n^2 + 1}\{(n^2 - 1) - 2n^2 \exp[-v_0(n^2 + 1)/\alpha]\} \tag{5.2.34}$$

比较式(5.2.33)和式(5.2.34)，可得

$$B = \frac{2n^2}{n^2 + 1}, \quad d = \frac{n^2 + 1}{\alpha}$$

将式(5.2.34)代入式(5.2.29)得

$$A_{z0} = \frac{\mu_0 I dh}{4\pi} \left\{ \frac{\exp(-jk_0 R_0)}{R_0} + A\frac{\exp(-jk_0 R_1)}{R_1} - B\frac{\exp(-jk_0 R_2)}{R_2} \right\} \tag{5.2.35}$$

式中：$R_2 = [r^2 + (z + h + d)^2]^{0.5}$ 为观察点到"校正镜像"的距离，其中 d 可以看作"校正镜像"的"校正距离"。

当大地看作理想导体，即 $\sigma_g \to \infty$，$n^2 \to \infty$ 时，式(5.2.35)可化简为式(5.2.14)。

由于谱域反射系数 $f(v_0)$ 的近似表示式(5.2.33)在谱的两端（$|v_0| \to \infty$ 和 $v_0 = 0$）等于或逼近于精确的 $f(v_0)$，而近场对应的是远谱，因此，这种近似适用于场点至源点之间的距离与波长之比不大的情况。当电流元高度大于波长时，近似镜像法的近似条件就不成立了。但对于距雷电回击通道几十米范围内的近场而言，高度在几百米范围之内的电流元对场的贡献最大，在此高度以上电流元对场的影响比较小。另一方面，在谱的两端（$|v_0| \to \infty$ 和 $v_0 = 0$），谱域反射系数 $f(v_0)$ 的近似条件分别为 $|\alpha/v_0| \ll 1$ 和 $|v_0(n^2 + 1)/\alpha| \ll 1$。令 $\beta = (n^2 + 1)/\alpha$，若 α、β 值越小，则

两镜像代表法的近似程度越高,对应的场点也越远。图 5.28 为 $f=1$MHz 时 α 与 β 归一化值与大地电导率的变化关系曲线(其他频率分量对应的曲线也类似图 5.28),从图中可以看出,大地电导率越低,α、β 值越小,这说明两镜像代表法的适用范围随大地电导率的增大而减小,因而近似镜像法更适合于计算大地电导率比较低时回击电流产生的 LEMP。

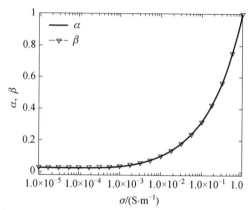

图 5.28 α 与 β 归一化值与大地电导率 σ_g 的关系图

由式(5.2.35)可得地面以上 LEMP 的计算公式如下:

$$\mathrm{d}E_r(\mathrm{j}\omega) = \frac{I\mathrm{d}h}{\mathrm{j}4\pi\omega\varepsilon_0} \frac{\partial^2}{\partial r\partial z}\left[\frac{\exp(-\mathrm{j}k_0R_0)}{R_0} + A\frac{\exp(-\mathrm{j}k_0R_1)}{R_1} - B\frac{\exp(-\mathrm{j}k_0R_2)}{R_2}\right]$$

$$(5.2.36\mathrm{a})$$

$$\mathrm{d}E_z(\mathrm{j}\omega) = \frac{I\mathrm{d}h}{\mathrm{j}4\pi\omega\varepsilon_0}\left(\frac{\partial^2}{\partial z^2} + k_0^2\right)\left[\frac{\exp(-\mathrm{j}k_0R_0)}{R_0} + A\frac{\exp(-\mathrm{j}k_0R_1)}{R_1} - B\frac{\exp(-\mathrm{j}k_0R_2)}{R_2}\right]$$

$$(5.2.36\mathrm{b})$$

$$\mathrm{d}H_\phi(\mathrm{j}\omega) = \frac{I\mathrm{d}h}{4\pi} \frac{\partial}{\partial r}\left[\frac{\exp(-\mathrm{j}k_0R_0)}{R_0} + A\frac{\exp(-\mathrm{j}k_0R_1)}{R_1} - B\frac{\exp(-\mathrm{j}k_0R_2)}{R_2}\right]$$

$$(5.2.36\mathrm{c})$$

利用式(5.2.36)对回击通道内所有"偶极子元"进行求和然后进行傅里叶逆变换,即可计算出回击电流产生的电磁场。

近似镜像法中除了两镜像代表外,还有三镜像代表、五镜像代表及多极子镜像。在三镜像代表中,谱域反射系数 $f(v_0)$ 可以表示为

$$f(v_0) \approx R_1 - \frac{1}{2}R_2(\mathrm{e}^{-v_0d_1} + \mathrm{e}^{-v_0d_2}) \qquad (5.2.37)$$

利用两镜像代表类似的求解方法,可得 R_1 和 R_2 与两镜像相同,并且有

$$d_1 \approx \frac{(2n^2+1)}{\alpha}, \quad d_2 \approx \frac{1}{\alpha} \qquad (5.2.38)$$

175

与两镜像代表相似,在谱域两端($|v_0| \to \infty$ 和 $v_0 = 0$),谱域反射系数 $f(v_0)$ 的近似条件分别为 $|\alpha/v_0| \ll 1$ 和 $|v_0(2n^2+1)/\alpha| \ll 1$ 及 $|v_0/\alpha| \ll 1$。很显然,在谱域两端不能同时满足近似条件。因此,对近场而言,三镜像代表法计算精度反而不如两镜像代表法。五镜像代表法及多极子镜像法也和三镜像代表法一样,只能提高整个谱域的相对计算精度,实际计算结果也证明如此。

5.2.6 计算方法比较及一种混合法的提出

FDTD 法属电磁场问题的一种数值计算方法,在天线和电波传播、电磁兼容等领域获得广泛应用,其数值计算精度原则上只受计算模型复杂程度及存储空间的限制。近似镜像法是一种解析方法,但其适用范围会随大地电导率的增大而减小。为检验 FDTD 法和近似镜像法在 LEMP 计算中的有效性,我们首先用 FDTD 法和近似镜像法计算了大地电导率 $\sigma_g = 1 \times 10^{-2} \mathrm{S} \cdot \mathrm{m}^{-1}$ 时距回击通道 100m,地面上 6m 处的水平电场,并同精确的 Cooray – Rubinstein 法[80,81](CR 法)计算结果相比较,结果如图 5.29 所示。计算中采用的模型和通道基电流函数与文献[81]中所采用的一致。从图可以看出,FDTD 法和近似镜像法的计算结果与精确结果吻合很好。

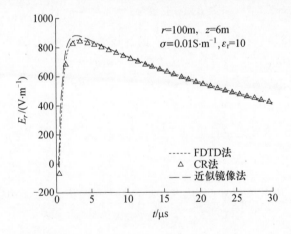

图 5.29 距回击通道 100m 地面上 6m 处的水平电场($\sigma_g = 1(10^{-2}\mathrm{S} \cdot \mathrm{m}^{-1})$)

另一方面,为检验 FDTD 法和近似镜像法的有效性及研究近似镜像法的适用范围,这里利用实测的地闪回击电流进行计算和分析。实测回击电流波形[88]来自于佛罗里达州国际雷电研究测试中心(ICLRT)在 2000 年 7 月 11 日通过人工引雷方法测得的 Flash S0022,stroke 1。为更好地进行数值计算,先用 Heidler 函数[52]对回击电流波形进行拟合,拟合函数表达式为

$$i(0,t) = I_{01} \cdot \frac{(t/\tau_1)^2}{(t/\tau_1)^2 + 1} \cdot \exp(-t/\tau_2) + I_{02}[\exp(-t/\tau_3) - \exp(-t/\tau_4)]$$

$$(5.2.39)$$

拟合参数：$I_{01} = 3.25\text{kA}$，$\tau_1 = 0.072\mu\text{s}$，$\tau_2 = 16.67\mu\text{s}$，$I_{02} = 8.95\text{kA}$，$\tau_3 = 100\mu\text{s}$，$\tau_4 = 0.5\mu\text{s}$，电流峰值为 11.5kA，与实测电流峰值相等。拟合电流波形和实测电流波形分别如图 5.30(a)和图 5.31(a)所示，为方便比较，将拟合电流波形延迟了 4.5μs。可以看出，通过 Heidler 函数拟合后的电流波形与实测电流波形吻合很好。

以拟合电流作通道基电流，采用传输线类的 MTLL 回击模型，利用近似镜像法和 FDTD 法可分别计算大地电导率 $\sigma_g = 2.5 \times 10^{-4}\text{S} \cdot \text{m}^{-1}$ 和 $\sigma_g = 1 \times 10^{-3}\text{S} \cdot \text{m}^{-1}$ 时距回击通道 100m 范围内的电磁场，计算时回击速度取 $1.5 \times 10^8\text{m} \cdot \text{s}^{-1}$。为更好地检验 FDTD 法和近似镜像法的有效性，在计算垂直电场和水平磁场时，还给出了把大地看作是理想导体时的理想近似计算结果。

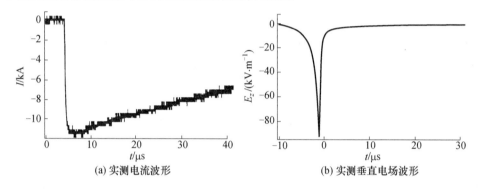

(a) 实测电流波形   (b) 实测垂直电场波形

图 5.30　ICLRT 于 2000 年测得的回击电流波形和 15m 处地面垂直电场波形

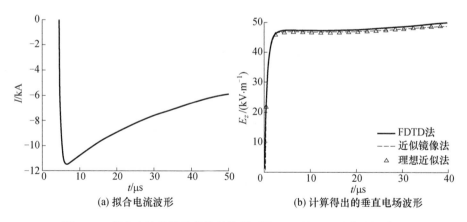

(a) 拟合电流波形   (b) 计算得出的垂直电场波形

图 5.31　拟合电流波形及数值计算得到的 15m 处地面垂直电场波形

图 5.31(b)为 $\sigma_g = 2.5 \times 10^{-4}\text{S} \cdot \text{m}^{-1}$，$\varepsilon_{rg} = 10$ 时计算得出的距回击通道 15m 处的地面垂直电场波形。σ_g 与佛罗里达州国际雷电研究测试中心的实测电导率相同[89]，而 ε_{rg} 对回击电磁场的影响不是很大[77]，计算中取常见值，$\varepsilon_{rg} = 10$。可以看出，近似镜像法、FDTD 法和理想近似法三者的计算结果基本一致，且与图 5.30

（b）中实测垂直电场的回击波形吻合很好。

图 5.32 为距回击通道 50m 处地面上的垂直电场和水平磁场，图 5.33 为距回击通道 50m 和 80m 处地面上的水平电场。从图中可以看出，对垂直电场和水平磁场，近似镜像法、FDTD 法和理想近似法的计算结果相互吻合很好；对水平电场而言，在几十米范围内，近似镜像法和 FDTD 法计算结果的也吻合很好，这不仅验证了近似镜像法和 FDTD 法的有效性，而且也与大地电导率对垂直电场和水平磁场的影响不大的结论相一致。

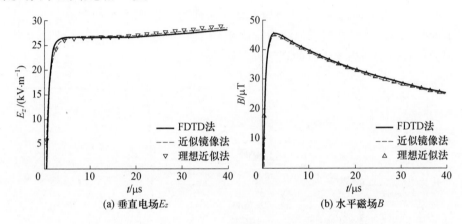

(a) 垂直电场 E_z (b) 水平磁场 B

图 5.32 取 $\sigma_g = 2.5 \times 10^{-4} \mathrm{S} \cdot \mathrm{m}^{-1}$，$\varepsilon_{rg} = 10$ 时距回击通道 50m 处地面 E_z 和 B 的波形

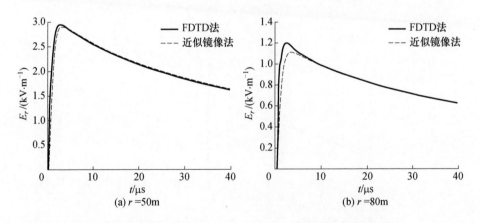

(a) $r = 50\mathrm{m}$ (b) $r = 80\mathrm{m}$

图 5.33 取 $\sigma_g = 2.5 \times 10^{-4} \mathrm{S} \cdot \mathrm{m}^{-1}$，$\varepsilon_{rg} = 10$ 时地面处的 E_r 波形

图 5.34 为大地电导率 $\sigma_g = 1 \times 10^{-3} \mathrm{S} \cdot \mathrm{m}^{-1}$，相对介电常数 $\varepsilon_{rg} = 10$ 时分别采用近似镜像法和 FDTD 法计算得出的距回击通道 25m 和 50m 处地面上的水平电场波形。

由图可见，当 σ_g 增至 $1 \times 10^{-3} \mathrm{S} \cdot \mathrm{m}^{-1}$ 时，对距回击通道 25m 范围内的水平电场而言，近似镜像法计算结果与 FDTD 法计算结果仍然吻合很好，但随着距离的增

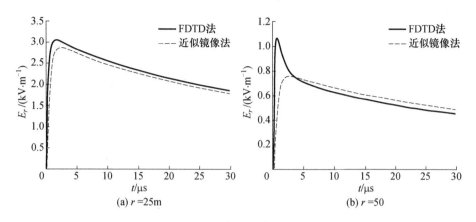

(a) $r = 25\text{m}$ (b) $r = 50$

图 5.34   大地电导率 $\sigma_g = 1 \times 10^{-3}\text{S} \cdot \text{m}^{-1}$，$\varepsilon_{rg} = 10$ 时地面水平电场波形

大，如在距回击通道 50m 处，分别采用近似镜像法与 FDTD 法计算得出的波形差别较大，主要原因在于随着 σ_g 的增加，近似镜像法适应范围相应减小。特别是对地面附近的水平电场而言，当 $\sigma_g \geqslant 1 \times 10^{-3}\text{S} \cdot \text{m}^{-1}$ 时，对距回击通道几十米以远的场点，近似镜像法的计算结果会产生较大的误差。此时可以采取近似镜像法与表面阻抗法相结合的方法来提高计算精度。

以上计算结果表明，近似镜像法和 FDTD 法都适合于计算大地电导率比较低时距回击通道几十米范围内的 LEMP。当 $\sigma_g < 1 \times 10^{-3}\text{S} \cdot \text{m}^{-1}$，两种方法的数值计算结果基本一致，且与实测结果（垂直电场）吻合很好。在实际应用中两种方法各有优劣：近似镜像法是一种频域解析方法，其解析表达式具有普遍性，可以用于 LEMP 对架空或埋地电缆的耦合等问题上，对大地色散问题比较容易处理，计算耗时少，但一次计算只能得到一个场点的信息，且其适应范围会随着大地电导率的增大而相应减小。

FDTD 法是一种纯粹的时域数值计算方法，适用范围原则上不受大地电导率的限制，一次计算可以得到所有场点的信息，但 FDTD 法耗时相对较多。

大地电导率对地闪 LEMP 垂直电场和水平磁场的影响比较小，但对水平电场，特别是地面附近的水平电场影响较大。前面提到的理想近似法、最速下降法、斜波法、表面阻抗法等解析算法都不适用于计算电导率比较低的距回击通道百米以内的水平电场。用数值算法（如 FDTD 法）计算 LEMP 时耗时也很多，且对大地的色散问题不易处理好。近似镜像法虽然能较好地克服以上的困难，但当大地电导率较高时，如 $\sigma_1 > 1 \times 10^{-3}\text{S} \cdot \text{m}^{-1}$，对距回击通道几十米以远的场点，近似镜像法的计算结果会产生一定的误差。针对这种情况，文献［90,91］提出采用"近似镜像法 + 表面阻抗法"的混合法来计算地闪回击电流产生的水平电场。

近似镜像法只适用于场点和源点之间的距离与波长之比不大的情形，当地闪回击电流元高度大于波长时,近似镜像法的近似条件就不成立了。对高度大于波长的电流元,此时基本满足表面阻抗法的近似条件,因此可以用表面阻抗法来计算此高度以上电流元产生的水平电场。于是,对不同高度的电流元,地面以上的水平电场可以采用"近似镜像法 + 表面阻抗法"的混合法近似计算:

$$
\mathrm{d}E_r(\mathrm{j}\omega,r,z) =
$$

$$
\begin{cases}
\dfrac{I\mathrm{d}h}{\mathrm{j}4\pi\omega\varepsilon_0}\dfrac{\partial^2}{\partial r\partial z}\left[\dfrac{\exp(-\mathrm{j}k_0R_0)}{R_0} + A\,\dfrac{\exp(-\mathrm{j}k_0R_1)}{R_1} - B\,\dfrac{\exp(-\mathrm{j}k_0R_2)}{R_2}\right] & ,h \leqslant h_0 \\[4mm]
\mathrm{d}E_{rp}(\mathrm{j}\omega,r,z) - \mathrm{d}H_{\phi p}(\mathrm{j}\omega,r,z)\dfrac{\sqrt{\mu_0}}{\sqrt{\varepsilon_1 + \sigma_1/\mathrm{j}\omega}} & ,h > h_0
\end{cases}
$$

$$(5.2.40)$$

式中:h_0 可以根据电流元波长、大地电导率、源点及场点位置选取适当的值,一般要满足如下条件:

$$
h_0 \leqslant \sqrt{(a\cdot\lambda)^2 - r^2} \tag{5.2.41}
$$

式中:λ 为回击电流主要频段内的最小波长;a 为调整系数,小于1,可根据大地电导率做适当调整,电导率越大,a 越小。

对 100m 范围内由地闪回击电流产生的水平电场,目前没有文献报道实测的波形和数据[70,92],也缺少大地电导率较低情形下的理论计算波形。为了检验混合法的有效性,这里采用 FDTD 法的计算结果作为标准。FDTD 法计算中采用二维柱坐标 Yee 网格,取空间步长为 0.5m,时间步长为 0.5ns。

图 5.33、图 5.34 给出了分别采用 FDTD 法、混合法、近似镜像法、表面阻抗法计算得出的地闪回击电流在其通道附近产生的地面水平电场。计算中电流模型采用了传输线类的 MTLL 模型,通道基电流函数同式(5.2.39),其电流峰值为 10.95kA,其他参数选择同文献[52]。通过数值计算,得出了不同大地电导率下($\varepsilon_{rg} = 10$)距回击通道 25m、50m 处的地面水平电场,如图 5.35、图 5.36 所示。

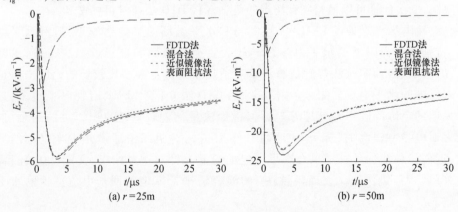

图 5.35 $\sigma_g = 1\times10^{-4}\mathrm{S}\cdot\mathrm{m}^{-1}$ 时地面水平电场波形

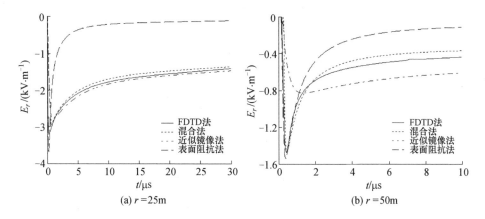

图 5.36　$\sigma_g = 1 \times 10^{-3} S \cdot m^{-1}$ 时地面水平电场波形

从图中可以看出,当大地电导率较低(如 $\sigma_g = 1 \times 10^{-4} S \cdot m^{-1}$)时,对几十米范围内的回击水平电场,近似镜像法计算结果与 FDTD 法计算结果基本一致,而表面阻抗法的计算结果误差比较大;当 $\sigma_g = 1 \times 10^{-3} S \cdot m^{-1}$,在距回击通道 25m 范围内,近似镜像法计算结果与 FDTD 法计算结果基本一致,在此范围之外,误差就比较大了,但此时表面阻抗法的计算结果更接近于 FDTD 法计算结果;而混合法不受大地电导率的约束,计算结果与 FDTD 法计算结果都吻合很好。实际上,在地表附近,随着水平距离的减小,h_0 增加,混合法与近似镜像法等效;反之,随着水平距离的增加,h_0 减小,混合法与表面阻抗法等效。

由以上分析可知,"近似镜像法 + 表面阻抗法"的混合法不受大地电参数的约束,适合于计算距地闪回击电流几十米范围之内的水平电场,有效地克服了地闪水平电场近场计算中的困难,提高了计算精度,扩大了计算范围。

参 考 文 献

[1] Wilson C T R. On Some Determinations of the sign and magnitude of electric discharges in lightning flashes, series A[J]. Proceedings of the Royal Society of London,1916,92(644):555－574.

[2] Schonland B F. Progressive lightning,Ⅳ. The discharge mechanism[J]. Proc R. Soc. A,1938:498－510.

[3] Kitagawa N,Brook M. A Comparison of intracloud and cloud－to－ground lightning discharges[J]. J. Geophys. Res. ,1960,65(4):1189－1201.

[4] Rubinstein M,Dez J L B,Rakov V,et al. Compensation of the instrumental decay in measured lightning electric field waveform[J]. IEEE Transactions on Electromagnetic Compatibility,2012,54(3):685－688.

[5] 王怀斌,刘欣生,郗秀书,等. 闪电磁场探测仪:2488071Y[P]. 2002.

[6] 张广庶,王怀斌,郗秀书,等. 快电场变化探测仪:1488949A[P]. 2004.

[7] 周璧华,郭建明,邱实,等.一体化光隔离雷电电场测量:201010290174.8[P]. 2012.

[8] 周璧华,郭建明,邱实,等. 闪电电场变化测量仪研究[J]. 地球物理学报,2012,55(4):1114－1120.

[9] 邱实,周璧华,郭建明,等. 闪电电场测量研究[J]. 电波科学学报,2011,26(1):79－83.

［10］ Ljung L. System Identification Theory for the user.［M］. 2nd ed. Beijing：Tsinghua University Press，2002：79 – 127.

［11］ 何伟. 闪电水平电场测量技术及 LEMP 标定设备研究［D］. 南京：解放军理工大学，2012.

［12］ 徐云. 雷电电磁脉冲三维电场测量技术研究［D］. 南京：解放军理工大学，2013.

［13］ 江志东. 地闪下行先导电磁辐射场及其迎面先导连接过程研究［D］. 南京：解放军理工大学，2015.

［14］ 陈渭明. 雷电学原理［M］. 北京：气象出版社，2006.

［15］ Vance E F，Uman M A. Differences between lightning and nuclear electromagnetic pulse interactions［J］. IEEE Transactions on Electromagnetic Compatibility，1988，30（1）：54 – 62.

［16］ Uman M A ，Master M J，Krider E P. A comparison of lightning electromagnetic fields with the nuclear electromagnetic pulse in the frequency range 104 – 107Hz［J］. IEEE Transactions on Electromagnetic Compatibility，1982，24（4）：54 – 62.

［17］ Nanevicz J E，Vance E F，et al. Comparison of the electromagnetic properties of lightning and EMP：AD – A154325［R］. 1983.

［18］ Uman M A，Gordon K S，Pierre J M. EMP Susceptibility insights from aircraft exposure to lightning［J］. IEEE Transactions on Electromagnetic Compatibility，1988，30（4）：463 – 472.

［19］ Baum C E. From electromagnetic pulse to high power electromagnetics［J］. IEEE Transactions on Electromagnetic Compatibility，1992，80（6）：789 – 817.

［20］ Anderson R B，Kroninger H. Lightning phenomena in the aerospace environment. Part II：Lightning strikes to aircraft［J］. Trans South African Inst. Electr Eng，1975，66：166 – 175.

［21］ Uman M A，Rakov V A. The interaction of lightning with airborne vehicles［J］. Progress in Aerospace Sciences，2003，39：61 – 81.

［22］ Plumer J A. Aircraft lightning protection design and certification standards［J］. Res. Lett. Atmos. Electr. ，1992，12：83 – 96.

［23］ SAE International. Aircraft lightning environment and related Test waveforms：ARP5412 – 2005［S］. 2005.

［24］ SAE International. Certification of aircraft electrical/electronic systems for the indirect effects of lightning：ARP5413 – 2007［S］. 2007.

［25］ SAE International. Aircraft lightning zoning：ARP5414 – 1999［S］. 1999.

［26］ Rakov V A，Uman M A，Hoffman G R，et al. Bursts of pulses in lightning electromagnetic radiation：observations and implications for lightning test standards［J］. IEEE Trans. Electromagn. Compat. 1996，38（2）：156 – 164.

［27］ Fisher F A，Plumer J A，Perala R A. Lightning protection of aircraft：report of lightning technologies inc.［R］. 1999.

［28］ Lalande P，Bondiou – Clergerie A，Laroche P. Analysis of available in flight measurements of lightning strikes to aircraft［C］. Proc. 1999 Int Conf on Lightning and Static Electricity，Toulouse，France，1999：401 – 408.

［29］ Mazur V，Moreau J P. Aircraft – triggered lightning：processes following strike initiation that affect aircraft［J］. J. Aircraft，1992，29：575 – 580.

［30］ United States Department of Defense. Electromagnetic environmental effects requirements for systems：MIL – STD – 464［S］. 1997.

［31］ 梁晓亮. 雷电防护是电子时代面临的新课题［J］. 中国防雷，2009（5）：69 – 70.

［32］ 杨春山，周璧华. 关于雷电电磁脉冲环境的预测研究［J］. 防雷世界，2003（6）：51 – 55.

［33］ Yang C S，Zhou B H. The method to generalize engineering return stroke models［C］. Proc. of Asia – Pacific Conference on Environmental Electromagnetics，Hangzhou，China，2003：369 – 372.

［34］ Yang C S，Zhou B H，Shi L H，et al. Modification of engineering return stroke models to include dispersion

182

effects[J]. IEEE Transactions on Electromagnetic Compatibility,2004,46(3):493 – 496.

[35] 杨春山. 地闪电磁脉冲研究[D]. 南京:中国人民解放军理工大学,2004.

[36] Bruce C E R,Golde R H. The lightning discharge[J]. J. Inst. Elect. – Pt. 2,1941,88:487 – 520.

[37] Rakov V A,Uman M A. Review and evaluation of lightning return stroke models including some aspects of their application[J]. IEEE Transactions on Electromagnetic Compatibility,1998,40(4):403 – 425.

[38] Moini R,Rakov V A,Uman M A,et al. An antenna theory model for the lightning return stroke[C]. Proc. 12th Int. Zurich Symp. Electromagnetic Compat. ,Zurich,Switzerland,1997:149 – 152.

[39] Borovsky J E. An electrodynamic description of lightning return strokes and dart leader:Guided wave propagation along conducting cylindrical channels[J]. J. Geophys. Res. ,1995,100:2697 – 2726.

[40] Gorin B N. Mathematical modeling of the lightning return stroke[J]. Elektrichestvo,1985,4:10 – 16.

[41] Baum C E,Baker L. Analytic return – stroke transmission – line model,in lightning Electromagnetics[M]. New York:Hemisphere,1990:17 – 40.

[42] Cooray V. On the concepts used in return stroke models applied in engineering practice[J]. IEEE Transactions on Electromagnetic Compatibility,2003,45(1):101 – 108.

[43] Uman M A,McLain D K. Magnetic field of the lightning return stroke[J]. J. Geophys. Res. ,1969,74:6899 – 6910.

[44] Nucci C A,Mazzetti C,Rachidi F,et al. On lightning return stroke models for LEMP calculations[C]. Proc. 19th Int. Conf. Lightning Protection,Graz,Austria,1988.

[45] Rakov V A,Dulzon A A. Calculated electromagnetic fields of lightning return stroke[J]. Tekh. Elektrodianm. ,1987,1:87 – 89.

[46] Heidler F. Traveling current source model for LEMP calculation[C]. Proc. 6th Int. Zurich Symp. Electromagn. Compat. ,Zurich. Switzerland,1985:157 – 162.

[47] Diendorfer G,Uman M A. An improved return stroke model with specified channel – base current[J]. J. Geophys. Res. ,1990,95:13621 – 13644.

[48] Master M J,Uman M A,Lin Y T,et al. Calculations of lightning return stroke electric and magnetic fields above ground[J]. J. Geophy. Res. ,1981,86:12127 – 12132.

[49] Thottappillil R,Uman M A. Lightning return stroke model with height – variable discharge time constant[J]. J. Geophys. Res. ,1994,99:22773 – 22780.

[50] Cooray V. Predicting the spatial and temporal variation of the electromagnetic fields,currents,and speeds of subsequent return strokes[J]. IEEE Transactions on Electromagnetic Compatibility,1998,40(4):427 – 435.

[51] Lin Y T,Uman M A,Tiller J A,et al. ,Characterization of lightning return stroke electric and magnetic fields from simultaneous two – station measurements[J]. J. Geophys. Res. ,1979,84:6307 – 6314.

[52] Nucci C A,Diendorfer G,Uman M A,et al. Lightning return stroke current models with specified channel – base current:A review and comparison[J]. J. Geophys. Res. ,1990,95:20395 – 20408.

[53] Baba Y,Ishii M. Lightning return stroke model incorporating current distortion[J]. IEEE Transactions on Electromagnetic Compatibility,2002,44:476 – 477.

[54] Schonland B F J,Malan D J,Collens H. Progressive lightning[C]. Proc. R. Soc. London,1935:595 – 625.

[55] Idone V P,Orville R E. Lightning return stroke velocities in the thunderstorm research international program (TRIP)[J]. J. Geophys. Res. ,1982,87:4903 – 4915.

[56] Wang D,Takagi N,Watanabe T,et al. Observed leader and return – stroke propagation characteristics in the bottom 400m of a rocket – triggered lightning channel[J]. J. Geophys. Res. ,1999,104:14369 – 14376.

[57] Mach D,Rust W D. Photoelectric return stroke velocity and peak current estimates in natural and triggered lightning[J]. J. Geophys. Res. ,1989,94:13237 – 13247.

[58] Jordan D M, Uman M A. Variation in light intensity with height and time from subsequent lightning return strokes[J]. J. Geophys. Res. ,1983,88:6555 – 6562.

[59] Jordan D M, Rakov V A, Beasley W H, Uman M A. Luminosity characteristics of dart leaders and return strokes in natural lightning[J]. J. Geophys. Res. ,1997,102:22025 – 22032.

[60] Thottappillil R, Rakov V A, Uman M A. Distribution of charge along the lightning channel: relation to remote e-lectric and magnetic fields and to return – stroke models[J]. J. Geophys. Res. ,1997,102:6987 – 7006.

[61] Thottappillil R, Uman M A. Comparison of lightning return – stroke models[J]. J. Geophy. Res. ,1993,98: 22903 – 22914.

[62] Thottappillil R, Mclain D K, Uman M A, et al. Extension of the diendorfer – uman lightning return stroke model to the case of a variable upward return stroke speed and a variable downward discharge current speed[J]. J. Geophys. Res. ,1991,96:17143 – 17150.

[63] Lundholm R. Induced overvoltage surges on transmission lines[J]. Chalmers Tek. Hoegsk. Handl. ,1957, 188:1 – 117.

[64] Hubert P, Mouget G. Return stroke velocity measurements in two triggered lightning flashes[J]. J. Geophys. Res. ,1981,86:5253 – 5261.

[65] Idone V P, Orville R E, Hubert P, et al. Correlated observations of three triggered lightning flashes[J]. J. Geophys. Res. ,1984,89:1385 – 1394.

[66] Willett J C, Bailey J C, Idone V P, et al. Submicrosecond intercomparison of radiation fields and currents in triggered lightning return strokes based on the transmission line model[J]. J. Geophys. Res. , 1989 , 94: 13275 – 13286.

[67] Baba Y, Ishii M. Characteristics of electromagnetic return – stroke models[J]. IEEE Transactions on Electromagnetic Compatibility,2003,45:129 – 135.

[68] Schoene J, Uman M A, Rakov V A, et al. Test of the transmission line model and the traveling current source model with triggered lightning return strokes at very close range[J]. J. Geophys. Res. ,2003,108(D23).

[69] 龚中麟,徐承和. 近代电磁理论[M]. 北京:北京大学出版社,1990.

[70] Nucci C A, Rachidi F, Ianoz M V, et al. Lightning induced voltages on overhead lines[J]. IEEE Transactions on Electromagnetic Compatibility,1993,35(1):75 – 83.

[71] Felsen L B, et al. Transient electromagnetic fields[M]. New York:Springer – Verlag,1976.

[72] Longmire C L, Gilbert J L. Theory of EMP coupling in the source region:ADA108751[R]. 1980.

[73] Vittitoe C N. Models for electromagnetic pulse production from underground nuclear explosions, part IX:Models for tow Nevada soils:SC – RR – 72[R]. 1972.

[74] Collin R E. Electromagnetic scattering and diffraction, Lecture Notes[G]. Cleveland:Case Western Reserve University,1980.

[75] Collin R E. Antennas and Radio wave propagation[M]. New York:McGraw – Hill,1985.

[76] Norton K A. Propagation of radio waves over the surface of the earth in the upper atmosphere[J]. Proc. IEEE,1937,25:1203 – 1237.

[77] Høidalen H K, Sletbk J, Henriksen T. Ground effects on induced voltages from nearby lightning[J]. IEEE Transactions on Electromagnetic Compatibility,1997,39(4):269 – 278.

[78] Bannister P R. Extension of finitely conducting earth – image – theory results to any range:Tech. Rep. 6885 [R]. 1984.

[79] Maclean T S M, Wu Z. Radio wave propagation over ground. 1st ed[M]. London, :Chapman and Hall,1993.

[80] Cooray V. Horizontal fields generated by return strokes[J]. Radio Science,1992,27(4):529 – 537.

[81] Rubinstein M. An approximate formula for the calculation of the horizontal electric field from lightning at close,

intermediate, and long range [J]. IEEE Transactions on Electromagnetic Compatibility, 1996, 38 (3) : 531 – 535.

[82] Thomson E M, Medelius P J, Rubinstein M, et al. Horizontal electric fields from lightning return strokes[J]. J. Geophys. Res. ,1988,93 :2429 – 2441.

[83] Cooray V. Effects of propagation on the return stroke radiation fields[J]. Radio Science,1987,22 :757 – 768.

[84] Cooray V. Some consideration on the "Cooray – Rubinstein" formulation used in deriving the horizontal electric field of lightning return strokes over finitely conducting ground [J]. IEEE Transactions on Electromagnetic Compatibility,2002,44(4) :560 – 565.

[85] Yee K S. Numerical solution of initial boundary value problems involving Maxwell equations in isotropic media [J]. IEEE Transactions on Electromagnetic Compatibility,1966,14(3) :302 – 307.

[86] Yang C S, Zhou B H. Calculation method of electromagnetic field very close to lightning[J]. IEEE Transactions on Electromagnetic Compatibility,2004,46(1) :133 – 141.

[87] 方大纲. 电磁理论中的谱域方法[M]. 安徽:安徽教育出版社,1995 :344 – 378.

[88] Miki M, Rakov V A, et al. Electric fields near triggered lightning channels measured with Pockels sensors[J]. J. Geophys. Res. ,2002,107 :2001JD001087.

[89] Rakov V A, Uman M A, et al. New insights into lightning processes gained from triggered – lightning experiments in Florida and Alabama[J]. J. Geophys. Res. ,1988,103 (D12) :14117 – 14130.

[90] 杨春山,周璧华. 地闪回击电流水平电场近场研究[C]. 第十二届全国电磁兼容学术会议,天津,2002 : 71 – 74.

[91] 杨春山,周璧华. 计算地闪回击电流水平电场的混合法[J]. 微波学报,2003,19(2) :81 – 84.

[92] Rachidi F, Rubinstein M, Guerrieri S, et al. Voltages induced on overhead lines by dart leaders and subsequent return strokes in natural and rocket – triggered lightning[J]. IEEE Transactions on Electromagnetic Compatibility,1997,39 (2) :160 – 166.

第6章 高空核电磁脉冲的耦合问题

在核电磁脉冲环境中运行的电子、电力系统,电磁脉冲能量可通过各种耦合途径进入系统,这些耦合途径主要有:天线对电磁能量的收集;电线、电缆的耦合与传导;电磁脉冲对设备壳体的穿透,通过金属壳体上缝、孔、洞的耦合以及金属框架、管道等结构的耦合。

与其他电磁耦合现象一样,电磁脉冲对电子、电力系统的耦合包含辐射耦合和传导耦合两种类型。辐射耦合指电磁脉冲能量以电磁辐射方式通过空间对系统形成的耦合。其耦合方式主要有电磁脉冲对天线的耦合、对电缆等长导体的耦合、对孔洞与缝隙的耦合等。传导耦合则是指电磁脉冲能量以电压或电流形式通过金属导体或元件(如电容器、变压器)对系统形成的耦合。实际上,电磁脉冲对电子、电力系统形成的耦合是一个复杂的物理过程,辐射耦合和传导耦合往往交织在一起,难以截然分开[1,2]。

本章概要论述电磁脉冲对电小尺寸柱状导体与环状导体的耦合,按单极子天线与偶极子天线以及磁偶极子天线的等效电路给出有关耦合电压和电流的计算公式。对高空核电磁脉冲(HEMP)作用下架空电缆、埋地电缆等长导体上的感应电流、电压,近地有限长电缆外导体的感应电流,以及电力线 HEMP 感应过电压及其在供电系统中的传输等问题的计算方法、计算结果等一一进行介绍。

关于 HEMP 对孔缝的耦合问题,本章讨论实壁金属屏蔽壳体上孔缝对 HEMP 的耦合及其对电磁脉冲屏蔽效能的影响、屏蔽机箱上贯穿孔口的导线及机箱内与之相连电路上的 HEMP 感应电流等问题,主要以数值分析的结果作为依据。

6.1 电磁脉冲对电小尺寸柱状导体与环状导体的耦合

受到电磁脉冲辐射场(例如 HEMP)作用的柱状导体,包括鞭状短天线、金属引线、接插件等,当其尺寸远远小于电磁脉冲上限频率分量的波长时,可按单极子或偶极子天线做近似分析。电子、电气设备中由金属导体构成的环路,包括印制板中的回路在内,当其环路尺寸远远小于电磁脉冲上限频率分量的波长时,可按磁偶极子天线做近似分析。

6.1.1 单极子天线与偶极子天线

单极子天线与偶极子天线及其等效电路如图 6.1 所示。图中:单极子天线的长

度为 l,偶极子天线的长度为 $2l$,天线的半径为 a;入射电磁脉冲电场强度为 $E_i(t)$,电场 $E_i(t)$ 和天线的夹角为 θ;$V_s(t)$ 为等效电路的源电压,它等于天线的开路电压 $V_{ao}(t)$;Z_L 为负载阻抗;Z_A 为天线输入阻抗,Z_A 近似为 $1/j\omega C_a$,C_a 为天线的等效电容,对于单极子天线,C_a 近似为

$$C_a = \frac{2l}{cZ_o} \quad (\text{F}) \tag{6.1.1}$$

式中:$c = 3 \times 10^8 \text{m} \cdot \text{s}^{-1}$;$Z_o = 60[2\ln(2l/a) - 2](\Omega)$。

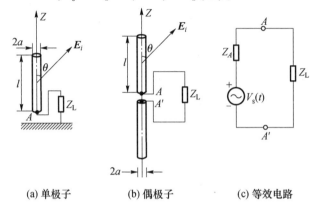

(a) 单极子   (b) 偶极子   (c) 等效电路

图 6.1　单极子天线与偶极子天线及其准静态等效电路

对于偶极子天线,C_a 近似为

$$C_a = \frac{l}{cZ_o} \quad (\text{F}) \tag{6.1.2}$$

等效电路中源电压为

$$V_s(t) = V_{ao}(t) = E_i(t)l_e\cos\theta \tag{6.1.3}$$

式中:l_e 为天线有效长度,对于单极子天线,有

$$l_e = \frac{l}{2} \tag{6.1.4}$$

对于偶极子天线,l_e 为

$$l_e = l \tag{6.1.5}$$

在频域,负载上的电压降按下式计算:

$$V_L(\omega) = E_i(\omega)l_e\frac{Z_L}{Z_L + Z_A} \cdot \cos\theta \tag{6.1.6}$$

对入射电磁脉冲场的上限频率 ω_h,当 $Z_L \ll (1/\omega_h C_a)$,负载近似于短路,其电流为

$$I_L(t) \approx \dot{E}_i(t)l_e C_a\cos\theta \tag{6.1.7}$$

187

当 Z_L 为纯电容性负载 C_L 时,有

$$V_L(t) = \frac{C_a}{C_L + C_a} E_i(t) l_e \cos\theta \qquad (6.1.8)$$

6.1.2　磁偶极子天线

由环状导体形成的典型环路及其等效电路如图 6.2 所示,当环的半径 r 远小于入射波的波长 λ 时,可视为磁偶极子天线。设环路面积为 S,等效电感为 L,负载阻抗为 Z_L,电磁脉冲磁场 H_i 与环路法线的夹角为 θ,则环路的感应电势即开路电压为

$$V_{co}(t) = \mu_0 S \dot{H}(t) \cos\theta \qquad (6.1.9)$$

式中:$\mu_0 = 4\pi \times 10^{-7} \mathrm{H \cdot m^{-1}}$,为自由空间磁导率。

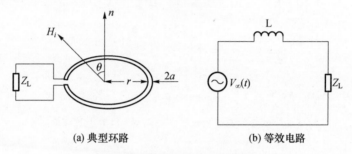

(a) 典型环路　　　　　　　(b) 等效电路

图 6.2　典型环路及其等效电路

当半径为 a,长度为 l 的导体构成半径为 r 的环路时,$a \ll r$,则环路自身的电感为

$$L = \mu_0 [\ln(8r/a) - 2] \quad (\mathrm{H}) \qquad (6.1.10)$$

由等效电路,在频域负载上压降为

$$V_L(\omega) = j\omega\mu_0 SH(\omega) Z_L \cos\theta / (j\omega L + Z_L) \qquad (6.1.11)$$

对入射电磁脉冲场的上限频率分量 ω_h,当 $Z_L \gg \omega_h L$ 时,有

$$V_L(t) \approx V_{co}(t) = \mu_0 S \dot{H}(t) \cos\theta \qquad (6.1.12)$$

当负载短路时,其电流为

$$I_{LS}(t) = \frac{\mu_0 S}{L} H(t) \cos\theta \qquad (6.1.13)$$

6.2　电磁脉冲对电缆等长导体的耦合

电磁脉冲作用下的架空电缆、埋地电缆和金属管道等长导体,往往会成为电磁

脉冲能量的收集器。关于电磁脉冲对这类长导体的耦合问题,工程上常按传输线(TL)理论作近似分析(忽略导体上的二次辐射)。这样不仅可按一维问题处理,不涉及电磁场的边值问题,而且,在后面的有关计算中将看到,对于电缆一类长导体的耦合计算,所给出的精度是足够的。随着计算电磁学的不断发展和微机计算能力的不断提高,将电缆等长导体的耦合作为电磁散射问题作时域全波分析已成为可能。在边界条件确定、对精度有较高要求的场合,可采用诸如 FDTD(时域有限差分)法一类的数值方法作精确分析。在按传输线理论作近似计算时,可先求得长导体上感应电流、电压的频域表达式,然后通过傅里叶反变换得到电流、电压的时域波形。

6.2.1 架空电缆

从地面上方入射的 HEMP 可视为平面波。图 6.3 给出了描述入射波传播方向的坐标系统。图中:P 为来波方向;S 为入射面;ψ 为 HEMP 的入射仰角;φ 为方位角;$\boldsymbol{\alpha}_v$ 和 $\boldsymbol{\alpha}_h$ 分别为平行和垂直于入射面的单位矢量;E_{iv} 为垂直极化波电场分量;E_{ih} 为水平极化波电场分量。

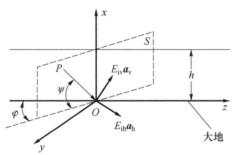

图 6.3　描述高空核爆炸电磁脉冲入射波传播方向的坐标系统

对于平行于地面的架空圆柱导体,当其半径 a、距地面的高度 h 与入射波波长 λ 相比均远小于 $\lambda/2\pi$ 时,入射波在导体上感应产生的电流和电压可用以下近似方法处理:将导体看作具有分布源 $E_z(h,z)$ 的传输线。所幸的是,即使入射波最高频率分量不满足这一条件(例如,h 不是很小),由此引入的误差也是很小的[3]。这种激励电压源沿长度分布的传输线一个单位长度 dz 的等效电路如图 6.4 所示。图中除去电压源 $E_z dz$ 之外,同标准的传输线完全一样。故计算单位长度串联阻抗($Z = R + j\omega L$)和并联导纳($Y = G + j\omega C$)的方法与标准的传输线相同。

电压源 E_z 具有电场强度的量纲($V \cdot m^{-1}$)。当频率为 ω 的正弦波作用于图 6.4 所示传输线上,沿线的电压和电流可用下列微分方程表示:

$$\frac{dV}{dz} = E_z - IZ \tag{6.2.1}$$

$$\frac{dI}{dz} = -VY \tag{6.2.2}$$

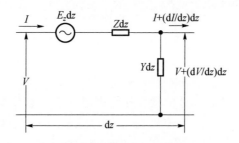

图 6.4　等效传输线电路

对其中一个方程求导,再代入另一方程,可得以下二阶微分方程:

$$\frac{\mathrm{d}^2 V}{\mathrm{d}z^2} - \gamma^2 V = \frac{\mathrm{d}E_z}{\mathrm{d}z} \tag{6.2.3}$$

$$\frac{\mathrm{d}^2 I}{\mathrm{d}z^2} - \gamma^2 I = -YE_z \tag{6.2.4}$$

式中:$\gamma^2 = ZY$。

方程式(6.2.3)、式(6.2.4)的解为

$$I(z) = [K_1 + P(z)]\mathrm{e}^{-\gamma z} + [K_2 + Q(z)]\mathrm{e}^{\gamma z} \tag{6.2.5}$$

$$V(z) = Z_0 \{ [K_1 + P(z)]\mathrm{e}^{-\gamma z} - [K_2 + Q(z)]\mathrm{e}^{\gamma z} \} \tag{6.2.6}$$

式中

$$P(z) = \frac{1}{2Z_0} \int_{z_1}^{z} \mathrm{e}^{\gamma v} E_z(v)\,\mathrm{d}v \tag{6.2.7}$$

$$Q(z) = \frac{1}{2Z_0} \int_{z}^{z_2} \mathrm{e}^{-\gamma v} E_z(v)\,\mathrm{d}v \tag{6.2.8}$$

式中:$Z_0 = (Z/Y)^{0.5}$为传输线的特性阻抗,常数 K_1 和 K_2 由 $z = z_1$ 和 $z = z_2 (z_2 > z_1)$ 处端接的负载 Z_1 与 Z_2 确定。

$$K_1 = \rho_1 \mathrm{e}^{\gamma z_1} \frac{\rho_2 P(z_2)\mathrm{e}^{-\gamma z_2} - Q(z_1)\mathrm{e}^{\gamma z_2}}{\mathrm{e}^{\gamma(z_2 - z_1)} - \rho_1 \rho_2 \mathrm{e}^{-\gamma(z_2 - z_1)}} \tag{6.2.9}$$

$$K_2 = \rho_2 \mathrm{e}^{-\gamma z_2} \frac{\rho_1 Q(z_1)\mathrm{e}^{\gamma z_1} - P(z_2)\mathrm{e}^{-\gamma z_1}}{\mathrm{e}^{\gamma(z_2 - z_1)} - \rho_1 \rho_2 \mathrm{e}^{-\gamma(z_2 - z_1)}} \tag{6.2.10}$$

式中:ρ_1 与 ρ_2 为终端的反射系数,由下式确定:

$$\rho_1 = \frac{Z_1 - Z_0}{Z_1 + Z_0}, \quad \rho_2 = \frac{Z_2 - Z_0}{Z_2 + Z_0} \tag{6.2.11}$$

式(6.2.7)、式(6.2.8)中的 $E_z(v)$ 是在导线不存在时导线架设高度处的电场强度。实际上,在距地面 h 高度处的导体将受到入射场和地面反射场的共同作用。

190

由图 6.3，当入射波为垂直极化波（这里指入射波电场矢量处于入射面内，即入射波磁场矢量平行于地面），其频率为 ω，入射场为 $E_{iv}\mathrm{e}^{-jkz\cos\psi\cos\varphi+jk(x-h)\sin\psi}$。则距地面 h 高度处入射场和地面反射场的合成场强为

$$E_x(h,z)=E_{iv}\mathrm{e}^{-jkz\cos\psi\cos\varphi}(1+R_v\mathrm{e}^{-jk2h\sin\psi})\cos\psi \tag{6.2.12}$$

$$E_{zv}(h,z)=E_{iv}\mathrm{e}^{-jkz\cos\psi\cos\varphi}(1-R_v\mathrm{e}^{-jk2h\sin\psi})\sin\psi\cos\varphi \tag{6.2.13}$$

式中：R_v 为垂直极化波的反射系数，有

$$R_v=\frac{\varepsilon_r(1+\sigma_g/j\omega\varepsilon)\sin\psi-[\varepsilon_r(1+\sigma_g/j\omega\varepsilon)-\cos^2\psi]^{1/2}}{\varepsilon_r(1+\sigma_g/j\omega\varepsilon)\sin\psi+[\varepsilon_r(1+\sigma_g/j\omega\varepsilon)-\cos^2\psi]^{1/2}} \tag{6.2.14}$$

当入射波为水平极化波时（这里指入射波电场垂直于入射平面，平行于地面），入射场为 $E_{ih}\mathrm{e}^{-jkz\cos\psi\cos\varphi+jk(x-h)\sin\psi}$，则距地面 h 高度处合成场为

$$\begin{cases}E_x(h,z)=0\\E_{zh}(h,z)=E_{ih}\sin\varphi(1+R_h\mathrm{e}^{-jk2h\sin\psi})\mathrm{e}^{-jkz\cos\psi\cos\psi}\end{cases} \tag{6.2.15}$$

式中：R_h 为水平极化波的反射系数，即

$$R_h=\frac{\sin\psi-[\varepsilon_r(1+\sigma_g/j\omega\varepsilon)-\cos^2\psi]^{1/2}}{\sin\psi+[\varepsilon_r(1+\sigma_g/j\omega\varepsilon)-\cos^2\psi]^{1/2}} \tag{6.2.16}$$

以上各式中的 σ_g、ε_r、$\varepsilon(\varepsilon=\varepsilon_0\varepsilon_r)$ 分别为大地的电导率、相对介电常数及介电常数，$k=\omega\sqrt{\varepsilon_0\mu_0}$ 为真空中的相位常数（或波数）。式中的相位是相对于 $x=h$、$z=0$ 处的入射波相位。反射系数 R_v 和 R_h 在 $0\sim1$ 之间变化。当地面是理想导体（$\sigma_g\rightarrow\infty$）时，$R_h=-1$，$R_v=1$。

在地面附近 HEMP 近似为平面波，其时域表达式取为

$$E_i(t)=E_0(\mathrm{e}^{-\alpha t}-\mathrm{e}^{-\beta t}) \tag{6.2.17}$$

式中：$E_0=5.25\times10^4\mathrm{V}\cdot\mathrm{m}^{-1}$；$\alpha=4.0\times10^6\mathrm{s}^{-1}$；$\beta=4.76\times10^8\mathrm{s}^{-1}$。

对式（6.2.17）作傅里叶变换，得 $E_i(t)$ 在频域的表达式为

$$E_i(\omega)=E_0\left(\frac{1}{\alpha+j\omega}-\frac{1}{\beta+j\omega}\right)=E_0G(\omega) \tag{6.2.18}$$

当 HEMP 以任意方向入射时，其电场分量可分解为垂直极化分量和水平极化分量：

$$\boldsymbol{E}_i=(E_{iv}\boldsymbol{\alpha}_v+E_{ih}\boldsymbol{\alpha}_h)G(\omega) \tag{6.2.19}$$

式中

$$\boldsymbol{E}_{iv}=E_0\cos\theta,\ E_{ih}=E_0\sin\theta \tag{6.2.20}$$

$\boldsymbol{\alpha}_v$ 和 $\boldsymbol{\alpha}_h$ 分别为平行于入射面和垂直于入射面的单位矢量，矢量 $\boldsymbol{\alpha}_v$ 同时也垂直于波的传播方向。极化方向角 θ 从入射面开始算起，$\theta=0°$ 为垂直极化，$\theta=90°$

为水平极化。

于是,对于架高为 h 的传输线,在 HEMP 入射场和地面反射场的共同作用下,架空线上沿 z 轴方向的场强为

$$E_z(\omega) = [E_{iv}\sin\psi\cos\varphi(1 - R_v e^{-jk2h\sin\psi})e^{-jkz\cos\psi\cos\varphi} +$$

$$E_{ih}\sin\varphi(1 + R_h e^{-jk2h\sin\psi})e^{-jkz\cos\psi\cos\varphi}] \cdot G(\omega)$$

$$= E_{z0}(\omega)e^{-jkz\cos\psi\cos\varphi} \tag{6.2.21}$$

式中

$$E_{z0}(\omega) = [E_{iv}\sin\psi\cos\varphi(1 - R_v e^{-jk2h\sin\psi}) + E_{ih}\sin\varphi(1 + R_h e^{-jk2h\sin\psi})] \cdot G(\omega)$$

$$\tag{6.2.22}$$

1. 有限长架空线

对长度为 l 的架空线,设 $z_1 = -l, z_2 = 0$,一端匹配,一端开路,即 $Z_1 = Z_0, Z_2 \to \infty$,则由式(6.2.5)至式(6.2.11)可求得

$$P(z_2) = \frac{E_{z0}(\omega)}{2Z_0}\int_{-l}^{0}e^{(\gamma - jk\cos\psi\cos\varphi)v}dv = \frac{E_{z0}(\omega)}{2Z_0}\left(\frac{1 - e^{-(\gamma - jk\cos\psi\cos\varphi)l}}{\gamma - jk\cos\psi\cos\varphi}\right)$$

$$Q(z_2) = 0$$

$$\rho_1 = 0, \ \rho_2 = 1, \ K_1 = 0, \ K_2 = -P(z_2)$$

得开路电压

$$V_{2o}(\omega) = 2Z_0 P(z_2) = \frac{E_{z0}(\omega)(1 - e^{-(\gamma - jk\cos\psi\cos\varphi)l})}{\gamma - jk\cos\psi\cos\varphi} \tag{6.2.23}$$

当一端匹配,一端短路时,即 $Z_1 = Z_0, Z_2 = 0$,则有

$$\rho_1 = 0, \ \rho_2 = -1, \ K_1 = 0, \ K_2 = P(z_2)$$

得短路电流

$$I_{2s}(\omega) = 2P(z_2) = \frac{E_{z0}(\omega)(1 - e^{-(\gamma - jk\cos\psi\cos\varphi)l})}{Z_0(\gamma - jk\cos\psi\cos\varphi)} \tag{6.2.24}$$

将求得的开路电压和短路电流频域结果经傅里叶反变换,即可得到相应的时域结果。

2. 垂直部件

架空水平电缆上所接的接地线、引入线和其他类似的垂直部件受到垂直极化波作用时,电场的垂直分量将产生感应电流。对水平极化波而言,垂直部件只起一个无源阻抗的作用。与不接垂直部件时相比,接有垂直部件的半无限长水平导体其总感应电流的最大值趋于减小。而当水平导体为有限长时,其两端垂直部件的影响则有所不同,对两种极化波,都使水平导体两端增加了附加长度,同时对垂直极化波来讲也使系统增加了附加电流。

6.2.2　埋地长电缆

以上用于分析架空电缆感应电流和电压的分布源传输线理论同样也可用来计算地下电缆的感应电流与电压。地下电缆与架空电缆的区别除了轴向电场不同外,传输线参数也不一样。关于大地岩土介质对电磁脉冲的衰减问题,后面的第12章还要详细讨论。在考虑对于电磁脉冲的防护问题时,按常见岩土介质的电磁特性和电磁脉冲的频谱而论,一般在电缆的埋设深度上,电磁脉冲透射波的衰减是可以忽略的,可按地表处场强计算电缆内感应电流。

6.3　HEMP 作用下近地有限长电缆外导体感应电流计算

6.3.1　FDTD 法[4]

采用 FDTD 法分析电缆耦合问题的主要困难是对计算机内存和计算时间的需求较大。为此采取以下两项措施:一是采用修正的完全匹配层(MPML)吸收边界条件[5]截断计算域,由于 MPML 吸收边界条件能够有效地吸收洞落波,因此可以紧靠电缆设置,从而减少对计算机资源的需求;二是沿电缆轴线方向采用扩展网格[6],以进一步减小内存。

1. 计算模型

平行于地面敷设的同轴电缆如图 6.5 所示,HEMP 以任意入射角作用于电缆上。考虑到在实际应用中,电缆两端的外导体总要通过各种方式接地,为简化计算,接地体采用矩形结构(埋深 40cm,截面为 10cm × 10cm)。计算电缆外导体电流的过程:首先用 FDTD 法分析图 6.5 所示的地面上导体的电磁散射问题,求出空间电磁场分布,再由安培环路定律,沿电缆外表面对磁场 *H* 环路积分求得外导体电流。整个计算域分为地上和地下两部分:地上部分为无耗的自由空间;地下部分为有耗空间。

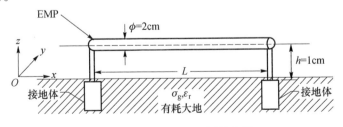

图 6.5　平行于地面的同轴电缆

对无耗空间,令 $\sigma = 0$,麦克斯韦方程组中的两个旋度方程写为

$$\nabla \times H = \varepsilon \frac{\partial E}{\partial t} \qquad (6.3.1)$$

$$\nabla \times E = -\mu \frac{\partial H}{\partial t} \tag{6.3.2}$$

在采用 FDTD 法对该方程求解过程中,取 Yee 氏直角坐标差分网格[7]。考虑到电缆的截面尺寸相对较小,若差分计算采用均匀网格,则计算量太大,为此沿电缆轴线方向采用扩展网格[8]进行计算,扩展系数取 1.2。为了精确模拟电缆外导体的柱面边界,柱面边界上的差分网格采用环路法(CP法)[8]变形网格。

2. 半无限有耗空间吸收边界条件的设置

由于整个计算域分为地上和地下两部分,地上为无耗空间,地下则是有耗空间,故吸收边界条件要分开设置。如图 6.6 所示,地上部分采用 MPML 吸收边界条件[3]截断计算域,地下部分则要用有耗介质中的 MPML 吸收边界条件[9]截断计算域。因此,整个计算域为六个面包围的长方体,且以地面为分界面,地上部分设置 8 层的 MPML 匹配层,地下部分则设置 8 层的用于匹配有耗介质的MPML。

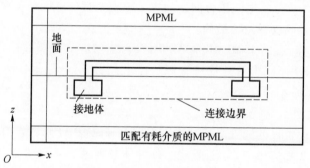

图 6.6　半无限有耗空间吸收边界条件的设置(图中虚线为总场和散射场的连接边界)

3. 连接边界条件

对于散射问题,一般采用分区计算,将计算域分为散射场区和总场区。在总场和散射场区的连接边界上采用连接边界条件[10],这样可以方便地将入射波(电磁脉冲)引入。对于 Yee 氏三维网格空间,总场区与散射场区的连接边界由 6 个平面组成,如图 6.7 所示。

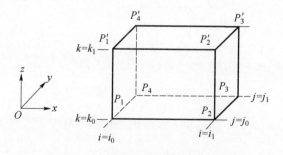

图 6.7　三维网格空间中的连接边界

这里仅以顶面边界$(k=k_1)$电场为例推导其连接边界条件。

处于$k=k_1$面上的电场是E_x和E_y两个分量，如果把分界面归于总场区，则对它们的计算要用到属于散射场区的磁场的分量，必须将散射场区的场值加上该点的入射场值后再进行计算。于是，$k=k_1$面上的电场分量E_x和E_y连接边界条件为

$$E_x^{n+1}(i+0.5,j,k_1)=aE_x^n(i+0.5,j,k_1)+$$
$$b\frac{\Delta t}{\Delta y\varepsilon}\big[H_z^{n+\frac{1}{2}}(i+0.5,j+0.5,k_1)-$$
$$H_z^{n+1/2}(i+0.5,j-0.5,k_1)\big]-$$
$$b\frac{\Delta t}{\Delta z\varepsilon}\big[H_y^{n+\frac{1}{2}}(i+0.5,j,k_1+0.5)-$$
$$H_y^{n+\frac{1}{2}}(i+0.5,j,k_1-0.5)+$$
$$H_{y\text{inc}}^{n+\frac{1}{2}}(i+0.5,j,k_1+0.5)\big] \qquad (6.3.3)$$

式中：$i=i_0+0.5,i_0+1.5,\cdots,i_1-0.5;j=j_0+1,j_0+2,\cdots,j_1-1$。

$$E_y^{n+1}(i,j+0.5,k_1)=aE_y^n(i,j+0.5,k_1)+$$
$$b\frac{\Delta t}{\Delta z\varepsilon}\big[H_x^{n+\frac{1}{2}}(i,j+0.5,k_1+0.5)-$$
$$H_x^{n+\frac{1}{2}}(i,j+0.5,k_1-0.5)+$$
$$H_{x\text{inc}}^{n+\frac{1}{2}}(i,j+0.5,k_1+0.5)\big]-$$
$$b\frac{\Delta t}{\Delta x\varepsilon}\big[H_z^{n+\frac{1}{2}}(i+0.5,j+0.5,k_1)-$$
$$H_z^{n+\frac{1}{2}}(i-0.5,j+0.5,k_1)\big] \qquad (6.3.4)$$

式中：$i=i_0+1,i_0+2,\cdots,i_1-1;j=j_0+0.5,j_0+1.5,\cdots,j_1-0.5;H_{x\text{inc}}^{n+\frac{1}{2}},H_{y\text{inc}}^{n+\frac{1}{2}}$为入射场分量。

4. 入射平面波的计算

入射 HEMP 在地面附近视为平面波。其电场的时域表达式取式(6.2.17)，考虑 HEMP 以任意角度入射的情况，图6.8给出了入射波的表示方法。波的单位波矢量用k_i表示。设k_i与z轴正向的夹角为θ，k_i在Oxy平面上的投影与x轴正向的夹角为φ，那么通过θ和φ便可标示出入射波的入射方向。为了说明入射平面波的极化方向，在等相面上规定一个参考矢量$k_i\times z$，其中z为z坐标的单位矢量。设入射平面波的电场矢量与参考矢量$k_i\times z$之间的夹角为ψ，这样就表示了入射波的极化方向。

当标志入射平面波传播方向的角度θ和φ取其所有可能值时，入射波的波前首先到达连接边界的点是连接边界所围立方体的八个角点之一。对不同方向的入射平面波应取适当的连接边界顶点作参考原点。根据平面电磁波的特点，如果参考原点的入射波已知，要求计算点(i_c,j_c,k_c)的入射波，那么只需要知道计算点的

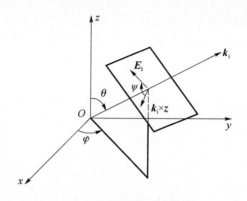

图 6.8　入射平面波的表示方法

波滞后于参考原点的入射波的时间即可。若用 t_{ret} 表示计算点的波滞后于参考原点的入射波的时间,则 t_{ret} 可由下式计算:

$$t_{\mathrm{ret}} = \frac{d_i}{v(\varphi)} \tag{6.3.5}$$

式中: $v(\varphi)$ 为入射平面波的相速度; d_i 为参与计算的各网格点相对于参考原点的滞后距离。若 r_c 表示从选择的原点到计算点 (i_c, j_c, k_c) 的矢径,那么

$$d_i = \boldsymbol{k}_i \cdot \boldsymbol{r}_c \tag{6.3.6}$$

式中: $\boldsymbol{k}_i = (\sin\theta\cos\varphi, \sin\theta\sin\varphi, \cos\theta)$ 。

5. 数值结果及讨论

这里以直径为 2cm,敷设高度为 1cm,长度为 25m 和 50m 的同轴电缆为例,计算入射波以不同角度入射时电缆外导体上的感应电流。大地电参数选为: $\sigma_{\mathrm{g}} = 1.0 \times 10^{-2}\,\mathrm{S} \cdot \mathrm{m}^{-1}$, $\varepsilon_{\mathrm{r}} = 5$ 。

图 6.9 给出了电缆长度为 25m,HEMP 以三种不同入射角度入射时,电缆外导体上 $d = 15\mathrm{m}$ 处感应电流的计算结果(其中 d 为观察点与电缆最左端之间的距离,

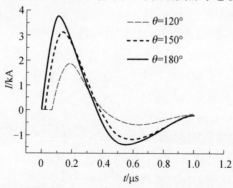

图 6.9　电缆长度为 25m、入射角 θ 不同时距端点 15m 处
电缆外导体上不同位置处的感应电流

196

表示入射波极化方向的角度 ψ 为 90°)。可见,暴露在电磁脉冲环境中的一根几十米长的电缆,能够感应峰值达上千安培的脉冲电流。此外,脉冲电流的波形与入射电磁脉冲波的波形相似,但上升前沿变缓。计算结果还表明:入射平面波的入射角 θ 越大,电缆外导体的感应电流也越大;当电磁脉冲波垂直入射时(入射平面波电场的极化方向与电缆平行,磁场的方向垂直于电缆和大地所构成的回路),与电缆外导体耦合最强,外导体所感应的电流最大。

图 6.10 为入射角 $\theta = 180°$ 时,电缆外导体上不同位置处的感应电流。可见在 HEMP 作用下,电缆中间部分的感应电流要比电缆两端的感应电流大。

图 6.11 为 HEMP 入射角 $\theta = 120°$,方位角 $\varphi = 0°$ 时,50m 长电缆其外导体感应电流的计算结果。比较图 6.9、图 6.11 可以看出,在相同入射波的情况下,电缆越长其外导体所感应的电流越大。

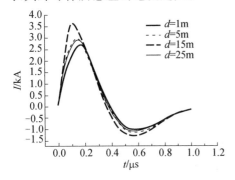 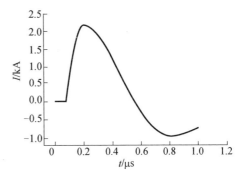

图 6.10　电缆长度为 25m 时电缆
外导体上不同位置处的感应电流
(d 为观察点与电缆最左端之间的距离)

图 6.11　电缆长度为 50m,入射角 $\theta = 120°$,
方位角 $\varphi = 0°$ 时距左端 25m 处电缆
外导体上的感应电流

6.3.2　TL 法

前文介绍的 TL(传输线)法在 20 世纪 70 年代已发展得较为成熟,且具有较高的精度,因而在研究 HEMP 对电缆的耦合问题时得到了广泛应用[11]。随着 FFT(快速傅里叶变换)算法的不断改进,在现代计算技术条件下,这种方法用起来更为方便,且至今仍在应用的过程中不断地得到丰富和发展。对于几十米长近地电缆 HEMP 感应电流的计算,从后面的比较中可以看出,TL 法和 FDTD 法的精度相近,且用起来方便。

下面以水平极化的 HEMP 对直径为 2.5cm 的有限长近地电缆的作用为例,计算电缆外导体的感应电流,并分析各种条件对电缆外导体感应电流的影响。HEMP 的入射方位角 φ 取为 90°。HEMP 入射电场的表达式取式(6.2.17)。

1. 电缆长度的影响

对于地面电缆($h = 0.0135\text{m}$),当大地参数取 $\sigma_\text{g} = 0.001\text{S} \cdot \text{m}^{-1}$、$\varepsilon_\text{r} = 5$,入射

仰角 $\psi = 90°$，电缆两端负载 $Z_1 = Z_2 = Z_0$ 时，不同长度电缆中点处外导体感应电流的时域波形如图 6.12 所示。

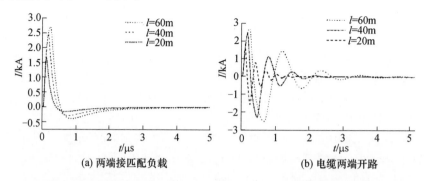

(a) 两端接匹配负载　　　　　　　　(b) 电缆两端开路

图 6.12　HEMP 作用下不同长度地面电缆中点处外导体感应电流波形

从图中亦可看出，HEMP 作用下的一根几十米长的电缆其外导体上可以感应上千安的电流，且感应电流峰值随电缆长度增加而增大。当电缆两端接匹配负载时，感应电流波形近似双指数波形。当电缆两端开路时，由于感应电流在电缆上来回反射，从而形成了图 6.12(b) 所示的衰减振荡波形。随着电缆长度的增加，图 6.12(b) 中感应电流振荡的周期 T 也随着增加。实际上，感应电流的振荡周期由电缆长度 l 和电磁波沿电缆传播速度 v 决定，即

$$T = 2l/v \tag{6.3.7}$$

因而 T 随电缆长度的增加而增加。由图 6.12(a) 还可以看出，电缆两端匹配时，感应电流到达峰值的时间和脉宽亦随电缆长度的增加而增加。

2. 架设高度的影响

当 $\sigma_g = 0.001 \mathrm{S} \cdot \mathrm{m}^{-1}$，$\varepsilon_r = 5$，$\psi = 90°$，长度为 40m 的电缆在架高不同时其中点处外导体感应电流的波形如图 6.13 所示。从图中可以看出，电缆沿地面敷设时，其外导体上感应电流的峰值要比架高为几米时大得多。在图 6.13(a) 中，感应电流的波形虽然均为衰减振荡波形，但其衰减速度随高度的增加而减小，这是由于衰减常数随高度增加而减小的缘故。另外，感应电流衰减振荡的周期也随高度增加而减小，而此时电缆的长度并未改变，由式(6.3.7)可知，是因电磁波沿传输线传播速度增加造成的。

3. 入射仰角的影响

在水平极化波沿垂直于电缆的方向入射时，当改变入射仰角 ψ 时，必引起沿电缆轴向合成电场的变化，从而引起感应电流的变化。从图 6.14 中可看到：感应电流的峰值随 ψ 的增大而增大，并在 $\psi = 90°$ 时达到最大；ψ 的改变对感应电流到达峰值的时间没有影响。

4. 大地电导率的影响

从图 6.15 中可以发现，大地电导率 σ_g 量级上的变化对地面电缆感应电流的

198

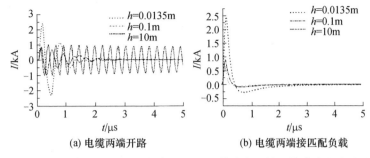

(a) 电缆两端开路　　　　　　　　(b) 电缆两端接匹配负载

图 6.13　HEMP 作用下不同架高 40m 长电缆中点处外导体感应电流波形

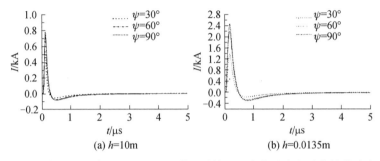

(a) h=10m　　　　　　　　　　(b) h=0.0135m

图 6.14　不同 ψ 角 HEMP 作用下 40m 长电缆两端接匹配负载时中点处外导体感应电流波形

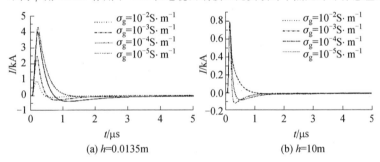

(a) h=0.0135m　　　　　　　　(b) h=10m

图 6.15　HEMP 作用下不同 σ_g 时 40m 长电缆两端接匹配负载中点处外导体感应电流波形

峰值影响很大,而对架空电缆感应电流峰值的影响则不明显。但对这两种情况而言,感应电流到达峰值的时间和脉宽都随 σ_g 增加而减小。

5. 地面相对介电常数的影响

图 6.16 表明,地面电缆感应电流峰值随 ε_r 改变有较明显变化,而架高 10m 的电缆感应电流峰值的变化几乎看不出来;无论地面电缆还是架空电缆,ε_r 的改变对感应电流的波形的影响均不明显。

6. 终端阻抗及不同位置的影响

对于地面电缆($h=0.0135\text{m}$),当大地参数取为 $\sigma_g=0.001\text{S}\cdot\text{m}^{-1}$,$\varepsilon_r=5$,入射仰角 $\psi=90°$,电缆长度 $l=40\text{m}$,电缆 1 端负载 $Z_1=Z_0$,在电缆 2 端接不同的失配负载时,电缆不同位置处外导体感应电流的波形如图 6.17 所示。由图可见,当

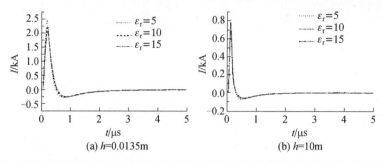

(a) h=0.0135m   (b) h=10m

图 6.16 HEMP 作用下不同 ε_r 时 40m 长电缆两端接匹配负载中点处外导体感应电流波形

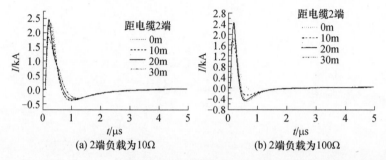

(a) 2端负载为10Ω   (b) 2端负载为100Ω

图 6.17 HEMP 作用下一端接匹配负载地面电缆不同位置处外导体感应电流波形

电缆终端失配时,不同位置上的感应电流大小明显不同。端接不同的失配负载,同一位置上感应电流的大小和波形也明显不同。前者是由于终端失配的传输线上的电流是一行驻波,不同位置上电流峰值自然不同。后者是由于不同的负载形成的反射波波形和大小均不同,从而使合成的总的感应电流波形和大小明显不同。

7. 部分计算结果与 FDTD 法计算结果的比较

图 6.18 为 40m 长的地面电缆两端接地时中点处外导体感应电流波形,虚线为采用 FDTD 法的计算结果,实线为 TL 法的计算结果。两个波形在峰值及形状上都非常接近,这说明对有限长近地电缆外导体感应电流的计算,TL 法的计算精度可与 FDTD 法相比。

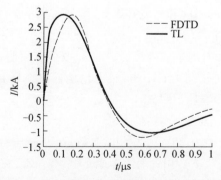

图 6.18 HEMP 作用下 40m 长的地面电缆两端接地时中点处外导体感应电流波形

以上计算结果表明,当有限长近地电缆暴露于 HEMP 环境中,其外导体感应电流将遵循以下规律:

(1) 对长度为几十米的电缆,其外导体上的感应电流随长度的增加而增加,在两端开路情况下,感应电流波形为衰减振荡,振荡周期随长度的增加而增加。

(2) 电缆沿地面敷设时,其外导体上的感应电流比相同条件下架高 10m 以上的电缆大得多。在电缆因终端开路致使感应电流出现振荡的情况下,振荡的衰减速度随架高的增加而减小,振荡周期亦随架高的增加而减小。

(3) 水平极化波沿垂直于电缆的方向入射时,电缆外导体上感应电流的峰值随入射仰角 ψ 的增大而增加,$\psi = 90°$ 时达到最大。ψ 的变化对感应电流的峰时没有影响。

(4) 大地电导率及介电常数对地面电缆感应电流峰值有影响,而对架空电缆感应电流的影响不明显。

(5) 对地面电缆而言,终端失配时,同一根电缆上距终端不同位置处感应电流波形不同,电缆上的同一位置在端接不同负载时的波形亦不同。

6.3.3　与有关试验结果的比较

在大型水平极化波模拟器辐射场中对近地电缆进行电磁脉冲模拟试验,得出了与以上理论分析类似的结果。文献[12]给出了架高 3.5m、长度 40m 电缆两端均开路及一端开路、一端接地时其中点处外导体感应电流波形,如图 6.19(a)所示。图 6.19(b)则为用 TL 法计算得出的相应感应电流波形。计算波形和实测波形在峰值、振荡周期及衰减特性方面均具有较好的一致性。

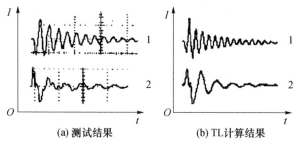

(a) 测试结果　　　　　　(b) TL 计算结果

图 6.19　HEMP 作用下高架电缆中点处外导体感应电流波形
(曲线 1 为两端开路的结果,曲线 2 为一端开路、一端接地的结果)

6.4　电力线 HEMP 感应过电压及其在供电系统中的传输

6.4.1　架空电力线 HEMP 感应过电压计算

架空三相输电线各端线相距很近,各自的 HEMP 感应过电压基本相同,为一组共模电压,因此只需计算一根导线的 HEMP 过电压即可。

计算时,采用分布源传输线模型,由式(6.2.5)、式(6.2.6)建立 HEMP 过电压的频域表达式,通过快速傅里叶变换反变换,即可求得 HEMP 过电压的时域波形。由式(6.2.5)、式(6.2.6)可知,欲求过电压,首先要确定传输线的特性阻抗 Z_0 和传输系数 γ。

入射 HEMP 垂直极化分量 E_{iv} 和水平极化分量 E_{ih} 大小取决于 HEMP 来波入射仰角 ψ 和地磁倾角 ξ。有关参数选择如下:地磁倾角 $\xi = 60°$,$E_{ih} = 4.9 \times 10^4 \text{V} \cdot \text{m}^{-1}$,$E_{iv} = 1.85 \times 10^4 \text{V} \cdot \text{m}^{-1}$,$\psi = 20°$,方位角 $\varphi = 15°$;大地电导率 $\sigma_g = 10^{-2} \text{S} \cdot \text{m}^{-1}$。相对介电常数 $\varepsilon_r = 10$;架空线长度 $l = 10\text{km}$,架高 $h = 10\text{m}$;架空输电线为钢芯铝绞线,截面半径 $a = 5.5 \times 10^{-3} \text{m}$,电导率 $\sigma_c = 3.17 \times 10^7 \text{S} \cdot \text{m}^{-1}$,磁导率 $\mu_c = \mu_0 = 4\pi \times 10^{-7} \text{H} \cdot \text{m}^{-1}$。

传输线参数 Z_0、γ 的确定:

(1) 单位长度串联阻抗 Z 由三部分组成,即

$$Z = j\omega L_0 + Z_g + Z_i \qquad (6.4.1)$$

式中:$j\omega L_0$ 为架空线与大地之间的感抗,其中 L_0 为架空线单位长度串联电感。当 $h \gg a$,有

$$j\omega L_0 \approx j\omega \frac{\mu_0}{2\pi} \ln \frac{2h}{a} \quad (\Omega \cdot \text{m}^{-1}) \qquad (6.4.2)$$

Z_g 为大地通路内部阻抗,当 $\delta \gg 2h$ 时,有

$$Z_g \approx \frac{\omega\mu_0}{8} + j\omega \frac{\mu_0}{2\pi} \ln \frac{\delta}{\sqrt{2}\gamma_0 h} \quad (\Omega \cdot \text{m}^{-1}) \qquad (6.4.3)$$

当 $\delta \ll 2h$,$\sigma_g \gg \omega\varepsilon$ 时,有

$$Z_g \approx \frac{1+j}{4\pi h \sigma_g \delta} \quad (\Omega \cdot \text{m}^{-1}) \qquad (6.4.4)$$

式中:δ 为大地趋肤深度,有

$$\delta = \frac{1}{\sqrt{\pi f \mu_0 \sigma_g}} \qquad (6.4.5)$$

$$\gamma_0 \approx 1.781 \qquad (6.4.6)$$

Z_i 为导线内部阻抗,与 $j\omega L_0$ 和 Z_g 相比,Z_i 很小,可忽略不计。

(2) 单位长度并联导纳 Y,由于空气电导率极小,Y 主要由架空导线对地电容决定。

$$Y = j\omega C_0 \approx j\omega \frac{2\pi\varepsilon_0}{\ln(2h/a)} \quad (h \gg a) \qquad (6.4.7)$$

式中:C_0 为架空线单位长度对地电容(F)。

(3)传输线的特性阻抗 Z_0 及传播系数 γ 为

$$Z_0 = \sqrt{Z/Y} \approx \sqrt{L_0/C_0}\left[1 + \frac{1}{2\ln(2h/a)}\left(\ln\frac{1 + \sqrt{j\omega\tau_h}}{\sqrt{j\omega\tau_h}} + \frac{1}{\sqrt{j\omega\tau_a}}\right)\right] \qquad (6.4.8)$$

$$\gamma = \sqrt{ZY} \approx j\omega\sqrt{L_0 C_0}\left[1 + \frac{1}{2\ln(2h/a)}\left(\ln\frac{1 + \sqrt{j\omega\tau_h}}{\sqrt{j\omega\tau_h}} + \frac{1}{\sqrt{j\omega\tau_a}}\right)\right] \qquad (6.4.9)$$

其中

$$\sqrt{L_0/C_0} = 60\ln(2h/a) \qquad (6.4.10)$$

$$\sqrt{L_0 C_0} = 1/c \qquad (6.4.11)$$

$$\tau_h = \mu_0\sigma_g h^2, \quad \tau_a = \mu_c\sigma_c a^2$$

式中:μ_c、σ_c 分别为架空线的磁导率和电导率;c 为光速,$c = 3 \times 10^8 \mathrm{m \cdot s^{-1}}$。

一般情况下,$\dfrac{1}{\sqrt{j\omega\tau_a}}$ 项很小,$\sqrt{\omega\tau_h} \gg 1$,故常近似取

$$Z_0 = 60\ln(2h/a) \qquad (6.4.12)$$

$$\gamma = j\omega/c \qquad (6.4.13)$$

经计算得到的架空线 HEMP 开路电压典型波形如图 6.20 所示。如果略去由架空线终端反射引起的波形尾部的变化,则图 6.20 所示波形可以用下式近似表示:

$$U_o(t) = 1.85 \times 10^3 \times (e^{-1.15 \times 10^6 t} - e^{-3.2 \times 10^7 t}) \quad (kV)$$

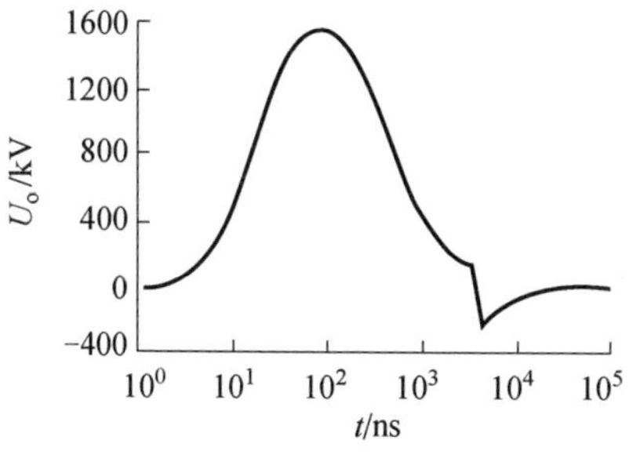

图 6.20 架空线 HEMP 开路电压典型波形

架空线 HEMP 开路电压随架空线的长度和高度增加而增加,图 6.21 和图 6.22分别表示在其他参数不变的情况下,HEMP 开路电压随其长度 l 和高度 h 的变化情况。

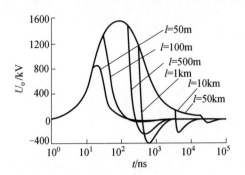 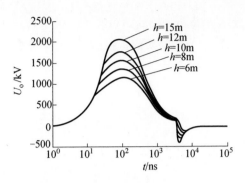

图 6.21　架空线 HEMP 开路电压
随线长度 l 的变化

图 6.22　架空线 HEMP 开路电压
随高度 h 的变化

6.4.2　在 HEMP 作用下有载架空电力线能量耦合分析

HEMP 对电力系统的效应,不仅仅与 HEMP 感应过电压的大小和波形的时间特性有关,且与架空线负载耦合的 HEMP 能量大小有关,而负载耦合能量的大小与负载阻抗 Z_L 密切相关。在对 HEMP 作用下有载架空线耦合的能量进行计算时,仍采用上述分布源传输线模型。设架空线始端阻抗为 Z_0,终端负载阻抗为 Z_L。按以上架空线有关计算公式,可得出负载端 HEMP 感应电压和电流的频域表达式 $V_L(\omega)$ 和 $I_L(\omega)$:

$$V_L(\omega) = (1 + \rho_2)\frac{E_{z0}(\omega)}{2(\gamma - \mathrm{j}k\cos\psi\cos\varphi)}(1 - \mathrm{e}^{-(\gamma - \mathrm{j}k\cos\psi\cos\varphi)l}) \quad (\mathrm{V}) \quad (6.4.14)$$

$$I_L(\omega) = (1 - \rho_2)\frac{E_{z0}(\omega)}{2Z_0(\gamma - \mathrm{j}k\cos\psi\cos\varphi)}(1 - \mathrm{e}^{-(\gamma - \mathrm{j}k\cos\psi\cos\varphi)l}) \quad (\mathrm{A}) \quad (6.4.15)$$

式中

$$\rho_2 = \frac{Z_L - Z_0}{Z_L + Z_0} \tag{6.4.16}$$

$$\gamma = \mathrm{j}\frac{\omega}{c} \tag{6.4.17}$$

$E_{z0}(\omega)$ 的计算见式(6.2.22)

于是,架空线负载所耦合的 HEMP 能量为

$$W_L = \frac{1}{2\pi}\int_{-\infty}^{\infty} V_L(\omega) \cdot I_L^*(\omega)\mathrm{d}\omega \tag{6.4.18}$$

根据函数的极值理论得出,当负载阻抗 Z_L 与架空线特性阻抗 Z_0 成共轭匹配,即 $Z_L = Z_0^*$ 时,负载可以耦合到最大能量。最大耦合能量 W_{Lmax} 按下式计算:

$$W_{Lmax} = \frac{1}{4\pi}\int_0^{\infty} R_e(Z_0)^{-1}\left|\frac{E_{z0}(\omega)}{\gamma - \mathrm{j}k\cos\psi\cos\varphi}(1 - \mathrm{e}^{-(\gamma - \mathrm{j}k\cos\psi\cos\varphi)l})\right|^2\mathrm{d}\omega$$

$$(6.4.19)$$

204

以 10kV 架空输电线为例,经计算获得几组曲线(见图 6.23 至图 6.25),反映了负载最大耦合能量与线长 l、来波方向角 φ 以及来波入射仰角 ψ 等几个重要因素的关系,除图中明确的参数外,其余参数与以上计算架空电力线 HEMP 感应过电压时所选参数相同。

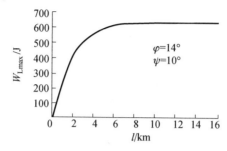

图 6.23　W_{Lmax} 与线长 l 的关系曲线

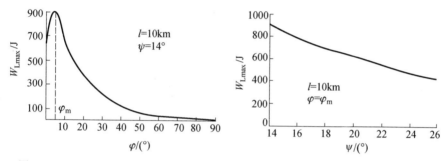

图 6.24　W_{Lmax} 随来波方向角 φ 的变化　　图 6.25　W_{Lmax} 随来波入射仰角 ψ 的变化

6.4.3　埋地电力电缆 HEMP 耦合分析

以浅埋于地下的 10kV 电力电缆为例,电缆截面示意图如图 6.26 所示。图中电缆的屏蔽层系铅包或钢带。当 HEMP 穿透土壤到达电缆,首先在金属屏蔽层上产生感应电压和感应电流。如果屏蔽层的厚度大于电磁波的趋肤深度,且是无任何孔洞,则芯线上不产生感应电流,芯线与屏蔽层等电位。否则,屏蔽层上的

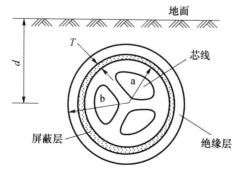

图 6.26　10kV 电力电缆截面示意图

HEMP 感应电压和电流,将通过屏蔽层和芯线间的转移导纳和转移阻抗在芯线上产生感应电流,并在芯线和屏蔽层间以及芯线之间产生感应电压。计算表明这一感应电压与屏蔽层对地电压相比是很小的,可以忽略不计。因此,不管电缆的金属屏蔽层的情况如何,总是可以认为电缆芯线与金属屏蔽层等电位,芯线对地感应电压等于金属屏蔽层对地感应电压。所以,欲求电缆芯线对地的 HEMP 感应电压,只需计算其金属屏蔽层对地的 HEMP 感应电压即可。

电缆屏蔽层对地 HEMP 感应电压的计算方法,与上述架空线 HEMP 感应过电压的计算方法相似,采用分布源传输线理论,屏蔽层传输线等效模型如图 6.27 所示。图中 $E_z(\omega,d)$ 为地面下 $d(\mathrm{m})$ 处 HEMP 场角频率为 ω 的电场沿 z 轴的分量,Z 为传输线单位长度串联阻抗,Y 为传输线单位长度分流导纳。

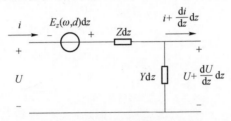

图 6.27　电缆屏蔽层传输线等效模型

HEMP 入射波进入地下,经过地面的反射和土壤的衰减,场强有一定削弱,在地下 d 处有[3]

$$E_z(\omega,d) = (2E_{\mathrm{iv}}\cos\varphi + 2E_{\mathrm{ih}}\sin\psi\sin\varphi)\left(\frac{1}{\alpha+\mathrm{j}\omega} - \frac{1}{\beta+\mathrm{j}\omega}\right)\sqrt{\frac{\mathrm{j}\omega\varepsilon_0}{\delta}}\mathrm{e}^{-(1+\mathrm{j})d/\delta}$$

(6.4.20)

式中:δ 为土壤趋肤深度(m),且

$$\delta = \frac{1}{\sqrt{\pi f\mu\sigma_{\mathrm{g}}}}$$

(6.4.21)

式中:σ_{g} 为土壤电导率($\mathrm{S}\cdot\mathrm{m}^{-1}$);其余符号与上述计算架空线 HEMP 感应过电压时的规定相同。

假设:屏蔽层电导率为 σ_{c};屏蔽层厚度为 T;绝缘层内半径为 a;绝缘层外半径为 b;绝缘层介电常数为 ε_{i};土壤介电常数为 ε_{g}。则传输线单位长度串联阻抗可表示为

$$Z = Z_{\mathrm{g}} + Z_{\mathrm{i}} + \mathrm{j}\omega L$$

(6.4.22)

式中

$$Z_{\mathrm{g}} \approx \frac{\omega\mu_0}{8} + \mathrm{j}\omega\frac{\mu_0}{2\pi}\ln\frac{\sqrt{2}\delta}{\gamma_0 b} \quad (\text{土壤阻抗部分})$$

(6.4.23)

$$Z_i \approx \frac{(1+\mathrm{j})\,T/\delta_c}{2\pi a\sigma_c T}\coth(1+\mathrm{j})\,T/\delta_c \quad （屏蔽层内阻抗部分） \tag{6.4.24}$$

$$\mathrm{j}\omega L = \mathrm{j}\omega\frac{\mu_0}{2\pi}\ln\frac{b}{a} \quad （绝缘层阻抗部分） \tag{6.4.25}$$

$$\delta_c = \frac{1}{\sqrt{\pi f\mu_0\sigma_c}} \quad （屏蔽层趋肤深度） \tag{6.4.26}$$

式中：$\gamma_0 = 1.781$；$\mu_0 = 4\pi\times10^{-7}\mathrm{H}\cdot\mathrm{m}^{-1}$。

传输线单位长度分流导纳可表示为

$$Y = \mathrm{j}\omega CY_g/(\mathrm{j}\omega C + Y_g) \tag{6.4.27}$$

式中

$$\mathrm{j}\omega C = \mathrm{j}\omega(2\pi\varepsilon_i)/\ln(b/a) \tag{6.4.28}$$

$$Y_g \approx \gamma^2/Z_g \quad （土壤传播常数） \tag{6.4.29}$$

$$\gamma = \sqrt{\mathrm{j}\omega\mu_0(\sigma_g + \mathrm{j}\omega\varepsilon_g)} \tag{6.4.30}$$

与推导式(6.2.23)类似，可求得 HEMP 作用下的埋地电缆在始端匹配时终端的开路电压(芯线—地)：

$$U_{2o}(\omega) = \frac{1 - \mathrm{e}^{-(\gamma - \mathrm{j}k\cos\psi\cos\varphi)l}}{\gamma - \mathrm{j}k\cos\psi\cos\varphi}E_z(\omega, d) \tag{6.4.31}$$

式中：l 为电缆长度(m)。

当 $l\to\infty$ 时，有

$$U_{\infty o}(\omega) = \frac{E_z(\omega, d)}{\gamma - \mathrm{j}k\cos\psi\cos\varphi} \tag{6.4.32}$$

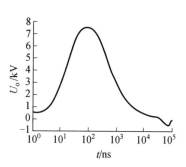

图 6.28　埋地屏蔽电缆 HEMP
开路电压典型波形

经傅里叶反变换，便可求得埋地屏蔽电缆 HEMP 开路电压的时域波形。当选 $a = 2.5\times10^{-2}\mathrm{m}$；$b = 2.6\times10^{-2}\mathrm{m}$；$T = 2\times10^{-3}\mathrm{m}$；$d = 1\mathrm{m}$；$\sigma_c = 3.17\times10^7\mathrm{S}\cdot\mathrm{m}^{-1}$；$\varepsilon_i = 2.3\varepsilon_0$；电缆为无限长，其余参数与以上计算架空电力线 HEMP 感应过电压时所选相同。计算结果如图 6.28 所示。

6.4.4　架空电力线终端接变压器时的 HEMP 感应过电压及其在供电系统中的传输

1. 陡脉冲电压作用下电力变压器的等值电路

在对架空线——变压器系统的 HEMP 感应过电压进行理论分析时，首先要建立一个反映其内部电磁关系的等值电路。一台变压器绕组自身有电阻和电感，匝间有纵向分布电容，对地(铁芯、外壳)也有分布电容，高、低压绕组之间存在着分布电容和互感。可见变压器绕组间的电磁关系非常复杂，要同时考虑到各种因素，建立一个变压器的等值电路是非常困难的。通常的做法是认为各种参数均匀分布,用一个链式分布参数电路来描述变压器的绕组,这一分布参数的等值电路在研究变压器绕组电磁耦合时起重要作用。

在计算架空线端接变压器的 HEMP 过电压时,考虑到所求的是变压器的端电压而不是绕组内电位分布的细节,对工程计算,精度要求不高,为便于分析,将变压器的等值电路简化为一集总参数电路。三相变压器的 HEMP 过电压是共模电压,因此可归于单相进行分析。以 10kV 配电变压器为例,通常是 Y/Y_0-12 接法,其单相等值电路如图 6.29 所示。图中 R_1、L_{10} 和 R_2、L_{20} 分别为高、低压绕组的电阻和零序电感,C_1 和 C_2 分别为高、低压绕组的对地电容,C_{12} 为绕组间的电容,M_0 为绕组之间的零序互感。表 6.1 列出了几种不同容量的 10/0.4kV 电力变压器等值电路的参数,这些参数是用试验方法确定的。

表 6.1　10/0.4kV 变压器等值电路参数

变压器容量	$L_{10}^{①}/H$	L_{20}/H	$M_0^{②}/H$	C_1/pF	C_2/pF	C_{12}/pF
500kV·A	0.37	5.97×10^{-4}	0.013	373	1239	944
315kV·A	0.688	1.10×10^{-3}	0.023	305	935	537
250kV·A	0.643	1.03×10^{-3}	0.022	299	670	557
① $L_{10} = L_{20} \times k^2$,其中 $k = 10/0.4 = 25$;② $M_0 = 0.85(L_{10} \cdot L_{20})^{1/2}$						

架空线上的 HEMP 过电压是一个陡脉冲,其高频分量很丰富,因此,在等值电路中,含电感的支路阻抗很大,而纯电容支路的阻抗很小,相比之下,含有 L_{10} 和 L_{20} 的两条支路可以看作开路,所以图 6.29 所示的等值电路还可以进一步简化成图 6.30 所示的等值电路。也就是说,L_{10}、L_{20} 的大小对变压器的 HEMP 过电压影响不大,计算结果证明确实如此。

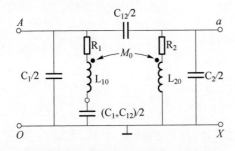 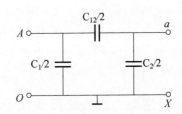

图 6.29　电力变压器单相等值电路图　　图 6.30　电力变压器单相简化等值电路

2. 架空电力线端接变压器的 HEMP 过电压计算

架空线终端接空载电力变压器时,变压器输入端的 HEMP 过电压,可根据图 6.31 中的等值电路进行计算。图中以一戴维南等效电源代替有 HEMP 过电压的架空线,U_0 为开路时的 HEMP 过电压,Z_0 为架空线的特性阻抗。计算 U_0 及 Z_0 所用参数与以上计算架空电力线 HEMP 感应过电压时所选相同,变压器为

$315\mathrm{kV\cdot A}$，$10/0.4\mathrm{kV}$ 配电变压器，由表 6.1 知，其参数为 $C_1 = 305\mathrm{pF}$，$C_2 = 935\mathrm{pF}$，$C_{12} = 537\mathrm{pF}$。计算结果如图 6.32 所示。显然，架空线终端接变压器的 HEMP 过电压 $U_{2\mathrm{To}}$ 与架空线开路电压 U_1 相比，峰值和波头陡度都有所降低。

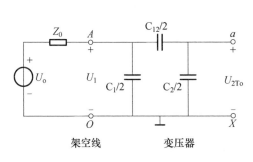

图 6.31 计算变压器两侧 HEMP
过电压等值电路

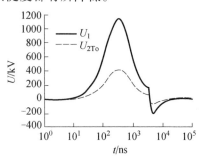

图 6.32 架空线终端接变压器时
HEMP 过电压典型波形

3. HEMP 过电压在变压器内的传输

当 HEMP 过电压加至变压器的高压绕组时，由于高、低压绕组之间存在着静电感应（耦合）和电磁感应（耦合），在变压器的低压绕组上也可能出现很高的感应（耦合）过电压，如果这一过电压超过低压绕组或连接在低压绕组端上的电气设备的绝缘水平，就会造成绝缘击穿事故。变压器绕组之间的感应过电压包括静电感应过电压和电磁感应过电压两个分量。近似估算时可以分别计算两个分量，然后叠加起来。

1）静电感应电压分量

严格地说，应利用变压器的分布参数等值电路来分析这个问题，但为了简化分析过程，这里仍然采用变压器的集总参数等值电路（图 6.29）进行分析。所谓静电感应即不考虑互感作用，低压绕组的 HEMP 过电压主要是通过电容耦合由高压侧传输过来的，因此可以根据图 6.30 的纯电容等值电路计算，显然有

$$U_{2\mathrm{To}} = \frac{C_{12}}{C_2 + C_{12}} U_1 \tag{6.4.33}$$

式中：$U_{2\mathrm{To}}$ 为低压绕组开路时的 HEMP 过电压（V）；U_1 为高压绕组 HEMP 过电压（V）。

2）电磁感应分量

HEMP 过电压加到高压绕组以后，该绕组电感逐渐通过电流，产生磁通，并在低压绕组中感应出电压，这就是电磁感应分量。电磁感应分量的峰值与高、低压绕组的变比成正比。高压绕组对低压绕组的电磁感应，又可分为由贯穿电流产生和由谐波振荡电流产生两种。贯穿电流的电磁感应，是 HEMP 过电压在高压绕组中产生贯穿整个绕组的电流其相应磁链对低压绕组的感应。加到变压器高压绕组的

HEMP 过电压是共模电压,所以各相绕组之间不会产生贯穿电流,而对于 Y/Y₀ 接法的变压器,高压绕组中性点不接地,每相绕组中也不会有贯穿电流,所以对于 Y/Y₀ 接法的变压器不存在这一类型的电磁分量。谐波振荡电流的电磁感应,是高压绕组在趋于稳态的振荡过程中,由谐波电压产生的能够形成通过闭合铁芯的主磁通的谐波电流对低压绕组的感应。当星形绕组中性点不接地时,振荡将以对地电容为回路,能量较小,而且各次谐波磁势还可能相互抵消一部分,所以这种感应电压分量很小。

综上所述,可以认为 HEMP 过电压由变压器高压绕组传输到低压绕组,是由于静电耦合的结果。图 6.32 的 U_{2T_0} 就是按这一观点计算得到的低压侧开路时的 HEMP 过电压。

尽管变压器低压绕组的零序电感 L_{20} 比较小,在研究低压侧 HEMP 过电压时还需考虑进去,得到图 6.33 所示的计算等值电路,图中 $L_{20} = 1.1\text{mH}$,其他参数同前,计算结果如图 6.34 所示。

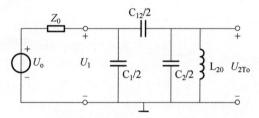

图 6.33　计算变压器低压侧 HEMP 过电压的等值电路

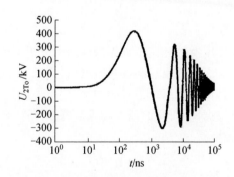

图 6.34　变压器低压侧 HEMP 过电压波形

从图 6.34 中可以看出,由于 L_{20} 的作用,HEMP 感应电压波形出现振荡,振荡周期 T 可按下式近似估算:

$$T = \pi \sqrt{2L_{20}C_2} \tag{6.4.34}$$

当变压器带有负载时,这一振荡明显减弱,当负载足够大时,振荡消失。正是因为低压侧 HEMP 过电压是静电耦合的结果,所以它与低压绕组所接负载关系密切,图 6.35 给出不同负载时低压侧的 HEMP 电压波形。

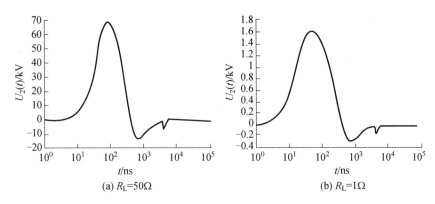

图 6.35　变压器接不同阻值电阻性负载时低压侧 HEMP 过电压波形

实验研究取得了与以上计算相一致的结果：电力线上的 HEMP 感应过电压从电力变压器的高压侧传输到低压侧后将有所减小。表 6.2 给出一组理论计算和实测数据。

表 6.2　HEMP 过电压耦合到变压器低压侧的衰减情况

10kV 电力变压器容量/(kV·A)	$U_{2mo}^{①}/U_{1m}^{②}$	数据来源
500	0.43	理论计算
315	0.36	
250	0.45	
180	0.52	实测
①U_{2mo} 为低压侧开路电压峰值；②U_{1m} 为高压侧电压峰值		

4. HEMP 过电压在低压电缆中的传输

工程上的配电线路多用低压塑料（或橡皮）护套的电缆。低压电缆为一有耗传输线，相当于一低通滤波器，所以脉冲电压通过低压电缆，其峰值和波头陡度都会变小。假设输入脉冲峰值为 U_{im}，输出脉冲的峰值为 U_{om}，若以 k 表示脉冲电压通过低压电缆的衰减量，则

$$k = \frac{U_{im} - U_{om}}{U_{im}} \times 100\% \tag{6.4.35}$$

k 值与电缆型号、长度和终端负载有关，长度越长、负载越大，则 k 值即衰减量就愈大。图 6.36 给出了由试验得到的 $35mm^2 \times 3$ 铠装塑料护套铜芯电缆传输比 U_{om}/U_{im} 与长度 l、负载电阻 R_L 的关系。

根据以上对电力线 HEMP 感应过电压及其在供电系统中的传输分析可以得出以下结论[13]：

（1）架空线上 HEMP 感应过电压远比埋地电缆高，因此在考虑电力系统的电磁脉冲防护问题时，应以架空线的 HEMP 感应过电压作为主要防护对象。显然，

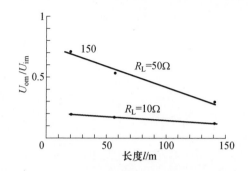

图 6.36 35mm² ×3 铠装塑料护套铜芯电缆线间脉冲
电压衰减量随长度及负载的变化

将电力电缆埋地可获得一定的防护效果。

（2）理论分析表明，架空线上的 HEMP 感应过电压峰值高达百万伏量级，根据我国现有的各电压等级电力系统的绝缘水平，确认 10kV 及低压配电系统最易受到损害。对 10kV 架空线而言，当入射 HEMP、电缆、大地等有关的参数均选典型值，在终端开路的情况下，HEMP 感应过电压的峰值 V_{op} = 1550kV，达到峰值的时间 t_{op} = 100ns，上升沿平均陡度 a_o = 15.5kV/ns，半峰值宽度 t_{hw} = 3μs。当终端接一容量为数百千伏安的 10/0.4kV 空载变压器时，变压器高压侧 HEMP 感应过电压 U_{Tp} = 1150kV，t_{Tp} = 300ns，a_T = 3.83kV·(ns)⁻¹，t_{Tw} = 3μs。当变压器带负载时，HEMP 过电压陡变还要降低。根据大量理论计算的数据分析，可以认为，10kV 供电系统电力变压器高压侧的 HEMP 感应过电压峰值约为 1000kV，上升沿平均陡度为 3 ~ 5kV·(ns)⁻¹，这一结论可作为选择 HEMP 防护器件的依据。

（3）架空线终端负载(如变压器)可吸收的 HEMP 能量大小与负载阻抗有关，当负载阻抗与架空线波阻抗形成共轭匹配时，负载获得最大能量，最大能量一般不超过 10^3 J。

（4）对于数百千伏安的空载变压器来说，HEMP 过电压由变压器的高压绕组耦合到低压绕组，在变压器空载时，其峰值衰减到原来的 1/2 ~ 1/3。当变压器带有负载时，负载的接入使空载时出现的振荡明显减弱以致消失，低压侧与高压侧的 HEMP 过电压峰值之比随之下降，负载越大，这一比值越小。

（5）电力变压器高压侧端线串联电抗线圈，可以降低侵入变压器的 HEMP 感应过电压的上升沿陡度，对保证防护器件的动作可靠性有利。低压侧并接电容可降低低压侧的 HEMP 感应电压，电容器电容量越大，HEMP 感应电压越低。上述结论可直接应用于工程上，作为电力系统 HEMP 感应过电压防护的技术措施之一。

（6）HEMP 感应电压经低压电缆传输后，其峰值和波头陡度都会降低，降低的程度与电缆型号、长度和终端负载有关，长度越长、负载越大，则降低得越多。

6.5　高空核电磁脉冲对屏蔽电缆内导体的耦合

6.5.1　转移阻抗和转移导纳

未经屏蔽的长导体在高空核电磁脉冲作用下的耦合电流和耦合电压可达到极高的量值,因此对系统内和系统间的连接电缆采取屏蔽措施是十分必要的。

分析电磁脉冲对受屏蔽导体的耦合时,可以将屏蔽层和内导体描述为两副相互耦合的传输线,如图 6.37 所示。其中,各变量的下标 s 代表屏蔽层,i 代表内导体,外导体与大地组成的传输线(外部电路)受到激励源 V_{ss} 和 I_{ss} 的作用,内导体与屏蔽层组成的传输线(内部电路)受到屏蔽层耦合电压 V_s 和电流 I_s 的激励,由转移阻抗 Z_t 和转移导纳 Y_t,将外导体耦合电流和电压的作用引入内部电路。描述内部电路的传输线方程可写为

$$\frac{\partial V_i}{\partial x} + Z_i I_i = Z_t I_s \qquad (6.5.1a)$$

$$\frac{\partial I_i}{\partial x} + Y_i V_i = -Y_t V_s \qquad (6.5.1b)$$

根据上式,转移阻抗 Z_t 和转移导纳 Y_t 的定义可写为

$$Z_t = \frac{1}{I_s} \frac{dV_i}{dx} \bigg|_{I_i = 0} \qquad (6.5.2)$$

$$Y_t = -\frac{1}{V_s} \frac{dI_i}{dx} \bigg|_{V_i = 0} \qquad (6.5.3)$$

分别代表了内电路短路(开路)时,屏蔽层电流(电压)与单位长度内导体上的电压(电流)的关系。

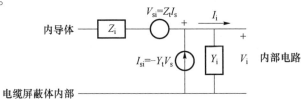

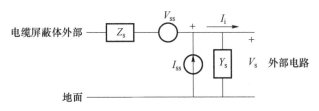

图 6.37　屏蔽导体的耦合分析模型

6.5.2　转移阻抗和转移导纳的计算模型

对于无缝隙的金属管屏蔽体,转移导纳很小以致与转移阻抗相比可以忽略。因此,这里主要考虑转移阻抗的作用。假设屏蔽层截面积和管壁厚度是均匀的,则管状屏蔽层的转移阻抗可以表示为

$$Z_t = \frac{(1+j)T/\delta}{2\pi a\sigma T \sinh[(1+j)T/\delta]} \tag{6.5.4}$$

式中:a 为电缆管状屏蔽层外半径;T 为电缆屏蔽层厚度;σ 为电缆屏蔽层的电导率;δ 为电缆屏蔽层的等效集肤深度。

设 T 与 a 比值很小,且 $a \ll \lambda_{min}$,在 $T/\delta \ll 1$ 条件下,转移阻抗为

$$Z_t = \frac{1}{2\pi a\sigma T} = R_{dc} \tag{6.5.5}$$

式中:R_{dc} 为电缆屏蔽层单位长度的直流电阻。

编织网结构的屏蔽层是信号传输电缆常用的一种形式。图 6.38 为此类编织网几何结构示意图。对此类屏蔽层可采用编织网的几何参数理论计算转移阻抗和转移导纳,传统的方法有 Vance 模型[3],改进的方法有 Tyni 模型、Demoulin 模型和 Kley 模型等[14]。其中,Kley 模型是在前人模型基础上利用测量数据的一种修正模型,具体为

$$Z_t = Z_d + j\omega L_t + (1+j)\omega L_s \tag{6.5.6}$$

式中:Z_d 为散射阻抗;L_s 为编织电感;L_t 为网孔电感。

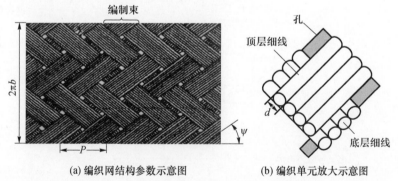

(a) 编织网结构参数示意图　　(b) 编织单元放大示意图

图 6.38　编织网屏蔽体几何结构示意图[14]

转移阻抗是由三种物理现象引起的,分别是导体散射、透射泄露效应和感应波动效应,在表达式中分别对应散射阻抗、网孔电感和编织电感。

（1）散射阻抗:

$$Z_d \approx \frac{4(1+j)d/\delta}{\pi d^2 Nl\sigma\cos\psi\sinh[(1+j)d/\delta]} \tag{6.5.7}$$

式中:δ 为集肤深度;d 为编织线的直径;N 为编织线数;ψ 为编织角度;l 为编织束数;σ 为电导率。

(2)网孔电感:

$$L_t = M_L + M_G \tag{6.5.8}$$

式中:M_L 为考虑编织网曲率和"烟囱效应"对孔电感 L_a 的修正结果。烟囱效应是指由编织网孔壁厚产生的额外衰减。

$$M_L = 0.875 L_a e^{-\tau_H} \tag{6.5.9}$$

$$\tau_H = 9.6F(\kappa^2 d/2b)^{1/3} \tag{6.5.10}$$

式中:κ 为投影覆盖率;F 为填充因子;b 为平均编织层半径;$e^{-\tau_H}$ 为"烟囱效应"的磁场衰减因子。

根据编织角 ψ,可定义一个描述编织孔形状因素的椭圆离心率 e,当 $e = \sqrt{(1 - \tan^2\psi)}$ 时($\psi \leqslant 45°$),有

$$L_a = \frac{\pi\mu}{6l}(1-\kappa)^{3/2}\frac{e^2}{E(e) - (1-e^2)K(e)} \tag{6.5.11}$$

当 $e = \sqrt{(1 - \cot^2\psi)}$ 时($\psi \geqslant 45°$),有

$$L_a = \frac{\pi\mu}{6l}(1-\kappa)^{3/2}\frac{e^2/\sqrt{1-e^2}}{E(e) - (1-e^2)K(e)} \tag{6.5.12}$$

$K(e)$ 为第一类椭圆积分:

$$K(e) = \int_0^1 \frac{\mathrm{d}x}{\sqrt{(1-x^2)(1-e^2x^2)}} \tag{6.5.13}$$

$E(e)$ 为第二类椭圆积分:

$$E(e) = \int_0^1 \sqrt{\frac{1-e^2x^2}{1-x^2}}\mathrm{d}x \tag{6.5.14}$$

式(6.5.8)中,M_G 反映了波动效应,独立于接触阻抗,是一个经验公式项:

$$M_G \approx -\mu\frac{0.11d}{4\pi bF_0}\cos(2k_1\psi) \tag{6.5.15}$$

式中:$F_0 = F\cos\psi$ 为最小填充因子;$k_1 = \pi(2F_0/3 + \pi/10)^{-1}/4$ 为中间代换量。

(3)编织电感:由于穿过屏蔽体的磁场在椭圆形孔壁上引起了涡旋电流,产生了形如 ωL_s 的电阻;存在于内外层编织束之间的磁场引起的其他涡旋电流,产生了形如 $j\omega L_s$ 的正交部分。

$$\omega L_s = (D_L^{-1} + D_G^{-1})/\pi\delta\sigma \tag{6.5.16}$$

$$D_L^{-1} \approx 10\pi F_0^2\cos\psi(1-F)e^{-\tau_E}/2b \tag{6.5.17}$$

$$D_G^{-1} \approx -3.3 \cos(2k_2\psi)/4\pi b F_0 \qquad (6.5.18)$$

$$\tau_E = 12 F(\kappa^2 d/2b)^{1/3} \qquad (6.5.19)$$

式中：$e^{-\tau_E}$ 为集肤深度内的电场衰减因子；D_L 和 D_G 为集肤效应假设直径；$k_2 = \pi(2F_0/3 + 3/8)^{-1}/4$ 为中间代换量。

对于转移导纳，Kley 给出的计算式为[14]

$$Y = j\omega C_0' C_{s0}' \frac{\varepsilon_r^{ext} \varepsilon_r^{int}}{\sqrt{\varepsilon_r^{ext} + \varepsilon_r^{int}}} \cdot 0.875 \frac{\pi\cos\psi}{6\varepsilon_0 l}(1 - F)^3 e^{-\tau_E} \qquad (6.5.20)$$

式中：C_0' 和 C_{s0}' 为电缆内部和外部介质层的相对介电常数 ε_r^{ext}、ε_r^{int} 均为 1 时单位长度电缆的内部和外部电容。

以 AFP－250 型同轴电缆电缆为例，其绝缘介质为聚四氟乙烯，编织角度 $\psi = 24.1°$，绝缘层直径 $D_0 = 1.60\mathrm{mm}$，编织束数 $l = 16$，编织线数 $N = 5$，编织节距 $P = 12.6\mathrm{mm}$，编织线径 $d = 0.10\mathrm{mm}$。选用 Kley 模型对其转移阻抗进行了计算。计算结果与三同轴法测试的转移阻抗对比如图 6.39 所示[15]。为了验证计算结果的有效性，同时在现有系统上测量了 AFP－250 型同轴电缆的转移阻抗，测量数据比较表明，低频段测量结果与计算结果具有较好的一致性。

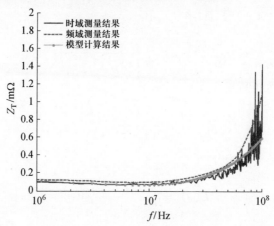

图 6.39　编织网屏蔽层转移阻抗的测试与计算结果对比

6.5.3　屏蔽电缆的电磁脉冲耦合分析

严格来说，屏蔽电缆的转移阻抗和转移导纳是随频率变化的复杂函数，在工程分析中有时需要对这类复杂频变函数做一些简化近似。对于单层编织网屏蔽的电缆来说，图 6.39 中显示的转移阻抗呈随频率单调变化的曲线，因此往往采用如下的一阶简化模型：

$$Z_t = R_{dc} + j\omega L_t \qquad (6.5.21)$$

$$Y_t = j\omega C_t \qquad (6.5.22)$$

式中:R_{dc}为直流阻抗;L_t为等效电感;C_t为等效转移电容。

采用上述简化方法,为传输线结构的时域耦合分析提供了便利条件。例如,在单位长度内导体的激励电压源等于频域屏蔽层电流与转移阻抗的乘积,而在时域这一乘积需要对应为复杂的卷积关系。如果采用一阶等效模型,$j\omega L_t I_s$可对应为$L_t dI_s / dt$的形式,避免了卷积运算。下面采用这一方法,对图6.40的一根位于理想大地上方的屏蔽电缆进行电磁脉冲耦合分析。

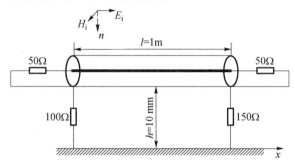

图6.40　平面波照射下的近地屏蔽电缆

计算对象为置于地面上的一根 RG-58 同轴电缆,电缆外半径为 1.52mm,长1m,距离理想大地 10mm,其特征阻抗为 50Ω。入射波垂直照射,电场极化方向与电缆平行。入射波为 HEMP,$E(t) = kE_0(e^{-\alpha t} - e^{-\beta t})$,其中 $k = 1.3$,$E_0 = 50kV \cdot m^{-1}$,$\alpha = 6.0 \times 10^8 s^{-1}$,$\beta = 4.0 \times 10^7 s^{-1}$。屏蔽层左右两端各接 100Ω 和 150Ω 负载,芯线两端与屏蔽层间各接 50Ω 负载。其转移阻抗和转移导纳用采用式(6.5.21)和式(6.5.22)的简化模型。

按照图6.37 给出的内、外电路模型,两组传输线方程在频域可以写为

$$\frac{\partial V_s}{\partial x} + (R_s + j\omega L_s) I_s = E_x \qquad (6.5.23a)$$

$$\frac{\partial I_s}{\partial x} + (G_s + j\omega C_s) V_s = 0 \qquad (6.5.23b)$$

$$\frac{\partial V_i}{\partial x} + (R_i + j\omega L_i) I_i = (R_{dc} + j\omega L_t) I_s \qquad (6.5.24a)$$

$$\frac{\partial I_i}{\partial x} + (G_i + j\omega C_i) V_i = -j\omega C_t V_s \qquad (6.5.24b)$$

式中:E_x 为入射电场切向分量的频域表示;L_s、R_s、C_s、G_s 分别为外电路单位长度的电感、阻抗、电容和导纳;L_i、R_i、C_i、G_i 分别为内电路单位长度的电感、阻抗、电容和导纳;R_{dc}、L_t、C_t 分别为分别为直流转移电阻、转移电感和转移电容。

将式(6.5.23a)至式(6.5.24b)对应的时域方程采用空间和时间的中心差分近似,可得

217

$$\frac{V_{sk+1}^n - V_{sk}^n}{\Delta x} + L_s \frac{I_{sk+1/2}^{n+1/2} - I_{sk+1/2}^{n-1/2}}{\Delta t} + R_s \frac{I_{sk+1/2}^{n+1/2} + I_{sk+1/2}^{n-1/2}}{2} = \frac{E_{sk+1}^n + E_{sk}^n}{2} \quad (6.5.25\text{a})$$

$$\frac{I_{sk+1/2}^{n+1/2} - I_{sk-1/2}^{n+1/2}}{\Delta x} + C_s \frac{V_{sk}^{n+1} - V_{sk}^n}{\Delta t} + G_s \frac{V_{sk}^{n+1} + V_{sk}^n}{2} = 0 \quad (6.5.25\text{b})$$

$$\frac{V_{ik+1}^n - V_{ik}^n}{\Delta x} + L_i \frac{I_{ik+1/2}^{n+1/2} - I_{ik+1/2}^{n-1/2}}{\Delta t} + R_i \frac{I_{ik+1/2}^{n+1/2} + I_{ik+1/2}^{n-1/2}}{2} = L_t \frac{I_{sk+1/2}^{n+1/2} - I_{sk+1/2}^{n-1/2}}{\Delta t} + R_{dc} \frac{I_{sk+1/2}^{n+1/2} + I_{sk+1/2}^{n-1/2}}{2}$$

$$(6.5.26\text{a})$$

$$\frac{I_{ik+1/2}^{n+1/2} - I_{ik-1/2}^{n+1/2}}{\Delta x} + C_i \frac{V_{ik}^{n+1} - V_{ik}^n}{\Delta t} + G_i \frac{V_{ik}^{n+1} + V_{ik}^n}{2} = -C_t \frac{V_{sk}^{n+1} - V_{sk}^n}{\Delta t} \quad (6.5.26\text{b})$$

整理可得屏蔽层与芯线的电流、电压更新后的表达式为

$$I_{sk+1/2}^{n+1/2} = \left(\frac{L_s}{\Delta t} + \frac{R_s}{2}\right)^{-1} \left[E_{xk}^n - \frac{V_{sk+1}^n - V_{sk}^n}{\Delta x} + \left(\frac{L_s}{\Delta t} - \frac{R_s}{2}\right) I_{sk+1/2}^{n-1/2} \right] \quad (6.5.27\text{a})$$

$$V_{sk}^{n+1} = \left(\frac{C_i}{\Delta t} + \frac{G_i}{2}\right)^{-1} \left[-\frac{I_{sk+1/2}^{n+1/2} - I_{sk-1/2}^{n+1/2}}{\Delta x} + \left(\frac{C_i}{\Delta t} - \frac{G_i}{2}\right) V_{sk}^n \right] \quad (6.5.27\text{b})$$

$$I_{ik+1/2}^{n+1/2} = \left(\frac{L_i}{\Delta t} + \frac{R_i}{2}\right)^{-1} \left(L_t \frac{I_{sk+1/2}^{n+1/2} - I_{sk+1/2}^{n-1/2}}{\Delta t} + R_{dc} \frac{I_{sk+1/2}^{n+1/2} + I_{sk+1/2}^{n-1/2}}{2} - \right.$$

$$\left. \frac{V_{ik+1}^n - V_{ik}^n}{\Delta x} + \left(\frac{L_i}{\Delta t} - \frac{R_i}{2}\right) I_{ik+1/2}^{n-1/2} \right) \quad (6.5.28\text{a})$$

$$V_{ik}^{n+1} = \left(\frac{C_i}{\Delta t} + \frac{G_i}{2}\right)^{-1} \left[-C_t \frac{V_{sk}^{n+1} - V_{sk}^n}{\Delta t} - \frac{I_{ik+1/2}^{n+1/2} - I_{ik-1/2}^{n+1/2}}{\Delta x} + \left(\frac{C_i}{\Delta t} - \frac{G_i}{2}\right) V_{ik}^n \right]$$

$$(6.5.28\text{b})$$

在传输线两端,分别按照端接阻抗确定电压和电流的关系。以屏蔽层左端为例,有

$$I_{s1}^{n+1/2} = \left(\frac{L_s}{\Delta t} + \frac{R_s}{2} + \frac{3R_1}{2\Delta z}\right)^{-1} \left[E_{x1}^n - \frac{V_{s2}^n}{\Delta z} + \frac{R_1}{2\Delta z} I_{s2}^{n+1/2} + \left(\frac{L_s}{\Delta t} - \frac{R_s}{2}\right) I_{s1}^{n-1/2} \right]$$

$$(6.5.29\text{a})$$

$$V_{s1}^n = -R_1 \frac{3I_{s1}^{n-1/2} - I_{s2}^{n-1/2}}{2} \quad (6.5.29\text{b})$$

取:L_s、R_s、C_s、G_s 分别为 $0.5154\mu\text{H} \cdot \text{m}^{-1}$、$0$、$0.02156\text{nF} \cdot \text{m}^{-1}$、$0$;$L_i$、$R_i$、$C_i$、$G_i$ 分别为 $0.2095\mu\text{H} \cdot \text{m}^{-1}$、$0$、$0.0838\text{nF} \cdot \text{m}^{-1}$、$0$;$R_{dc}$、$L_t$、$C_t$ 分别为 $14.2\text{m}\Omega \cdot \text{m}^{-1}$、$1.0\text{nH} \cdot \text{m}^{-1}$、$0.091\text{nF} \cdot \text{m}^{-1}$。$\Delta t = 5/3 \times 10^{-11}\text{s}$,$\Delta x = 0.01\text{m}$,计算获得的芯线左侧和右侧负载电压如图 6.41 所示。

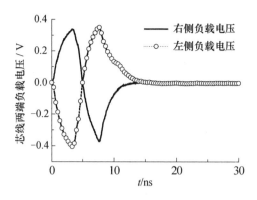

图 6.41　芯线两端负载的电压

6.6　电磁脉冲对屏蔽壳体孔缝的耦合

6.6.1　实壁金属屏蔽壳体上孔缝对 HEMP 的耦合及其对电磁脉冲屏蔽效能的影响

由实壁屏蔽体构成的屏蔽室,如果屏蔽体上不存在任何孔洞、缝隙,则对 HEMP 将具有很高的屏蔽效能(从本书第 12 章对电磁脉冲屏蔽效能的有关计算结果将会看到,厚度仅为 5μm 的无限大无孔金属板,无论是紫铜板、铝板,还是钢板,就脉冲的峰值而论,对 HEMP 的屏蔽效能高达 175 ~ 198dB)。而当屏蔽体上开有孔缝时,由于电磁脉冲对孔缝的耦合,则屏蔽室的屏蔽效能主要取决于孔缝的影响。随着计算电磁学的发展,人们可以采用数值方法比较精确地计算此类问题。当 HEMP 取不同上升时间和脉宽,对于开有不同尺寸孔缝的金属屏蔽壳体的耦合情况,文献[16]采用 FDTD 法进行了计算。屏蔽壳体选取的尺寸与实用屏蔽室的原型尺寸接近。计算时,将屏蔽室壳体视为理想导体,即不考虑电磁能量对壳体的直接穿透,重点突出了 HEMP 对屏蔽壳体上孔缝的耦合及其引起的孔腔谐振现象对屏蔽效能带来的影响。

1. 计算模型

计算空间如图 6.42 所示,屏蔽室壳体按理想导体考虑,其几何尺寸取为 2m × 2m × 2m 和 1m × 1m × 1m 两种,在腔体的一面中央处开有一孔缝,其尺寸分为以下几种:600mm × 10mm、600mm × 20mm、600mm × 30mm、600mm × 50mm、600mm × 70mm、100mm × 20mm、300mm × 20mm、500mm × 20mm 等。入射 HEMP 为双指数型脉冲,其时域表达式见式(6.6.1),参数两种,分别取自文献[17]和美国军标 MIL - STD - 461E[18],波形如图 6.43 中的 HEMP 1、HEMP 2 所示。入射波沿 x 方向传播,电场方向为 y 方向,磁场方向为 z 方向。

$$E(t) = kE_0(e^{-\alpha t} - e^{-\beta t}) \tag{6.6.1}$$

219

式中：$E_0 = 5.0 \times 10^4 \text{V} \cdot \text{m}^{-1}$。

对 HEMP1，$\alpha = 4.0 \times 10^6 \text{s}^{-1}$，$\beta = 4.76 \times 10^8 \text{s}^{-1}$，$k = 1.05$。

对 HEMP2，$\alpha = 4.0 \times 10^7 \text{s}^{-1}$，$\beta = 6.0 \times 10^8 \text{s}^{-1}$，$k = 1.30$。

在采用 FDTD 法作数值模拟时，计算域用 MPML 吸收边界条件来截断，取 Yee 氏直角坐标网格。考虑到孔缝的尺寸与金属壳体的尺寸相比相差甚远，要精确模拟小孔，划分差分网格时空间步长就要取得很小，如选择均匀网格，就会使得整个计算空间的网格数十分巨大，从而使计算所需时间大大增加，以致在普通微机上难以完成。为此，除 x 方向采用均匀网格外，在 y、z 方向分别采用扩展网格。

由于只考虑 HEMP 电磁波垂直入射情况，因而可以利用场的对称性，计算 1/4 区域的场即可。

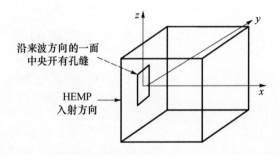

图 6.42　金属壳体在其来波方向的一面上开一长方形孔缝

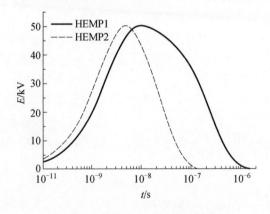

图 6.43　HEMP1 与 HEMP2 波形图

2. 计算结果与分析

（1）当屏蔽室尺寸相同，均为 2m × 2m × 2m，而孔缝尺寸分别为 600mm × 10mm、600mm × 30mm、600mm × 50mm、600mm × 70mm，孔缝的宽边在 z 方向，与入射波的电场极化方向垂直，入射波取 HEMP1，通过孔缝耦合到屏蔽室内的电场时域波形和频谱见图 6.44，采样点位于孔缝轴线上 $x = 50\text{cm}$ 处。由图可见，电磁脉冲能量耦合到屏蔽室内且发生了谐振，屏蔽室的屏蔽效能在谐振区下降很大。由式(6.6.2)可以算出该金属屏蔽腔体谐振的最低次模 TE101 频率为 $1.06 \times 10^8 \, \text{Hz}$，与图中的第一个谐振频率点正好吻合。

$$f = 0.5c \sqrt{\left(\frac{m}{a}\right)^2 + \left(\frac{n}{b}\right)^2 + \left(\frac{p}{l}\right)^2} \tag{6.6.2}$$

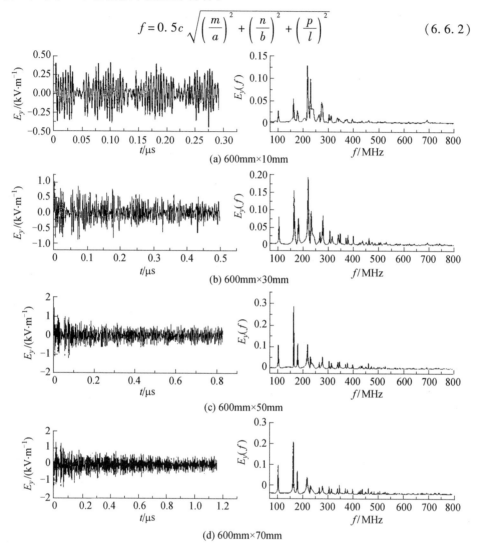

图 6.44　$2\text{m} \times 2\text{m} \times 2\text{m}$ 屏蔽室上孔缝窄边尺寸变化，入射波为 HEMP1 时屏蔽室内耦合的电场时域波形和频谱

　　从图 6.44 还可看出，屏蔽室尺寸相同，孔缝的宽边（与入射波电场极化方向垂直）尺寸也相同，当孔缝窄边尺寸变化时，谐振耦合的频率点基本不变，随着窄边尺寸的增大，耦合能量增大。

　　（2）当其他条件与（1）相同，入射波改取 HEMP2 时，通过孔缝耦合到屏蔽室内的电场时域波形及频谱如图 6.45 所示，比较图 6.44 和图 6.45 可以看出，上升沿更陡，脉宽更短的 HEMP2 更容易耦合进屏蔽室内。

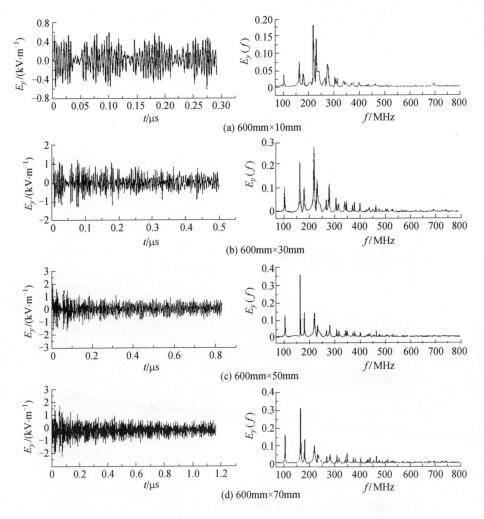

图 6.45　2m×2m×2m 屏蔽室上孔缝窄边尺寸变化,入射波为 HEMP2 时
屏蔽室内耦合的电场时域波形和频谱

（3）当其他条件与（1）相同,只将孔缝尺寸分别改为 100mm × 20mm、
300mm × 20mm、500mm × 20mm、600mm × 20mm,入射波取 HEMP2,通过孔缝耦合
到屏蔽室内的电场时域波形及频谱见图 6.46,采样点仍位于孔缝轴线上 $x = 50$cm
处。由图可见,屏蔽室尺寸相同,当孔缝窄边尺寸（与入射波电场极化方向平行）
也相同,孔缝的宽边尺寸变化时,谐振耦合的频点发生较大变化。可见,电磁能量
耦合产生的谐振频率不仅与屏蔽室腔体的结构尺寸有关,同时还与屏蔽室上孔缝
的尺寸有关。

（4）屏蔽室尺寸分别为 1m × 1m × 1m、2m × 2m × 2m,孔缝尺寸相同,均为
300mm × 20mm,孔的宽边在 z 方向,入射波取 HEMP2,通过孔缝耦合到屏蔽室内的电

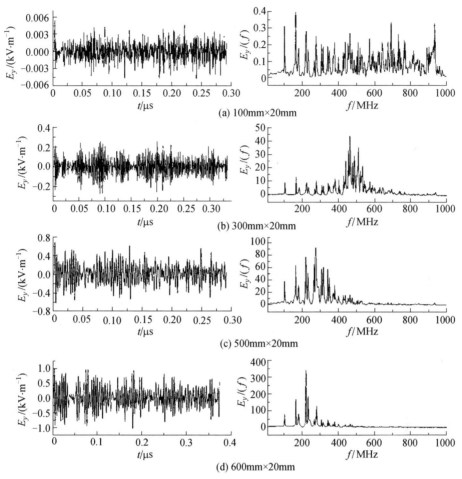

图 6.46　2m×2m×2m 屏蔽室上孔缝宽边尺寸变化，入射波为 HEMP2 时
屏蔽室内耦合的电场时域波形和频谱

场时域波形及频谱见图 6.47，采样点仍位于孔缝轴线上 $x = 50$ cm 处。由式(6.6.2)，可以算出 1m×1m×1m 屏蔽腔体谐振最低次模 TE101 的频率为 2.12×10^8 Hz，与图 6.47 中的第一个谐振频率点正好吻合。

上述数值分析结果表明，实壁屏蔽体上孔缝对 HEMP 的耦合，将对屏蔽室的屏蔽效能产生较大影响，这主要表现在：

（1）经屏蔽体上的孔缝，HEMP 能量耦合到屏蔽室内且发生了谐振，屏蔽室的屏蔽效能在谐振区大大下降。

（2）当屏蔽室尺寸相同，孔缝的宽边(与入射波电场极化方向垂直)尺寸也相同，孔缝窄边的尺寸变化时，耦合谐振的频点基本不变，随着窄边尺寸的增大，耦合能量增大。

（3）HEMP 的上升沿越陡，脉宽越窄，越容易耦合进屏蔽室内。

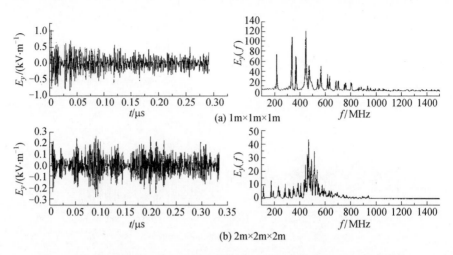

图 6.47　屏蔽室尺寸不同,分别开有相同尺寸的孔缝,入射波为 HEMP2 时
屏蔽室内耦合的电场时域波形和频谱

（4）当屏蔽室尺寸相同,孔缝窄边尺寸(与入射波电场极化方向平行)也相同,孔缝宽边的尺寸变化时,耦合谐振的频点发生较大变化。可见,电磁能量经屏蔽体上的孔缝耦合进入屏蔽室内所发生的谐振,其谐振频率不仅与屏蔽室腔体的结构尺寸有关,同时还与屏蔽室上孔缝的尺寸有关,因此,常称这类谐振为孔腔谐振。

6.6.2　屏蔽机箱上贯通导线对 HEMP 的耦合分析

微电子设备的屏蔽机箱上的贯通导线,往往使机箱屏蔽效能显著降低。有人认为,机箱外连线起到了接收天线作用,将其收集的电磁能量传输到机箱内,是造成机箱屏蔽效能下降的原因。按此说法,当贯通导线露在机箱外的部分比较短时,其收集的电磁能量很小,通过连线耦合到机箱内电路上的电磁能量就会很小。而文献[19]的作者在实验中发现,无论外露导线长度多么短,无论电磁脉冲从哪个方向照射,与连线相连的机箱内电路上都存在较大的耦合电流。经进一步实验证实,屏蔽机箱外表面上产生的电磁脉冲感应电流,经机箱贯通导线和孔口的耦合进入机箱内电路,是造成机箱屏蔽效能下降的主要原因之一。为此,文献[19]采用FDTD 法对屏蔽机箱上贯通导线及其与机箱内相连电路的简化模型进行了数值分析,计算了贯通导线和机箱内电路上的 HEMP 感应电流。计算结果表明,贯通导线在机箱外部分的长度即使很小,机箱内电路负载上仍存在较大的 HEMP 感应电流。计算中,为减小对计算机内存和计算时间的需求,采用了 PML 吸收边界条件对计算域作了截断处理。

1. 计算模型

为研究方便,计算中采用接有两个加载段的直导线来模拟屏蔽机箱内电路及贯通导线,如图 6.48 所示。图中,直导线一端在 P_0 点与屏蔽机箱内壁连接,且与所连接的屏蔽机箱内壁垂直,另一端为 P_4 点。导线的两个加载段用电阻 R_1 和 R_2 表示,R_1 的中点距 P_0 点 7.5mm。P_1、P_2 和 P_3 是导线上的三个点,$P_3 P_4$ 段为贯通导线在屏蔽机箱外的部分。屏蔽机箱上开有一个面积为 12mm × 12mm 的方孔,贯通导线从该孔的中心处(P_3 点)通过。模型的其他参数选取如下:

屏蔽机箱壁厚:3mm。

屏蔽机箱结构尺寸:$a = 60$mm,$b = 60$mm,$c = 78$mm。

导线半径:0.5mm。

$P_0 P_1$ 段导线长度:21mm。

$P_1 P_2$ 段导线长度:9mm。

小孔位置:孔中心(P_3 点)距上、下、前和后表面的距离分别为 48mm、30mm、30mm 和 30mm。

R_1 和 R_2 的电阻值:$R_1 = R_2 = 50\Omega$。

FDTD 网格尺寸:$\Delta s = 3$mm。

边界条件:PML。

PML 匹配层数:16。

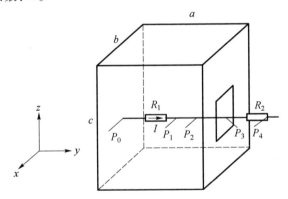

图 6.48 贯通导线及屏蔽机箱内电路的简化模型

2. 细导线加载的模拟

图 6.49 为细导线加载段轴向电场与磁场环链示意图。图中 $E_z(i,j,k)$ 为细导线加载段轴线中点处的电场。在 Yee 氏网格中,沿三个坐标轴方向的空间步长均取为 Δs,并假定细导线加载段的长度和半径分别为 Δs 和 r。当 Δs 很小而 r 比 Δs 又小得多时,可认为整个细导线加载段内的电场均等于 $E_z(i,j,k)$,从而加载段两端的电压 U 等于 Δs 与 $E_z(i,j,k)$ 的乘积。若加载段的电阻值为 R,则通过加载段的传导电流为

$$I = U/R = \Delta s\, E_z(i,j,k)/R \qquad (6.6.3)$$

图 6.49 所示磁场环链在垂直于细导线轴线方向的平面内围成一正方形。若

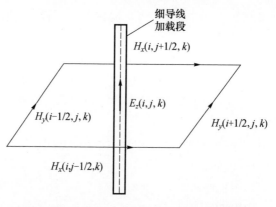

图 6.49 细导线加载段轴向电场及磁场环链

令环链每一边中点的磁场值等于该边磁场的平均值,磁链所围正方形中心的电场值等于该正方形面积内电场的平均值,则由安培环流定律有

$$\varepsilon \frac{\partial E_z^{n+1/2}(i,j,k)}{\partial t} \Delta s^2 + I^{n+1/2} = [H_x^{n+1/2}(i,j-0.5,k) - H_x^{n+1/2}(i,j+0.5,k) +$$

$$H_y^{n+1/2}(i+0.5,j,k) - H_y^{n+1/2}(i+0.5,j,k)] \Delta s$$

$$(6.6.4)$$

令

$$\frac{\partial E_z^{n+1/2}(i,j,k)}{\partial t} = \frac{E_z^{n+1}(i,j,k) - E_z^n(i,j,k)}{\Delta t} \tag{6.6.5}$$

$$E_z^{n+1/2}(i,j,k) = \frac{1}{2}[E_z^{n+1}(i,j,k) + E_z^n(i,j,k)] \tag{6.6.6}$$

将式(6.6.3)、式(6.6.5)、式(6.6.6)代入式(6.6.4),得

$$E_z^{n+1}(i,j,k) = \mathrm{CA} \cdot E_z^n(i,j,k) + \mathrm{CB} \cdot [H_x^{n+1/2}(i,j-0.5,k) -$$

$$H_x^{n+1/2}(i,j+0.5,k) + H_y^{n+1/2}(i+0.5,j,k) -$$

$$H_y^{n+1/2}(i-0.5,j,k)] \tag{6.6.7}$$

式中

$$\mathrm{CA} = \left(1 - \frac{\Delta t}{2\Delta s R \varepsilon}\right) \bigg/ \left(1 + \frac{\Delta t}{2\Delta s R \varepsilon}\right) \tag{6.6.8}$$

$$\mathrm{CB} = \frac{\Delta t}{\Delta s \varepsilon} \bigg/ \left(1 + \frac{\Delta t}{2\Delta s R \varepsilon}\right) \tag{6.6.9}$$

式中:Δt 为 Yee 氏网格的时间步长,可按下式确定,即

$$\Delta t = \Delta s / 2v \tag{6.6.10}$$

式中:v 为电磁波在细导线周围媒质中传播的速度。

226

3. HEMP 波源设置

对图 6.48 所示模型,以两种 HEMP 平面波波源入射,其入射方向均为 +x 向。波源 1 的电场只有 E_y 分量,波源 2 的电场只有 E_z 分量。两波源电场分量的时域表达式均按式(6.6.1),式中的 α、β 和 k 按 HEMP2 取值。

4. 数值结果及讨论

图 6.50 给出了波源 1 入射时,模型结构尺寸如图 6.48 所示,导线取不同设置情况下,R_1 上的 HEMP 感应电流波形。从图(a)可看出,由几厘米长的导线构成的电路,当入射电场与导线平行时,感应电流的峰值高达 100mA 以上。而当此电路放入开有小孔的屏蔽机箱内,由图(b)可知,此时 R_1 上感应电流峰值有很大的衰减。图(c)和图(d)为屏蔽机箱小孔中存在贯通导线时,机箱内电路与贯通导线直

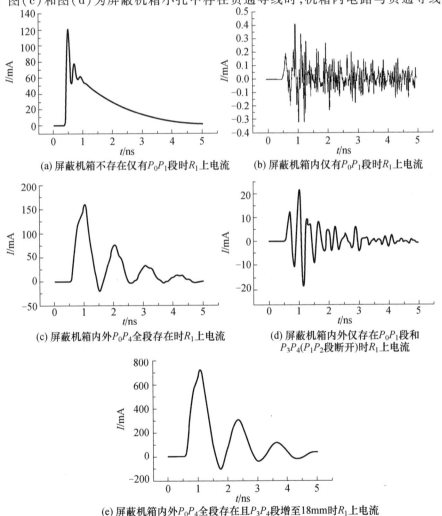

(a) 屏蔽机箱不存在仅有 P_0P_1 段时 R_1 上电流

(b) 屏蔽机箱内仅有 P_0P_1 段时 R_1 上电流

(c) 屏蔽机箱内外 P_0P_4 全段存在时 R_1 上电流

(d) 屏蔽机箱内外仅存在 P_0P_1 段和 P_3P_4(P_1P_2 段断开)时 R_1 上电流

(e) 屏蔽机箱内外 P_0P_4 全段存在且 P_3P_4 段增至 18mm 时 R_1 上电流

图 6.50　HEMP 波源 1 作用下机箱内电路上的感应电流

227

接相接和不直接相接两种情况下，R_1 上的感应电流波形。这两个电流波形的峰值均比图（b）电流波形的峰值有显著增加，说明贯通导线可导致更多的电磁能量耦合到屏蔽机箱内。当图 6.48 模型中 P_3P_4 段导线增长至 18mm 时，由图（e）可见，R_1 上的感应电流峰值增加了好几倍。由于入射电场方向与导线平行，这是不难理解的。图 6.51 则是在波源 2 照射下，当贯通导线外露于屏蔽机箱外部分的长度取不同值时，R_1 上的感应电流波形。由于此时入射电场方向与导线垂直，贯通导线露于机箱部分不能直接从入射场中耦合能量，因而其长度的改变只能影响其与机箱散射场的耦合。由该图可看出，屏蔽箱体外表面感应电流形成的散射场，对带有贯通导线的屏蔽机箱，其箱体内电路上也能产生较强的感应电流，而且这种作用可随贯通导线外露于机箱部分长度的增加而增加。由于屏蔽机箱外表面相对较大，因而受 HEMP 照射时，将收集到可观的电磁能量，这部分电磁能量对屏蔽盒内电路的耦合常常也会因贯通导线的存在而大大加强。

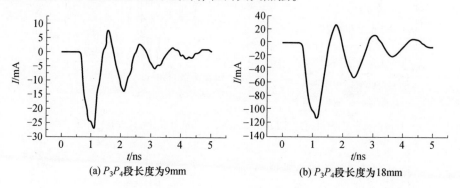

(a) P_3P_4 段长度为9mm   (b) P_3P_4 段长度为18mm

图 6.51　HEMP 波源 2 作用下 P_3P_4 段取不同长度时机箱内电路上的感应电流

参 考 文 献

［1］彭仲秋. 瞬变电磁场[M]. 北京:高等教育出版社,1989.

［2］赖祖武,等. 抗辐射电子学[M]. 北京:国防工业出版社,1998.

［3］Vance E F. Coupling to shielded cables[M]. New York:John Wiley & Sons Inc,1978.

［4］陈彬,王廷永,高成,等. 电磁脉冲作用下近地电缆外皮感应电流的全波分析[J]. 微波学报,2000,16
　　(5):549 − 553.

［5］Chen B,Fang D G,Zhou B H. Modified berenger PML absorbing boundary condition for FDTD meshes[J].
　　IEEE Microwave and Guided Wave Lett,1995,5(11):399 − 401.

［6］Gao B Q,Gandhi O P. An expanding − grid algorithm for the finite − difference time − domain method[J].
　　IEEE Trans. on EMC,1992,34(3):277 − 283.

［7］Yee K S. Numerical solution of initial boundary value problems involving Maxwell' equations in isotropic media
　　[J]. IEEE Trans. on antennas Propagation,1966,14(4):302 − 307.

［8］Taflove A,Umashankar K R,Beker B,Harfoush F,Yee K S. Detailed FDTD analysis of electromagnetic fields
　　penetrating narrow slots and lapped joints in thick conducting screens[J]. IEEE Trans. on Antennas and Propa-

gation,1988,36(2):247 – 257.

[9] Zhou D,Fang D G,Chen B. Modified berenger PML (MPML) absorbing boundary conditions for FD – TD meshes in lossy medium[C]. Conference Digest of ICM – MT'98,Beijing,1998,990 – 992.

[10] Umashankar K R,Taflove A. A novel method to analyze electromagnetic scattering of complex objects[J]. IEEE Trans. on EMC,1982,24:397 – 405.

[11] Greetsai V N. Response of long lines to nuciear high – altitude EM pulse[J]. IEEE Trans. on EMC,1998,40 (3):348 – 354.

[12] 周启明,罗学金. 架空线和地面电缆的 HEMP 耦合模拟试验[C].全国电磁兼容专题研讨会, 南京, 2000:60 – 67.

[13] 马运普,陈彬. 市电供电系统 HEMP 感应过电压的理论研究.理论研究报告[R]. 工程兵工程学院,1996.

[14] Tesche F M,Ianoz M V,Karlsson T. EMC analysis methods and computational models[M]. New York:John Wiley & Sons,1997.

[15] 张琦. 屏蔽电缆 EMP 耦合分析 SPICE 精简建模方法研究[D]. 南京:解放军理工大学,2014.

[16] 高成,周璧华,陈彬,易韵. 实壁金属屏蔽壳体上孔缝及结构尺寸对电磁脉冲屏蔽效能的影响[C]. 第十一届全国电磁兼容学术会议,广州, 2001:66 – 70.

[17] Mindel I N. DNA EMP awareness course:ADA058367[R]. 1977.

[18] United States Department of Defense. Requirements for the control of electromagnetic interference characteristics of subsystems and equipment: MIL – STD – 461E[S]. 1999.

[19] 余同彬,周璧华. 屏蔽机箱上不接触贯穿导线 HEMP 感应电流研究[C]. 第十一届全国电磁兼容学术会议,广州,2001:86 – 89.

229

第7章 雷电电磁脉冲的耦合问题

  LEMP 场对电子、电力设备及系统的耦合是雷电间接毁伤及干扰效应的成因，是研究雷电防护不可或缺的一个重要方面。关于 LEMP 场对电子、电力设备及系统的耦合问题，国内外已开展过大量研究[1-4]，特别是近些年来已成为雷电防护研究的一个重点方向，其研究手段包括理论研究、数值模拟和实验研究[5]。本章首先概述 LEMP 对线缆耦合问题的几种常用模型，重点讨论如何利用 Agrawal 模型分析有耗地面上的架空线，特别介绍 LEMP 耦合计算的 FDTD 两步法。在此基础上，采用 Agrawal 模型分析 LEMP 对地面架空线缆耦合问题，采用 FDTD 两步法对埋地线缆和开孔屏蔽室的 LEMP 耦合问题进行数值分析，得出了一些具有工程应用价值的重要结论。

7.1 LEMP 耦合计算方法研究

  本节归纳关于 LEMP 耦合问题的各种计算方法，首先针对电线、电缆的耦合问题，总结几类常用的场线耦合模型；而后系统介绍用于 LEMP 耦合计算的 FDTD 两步法。

7.1.1 场线耦合模型

  架空输电线和通信线对 LEMP 的耦合所产生的毁伤效应，一直是国内外电磁防护、电磁兼容和防雷研究领域所密切关注的重要课题之一。特别是在人类社会进入 21 世纪以来，与输电线、通信线直接相连的微电子设备和敏感器件日益增多，LEMP 在架空电力线和通信线端口上产生过电压，导致系统与设备蒙受损失的事件日趋严重。因此，如何提高这些长的架空线缆对 LEMP 感应过电压的防护等级显得尤为重要。问题是 LEMP 到底能在这样一些长导体终端产生怎样的感应电压？由于闪电发生的随机性和不确定性，除了专门进行人工引雷外，难以通过现场实验获得这方面的可靠数据，何况人工所引之雷产生的雷电流有别于自然雷。于是采用各种数值技术对 LEMP 在线缆终端产生的感应过电压和过电流进行仿真，已成为国内外研究架空线缆 LEMP 防护问题的重要手段之一[6-16]。

  计算地闪 LEMP 在线缆终端产生的感应电压或电流时，通常采取以下两个步骤[17]：首先，在回击通道基电流已知的条件下，按照某一回击模型，计算回击电流在其周围空间辐射形成的 LEMP 场;然后,对浸没在这一辐射场中的各种线缆,采用描述场对导线耦合机理的一种耦合模型,计算 LEMP 场通过线缆耦合在其终端形成的过电压或过电流。

关于 LEMP 场对线缆耦合问题的数值模拟,国内外一般采用基于传输线理论的一些算法[18-28]。尽管这类算法因忽略了天线电流以及在求取传输线特性参数时做了许多近似处理,导致计算结果与实际情况有所偏差,但随着计算技术的发展和处理方法的改进,其计算精度有了很大的提高[29]。本章首先对其中应用较为普遍的 Agrawal 模型、Taylor 模型和 Rachidi 模型做简单介绍,随后,重点阐述如何采用 Agrawal 模型分析有耗地面上架空线缆的耦合问题,为其后 LEMP 场对电线、电缆的耦合分析奠定基础。

这里假设一根无耗单线传输线,按图 7.1 所示方式沿 x 轴方向水平放置,设传输线半径为 a,长度为 L,距离地面的高度为 h,两端分别接负载 Z_0 和 Z_L。设大地为理想导体,即有:电导率 $\sigma_g \to \infty$,地面的水平电场为 0。当外界非均匀电磁场 E^i、B^i 以一定角度沿导线入射,作用在线上总的电磁场 E、B 则是入射场 E^i、B^i 以及地面反射场 E^s、B^s 的矢量叠加。

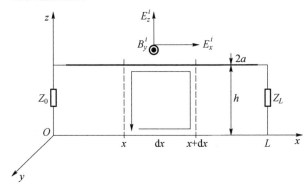

图 7.1　位于理想导电地面上的架空线结构示意图

7.1.1.1　Agrawal 模型

A. K. Agrawal 等[18]按图 7.1 所示 LEMP 场的入射方式对麦克斯韦方程进行积分,推导出用散射电压 V^s 和全电流 I 表示的传输线耦合方程为

$$\frac{dV^s(x)}{dx} + j\omega L'I(x) = V_x^i(x) \tag{7.1.1}$$

$$\frac{dI(x)}{dx} + j\omega C'V^s(x) = 0 \tag{7.1.2}$$

式中:L' 和 C' 分别为传输线单位长度的电感和电容;$I(x)$ 为感应电流;$V^s(x)$ 为线上的散射电压;通过以下关系与线上的全电压联系起来:$V^s(x) = V(x) - V_z^i(x)$,其中 $V_z^i(x)$ 为垂直入射电场在线上产生的激励电压源。

$V_x^i(x)$ 为水平入射电场在线上产生的激励电压源，按图 7.2 所示的等效电路，Agrawal 模型的端部条件为

$$V^s(0) = -Z_0 I(0) - V_z^i(0) \tag{7.1.3}$$

$$V^s(L) = Z_L I(L) - V_z^i(L) \tag{7.1.4}$$

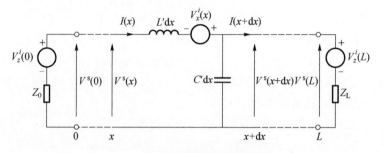

图 7.2   Agrawal 耦合方程的等效电路

在 Agrawal 模型中，以沿导线切向的水平电场在线上产生的分布电压源 $V_x^i(x)$ 为激励函数。从式(7.1.3)和式(7.1.4)及等效电路图 7.2 也可以看到，在导线的两端，还存在两个由垂直入射电场产生的集总电压源 $V_z^i(0)$ 和 $V_z^i(L)$。

Agrawal 模型时域表达式为

$$\frac{\partial v^s(x,t)}{\partial x} + L' \frac{\partial i(x,t)}{\partial t} = v_x^i(x,t) \tag{7.1.5}$$

$$\frac{\partial i(x,t)}{\partial x} + C' \frac{\partial v^s(x,t)}{\partial t} = 0 \tag{7.1.6}$$

7.1.1.2   Taylor 模型

Taylor，Satterwhite 以及 Harrison 等[19] 提出以全电压 V 和全电流 I 表示的传输线耦合方程为

$$\frac{\mathrm{d}V(x)}{\mathrm{d}x} + \mathrm{j}\omega L' I(x) = V_x^i(x) \tag{7.1.7}$$

$$\frac{\mathrm{d}I(x)}{\mathrm{d}x} + \mathrm{j}\omega C' V(x) = I_z^i(x) \tag{7.1.8}$$

式中

$$V_x^i(x) = \mathrm{j}\omega \int_0^h B_y^i(x,z)\,\mathrm{d}z, \ I_z^i(x) = -\mathrm{j}\omega C' \int_0^h E_z^i(x,z)\,\mathrm{d}z$$

按图 7.3 所示等效电路，Taylor 模型的端部条件为

$$V(0) = -Z_0 I(0) \tag{7.1.9}$$

$$V(L) = Z_L I(L) \tag{7.1.10}$$

由式(7.1.7)和式(7.1.8)及图 7.3 可以看出，Taylor 模型包含两个激励函数，

即由横向入射磁场产生的分布串联电压源 $V_x^i(x)$ 和由垂直入射电场产生的分布并联电流源 $I_z^i(x)$。

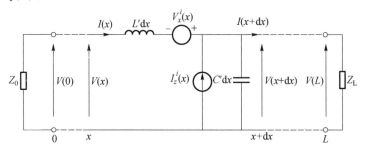

图 7.3　Taylor 耦合方程的等效电路

Taylor 模型的时域表达式为

$$\frac{\partial v(x,t)}{\partial x} + L'\frac{\partial i(x,t)}{\partial t} = v_x^i(x,t) \qquad (7.1.11)$$

$$\frac{\partial i(x,t)}{\partial x} + C'\frac{\partial v(x,t)}{\partial t} = I_z^i(x,t) \qquad (7.1.12)$$

7.1.1.3　Rachidi 模型

Rachidi[20] 推导出以入射磁场为激励函数的耦合方程为

$$\frac{\mathrm{d}V(x)}{\mathrm{d}x} + \mathrm{j}\omega L'I(x) = V_x^i(x) \qquad (7.1.13)$$

$$\frac{\mathrm{d}I(x)}{\mathrm{d}x} + \mathrm{j}\omega C'V(x) = I_z^i(x) \qquad (7.1.14)$$

式中

$$V_x^i(x) = \mathrm{j}\omega \int_0^h B_y^i(x,z)\,\mathrm{d}z, \ I_z^i(x) = -\frac{1}{L'}\int_0^h \left[\frac{\partial B_x^i(x,z)}{\partial y} - \frac{\partial B_y^i(x,z)}{\partial x}\right]\mathrm{d}z$$

按图 7.4 所示的等效电路，Rachidi 模型的端部条件为

$$I(0) = -\frac{V(0)}{Z_0} \qquad (7.1.15)$$

$$I(L) = \frac{V(L)}{Z_L} \qquad (7.1.16)$$

Rachidi 模型的时域表达式为

$$\frac{\partial v(x,t)}{\partial x} + L'\frac{\partial i(x,t)}{\partial t} = v_x^i(x,t) \qquad (7.1.17)$$

$$\frac{\partial i(x,t)}{\partial x} + C'\frac{\partial v(x,t)}{\partial t} = I_z^i(x,t) \qquad (7.1.18)$$

尽管上述三种模型采用不同的方式将激励电磁场引入耦合方程，但是可以证

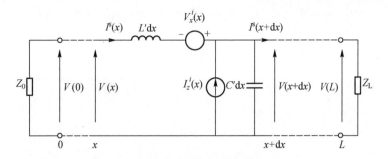

图 7.4　Rachidi 耦合方程的等效电路

明,在某一特定的条件下,这三种模型其实是完全等效的。

7.1.1.4　采用 Agrawal 模型分析有耗地面上的架空线

考虑到位于有耗地面上的架空线,Agrawal 模型可表述为[13]

$$\frac{\mathrm{d}V^s(x)}{\mathrm{d}x} + Z'I(x) = V_x^i(x) \qquad (7.1.19)$$

$$\frac{\mathrm{d}I(x)}{\mathrm{d}x} + Y'V^s(x) = 0 \qquad (7.1.20)$$

式中:Z',Y' 为架空线单位长度的纵向阻抗和横向导纳,且

$$Z' = \mathrm{j}\omega L' + Z_w' + Z_g' + R' \qquad (7.1.21)$$

$$Y' = \frac{(G' + \mathrm{j}\omega C')Y_g'}{G' + \mathrm{j}\omega C' + Y_g'} \qquad (7.1.22)$$

式中:R',L',C',G' 分别为导线单位长度电阻、电感、电容和电导,且

$$L' = \frac{\mu_0}{2\pi}\mathrm{arcosh}\left(\frac{h}{a}\right) \cong \frac{\mu_0}{2\pi}\ln\left(\frac{2h}{a}\right) \quad h \gg a \qquad (7.1.23)$$

$$C' = \frac{2\pi\varepsilon_0}{\mathrm{arcosh}(h/a)} \approx \left(\frac{2\pi\varepsilon_0}{\ln(2h/a)}\right) \quad h \gg a \qquad (7.1.24)$$

$$G' = \frac{\sigma_{\mathrm{air}}}{\varepsilon_0}C' \qquad (7.1.25)$$

$$R' = \frac{1}{\pi a^2 \sigma_w} \qquad (7.1.26)$$

Y_g' 为架空线单位长度导纳,$Y_g' \cong \gamma_g^2/Z_g'$,$\gamma_g = \sqrt{\mathrm{j}\omega\mu_0(\sigma_g + \mathrm{j}\omega\varepsilon_0\varepsilon_{rg})}$；

对于典型架空线(位于地面上几米高处,$\sigma_g = 10^{-3} \sim 10^{-2}\mathrm{S} \cdot \mathrm{m}^{-1}$,$\varepsilon_r = 1 \sim 10$),$Y_g'$ 近似为无穷大,故式(7.1.22)可简化为 $Y' = G' + \mathrm{j}\omega C'$；

Z_w' 为架空线单位长度内阻抗,γ_w 为架空线的传播常数:

$$Z_w' = \frac{\gamma_w J_0(\gamma_w a)}{2\pi a \sigma_w J_1(\gamma_w a)}, \quad \gamma_w = \sqrt{\mathrm{j}\omega\mu_0(\sigma_w + \mathrm{j}\omega\varepsilon_0\varepsilon_{rw})}$$

J_0 和 J_1 分别为零阶和一阶改进贝塞尔函数[30]。

当大地为有耗介质时,地阻抗 Z'_g 可以视为对地面上架空线纵向阻抗 Z' 引入的矫正因子,Carson 将其定义为[31]

$$Z'_g = \frac{j\omega \int_0^h B_y^s(x,z) \, dz}{I} - j\omega L' \qquad (7.1.27)$$

L' 为架空线单位长度电感,按式(7.1.23)计算;B_y^s 为散射磁场沿 y 轴方向的分量。

围绕着式(7.1.27),产生了以下各种近似公式:

(1) Sunde 近似[32],Sunde 于 1949 年提出地阻抗 Z'_g 的近似表达式为

$$Z'_g = \frac{j\omega\mu_0}{2\pi}\ln\left(\frac{1+\gamma_g h}{\gamma_g h}\right) \qquad (7.1.28)$$

(2) 复平面法[33],Gary 将原有的有耗地平面改用位于地面以下"复深度" d 处的理想地平面代替:

$$d = \frac{1}{\sqrt{j\omega\mu_0\sigma_g}} \qquad (7.1.29)$$

则 Z'_g 可以表示为

$$Z'_g = \frac{j\omega\mu_0}{2\pi}\ln\left(1+\frac{1}{\sqrt{j\omega\mu_0\sigma_g}h}\right) \qquad (7.1.30)$$

(3) Vance 近似[34],Vance 将大地视为环绕导线的有耗圆柱体,得出地阻抗 Z'_g 的近似表达式为

$$Z'_g = -\frac{j\gamma_g}{2\pi h\sigma_g}\frac{H_0^{(1)}(j\gamma_g h)}{H_1^{(1)}(j\gamma_g h)} \qquad (7.1.31)$$

式中:$H_0^{(1)}$ 和 $H_1^{(1)}$ 为 Hankel 函数。

Vance 将式(7.1.31)作了进一步近似,得

$$Z'_g \cong \frac{1+j}{2\pi h\sigma_g\delta_g} = \frac{1}{2\pi h}\sqrt{\frac{j\omega\mu_0}{\sigma_g}} \quad \delta_g << 2h \text{ 且 } \delta_g >> \omega\varepsilon_0\varepsilon_{rg} \qquad (7.1.32)$$

$$Z'_g \cong \frac{\omega\mu_0}{8} + j\omega\frac{\mu_0}{2\pi}\ln\left(\frac{\delta_g}{\sqrt{2}\gamma_g h}\right) \quad \delta_g >> h \qquad (7.1.33)$$

上两式中,$\delta_g = 1/\sqrt{\omega\mu_0\sigma_g/2}$ 为地面的集肤深度。

实际上,由于地阻抗 Z'_g 的存在,在将 Agrawal 方程转化为时域表达式时,将会引入卷积积分,产生所谓的"传播效应"。对卷积积分进行求解要消耗大量的内存和计算时间,这对 LEMP 场的计算来说是不可接受的。对此,Rachidi 和 Cooray 均

作了研究[13,25]，并指出当架空线的长度不超过一个临界值（通常为 2000m）时，就可以忽略"传播效应"带来的影响，从而减小计算量。

忽略"传播效应"后，Agrawal 方程的时域表达式可以写为

$$\frac{\partial v^s(x,t)}{\partial x} + R'i(x,t) + L'\frac{\partial i(x,t)}{\partial t} = v_x^i(x,t) \tag{7.1.34}$$

$$\frac{\partial i(x,t)}{\partial t} + G'v^s(x,t) + C'\frac{\partial v^s(x,t)}{\partial t} = 0 \tag{7.1.35}$$

当架空线两端接阻性负载时，端部条件为

$$v^s(0,t) = -R_0 i(0,t) - v_z^i(0,t) \tag{7.1.36}$$

$$v^s(L,t) = R_L i(L,t) - v_z^i(L,t) \tag{7.1.37}$$

Agrawal 耦合方程的时域等效电路如图 7.5 所示。

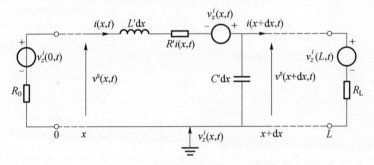

图 7.5　Agrawal 耦合方程的时域等效电路

对多导体架空线，式(7.1.34)和式(7.1.35)中的各参数就变成了相应的矩阵形式，耦合方程如下：

$$\frac{\partial\big[v_i^s(x,t)\big]}{\partial x} + \big[R_{ij}'\big]\big[i_i(x,t)\big] + \big[L_{ij}'\big]\frac{\partial\big[i_i(x,t)\big]}{\partial t} = \big[E_x^i(x,h_i,t)\big]$$

$$\tag{7.1.38}$$

$$\frac{\partial\big[i_i(x,t)\big]}{\partial t} + \big[G_{ij}'\big]\big[v_i^s(x,t)\big] + \big[C_{ij}'\big]\frac{\partial\big[v_i^s(x,t)\big]}{\partial t} = 0 \tag{7.1.39}$$

7.1.2　LEMP 耦合计算的 FDTD 两步法

杨春山等[35]将 FDTD 法引入 LEMP 计算后，该领域越来越多的研究者开始采用 FDTD 法分析 LEMP 耦合问题，如 Baba 等[36]采用三维 FDTD 法计算了闪电击中高塔时附近架空线缆上的耦合电压，任合明等[37]结合 FDTD 法和 Agrawal 耦合模型对 LEMP 在架空线缆上的耦合问题进行了研究。

236

相对而言,采用传输线法求解 LEMP 对架空线的耦合时,在忽略"传播效应"的情况下,具有明显的优势,所需要的计算机内存和计算时间都很少;但是传输线法在求解 LEMP 在埋地线上的耦合时,由于不能忽略地阻抗的影响,必须求解卷积积分,这无疑会带来较高的难度,而且,传输线法仅能用于分析线缆耦合问题,对于其他具有复杂结构的电子、电气设施的耦合计算则无能为力。FDTD 法因具有简单直观、通用性强、适用性广等特点,被广泛应用于电磁散射计算。值得注意的是,LEMP 耦合计算中所涉及的地闪放电通道尺寸为千米级,如将地闪回击通道和开孔屏蔽室置于同一三维区域进行计算,将占用极大的计算空间。为减小对计算机内存和计算时间的需求,李先进[38]、杨波[39]等提出了一种高效的 FDTD 两步法,其基本思想是:将地闪回击通道和开孔屏蔽室或线缆等分置于两个计算域。首先在二维柱坐标系下计算回击电流近场[35],利用旋转对称性,并通过坐标变换转换为三维直角坐标系下的数据,而后加至三维直角坐标计算域的连接边界上,从而计算出此类电气结构物内部的耦合场。这样,所需的三维计算域仅包含电气结构物周围很小范围的空间,使得计算内存和计算量大大减小。

7.1.2.1　计算模型

在模拟地闪放电通道时,通常将通道高度设为几百米至几千米;LEMP 耦合计算中传输线长度往往也是几百米至上千米。如果完全采用三维 FDTD 进行计算,所需要的计算域是非常大的,如文献[36]中对长度为 1200m 的架空线缆进行过计算,地闪通道设为 600m,采用的计算域范围达到 1400m×600m×850m。如此大的计算域计算起来非常耗时,对计算机内存的要求也很大。现采用 FDTD 两步法,计算与文献[36]中相同的问题,大小仅为 1400m×50m×50m 的三维计算域即可满足要求,仅为前者三维计算域的 0.49%。采用 FDTD 两步法计算 LEMP 耦合问题的模型如图 7.6 所示,为简化计算,令三维直角坐标的 x 轴和 z 轴分别与二维柱坐标 r 轴和 z 轴重合。

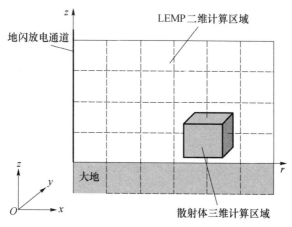

图 7.6　FDTD 两步法用于计算 LEMP 耦合问题的计算域示意图

7.1.2.2　差分格式

LEMP 场的计算采用二维 FDTD 法,差分格式见第 5 章 5.2.4 节。耦合计算采用三维 FDTD 法,差分格式如下[40,41]:

$$E_x^{n+1}\left(i+\frac{1}{2}, j, k\right) = a_1 \cdot E_x^n\left(i+\frac{1}{2}, j, k\right) +$$

$$\frac{a_2}{\Delta y}\left(H_z^{n+1/2}\left(i+\frac{1}{2}, j+\frac{1}{2}, k\right) - H_z^{n+1/2}\left(i+\frac{1}{2}, j-\frac{1}{2}, k\right)\right) -$$

$$\frac{a_2}{\Delta z}\left(H_y^{n+1/2}\left(i+\frac{1}{2}, j, k+\frac{1}{2}\right) - H_y^{n+1/2}\left(i+\frac{1}{2}, j, k-\frac{1}{2}\right)\right) \quad (7.1.40)$$

$$E_y^{n+1}\left(i, j+\frac{1}{2}, k\right) = a_1 E_y^n\left(i, j+\frac{1}{2}, k\right) +$$

$$\frac{a_2}{\Delta z}\left(H_x^{n+1/2}\left(i, j+\frac{1}{2}, k+\frac{1}{2}\right) - H_x^{n+1/2}\left(i, j+\frac{1}{2}, k-\frac{1}{2}\right)\right) -$$

$$\frac{a_2}{\Delta x}\left(H_z^{n+1/2}\left(i+\frac{1}{2}, j+\frac{1}{2}, k\right) - H_z^{n+1/2}\left(i-\frac{1}{2}, j+\frac{1}{2}, k\right)\right) \quad (7.1.41)$$

$$E_z^{n+1}\left(i, j, k+\frac{1}{2}\right) = a_1 E_z^n\left(i, j, k+\frac{1}{2}\right) +$$

$$\frac{a_2}{\Delta x}\left(H_y^{n+1/2}\left(i+\frac{1}{2}, j, k+\frac{1}{2}\right) - H_y^{n+1/2}\left(i-\frac{1}{2}, j, k+\frac{1}{2}\right)\right) -$$

$$\frac{a_2}{\Delta y}\left(H_x^{n+1/2}\left(i, j+\frac{1}{2}, k+\frac{1}{2}\right) - H_x^{n+1/2}\left(i, j-\frac{1}{2}, k+\frac{1}{2}\right)\right) \quad (7.1.42)$$

式中:$a_1 = (2\varepsilon - \sigma\Delta t)/(2\varepsilon + \sigma\Delta t)$;$a_2 = 2\Delta t/(2\varepsilon + \sigma\Delta t)$。

大地电导率 σ_g 和电容率 ε_g 的取值可根据实际需要选取,一般 σ_g 取 $10^{-3}\mathrm{S \cdot m^{-1}}$ 左右,ε_{rg} 取 10 上下。大地与空气的交界面上电导率 σ 和电容率 ε 的取值为两种介质参数之和的二分之一。

$$H_x^{n+1/2}\left(i, j+\frac{1}{2}, k+\frac{1}{2}\right) = b_1 H_x^{n-1/2}\left(i, j+\frac{1}{2}, k+\frac{1}{2}\right) +$$

$$\frac{b_2}{\Delta z}\left(E_y^n\left(i, j+\frac{1}{2}, k+1\right) - E_y^n\left(i, j+\frac{1}{2}, k\right)\right) -$$

$$\frac{b_2}{\Delta y}\left(E_z^n\left(i, j+1, k+\frac{1}{2}\right) - E_z^n\left(i, j, k+\frac{1}{2}\right)\right) \quad (7.1.43)$$

$$H_y^{n+1/2}\left(i+\frac{1}{2}, j, k+\frac{1}{2}\right) = b_1 H_y^{n-1/2}\left(i+\frac{1}{2}, j, k+\frac{1}{2}\right) +$$

$$\frac{b_2}{\Delta x}\left(E_z^n\left(i+1, j, k+\frac{1}{2}\right) - E_z^n\left(i, j, k+\frac{1}{2}\right)\right) -$$

$$\frac{b_2}{\Delta z}\left(E_x^n\left(i+\frac{1}{2}, j, k+1\right) - E_x^n\left(i+\frac{1}{2}, j, k\right)\right) \quad (7.1.44)$$

$$H_z^{n+1/2}\left(i+\frac{1}{2},j+\frac{1}{2},k\right)=b_1 H_z^{n-1/2}\left(i+\frac{1}{2},j+\frac{1}{2},k\right)+$$

$$\frac{b_2}{\Delta y}\left(E_x^n\left(i+\frac{1}{2},j+1,k\right)-E_x^{n+1/2}\left(i+\frac{1}{2},j,k\right)\right)-$$

$$\frac{b_2}{\Delta x}\left(E_y^n\left(i+1,j+\frac{1}{2},k\right)-E_y^n\left(i,j+\frac{1}{2},k\right)\right) \quad (7.1.45)$$

式中：$b_1=1$；$b_2=\Delta t/\mu_0$。

耦合计算三维计算域截面如图 7.7 所示，为避免在计算域边界上的反射，在边界上设置 CPML 吸收边界[42]。

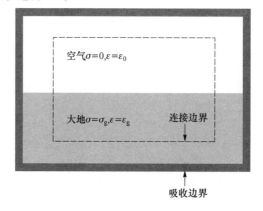

图 7.7 FDTD 两步法三维计算域截面图

在吸收边界上 E_x 分量的 FDTD 差分格式可写为

$$E_x^{n+1}\left(i+\frac{1}{2},j,k\right)=\frac{2\varepsilon_0\varepsilon_r-\sigma\Delta t}{2\varepsilon_0\varepsilon_r+\sigma\Delta t}E_x^n\left(i+\frac{1}{2},j,k\right)+\frac{\Delta t/\Delta x}{2\varepsilon_0\varepsilon_r+\sigma\Delta t}\cdot$$

$$\left[\left(H_z^{n+\frac{1}{2}}\left(i+\frac{1}{2},j+\frac{1}{2},k\right)-H_z^{n+\frac{1}{2}}\left(i+\frac{1}{2},j-\frac{1}{2},k\right)\right)/\kappa_y-\right.$$

$$\left(H_y^{n+\frac{1}{2}}\left(i+\frac{1}{2},j,k+\frac{1}{2}\right)-H_y^{n+\frac{1}{2}}\left(i+\frac{1}{2},j,k-\frac{1}{2}\right)/\kappa_z\right]+$$

$$\frac{\Delta t}{2\varepsilon_0\varepsilon_r+\sigma\Delta t}\left[\psi_{e_{xy}}^{n+\frac{1}{2}}\left(i+\frac{1}{2},j,k\right)-\psi_{e_{xz}}^{n+1/2}\left(i+\frac{1}{2},j,k\right)\right]$$

$$(7.1.46)$$

$$\psi_{e_{xy}}^{n+\frac{1}{2}}\left(i+\frac{1}{2},j,k\right)=b_y\psi_{e_{xy}}^{n-\frac{1}{2}}\left(i+\frac{1}{2},j,k\right)+$$

$$a_y\left(H_z^{n+\frac{1}{2}}\left(i+\frac{1}{2},j+\frac{1}{2},k\right)-H_z^{n+\frac{1}{2}}\left(i+\frac{1}{2},j-\frac{1}{2},k\right)\right)/\Delta y$$

$$(7.1.47)$$

$$\psi_{e_{xz}}^{n+\frac{1}{2}}\left(i+\frac{1}{2},j,k\right)=b_z\psi_{e_{xz}}^{n-\frac{1}{2}}\left(i+\frac{1}{2},j,k\right)+$$

$$a_z\left(H_y^{n+\frac{1}{2}}\left(i+\frac{1}{2},j,k+\frac{1}{2}\right)-H_y^{n+\frac{1}{2}}\left(i+\frac{1}{2},j,k-\frac{1}{2}\right)\right)/\Delta z$$

$$(7.1.48)$$

式中:κ_i、a_i、$b_i(i=x,y,z)$ 等为 CPML 系数。其他分量的差分格式与之相似,此处不再赘述。

7.1.2.3 连接边界上场的加入

首先利用二维柱坐标 FDTD 计算出 LEMP 辐射场分量 E_r、E_z 和 H_φ,再通过坐标转换将其转换为三维直角坐标系下的数据,并通过连接边界加入三维计算域。场分量转换关系如图 7.8 所示,图中只列出了水平电场的转换关系,其他分量的转换关系与之类似。

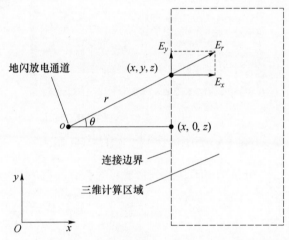

图 7.8 场分量坐标转换关系示意图

各分量之间的转换采用式(7.1.49)至式(7.1.53):

$$E_z(x,y,z)=E_z(r,z) \tag{7.1.49}$$

$$E_x(x,y,z)=E_r(r,z)\cos\theta=E_r(r,z)\frac{x}{r}=E_r(r,z)\frac{x}{\sqrt{x^2+y^2}} \tag{7.1.50}$$

$$E_y(x,y,z)=E_r(r,z)\sin\theta=E_r(r,z)\frac{y}{r}=E_r(r,z)\frac{y}{\sqrt{x^2+y^2}} \tag{7.1.51}$$

$$H_x(x,y,z)=H_\varphi(r,z)\sin\theta=H_\varphi(r,z)\frac{y}{r}=H_\varphi(r,z)\frac{y}{\sqrt{x^2+y^2}} \tag{7.1.52}$$

$$H_y(x,y,z)=H_\varphi(r,z)\sin\theta=H_\varphi(r,z)\frac{x}{r}=H_\varphi(r,z)\frac{x}{\sqrt{x^2+y^2}} \tag{7.1.53}$$

计算中,由于网格是离散的,故只能得到网格点上的数据。当三维网格与二维网格不重合时,可以采用线性插值得到所需要的数据。如图 7.9 所示,假设二维坐标 r 轴上 x_1 和 x_2 两点上的数据已知,x 点上的数据可采用如下公式计算:

$$f(x) = f(x_1)\frac{x_2 - x}{x_2 - x_1} + f(x_2)\frac{x - x_1}{x_2 - x_1} \qquad (7.1.54)$$

式中:$f(x)$ 可表示 x 点上的 E_r,E_z 和 H_φ 场分量。为了检验插值的精度,下面对插值结果与直接采用 FDTD 法计算得到的结果进行比较。观测点选在距离回击放电

图 7.9　插值示意图

通道 101m、地面上 1m 处。计算中,二维 FDTD 网格设置为 1m×1m,采用地面上方 1m、距离通道 100m 和 102m 两点的数据对 101m 数据点进行插值。插值结果如图 7.10 所示,可以看出,如果直接采用相邻点值代替观测点值,误差在 1% 以上,而插值得到的结果与直接计算得到的结果吻合很好。

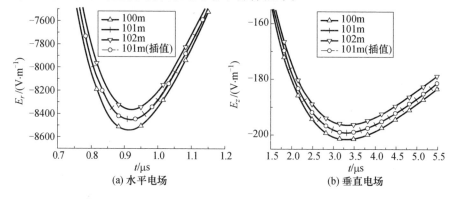

(a) 水平电场　　　　　　　　　(b) 垂直电场

图 7.10　插值结果的检验

对于耦合计算有效性的检验,首先要看从总场-散射场连接边界加入到三维计算域中的场是否正确。为验证 FDTD 两步法连接边界的精度,将同一点的三维直角坐标计算域与二维柱坐标计算域中的 E_x 分量进行比较,如图 7.11 所示。由图可见,通过总场-散射场连接边界加入到三维计算域中的场是正确的。

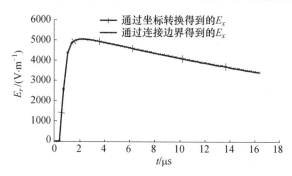

图 7.11　三维计算域中场的验证结果

7.2　LEMP 对地面架空线缆耦合分析

地面上的架空电线、电缆直接暴露在空气中，遭受雷击的概率大，且随着远距离输电以及近代通信事业的飞速发展，各种架空长导体不断增加，因雷击而造成的各种毁伤事故呈不断增长趋势。仅就高压输电线而言，在其上方布设接地的避雷线，可以比较有效地防御直击雷，但人们往往忽略了由 LEMP 对这些线缆的耦合效应在其端口上产生的过电压和过电流，会严重干扰以致毁伤与之相连接的微电子设备。

对于在地面上下敷设的电缆而言，虽然电缆的外导体一般都带有屏蔽层，但当雷击点与电缆的距离非常近时，在电缆外导体上也会产生峰值相当高的感应电流[43,44]，此感应电流通过屏蔽电缆的转移阻抗和转移导纳引入屏蔽电缆的内导体后，也会对电缆终端所接设备造成干扰以致毁伤。从后续的数值分析结果还可看到，即便电缆埋地，LEMP 产生的效应同样不能忽视，因此，研究 LEMP 对近地电缆的耦合效应，已成为雷电防护研究中不可或缺的一个重要课题。

7.2.1　计算模型

由于受计算机内存和计算速度等因素的制约，尽管关于 LEMP 对电线电缆耦合计算方面的文献很多，但采用 FDTD 法计算 LEMP 对电缆耦合效应的文献却很少见。基于之前介绍的传输线耦合理论，本节将采用 FDTD 法在二维空间计算得出的电磁场值，通过插值的方法转化为一维空间传输线耦合差分方程中的激励源项，使得采用 FDTD 研究 LEMP 对较长线缆的耦合问题成为可能[45,46]。

当采用 FDTD 法计算出 LEMP 场之后，在整个 FDTD 计算域内，每个空间节点处都分布着已经计算好的 LEMP 场的各个分量。于是，根据 7.1 节中介绍的 Agrawal 耦合模型[18]，当有架空线身处其中时，将其按照 FDTD 的空间网格进行离散，则 LEMP 场的水平分量就自然在每个网格节点处充当了激励电压源。Agrawal 耦合方程的差分格式为

$$v_k^{n+1} = \left(\frac{C'}{\Delta t} + \frac{G'}{2} \right)^{-1} \left[\left(\frac{C'}{\Delta t} - \frac{G'}{2} \right) v_k^n - \frac{i_{k+1}^n - i_k^n}{\Delta x} \right] \quad k = 2, 3, \cdots, k_{max} - 1 \quad (7.2.1)$$

$$i_k^{n+1} = \left(\frac{L'}{\Delta t} + \frac{R'}{2} \right)^{-1} \left[\left(\frac{L'}{\Delta t} - \frac{R'}{2} \right) i_k^n - \frac{v_{k+1}^{n+1} - v_k^{n+1}}{\Delta x} + \frac{E_k^{n+1} + E_k^n}{2} \right] \quad k = 1, 2, \cdots, k_{max} - 1$$

$$(7.2.2)$$

对于差分方程式(7.2.2)中的激励源项，距雷击点 d 处沿导线方向的 LEMP 水平电场，采用 FDTD 法在二维柱坐标系中进行计算。图 7.12 所示虽是三维结构，但具有对称性，垂直方向直线电流周围相同距离远处场值的大小相等，只是

径向电场的方向不同。按图 7.12 中的标示,设雷击点所在位置为坐标原点,则有 $r_0 = (d^2 + x_1^2)^{0.5}$。考虑到 r_0 可能并不对应于原二维空间中 FDTD 采样点位置,不妨令 $k = \mathrm{int}(r_0/\Delta r)$,则由线性插值公式,距离雷击点 r_0 处沿径向的水平电场值为

$$E_r(r_0) = \left(1 - \frac{d - k\Delta r}{\Delta r}\right) E_r(k\Delta r) + \frac{d - k\Delta r}{\Delta r} E_r((k+1)\Delta r) \qquad (7.2.3)$$

$$E_x(k) = E_r(r_0)\cos\theta = E_r(r_0)\frac{x_1}{r_0} \qquad (7.2.4)$$

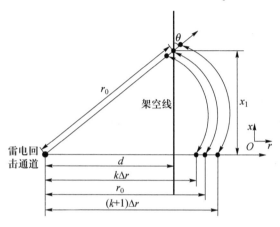

图 7.12　雷击点与电力线的相对位置

$E_x(k)$ 即为差分方程式(7.2.2)中的激励源项,可直接代入方程中进行耦合方面的计算。

按照类似的方法同样可得到导线两端处的垂直电场值。

在对 Agrawal 耦合方程进行离散时,所采用的空间步长 Δx 等于用 FDTD 计算 LEMP 时的空间步长 Δr,时间步长 $\Delta t \leqslant \Delta x/2c$,满足一维空间中的 Courant 稳定性条件 $\Delta t \leqslant \Delta x/c$。

7.2.2　算法有效性验证

7.2.2.1　与其他数值算法比较

下面通过计算实例来展示以上算法的有效性,并将计算结果与采用其他方法的计算结果进行比较。计算中采用的通道基电流波形为文献[16]中提出的典型回击电流波形,设架空线中点与地闪回击通道的垂直距离为 50m,在图 7.13 所示结构中:$x_B = -500\mathrm{m}$;$x_A = 500\mathrm{m}$;$d = 50\mathrm{m}$;大地的电导率和介电常数:$\sigma_g = 0.001\mathrm{S \cdot m^{-1}}$,$\varepsilon_r = 10$;地闪回击速度 $v_r = 1.3 \times 10^8 \mathrm{m \cdot s^{-1}}$。计算中采用了 Rakov 等提出的 MTLL 模型[47]。在图 7.14 中比较了文献[12]算得的解析解、文献[13]采用 Cooray - Rubinstein 公式以及这里采用二维 FDTD 法的计算结果。

从图 7.14 可以看出:当假设大地为理想导电介质时,采用这三种方法的结算结果基本上没有区别;但大地并非理想导电介质,当按实际情况时,比如取电导率 $\sigma_{\text{g}} = 0.001\ \text{S} \cdot \text{m}^{-1}$,后面两种方法的计算结果与采用 Cooray – Rubinstein 公式的计算结果相差就比较大了。产生这种差异的原因是当用 Cooray – Rubinstein 公式计算 LEMP 辐射场时,其适用范围大约在 200m 以外[48],因此当地闪回击通道离架空线的距离比较近时,就会产生比较大的计算误差。

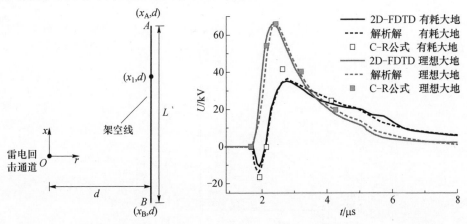

图 7.13 架空线示意图   图 7.14 在导线终端产生的感应电压波形

7.2.2.2 与试验测量结果比较

Barker 等[49]通过人工引雷试验测得 LEMP 在一段架空线模型上产生的感应电压波形,引雷试验布设情况如图 7.15 所示。架空线与闪电通道的距离 $d = 145\text{m}$,线长 $L = 682\text{m}$,由相距约 49m 的 15 根木制电线杆支撑的两根架空线相互平行,彼

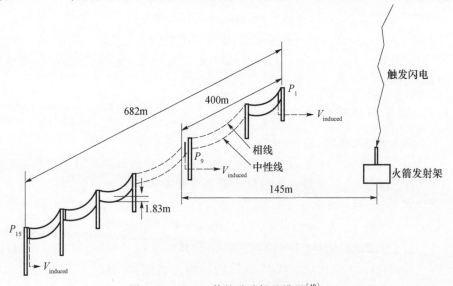

图 7.15 Barker 等的试验场地设置[49]

244

此间隔 1.83m,上面一根作为相线,距离地面 7.5m,下面一根则作为中性线。两根架空线的端部通过 455Ω 的电阻相连,在中性线的两端和第九根木杆处,则通过接地电阻入地,接地电阻的阻值在 30 ~ 75Ω 之间。

在 Barker 的引雷试验中,不仅测量到了架空线上感应电压的波形,而且测量到通道基电流和相应电磁场的波形,这就为进行数值模拟研究提供了方便。首先,对 Barker 测得的通道基电流进行拟合,采用两个 Heidler 函数之和的表达式:

$$i(0,t) = \frac{I_{01}}{\eta_1} \frac{(t/\tau_{11})^{n_1}}{1 + (t/\tau_{11})^{n_1}} \exp(-t/\tau_{21}) + \frac{I_{02}}{\eta_2} \frac{(t/\tau_{12})^{n_2}}{1 + (t/\tau_{12})^{n_2}} \exp(-t/\tau_{22})$$

(7.2.5)

式中:$I_{01} = 13.1\text{kA}, \tau_{11} = 0.22\mu s, \tau_{12} = 88\mu s, n_1 = 2, \eta_1 = 0.93$;第二个 Heidler 函数:$I_{02} = 8.7\text{kA}, \tau_{21} = 0.21\mu s, \tau_{22} = 61\mu s, n_2 = 2, \eta_2 = 0.92$。

拟合波形和测量波形的比较如图 7.16 所示。可以看出,采用 Heidler 函数拟合的电流波形与实测电流波形是吻合的。

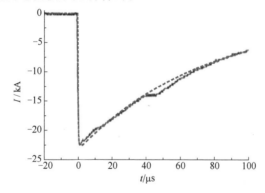

图 7.16　通道基电流波形拟合
(实线:实测通道基电流波形;虚线:拟合波形)

以拟合电流作通道基电流,选传输线类的 MTLL 回击模型,采用 FDTD 两步法计算距回击通道 110m 处的水平电场波形以及在架空线上产生的感应电压波形。计算中,取大地电导率 $\sigma_g = 3.5 \times 10^{-3}\text{S} \cdot \text{m}^{-1}$,介电常数 $\varepsilon_{rg} = 10$,回击速度 $v_r = 1.3 \times 10^8\text{m} \cdot \text{s}^{-1}$,计算得出的架空线上感应电压波形与试验测量波形的比较情况如图 7.17 所示。由图可见,无论是 LEMP 场还是架空线上的感应电压,计算与实测的结果均吻合较好。

7.2.3　地闪回击参数对架空线上 LEMP 感应电压的影响

地闪回击参数的设置对 LEMP 场的计算有着较为直接的影响,这种影响反映到对架空线的耦合计算上,必然会造成感应电压计算结果的差异,下面就来讨论这种影响。

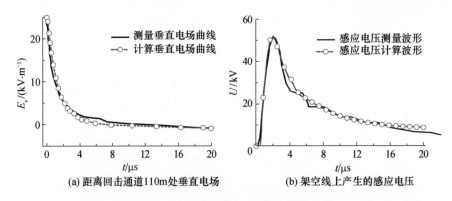

(a) 距离回击通道110m处垂直电场 (b) 架空线上产生的感应电压

图 7.17 测量结果与计算结果对比

当大地电导率、回击速度、回击模型以及与回击通道的距离取不同值时，LEMP 在架空线上产生的感应电压，采用 FDTD 两步法的计算结果如图 7.18 所示。

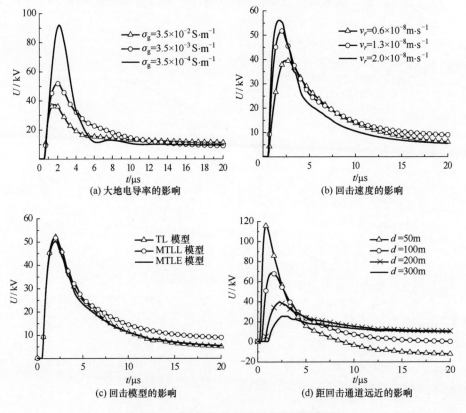

(a) 大地电导率的影响 (b) 回击速度的影响

(c) 回击模型的影响 (d) 距回击通道远近的影响

图 7.18 雷电回击参数对感应电压的影响

由图 7.18 可见，在影响 LEMP 感应电压的这四个因素中，大地电导率以及与回击通道的距离的影响相当大，这两个参数不仅对感应电压的峰值有明显的影响，而且对感应电压的上升时间以及脉宽都有影响。随着大地电导率的降低，与雷击通道的距离越近,在架空线上产生的感应电压的波形呈现明显的快速上升和快速下降特征,而波形的陡化意味着高频分量的增加,对电子设备的耦合效应增强,危害加剧。

7.2.4 架空线采用不同架构对其 LEMP 感应电压的影响

为研究架空线采用不同架构情况下对其 LEMP 感应电压的影响,针对以下三种架构进行了相关的计算。如图 7.19 所示,其中:图(a)为一根架空线位于地面上方 10m 高度处;图(b)为三根架空线沿同一垂直轴线架设,位于地面上方不同高度处;图(c)为三根架空线位于同一高度上。每根导体的半径为 9.14mm,长度为1000m,端接匹配负载。计算中回击速度取 $v_r = 1.3 \times 10^8 \mathrm{m} \cdot \mathrm{s}^{-1}$。雷击点距架空线中点 50m 且与导线两端等距。

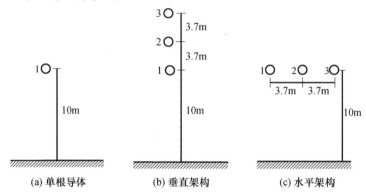

图 7.19　架空线的三种架构

计算结果如图 7.20 所示。可以看出,对于这里考虑的三种结构,其中位于三根水平架空线中间的一根,由于其他两根导体的存在,其两端的感应电压峰值比单一导体两端的感应电压峰值下降 10% ~ 20%。对于采用垂直架构的三根架空线来说,最小感应电压产生在距离地面最近的线上;而对于水平架构的三根架空线而言,最小感应电压产生在中间的线上。

7.2.5 近地电缆外导体上感应电流计算

本节对地闪回击通道附近近地电缆外导体上所产生的感应电流进行数值分析。计算中采用的通道基电流波形同文献[16],采用传输线类的 MTLL 回击模型。电缆沿径向敷设,外导体直径取 0.02m,两端通过匹配负载接地。

对大地电导率 σ_g、电缆的架高 h 和长度 L 以及与回击通道的距离 d 取不同值时在电缆外导体上所产生的感应电流进行计算的结果如图 7.21 所示。可以看出:①σ_g 对耦合电流的影响较大,当 σ_g 较低(如 $\sigma_g = 1.0 \times 10^{-4} \mathrm{S} \cdot \mathrm{m}^{-1}$)时,即便是一根 200m 长的电缆,当其沿地面敷设时,LEMP 都能感应出几千安培的电流;②电缆

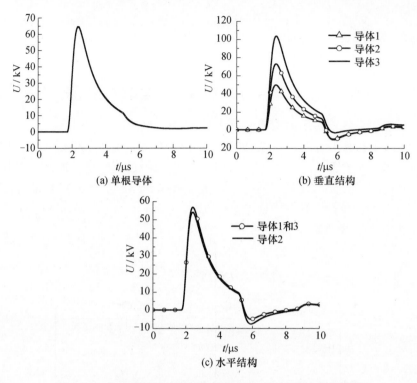

(a) 单根导体

(b) 垂直结构

导体1
导体2
导体3

(c) 水平结构

导体1和3
导体2

图 7.20　架空线采用不同架构情况下的 LEMP 感应电压波形

上感应电流峰值随着 h 的增大而减小;③随着 L 的增加,电缆上的感应电流增大,但当 L 增加至一定值(这里为 200m)时,电缆上感应电流的峰值就不再随 L 增加而明显增大;④随着 d 增加,电缆上感应电流的峰值迅速减小,上升时间增加。按文献[50]中的计算结果,随着与回击通道距离的增加,LEMP 各场量的峰值迅速衰减,在雷击点附近 100m 范围内当径向距离增加 10 倍时,水平电场衰减了近两个数量级,垂直电场衰减到 1/20。可见,距回击通道 100m 以内的近场应作为 LEMP 环境预测研究的重点。

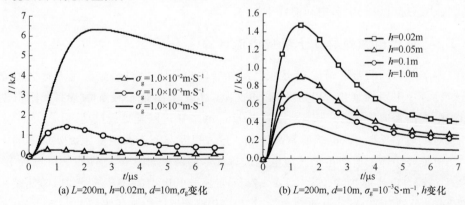

(a) $L=200m$, $h=0.02m$, $d=10m$, σ_g变化

$\sigma_g=1.0\times10^{-2}m\cdot S^{-1}$
$\sigma_g=1.0\times10^{-3}m\cdot S^{-1}$
$\sigma_g=1.0\times10^{-4}m\cdot S^{-1}$

(b) $L=200m$, $d=10m$, $\sigma_g=10^{-3}S\cdot m^{-1}$, h变化

$h=0.02m$
$h=0.05m$
$h=0.1m$
$h=1.0m$

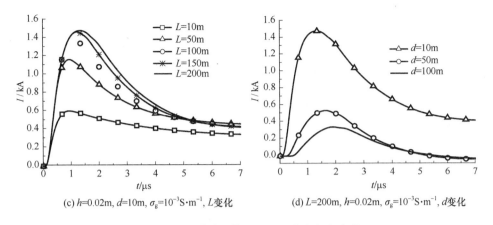

(c) $h=0.02\text{m}$, $d=10\text{m}$, $\sigma_g=10^{-3}\text{S·m}^{-1}$, L变化 (d) $L=200\text{m}$, $h=0.02\text{m}$, $\sigma_g=10^{-3}\text{S·m}^{-1}$, d变化

图 7.21 电缆外导体上 LEMP 感应电流波形

7.3 LEMP 对埋地线缆的耦合分析

地闪 LEMP 对线缆的耦合是雷电防护研究的一个重要方面,对此类线缆耦合问题的研究多以架空线缆为对象,而其中针对埋地线缆耦合问题的研究成果则并不多见。从已有资料看:Nordgard 等[51]对埋地屏蔽传输线上的 LEMP 耦合电压和电流进行过分析;Tesche 等[52]对四种埋于地下的管道在直击雷情况下的响应做了研究;Schoene 等[53]在人工引雷试验中对埋于地下的 $100\text{m}\times30\text{m}$ 矩形环状导体上的耦合电流进行了测量;Petrache 等[54]采用传输线法研究过 LEMP 对埋地线缆的耦合问题;Paolone 等[55]则对埋地线缆 LEMP 耦合问题进行过实验研究。值得注意的是,文献[54]中提出的埋地线缆 LEMP 耦合计算方法中包含有卷积积分,计算中需要消耗大量的计算时间和存储空间,且传输线计算模型中对电路参数的求取较复杂,给耦合计算带来一定困难。采用 FDTD 法虽然可避免求取电路参数的麻烦,直接进行耦合计算;然而,直接采用三维 FDTD 法计算同样需要耗费大量的计算时间和存储空间,计算效率很低。为此,本节对埋地线缆 LEMP 耦合问题的计算,采用了 FDTD 两步法。

7.3.1 计算模型

采用 FDTD 两步法计算埋地线缆的 LEMP 耦合问题,无须考虑线缆的电路参数及引入任何耦合模型,只需要选取合适的大地电导率、介电常数,在整个计算域内对麦克斯韦方程组求解,即可直接得到时域波形。计算模型中,设回击放电通道垂直于地面,高度为 2000m,采用 MTLE 回击模型,设衰减因子 λ 为 2000m,回击速度设为 $1.3\times10^8\text{m·s}^{-1}$,通道基电流峰值为 12kA,采用由式(7.3.1)表达的双指数脉冲进行模拟。为进一步提高计算效率及保证线缆附近网格内 LEMP 场的计算,二维 FDTD 计算域内 z 方向采用渐变网格,线缆附近采用细网格,离线缆较远处采用粗网格,粗细网格之间通过渐变网格过渡。线缆埋地深度设为 1m,耦合计算所在的三维计算域为包含线缆在内的狭长空间,三维计算域截面如图 7.22 所示。

$$I = 1.1 \times I_0 \times (e^{-9.2 \times 10^4 t} - e^{-0.5 \times 10^7 t}) \tag{7.3.1}$$

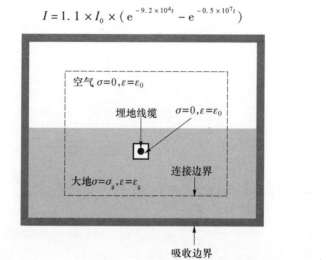

图 7.22　计算埋地线缆 LEMP 耦合问题的三维计算域截面图

埋地线缆沿柱坐标系径向敷设,耦合计算在包围线缆的狭长三维空间中完成,在三维 FDTD 计算中采用 CPML 吸收边界截断计算域。对于直径远小于网格尺寸的线缆,一般采用细线近似方法模拟,令线上切向电场为零,并对细线周围网格上的四个电场分量和四个磁场分量进行修正,电磁场的修正靠改变细线周围网格内的电容率 ε 和磁导率 μ 实现[56,57]。为模拟线缆常采用的穿介质管埋地的方法,将线缆四周的介质参数设为与空气相同,管的截面设为边长 10cm 的正方形,直径为 5mm 的线缆置于管中央,两端接电阻值为 200Ω 的负载。

为了研究 LEMP 对埋地线缆的耦合规律,首先计算了雷击点与线缆相对位置对线缆终端耦合电压的影响;然后选取不同方位上非常靠近雷击点的观测点进行耦合分析。

7.3.2　雷击点与埋地线缆相对位置对耦合的影响分析

自然雷的雷击点是随机的,其相对于埋地线缆的位置会对耦合产生很大影响,当雷击点位于埋地线缆附近,特别是位于埋地线缆轴向时耦合较强。如图 7.23(a) 所示,埋地线缆长度设为 100m,其两端为 C 点和 D 点,将雷击点分别设在 A 点和 B 点,A 点距线缆中点 50m,B 点到线缆端点 C 的距离为 20m,C、D 两端接 200Ω 的负载,线缆埋深为 1m,大地电导率 σ_g 取 0.001S·m^{-1}。雷击点不同时,线缆 D 端耦合电压的计算结果如图 7.23(b) 所示。当雷击 B 点时,D 端耦合电压峰值达到了

20kV,远远大于雷击 A 点时。这是因为地面以下在耦合中起作用的主要是水平电场分量,当线缆放置方向与水平电场方向一致时,耦合最强。再比较雷击 B 点时线缆 C 端和 D 端的耦合电压,如图 7.23(c)所示,线缆两端的耦合电压极性相反,近端电压峰值略小于远端。

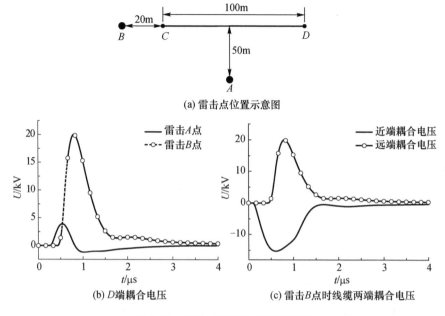

(a) 雷击点位置示意图

(b) D端耦合电压

(c) 雷击B点时线缆两端耦合电压

图 7.23 雷击点对耦合电压的影响

当雷击点位于线缆轴向时,距线缆近端分别设为 10m、20m 和 50m,线缆长度取为 50m。LEMP 对线缆耦合在其远端产生的电压波形计算结果如图 7.24 所示。由图可见,随着雷击点距线缆近端距离的减小,线缆远端耦合电压迅速增大,雷击点距近端 10m 时,与距近端 50m 相比,远端耦合电压峰值增加至距离为 50m 时的4 倍。

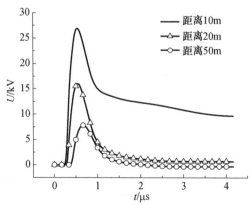

图 7.24 雷击点远近对耦合的影响

7.3.3　埋地线缆长度对耦合的影响分析

为了研究线缆长度对耦合的影响,计算了埋地线缆长度分别取 50m、100m、150m、200m 和 300m 时其两端的电压,计算中将雷击点设在 7.23(a)中 B 点,计算结果如图 7.25 所示。

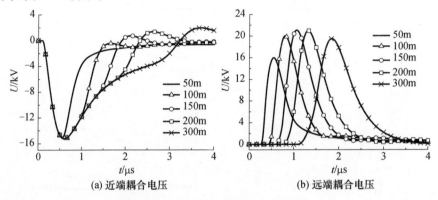

(a) 近端耦合电压　　　　　　　(b) 远端耦合电压

图 7.25　不同长度线缆上的耦合电压

由图 7.25 可见,当线缆长度增加时,线缆近端(C 端)耦合电压峰值变化不大;远端(D 端)耦合电压峰值增大,并在线缆长度达到 150m 时达到最大,而线缆长度再继续增加时,电压便逐渐减小。这是因为 LEMP 频率成分丰富,在线缆长度确定的情况下,LEMP 各频率分量对线缆耦合强弱不同,其中波长可与线缆长度相比拟的频率分量耦合较强,故造成电缆长度影响其终端耦合电压的上述情况。这与任合明等[37]对架空线缆进行耦合分析时得出的相关结论一致,架空线长度超过 200m 时其长度对其终端耦合电压的影响也就不明显了。这进一步说明了线缆对 LEMP 的防护应重点考虑地闪放电通道附近的 LEMP 环境。另外,从耦合电压的波形看,线缆长度越长,耦合电压波形的下降沿越缓,这是因为线缆长度越长,其耦合的低频成分越丰富所致。

7.3.4　大地电导率对埋地线缆耦合的影响分析

关于大地电导率 σ_g 对地下 LEMP 场的影响问题,Cooray[58]曾进行过研究,除了由于 LEMP 场随 σ_g 的变化会引起线缆耦合电压的相应变化之外,σ_g 还会影响地阻抗的大小,并因此对耦合电压产生影响。为此,本节计算 σ_g 取不同数值时 LEMP 对埋地线缆的耦合情况。

计算中 σ_g 分别取为 $0.01S \cdot m^{-1}$、$0.001S \cdot m^{-1}$、$0.0001S \cdot m^{-1}$,计算结果如图 7.26 所示,由图 7.26(a)可见,当 σ_g 由 $0.01S \cdot m^{-1}$ 减小到 $0.0001S \cdot m^{-1}$ 时,线缆两端的耦合电压峰值有较大的增长,波形亦有较大的变化。当 σ_g 为 $0.0001S \cdot m^{-1}$ 时,耦合电压波形产生振荡,这是由于两端的吸收负载与地阻抗不匹配所引起。为

此,试将吸收负载由原来的 200Ω 改为 1000Ω,耦合电压波形便不再产生振荡,如图 7.26(b) 所示,但随着负载电阻的增大,电压峰值有所增大,而线缆终端 LEMP 过电压的增加只会增加防护的难度,是要设法避免的。

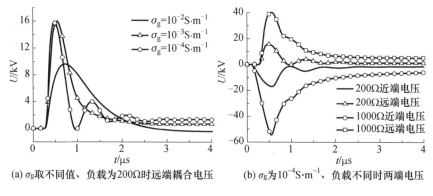

(a) σ_g 取不同值、负载为 200Ω 时远端耦合电压

(b) σ_g 为 10^{-4} S·m^{-1}、负载不同时两端电压

图 7.26 大地电导率对埋地线缆耦合电压的影响分析

7.4 LEMP 对屏蔽室孔缝及贯通导体的耦合分析

随着电子信息技术的高速发展,微电子器件集成化程度不断提高且应用越来越广泛,电子设备在其性能不断增强的同时,对于 LEMP 等高功率电磁环境的防护能力明显下降。鉴于 LEMP 对电子、电气设备造成的毁伤效应日趋势严重,加强电子、电气设备及系统对 LEMP 的防护势在必行。屏蔽室是实现电磁防护的一种有效手段,对于一个全封闭的金属屏蔽腔体而言,理应具有非常好的屏蔽效能,只因屏蔽室在实际使用中必须安装屏蔽门、通风窗、进线孔口等,屏蔽体上所形成的孔洞缝隙会使其屏蔽效能大大降低,不利于对 LEMP 的防护。研究屏蔽体上孔缝电磁耦合问题的文献较多,有关算法包括 FDTD 法、矩量法、混合法等,但电磁场的加入大都采用设置在屏蔽空间内部的点源或外部入射的平面波,还不能直接分析 LEMP 的耦合问题。余同彬等[29],李先进等[38]曾分别针对 HEMP 对屏蔽体上贯通导体和 LEMP 对开孔屏蔽室的耦合问题进行过数值分析,前者是在均匀平面波条件下进行的分析,后者则首次提出采用 FDTD 两步法,成功解决了 LEMP 对开孔屏蔽室的耦合计算问题。杨波等[59]吸取了二者之所长,采用 FDTD 两步法并结合并行算法,进一步针对屏蔽室上的孔缝耦合问题及屏蔽室上贯通长导体带来的不利影响进行了更为精细的数值分析。在此基础上,提出了克服贯通长导体不利影响的工程措施,通过数值分析评估了该措施的效果。

7.4.1 开孔屏蔽室耦合效应分析

7.4.1.1 计算模型

LEMP 对开孔屏蔽室中的线缆耦合问题的计算模型如图 7.27 所示。

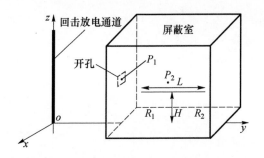

图 7.27　LEMP 屏蔽室孔口耦合计算模型

将地闪回击通道近似为地面上的垂直电偶极子,采用 MTLE 回击模型模拟回击过程,通道基电流采用以下表达式:

$$I = 1.1 \times I_0 \times (e^{-9.2 \times 10^4 t} - e^{-0.5 \times 10^7 t}) \tag{7.4.1}$$

式中:$I_0 = 12\mathrm{kA}$,波形如图 7.28 所示。将尺寸为 $3\mathrm{m} \times 3\mathrm{m} \times 3\mathrm{m}$ 的屏蔽室设在距离回击通道 20m 处,屏蔽室上面积为 $10\mathrm{cm} \times 10\mathrm{cm}$ 的开孔正对回击通道,使孔口对 LEMP 的耦合处于"最充分"的条件下。屏蔽室内设置高度 H 为 1m,长度 L 为 2m 的架空导线,导线两端接阻值 R 为 500Ω 的吸收负载。为减小因网格划分带来的数值误差,对包含屏蔽室的三维计算域采用 $1\mathrm{cm} \times 1\mathrm{cm} \times 1\mathrm{cm}$ 的网格进行剖分。

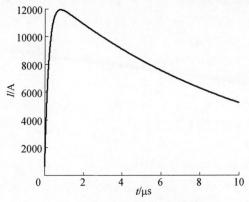

图 7.28　回击通道基电流波形

7.4.1.2　计算结果

在计算屏蔽室内 LEMP 场分布时不考虑屏蔽室内的电路,将检测点设在屏蔽室内距离开孔中心 2cm 处的 P_1 点及屏蔽室中心 P_2 点,如图 7.27 所示。分别将两个检测点的耦合场与不存在屏蔽室时相应位置的 LEMP 场进行对比分析。当屏蔽室不存在时,P_1 点和 P_2 点处的 LEMP 电场分量如图 7.29 所示,有屏蔽室时 P_1 点和 P_2 点处的耦合场如图 7.30 所示。无屏蔽室时场计算采用柱坐标下二维 FDTD 计算得出 E_r 和 E_z 分量;有屏蔽室时,采用 FDTD 两步法得出对应的三维直角坐标下的 E_y 分量和 E_z 分量(由于屏蔽室对电磁场的散射,室内也存在 E_x 分量,但峰值

254

相对较小,此处不予讨论)。理论上讲,一个完全封闭的金属腔体具有良好的屏蔽效能,其内部场强应为零,但是一旦腔体上出现孔缝,其屏蔽效能将大大降低,从图 7.29 可以看出,在开孔附近,电场分量仅衰减了约 20%。国际电工委员会标准 IEC 61000 - 2 - 13 规定,峰值电场强度超过 $100V \cdot m^{-1}$ 时的电磁环境被称为高功率电磁环境。而由图 7.30 可见,电场分量 E_y 峰值超过了 $4kV \cdot m^{-1}$,E_z 分量峰值也达到了 $0.9kV \cdot m^{-1}$,会对敏感电子设备造成威胁。随着与开孔的距离增大,电场分量迅速衰减,从图 7.31 可以看出,屏蔽室中心处 P_2 点处的电场衰减到 $1V \cdot m^{-1}$ 左右,与无屏蔽室情况相比衰减了约 60dB。因此在屏蔽室无法避免开孔时,敏感电子设备应该远离开孔处。

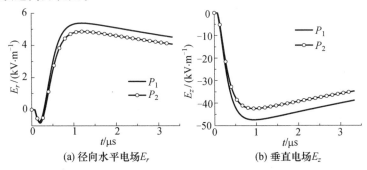

图 7.29　无屏蔽室时 P_1 点和 P_2 点的电场波形

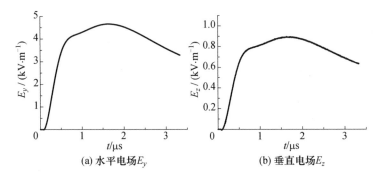

图 7.30　屏蔽室内 P_1 点电场分量

　　从波形上看,屏蔽室内 P_1 点处的波形基本保持了入射波的特征,而 P_2 点处的波形则显示为高频振荡。显然,这是从屏蔽室孔口漏进的 LEMP 能量在屏蔽室内发生了谐振引起的,可称之为孔腔谐振。根据谐振腔基本理论,屏蔽室内的谐振频率与屏蔽室的几何尺寸有关,其 TE_{mnp} 模谐振波的谐振频率为

$$f_{mnp} = \frac{c}{2} \sqrt{\frac{m^2}{a^2} + \frac{n^2}{b^2} + \frac{p^2}{h^2}} \qquad (7.4.2)$$

式中:c 为电磁波在介质中的传输速度;$m = 0,1,2,\cdots, n = 0,1,2,\cdots, p = 0,1,2,\cdots,$

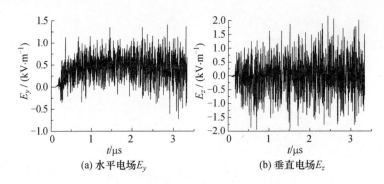

(a) 水平电场 E_y (b) 垂直电场 E_z

图 7.31　屏蔽室内 P_2 点电场分量

m、n 不能同时为零。对于尺寸为 3m×3m×3m 的屏蔽室，计算得出 TE_{101} 模的谐振频率为

$$f_{101} = \frac{c}{2}\sqrt{\frac{1}{3^2} + \frac{0}{3^2} + \frac{1}{3^2}} = 70.7 \quad (\text{MHz}) \tag{7.4.3}$$

从图 7.32(a) 上看出，P_2 点电场分量在 70.7MHz 出现谐振点，与理论计算值吻合。为了更好地观察计算得到的场分量的谐振点与理论谐振频率的对应关系，取式 (7.4.2) 中对应的所有模式，将这些模式对应的频率点标注到场分量的频谱图上，如图 7.32(b) 所示。可以看出，E_z 分量出现谐振的频率都与理论计算的谐振点对应，但并不是所有模式都存在。

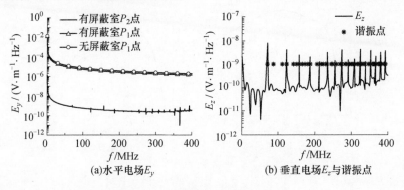

(a) 水平电场 E_y (b) 垂直电场 E_z 与谐振点

图 7.32　屏蔽室内电场分量频谱

LEMP 通过屏蔽室上的孔缝进入屏蔽室后，会在屏蔽室内的电路上产生耦合电流和耦合电压。为研究 LEMP 在开孔屏蔽室中电路上的耦合规律，计算了不同开孔尺寸对电路上耦合电压的影响。计算中分别将开孔尺寸设为 10cm×10cm、20cm×20cm、30cm×30cm，计算得到的电路终端负载上耦合电压波形如图 7.33 所示。图 7.33(a)、图 7.33(b) 分别是开孔大小为 10 cm×10cm 时负载 R_1 和 R_2 上的感应电压 U_1 和 U_2。由图可见，电流两端负载上的耦合电压幅度相差不大，极性相反。另外，随开孔尺寸的增大，负载上的耦合电压有所增大。

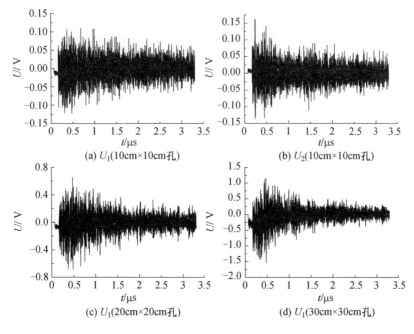

图 7.33　屏蔽室内电路终端负载上耦合电压

从有无屏蔽室的耦合电压看,电路终端的耦合电压峰值从无屏蔽室时约600V衰减到加屏蔽室后约0.6V,衰减约60dB。但值得注意的是,电路终端的耦合电压波形中所显示的高频振荡幅度高达几百毫伏,因此对于屏蔽室上的孔口必须妥善处理,设法避免屏蔽室外高功率电磁环境通过屏蔽体的孔口进入屏蔽室内以致产生孔腔谐振。例如,设置截止波导窗就是一种行之有效的工程措施。

7.4.2　开缝屏蔽室耦合效应分析

7.4.2.1　计算模型

屏蔽体上的孔、缝在所难免,特别是供人员进出的门,即便门扇与门框之间一般都采取了电密封措施,一旦因门扇未关严而出现了缝隙,将会给LEMP之类高功率电磁环境的耦合形成有利条件。为研究缝隙耦合的影响,本节计算了屏蔽体上不同开缝位置、开缝方向、不同尺寸的缝对LEMP耦合带来的影响,所建模型如图7.34所示。

计算中的缝分为横缝和竖缝,横缝又分上横缝和下横缝两种情况,图7.34中只画了上横缝,上横缝距屏蔽室顶50cm,下横缝距屏蔽室底面50cm,竖缝距屏蔽室一侧50cm。

7.4.2.2　计算结果

图7.35所示为宽度取2cm,长度取200cm情况的下横缝耦合结果。由图可见,屏蔽室内电路两端的耦合电压波形极性相反,R_1端幅度略大于R_2端,峰值约22V,如此大的耦合电压加至敏感电子设备端口,会对屏蔽室内设备的安全运行构

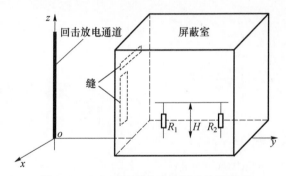

图 7.34　LEMP 屏蔽室孔缝耦合计算模型

成威胁。

接下来,比较横缝和竖缝两种不同开缝方向对 LEMP 耦合的影响,计算中缝的尺寸仍取 2cm×200cm,观察负载 R_1、R_2 上的电压 U_1 和 U_2。竖缝的计算结果如图 7.36所示,与图 7.35 相比,竖缝情况下的耦合要比横缝小得多,这是因为当电场方向与缝方向垂直时耦合较强,LEMP 垂直电场分量 E_z 与横缝垂直,所以会使屏蔽室内电路上的耦合较强。当横缝面积相等,长宽比不同,分别计算了上横缝为 2cm×200cm 和 4cm×100cm 情况下的耦合,计算结果如图 7.37、图 7.38 所示。从图上可以看出,缝面积相同的情况下,长横缝的耦合明显比短横缝的耦合强。

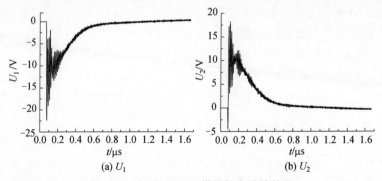

图 7.35　2cm×200cm 横缝耦合计算结果

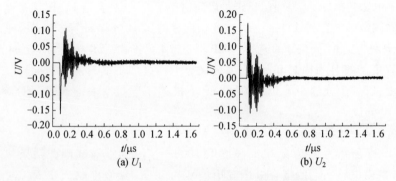

图 7.36　2cm×200cm 竖缝耦合计算结果

258

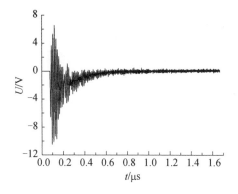
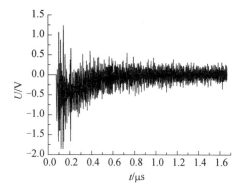

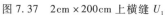

图 7.37　2cm×200cm 上横缝 U_1　　　　图 7.38　4cm×100cm 上横缝 U_1

由于 LEMP 场不是平面波,且地面附近的场并非均匀分布,故开缝的位置也会影响屏蔽室内的耦合情况,由图 7.35 和图 7.36 可以看出,所开横缝的高度对屏蔽室内的耦合有较大影响,开缝的高度较低时,对屏蔽室内电路的耦合强。

以上计算结果与上节屏蔽室开孔情况下的耦合电压相比,开缝时的耦合电压明显较大。上节屏蔽室的开孔面积达 900cm²,耦合产生的电压峰值约 1V,而这里屏蔽室上横缝的面积仅 400cm²,耦合电压的峰值却超过了 20V。可见,就 LEMP 防护而言,要尽量避免在屏蔽体上形成长缝,尤其是长横缝。

7.4.3　带贯通导体屏蔽室耦合效应分析

7.4.1 节对开孔屏蔽室内电路上 LEMP 耦合情况进行了研究,计算结果表明线路上产生的耦合电压随孔口尺寸的减小而减小,可见,当孔口尺寸足够小,通过孔口耦合进入的 LEMP 能量在屏蔽室内电路上形成的干扰就可被忽略了。然而,如果随意将带有绝缘护套的电线、电缆从屏蔽体上的孔口穿过,即形成了贯通导体[60]。贯通导体的出现,会大大降低屏蔽室的屏蔽效能,对室内电子设备造成较强的干扰。以往对贯通导体耦合的研究主要针对尺寸较小的屏蔽机箱[60-63],文献[38]虽然对 LEMP 通过屏蔽室上贯通长导体形成的耦合问题进行过研究,但受计算条件限制,采用的计算网格尺寸取为 15cm×15cm×15cm,将屏蔽室上开孔尺寸设为 30cm×30cm 是无奈之举,与实际情况有较大的差距。故下面采用几何尺寸与工程实际更为接近的计算模型,进一步研究屏蔽室上贯通导体对 LEMP 的耦合及其防护问题。

7.4.3.1　计算模型

计算模型如图 7.39 和图 7.40 所示,其中图 7.39 为简单贯通导体耦合计算模型,图 7.40 为贯通导体外加防护波导管耦合计算模型。两图中的地闪回击放电通道、屏蔽室及其内部电路的基本参数与前两节相同,不同的是在屏蔽室上开孔的尺寸更接近实际,为 4cm×4cm 的方孔,增加了不同长度的贯通导线。图 7.39 中贯通导线总长 1.0m,在屏蔽室内的部分长 0.2m,屏蔽室外长 0.8m。图 7.40 中,贯通导线在屏蔽室外的长度分 0.8m 和 1.3m 两种,其中:0.8m 情况下,防护波导管的长度为 0.8m;贯通导线在屏蔽室外的部分长度为 1.3m 时,防护波导管的长度为 0.8m 和 0.3m。

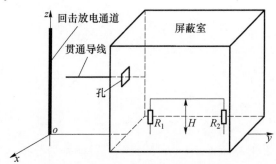

图 7.39　LEMP 屏蔽室贯通导线耦合计算模型

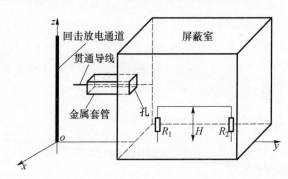

图 7.40　LEMP 屏蔽室贯通导线外加防护波导管耦合计算模型

7.4.3.2　计算结果

为建立贯通导线耦合效应比较基准,首先计算了屏蔽室上开孔大小为 4cm × 4cm,在没有贯通导体情况下,室内电路上的耦合电压,计算结果如图 7.41(a)所示,电路负载上的耦合电压仅为 0.01V。

在开孔屏蔽室上增加长度为 1.0m 的贯通导线(室外部分 0.8m,室内部分 0.2m),在没有其他防护措施的情况下,电路负载上的耦合电压峰值约 0.5V,如图 7.41(b)所示,与没有贯通导体情况相比,耦合增强了约 34dB。从耦合波形上看,贯通导线引入了大量的低频成分,使耦合波形上出现了与无屏蔽室时相似的波形。

当贯通导体与屏蔽室在开孔处实现了电气上的连接,则室内的耦合大大减小,如图 7.41(c)所示,耦合电压降低到约 0.04V,仅比无贯通导体时增强了约 12dB。可见,贯通导体与屏蔽室有电气接触的引入方式会降低贯通导线引起的耦合,这在实际工程中有应用价值。对金属管道之类的贯通导体,可采用焊接方式将其与屏蔽体接通;有屏蔽层的电缆引入屏蔽室时,亦可将电缆外导体与屏蔽室电气连接,

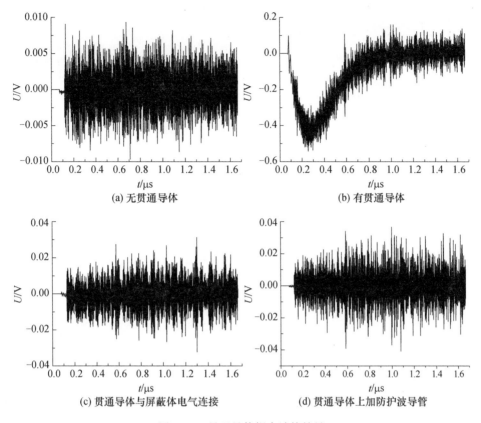

(a) 无贯通导体   (b) 有贯通导体

(c) 贯通导体与屏蔽体电气连接   (d) 贯通导体上加防护波导管

图 7.41　贯通导体耦合计算结果

从而降低线缆引入的耦合。

　　屏蔽体开孔处安装截止波导管是防止外界电磁能量通过孔口进入屏蔽室的常用措施,避免因开孔造成的屏蔽性能下降,这种波导管是否也能用以减小屏蔽室贯通导线带来的影响? 为了回答这个问题,下面做了这样的分析:在总长 1.0m、室外部分长 0.8m 的贯通导线上,用 0.8m 长的波导管将贯通导体室外部分完全套住,数值计算结果如图 7.41(d)所示,室内电路上的耦合电压峰值与贯通导线跟屏蔽室开孔处有电气连接时相当,大大减小了贯通导线的影响。

　　尽管防护波导管能够减小贯通导体引起的耦合,但是当贯通导体长度大于波导管长度时,贯通导体外露部分又会增强对屏蔽室外电磁场的耦合,且暴露的部分越长,耦合越强。当贯通导体室外部分长度为 1.3m,防护波导管长度分别为 0.8m 和 0.3m,即贯通导体分别有 0.5m 和 1.0m 暴露在自由空间中,计算结果如图 7.42 所示。由图可见,暴露部分为 0.5 m 时屏蔽室内耦合电压达到了 0.3 V;暴露部分为 1.0m 时的耦合电压达到 0.6 V,比无防护波导管时室外长度为 0.8m 的贯通导体引起的耦合还强。可见,对于屏蔽体上的贯通导体必须进行有效的防护,避免贯通导体暴露在 LEMP 场中。

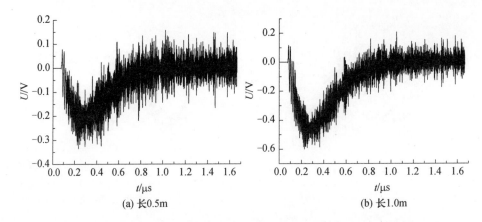

图 7.42　贯通导体室外部分比防护波导管长时屏蔽室内的耦合场波形

本章针对 LEMP 电磁环境下屏蔽室孔缝及贯通导体耦合情况进行了较为精细的分析,数值结果表明:

(1) LEMP 场可通过屏蔽室上孔口形成较强的耦合,特别是与孔口垂直的水平电场分量在屏蔽室内距孔口较近处衰减很少,随着与孔口距离的增加,耦合场的低频分量迅速衰减,在屏蔽室中心位置处,因腔体谐振出现了高频振荡,虽然幅度不算高,但其波长与屏蔽室内线缆尺寸已可比拟,可对线缆形成较强耦合,从而在电路终端出现了幅度达几百毫伏的高频振荡。另外,屏蔽室内耦合场谐振频率的计算结果与理论分析结果吻合很好,但并不是所有模式的谐振点都存在。

(2) 对于 LEMP 通过屏蔽体上缝隙耦合在屏蔽室内形成的场应予重视,孔缝的位置和方向对耦合影响很大,长横缝会大大增强 LEMP 场的耦合,故应尽量避免在屏蔽体上形成长的横缝。

(3) 屏蔽室上一旦有贯通导体出现,会大大降低屏蔽室的屏蔽效能,实现贯通导体与屏蔽体的电气连接或避免贯通导体暴露在 LEMP 场中,可减小贯通导体带来的不利影响。在线缆一类长导体引入屏蔽室处加滤波装置或采取光隔离措施则可较好地解决贯通导体引起屏蔽效能下降的问题。

参 考 文 献

[1] Rusck S. Induced lightning overvoltages on power transmission lines with special reference to the overvoltage protection of low voltage networks[J]. Trans. of the Royal Institute of Technology,Stockholm,1958,120.

[2] Yokoyama S,Yamamoto K,Kinoshita H. Analogue simulation of lightning induced voltages and its application for analysis of overhead ground – wire effects[C].//Proc. Inst. Electr. Eng. ,1985,132:208 – 216.

[3] Nucci C. Lightning – induced voltages on overhead power lines. Part I:Return stroke current models with specified channel – base current for the evaluation of the return stroke electromagnetic fields[J]. Electra,1995,161: 74 – 102.

[4] Paolone M,Nucci C A,Petrache E,et al. Mitigation of lightning – induced overvoltages in medium voltage distri-

bution lines by means of periodical grounding of shielding wires and of surge arresters: modelling and experimental validation[J]. IEEE Trans. Power Del. ,2004,19(1):423 – 431.

[5] Paolone M,Rachidi F,Borghetti A,et al. Lightning electromagnetic field coupling to overhead lines: theory, numerical simulations,and experimental validation[J]. IEEE Trans. Electromagn. Compat. ,2009,51(3):532 – 547.

[6] Diendorfer G. Induced voltage on an overhead line due to nearby lightning[J]. IEEE Trans. Electromagn. Compat. ,1990,32(4):292 – 299.

[7] Nucci C A,Rachidi F,Ianoz M,et al. Lightning – induced voltages on overhead lines[J]. IEEE Trans. Electromagn. Compat. ,1993,35(1):75 – 85.

[8] Chowdhuri P. Response of overhead lines of finite length to nearby lightning strokes[J]. IEEE Trans. Power Delivery,1991,6(1):343 – 350.

[9] Moini R,Kordi B,Abedi M. Evaluation of LEMP effects on complex wire structures located above a perfectly conducting ground using electric field integral equation in time domain[J]. IEEE Trans. Electromagn. Compat. ,1998,40(2):154 – 162.

[10] Rachidi F,Nucci C A,Ianoz M,et al. Response of multiconductor lines to nearby lightning return stroke electromagnetic fields[J]. IEEE Trans. Power Delivery,1997,12(3):1404 – 1411.

[11] Yokoyama S. Calculation of lightning – induced voltages on overhead multiconductor systems[J]. IEEE Trans. on Power App. Syst. ,1984,PAS – 103(1):100 – 107.

[12] Hoidalen H K. Analytical formulation of lightning – induced voltages on multiconductor overhead lines above lossy ground[J]. IEEE Trans. Electromagn. Compat. ,2003,45(1):92 – 100.

[13] Rachidi F,Nucci C A,Ianoz M. Influence of a lossy ground on lightning – induced voltages on overhead lines [J]. IEEE Trans. Electromagn. Compat. ,1996,38(3):250 – 264.

[14] Ishii M,Michishita K,Hongo Y,Oguma S. Lightning – induced voltage on an overhead wire dependent on ground conductivity[J]. IEEE Trans. Power Delivery,1994,9(1):109 – 115.

[15] Hoidalen H K,Sletbak J,Henriksen T. Ground effects on induced voltages from nearby lightning[J]. IEEE Trans. Electromagn. Compat. ,1997,39(4):269 – 278.

[16] Pokharel R K,Ishii M,Baba Y. Numerical electromagnetic analysis of lightning – induced voltage over ground of finite conductivity[J]. IEEE Trans. Electromagn. Compat. ,2003,45(4):651 – 656.

[17] Petrache E. Lightning electromagnetic field coupling to overhead transmission line networks and to buried cables[D]. Italy: University of Bologana,2001.

[18] Agrawal A K,Price H J,Gurbaxani S H. Transient response of multiconductor transmission lines excited by a nonuniform electromagnetic field[J]. IEEE Trans. Electromagn. Compat. ,1980,22(2):119 – 129.

[19] Taylor C D. Response of a terminated two – wire transmission line excited by a nonuniform electromagnetic field [J]. IEEE Trans. Electromagn. Compat. ,1965,7(4):987 – 989.

[20] Rachidi F. Formulation of the field – to – transmission line coupling equations in terms of magnetic excitation field[J]. IEEE Trans. Electromagn. Compat. ,1993,35(3):404 – 407.

[21] Chowdhuri P,Gross E T B. Voltage surges induced on overhead lines by lightning strokes[C].//Proc. of IEEE,1967,114(12):1899 – 1907.

[22] Nucci C A,Rachidi F. On the contribution of the electromagnetic field components in field – to – transmission lines interaction[J]. IEEE Trans. Electromagn. Compat. ,1995,37(4):505 – 508.

[23] Nucci C A,Rachidi F,Ianoz M. Comparison of two coupling models for lightning – induced overvoltage calculations[J]. IEEE Trans. Power Delivery,1995,10(1):330 – 338.

[24] Cooray V. Calculating lightning – induced overvoltages in power lines: a comparison of two coupling models

［J］. IEEE Trans. Electromagn. Compat. ,1995,36(3):179 – 182.

［25］Cooray V,Scuka V. Lightning – induced overvoltages in power lines:validity of various approximations made in overvoltage calculations［J］. IEEE Trans. Electromagn. Compat. ,1998,40(4):355 – 363.

［26］Master M J,Uman M A. Lightning induced voltages on power lines:theory［J］. IEEE Trans. on Power Apparatus and Systems,1984,103(9):2502 – 2515.

［27］Rachidi F,Nucci C A,Ianoz M. Transient analysis of multiconductor lines above a lossy ground［J］. IEEE Trans. Power Delivery,1998,14(1):294 – 302.

［28］Tesche F M,Ianoz M,Karlsson T. EMC analysis methods and computational models［M］.New York:John Wiley and Sons,1997.

［29］余同彬. 时域有限差分法及 HEMP 耦合研究［D］. 南京:解放军理工大学,2003.

［30］龚中麟,徐承和. 近代电磁理论［M］. 北京:北京大学出版社,1990.

［31］Carson J R. Wave propagation in overhead wires with ground return［J］. Bell Syst. Tech. J. ,1926,5:539 – 554.

［32］Sunde E D. Earth Conduction Effects in Transmission Systems［M］. New York:Dover,1968.

［33］Gary C. Approche complte de la propagation multifilaire en haute fre'quence par l'utilization des matrices complexes［J］. EDF Bulletin de la direction des e'tudes er recherches,Se'rie B,1976,3(4):5 – 20.

［34］Vance E F. Coupling to Shielded Cables［M］. New York:Wiley Interscience,1978.

［35］Yang C S,Zhou B H. Calculation methods of electromagnetic fields very close to lightning［J］. IEEE Trans. Electromagn. Compat. ,2004,46(1):133 – 141.

［36］Baba Y,Rakov V A. Voltages induced on an overhead wire by lightning strikes to a nearby tall grounded object ［J］. IEEE Trans. Electromagn. Compat. ,2006,48(1):212 – 224.

［37］Ren H M,Zhou B H,Rakov V A,et al. Analysis of lightning – induced voltages on overhead lines using a 2 – D FDTD method and Agrawal coupling model［J］. IEEE Trans. Electromagn. Compat. ,2008,50(3):651 – 659.

［38］李先进. 地闪回击电磁脉冲及其耦合问题研究［D］. 南京:解放军理工大学,2007.

［39］Yang B,Zhou B H,Gao C,et al. Using a two – step finite – difference time – domain method to analyze lightning – induced voltages on transmission lines［J］. IEEE Trans. Electromagn. Compat. ,2011,53(1):256 – 260.

［40］Yee K S. Numerical solution of initial boundary value problems involving Maxwell's equations in isotropic media［J］. IEEE Trans. Antennas Propagat. ,1966,14:302 – 307.

［41］Taflove A,Hagness S C. Computational Electrodynamics:The Finite – Difference Time – Domain Method. ［M］. 2nd ed. Norwood:Artech House,2000.

［42］Roden J A,Gedney S D. Convolution PML(CPML):An efficient FDTD implementation of the CFS – PML for arbitrary media［J］. Microwave and Optical tech. Letters,2000,27(5):334 – 339.

［43］周璧华,余同彬,杨春山. 地闪回击近场计算与雷电电磁脉冲环境预测［C］. 第二届中国防雷论坛论文摘编,北京,2003.

［44］董万胜,张义军,赵阳,等. 闪电在信号传输线上引起感应电压的观测研究［C］. 第二届中国防雷论坛论文摘编,北京,2003.

［45］任合明,周璧华,余同彬. 雷电电磁脉冲对架空线的耦合效应［J］. 强激光与粒子束,2005,17(1):1539 – 1543.

［46］任合明,周璧华. 地闪电磁脉冲对近地电缆外导体的耦合研究［J］. 电波科学学报,2006,21(5):750 – 755.

［47］Rakov V A,Dulzon A A. Calculated electromagnetic fields of lightning return stroke［J］. Tekh. Elektrodianm. ,1987,1:87 − 89.

[48] Cooray V. Some considerations on the "Cooray − Rubinstein" formulation used in deriving the horizontal electric field of lightning return strokes over finitely conducting ground[J]. IEEE Trans. Electromagn. Compat. , 2002,44(4):560 − 565.

[49] Barker P P,Short T A,Eybert − Berard A R,et al. Induced voltage measurements on an experimental distribution line during nearby rocket triggered lightning flashes[J]. IEEE Trans. Power Delivery,1996,11(2): 980 − 995.

[50] Georgiadis N,Rubinstein M,Uman M A,et al. Lightning − induced voltages at both ends of a 448 − m power − distribution line[J]. IEEE Trans. Electromagn. Compat. ,1992,34(4):451 − 459.

[51] Nordgard J D,Chin C L. Lightning − induced transients on buried shielded transmission lines[J]. IEEE Trans. Electromagn. Compat. ,1979,21(3):171 − 181.

[52] Tesche F M,K¨alin A W,Br¨andli B,et al. Estimates of lightning − induced voltage stresses within buried shielded conduits[J]. IEEE Trans. Electromagn. Compat. ,1998,40(4):492 − 503.

[53] Schoene J,Uman M A,Rakov V A. Experimental study of lightning − induced currents in a buried loop conductor and a grounded vertical conductor[J]. IEEE Trans. Electromagn. Compat. ,2008,50(1):110 − 117.

[54] Petrache E,Rachidi F,Paolone M,et al. Lightning induced disturbances in buried cables − part I:Theory[J]. IEEE Trans. Electromagn. Compat. ,2005,47(3):498 − 508.

[55] Paolone M,Petrache E,Rachidi F,et al. Lightning − induced voltages on buried cables. Part II:Experiment and model validation[J]. IEEE Trans. Electromagn. Compat. ,2005,47(3):509 − 520.

[56] 葛德彪,闫玉波. 电磁波时域有限差分方法[M]. 西安:西安电子科技大学出版社,2002.

[57] Noda T,Yokoyama S. Thin wire representation in finite difference time domain surge simulation[J]. IEEE Trans. Power Del. ,2002,17(3):840 − 847.

[58] Cooray V. Underground electromagnetic fields generated by the return strokes of lightning flashes[J]. IEEE Trans. Electromagn. Compat. ,2001,43(1):75 − 84.

[59] 杨波. 地闪 LEMP 耦合效应基础研究[D]. 南京:解放军理工大学,2012.

[60] 余同彬,周璧华. 屏蔽机箱上不接触贯穿导线 HEMP 感应电流研究[C]. 第十一届全国电磁兼容学术会议,广州,2001:86 − 89.

[61] 李旭,俞集辉,李永明,等. 电磁场对导线贯通屏蔽箱体内电路干扰的建模及仿真[J]. 系统仿真学报,2007,19(17):3891 − 1893.

[62] 李永明,耿力东,俞集辉,等. 多根贯通导线对屏蔽体内电路电磁干扰影响的仿真研究[J]. 电子技术应用, 2007,11:133 − 135.

[63] 耿力东,李永明,郝世荣. 贯通导线对腔体内电路电磁干扰影响的仿真研究[J]. 微波学报,2008, 24(6):82 − 84.

第8章 电磁脉冲模拟技术

对于核电磁脉冲环境及其工程防护技术的研究,以及对各种电磁脉冲防护措施防护效果的检验与评定,均离不开试验。因为任何理论计算都是在一定的假设和简化条件下进行的,特别是关于电磁脉冲的理论计算中,还不能精确包含那些对系统有重大影响的微妙的耦合模式。通过试验对复杂系统的耦合情况进行测试和分析,就显得更为必要和不可缺少了。另外,在线性系统基础上进行的理论计算,对存在于实际系统中的大量非线性现象往往无能为力,而试验目前仍是发现和分析系统各种非线性效应的有效手段。就试验的对象而论,小至元器件、组件和设备,大至分系统、系统和工程设施。就武器系统、工程设施的研制与建设而言,试验贯穿于方案的论证与设计、技术设计、生产或施工设计、调试、使用、维护、贮存等各个阶段。

电磁脉冲试验,理应包括核爆炸现场试验和模拟试验两个方面。显然,现场试验的试验条件真实,现场具备的一些综合性的复杂环境往往是难以模拟的。例如源区电磁脉冲,除电磁场外,在源区内还有 γ 和中子的辐射以及被电离的大气介质等。然而,其试验条件的综合性和复杂性,常使所得的试验结果难以分析,加之试验的费用高,准备时间长,效率低,在核试验未被禁止的时代,现场试验的机会也是不多的。在签署了全面禁止核试验条约后的今天,现场试验已不可能,只能依赖于模拟试验了。

与现场试验相比,模拟试验除了不受条约限制外,还具有试验条件单一、试验结果便于分析、测试方便、能重复进行、周期短、效率高、费用低等优点。

电磁脉冲模拟试验分为实验室类型的试验和场激励试验两类。前者是在实验室条件下进行的元器件阈值试验、缩比试验、注入试验等。而后者通常是将被试的设备或系统放置在经专门设计的电磁脉冲模拟器所提供的电磁脉冲环境中,以观测受试对象有关电路的感应电压、感应电流或某一空间的场强,考查其运行状态,以评价设备或系统对电磁脉冲的敏感性、易损性,寻找电磁脉冲对于系统的耦合途径,检验各种防护措施的有效性。

模拟器应能按照试验所要求的电磁脉冲特性,为试件提供特定的电磁脉冲环境,并且在激励试件的同时,不因自身的存在而严重改变试件所在处的场分布。由于核爆炸产生的电磁脉冲以不同方式作用于各种武器系统和工程设施,因此模拟器必须根据特定的用途设计和制造,其产生的电场、磁场和极化方式符合特定要

266

求,才能较为逼真地模拟被试对象在该种电磁环境中的响应。

被试对象及其试验目的的多样性使得电磁脉冲模拟器式样繁多,大小不一,形状各异。然而不论何种模拟器,皆由脉冲源和电磁场形成装置两大部分组成。脉冲源通常为峰值电压达数千伏至数兆伏的高压脉冲发生器,其输出的脉冲可以是单次的或以一定频率重复的。电磁场形成装置是用以在试件周围空间形成脉冲电磁场的金属结构物,它规定了用来激励电磁场的空间电流的流动方向和电流分布,它有各种各样的几何形状,例如倒立于地面上的圆锥体(单锥),悬吊在空中的双锥偶极子、平行板、圆环、扇面等。

模拟器所提供的模拟电磁环境与真实环境的逼真程度称为模拟程度,其高低取决于试验的需要、技术上的可能以及经济条件。一般来说,对于大型系统的试验,除场的波形要求达到一定指标外,往往还要提出对于极化方向、波阻抗、入射方向、波阵面的平直度以及场分布的均匀度等方面的要求。对于地面上或靠近地面的系统,大地的反射波也是一项重要的模拟内容。相反,对于飞行中的飞机和导弹一类的空中受试系统,模拟环境的形成又必须排除地面反射的影响。

关于模拟场的波形要求,由于不同的核装置、不同方式的爆炸、不同的观测点,场的波形都不相同,在提出模拟要求时,只能针对其中威胁最为严重的情况。对于双指数型脉冲,应按可能达到的最大场强峰值,最快的上升时间,最长的衰落时间确定模拟场的波形要求。

此外,对电场照射器的大小和形状的设计还必须考虑模拟器结构与试件之间的相互作用问题,要求试件对模拟环境的扰动所造成的影响,不得严重改变试件的响应。

事实上,对于真实电磁脉冲环境的模拟,几乎没有一种装置能够达到上述全部要求。都存在着一定的局限性。模拟器的设计常常受到技术水平和经费等方面的限制。如何取舍折中,充分利用一切可能的条件和手段,优化设计方案,提高效费比是设计者必须优先考虑的问题。另外,设计一些简化的模拟器,即使其中一项或几项技术指标达不到标准,但可用来获得足够多的试验数据,在此基础上采取分析手段加以外推,或结合理论研究加以完善也是一种可取的方法。一般情况下,对模拟器模拟程度的要求,应以满足试验目的为原则,过分要求高度逼真,即使技术条件和经济条件允许,也没有必要。

模拟器所能提供的模拟环境,取决于脉冲源和电场照射器以及吸收负载的设计。从上升沿很陡、峰值很高的脉冲高压的形成,到脉冲能量的传输和辐射,直至符合特定要求的场的形成,是一门涉及多个学科的综合性技术。本章将在普遍介绍各种类型模拟器的基础上,重点讨论脉冲高压的形成及其陡化技术;模拟器工作空间试件大小对场分布的影响。最后,详细介绍一种经优化设计而获得较高性能价格比的多用途电磁脉冲模拟器。此外,电磁脉冲模拟技术包括试验模拟技术和数值模拟技术,本章仅涉及与试验有关的模拟技术。

8.1 电磁脉冲模拟器概述

20世纪60年代以来,世界各国建造了许多电磁脉冲模拟器,并提出了一些模拟复杂电磁脉冲环境的设想。最初人们将这些模拟器按结构形式分为有界波模拟器和辐射波模拟器,又按电场强度分为威胁量级和亚威胁量级两类模拟器。随着模拟技术的发展,C. E. Baum于1978年按所需模拟的电磁脉冲环境,将模拟器分为四类[1]:

(1) 模拟源区外电磁脉冲环境的模拟器;

(2) 模拟地面附近核爆炸源区内电磁脉冲环境的模拟器;

(3) 模拟空中核爆炸源区内电磁脉冲环境的模拟器;

(4) 模拟高空核爆炸源区内系统电磁脉冲的模拟器。

迄今为止,这些模拟器多数都已实现,还有少数至今仍然尚未成为现实。

下面介绍几种较为典型的电磁脉冲模拟器。

8.1.1 有界波电磁脉冲模拟器

有界波电磁脉冲模拟器又称导波模拟器。它采用了与波导类似的结构,其截面可用两个正交的坐标来描述,波在第三个正交坐标方向上传播,基本上是TEM模。在波的传播过程中,模拟器结构形成了导波的边界,故称之为有界波模拟器。另外,只要频率不是太高(波长大于导波结构截面几何尺寸),对这类模拟器可按传输线理论加以分析。因而又称作传输线类型的模拟器。

有界波电磁脉冲模拟器的典型结构如图8.1所示。其基本组成包括脉冲源、前过渡段、平行板段(传输线)、后过渡段、终端器几个部分。

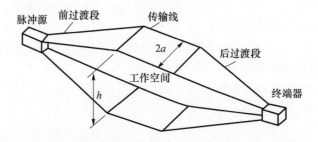

图8.1 平面金属板(或线栅)有界波模拟器基本组成

模拟器的电磁特性,是由脉冲源的等效电容和电感以及传输线的阻抗三个要素决定的。由脉冲源的电容和传输线阻抗构成脉冲衰落部分的时间常数,而脉冲上升时间的时间常数则与脉冲源的电感成正比,与传输线的阻抗成反比,场强的峰值则与脉冲源的工作电压(V_0)成正比而与工作空间的高度(h)成反比($E \approx V_0/h$)。

通常脉冲源的几何尺寸相对于工作空间要小得多,为了保证脉冲源激励的电磁波无反射、无损耗地传输到工作空间,必须引入一前过渡段,要求从过渡段到工作空间阻抗不变。对平行板段,其传输线阻抗为工作空间高与宽之比的函数,近似为

$$Z = 120\ln\frac{4h}{a} \tag{8.1.1}$$

式中:h 为平行板传输线的高度(m);a 为板的半宽度(m)。

只要做到过渡段各截面的高宽比不变,其阻抗即能保持不变。于是将过渡段设计为锥板状。同样的理由,为消除终端反射,所用电阻性负载(终端器)与平行板段之间也需要这样一个后过渡段。

在前过渡段中,波基本以球面波形式传播,为使工作空间内的波前接近平面波,前过渡段的长度应为工作空间高度的 2 倍以上。

由于这类模拟器放置试件的工作空间,提供了一个较为理想的近似于单一平面波的环境,因此常用于模拟高空核爆炸源区外自由空间的辐射场环境,用以对导弹和飞机(按飞行态)等进行试验。

与 TEM 小室(横电磁波小室)的封闭金属壳体的结构相比,有界波模拟器的工作空间是向两侧开放的,要开阔得多,造价也低得多。而且更为重要的是,封闭的金属壳体常使其中的电磁环境复杂化,例如出现腔体谐振现象,这在有界波模拟器中是不存在的。

大型的高电场有界波模拟器,其电场照射器均采用金属线栅代替金属板,不仅避免了金属板边缘的电晕现象和高压击穿问题,在室外条件下也提高了承受风载的能力。

多数现有的有界波模拟器用以产生垂直电场,在这种情况下,若以大地作为一个导电平面,模拟器可采用图 8.2 所示的形式。此外,有界波模拟器还可用来产生水平电场,将平行板段和两个过渡段的板面垂直于地面设置即可。当然,要使电场方向平行于地面,必须使工作空间远离地面以避开大地的影响。美国从 20 世纪 70 年代中期开始建造的 ATLAS – I(又名 Trestle)模拟器是迄今为止世界上规模最大的有界波模拟器,如图 8.3 所示。它所提供的电磁环境即为水平极化方式,其场强峰值为 $50\text{kV} \cdot \text{m}^{-1}$。该模拟器长约 400m,顶高 75m,宽 105m,可供导弹核武器和波音 747、B – 1、FB – 111 等型号的飞机(按飞行态)进行全尺寸的试验。为了避开大地对模拟环境的影响,全部采用了木质结构,停放飞机等试件的木质平台位于

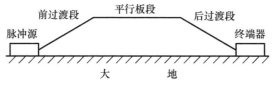

图 8.2　以大地作为导电平面的有界波模拟器侧向示意图

地面上方 36m 处,滑行跑道长度超过了 180m。支撑整个结构支架的木柱多于 6500 万根,将结构固定在一起的特制的木螺栓总数在 10 万个以上。为此耗资 6000 万美元。

其他已建造 30 年以上的有界波模拟器如美国的 ALECS、ARES,荷兰的 EMIS – Ⅱ,英国的 PETS – Ⅱ,法国的 SIEM – 2,德国的 DIESES,瑞典的 SAPIENS 等均为垂直极化类型,其中较为典型的外观如图 8.4 所示。

图 8.3　ATLAS – Ⅰ模拟器　　　　　图 8.4　EMIS – Ⅱ有界波模拟器

中型或小型的有界波电磁脉冲模拟器也有采用图 8.5 所示结构形式的。它将上述平行板有界波模拟器的前过渡段延长,直接接到一个大的分布式终端器上,以传播 TEM 模式的锥板段作为工作空间。显然,模拟器的总长缩短了,可节省占地面积,降低造价。作为终端器的吸收负载必须保证对来波有良好的吸收特性,否则终端形成的反射波将会射向试件,给测试结果的分析造成困难。与平行板工作空间相比,它虽然不存在过渡段与平行板段连接处 TEM 波模的匹配问题,但在激励电压确定的情况下场强与高度成反比,整个工作空间的高度是变化的,因而场强也是变化的,而平行板工作空间的场强几乎是均匀的。80 年代以来,这种类型的模拟器风行欧洲,瑞典、德国、法国、瑞士、意大利、波兰等国都建有这种模拟器。

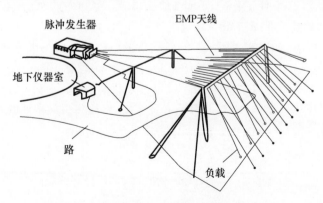

图 8.5　锥板式有界波电磁脉冲模拟器示意图

8.1.2 偶极子模拟器

对于源区外电磁脉冲辐射场环境的模拟,当要考虑存在地面反射的情况时,常采用偶极子模拟器。这类模拟器常用的电场照射器是一副大型的电偶极子天线。最基本的电偶极子天线如图 8.6 所示。当脉冲源以电压 V_0 激励天线时,偶极子天线将产生一个与电压成正比并与天线阻抗成反比的天线电流,根据麦克斯韦方程组可唯一确定周围空间的电磁场。

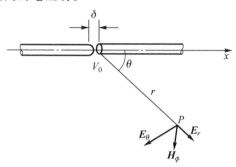

图 8.6 电偶极子天线的基本形式

对波长为 λ 的连续波,当电偶极子天线的长度 $l \ll \lambda$,观察点 P 位于足够远处,即 $r \gg \lambda/2\pi$,则 P 点处场强为

$$\begin{cases} E_\theta \approx \dfrac{Il}{2\pi r}\eta\sin\theta e^{-jkr} \\ H_\varphi \approx \dfrac{E_\theta}{\eta} \end{cases} \tag{8.1.2}$$

式中:I 为天线电流(A);η 为平面波波阻抗,$\eta = \sqrt{\mu/\varepsilon} = 377\Omega$;$k$ 为波数,$k = 2\pi/\lambda$。

$r \gg \lambda/2\pi$ 范围内的场,其场强与 $1/r$ 成正比,故为辐射场。当被试系统放在这样一个辐射区内,便可进行源区外辐射场环境的模拟试验。因此这种模拟器又称为辐射波模拟器。它是在模拟器与被试系统之间的距离远大于偶极子结构尺寸的情况下,实现对电磁脉冲辐射环境的模拟的。

对双指数型脉冲波而言,电偶极子天线辐射场在 P 点处场强峰值为

$$E_\theta \approx \frac{60 V_0}{r Z_a}\sin\theta \tag{8.1.3}$$

式中:V_0 为脉冲源激励电压峰值(V);Z_a 为天线阻抗(Ω)。

若天线为圆柱形偶极子,其阻抗为

$$Z_{acy} \approx 120\ln\frac{2x}{r_0} \tag{8.1.4}$$

271

式中:x 为天线轴线上某点至馈源距离(m);r_0 为圆柱半径(m)。

由式(8.1.4),Z_{acy} 随 x 的增加而增加,对具有一定上升时间的脉冲波而言,当天线电流沿 x 方向流动,随着 Z_{acy} 增加,必呈减小趋势,从而造成上升时间的加长和场强峰值的降低。为此,实际的偶极子天线是由双锥偶极子和圆柱偶极子两部分组成的,如图8.7所示。因为双锥的阻抗为

$$Z_{aco} = 60\ln\left(\cot\frac{\theta}{2}\right) \tag{8.1.5}$$

Z_{aco} 不随 x 变化,θ 确定,Z_{aco} 即为常数。这样便可由天线的双锥部分承担脉冲高频分量的辐射,以保证脉冲的上升沿不致变缓,峰值不致降低。而由圆柱部分承担脉冲低频分量的辐射,使脉冲具有足够的衰落时间。

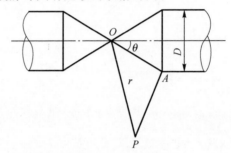

图8.7 双锥偶极子与圆柱偶极子的组合

在双锥与圆柱相连接的部位,由于阻抗的不连续,电流将部分被反射。反射电流所激励的电磁场势必对原辐射场形成干扰,影响其波形。从反射点辐射的干扰波与从脉冲源直接辐射的波到达同一观察点的时间差为直接波未被干扰的时间,称为清晰时间(cleartime),因为只有在这段时间内,辐射场才能保持直接波的波形。如果清晰时间小于脉冲峰值出现的时间,则脉冲场波形的上升沿必将受到干扰,造成峰值的降低。由图8.7可以看出,清晰时间是由路径 OAP 和路径 OP 之差决定的。当观察点 P 确定后,为了保证足够的清晰时间,圆柱天线的直径 D 不能取得太小,锥角 θ 确定,对不同的观察点,清晰时间将随 r 的增加而下降,并随着沿天线轴线方向向两侧移动而下降。由此可见,这样的模拟器可放置试件的工作空间是有限的,场的均匀性、波形的一致性与平行板有界波模拟器相比都有相当大的差距。

电偶极子类型模拟器的电场照射器也有采用图8.8所示形式的,其两臂沿长度方向有一锥度。已建成的这类模拟器一般都像图8.8那样,用直升机悬吊。

另一类电偶极子模拟器是固定在导电平面上的圆锥体,如图8.9和图8.10所示。它与由导电平面形成的镜像构成了一副等效电偶极子天线,辐射垂直极化波,由图8.10可见,圆锥体为线栅结构,锥面上的线栅实际上用作电阻性加载,向下经一过渡段到脉冲源。图示模拟器顶高40m,用于舰船试验。无疑,被试舰船必须远

272

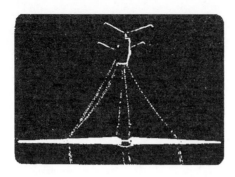

图 8.8　美国建于 70 年代的 RES‐Ⅰ电磁脉冲模拟器

离模拟器。这不仅因为舰船的尺寸远大于模拟器,而且只有在距模拟器足够远处才能形成近似于平面波的辐射场环境。这种模拟器还可用于对飞行态的飞机进行试验,此时导电平面就不是海面了。

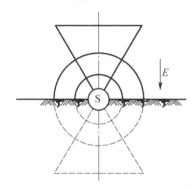

图 8.9　产生垂直极化波的
等效偶极子天线示意图

图 8.10　海平面上的 EMPRESS 电磁
脉冲模拟器(美国于 80 年代后期建成)

模拟器在高频(对应于脉冲变化较快的早期部分)时的阻抗可按下式计算

$$Z_{hf} = \frac{\eta}{2\pi} \ln\left(\cot \frac{\theta_0}{2} \right) \qquad (8.1.6)$$

式中:η 为平面波波阻抗(Ω);θ_0 为圆锥轴线与锥面之间的夹角。

Z_{hf} 的典型值为 60 ~ 75Ω,约为偶极子天线阻抗的一半。在导电平面附近,与模拟器的距离为 d 处,当脉冲源的激励电压峰值等于 V_0,上升时间足够快,场强峰值由下式给出:

$$E_0 = \frac{\eta}{2\pi Z_{hf}} \frac{V_0}{d} \approx \frac{60}{Z_{hf}} \frac{V_0}{d} \qquad (8.1.7)$$

这类模拟器存在的主要问题是远场的低频特性受到限制,因为天线不能辐射直流,重要的是如何改善低频特性。场强的低频分量由脉冲晚期等值偶极矩 **p** 确定,**p** 为偶极子的等值高度与电荷的乘积,电荷可由包含脉冲源的激励电压、天线

273

电容与脉冲源电容几个参数的关系式给出。圆锥的 θ_0 角设计得大一些,在锥体上附加一个顶帽均有助于低频特性的改善。

对于脉冲中期(对应的频率分量波长与天线高度同一量级)波形的平滑是通过天线的电阻性加载使振荡减至最小来实现的。

其实,无论是辐射水平极化波还是辐射垂直极化波的偶极子天线,其天线电流传播至终端时,都可能产生反射而使脉冲的下降沿发生振铃。为了消除或减少这种反射,必须在天线上加载,以便吸收天线电流。通常采用分布式电阻或集总参数电阻沿天线电流传播方向逐步加载,阻值由小到大,使能量逐步被吸收,以致电流传播到终端时,不致发生显著的反射。

偶极子模拟器由于在垂直于天线方向上的辐射无方向性,能量利用率低,难以产生极高的场强,不能用来进行破坏阈值的试验,一般只应用于寻找电磁脉冲耦合途径、研究加固方法和检验加固设计的有效性等方面的试验。

8.1.3　静态模拟器

上述偶极子模拟器尺寸很大,要求被试系统远离模拟器。与此相反,静态模拟器则是一种尺寸很小的模拟器,试验时被试系统要非常靠近模拟器,甚至放在模拟器结构里面。因此这种模拟器适用于激励很小的系统,或研究场在大系统高导电面上的渗透(小天线或小孔)。在研究场的渗透时,只有在模拟器产生的电场正交于表面而磁场平行于表面时才有意义。

静态模拟器的几种典型设计方案如图 8.11 所示。其中:图(a)为电场模拟器,它用一个对称性恒压脉冲源激励一对小的平行板,从而在结构内产生一个均匀的瞬态电场;图(b)是磁场模拟器,它用一个对称性恒流脉冲源对线圈放电,在环中激励一个瞬态磁场;图(c)则是一个同时产生电场和与之正交的磁场的设计。图中虚线为中性平面,若将此平面换成地面,则可采用非对称性电源,以导电的接地平面形成镜像,如图 8.12 所示。

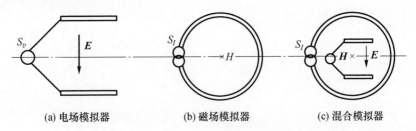

| (a) 电场模拟器 | (b) 磁场模拟器 | (c) 混合模拟器 |

图 8.11　静态模拟器的几种典型设计方案

静态模拟器是一种结构尺寸远小于激励信号波长的模拟器,故通常称为驻定场模拟器。它适用于对低频场或准静态场的模拟。由于产生的模拟场不传播,也称为零维模拟器。这种模拟器的理想之处在于,它所产生的入射场在被试系统附

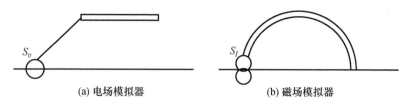

(a) 电场模拟器   (b) 磁场模拟器

图 8.12　非对称静态模拟器设计方案

近都是均匀的。一般情况下,测量电磁脉冲电场和磁场的探头可在这种模拟器中进行标定。

8.1.4　混合型模拟器

混合型模拟器综合了偶极子模拟器和静态模拟器的主要特点,归纳起来,包括三个方面。

(1)入射于被试系统上的脉冲波的早期(高频)部分是由尺寸远小于模拟器主要结构的源区辐射的。在结构上这一部分紧挨着脉冲源,通常被设计成双锥,其脉冲阻抗(仅对脉冲早期而言)Z_a 的典型值为 $120 \sim 150\Omega$。为了保证脉冲的上升沿不受天线上因阻抗不连续而形成的反射电流的影响,必须要求双锥的锥面长度大于脉冲到达峰值时间内电磁波的传播距离。对激励电压为 V_0 的脉冲源,当脉冲的上升时间足够短,在与双锥轴线垂直的方向上,与双锥锥顶的距离为 d 处,入射波的场强峰值 E_0 可按下式估算:

$$E_0 = \frac{\eta}{2\pi Z_a} \frac{V_0}{d} \approx \frac{60}{Z_a} \frac{V_0}{d} \qquad (8.1.8)$$

(2)脉冲波的晚期(低频)部分与模拟器主要结构上分布的电流和电荷有关。最靠近模拟器结构处,基本上是准静态场,对于低频,这种特性正是所希望的,故被指定为放置被试系统的位置。因此,模拟器的主要结构不是很靠近被试系统就是围绕被试系统。

(3)在脉冲波早期与晚期部分即高频与低频之间的平滑过渡是通过采用稀疏型结构来实现的,一般将模拟器的主体部分设计成环形截面的线栅笼,呈直线或弯曲状态。这样,由模拟器结构辐射出来的大部分高频能量就不会受到结构本身的反射。结构自身同时又是一个具有一定阻抗(特别是电阻性阻抗)的负载。在波长可与模拟器结构尺寸比拟的中频范围内,形成一个衰减振荡。对于低频,结构反射在波形上的表现是平滑的,模拟场能平滑地过渡到准静态场。

为了说明混合型模拟器的概念,首先不考虑地面反射的情况,即没有把地面作为模拟器的一部分考虑。图 8.13(a)表示一个可在系统附近产生某种极化方向和某种入射方向的平面波混合型模拟器。其中双锥部分是模拟器的源区,承担脉冲高频分量的辐射,双锥天线与被试系统相距较远。围绕系统的环形结构提供了低

275

频通路,并沿着结构(金属线栅笼)接有分散的电阻性负载。对于截面(小环)半径为 b 的线栅笼,当它构成半径为 a 的环形结构,其单位长度的电阻 R' 由下式给出:

$$R' = \frac{\eta}{2\pi a}\Big[\ln\Big(\frac{8a}{b}\Big) - 2\Big] \tag{8.1.9}$$

式中:η 为平面波波阻抗。

环形天线中心的磁场的低频分量以下式描述:

$$\tilde{H}(0) = \frac{\tilde{I}(0)}{2a} = \frac{Q_g}{2a} = \frac{V_0 C_g}{2a} \tag{8.1.10}$$

式中:V_0 为容性脉冲源的开路电压(充电电压);C_g 为脉冲源电容。

电场低频分量为

$$\tilde{E}(0) = \tilde{I}(0)R' \tag{8.1.11}$$

式中:R' 为沿环单位长度的电阻(Ω)。

$$\tilde{E}(0)/\tilde{H}(0) = 2aR' \tag{8.1.12}$$

于是,由于电场和磁场对于频率的依赖关系相同,适当选择低频通路上的分布电阻阻值,便可使环形天线中心位置处被试系统上的入射场波阻抗近似等于平面波波阻抗。

如果低频通路不是围绕被试系统而位于系统的一侧,如图 8.13(b)所示的那样,模拟器所产生的近场仍可在较大范围内覆盖被试系统。在这种情况下,源区结构尺寸的设计要充分考虑波形形成的清晰时间(见 8.1.2 节)。

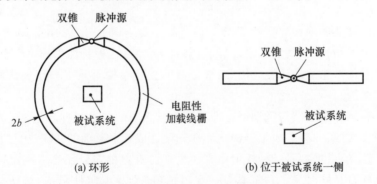

图 8.13　混合型模拟器概念示意图

实际上,要模拟不考虑地面反射的电磁脉冲辐射场环境,前述有界波模拟器更优越,因而混合型模拟器都是用来模拟需要考虑地面反射的电磁环境的。图 8.14 所示的就是实际使用的两种混合型模拟器。其中,图(a)中半环形笼形加载结构在被试系统周围形成低频导电通路,系统所在位置周围的大地成了这个通路的一部分。低频入射场加上地面反射,产生了垂直于地面的电场。图(b)则是一个普通类型的混合型模拟器,其低频结构的一部分平行于地面,相对于脉冲源取对称形式,锥体部分通过电阻性负载与大地相接,同样,大地构成了模拟器的一部分。与图(a)相比大同小异,属同一类型。

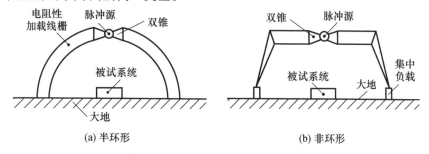

(a) 半环形　　　　　　　　　　(b) 非环形

图 8.14　把大地作为模拟器一部分的混合型模拟器

美国于 20 世纪 70 年代中期建造的 HPD 模拟器即属于图 8.14(a)所示的类型,如图 8.15 所示。构成其结构主体的线栅笼呈现椭圆状,双锥阻抗 150Ω,天线笼直径 6m,沿天线笼串入若干个电阻性负载,输出电压 4MV,当工作电压达 3MV时,试件周围将获得峰值为 $33kV \cdot m^{-1}$ 的场强,脉冲的上升时间为 8 ~ 12ns。

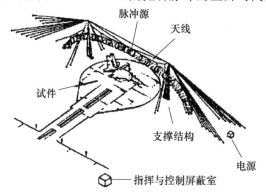

图 8.15　HPD 模拟器(美国于 20 世纪 70 年代中期建造)

美国建于 20 世纪 70 年代初的 TEMPS 模拟器则属于图 8.14(b)类型,如图 8.16所示,其双锥锥角 $\theta = 40.4°$,天线笼直径为 9.2 m,平行段以脉冲源为中心,左右两臂各长 100m,距地面的高度 20m,倾斜段为一对长 50m 的锥体,端接 250Ω 的负载到

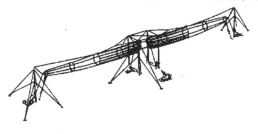

图 8.16　美国 TEMPS 模拟器

地。脉冲源为7MV双极性Marx发生器。距源50m处可获得峰值为$52kV \cdot m^{-1}$的电场,脉冲的上升时间为4~12ns。该模拟器是可移动的,运行多年后早已报废。

瑞士建造的MEMPS模拟器如图8.17所示,它是一种图8.14(a)类型的移动式模拟器,与上述HPD类似。其天线高20m,宽60m,椭圆状,由4MV的脉冲源驱动。地面上的场强约$80kV \cdot m^{-1}$,脉冲上升时间约7ns。

图8.17 瑞士MEMPS模拟器

8.1.5 定向辐射模拟器

定向辐射也是系统远离模拟器结构的一种模拟方法。所谓定向辐射是相对于偶极子模拟器无方向性的辐射而言的,它将脉冲有限的能量集中在一定角度范围内辐射,借以提高模拟器的效率。

如果将偶极子折成V形结构,其两臂夹角为2φ,此时在分角线方向上的辐射场将比偶极子同样距离上的场强提高F倍。即

$$E = \frac{60V_0}{rZ} \cdot F \qquad (8.1.13)$$

式中:$F = \cot \dfrac{\varphi}{2}$。

由式(8.1.13)可见,φ越小,定向能力越强,当然这是以减小试验可用的工作空间为代价的。

为了适应某些特殊问题的需要,比如研究电磁脉冲向地下空间的穿透,也可将能量集中于一个较小的立体角范围内,从而在一定的距离以外获得一定强度的以高频为主的电磁脉冲辐射场。有关技术细节在后面还要讨论。

采用"聚焦"技术,将能量会聚于一定距离以外的被试系统上是实现定向辐射的又一种方法。

一个类似于平行板有界波模拟器前过渡段的锥板TEM波发射器,与抛物面反射器组合,构成的一种定向模拟器如图8.18所示。图中由锥板发射器发射一个快上升沿(类似于阶跃波)的TEM波,经接于锥板终端的抛物面反射器反射,在z轴

278

方向(焦点方向)以近似于对时间微分的关系会聚而射向远方。为了使多次反射减至最小,锥板终端是电阻性的。辐射波的波形因各种因素而复杂化,这些因素中,除直接辐射的信号外,还要求波形对时间的积分为零。图中画出的仅是其基本构成,诸如 yz 平面上的导体(包括信号馈源)、平衡器以及由两个正交的锥面波发射器形成双极化等该图均未涉及。有兴趣的读者可参考文献[2]。

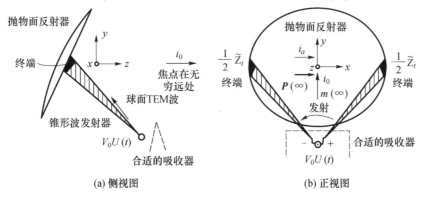

图 8.18　锥板发射器与抛物面反射器组合而成的定向模拟器示意图

这种定向模拟器使人们联想到冲击雷达,对冲击雷达而言,形成一个非常窄的脉冲(如亚纳秒级)是设计者所希望的,因为这样可以提高对目标的距离分辨率。从天线的观点来看,人们可以想出各种各样的宽带定向天线,而与电磁脉冲模拟器的各种技术结合起来便可使波形得以优化,如将色散减至最小,适当控制反射等,还可提高可掌握的脉冲功率。

8.1.6　源区电磁脉冲环境的模拟

电磁脉冲源区是康普顿电流分布的区域,源区内的空气介质具有随时间非线性变化的电导率,并在其中形成传导电流。如果核爆炸在地面附近发生,大地岩土介质的电导率也将发生变化,E/H 值也不像自由空间那样呈简单的常数关系。此外,γ 和中子的效应也很重要。源区所呈现的是一个多变量的复杂环境。

如果要把源区所有的特性精确地模拟出来,无疑是一个十分困难的问题。就目前的技术水平来看,根据研究问题的需要,建造一些只能产生部分源区特性的模拟器是有可能的。特别是对大型的试验系统,一般只能考虑单一因素或特别感兴趣的某些因素的模拟。只有对很小的试验系统或在系统的一小部分上产生"全部"源区环境是可能的。

1)靠近地表面的源区电磁脉冲环境的模拟

对于靠近地表面的源区电磁脉冲环境的模拟,可采用地下传输线与地上传输线相结合的模拟方法。地下传输线用来将脉冲的低频能量传播到靠近地表面的地下试件附近,而脉冲的高频部分则由地上的传输线形成,如图 8.19 所示。在地下试件两侧各打一排宽度为 W(比试件宽度大得多)的垂直金属棒,用以引导有损耗的 TEM 波向下传输,在金属棒的底端波被反射,但是大地的严重衰减却避免了大的振铃。从低频考虑要求金属棒下端达到的深度 d 大于两排金属棒之间的距离 l,并为地下试件埋深的几倍。两排金属棒的上端接到低频脉冲源的两个输出端上。激励地上传输线的高频脉冲源与低频脉冲源同步触发。

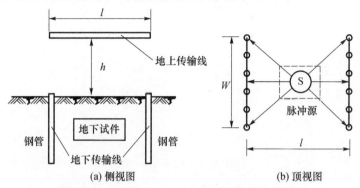

(a) 侧视图 (b) 顶视图

图 8.19 地面附近源区电磁脉冲模拟示意图

地上传输线由导电平板或金属栅网构成,可利用如前所述的各种类型的波发射装置和终端器完成脉冲高频部分的辐射。适当选择地上传输线的高度 h 可兼顾减小高频损耗和从脉冲源获得大的电场效能两个方面的要求。

美国的公司针对进行此类试验需求研制的脉冲发生器系统是一个由 64 只铁壳电容器组成的冲击大电流装置,输出电压为 320kV,电感量 8μH,向 20Ω 负载放电能得到上升时间为 ms 级的脉冲,当充电电压为 40kV,每只电容储能 25kJ,一次放电可释放 1～6MJ 的能量。全部安装在一部拖车上,可由牵引车移动到不同土质条件的地区进行试验。

2)空中源区电磁脉冲环境的模拟

空中源区分为低空(大气稠密区)和高空(外大气层或大气层外)两种典型情况来讨论。在低空,由于 γ 光子自由程受到限制,源区范围小,康普顿电子受地磁场偏转的问题不如高空显著。因此,空中源区电磁脉冲环境的模拟重点是高空。

高空源区比低空源区大得多,其半径可达上千千米。它发生在距地面 20km 以上的空间,当爆高不同,因空气密度不同,高能光子具有不同的自由程,康普顿电子受地磁场偏转的情况也不相同。至于空气电离的程度自然也与爆高有关。这对飞行中的各种飞行器来说是一种比较重要的环境。但由于上述电磁现象的复杂性,实施较高逼真程度的环境模拟显然是十分困难的。即便只考虑 γ 光子的参与,根据目前所达到的技术水平,对于较大的系统,这样一种环境的模拟也难以实现。对尺寸很小的试件,在静态模拟器上同时形成有 γ 脉冲照射的环境是可能的。图 8.20 表达了这种模拟的概念。图中脉冲电压源 S_v、脉冲电流源 S_i 与 γ 脉冲源均应同步工作,以在试验工作空间形成 γ 和电磁脉冲同时存在的综合环境。

当要考虑不同空气密度时的效应,真空技术也是不可缺少的。

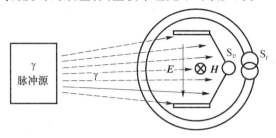

图 8.20　空中源区电磁脉冲环境模拟示意图

3）源区电磁脉冲环境模拟程度分级

对于源区环境模拟程度的高低常分为三个等级。若将从 γ 光子开始的模拟认为是源区全性能的模拟而作为一级模拟,那么从康普顿电子流开始的模拟则可称为二级模拟。而图 8.19 所示的从场入手的模拟只能算作三级模拟,它部分地模拟了源区的特性,主要局限性在于不能模拟空气介质的电导率。

以上对于靠近地表面的源区电磁脉冲环境的模拟,有一种方法是用以模拟空气介质电导率的,即位于地面上一定高度处的传输线用分布源激励,在分布源与地表面之间充填具有一定电导率而磁导率 $\mu \approx \mu_0$ 的媒质。但无论如何,对于 γ 辐射造成空气电离,形成随时间非线性变化的空气电导率这一复杂情况是难以模拟的。

8.1.7　内电磁脉冲和系统电磁脉冲模拟

高空核爆炸产生的 γ 射线和 X 射线使得暴露于该辐照环境中的飞行器形成内电磁脉冲和系统电磁脉冲。由于这两种电磁脉冲环境都是高能光子与系统材料相互作用的结果,从光子开始的一级模拟较为理想。为此,可将被试系统放置在一个合适的真空环境中,以具有一定能量的光子对其照射,但要设计好光子进入系统的通路。为避开试验当地地磁场的影响,一些抵消或改变地磁场影响的措施也需要考虑到。一般只能对很小的系统进行此类试验。

如果用构成被试验系统的材料所发射的电子束来代替入射光子,技术问题将得以简化。这样一种间接的模拟方法实际是从模拟系统金属外壳上发射的电子开始的,属于二级模拟。要实现这种模拟关键是要使所要求的电子束的能级和电流密度二者均与被试系统材料的电子发射特性相接近。

还可以采用爆炸金属丝的技术进行模拟。由爆炸金属丝产生的等离子体释放低能 X 射线,对被试系统进行照射。

8.2　脉　冲　源

脉冲源是电磁脉冲模拟器中为电场照射器提供电磁能量的装置。由于所要模拟的场上升时间极短而场强峰值一般都高达数万伏/米以上,故脉冲源的建造必须采用脉冲功率技术。所谓脉冲功率技术,就是把"慢"储存起来的具有较高密度的能量从空间上和时间上进行快速压缩,转换或直接释放给负载的电物理技术。

脉冲源一般由能源和转换开关系统构成,有时还要采用中间储能和脉冲成形装置。常用的能源是以电场形式储能的电容器或 Marx 发生器。具有容性特征的脉冲源便于和天线阻抗匹配而形成指数型脉冲。对脉冲源的要求还包括快速放电、高电压输出、低阻抗以及双极性等几个方面。此外,在结构上体积小,重量轻,可移动等往往也是不可缺少的。

8.2.1 电容放电式脉冲源

电容放电式脉冲源的电原理图如图 8.21 所示。由直流高压电源向无感或低电感电容器 C 充电至 U_0,然后在触发条件下通过开关向负载放电。图中 L_S 为电容器和开关固有的总电感,接上负载(一般为线性纯电阻性负载)以后,回路的等效电路如图 8.22 所示,是一个标准的 RLC 串联放电回路。当开关 S 在 $t=0$ 时刻接通,电路方程为

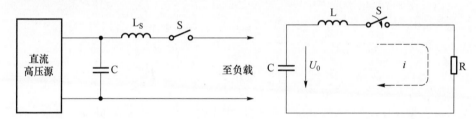

图 8.21　电容放电式脉冲源电原理图　　图 8.22　电容放电式脉冲源等效电路

$$L \frac{\mathrm{d}^2 i}{\mathrm{d}t^2} + R \frac{\mathrm{d}i}{\mathrm{d}t} + \frac{1}{C}i = 0 \qquad (8.2.1)$$

此为二阶常系数微分方程,设电容 C 上的电压降为 $u_c(t)$,利用初始条件,$I(0)=0$,$u_c(0)=U_0$,可求得该方程在不同条件下的三种解。若令临界比 $\alpha = \frac{R}{2}\sqrt{C/L}$,则

(1) 当 $\alpha < 1$,为欠阻尼情况,有

$$i(t) = \frac{U_0}{\sqrt{1-\alpha^2}}\sqrt{\frac{C}{L}}\exp(-\alpha(t/\sqrt{LC}))\sin\left(\sqrt{1-\alpha^2}\frac{t}{\sqrt{LC}}\right) \qquad (8.2.2)$$

此时,$i(t)$ 为衰减的周期性振荡电流,其幅值按指数曲线下降。振荡电流第一个峰值 I_m 及其到达时间 t_m 分别为

$$I_m = U_0\sqrt{\frac{C}{L}}\exp\left(\frac{-\alpha}{(1-\alpha^2)^{1/2}}\arctan(\sqrt{1-\alpha^2}/\alpha)\right)$$

282

$$= U_0 \sqrt{\frac{C}{L}} f(\alpha) = \frac{U_0}{R} 2\alpha f(\alpha)$$

$$= \sqrt{\frac{2W}{L}} f(\alpha) \tag{8.2.3}$$

$$t_m = \sqrt{LC} (1 - \alpha^2)^{-1/2} \arctan(\sqrt{1-\alpha^2}/\alpha) \tag{8.2.4}$$

式中：$W = \dfrac{U_0^2 C}{2}$ 为存储在电容器 C 中的能量。

$$\left(\frac{di}{dt}\right)_m = \left(\frac{di}{dt}\right)_{t=0} = \frac{U_0}{L} \tag{8.2.5}$$

（2）当 $\alpha = 1$，为临界阻尼情况，有

$$i(t) = \frac{U_0}{L} t e^{-t/\sqrt{LC}} \tag{8.2.6}$$

这是非周期性脉冲电流。

$$I_m = U_0 \sqrt{\frac{C}{L}} e^{-1} = 0.37 \sqrt{\frac{2W}{L}} \tag{8.2.7}$$

$$t_m = \frac{2L}{R} = \sqrt{LC} \tag{8.2.8}$$

$$\left(\frac{di}{dt}\right)_m = \left(\frac{di}{dt}\right)_{t=0} = \frac{U_0}{L} \tag{8.2.9}$$

（3）当 $\alpha > 1$，为过阻尼情况，有

$$i(t) = \frac{U_0}{\sqrt{\alpha^2-1}} \sqrt{\frac{C}{L}} e^{-\alpha(t/\sqrt{LC})} \mathrm{sh}\left(\sqrt{\alpha^2-1}\frac{t}{\sqrt{LC}}\right) \tag{8.2.10}$$

这也是非周期性脉冲电流。

$$I_m = U_0 \sqrt{\frac{C}{L}} \exp\left(\frac{-\alpha}{\sqrt{\alpha^2-1}} \mathrm{arctanh} \frac{\alpha}{\sqrt{\alpha^2-1}}\right) = \sqrt{\frac{2W}{L}} f(\alpha) \tag{8.2.11}$$

$$t_m = \frac{\sqrt{LC}}{\sqrt{\alpha^2-1}} \mathrm{arctanh}(\sqrt{\alpha^2-1}/\alpha) \tag{8.2.12}$$

$$\left(\frac{di}{dt}\right)_m = \left(\frac{di}{dt}\right)_{t=0} = \frac{U_0}{L} \tag{8.2.13}$$

比较以上结果，可以归纳出下面的三点结论，无论放电电流是周期的还是非周期的，它们的共同点在于：

（1）脉冲电流的峰值 I_m 都与电容储能 W 和回路电感 L 有关。提高电容器充电电压 U_0，增加 C 值即增加电容储能，可使 I_m 增大。

（2）脉冲电流的峰值 I_m 都与放电回路中的电阻 R 有关，$f(\alpha)$ 随 R 减小而增

加,故减小 R 可使 I_m 增大。

（3）脉冲电流的最大陡度只取决于电容器充电电压 U_0 和放电回路的电感 L,与放电回路中的电阻 R 无关。适当提高 U_0,尽量减小 L,可使脉冲电流陡度增大。

在过阻尼情况下,由式（8.2.10）,代入 α 和 $\mathrm{sh}\left(\sqrt{\alpha^2-1}\dfrac{t}{\sqrt{LC}}\right)$ 的表达式,有

$$i(t) = \frac{U_0\alpha}{R\sqrt{\alpha^2-1}}\left[\exp\left(-\frac{\alpha-\sqrt{\alpha^2-1}}{\sqrt{LC}}t\right) - \exp\left(-\frac{\alpha+\sqrt{\alpha^2-1}}{\sqrt{LC}}t\right)\right]$$

$$(8.2.14)$$

于是,R 两端电压为

$$u_R(t) = \frac{U_0\alpha}{\sqrt{\alpha^2-1}}\left[\exp\left(-\frac{\alpha-\sqrt{\alpha^2-1}}{\sqrt{LC}}t\right) - \exp\left(-\frac{\alpha+\sqrt{\alpha^2-1}}{\sqrt{LC}}t\right)\right] \quad (8.2.15)$$

当 α 较大（例如 $\alpha>5$）时, $\sqrt{\alpha^2-1}\approx\alpha$,式（8.2.15）可简化为

$$u_R(t) \approx U_0\left(\mathrm{e}^{-\frac{t}{RC}} - \mathrm{e}^{-\frac{t}{L/R}}\right) \equiv U_0\left(\mathrm{e}^{-\frac{t}{\tau_2}} - \mathrm{e}^{-\frac{t}{\tau_1}}\right) \quad (8.2.16)$$

式中: $\tau_1 = L/R$; $\tau_2 = RC$ 。

式（8.2.16）表明,电阻性负载 R 上的电压降 $u_R(t)$ 即为双指数脉冲。根据上升时间 t_r 、衰落时间 t_f 的定义, t_r , t_f 与放电回路元件的参数有以下近似关系:

$$t_r \approx 2.2\tau_1 = 2.2\frac{L}{R} \quad (8.2.17)$$

$$t_f \approx 2.2\tau_2 = 2.2RC \quad (8.2.18)$$

电容放电式脉冲源常用于有界波电磁脉冲模拟器,放电回路的负载为传输线。设计时,当模拟器结构尺寸确定,传输线阻抗可按式（8.1.1）计算。认为放电回路的电阻 R 近似等于传输线阻抗,则电容 C 的值可按式（8.2.18）确定,即

$$C = t_f/2.2R \quad (8.2.19)$$

电感 L 的值可按式（8.2.17）确定,即

$$L = \frac{t_r R}{2.2} \quad (8.2.20)$$

有界波模拟器传输线的阻抗一般为 $100\sim200\Omega$,若要求 $t_f = 10^{-6}\mathrm{s}$, C 值不应低于 $2000\sim4000\mathrm{pF}$;若要求 $t_r = 10^{-8}\mathrm{s}$,则 L 值必须控制在 $400\sim800\mathrm{nH}$ 以内。

脉冲源的工作电压 U_0 应根据对模拟器工作空间场强的要求确定,即

$$U_0 = E \cdot h \quad (8.2.21)$$

式中: E 为工作空间场强, $\mathrm{V}\cdot\mathrm{m}^{-1}$; h 为工作空间高度, m 。

若要求 $E = 10^5 V \cdot m^{-1}$，则 $U_0 = 10^5 h (V)$，通常为几百千伏至几兆伏。

这种脉冲源的优点在于：

（1）输出阻抗低，对 1MV 以下的源，可做到 10Ω 以下。

（2）脉冲上升时间短，由于放电回路元件少，电感可以做得很低，特别是小型脉冲源，使 t_r 达到 5ns 是可能的。

（3）输出波形易于调整，适当改变回路参数即可。

（4）结构简单。

（5）特别是小型脉冲源具有通用性。

美国建于柯特兰空军基地的 ARES 模拟器就采用了这种脉冲源。其输出电压为 4MV，由一部范德格拉夫（Van de Graaff）发电机直接向一个同轴传输线充电，直流充电电压为 4.5MV。同轴线的外导体直径为 3.6m，内导体直径为 2.6m，长度为 8.5m，中间充 2.1MPa 的 SF_6 气体。脉冲源的电容量包括杂散电容在内约 2000pF，当它充电至 4.5MV 时，储存的电能达 20kJ，储能电容通过 6 个触发通路的开关向传输线放电，传输线的特性阻抗为 125Ω。

对于电容放电式脉冲源，由于制造高额定电压的电容器将受到绝缘、成本和充电电源的限制，即使采用两台串联工作，工作电压充其量也不能超过 300kV。因此，在需要较高脉冲电压的场合，采用并联充电，串联放电的 Marx 发生器将更为合理。

8.2.2 Marx 发生器

Marx 发生器的概念由 Erwin Marx 于 1923 年提出并取得了专利权。它最早被用于雷电冲击试验，用以检验各种高压电气设备在雷电冲击或操作过电压下的绝缘性能和保护性能。而后，随着技术上的不断发展，Marx 发生器逐步在高压毫微秒放电中获得应用。Marx 发生器的工作原理简单说来即为：储能电容器先并联充电，然后串联放电，从而使电压倍增来获得更高的脉冲电压输出。经典 Marx 发生器电原理图如图 8.23 所示。图中交流电经整流后得到一直流电源，直流电源经保护电阻 R_0 给各级主电容 C_0 充电至电压 U_0，各球隙 G 的电压同时达到 U_0，上排各级对地杂散电容（$C_{10} \sim C_{(2n-1)0}$）亦被充电至 U_0，即 1、3、5…各点对地电位为 U_0，而下排 2、4、6…各点仍为零电位。事先调节各球隙的距离，使其自击穿电压稍大于 U_0，在充电过程中它们不会自击穿。当外触发 G_1 时，点 1 的电位瞬间从 U_0 降至零，由于电容器两端的电位差不能跃变，点 2 的电位由原来的零瞬间下降至 $-U_0$，由于点 1、3 和点 2、4 间各存在充电（兼隔离）电阻 R 和杂散电容 C_{30} 来不及通过点 1 瞬间放电，所以点 3 仍保持原电位 U_0。若暂不考虑分布电容影响，间隙 G_2 承受的电压由原来的 U_0 突然升至 $2U_0$，则 G_2 被过电压击穿，G_2 击穿后，点 3 电位从 U_0 降至 $-U_0$，点 4 的电位瞬间降至 $-2U_0$，而点 5 的电位仍为 U_0，G_3 承受 $3U_0$ 过电压而被击穿。依此类推，间隙 G_1，…，G_n 依次在电压 U_0，…，nU_0 作用下全部击穿，将原来并联充电的电压 U_0 以串联放电的方式倍增起来,通过主开关 G_s 输出 $-nU_0$ 高电压脉冲。Marx 发生器的输出电压总是与充电电压极性相反,为了使未击穿的间隙能受到击穿间隙的紫外线照射以便更快地击穿,往往把球隙排在一条直线上。

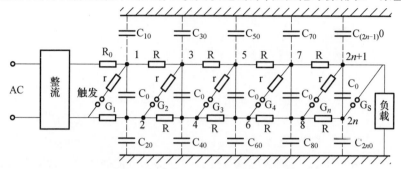

图 8.23　经典 Marx 发生器工作原理

R_0—保护电阻；R—充电电阻；C_0—主电容；G_1,…,G_n—火花球隙；

C_{10},…,C_{2n0}—各级对地杂散电容；G_S—主开关；r—阻尼电阻。

发生器从第一个球隙点火到最后一个球隙击穿的时间,称作 Marx 发生器的建立时间。建立时间随发生器的规模和结构从十几纳秒到几微秒不等。为使主电容在建立期间电荷不被旁路掉,应当使各级旁路的放电时间常数 RC_0 远大于建立时间和输出脉冲宽度之和。而脉宽与串联后的"冲击"电容 C_M(即 C_0/n)有关。

在高电压工程试验中,为防止各级固有电感和杂散电容可能在输出波头产生叠加的寄生振荡,常在放电回路中串入阻尼电阻 r(数十欧)。

此外,各级间的杂散电容、球间隙的电容、对地杂散电容、阻尼电阻和充电电阻等电路参数将会对 Marx 发生器的工作产生影响。理论分析表明:增大充电电阻和对地杂散电容对形成间隙过电压有利而且还能延长过电压的持续时间,有利于球隙的击穿动作;阻尼电阻和间隙电容的存在,将使间隙的过电压降低,不利于间隙的可靠动作,并将加大建立时间和球隙动作的分散性。

经典 Marx 发生器主要用于高电压工程试验方面,用它产生标准的雷电波和操作波。为产生标准波形,需要在负载部分加入波头和波尾电阻以及波头电容;为防止输出脉冲波头寄生高频振荡,在串联放电回路中每级串入阻尼电阻 r;而且出于某些原因,经典 Marx 发生器在常态大气环境中开放式工作,由于大气电绝缘强度较低,致使一些发生器体积大得惊人,从而导致回路寄生电感和电容过大。此外,放电球隙也在常态大气状态下工作。所有这些,势必减缓脉冲输出的上升陡度并降低峰值。还有,除冲击电压—冲击电流联合发生器外,一般经典 Marx 发生器不要求过大的电流。储能电容器的容量较小,而且对电容器本身的固有电感无特殊要求。在脉冲功率技术领域,常把上述的 Marx 发生器称为经典(或低效)Marx 发生器。

实际使用的 Marx 发生器,为了提高其工作效能,在经典 Marx 发生器的基础上作了很多改进,虽然工作原理和充电过程并无变化,但在某些方面是明显不同的,这就是所谓高效能 Marx 发生器。

　　高效能 Marx 发生器的放电回路不再串联阻尼电阻;负载区域不加波头、波尾元件。为实现大功率,储能电容的容量一般应比较大,而且要求电容器的固有电感尽可能小,为此,要选用小体积高储能密度的电容器。输出大于 1MV 的 Marx 发生器一般都放置在金属容器中,充满液态或气态或固态高绝缘强度电介质(若用气态电介质,须加大压力)以提高绝缘强度,减小发生器体积。金属壳体既可屏蔽向外辐射的电磁波,又避免了高电压直接外露的危险。此外,发生器的线路结构力求无感走线,以减小回路电感。放电间隙开关除用介质绝缘外,还讲求结构,常采用固定尺寸的充气火花球隙开关,击穿电压范围用改变气体压力的方法调节,如此等等,人们为了高效能这一综合目的,已设计出各种适用于特定场合的 Marx 发生器,实际使用的也都已经是高效能的发生器了,因此,如不作特殊声明,均指高效能 Marx 发生器。

　　常用 Marx 发生器基本电路分为单回路和双回路两种。单回路电路如图 8.24 所示,它由单极性直流高压电源充电。双回路电路如图 8.25 所示,以双极性对称电源充电。一个基本储能单元为一级,通常每级设计成 100kV,单回路由一只电容和一个开关组成一级,充电电压为 100kV,而双回路则由两只电容和一个开关组成,充电电压为 ±50kV。因此,单回路比双回路电压小,重量轻,而双回路在进行直流充电的电晕损失明显低于单回路,整个电源的长度也比单回路小。

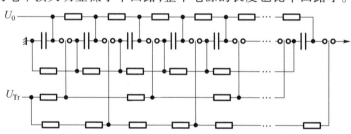

图 8.24　单回路 Marx 发生器的基本电路

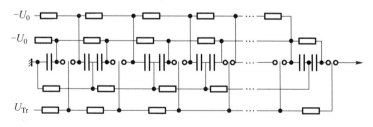

图 8.25　双回路 Marx 发生器的基本电路

　　Marx 发生器开关的触发,一般都采用多路并联同步触发电阻耦合系统。图 8.24 中同步触发的电路数 $m=2$,即二路并联同步触发,然后第一级触发信号通过电路耦合到第三级,第二级耦合到第四级。$m=3$、$m=4$ 的情况可按 $m=2$ 的规律类推。图 8.25 中,同步触发数 $m=1$,下一级的触发信号由前一级通过电阻耦合而来。

Marx 发生器中有大量开关,这些开关同步或依次点火触发,完成所有开关的触发所需的时间必须控制在一定的范围内,即通常所说的必须使触发"抖动"尽量减小而满足一定的指标要求。为此,除要求开关本身的触发特性稳定性好,分散性小以外,触发脉冲必须足够陡,耦合电阻值尽可能小,在结构设计上,应设法减小触发引线的分布电容和电感。

为了减小 Marx 发生器的回路电感,线路结构设计常采用图 8.26、图 8.27 所示的无感(低感)走线方式。

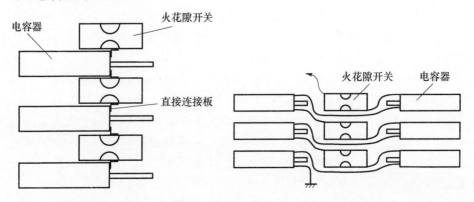

图 8.26　电容器与开关间无连线排列　　图 8.27　按级分层缩短元件间连线的排列示意图

8.2.3　Marx 发生器输出波形陡化技术

由于电磁脉冲模拟器要求脉冲源输出的波形上升时间极短(一般为 10ns 上下),而常用的 Marx 发生器即使开关间隙充以高压气体,并采用各种降低回路电感的办法,但由于回路本身存在固有电感和电容,并不能使输出的脉冲上升沿做得很陡。

为了获得快上升沿的输出脉冲,通常在主开关之前并联一低感陡化电容器 C_p,如图 8.28 所示。图中 C_p 值远小于发生器的等效电容值 C_g。

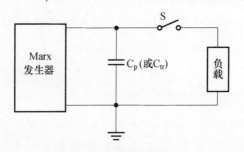

图 8.28　使 Marx 发生器输出波形陡化的电原理图

288

若将 Marx 发生器等效成一个电容 C_g 和电感 L_g 与输出开关 S_1 串联的电路，并忽略 C_p、S 和负载的电感，则图 8.28 的等效电路如图 8.29 所示。于是，电路被分成两个回路。在第一个回路中的 Marx 发生器串联放电时，首先对 C_p 充电，然后开始在第二回路放电，即 C_p 通过主开关 S 向负载放电，从而在负载上获得一个快上升沿脉冲。由于 $C_p \ll C_g$，在 S_1 接通后 S 尚未闭合之际，首先在 C_g - L_g - C_p 回路中形成一个振荡。由回路方程

$$\frac{1}{C_g}\int i\mathrm{d}t + L\frac{\mathrm{d}i}{\mathrm{d}t} + \frac{1}{C_p}\int i\mathrm{d}t = U_0 \quad (8.2.22)$$

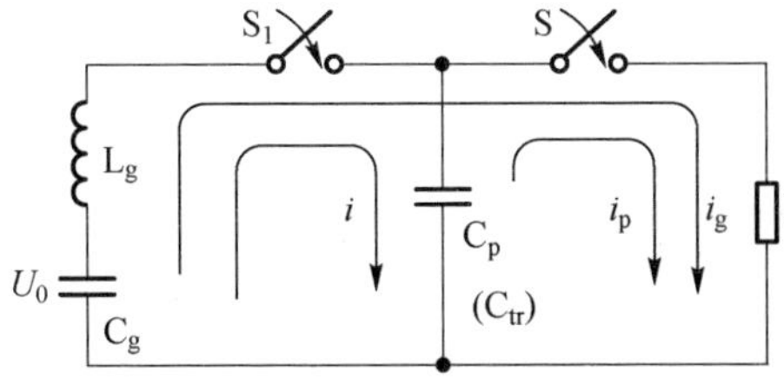

图 8.29 采用陡化电容器的 Marx 发生器等效电路图

整理后取微分得

$$\frac{\mathrm{d}^2 i}{\mathrm{d}t^2} + \frac{1}{L_g}\left(\frac{C_g + C_p}{C_g C_p}\right)i = 0 \quad (8.2.23)$$

由于 $C_g \gg C_p$，$\dfrac{C_g + C_p}{C_g C_p} \approx \dfrac{1}{C_p}$，式(8.2.23)写作

$$\frac{\mathrm{d}^2 i}{\mathrm{d}t^2} + \frac{1}{L_g C_p}i = 0 \quad (8.2.24)$$

令 $\omega^2 = \dfrac{1}{L_g C_p}$，解此方程，并由初始条件 $t = 0$，$L\dfrac{\mathrm{d}i}{\mathrm{d}t} = U_0$，得到

$$i(t) = \frac{U_0}{\omega L_g}\sin\omega t \quad (8.2.25)$$

电容器 C_p 上建立的电压为

$$u_{C_p}(t) = \frac{1}{C_p}\int_0^t i(t)\mathrm{d}t = \frac{-U_0}{\omega^2 L_g C_p}\int_0^t \mathrm{d}\cos\omega t = U_0(1 - \cos\omega t) \quad (8.2.26)$$

$i(t)$、$u_{C_p}(t)$ 的变化曲线如图 8.30 所示。当 $t = \pi/2\omega$，$u_{C_p} = U_0$，$i = I_m = U_0/\omega L_g$。若在此时令 S 闭合，在负载 R 上的电压 $u_R(t)$ 可通过以下分析得出。

S_1 闭合后，S 闭合前 C_g 上电压为

$$u_{C_g}(t) = U_0 + \frac{1}{C_g}\int_0^t i\mathrm{d}t = U_0 + \frac{U_0 C_p}{C_g}(1 - \cos\omega t) \quad (8.2.27)$$

$t = \pi/2\omega$，即 S 闭合时刻，有

$$u_{C_g}(\pi/2\omega) = U_0(1 + C_p/C_g) \approx U_0 \quad (8.2.28)$$

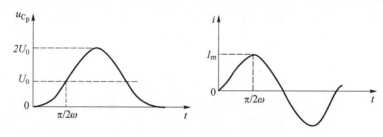

图 8.30 $U_{C_p}(t)$ 与 $i(t)$ 变化曲线

S 闭合后,对于图 8.29 中 i_g 流过的回路,电压方程为

$$\frac{1}{C_g}\int i_g \mathrm{d}t + L\frac{\mathrm{d}i_g}{\mathrm{d}t} + Ri_g = U_0 \qquad (8.2.29)$$

采用与式(8.2.1)同样的解法,得过阻尼情况下 i_g 的近似式为

$$i_g(t) \approx \frac{U_0}{R}(\mathrm{e}^{-\frac{t}{RC_g}} - \mathrm{e}^{-\frac{t}{L_g/R}}) = \frac{U_0}{R}(\mathrm{e}^{-\frac{t}{\tau_1}} - \mathrm{e}^{-\frac{t}{\tau_2}}) \qquad (8.2.30)$$

式中:$\tau_1 = RC_g$;$\tau_2 = L_g/R$。

对于图 8.29 中 i_p 流过的回路,则有

$$\frac{1}{C_p}\int i_p \mathrm{d}t + i_p R = U_0 \qquad (8.2.31)$$

其解为

$$i_p(t) = \frac{U_0}{R}\mathrm{e}^{-\frac{t}{RC_p}} = \frac{U_0}{R}\mathrm{e}^{-\frac{t}{\tau_3}} \qquad (8.2.32)$$

式中:$\tau_3 = RC_p$。

流过负载 R 上的总电流为

$$i(t) = i_g(t) + i_p(t) = \frac{U_0}{R}(\mathrm{e}^{-\frac{t}{\tau_1}} - \mathrm{e}^{-\frac{t}{\tau_2}} + \mathrm{e}^{-\frac{t}{\tau_3}}) \qquad (8.2.33)$$

R 上电压为

$$u_R(t) = U_0(\mathrm{e}^{-\frac{t}{\tau_1}} - \mathrm{e}^{-\frac{t}{\tau_2}} + \mathrm{e}^{-\frac{t}{\tau_3}}) \qquad (8.2.34)$$

S 闭合时刻,即为 $i(t)$,$u_R(t)$ 表达式中 $t=0$ 的时刻 $u_R(0) = U_0$,$t>0$,$u_R(t)$ 的衰减则主要由 τ_1、τ_2 决定。

以上分析忽略了 C_p、S 和负载的电感,而这些电感是实际存在的,并将对 $u_R(t)$ 的上升时间起决定作用。当予以考虑,即在 i_p 流过的回路中串入电感 L_p,则时间常数 L_p/R 确定 $u_R(t)$ 上升沿的陡度。另外 S 闭合的时间也将影响 $u_R(t)$ 的波形。由图 8.31 可见,S 在 $t = \pi/2\omega$ 时刻闭合,波形(曲线 A)较为理想。若提前闭合,峰值减小,波形(曲线 B)前沿变缓。若闭合时间推后,虽然峰值有所增加,波形(曲线 C)将变坏,峰值过后会出现"豁口"。

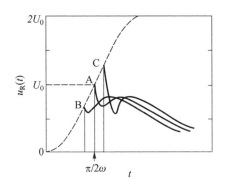

图 8.31　S 于不同时刻闭合对负载上波形的影响示意图

S 的接通时间也有选在 $t=\pi/\omega$ 时刻的,此时 Marx 发生器的能量已全部转移到陡化电容器中,由陡化电容器产生完整的输出脉冲,该电容器起了能量传递作用,故称为传递电容器,以 C_{tr} 表示。显然,必须要求 $C_{tr}\approx C_g$。此外 Marx 发生器对 C_{tr} 的充电时间要大于输出脉冲的持续时间才能保证输出波形不受 i_g 回路的影响,为此,必须在 Marx 发生器的输出端串接一个相当大的集总电感 L_0。

陡化电容器是形成 $u_R(t)$ 快上升沿的关键部件,耐压高、电感小是其必须满足的主要技术要求。早期的模拟器均将其设计成同轴形式的专用电容器。为减小体积,液体介质成为其优选的绝缘材料。由于它只承受窄脉冲电压,击穿的雪崩过程需要一定的时间,故不太导电的去离子水在这种电容器中被采用。例如美国的 ERS – I 和 VPD 两模拟器都采用了水介质同轴结构传递电容器。同轴电容器中也有用油介质绝缘的。一种以油介质绝缘的同轴电容器结构示意图如图 8.32 所示。其内导体为高压电极,由圆柱体和半球体构成,颈部同时接 Marx 输出开关和主开关,顶部接诊断用电阻分压器。外导体为接地极,亦由圆柱

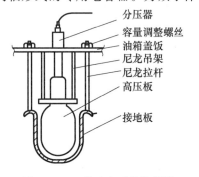

图 8.32　一种油介质绝缘同轴
电容器结构示意图

壳体和半球壳体构成。内外导体可相对移动,故电容量在一定范围内连续可调。

随着高能量密度电容器的问世,专用陡化电容器逐渐被通用陡化电容器取代。这类通用电容器采用了耐高压性能好的高能量密度固体介质,尽管如此,每节电容器的耐压水平还是有限的。当应用于 MV 量级的场合,必须将许多节电容器串联起来,为了降低电感和增大电容,又将多串这样的电容器并联起来。对于辐射波模拟器,常将十几个通用陡化电容器并联成一圈呈锥面状并使其成为双锥的一部分。例如,图 8.33 所示的 Pulspak – 9000 模拟器,其脉冲源就用了 12 只通用陡化电容器围成一圈并联起来而做成双锥的一部分。图 8.34 所示的 EMPRESS 模拟器,其脉冲源为 Pulspak – 9000 的一半。

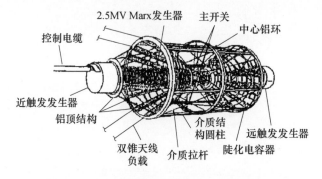

图 8.33　美国 Pulspak – 9000 模拟器的脉冲源

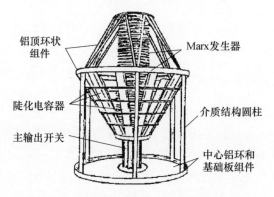

图 8.34　美国 EMPRESS 模拟器的脉冲源

8.2.4　双极性 Marx 发生器脉冲源

当模拟器的电场照射器(天线)采用双锥、对称传输线一类对称结构时,需要用双极性 Marx 发生器脉冲源。

典型的辐射波天线是一对称的双锥,对称脉冲源应安装在双锥的中间。为了提供双极性对称输出,必须由两部极性相反的 Marx 发生器组成一个双极性脉冲源安装在同一轴线上,中间用主开关 S 串联起来,结构如图 8.35 所示。主开关的两个电极体呈锥形,其锥角与双锥天线的锥角相同,以便成为双锥天线的一部分。如前所述,每组陡化电容器围绕 Marx 发生器并联安装成锥形,成为双锥的一部分。陡化电容器顶端与 Marx 发生器输出端相连,而底端与双锥天线相连,充电电路则通过金属外壳与天线相连,而天线的另一端接地。放电时,两部 Marx 发生器同步触发后,于 $t = \pi/2\omega$ 或 $t = \pi/\omega$ 时主开关闭合。Marx 发生器、主开关与陡化电容器等主要部件一般都安装在一个玻璃钢外壳内,为减轻重量常采用诸如 SF_6 一类气体介质绝缘。图中触发系统的功能是保证两部 Marx 发生器同步触发,一般做成两路触发信号的延迟时间是连续可调的,以便消除由于两路触发时间不同步引起的系统误差。当然影响两台 Marx 发生器同步性能的随机因素还是无法消除的。尽量减

292

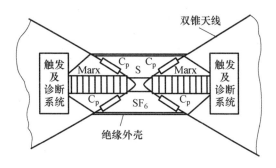

图 8.35　双极性 Marx 发生器脉冲源基本结构示意图

小发生器自身触发时间的抖动是保证同步触发的关键所在。

图 8.35 中诊断系统用于测量陡化电容器上电压波形的上升沿,并通过光缆系统在控制岗位上观察,判断两发生器在触发时间上的差值,以便调整触发信号的延迟时间而达到同步的目的。

8.3　多用途电磁脉冲模拟器[7-12]

多用途电磁脉冲模拟器是一种组合式模拟器。它以一台高压脉冲源、两种电场照射器可构成三种不同用途的电磁脉冲模拟器。其一为固定设备有界波模拟器;其二为辐射水平极化波的可移动模拟器;其三为辐射垂直极化波的可移动模拟器。

模拟器的脉冲源输出电压峰值为 $200 \sim 600 \mathrm{kV}$,连续可调,体积为 40cm(直径) × 100cm,质量 104kg。当它与固定的电场照射器构成有界波模拟器,可在长 × 宽 × 高 $=10\mathrm{m} \times 8\mathrm{m} \times 5\mathrm{m}$ 的工作空间内形成高达 $100 \mathrm{kV} \cdot \mathrm{m}^{-1}$ 的场强峰值,场的上升时间 $t_r < 18\mathrm{ns}$。当它与一套积木式的电场照射器组装成如图 8.36 所示的两种不同极化方式的可移动模拟器时,电场照射器口面处场强峰值可达 $50 \mathrm{kV} \cdot \mathrm{m}^{-1}$,脉冲

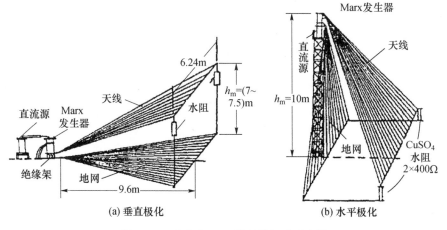

图 8.36　可移动 EMP 模拟器架设示意图

上升时间 $t_r \approx 10\text{ns}$。

8.3.1 模拟器组成及各部分特点

模拟器的结构框图如图 8.37 所示。其中的脉冲源为 Marx 发生器,电气原理图如图 8.38 所示,由 7 级构成,每级充电电压标称值为 100kV。采用高密度结构形式,内充 SF_6。由于不用陡化电容器(Peaking Capacitor),故适用于不同负载,通用性强,工作可靠。总电感 600nH,接 130Ω 电阻性负载时的输出波形如图 8.39 所示,上升时间 $t_r \leqslant 20\text{ns}$。接 300$\Omega$ 电阻性负载时,$t_r < 15\text{ns}$,衰落时间 $t_f \geqslant 2\mu\text{s}$。

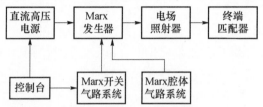

图 8.37　模拟器结构框图

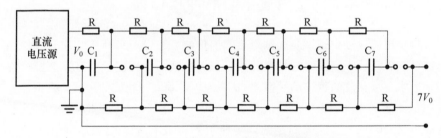

图 8.38　Marx 发生器电气原理图

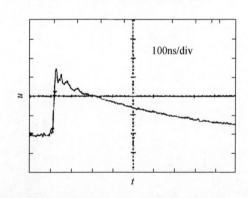

图 8.39　Marx 发生器接 130Ω 电阻性负载时输出波形

当构成有界波模拟器,如图 8.40 所示,脉冲源经两片三角形前过渡段,接两片平行的金属栅网,再经两片三角形后过渡段,端接电阻性匹配负载。工作空间的场强波形与脉冲源的波形对比如图 8.41 所示。2.5m 以下空间场强峰值的不均匀性 $\zeta < 12\%$。

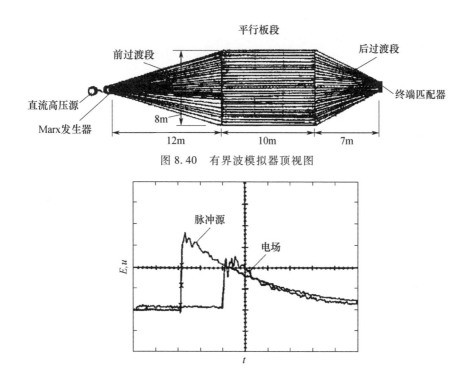

图 8.40 有界波模拟器顶视图

图 8.41 有界波模拟器工作空间场强波形与脉冲源电压波形对比

可移动模拟器的电场照射器和终端匹配负载配置情况如图 8.36 所示。其电场照射器采用锥板形式,由一片三角锥板和一片地网构成。实际上的锥板和地网均为线栅,导线间距最大为 24cm,线栅端接两根电阻性负载。当脉冲源置于地面,地网敷设在地面上,如图 8.36(a)所示,可向地面上的被试对象辐射垂直极化波。当脉冲源置于电动液压升降平台上,地网随着脉冲源的升起而伸展开,达到与大地垂直的状态。锥板与地网成一角度拉开,即相当于将图 8.36(a)所示的结构右旋 90°,如图 8.36(b)所示,便可向地面辐射水平极化波,对地表层作脉冲穿透试验。可移动 EMP 模拟器电场照射器口面处电场波形如图 8.42 所示,最高场强峰值大于 $50kV \cdot m^{-1}$,辐射垂直极化波时,距下沿 3m 以内,横向 ±3m 以内的不均匀性 $\zeta < 30\%$。距口面 15m 处场强峰值的衰减量 $A < 18dB$。

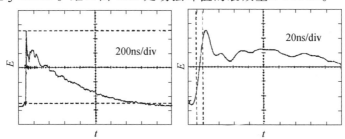

图 8.42 可移动模拟器脉冲源置于地面电场照射器口面处电场波形

8.3.2 脉冲分压器测量系统

用于测量 Marx 发生器输出电压的专用脉冲分压器测量系统,由分压器、传输电缆和数字示波器组成,如图 8.43 所示。图中分压器为三级电阻分压器。

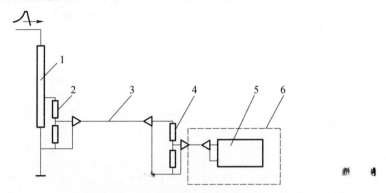

图 8.43　脉冲分压器系统的构成

1—第一级分压器;2—第二级分压器;3—传输电缆;4—第三级分压器;5—示波器;6—屏蔽室。

为了最大限度地减小外界电磁干扰对测量的影响,该系统采用大信号传输和再分压技术。经二级分压后在电缆中传输的信号一般为数百伏,大大提高了信噪比。同时采用了良好的接地和屏蔽措施。

为了避免电缆两端因失配造成反射而使波形畸变,分压器电阻阻值的选配方案如图 8.44 所示,以此保证两段特性阻抗为 50Ω 的同轴电缆端部阻抗匹配。

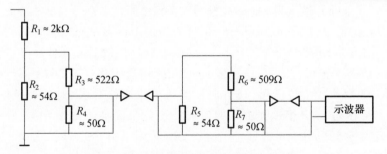

图 8.44　使电缆两端匹配的电阻取值方案

对上升时间为 10ns 量级的脉冲电压而言,分压器所用的电阻元件应考虑其分布参数。除电阻外,电阻元件的纵向电容、电感、对地电容都将影响分压器的脉冲响应,使其输出波形的前沿变缓。减小分压电阻元件的尺寸(主要是长度)虽然可使分布参数减小,从而改善分压器的响应,但用于高压分压场合的电阻元件尺寸还要受通流容量和绝缘强度的限制,不能取小。权衡利弊综合分析的结果,分压器的第一级选为 $CuSO_4$ 溶液电阻,第二、三级为金属膜电阻。为了减少中间环节,第一、二分压器以同轴形式连为一体,如图 8.45 所示,两级总分压比约为 800。

296

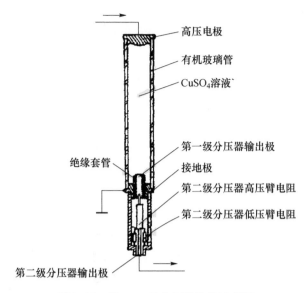

图 8.45　第一、二级分压器结构示意图

脉冲分压器系统性能的优劣,一般要通过方波响应试验作出评价。试验结果表明,对于这样一个三级分压系统,当以上升时间为 0.35ns 的方波为被测对象时,其输出电压波形的上升时间为 1.15ns,分压比达 1.8×10^4。经反复试验确认,该系统测试性能稳定,重复性好。峰值误差小于 5%,上升时间误差小于 10%。图 8.46 为系统的方波响应,图 8.47 则为多用途电磁脉冲模拟器脉冲源输出电压的实测波形,按图 8.47 中实测波形的峰值与分压比相乘,此时测得的脉冲峰值电压为 362kV。

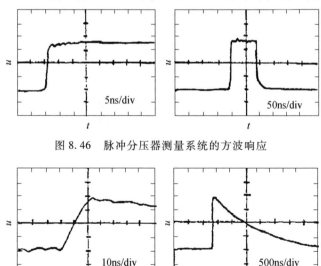

图 8.46　脉冲分压器测量系统的方波响应

图 8.47　模拟器脉冲源输出电压实测波形

8.3.3　可移动 EMP 模拟器电场分布的数值模拟

在可移动模拟器研制过程中,对其场分布虽然可以进行比较精确的测量,但试验只能在某一特定条件下进行,要想得出不同天线参数,不同负载情况下场分布的变化规律,并进行调试,不仅受到时间和经费的限制,而且有时也是不可能的。因此,试验时仅在某一架设状态下,对若干个场点进行测量。与此同时,对场分布进行数值模拟。这样,数值结果不仅可以和试验结果互相验证,而且,通过数值模拟进行调试,可使模拟器的参数选得更为合理。另外,数值模拟可提供任意场点的电磁参数和波形,为模拟器的使用提供更全面的资料。

模拟器的真实结构参见图 8.36。其天线由 27 根细导线组成,终端分别与两根硫酸铜溶液配制的电阻性负载相接。天线的馈源是峰值电压可达 600kV 的双指数波源(Marx 发生器)。组成天线的细导线每根长 10～12m,总长在 270m 以上。而馈源的激励电压最高频率分量在 100MHz 以上,天线的电尺寸即在 90λ 以上。如此之大的电尺寸给天线电流的计算带来一定困难。所幸的是,经多次试验证明适当减少天线根数(最少 8 根)对模拟器电场波形和分布规律的影响很小。因此,在实际计算时,选用 8 根导线组成的天线模型。另外,天线下方地面上铺设了金属栅网,近似认为大地为无限大理想导电平面,从而将大地的影响按镜像法处理。于是,所选用的天线简化计算模型如图 8.48 所示。图中负载每根长度为 0.9m。试验结果表明,其分布电容及分布电感是可以忽略的,可近似看成阻性串联分布加载,内阻抗约为 360Ω·m^{-1}。

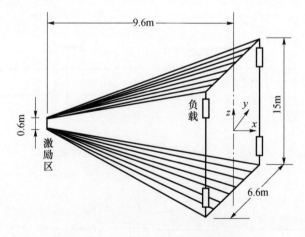

图 8.48　电场照射器(天线)简化模型

为计算方便,天线的激励源选用以下双指数波逼近。

$$V(t) = V_0(e^{-\alpha t} - e^{-\beta t}) \tag{8.3.1}$$

式中:$\alpha = 1.5 \times 10^6 \text{s}^{-1}$;$\beta = 2.6 \times 10^8 \text{s}^{-1}$。

$V(t)$ 的峰值 $V_{\mathrm{p}} \approx 600\mathrm{kV}$。

天线馈端间隙为 0.6m,远小于天线总长和激励电压最高频率分量的波长。可作 δ 间隙处理,并假设外加电场在天线激励区上均匀分布。

根据电场照射器即天线的上述特点,数值计算采用时域积分方程和时间步进(Time – Stepping)法。编制软件时充分考虑其通用性,以便用来模拟任意天线参数的模拟器产生的场分布。

计算步骤为,先算天线上的电流分布,再由此计算场分布。

图 8.49 所示的细导线天线,可采用电场积分方程计算天线上的电流分布,由导体表面的边界条件可得如下时域电场积分方程:

$$\mathbf{S} \cdot \mathbf{E}_i(r,t) = \frac{u_0}{4\pi} \int_{c(\bar{r})} \left[\frac{\mathbf{S} \cdot \mathbf{S}'}{\mathbf{R}} \frac{\partial}{\partial t'} \mathbf{I}(S',t') + \right.$$

$$\left. c \frac{\mathbf{S} \cdot \mathbf{R}}{\mathbf{R}^2} \frac{\partial}{\partial \mathbf{S}'} I(S',t') - c^2 \frac{\mathbf{S} \cdot \mathbf{R}}{\mathbf{R}^3} Q(S',t') \right] \mathrm{d}S' \qquad (8.3.2)$$

式中:$\mathbf{S} = \mathbf{S}(r)$,$\mathbf{S}' = \mathbf{S}'(r')$ 为 r、r' 处沿导线的单位切向矢量;$\mathbf{E}_i(r,t)$ 为源区入射场;$\mathbf{I}(S',t')$ 为沿线电流;$\mathbf{Q}(S',t') = -\int_{-\infty}^{t'} \frac{\partial}{\partial \mathbf{S}'} I(S',\tau) \mathrm{d}\tau$,为电荷;$\mathbf{R} = |\mathbf{r} - \mathbf{r}'|$,$t' = t - \mathbf{R}/\mathbf{c}$,$c$ 为光速。

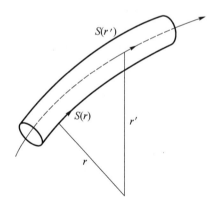

图 8.49   细导线天线结构示意图

为了用时间步进法求解方程(8.3.2),首先将空间和时间区域离散化,把整个天线分成 N_S 段,各段中心位置为 S_i,时间 t 按等间隔 ζ 分段。

设 $t_j = (j-1)\zeta$,$j = 1,2,\cdots,N_t$。

第 j 个时间间隔始于 t_j,终于 t_{j+1}。

由于积分方程(8.3.2)中含有电流对时间和空间的微分,故采用二次插值函数近似表示天线上的电流分布,有

$$I(r',t') = I(S',t') = \sum_{i=1}^{N_s} \sum_{j=1}^{\infty} I_{ij}(S'-S_i,t'-t_j) U(S'-S_i) V(t'-t_j)$$

$$(8.3.3)$$

式中:$I_{ij}(0,0) = I_{ij}$为$S=S_t$、$t=t_j$时的电流,有

$$U(S'-S_i) = \begin{cases} 1 & |S'-S_i| \leqslant \Delta_i/2 \\ 0 & \text{其他} \end{cases}$$

$$V(t'-t_j) = \begin{cases} 1 & 0 \leqslant t'-t_j < \delta \\ 0 & \text{其他} \end{cases}$$

$$I_{ij}(S'-S_i,t'-t_j) = I_{ij}(S_i'',t_j'') = \sum_{l=-1}^{+1} \sum_{m=-1}^{+1} B_{ij}^{(l,m)} I_{i+l,j+m}$$

$$(8.3.4)$$

$$B_{ij}^{(l,m)} = \prod_{p=-1}^{+1}{}^{l} \prod_{q=-1}^{+1}{}^{m} \frac{(S'-S_{i+p})(t'-t_{j+q})}{(S_{i+1}-S_{i+p})(t_{j+m}-t_{j+q})}$$

$$(8.3.5)$$

式中:$S_i'' = S'-S_i$,$t_j'' = t'-t_j$;$|S_i''| \leqslant \Delta_i/2$,$0 \leqslant t_j'' < \delta$;符号 $\prod\limits_{p=-1}^{+1}{}^{l}$,$\prod\limits_{q=-1}^{+1}{}^{m}$ 表示不含 $p=l$,$q=m$ 的项。

为了使式(8.3.4)在天线端点处(对单线即 $I=1$ 或 N_s)仍成立,令 $I_{oj} = I_{N_s+1}, j \equiv 0, \Delta_0 = \Delta_{N_s+1} = 0$,于是式(8.3.4),式(8.3.5)两式变为

$$I_{1j}(S_i'',t_j'') = \sum_{l=0}^{+1} \sum_{m=-1}^{+1} B_{ij}^{(l,m)} I_{1+l,j+m}, S_0 = S_1 - \Delta_i/2$$

$$(8.3.6)$$

$$I_{N_s j}(S_i'',t_j'') = \sum_{l=-1}^{0} \sum_{m=-1}^{+1} B_{N_s j}^{(l,m)} I_{N_s+l,j+m}, S_{N_s+1} = S_{N_s} + \Delta_{N_s}/2$$

$$(8.3.7)$$

仿照矩量法中的点配法(使理想导体边界条件仅在 $S=S_u, t=t_v, u=1,2,\cdots,N_s$,$v=1,2,\cdots,N_T$ 的有限个点上成立),可得计算天线电流分布的时间递推矩阵方程:

$$Z \cdot I_v = E_v + \sum_{l=-1}^{+1} \sum_{m=-1}^{+1} X_{r_{i-l},m}^{(l,m)} \cdot I_{v-r_{i-l},u+m} +$$

$$\sum_{l=-1}^{+1} \sum_{m=-1}^{+1} \sum_{t=-1}^{+1} W_{(r_{i-l},u+m-1)}^{(l,m,r,t)} \cdot \sum_{S=1}^{v-r_{i-l},u+m-1} I_{v-r_{i-l},u+m+t-s}$$

$$(8.3.8)$$

式中各矩阵的元素为

$$Z = \frac{u_0}{t\pi} S_u \sum_{l=-1}^{+1} \left[\int_{-\Delta_{i-1/2}}^{\Delta_{i-1/2}} dS_{i-l}'' \left(\frac{S_{i-l}}{R_{i-l,u}} t B_{i-l}^{l,m} + c \frac{R_{i-l,u}}{R_{i-l,u}^2} s B_{i-l}^{(l,m)} - \right. \right.$$

300

$$c^2 \frac{R_{i-l,u}}{R_{i-l,u}^3} s B_{i-l}^{(l,m)} D_i^{(0,l)} \Bigg) \cdot \delta(r_{i-l,u} - 1) \Bigg] \tag{8.3.9}$$

$$X_{r_{i-l},m}^{(l,m)} = -\frac{u_0}{t\pi} S_u \int_{-\Delta_{i-l/2}}^{\Delta_{i-l/2}} \mathrm{d}S''_{i-l} \left(\frac{S_{i-l}}{R_{i-l,u}} t B_{i-l}^{l,m} + c \frac{R_{i-l,u}}{R_{i-l,u}^2} s B_{i-l}^{(l,m)} \right) \tag{8.3.10}$$

$$W_{r_{i-l},u+m-1}^{(l,m,r,l)} = \frac{u_0}{t\pi} S_u \left(\int_{-\Delta_{i-l/2}}^{\Delta_{i-l/2}} \mathrm{d}S''_{i-l} \frac{R_{i-l,u}}{R_{i-l,u}^3} s B_{i-l}^{l,m} \cdot D_i^{(0,l)} \right) \tag{8.3.11}$$

$$E_v = S_u \cdot E_i(S_u, t_v) \tag{8.3.12}$$

由式(8.3.8)还可进一步写出 I_v 的直接表达式

$$I_v = [Z]^{-1} \cdot \Bigg(E_v + \sum_{l=-1}^{+1} \sum_{m=-1}^{+1} X_{r_{i-l},u}^{l,m} \cdot I_{v-r_{i-l},u+m} +$$

$$\sum_{l=-1}^{+1} \sum_{m=-1}^{+1} \sum_{t=-1}^{+1} W_{(r_{i-l},u+m-1)}^{(l,m,r,t)} \cdot \sum_{S=1}^{v-r_{i-l},u+m-1} I_{v-r_{i-l},u+m+t-s} \Bigg) \tag{8.3.13}$$

式(8.3.13)左边的矩阵 I_v 是 $t = t_v$ 时刻的电流矩阵,它的各元素是 $t = t_v$ 时刻天线上各段的电流。式(8.3.13)右边第一项是和源区入射场有关的已知项,第二项、第三项是和 $t = t_v$ 时刻电流有关的项。因此,若已知 $t < t_v$ 时刻的电流,就可利用式(8.3.13)推算出 $t = t_v$ 时刻的电流。依此类推,就可通过递推的办法求出天线上任意时刻的电流分布。

基于以上推导得出的电流分布,即可得到天线的电场分布为

$$E(r,t) = -\frac{u_0}{4\pi} \int_{c(r)} \Bigg[\frac{S'}{R} \frac{\partial}{\partial t'} I(S', t') +$$

$$c \frac{R}{R^2} \frac{\partial}{\partial S'} I(S', t') - c^2 \frac{R}{R^3} Q(S', t') \Bigg] \mathrm{d}S' \tag{8.3.14}$$

式中:$I(S', t')$、$Q(S', t')$、S'、R 的含义同式(8.3.2)。

实际计算时,将图 8.48 所示的天线分成 2×197 段,每段长为 0.6m,时间步长为 2ns。程序框图如图 8.50 所示。

图 8.51 给出了部分计算结果。图 8.52 为天线取 27 根时的实测波形,比较图 8.51 和图 8.52 可以看出:

(1)数值模拟得出的电场波形与实测结果一致性较好。

(2)计算波形与实测波形的差异,主要由大地并非理想导电平面造成,因为计算所采用的简化模型是按镜像处理得出的。

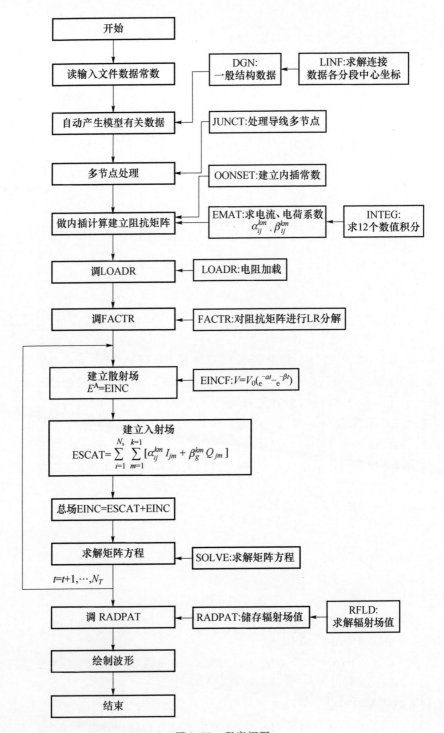

图 8.50 程序框图

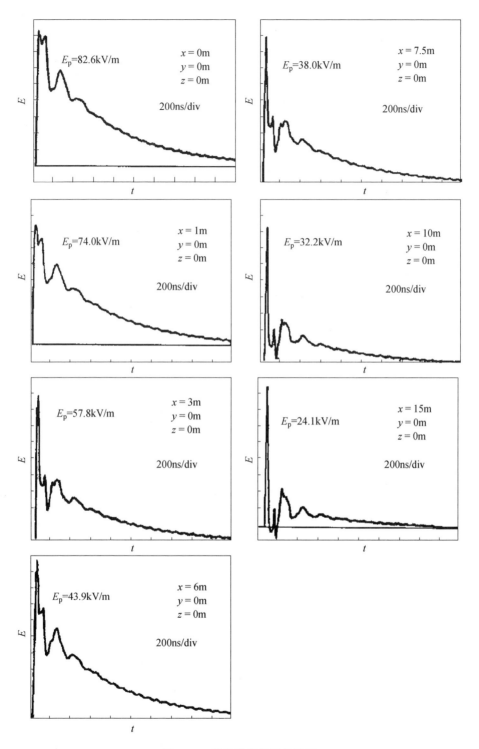

图 8.51　数值计算的部分结果

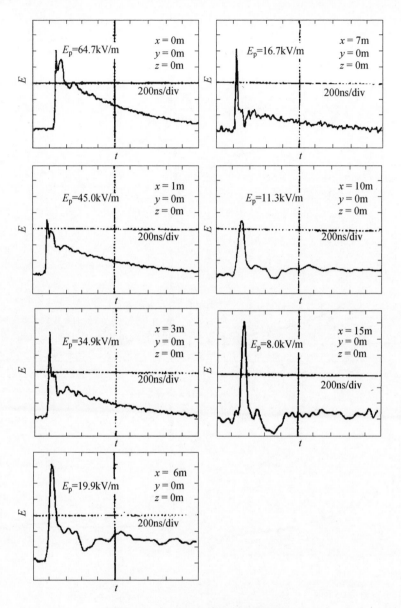

图 8.52　垂直极化模拟器实测结果

参 考 文 献

[1] Baum C E. EMP Simulators for Various Types of Nuclear EMP Environments: An Interim Categorization [J].
IEEE Trans. Electromagn. Compat. 1978, 20(1):35 – 53.

[2] Baum C E. From the Electromagnetic Pules to High – Power Electromagnetic [C]. //Proc. IEEE. 1992, 80:
789 – 817.

[3] Baum C E. Review of Hybrid and Equivalent – Electric – Dipole EMP Simulators:Sensor and Simulation Notes – SSN 277[G]. Albuerque:The University of New Mexico,1982.

[4] Mindel I N. DNA EMP Awareness Course Notes:ADA058307[R]. 1977.

[5] 华中理工大学,上海交通大学. 高电压试验技术[M]. 北京:水利电力出版社,1982.

[6] 王莹. 高功率脉冲电源[M]. 北京:原子能出版社,1991.

[7] Zhou B H,Chen Z W,Chen Z M. Experimental Investigation of the Versatile EMP Simulator[C]. Proc. Int. Symp. on EMC,Beijing,China,1992,40 – 43.

[8] Chen B,Li J B,Zhou B H. Numerical Simulation for the Distribution of Electric Field of the Versatile EMP Simulator[C]. Proc Int. Symp. on EMC,Beijing,China,1992,40 – 43.

[9] Yang B,Ma Y P. The Pules Voltage Divider Testing System of the EMP Simulator's Pules Generator[C]. Proc. Int. Symp. on EMC,Beijing,China,1992,154 – 157.

[10] 陈祖文. 多用途电磁脉冲模拟器的实验研究[D]. 南京:工程兵工程学院,1990.

[11] 李江波. 多用途 EMP 模拟器电场照射器(天线)的时域分析[D]. 南京:工程兵工程学院,1991.

[12] 杨宾. 高电压毫微秒脉冲分压器测试系统的研制[D]. 南京:工程兵工程学院,1991.

[13] Robb J D. An Experimental and Theoretical Study of Nuclear – EMP – Type Lightning Simulators with Combined Peaking Capacitor and Crowbar:AHWAL – TR – 86 – 3045[R]. 1986.

[14] Wreght W H. Pules for EMP Sinulation:AD776344[R]. 1974.

[15] Daniel K B,Tadeusz W W. Concept of an Electromagnetic Pules Laboratory[C]. Proc. Int. Symp in EMC,Wroclaw Poland,1988,141 – 144.

[16] Shen H M,et al. An Experimental Investigation of the Parallel – Plate Simulator with Single – Pules Excitation [J]. IEEE Trans. Electromagn. Compat. ,1983,25(4):358 – 366.

[17] Shen H M,King R W D. Experimental Investigation of the Rhombic EMP Simulator Comparison with theory and Parallel – Plate Simulator[J]. IEEE Trans. Electromagn. Compat. ,1982,24(4):349 – 355.

第9章　电磁脉冲测量与信号处理

电磁脉冲的测量是电磁脉冲防护研究的重要环节。测量的目的是确定受试设备和系统所处的电磁脉冲环境、对电磁脉冲的响应情况与防护效果;测量的对象包括电场、磁场、电压及电流等。根据电磁脉冲信号的特点,选择测量传感器与构建测量系统时需要考虑以下因素:

(1) 频带:由于电磁脉冲信号所覆盖的频段很宽,仅以 HEMP 为例,其上升沿为纳秒级,频谱覆盖了零到几百兆赫的频带,因此要求测量系统的工作频带应适应这一要求。具体来说就是在信号所处频带内,被测参量与系统输出之间的关系要与频率无关或与频率呈线性关系(这种线性关系在时域可等效为积分或微分)。

(2) 灵敏度:电磁脉冲测量中涉及的信号幅度变化范围很大。以电场为例,电磁脉冲模拟器中的电场强度可达每米数十万伏,而屏蔽效能测量中涉及的场强又可能只有每米几十毫伏,因此需要根据不同需要选用合适的传感器和传输系统,而作为整个测量系统来说,应当具备衰减增益的选择功能。

(3) 对被测参量的影响:传感器探头的输出应当真实反映被测参量本来的情况,当其置入被测环境后应当对原环境影响很小,故要求测量电磁脉冲场的传感器体积小。

(4) 干扰抑制能力:由于电磁脉冲信号的强度极高、频谱很宽,对整个测量系统都可能构成严重的干扰,因此测量系统应当考虑完善的屏蔽、接地与滤波措施,在传感器自身结构上应尽量采用对称结构和差动输出,以抑制共模干扰。

如果用于核电磁脉冲源区场的测量,传感器面临的环境更为复杂。一方面,康普顿散射会在空气以及各种材料中形成源电流,这一电流会导致附加的电流与电荷分布,形成干扰;另一方面,空气和其他材料的电离也会对传感器和传输电缆构成额外的附加效应,而且空气电离后的导电率与电场强度有关,两者呈非线性关系。为此,源区电磁脉冲传感器的设计应当遵循以下原则:

(1) 传感器以及传输电缆的导体与介质材料应当采用低原子序数的,以降低电子发射;

(2) 空气中的磁场传感器需要密封于介质材料中,而且在辐射环境下该介质的导电率要低于空气电导率一个量级以上;

(3) 对电场传感器来说,应当保证电场传感器引起的局部电场畸变尽量小,以免引起局部空气电导率的变化,使测量复杂化,传感器的设计宜采用格栅结构;

（4）安装于试件上的传感器在形状和材料上应与试件表面相匹配；

（5）传感器采用差动输出。

Baum 等曾对核电磁脉冲测量技术进行了系统的总结[1]，相关内容可查阅发布于美国新墨西哥州大学网站 www. ece. unm. edu/summa/notes 的 Sensor and Simulation Notes 系列文献。近些年来，随着电磁脉冲测量工作的深入开展，国际电工委员会（IEC）先后制定颁布了一系列 HEMP 测量方面的国际标准，主要包括 HEMP 辐射干扰、传导干扰、抗扰度及高功率瞬态参数测量等[2-6]。在分别测量电场或磁场的基础上[7,8]，也出现了在一个传感器中同时测量电场和磁场的方法[9-11]。

本章首先介绍常用脉冲电场传感器、磁场传感器和电流传感器的常见结构、等效电路和响应特性，接着讨论与组建电磁脉冲测量系统有关的信号调理、传输与采集问题，着重阐述电磁脉冲传感器的时域标定问题和有关数据处理方法，包括时域标定系统的组建、传感器动态响应特性的描述、测量结果的校正与复原等。

9.1 脉冲电场的测量

目前实现瞬态电场测试的方法主要有两种：一种是利用电光效应将电场信号转换为光信号进行测量，基于电光效应的光学电场传感器具有结构简单、体积小、金属构件少等特点，是目前研究的热点。但是，由于光学电场传感器制作工艺复杂、受温度等外界环境影响较大、动态范围有限，在一定程度上限制了它的推广应用。另一种是利用接收天线直接感测电场信号，属传统方法。从理论上讲，当天线满足电小条件（几何尺寸远远小于信号中的最短波长）时，信号在天线中传播所需的时间远远小于信号前沿的上升时间，从而保持脉冲原有的形状。采用与频率基本无关的电小天线作为接收天线检测瞬态脉冲电场，基本可以不失真地测出入射电场的时域波形。而且基于电小天线接收的脉冲电场传感器具有原理简单、性价比高、实用性强等特点，得到了广泛应用。

9.1.1 脉冲电场传感器的基本形式

图 9.1 是脉冲电场传感器的原理示意图，其中图（a）表示任何能够由外界电场在天线两极间感应出电压的装置，其各极的具体形状可以是半球、圆柱、平板等。以图 9.1（b）所示的平行板型天线为例，忽略其边缘效应，设平行板型天线的等效面积和等效高度分别为 $A_e = A$，$l_e = l$。

在电场辐射下，平行板传感器产生的感应电压由天线等效高度 l_e 与入射电场场强 E_{inc} 的点积确定，即

$$V_o = l_e \cdot E_{inc} \tag{9.1.1}$$

平行板间无传导电流，其感应电流由天线的等效面积 A_e 与位移电流密度 $\partial D_{inc}/\partial t$ 确定，即

$$I_s = A_e \cdot \frac{\partial}{\partial t} D_{inc} \qquad (9.1.2)$$

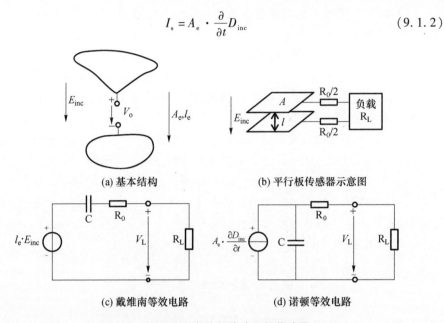

(a) 基本结构　　　　　　　　　(b) 平行板传感器示意图

(c) 戴维南等效电路　　　　　　(d) 诺顿等效电路

图 9.1　满足电小条件的脉冲电场传感器

图 9.1(b)至图 9.1(d)中 R_0 为调节电阻,用于调节电场传感器的特性。当阻抗 $Z_e = R_0 + R_L$ 与传感器的等效电容对应的阻抗相比较大时,可看作开路电路,采用图 9.1(c)形式的戴维南等效电路描述,其中等效电压源为天线的感应电压与等效电容的串联形式;当阻抗 Z_e 相对较小时,可看作短路电路,采用图 9.1(d)形式的诺顿等效电路描述,其中等效电流源为天线的感应电流与等效电容的并联形式。

对图 9.1(c)形式的戴维南等效电路来说,其电压电流关系式为

$$E_{inc} l_e = \frac{1}{C} \int I \mathrm{d}t + (R_0 + R_L) I \qquad (9.1.3)$$

两边求导并转化到频域可得

$$\mathrm{j}\omega E_{inc}(\omega) l_e = \frac{I(\omega)}{C} + \mathrm{j}\omega(R_0 + R_L) I(\omega) = \left(\mathrm{j}\omega(R_0 + R_L) + \frac{1}{C} \right) I(\omega)$$

$$(9.1.4)$$

则戴维南等效电路对应的负载输出电压为

$$V_L(\omega) = R_L I(\omega) = E_{inc}(\omega) l_e \frac{\mathrm{j}\omega C R_L}{\mathrm{j}\omega C(R_0 + R_L) + 1} \qquad (9.1.5)$$

同样,诺顿等效电路对应的负载输出电压为

$$V_L(\omega) = D_{inc}(\omega) A_e \frac{\mathrm{j}\omega R_L}{\mathrm{j}\omega C(R_0 + R_L) + 1} \qquad (9.1.6)$$

308

由于戴维南等效电路和诺顿等效电路是等价的,式(9.1.5)和式(9.1.6)应该相等,故天线的等效面积与等效高度间满足如下关系:

$$A_e = \frac{C}{\varepsilon_0} l_e \tag{9.1.7}$$

式中:ε_0 为自由空间的介电常数。式(9.1.7)亦为平行板电容的计算公式。

按式(9.1.5)或式(9.1.6)绘制的脉冲电场传感器传递函数 $F(\omega)$ 的频率响应特性曲线[6]如图9.2所示。图中,$f_0 = \omega_0/2\pi = 1/(2\pi(R_0 + R_L)C)$ 是该传感器的转折频率。以式(9.1.5)为例:当 $\omega \ll \omega_0$ 时,传感器输出与 E 的时间变化率呈线性关系;当 $\omega \gg \omega_0$ 时,传感器输出与 E 呈线性关系,即

$$V_L(\omega) \approx \begin{cases} j\omega E_{inc}(\omega) l_e C Z_c & \omega \ll \omega_0 \\ E_{inc}(\omega) l_e & \omega \gg \omega_0 \end{cases} \tag{9.1.8}$$

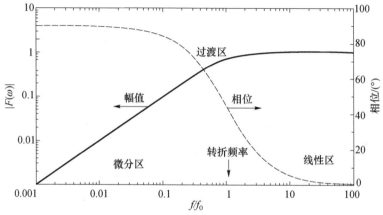

图9.2 脉冲电场传感器的传递函数曲线

相应地在时域有

$$V_L(t) \approx \begin{cases} \dfrac{\partial E_{inc}(t)}{\partial t} l_e C Z_c & f \ll f_0 \\ E_{inc}(t) l_e & f \gg f_0 \end{cases} \tag{9.1.9}$$

由式(9.1.9)可以看出,当 $f \ll f_0$,将得到脉冲电场的微分信号,通常称这样的传感器为微分型传感器,又称为 D – dot 传感器。通过降低传感器的等效电容或取消调节电阻 R_0 等措施可提升转折频率,为保证微分测量的带宽,通常将微分型传感器的转折频率 f_0 设计为数百兆赫。当 $f \gg f_0$ 时,将得到与脉冲电场波形一致的信号,通常称这样的传感器为自积分型传感器。利用自积分型传感器测量电磁脉冲电场时,可通过增大传感器的等效电容或调节电阻阻值等措施降低转折频率 f_0,使得传感器输出波形基本与电场波形一致。

脉冲电场传感器电小天线通常采用平行板、偶极子或单极子等形式,如图9.3所示,表9.1给出了相应的典型参数计算方法。

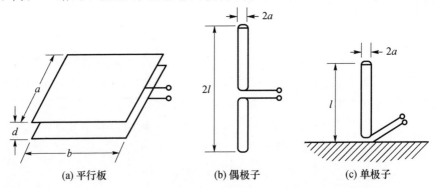

图9.3　几种常用的电小天线形式

表9.1　几种常见电场传感器电小天线的参数计算式

传感器类型	有效高度 l_e	等效电容 C	应用条件
平行板	d	$\varepsilon ab/d$	$a \gg d,\ b \gg d$
偶极子	l	$\varepsilon \pi l/(\ln(l/a)-1)$	$l \gg a$
单极子	$l/2$	$2\varepsilon \pi l/(\ln(l/a)-1)$	$l \gg a$

除了天线的等效电容外,传感器中还存在杂散电容和电感,杂散电容使得传感器的灵敏度降低,而杂散电感则使传感器存在若干谐振频率,这些谐振频率落入信号通带内,会引起测量结果的失真,在应用中应当引起注意。

9.1.2　几种特殊设计的电磁脉冲电场传感器[7-13]

1) 空心球偶极子(Hollow Spherical Dipole, HSD)传感器

HSD 传感器是一类用于微分测量的 D–dot 传感器。测量结果通过关系式 $D=\varepsilon E$ 可转化为电场强度。这种传感器主要用于电磁脉冲模拟器试验和核爆炸源区外的测量。D–dot 传感器一般采用球形等规则形状,这样便于求解传感器的有效面积,对其灵敏度进行理论计算。D–dot 传感器的等效电容关系到传感器的转折频率,其值应当较低,以保证较高的转折频率(即较宽的可用频带)。

HSD 传感器天线部分的形状为中部开一间隙的球体,天线感应信号经刚性传输线传至一定距离外的接口端。图9.4是该传感器的外形和结构示意图。传感器的两个半球采用黄铜制作,通过接触环对称安装在接地板上、下两侧,接触环与地平面间有介质环绝缘。来自每个半球的信号电流分别通过相应一侧按等夹角排列的 200Ω 条状线汇集起来,再分别通过两根 50Ω 电缆沿输出臂传至双芯输出插座,该传感器的信号为差动输出,可接 100Ω 双芯屏蔽电缆将信号进一步传输到测量设备。为了适应强电场的测量需要,传感器通常为气密的,设置绝缘气体充、放阀

门,必要时充以 SF₆ 或氮气,以防高压击穿。HSD 传感器还有一种单极形式,它只有上部的一个半球部分,可安装在导体接地板上,并通过 50Ω 同轴电缆输出信号。

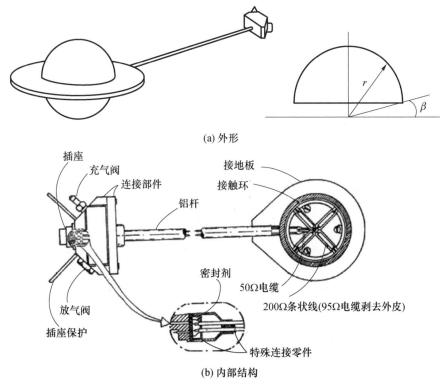

(a) 外形

(b) 内部结构

图 9.4　HSD 传感器

HSD 传感器的主要设计参数为球体半径 r 及半球与接地板间隙的角度 β,见图 9.4(a)。传感器的有效面积由球体半径决定:

$$A_e = 3\pi r^2 \tag{9.1.10}$$

通常这类传感器的有效面积在 $0.01 \sim 0.1\,\text{m}^2$ 之间。根据对传感器上限频率 f_0(转折频率)的要求,可求得其等效电容 C,进而求得间隙夹角。

$$f_0 = \frac{1}{2\pi RC} \tag{9.1.11}$$

式中:R 为负载电阻,取 100Ω。C 与缝隙夹角的关系为

$$\ln\beta = 0.9872 - \frac{C}{4\varepsilon r} \tag{9.1.12}$$

例如 A_e 取 $0.01\,\text{m}^2$ 时,对应的半径为 3.26cm,若 f_0 取 300MHz,则 $C = 5.3\text{pF}$,$\beta = 1.56°$。

2)渐进圆锥偶极子(Asymptotic Conical Dipole,ACD)传感器

ACD 传感器的外形及振子的形状如图 9.5 所示,该振子通过薄介质罩垂直安

装在导体接地板上,介质罩对振子起保护和支撑作用,信号经接地板内的 50Ω 半刚性同轴电缆传到一定距离外的接口端,采用对称的圆锥振子构成差动输出的 ACD 传感器。振子圆锥角 θ 与阻抗 Z_0 间存在如下关系

$$Z_0 = \frac{1}{2\pi}\sqrt{\frac{\mu_0}{\varepsilon_0}}\ln\left(\cot\frac{\theta}{2}\right) \tag{9.1.13}$$

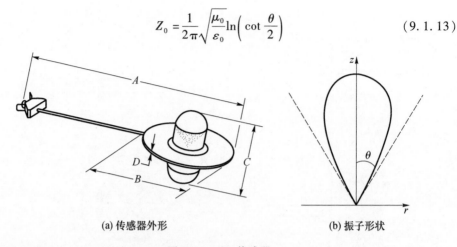

(a) 传感器外形   (b) 振子形状

图 9.5   ACD 传感器

因此,可以根据阻抗要求得到锥角。

此外,振子的形状设计应当使沿 z 轴的线电荷分布 $\lambda(z)$ 满足[1]:

$$\lambda(z) = \begin{cases} \lambda_0 & 0 < z < z_0 \\ -\lambda_0 & 0 > z > -z_0 \\ 0 & z = 0 \\ 0 & |z| > z_0 \end{cases} \quad (\lambda_0 > 0, z_0 > 0) \tag{9.1.14}$$

由锥角和线电荷分布,可得到圆锥各个截面上对应的半径值 (z,r),有

$$\frac{1}{\phi} = \left(\frac{z}{r} + \sqrt{\frac{z^2}{r^2} + 1}\right)\sqrt{\frac{(h-z) + \sqrt{(h-z)^2 + r^2}}{(h+z) + \sqrt{(h+z)^2 + r^2}}} \tag{9.1.15}$$

式中:h 为圆锥高度,$\phi = \tan(\theta/2)$。传感器的等效电容为

$$C = -\varepsilon_0 l_e \pi \sqrt{\frac{1 - \phi^2}{\ln\phi}} \tag{9.1.16}$$

式中:l_e 为有效高度,有

$$l_e = h\sqrt{1 - \phi^2} \tag{9.1.17}$$

传感器的有效面积可根据式(9.1.7)计算。常用 ACD 传感器的面积在 $10^{-4} \sim 10^{-3}\,\mathrm{m}^2$ 之间,上限频率可达数吉赫。

3) 倒锥形单极子电场传感器

倒锥形单极子电场传感器适用于在导电平面上方测量脉冲电场,其结构简单、

312

体积较小且响应频带较宽。传感器结构如图9.6所示,输出端一般与50Ω同轴电缆相接。为了与传输电缆的阻抗匹配,单极天线的等效阻抗也必须为50Ω,这一阻抗由锥角决定,因此通过合理设计锥形探头的锥角可使探头的特性阻抗满足要求。

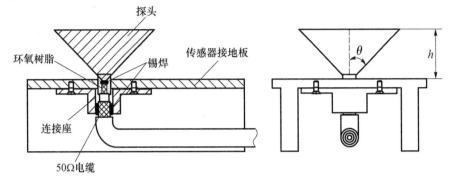

图9.6　倒锥形电场传感器结构示意图

根据锥形探头半锥角与特性阻抗的关系:

$$Z_c = 60\ln\left(\cot\frac{\theta}{2}\right) \tag{9.1.18}$$

可以求出,当探头半锥角 θ 为47°时,其特性阻抗 $Z_c = 50\Omega$,与传输电缆阻抗匹配。

等效电容 C 可按下式计算:

$$C = \frac{2h}{cZ_c} \tag{9.1.19}$$

传感器灵敏度与等效高度 l_e 有关,即

$$l_e = h\sqrt{1 - \phi^2} \tag{9.1.20}$$

式中: h 为圆锥天线高度, $\phi = \tan(\theta/2)$。

王启武等设计了一款倒锥形单极子电场传感器[12],其结构尺寸为: $h = 2.7\text{cm}$, $\theta = 47°$,等效面积 $A_e = 0.01\text{m}^2$,等效电容 C 约为3.6pF。该 D – dot 传感器的时间常数 $RC = 0.18\text{ns} \ll t_r$ (t_r 约为2.3ns),传感器转折频率 $f_0 \approx 885\text{MHz}$,而 HEMP 其频谱范围基本在175MHz 以下,因此满足 D – dot 传感器的微分条件。

4)嵌入式平板偶极子(Flush Plate Dipole, FPD)传感器

HSD 和 ACD 传感器的形状会导致其附近电场增强,尤其顶部最为严重。FPD 传感器则不同,它的结构使得附近的电场增强尽可能减小,降低了场的畸变。FPD 传感器的基本结构是一个中部开口的圆形导电平板,在开口内嵌放圆形导电极板。图9.7是一种安装在半球空腔上的 FPD 传感器截面示意图。这种传感器的结构要求 $d \gg b \gg a$,参数计算公式如下:

$$A_e = \pi b^2 \tag{9.1.21}$$

313

$$C = 4\varepsilon b\ln(b/a) \qquad (9.1.22)$$

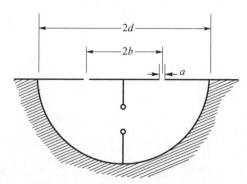

图 9.7　安装在半球空腔上的 FPD 传感器截面示意图

5）平行栅偶极子（Parallel Mesh Dipole，PMD）传感器

PMD 是一类在核爆炸源区电磁脉冲测量中使用的电场传感器。图 9.8 是这种传感器的结构示意图。传感网栅由很细的低原子序数的导线（例如，0.03mm 的铝线）构成，由尼龙线支撑并平行安装在接地板上，传感器输出通过串联电阻与信号电缆相连。这种结构在不影响传感器效率的情况下，一方面大大减小了传感器对光子和散射电子的阻挡，另一方面也使传感器对周围电场分布的影响较小。

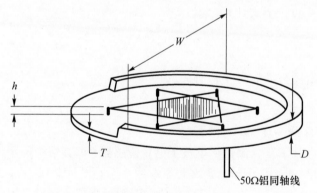

50Ω铝同轴线

图 9.8　PMD 传感器的结构

6）集成式光纤传输脉冲电场传感器

司荣仁等设计了一款集成式光纤传输脉冲电场传感器[13]。其天线部分采用图 9.9 所示的柱形偶极子形式，天线基本材料为铝棒材，中间连接结构选绝缘材料。传感器采用可分离式结构，上下两个极子设计为空心柱体，头部做半圆形渐变，内部安装固定光发射机。该结构形式无须接地平面，可以实现自由空间场测量，能有效抑制共模干扰。天线结构与屏蔽壳体共形，对被测场扰动小。

该电场传感器光发射机原理电路如图 9.10 所示。调整滑动变阻器使其工作

314

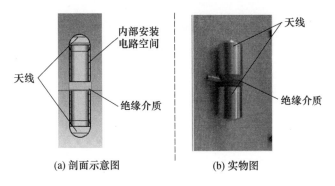

| | (a) 剖面示意图 | (b) 实物图 |

图 9.9　偶极子电场传感器天线结构

电流稳定在 30mA 左右,这样即保证其有较大的输出范围,又可以实现一定范围的负极性测量。单个 MOSFETS(场效应管)无法满足光组件的电流要求,所以光发射机电路采用三个同型号的场效应管并联。传统的光发射机电路需要经过放大、线性调制等,司荣仁等设计的光发射机电路采用电场信号直接调制场效应管漏极电流,电路器件大大减少,主要电路器件只有 8 个。此电路大大缩短了感应信号传输时间,对于快前沿电磁脉冲的测量起到至关重要的作用。光信号由 $50 \sim 125\mu m$ 多模光纤传输至接收端,由光接收机转换成 $\pm 1V$ 范围内的电压信号输出到示波器。为了防止电磁干扰,光接收机也采用金属屏蔽壳封装。

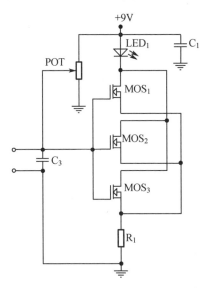

图 9.10　传感器光发射机电路原理

　　电场传感器系统最终实物如图 9.11 所示。包括电场传感器(前端)、光接收机和多模光纤。传感器的屏蔽外壳同时充当传感器天线,光发射机完全放置在屏蔽壳体内部,这样可以保证发射机在工作状态下免受外部电场干扰。

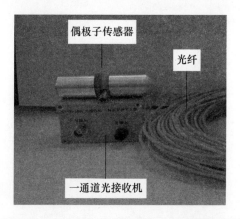

图 9.11　集成式光纤传输脉冲电场传感器系统

9.2　脉冲磁场的测量

测量磁场的方法很多,磁场传感器的种类也较多。对脉冲磁场而言,电磁感应测试技术应用最为广泛。电磁感应法是基于法拉第定律的经典而又简单的测磁方法,感应电压与磁场强度成正比,直接测量与环天线交链的磁通变化,便可得到环内平均的磁场值。除传统的电磁感应测试技术外,本节还将简要介绍部分基于磁敏感元件的脉冲磁场测量技术,如霍尔效应传感器和巨磁阻传感器。

9.2.1　脉冲磁场传感器的基本形式[6,14,15]

磁场传感器的基本形式是磁偶极子(电小环路),图 9.12 是磁偶极子的示意图和等效电路。其中戴维南等效电路适用于总负载阻抗与传感器的等效电感对应的阻抗相比较大的情况;诺顿等效电路适用于负载阻抗与环路感抗相比较小的情况。

在磁场传感器的等效电路中,传感器的开路电压和短路电流分别与传感器的等效面积 A_e 和等效高度 l_e 有关,有

$$V_{oc} = A_e \cdot \frac{\partial}{\partial t} B_{inc} \qquad (9.2.1)$$

$$I_{sc} = l_e \cdot H_{inc} \qquad (9.2.2)$$

式中:H_{inc} 和 B_{inc} 分别为磁场强度和磁感应强度。天线的等效面积与等效高度间满足如下关系:

$$A_e = \frac{L}{\mu_0} l_e \qquad (9.2.3)$$

式中:μ_0 为自由空间的磁导率。

316

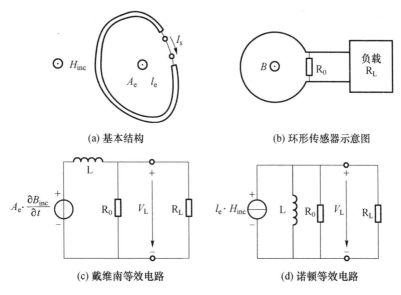

(a) 基本结构　　　　　　　　(b) 环形传感器示意图

(c) 戴维南等效电路　　　　　　(d) 诺顿等效电路

图 9.12　满足电小条件的磁偶极子磁场传感器

图 9.12(b)(c)(d)中的 R_0 为积分电阻,用于调节磁场传感器的特性。总的负载阻抗为

$$Z_c = \frac{R_L R_0}{R_L + R_0} \tag{9.2.4}$$

以戴维南等效电路为例,由电路原理可知,传感器的输出电压在频域可写为

$$V_L(\omega) = B_{inc}(\omega) \frac{j\omega A_e Z_c}{j\omega L + Z_c} \tag{9.2.5}$$

磁场传感器的频率响应特性曲线与图 9.2 相似,同样存在转折频率 $f_0 = Z_c/2\pi L$。在 f_0 以上,传感器输出与 B 呈线性关系,在 f_0 以下,传感器输出与 B 的时间变化率呈线性关系,即

$$V_L(t) \approx \begin{cases} \dfrac{\partial B_{inc}(t)}{\partial t} \cdot A_e & f \ll f_0 \\[3mm] B_{inc}(t) \cdot \dfrac{A_e Z_c}{L} & f \gg f_0 \end{cases} \tag{9.2.6}$$

因此,脉冲磁场传感器亦可分为 B(H) 传感器和 B – dot 传感器两类,即自积分型和微分型,二者的可用频段由传感器的转折频率 f_0 决定。由于磁场传感器的负载多为 50Ω 或 100Ω(由传输电缆的特征阻抗决定),使得传感器的转折频率较高,多数磁场传感器测量的是磁场的变化率 $\partial B/\partial t$。为实现磁场的自积分测量,通常需要并联较小的积分电阻 R_0 或增大电感 L,但减小 R_0 会使输出电压 V_L 变小,降低了传感器的灵敏度。

在 EMP 测量中,常用的 B‐dot 传感器有以下几种:

1)小环传感器

用导线弯成的小环是磁场传感器最简单的一种形式,其结构如图 9.13 所示。传感器的有效面积和电感按下式计算:

$$A_e = \pi b^2 \tag{9.2.7}$$

$$L = \mu_0 b \ln(8b/a - 2) \tag{9.2.8}$$

小环传感器在测量磁场的同时,对电场也有响应。作为一种对称结构,在其输出端,它对 y 方向电场的响应相互抵消,但对 x 方向的电场的响应却达到最大。按这一最大电场响应与磁场响应之比,定义小环的误差系数 e,它与环的尺寸有关,即

$$e = -j4\pi \frac{b}{\lambda} \tag{9.2.9}$$

式中:λ 为信号波长。

电场响应引起的误差是任何磁场传感器都存在的问题。为了减小这一误差,一方面应当控制环路的尺寸,采用一些有利于减小电场响应的特殊结构,另一方面,在测量时应尽量使电场沿着小环的对称轴方向。

小环传感器还存在一个等效电容 C,有

$$C = \frac{2\varepsilon b}{\ln(8b/a - 2)} \tag{9.2.10}$$

于是,这种传感器有一个自谐振频率 $f_0 = 1/(2\pi\sqrt{LC})$,在选用传感器时,应当保证这一频率远离被测信号所处的频带。

小环传感器的一种变形是柱面环,如图 9.14 所示。为了减小环路电感、提高传感器的转折频率而又不损失传感器灵敏度,可采用这一结构。其电感按下式计算:

$$L = \mu\pi\frac{b^2}{l} \tag{9.2.11}$$

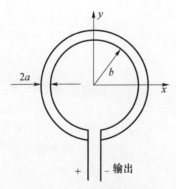

图 9.13　小环磁场传感器

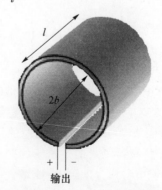

图 9.14　柱面环磁场传感器

318

2）屏蔽环磁场传感器

为了消除环路附近其他物体对环的影响,通常采用顶部带间隙的环状屏蔽套,屏蔽套材料可采用任何非磁性的良导体。图 9.15 是一种采用同轴电缆和双芯屏蔽电缆构成的传感器。其工作原理是外导体在间隙处感应出开路电压,这一电压经两侧半圆形的同轴电缆传至负载端,形成平衡的差动输出。传感器等效电感与电容 L、C 的计算方法如下：

$$L = \mu_0 b \ln(8b/a - 2) \qquad (9.2.12)$$

$$C = \frac{4\pi^2 \varepsilon b}{\ln(8b/a - 2)} \qquad (9.2.13)$$

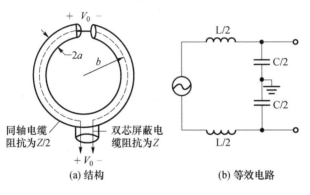

图 9.15　带间隙的屏蔽环

为了避免差动输出,还可采用图 9.16 中的不平衡输出的屏蔽环传感器,它在屏蔽环间隙处产生的感应电压由右半圈的同轴电缆引向负载,输出可直接与同轴电缆连接。

图 9.16　不平衡输出的屏蔽环传感器

3）自积分型磁场传感器

直接测量脉冲磁场波形的方法有两种,一种是尽量减小环传感器的负载电阻,降低其转折频率,使电磁脉冲信号大部分频段落入传感器频响特性的平直段内;另一种方法则是测量短路环的电流,这一电流与磁场强度 H 成正比。

图 9.17 是一种称为自积分传感器的装置,它在原屏蔽环结构的间隙处增加了

一个积分电阻 R_0，积分电阻与原负载的并联构成环路的总负载，可以使传感器的转折频率大大降低，从而构成自积分型传感器。负载的降低同时也导致了传感器输出电压的降低，所以这一方法是以牺牲传感器灵敏度为代价的。不过在电磁脉冲的测量中，特别是在信号较强的情况下，这一问题并不突出。

图9.18 是一种短路环磁场传感器示意图，它采用电流探头测量环路的电流，该电流与磁感应强度成正比。这种传感器的特性主要取决于电流探头的特性，而电流探头也存在低频下限和高频上限。尤其是低频截止频率，在电磁脉冲测量中会存在一定程度的低频失真。

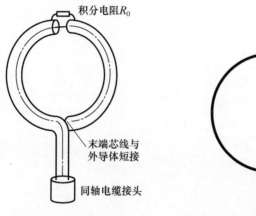

图9.17 自积分传感器　　　　图9.18 短路环磁场传感器

9.2.2 几种特殊设计的电磁脉冲磁场传感器

1）多间隙环（Multigap Loop，MGL）磁场传感器

MGL 传感器采用多间隙的柱面环形结构和特殊的接线方式来尽量减小传感器对电场的响应。图9.19（a）是这种传感器的外形图[1]，它有径向和轴向两种信号输出方式。图9.19（b）是传感器内部的线路连接方法。圆柱面上采用电路板的蚀刻工艺制作成如图形式的纵向间隙结构，这种结构保证间隙阻抗为 200Ω，同时有利于减小传感器的响应时间。柱面被间隙平均分成四个等分。间隙的输出接特性阻抗为 200Ω 的条带传输线，来自间隙 1、3 的输出被混合形成差动输出的一路，来自间隙 2、4 的输出形成差动输出的另一路。

2）Moebius 环磁场传感器

Moebius 环也是一种屏蔽环结构，但其间隙处的接线方法与一般屏蔽环不同，如图9.20 所示。环路间隙处产生的感应电压 V_{AB} 经左、右两侧的同轴线引向负载端，左右两侧电缆终端的电压分别为 V_{AB} 和 $-V_{AB}$，因此负载上的电压为 $2V_{AB}$，环路的输出比普通屏蔽环提高一倍。同时，这种结构有助于在核爆炸源区电离辐射环境中降低由辐射造成的共模噪声。

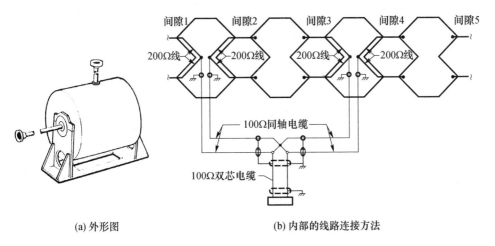

(a) 外形图   (b) 内部的线路连接方法

图 9.19　MGL 传感器

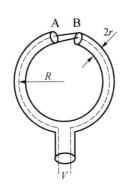

图 9.20　Moebius 环

图 9.21 是源区电磁脉冲测量采用的一种柱面 Moebius 环(Cylindrical Moebius Loop,CML)传感器。它采用两组同轴线将柱面间隙的感应电压引出,在底部的接线方法见图 9.21(c),输出电压同样为两倍的间隙电压。为解决源区空气导电率问题,采用环氧树脂将传感器制作成密封结构,这种材料的辐射感应导电率小于 $10^{-5} S \cdot m^{-1}$,要比海平面高度上空气的感应导电率低几个量级。

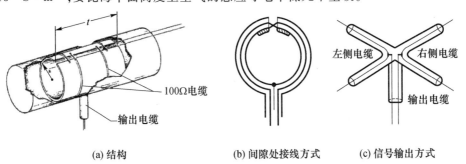

(a) 结构   (b) 间隙处接线方式   (c) 信号输出方式

图 9.21　柱面 Moebius 环

9.2.3 基于磁敏感元件的脉冲磁场测量技术

1) 霍尔传感器

霍尔效应是美国物理学家霍尔(A. H. Hall)于1879年在研究金属的导电机制时发现的。图9.22为导电材料中载流子输运情况的示意图[16]。

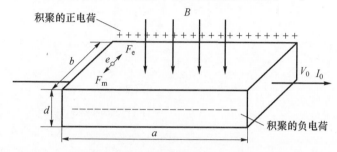

图 9.22 霍尔效应原理示意图

当在材料两端施加电压 V_0 或电流 I_0 时,材料内部的电场强度为

$$E_0 = \frac{V_0}{a} = \frac{I_0}{bd\sigma} \tag{9.2.14}$$

式中:a,b,d 为材料的几何尺寸;$\sigma = Neu_e$ 为材料电导率,其中 N 为材料中的电子浓度,e 为电子电量,u_e 为电子迁移率。

在没有外界磁场时,洛伦兹力为0。此时的载流子漂移速度为

$$\nu_e = u_e E_0 \tag{9.2.15}$$

当存在垂直方向的磁场 B 时,材料中的载流子就会受到洛伦兹力的作用,大小为

$$F_e = -e[\nu_e \times B] = -eu_e[E_0 \times B] \tag{9.2.16}$$

在洛伦兹力的作用下电子会向边缘运动,空穴向另一侧边缘运动,并积聚形成霍尔电场 E_H,此电场会抑制载流子的积聚,直到霍尔电场形成的电场力 F_m 与洛伦兹力 F_e 平衡,即

$$eu_e[E_0 \times B] + eE_H = 0 \tag{9.2.17}$$

故霍尔电场为

$$E_H = -u_e[E_0 \times B] \tag{9.2.18}$$

霍尔电压为

$$V_H = -du_e[E_0 \times B] \tag{9.2.19}$$

结合式(9.2.14),当材料两端为电压驱动时,有

322

$$V_{\mathrm{H}} = -\frac{du_e}{a}V_0 B \qquad\qquad (9.2.20)$$

为电流驱动时,有

$$V_{\mathrm{H}} = -\frac{1}{Neb}I_0 B = \frac{R_{\mathrm{H}}}{b}I_0 B \qquad\qquad (9.2.21)$$

式中:R_{H} 为霍尔系数,大小取决于半导体的温度、材质和几何尺寸;N 为材料中的电子浓度;e 为电子电量;b 为材料的宽度。

在电压驱动下,输出电压与迁移率成正比,而迁移率对温度依赖较明显;但是在电流驱动下就不存在此问题,所以在霍尔传感器的应用中一般都是以恒定电流驱动,以得到较好的温度特性。

由式(9.2.21)可知,霍尔系数 R_{H} 与载流子浓度 N 成反比,表明半导体比金属的霍尔效应更加明显。

2) 巨磁阻传感器[17,18]

所谓巨磁阻(Giant Magneto Resistive,GMR)效应,是指磁性材料的电阻率在有、无外磁场作用时存在巨大变化的现象。基于 GMR 效应,可通过测量 GMR 半导体材料在磁场环境下磁阻的变化来得到磁场的大小和方向。GMR 传感器是一种测量磁场强度和方向的半导体元件,可直接测量静磁场和时变磁场。如图9.23(a)所示,当 GMR 传感器的敏感轴和磁场方向一致时,输出电压变化最大。GMR 传感器是由四片 GMR 构成的一个惠斯通电桥结构,其电桥电路如图9.23(b)所示。

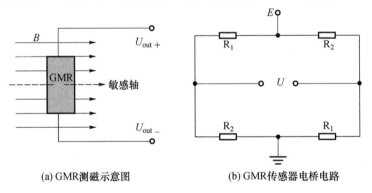

(a) GMR测磁示意图   (b) GMR传感器电桥电路

图9.23 GMR 传感器

图9.23(b)中,E 为直流电压源,U 为输出电压。根据传感器原理,惠斯通电桥一般采用全等桥臂形式工作,即初始值 $R_1 = R_2 = R$。当无外界磁场时,$U = 0$;当有外界磁场时,令磁阻变化量为 ΔR,则 $R_1 = R - \Delta R$,$R_2 = R + \Delta R$,此时输出电压变化量 ΔU 可表示为

$$\Delta U = E\frac{\Delta R}{R} \qquad\qquad (9.2.22)$$

可见,该传感器的输出和磁阻的变化量有很好的线性关系。GMR 材料的磁阻特性公式为

$$R_B/R = 1 + \alpha B + \beta B^2 \tag{9.2.23}$$

式中:B 为外加磁场;R_B 为 GMR 在外加磁场作用下的磁阻值;R 为无磁场影响时的磁阻值;α 和 β 是与元件有关的系数。

联立式(9.2.22)和式(9.2.23),则有

$$\Delta U = E(\alpha B + \beta B^2) \tag{9.2.24}$$

由上式可知,输出电压和被测磁场的关系是非线性的。如图 9.24 所示,当被测磁场 $B_0 < B < B_t$ 时,GMR 传感器将工作在线性区。为使 GMR 传感器工作在线性区,在制作工艺中应加入一个提供偏置磁场的永磁体,偏置磁场值接近 B_0 值。

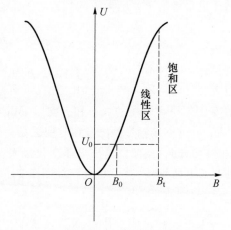

图 9.24　GMR 传感器工作原理特性图

GMR 材料可分为多层膜、自旋阀、颗粒膜、非连续多层膜、氧化物超巨磁电阻薄膜等五大类,见表 9.2[19]。从 GMR 传感器的结构原理看,主要有多层膜结构、自旋阀结构以及隧道结构三种类型。其中,自旋阀系列的 GMR 传感器以其高灵敏度特性在应用领域备受青睐。

表 9.2　各种 GMR 材料比较

材料	GMR 值	外加磁场	灵敏度	实用情况
多层膜	小	大	小	难
自旋阀	小	小	大	增大 GMR
颗粒膜	大	大	小	降低饱和场
非连续多层膜	大	小	大	抑制巴克豪森噪声
氧化物超巨磁电阻薄膜	大	极大	小	难

9.3 脉冲电流的测量

在电磁脉冲试验中,对脉冲电流的测量基本采用互感器的形式:通过电流的导线是互感器的初级,而电流探头则是互感器的次级,初、次级间的互导用 M 来表示。脉冲电流传感器与脉冲磁场传感器的测量原理相同,都属于基于法拉第定律的电磁感应测试技术。

9.3.1 脉冲电流传感器的基本形式

图 9.25 是电流探头的测量原理和等效电路。对于环绕在被测电流周围的线圈来说,输出端的开路电压为

$$V_{oc} = M \frac{\partial I_{inc}}{\partial t} \tag{9.3.1}$$

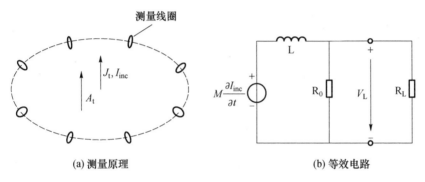

(a) 测量原理   (b) 等效电路

图 9.25　电流探头的测量原理和等效电路

根据电流探头的等效电路,可得负载上输出电压与电流在频域的关系为

$$V_L(\omega) = I_{inc}(\omega) \frac{j\omega M Z_c}{j\omega L + Z_c} \tag{9.3.2}$$

式中: $Z_c = R_0 R_L / (R_0 + R_L)$ 为总负载阻抗。与电场传感器和磁场传感器一样,脉冲电流传感器分为自积分型传感器和微分型($I-dot$)传感器两类,它们的可用频段由传感器的转折频率 f_0 决定, $f_0 = Z_c / 2\pi L$ 。传感器的频率响应特性曲线与图 9.2 相似,在 f_0 以上,传感器输出与 I 呈线性关系,在 f_0 以下,传感器输出与 I 的时间变化率呈线性关系,即

$$V_L(t) \approx \begin{cases} M \dfrac{\partial I_{inc}(t)}{\partial t} & f \leq f_0 \\[3mm] \dfrac{M Z_c}{L} I_{inc}(t) & f \geq f_0 \end{cases} \tag{9.3.3}$$

325

与磁场传感器类似,电流传感器的负载多为 50Ω 或 100Ω(由传输电缆的特征阻抗决定),当不使用调节电阻 R_0 时,传感器电感 L 对应的阻抗会远远小于负载阻抗,即传感器的转折频率较高,使得传感器工作在图 9.2 所示的微分区。

1)Rogowski 线圈与电流钳

图 9.26(a)为 Rogowski 线圈的结构示意图。为方便操作,Rogowski 线圈一般做成钳形结构,如图 9.26(b)所示[15],又称电流钳。两个半环可以张开,以便在测量时夹住待测的导线。探头内部绕有多匝线圈,为了提高互感,通常还采用磁芯,但磁芯材料在强电流下会出现饱和,从而引起测量结果的非线性失真。

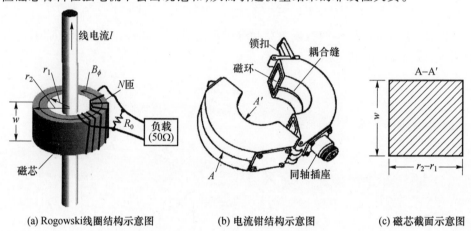

(a)Rogowski 线圈结构示意图　　(b)电流钳结构示意图　　(c)磁芯截面示意图

图 9.26　Rogowski 线圈与电流钳

当电流探头线圈截面为矩形,高为 w,线圈骨架内径为 r_1、外径为 r_2 时(见图 9.26(a)),探头的互感可按下式计算

$$M = \frac{1}{2\pi} N \mu_r \mu_0 w \ln \frac{r_2}{r_1} \tag{9.3.4}$$

式中:N 为线圈匝数;μ_r 为相对磁导率。

2)柔性电流探头

柔性电流探头的一种简易制作方法是:用一根同轴电缆,剥去其外护套,去掉内部的铜丝网和中心的铜芯,把剩余的绝缘部分作为线圈骨架,将它弯曲成一个圆环,用直径 0.5mm 的漆包线从圆环的一端开始绕线,绕到线圈的另一端后再从绝缘管的中空心穿回始端。

为防止杂散电磁场的干扰,线圈一般需要加一个屏蔽壳体,但是线圈加上屏蔽壳体后出现两个问题:一方面屏蔽壳体不容易加工,减小了线圈的使用灵活性,违背了柔性线圈设计的初衷,另一方面加上屏蔽壳体后会增大线圈的电容,从而降低了带宽。

图 9.27 所示即为所设计的柔性电流探头在展开和闭合时的图片,其线圈体积

很小,重量很轻,便于携带,使用非常灵活,可以根据待测导体的直径来自由调节线圈的内径,外壳做了防潮处理,这些特点都非常符合野外环境脉冲电流测量的需要。设计的线圈没有在外层加上一个屏蔽壳体,这是因为所设计的线圈电容很小,所耦合的外界干扰的值远远小于所测量电流的值,基本上可以忽略,对测量结果的影响非常小。对线圈的实际测量试验结果表明,线圈不加外层屏蔽的测量结果受外界干扰的影响很小。

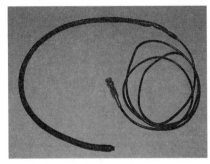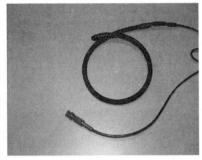

图 9.27　柔性电流探头

3)内嵌电流传感器

内嵌电流传感器是指被嵌入到管状导体内部以测量外部电流的传感器。该传感器的输出引线位于管状导体内部并延伸到导体终端,因此,它不会干扰外部电流特性。

这类传感器的基本构造如图 9.28 所示[6]。对导体外圆周进行旋转切割,便形成了内部旋转对称的传感器腔,该腔室可看作外部电流所产生的磁通密度场的"感应环"。感应腔内磁通量的变化在终端 a—a′处产生电压。感应间隙的两个端点 a 和 a′通过同轴电缆(该图中没有显示)与测量设备相连。该电流传感器的等效电路可由图 9.25(b)来描述,腔室的互感系数为

$$M = \frac{\mu_0 w}{2\pi} \ln \frac{r_2}{r_1} \tag{9.3.5}$$

假定这个传感器没有调节电阻($R_0 = \infty$),传感器电感 L 对应的阻抗远远小于 50Ω 负载,转折频率很高。由式(9.3.2)和式(9.3.3)可知,50Ω 负载上的频域和

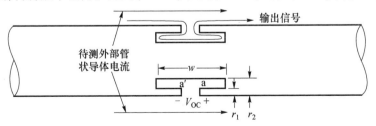

图 9.28　内嵌电流传感器的几何形状

时域电压响应分别为

$$V_{\mathrm{L}}(\omega) = \mathrm{j}\omega MI(\omega) \qquad\qquad (9.3.6)$$

$$V_{\mathrm{L}}(t) = M\frac{\partial I(t)}{\partial t} \qquad\qquad (9.3.7)$$

可以看出,电流传感器在负载端形成的电压与外表面上电流的变化率成正比,为微分型传感器,又称 I – dot 传感器。另外,传感器还可以采用多重感应间隙的形式,但这将改变互感系数的值。一般来讲,探头厂商会提供探头的总互感因数 M以及探头带宽等性能参数。

4)同轴电缆电流传感器

当测量屏蔽电缆的芯线电流时,需要采用一种串联在同轴线上的电流测量插入单元,图 9.29 是其结构示意图[1]。这种传感器利用外导体构成环绕芯线的带间隙空腔。从横截面上看,这些空腔构成了测量磁场的开路线圈,线圈间隙电压通过两根特性阻抗为 100Ω 的电缆引出,在外壁处并联,接 50Ω 特性阻抗电缆输出。

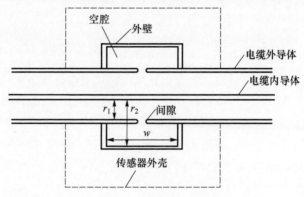

图 9.29　电缆插入单元

电流测量插入单元还可以采用图 9.30 所示的"断路器盒"形式,其内部探头采用 Rogowski 线圈。这类探头的工作原理与图 9.26 的电流探头完全一致,只不过采用了专门设计的同轴结构,使其便于与被测的同轴电缆连接。

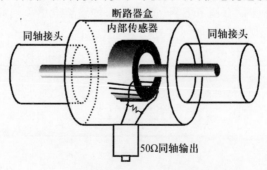

图 9.30　同轴电缆电流传感器的设计原理

9.3.2 几种特殊设计的脉冲电流传感器

1）内 Moebius 互感（Inner Moebius Mutual Inductance，IMM）探头

IMM 探头可用于测量脉冲模拟器输入端由 Marx 源产生的瞬态电流或者测量电子束的电流，其结构示意图见图 9.31。图中仅给出了 IMM 的半个环，整个探头呈环形。环的内侧开有缝隙，在电流产生的磁通变化作用下产生感应电压，通过对称布置的同轴电缆引向输出端。因为电缆在缝隙处按 Moebius 环的方法连接，而且缝隙开在内侧，故称为内 Moebius 互感探头。与之对应的还有一种缝隙开在外侧的外 Moebius 互感（OMM）探头。

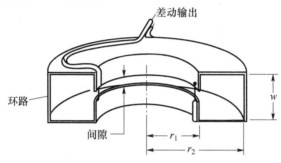

图 9.31　内 Moebius 互感探头

2）嵌入式 Moebius 互感（Flush Moebius Mutual Inductance，FMM）探头

这是一种用于核爆炸源区测量的电流传感器，结构见图 9.32[1]。传感器嵌入柱形导体，与其合为一体。敏感部分为带间隙的空腔，流过导体的轴向电流在间隙上形成感应电压，间隙电压采用四根同轴电缆按 Moebius 环的方式引出，接线方式与图 9.21 所示的 CML 传感器相同。在空腔内还填充了环氧树脂作为抗辐射的加固措施，环氧树脂延伸到间隙之外，能够有效地减少间隙处的电子转移。

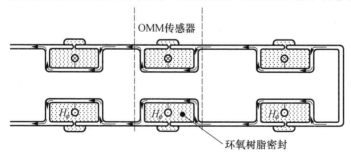

图 9.32　嵌入式 Moebius 互感探头

3）表面电流密度（磁场）传感器

为测量导电平面上的表面电流密度或磁场，可采用图 9.33 所示的半环结构传感器[6]，并通过 50Ω 同轴电缆连接测量电路。可以看出，该半环传感器的等效面

积 A_e 和电感 L 为同样大小圆环的一半。

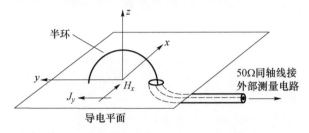

图 9.33   测量切向磁场或等效表面电流密度的半环

由于没有并联调节电阻（$R_0 = \infty$），该传感器与电流密度（或磁通密度）的变化率成正比。利用式（9.2.6），并结合边界条件 $a_n \times H_{\tan} = J_s$，传感器频域和时域输出电压为

$$V_L(\omega) = \mathrm{j}\omega A_e \mu_0 H_x(\omega) = \mathrm{j}\omega A_e \mu_0 J_y(\omega) \tag{9.3.8}$$

$$V_L(t) = A_e \mu_0 \frac{\partial H_x(t)}{\partial t} = A_e \mu_0 \frac{\partial J_y(t)}{\partial t} \tag{9.3.9}$$

9.4   信号调理与传输、记录

一个完整的测量系统除了传感器外，还包含信号调理、传输与记录等设备。电磁脉冲测量对测量系统的宽带传输、高速采集、抗干扰以及动态范围都提出了较高的要求，在组建测量系统时需要全面考虑这些要求，选择合适的设备，以实现信号的准确测量[20,21]。

图 9.34 是一个典型的电磁脉冲测量系统的组成，大体说来它可分为传感、信号调理、传输、记录、分析与控制等几个部分，此外还有接地、屏蔽、滤波等抗干扰设施。在前面几节对电磁脉冲测量中常用传感器和探头介绍的基础上，本节主要讨论信号调理、传输与采集部分的要求与措施。

9.4.1   信号调理

电磁脉冲测量中信号调理装置实现的功能包括传感器输出形式的转换、微分波形的复原、信号的放大与衰减等三类。

9.4.1.1   传感器输出形式的转换

多数传感器与探头采用的是差动输出的形式，这有利于保持传感器的对称结构，增强抗干扰能力。但在信号传输和记录时，光纤系统、示波器往往是单端输入的，需要实现差动输出到单端输入的转换，这可以通过配置图 9.35 所示的平衡 - 不平衡转换器（Balun）来实现。该转换器将特性阻抗 100Ω 双芯电缆的输出转换至特性阻抗为 50Ω 的同轴电缆。由于转换器的输出是差模输入电压的一半，在有

330

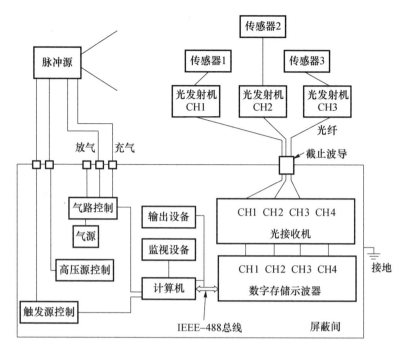

图 9.34　电磁脉冲测量系统的组成

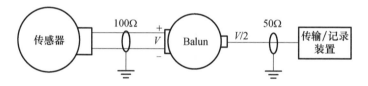

图 9.35　平衡 – 不平衡转换器（Balun）

效工作频段内的插入损耗为 3dB。通常的 Balun 是用来转换差模电压的,称为差模 Balun(Differential – Model Balum, DMB),另外还有一种共模 Balun(Common – Mode Balun,CMB),专门转换输入端的共模电压。图 9.36 给出了 EG&G WASC 生产的 DMB – 1 型转换器对差模输入和共模输入的插入损耗曲线。

9.4.1.2　微分波形的复原

B – dot 传感器、D – dot 传感器和 I – dot 探头所测得的均为信号的微分波形,为了得到电场、磁场或电流本身的波形,需要对微分输出进行积分,这一功能可通过无源或有源的积分器实现。图 9.37 是无源 RC 积分器的等效电路,假设输入信号为信号 $F(t)$ 的微分,则积分器输出 $V(t)$ 与 $F(t)$ 的关系可写为

$$F(t) = RC\left(V(t) + \frac{1}{RC} \int_0^t V(\tau) \mathrm{d}\tau \right) \tag{9.4.1}$$

积分器的选择应使其时间常数 RC 远远大于 $V(t)$ 的持续时间,这样可以忽略上式的积分项,将 $V(t)$ 近似看作对输入的直接积分。

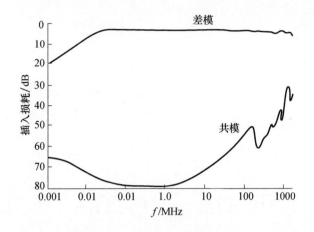

图 9.36 某 Balun 的插入损耗

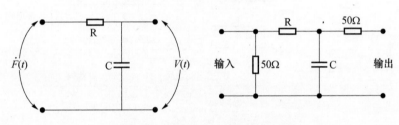

图 9.37 无源 RC 积分器等效电路

　　串联在信号通道中的积分器一般做成同轴型的屏蔽结构,图 9.38 所示为同轴型无源积分器的结构和等效电路。积分器外壳采用黄铜材料,两端为标准的 BNC 插头,便于和同轴电缆连接。积分器 a 部分构成补偿电容,b 为电阻,c 为主积分电容,b 部分采用碳作为内导体,可提供一定的电阻以衰减不必要的高频振荡。无源积分器对信号都构成一定的衰减,而有源积分器则可以提供一定的增益,它们一般设置在信号传输通道的发射单元,例如光纤传输系统或无线发射系统的发射机内。

9.4.1.3　信号的放大与衰减

　　电磁脉冲测量中的放大器主要用于信号的传输通道,例如发射机和接收机中。对放大器的基本要求是其频响特性在通带内幅度响应保持恒定、相位与频率呈线性,这样放大器的输出只在幅度和时延上有所变化,波形保持不变。对于脉冲测量来说,如果信号带宽超出了放大器通带,则会引起失真。其中,放大器存在的高、低端截止频率引起的失真最为典型。图 9.39 是放大器设计带宽不满足要求的一种情况和这种放大器对方波脉冲的响应。而高频响应不够引起响应则是波形前沿的变缓,低频响应不够引起波形的平顶下降。以上两种情况均会引起响应峰值的降低。

　　实际上,一方面电磁脉冲测量中的传感器、传输系统和放大器组成的系统总存

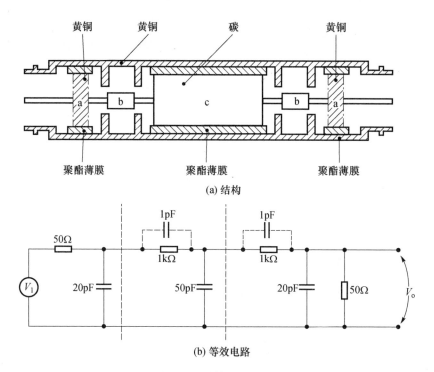

(a) 结构

(b) 等效电路

图 9.38　同轴型无源积分器

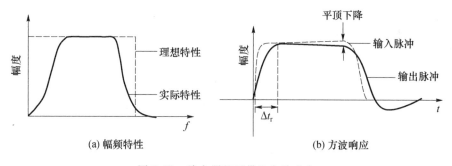

(a) 幅频特性

(b) 方波响应

图 9.39　放大器的通带和方波响应

在一个低频截止频率,另一方面,典型的电磁脉冲信号(如双指数脉冲)又含有丰富的低频分量,因此低频失真在一定程度上总是存在的。为了定量分析放大器低频截止频率的存在对测量结果的影响,不妨采用一个高通滤波器模型描述放大器的低频截止特性,考察其对双指数波的响应。令高通滤波器的传递函数为

$$H(s) = \frac{s}{s + \omega_c} \tag{9.4.2}$$

式中:$\omega_c = 2\pi f_c$(f_c 为低频截止频率)。

取滤波器的输入为电磁脉冲测量中常见的双指数脉冲,即

$$x(t) = e^{-\alpha t} - e^{-\beta t} \tag{9.4.3}$$

333

则滤波器的输出为

$$y(t) = Ae^{-\alpha t} + Be^{-\beta t} + Ce^{-\omega_c t} \tag{9.4.4}$$

式中: $A = \alpha/(\alpha - \omega_c)$; $B = -\beta/(\beta - \omega_c)$; $C = -(\beta - \alpha)\omega_c/(\alpha - \omega_c)(\beta - \omega_c)$ 。

根据式(9.4.4)可计算出不同低频截止频率引起双指数脉冲幅度失真和负冲的情况。图9.40是根据计算得到的峰值响应误差和负冲随低频截止频率和输入双指数脉冲的变化情况。图中, $\tau_r = 1/\beta$ 、 $\tau_f = 1/\alpha$ 分别与双指数脉冲的上升与下降时间有关。 $f_f = 1/\tau_f$,是双指数波中低频成分的指标,当 $f_f/f_c > 10$ 时,即脉冲中低频成分基本在放大器低频截止频率以上时,负冲小于15%,峰值误差小于10%。若 f_f 固定,则随着 τ_f/τ_r 的增加,即脉冲能量向高频部分集中,峰值误差和负冲也呈减小趋势。图9.40的几组曲线可以作为确定放大器低频截止频率引起波形失真情况的一个依据[21]。

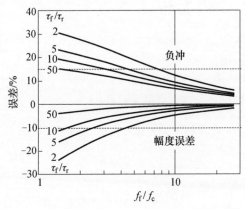

图9.40 低频失真随低频截止频率和输入脉冲的变化情况

至于放大器高频截止频率对测量结果的影响,同样可采取类似的方法进行分析。由于实际脉冲信号总是一个带限信号,原则上我们总能够选择一个放大器使其带宽覆盖脉冲信号的频带。对于脉冲前沿上升时间(10%~90%)为 t_r 的脉冲,其带宽 f_{BW} 可按下式计算

$$f_{BW} = 0.35 \frac{1}{t_r} \tag{9.4.5}$$

所选放大器的高频截止频率如果远远高于 f_{BW} 对应的频率,则不会引起高频失真。这一要求在时域可等效于放大器的响应时间远远小于脉冲上升时间,当前者为后者的1/5时,引起的误差可控制在2%。

电磁脉冲测量中还常常采用衰减器将强信号调整到合适的峰值或幅度送往后续设备。这类衰减器一般为同轴的 T 形对称的电阻网络,见图9.41。对于 50Ω 到 50Ω 的 N 倍衰减器,可按下式确定元件参数

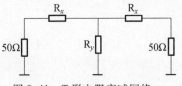

图9.41 T 形电阻衰减网络

$$R_x = 50\left(1 - \frac{1}{N}\right) \tag{9.4.6}$$

$$R_y = \frac{25(2N-1)}{(N-1)N} \tag{9.4.7}$$

9.4.2 信号传输

电磁脉冲测量中采用的信号传输方式可分为屏蔽电缆、无线传输和光纤传输三类。

9.4.2.1 屏蔽电缆

屏蔽电缆是最常用的一种信号传输载体,根据传感器或探头的输出形式可选用同轴电缆或双芯屏蔽电缆,这两种电缆间又可以通过 Balun 转换连接。在电磁脉冲模拟试验中,记录系统往往与探测系统相距较远,需要采用长的传输电缆,这时,电缆传输特性对信号的影响应当引起足够的重视。

对于一定长度的电缆可绘制其随频率变化的衰减特性曲线,根据 −3dB 点,可以确定电缆的可用频带。图 9.42 是 30.48m(100 英尺)长的几种电缆的衰减特性曲线,它们都相当于一个低通滤波器,其中 RG − 58C 和 RG − 213 型可采用的频率上限分别为 40MHz 和 190MHz,当用于测量频谱超过这一范围的脉冲时,会引起信号失真。对于引起失真的电缆,可以采用电缆补偿器以一定的幅度衰减为代价,拓宽电缆的可用频带,或采用数字信号处理的办法,对畸变波形进行修正。

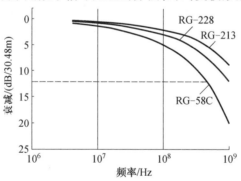

图 9.42 三种电缆的衰减特性曲线

9.4.2.2 无线传输系统

射频无线传输系统作为一种非接触式的信号传输系统,在许多测量领域得到了广泛的应用。它同样可用于电磁脉冲测量信号的传输,图 9.43 是无线传输系统的组成框图。系统包括发射机、接收机两部分。与通用的无线传输系统相比,用于电磁脉冲测量的无线传输系统需要注意以下问题:①发射机部分往往设置在传感器和探头附近,因此体积要小,对场的影响小,采用电池作为电源;②信号传输要不受电磁脉冲的影响,也就是说系统的工作频率应当远远高出电磁脉冲信号所占的频带;③无线传输的射频信号对探测部分的影响小,如果射频信号频率落入宽带电磁脉冲传感器或探头的通频带内,同样会使测量结果受到干扰,因此需要选择合适的探头和载波频率,选择方向性强的发射和接收天线(比如喇叭天线)。

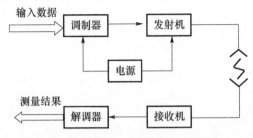

图 9.43　无线传输系统的组成框图

9.4.2.3　光纤传输系统

在电磁脉冲模拟试验中,普遍采用了光纤信号传输系统。光纤作为信号的传输介质,具有以下优点:

(1)具有抗电磁干扰的能力,光纤材料为玻璃纤维,既不受电磁干扰的影响,也不会对外界引入其他的电磁干扰;

(2)可实现探测系统和记录系统间的电隔离;

(3)可用频带很宽,在传输纳秒级脉冲信号方面比同轴电缆具有明显的优点;

(4)传输损耗小,例如可达 0.2dB/km,有利于长距离传输;

(5)光纤本身体积小、重量轻、光发射机也可以做得很小,应用比较灵活。

因此,光纤系统可以说是电磁脉冲测量中一种比较理想的传输介质。一个典型光纤传输系统的组成如图 9.44 所示。其中发射机部分安装在金属屏蔽壳体内,信号调理部分可根据需要完成对输入信号的阻抗变换、积分、衰减或放大。在使用时需要注意的问题是光纤系统的动态范围和线性。作为一个有源的光电转换系统,光纤传输系统存在着非线性和动态范围受限的问题,它们主要受放大电路和光电管转换特性的影响。为了解决这一问题,有的光纤传输系统附设了控制单元和

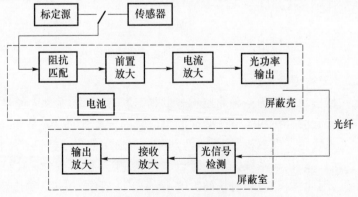

图 9.44　典型光纤传输系统的组成

336

控制通道,控制信号通过另外一根光纤传输,它负责控制改变发射机信号调理部分的衰减量,比如令其在 0~80dB 范围内可调,这样可以大大扩展同一套光纤系统的测量范围。此外,光纤传输系统的发射机内部还常常设有一个标定信号源,用来产生标准的脉冲信号,检查系统的工作状态、确定传输比和非线性。

9.4.3 信号采集

9.4.3.1 瞬态信号的采集方法

对瞬态电磁脉冲信号的采集和记录可通过示波器显示加照相记录或者直接将波形数字化两种途径。随着数字示波器采集速率的日益提高、成本的降低和功能的不断完善,使得高速数字存储示波器成为电磁脉冲信号采集的最佳选择。

数字示波器采用的波形数字化方法可分为三类,对它们的比较如图 9.45 所示。单次信号采集采用的是实时取样量化技术。在某一触发信号控制 A/D 转换器开始工作后,输入波形的电压按一定时间间隔和先后顺序被采样量化,并在信号出现的瞬间完成采样工作。目前,市售数字存储示波器的实时采样速率已达到 25GHz 以上。对于重复出现的信号,可以采用随机等效时间取样量化和顺序等效时间取样量化技术,它们在信号每次出现的瞬间采集若干个点,利用对信号多个周期的采样,完整地组合出一个周期内的信号波形。两者的不同之处在于前者是随机选取采样点的位置,后者则是顺序选取采样点位置。由于采用了等效时间取样技术,使得 A/D 转换器转换速率不变的情况下,等效的采样频率大大提高,最高达数十吉赫。此外,还有一种介于模拟和数字之间的波形数字化方法,即扫描转换技术。这种技术采用模拟技术将信号写在 CRT 显示器上,这时信号相当于静态信号,再采用 CCD 数字成像装置以较低的采样速率将波形数字化。采用这一方法的

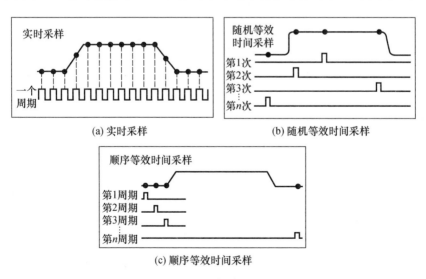

(a) 实时采样

(b) 随机等效时间采样

(c) 顺序等效时间采样

图 9.45 几种波形数字化方法的比较

等效采样速率可达 250GHz。

9.4.3.2 存储示波器的选择

数字存储示波器的选择主要考虑以下指标：

（1）模拟带宽。示波器的模拟带宽是指示波器模拟通道实际允许通过的信号带宽。示波器模拟带宽应当大于信号带宽，在电磁脉冲测量中，根据式（9.4.5），脉冲信号的带宽可由其上升时间确定。图 9.46 是测量误差随信号上升时间与示波器响应时间之比的变化情况。当这一比值控制在 5∶1 以上时，测量误差才能控制在 2% 以下，否则会存在较大的误差。例如，待测量信号的上升时间与示波器响应时间相当时，测量误差可以达到 40%。

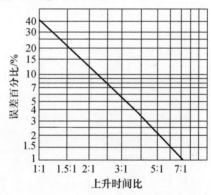

图 9.46　测量误差随信号上升时间与示波器响应时间之比的变化情况

（2）采样速率。采样速率决定了被采样后信号的时间分辨率和根据时间离散信号恢复连续信号的精度。根据采样定理，采样频率应当大于或等于信号所含的最高频率的 2 倍。而实际上采样频率一般都高于这一要求。在实时采样量化技术中，采样速率大于 2.5 ~ 4 倍的信号带宽时，还可以采用修正的 SinC 函数进行数字内插，使信号的时间分辨率提高 50 ~ 100 倍。

（3）分辨率。数字信号的分辨率常用 A/D 转换结果的二进制表示位数 N 来描述。数字示波器的分辨率一般取 8、10 或 12，它们对应的实际电平与示波器的量程选择有关。例如选择 10V 量程时，8 位分辨率对应的最小分辨电平为 0.04V。

（4）其他附加功能。数字示波器以微处理器为核心，可以提供丰富的智能监测和分析手段。对于测量信号，可以进行叠加平均、波形参数统计、细化乃至频谱分析等。可以通过数据接口与其他设备，例如计算机等进行通信，传输测量程序和测试结果。除了利用仪器内存对波形进行存储外，还可以利用磁盘存储。新一代的示波器还配置了标准的计算机网络接口，可以通过网络在远端进行控制和测量。

9.4.3.3 采集系统的计算机控制

数字存储示波器与测量设备结合构成了一个最小的测试系统，可以满足测量与记录的基本需要。但考虑到数据分析、存储以及示波器和其他测量设备的自动控制等方面，往往需要以计算机为核心构成一个较为全面的测量与控制系统。目前的数字存储示波器、信号发生器等都具有程控功能和通用仪器接口，可以方便地组成一个自动测试网络。网络的物理连接一般采用 IEEE－488 总线和接口，在计算机中通过一个 IEEE－488 接口卡与仪器通信。

9.4.4　抗干扰措施

理想的电磁脉冲测量系统应当既不对被测环境形成干扰也不会将外界干扰引入测量系统。提高系统抗干扰能力的措施包括屏蔽、接地、滤波等，相关内容将在后续章节进一步讨论。这里仅从系统布置的角度讨论提高抗干扰的一些措施。

所谓测量系统对被测环境的干扰主要指由于测量系统的介入对被测环境场分布的影响，以及测量系统形成的电磁干扰源。减小这类干扰的原则是减小测试系统在被测空间所占的体积，从而减小其引起的场分布的变化；采用全介质光纤传输的方法将记录和处理设备与探测部分较远地分开，起到了减小体积占用和减小测试空间附近金属物体对场分布影响的双重作用。

虽然屏蔽电缆对于减小干扰对传输通道的耦合起到一定的作用，但同时也应当认识到电缆外导体同样也会引入外界电磁场的干扰。在采用屏蔽电缆传输信号的场合，除了尽量减少电缆在强电磁场环境中的暴露长度、增加屏蔽防护层外，合理处理电缆的位置也是十分重要的。原则上，应当避免电缆沿电场方向排列或构成垂直于磁场方向的环路，以减小被测电磁环境对电缆的耦合；避免多根相邻电缆并行，在两根电缆的交叉处保证其相互垂直，以减小电缆间的耦合；设备内部电缆要靠近其导电表面布置，以减小引入的环路电流；避免在空旷区域悬空布置电缆。

检验测量系统对电磁脉冲干扰的敏感度的方法是按实际测试要求布置测量系统，但去除探测部分的传感器或探头并用屏蔽的等效负载替代，然后测量系统的输出。如果系统输出电压不能远远小于估计要获得的有用信号幅度，则这一系统不满足要求。对于结构对称的传感器或探头，还可通过在原位将其反转从而改变输出极性的方法检验系统引入干扰的程度。探头的反转应当只引起输出波形极性的反转，如果波形幅度或形状发生改变，则表明有明显的干扰耦合进入了测试通道。

在判定测试系统抗干扰能力不满足要求时，需要对干扰来源进行排查。对于复杂系统，可以逐步去除系统的一些环节，检查干扰何时有明显减小，也可从最基本设备开始逐步增加其他设备，检查干扰何时有明显增加，从而确定是哪个环节引入的问题并加以解决。

9.5　测量系统的校准

由于理论模型与实际情况的差异，任何测量系统都必须经过实验校准。通过对电磁脉冲测量系统的校准,可以了解系统的脉冲响应指标、灵敏度、响应带宽、动态范围和非线性失真等情况。系统的校准可在频域或时域进行。如果采用频域校准,则不仅需要测量系统的相频特性和幅频特性,而且测量结果需要转换到时域才能得到相应的时域响应指标。由于电磁脉冲测量系统的测量对象是脉冲信号,所以在时域进行校准最为直接、简单。

9.5.1 电磁场传感器校准方法

随着电磁脉冲试验研究的广泛开展,脉冲场传感器校准方法的标准化问题显得十分突出。目前,国内外尚未建立纳秒级前沿脉冲场的测量标准,也无经过严格校准的脉冲电场和磁场测量探头。1997 年颁布的国家军用标准 GJB152A—97 中[22],在瞬变电磁场辐射敏感度测试方法(RS105)一节叙述了模拟器工作空间场强的一种校准方法。此方法只是用探头校准脉冲场值,但对探头的校准方法并未做说明。出于科研和实验的需要,目前国内外在对电磁脉冲测量传感器校准时仍沿用了一种通常的做法,即在校准强场测量探头时采用可监测终端电压的有界波模拟器,在校准弱场强测量探头时采用可监测终端电压的 TEM 室,这样由监测电压可计算出探头所处位置的电磁脉冲场强,进而对传感器输出进行定度[23]。

电磁脉冲测量需要获得电场和磁场的时域波形,因此传感器需要在时域直接进行校准。在美国电子电气工程师协会(IEEE)电磁兼容(EMC)分会制定的 9kHz ~ 40GHz 电磁场传感器校准要求中[24],涉及时域探头的校准问题,推荐的方法分三类,即传递探头法、标准场法和标准探头法。其中,两种探头法均应溯源至国家标准,而标准场法采用的校准场值由计算获得。在没有国家标准的情况下,只有依靠计算获得的标准场来校准电磁场探头。其中采用的校准场产生装置见表 9.3。TEM 室用于时域校准时,其芯板与地板间中部位置的电场强度可由所施加电压除以两者间距得到,这就为探头的校准提供了依据。

表 9.3 IEEE 推荐的电磁场探头校准场产生方法

探头类型	适用域	适用频段	标准场产生装置	控制标准
E&H	时域/频域	9kHz ~ 200MHz	横电磁波(TEM)室	IEEE Std C95.3—2002
H	频域	9kHz ~ 10MHz	亥姆霍兹线圈	IEEE Std C95.3—2002
E&H	时域/频域	9kHz ~ 1GHz	吉赫兹横电磁波(GTEM)室	IEEE Std C95.3—2002
E&H	时域/频域	100kHz ~ 100MHz	平行板模拟器	尚无
E&H	时域/频域	100kHz ~ 20GHz	锥形模拟器	尚无

目前,国内尚未建立用于核电磁脉冲场强校准的标准装置。对于电场传感器的灵敏度系数的校准,一般采用实验测量的方法,利用现有有界波电磁脉冲模拟器、TEM 室、GTEM 室等装置进行。由于采用上述装置获得的标准场主要是计算获得的,因此校准装置中场强分布的均匀性和计算方法的有效性都直接影响了实际

的校准结果。文献[25]对有界波模拟器的场分布进行了计算,用 FDTD 法分析了有界波 EMP 模拟器工作空间场强分布的均匀性。文献[26]介绍了宽频带、大功率、高场强的吉赫横电磁波传输室(GTEM Cell)的研制,它可以在 10kHz ~ 18GHz 的频率范围内建立一个高场强的测试环境,进行设备的抗干扰试验和近场探头的校准。

9.5.2　电磁脉冲时域校准系统的建立

对电流、电压探头的校准,可以通过在探头上施加已知的电流或电压信号来进行。对电场或磁场传感器的校准,则需要产生一个已知的电磁脉冲环境。图 9.47 是一个典型电磁脉冲时域校准系统的组成,它包括脉冲信号源、场形成设备、标准的信号测量设备和数据处理系统,图中的被校准系统是一个电磁脉冲磁场传感器。

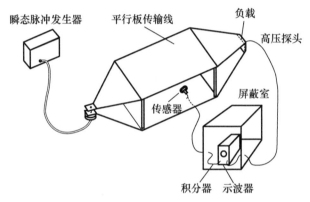

图 9.47　电磁脉冲时域校准系统的组成

原则上任何带宽超过测量系统带宽的信号均可以作为电磁脉冲校准系统的信号源。出于信号产生和观察等方面的考虑,实际的校准信号常常在双指数波、阶跃信号和冲激信号中选择。在时域,要求:①校准信号的前沿比系统脉冲响应的建立时间小一个量级,以保证校准信号带宽大于系统带宽;②校准信号的强度应当与实际测量时的信号强度相当,以真实反映系统工作时的情况。所谓阶跃和冲激只是一种近似,如果信号电平在到达峰值后在相当长一段时间内(与观察系统低频响应的时间相比)保持基本不变,即可视为阶跃信号;而如果信号宽度小于系统响应时间的十分之一,即可视为冲激信号。

9.5.2.1　TEM 室法

脉冲场的形成设备通常采用平行板电磁脉冲模拟器或横电磁波小室(TEM Cell,TEM 室)。这两者相比,TEM 室又具有一些明显的优点,它的外形和横截面上的场分布如图 9.48 所示。

TEM 室实质上是一种同轴线的变形:将同轴线内外导体扩展为矩形箱体,内

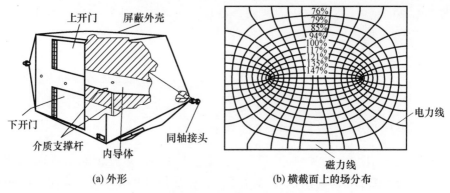

上开门　屏蔽外壳

下开门　同轴接头

介质支撑杆　内导体

76%
79%
85%
94%
100%
117%
121%
135%
147%

电力线

磁力线

(a) 外形　　　　(b) 横截面上的场分布

图 9.48　TEM 室

导体渐变为扁平芯板,当在其终端接上宽带匹配负载、始端馈入激励功率时,传输室内就能建立起横电磁波。它用作电磁脉冲校准器具有以下优点:

（1）在结构有效工作区域（结构尺寸的 1/3）内,场强值的不均匀量不超过 2dB;

（2）波阻抗为 377Ω,可以很好地模拟自由空间平面波环境;

（3）传输室外壳为屏蔽体,既避免了能量散失又不受外界干扰影响;

（4）同轴线属宽带传输线,无色散效应,适于做脉冲试验。

TEM 室用作校准器时,还应当注意以下几点:

（1）被校准设备高度和体积与校准器有效空间相比应尽量小,最大高度不得超过可用空间高度的 1/3;

（2）输入、输出两端口应保证宽带匹配;

（3）激励信号带宽应当满足 TEM 传输室截止频率的限制。

传输室的截止频率 f_c 出现在芯板与上（或下）底板构成的"波导"能传输 TE_{10} 模的时候,它由下式确定

$$f_c = \frac{75}{a}\sqrt{1 + \frac{4ab}{\pi b_1 b_2 \ln[8a/(\pi g)]}} \quad (\text{MHz}) \qquad (9.5.1)$$

式(9.5.1)中各符号的含义见图 9.49。其中 b_1、b_2 是传输室上、下腔体的高度,当其取值不同时,构成不对称的 TEM 传输室,这样有助于扩大某一个半腔的有效工作空间。

理想的情况是采用标准传感器校准,以确定 TEM 传输室内的校准场。无法满足这一要求时,可以根据公式由负载上的电压计算校准器内的场强。例如,采用传输室的下半腔作为校准空间时,TEM 校准器的场为

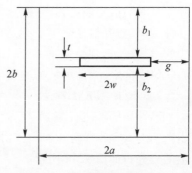

图 9.49　TEM 传输室的尺寸

342

$$E(t) = p \frac{u(t)}{b_2} \tag{9.5.2a}$$

$$B(t) = \mu_0 p \frac{u(t)}{120\pi b_2} \tag{9.5.2b}$$

式中：$\mu_0 = 4\pi \times 10^7 \mathrm{H \cdot m^{-1}}$；$p$ 为场强修正系数。p 值随被校准设备在校准器工作空间中的位置而变化，一般在有效工作空间中央，$p=1$。

9.5.2.2　有界波模拟器法

有界波模拟器的典型结构如图 9.50 所示，主要包括高压脉冲源、前过渡段、平行板段、后过渡段、终端器几个部分。为了保持模拟器特性阻抗的一致，前后过渡段采用与平行板段等宽高比的锥形平板结构。与 TEM 室的封闭金属壳体结构相比，有界波电磁脉冲模拟器的工作空间是向两侧开放的，便于大型试件的实验。为分析有界波模拟器所产生场的均匀性，司荣仁等仿真计算了工作空间的场分布[13]（宽高比 $w/h = 1.5$）。结果表明，平行板段的场强均匀性较好，其中心区域（选择平行板段中心点为坐标原点，边长范围：$a \leqslant 2l/5$，$b \leqslant 2w/5$，$c \leqslant 2h/5$）的电场峰值均匀性差异不超过 5%。因此，对传感器校准时，一般选用该中心区域为校准空间。标准场计算方法为

$$E(t) = \frac{u(t)}{h} \tag{9.5.3a}$$

$$B(t) = \mu_0 \frac{u(t)}{120\pi h} \tag{9.5.3b}$$

式中：$u(t)$ 为高压脉冲源输入电压；h 为模拟器高度。

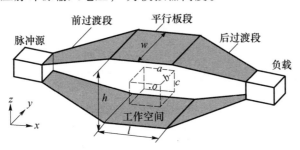

图 9.50　有界波模拟器结构图

9.5.3　传感器响应幅度的校准

以上对系统校准的讨论都基于线性系统这一前提，实质上线性系统的条件是在一定范围内才成立的。严格来说，系统中总有非线性存在，尤其对有源系统来说更是如此。测量系统的非线性可以用系统的传输比随信号幅度的变化来表示，如果这一比值在一定范围内与信号幅度无关，则认为其在这一区域为线性的，否则是

非线性的。

在电磁脉冲测量中,非线性的主要来源是信号调理部分采用的放大器和光电转换系统中的光电转换环节。为此在系统校准时,往往需要对传输系统的传输比和线性范围进行测量。可以采用方波注入的方法检查传输系统在不同输入峰值电压时的输出并绘制曲线,曲线的线性段即为系统的线性区域,线性段斜率即为传输比。还可采用阶梯波作为信号源,通过一次测量即可得到系统对不同等级电压的响应,从而确定其非线性失真情况。图 9.51 是某光纤传输系统对方波峰值电平的响应曲线,从中可以确定系统传输比为 1∶7.2,线性范围为 −900mV ～ +600mV。一般来说系统应当用于线性段内,但有时测量信号电平会进入非线性区域,这时应当根据这一曲线对测量结果进行修正。对于光纤传输系统来说,温度变化、电池电压的变化、器件随时间的老化等因素均会造成其传输比曲线的变化,因此应当在每次测量前校准其电压传输比,试验持续时间较长时,还需要定期进行检查。

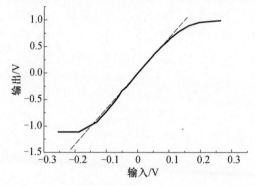

图 9.51　某光纤传输系统对方波峰值电平的响应曲线

9.5.4　脉冲测量传感器的动态校准

9.5.4.1　时域动态校准模型

通过时域校准,可得到测量系统(包括传感器、调理系统、传输系统)对特定输入的响应波形,从波形上可以确定系统的峰值响应或灵敏度、响应时间、低频失真情况等一些参数,通过 FFT 可以计算系统的传递函数,获得系统的带宽等信息。

在测量波形失真很小的情况下,可以直接采用灵敏度和响应时间两项指标描述校准结果。而系统存在一定程度失真时,如何描述系统的失真和动态特性,并且描述方法要能方便地应用于测量结果的修正,这是一个比较复杂的问题。采用基于时域动态模型的校准数据处理方法可以较好地解决这一问题[27,28]。

对于一个线性系统,可以采用 s 域的传递函数模型描述它的特性,有

$$H(s) = A\prod_{k=1}^{n} \frac{s - \zeta_k}{s - \omega_k} \tag{9.5.4}$$

例如,不少电磁脉冲传感器都可视为一个高通网络,它的一阶模型为

$$H(s) = \frac{X(s)}{Y(s)} = \frac{As}{s + \omega_c} \qquad (9.5.5)$$

式中:ω_c 为传感器的转折频率或者系统的低频截止频率。与式(9.5.4)对应的 z 域模型为

$$H(z) = A \prod_{k=1}^{n} \frac{1 - z_k z^{-1}}{1 - p_k z^{-1}} \qquad (9.5.6)$$

式中:$H(z)$ 的零、极点与 $H(s)$ 中零、极点的关系为

$$\omega_k = \frac{1}{T} \ln p_k \qquad (9.5.7a)$$

$$\zeta_k = \frac{1}{T} \ln z_k \qquad (9.5.7b)$$

T 为数据的采样间隔。将式(9.5.6)展开成多项式形式,有

$$H(z) = \frac{\sum_{i=0}^{n} b_i z^{-i}}{1 + \sum_{i=1}^{n} a_i z^{-i}} \qquad (9.5.8)$$

上述离散传递函数模型与描述系统输入 – 输出时域关系的差分方程有直接的关系:

$$y(k) = B(d^{-1})x(k) - A(d^{-1})y(k), \quad k = 1, 2, \cdots, N \qquad (9.5.9a)$$

$$A(d^{-1}) = a_1 d^{-1} + a_2 d^{-2} + \cdots + a_n d^{-n} \qquad (9.5.9b)$$

$$B(d^{-1}) = b_0 + b_1 d^{-1} + b_2 d^{-2} + \cdots + b_n d^{-n} \qquad (9.5.9c)$$

式中:$x(k)$ 为输入的校准信号;$y(k)$ 为对校准信号的测量结果;d^{-1} 表示时延;$x(k)$ $d^{-1} = x(k-1)$;N 为数据采样长度。

从时域校准得到的波形可以求取这一模型的参数 a_i、b_i。将式(9.5.9a)按各采样点一一列出,可得到 N 个方程,采用最小二乘估计的方法对其联立求解,即可得 a_i、b_i。式(9.5.8)形式的离散传递函数是一种能够完全而紧凑地描述系统特性的参数模型,它在时域和频域应用都比较简便:①$H(z)$ 的作用可通过数字滤波器实现,因此能够方便地估计系统对给定输入的响应;②取 $z = e^{j\omega}$ 代入 $H(z)$,可得系统的频域响应函数;③求解 $H(z)$ 的极点,按式(9.5.6)即可得到系统的特征频率,各类传感器的转折频率也在其中。

9.5.4.2　采用数字滤波器的信号恢复方法

以电磁脉冲场测量为例,测量通道通常包括空间介质,脉冲场传感器、光发射机、光纤、光接收机等,可以将其整体作为系统加以研究。这里的系统包含集中参

数和分布参数电路,也包括其他非电路的网络与电磁介质,在一定的范围之内,可以认为它是一个线性系统,其主要特性如下:

(1) 组成系统的元器件及电磁介质的参数与独立变量无关。即电路元件参数 R、L、C 与电压和电流无关,电磁介质参数 μ、ε、σ 与电场和磁场无关。

(2) 满足线性叠加原理。

对于图 9.52 所示的线性系统,其输入和输出在时域满足卷积方程,在频域满足相乘关系。其中 $h(t)$ 为系统的冲激响应函数,所对应的频域量为系统的传递函数 $H(\mathrm{j}\omega)$。

$$y(t) = \int_{-\infty}^{+\infty} x(\tau)h(t-\tau)\mathrm{d}\tau = x(t) * h(t) \tag{9.5.10}$$

$$Y(\mathrm{j}\omega) = X(\mathrm{j}\omega) \cdot H(\mathrm{j}\omega) \tag{9.5.11}$$

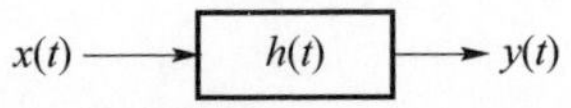

$$x(t) \longrightarrow \boxed{h(t)} \longrightarrow y(t)$$

图 9.52 线性系统的输入 – 输出关系

对于测量系统,希望其输出与输入一致或呈线性关系。当系统不满足这一要求时,就要尽量设法通过反卷积来恢复真实的输入。这里,可以将反卷积功能视为一个补偿、校正系统的传递特性,以一个校正滤波器或者重构滤波器来实现,如图 9.53 所示。校正滤波器与测量系统级联,待校正信号 $y(k)$ 为其输入,实际被测信号 $x(k)$ 为其理想输出,滤波器的离散传递函数记为 $G(z)$。这样,反卷积问题即转化为数字滤波器的设计问题。

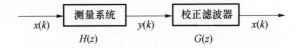

图 9.53 利用数字滤波器实现失真信号的恢复

9.5.5 校准实例

一个采用不对称 TEM 传输室、高压电磁脉冲源、数字存储示波器的时域校准系统如图 9.54 所示。脉冲源电压峰值在 1000V 以内可调,能产生前沿 2ns、宽度 100ns 和前沿 4ns、衰落时间 1μs 的双指数波。数字示波器为 Tektronics TDS540 示波器,最高采样速率 1GHz。负载选用 50Ω。通过输入电压可以计算室内电场和磁场强度。非对称结构的 TEM 室下半腔高度为 0.8m,其中场强计算的修正系数随传感器位置的变化曲线如图 9.55 所示,在校准时传感器放置在下半腔中央,场强修正系数为 1.0。

当给 TEM 室输入脉宽 100ns 方波时,在小室内测到的电场、磁场和负载上电压分别如图 9.56 所示,其中电场采用单极振子,磁场采用屏蔽环形式的 B – dot 传

346

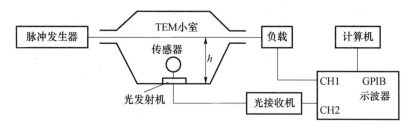

图 9.54　时域校准系统

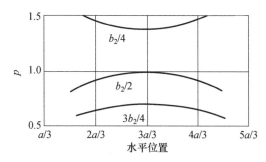

图 9.55　修正系数随传感器位置的变化曲线

$2a$—EM 室宽度；b_2—下半腔高度。

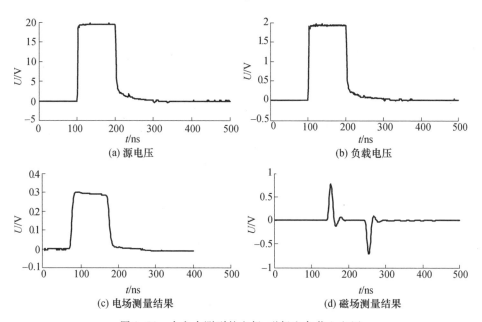

(a) 源电压

(b) 负载电压

(c) 电场测量结果

(d) 磁场测量结果

图 9.56　小室内测到的电场、磁场和负载上电压

感器监测,光纤系统传输比为 1∶1。图 9.56 表明:①TEM 室负载电压与源电压完全一致,小室引入的损耗很小;②电场传感器输出与负载电压波形基本一致,方波前沿变缓、平顶稍有下降,峰值灵敏度 $S_E = 1.24 \mathrm{mV/(V \cdot m^{-1})}$;③B – dot 传感器

测量的是方波的微分波形,但其灵敏度难以从图中直接得出。

为了描述磁场传感器的动态响应特性,基于时域校准波形,为其建立了离散传递函数模型。图 9.57 是 B – dot 和 B 两种磁场传感器对双指数脉冲的响应情况。采用三阶模型时,估计得到的模型参数见表 9.4。

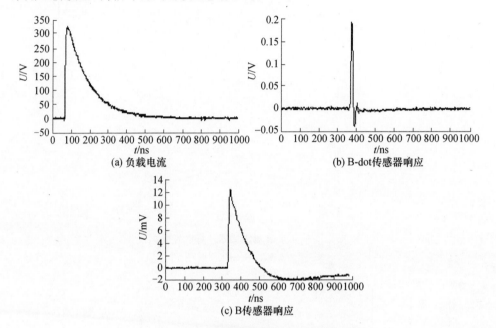

(a) 负载电流

(b) B-dot传感器响应

(c) B传感器响应

图 9.57 两种磁场传感器的双指数波校准结果

表 9.4 两种磁场传感器的模型参数

传感器	a_i/b_i	$i = 0$	$i = 1$	$i = 2$	$i = 3$
B – dot	a_i	1.0000	– 2.6136	2.3280	– 0.7041
	b_i	0.0462	– 0.0834	0.1313	– 0.0941
B	a_i	1.0000	– 2.6821	2.4012	– 0.7278
	b_i	0.1563	– 0.2111	– 0.0058	0.0606

与表 9.4 模型对应的传递函数如图 9.58 所示,与直接采用 FFT 计算的传递函数相比,低频部分更为清晰、高频部分无噪声影响,给判读带来很大方便。从图中可以得到,B – dot 传感器的灵敏度为其传递函数上述段的斜率,$S_{B–dot} = 0.61 V/(T \cdot s^{-1})$;B 传感器的灵敏度为传递函数平坦部分的均值,$S_B = 9.0 kV \cdot T^{-1}$。

根据式(9.5.7a),计算得到 B – dot 传感器的特征频率为 27.8 MHz 和 42.4 MHz,B 传感器的特征频率为 0.7 MHz 和 36.3 MHz,它们与图中显示的低通特性是一致的。

348

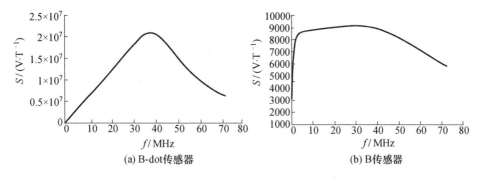

(a) B-dot传感器　　　　　　(b) B传感器

图 9.58　两种传感器的传递函数

9.6　时域校准与补偿模型的建立方法

脉冲测量中,在相当宽的频带内实现不失真传输并不容易,得到的往往是畸变的信号。因此,如何恢复真实信号成为人们所关心问题。随着时域测量技术和数字信号处理技术的发展,用数字手段对测量系统真实输入进行复原为解决这一问题提供了途径。

由于测量时直接涉及的是时域波形,我们希望仍从时域角度设计,即直接由期望的输入、输出波形数据设计滤波器,这一过程包括:

(1) 辨识信号的获取,可采用时域校准得到的波形数据:测量系统的输出作为滤波器的输入,实际被测信号作为滤波器理想输出;

(2) 滤波器的结构与参数的辨识。

下面将给出详细的讨论[29-31]。

9.6.1　系统离散传递函数模型的辨识

9.6.1.1　离散传递函数模型参数的最小二乘估计

不妨记待设计的滤波器离散传递函数为 $H(z)$,设其模型具有如下形式:

$$H(z) = \frac{b_0 + b_1 z^{-1} + b_2 z^{-2} + \cdots + b_n z^{-n}}{1 + a_1 z^{-1} + a_2 z^{-2} + \cdots + a_m z^{-m}} \tag{9.6.1}$$

离散传递函数模型的估计也就是要确定 $a_1 \sim a_n$, $b_0 \sim b_m$ 这 $m + n + 1$ 个参数。式(9.6.1)形式传递函数所对应的时域输入 – 输出关系为

$$y(k) = \frac{B(q^{-1})}{A(q^{-1})} x(k) \tag{9.6.2}$$

$$A(q^{-1}) = 1 + a_1 q^{-1} + a_2 q^{-2} + \cdots + a_m q^{-m} \tag{9.6.3}$$

$$B(q^{-1}) = b_0 + b_1 q^{-1} + b_2 q^{-2} + \cdots + b_n q^{-n} \tag{9.6.4}$$

式中:$x(k)$为系统输入的离散采样序列;$y(k)$为系统输出的离散采样序样;q^{-1}为延迟算子,$q^{-1}x(k) = x(k-1)$。

在不考虑测量噪声的情况下,由式(9.6.2)可知系统的输入－输出满足如下差分方程

$$y(k) = \sum_{i=0}^{n} b_i x(k-i) - \sum_{j=1}^{m} a_j y(k-j) \tag{9.6.5}$$

将上式按所观测的时间序列展开,得到

$$\begin{cases} y(1) = \sum_{i=0}^{n} b_i x(1-i) - \sum_{j=1}^{m} a_j y(1-j) \\ y(2) = \sum_{i=0}^{n} b_i x(2-i) - \sum_{j=1}^{m} a_j y(2-j) \\ \vdots \\ y(N) = \sum_{i=0}^{n} b_i x(N-i) - \sum_{j=1}^{m} a_j y(N-j) \end{cases} \tag{9.6.6}$$

若记

$$Y = \begin{bmatrix} y(1) & y(2) & \cdots & y(N) \end{bmatrix}^T$$

$$X = \begin{bmatrix} x(1) & x(0) & \cdots & x(1-n) & y(0) & y(-1) & \cdots & y(1-m) \\ x(2) & x(1) & \cdots & x(2-n) & y(1) & y(0) & \cdots & y(2-m) \\ \vdots & & & & & & & \vdots \\ x(N) & x(N-1) & \cdots & x(N-n) & y(N-1) & y(N-2) & \cdots & y(N-m) \end{bmatrix}_{N \times (m+n+1)}$$

$$\theta = \begin{bmatrix} b_0 & b_1 \cdots b_n & a_1 & a_2 \cdots a_m \end{bmatrix}^T$$

则有如下矩阵方程

$$Y = X\theta \tag{9.6.7}$$

θ即为待估计的模型参数。而离散传递函数模型的估计问题等价于求满足式(9.6.7)条件的解θ。由于观测数据的长度N(也就是方程的个数)远大于未知数的个数$(m+n+1)$,式(9.6.7)为矛盾方程组,其解θ可采用最小二乘法求得。

9.6.1.2 模型估计中的几个实际问题

1)考虑残差影响时对估计算法的修正

最小二乘估计是有残差的,因此在系统的差分方程中应当计入这一残差的影响,即

$$A(q^{-1})y(k) = B(q^{-1})x(k) + e(k) \tag{9.6.8}$$

式中:$e(k)$为残差项。要使参数的最小二乘估计无偏差,$e(k)$应为零均值的白噪声。

将式(9.6.8)转化为输入－输出模型,有

$$y(k) = \frac{B(q^{-1})}{A(q^{-1})} x(k) + v(k) \qquad (9.6.9)$$

式中：$v(k) = e(k)/A(q^{-1})$。

虽然残差 $e(k)$ 为白噪声，但由于 $1/A(q^{-1})$ 的作用，$v(k)$ 呈现为自相关随机噪声。因此按式(9.6.9)系统输出会存在偏差。为解决这一问题可采取预滤波的方案。以 $1/A(q^{-1})$ 为滤波器模型，根据 $x(k)$ 和 $y(k)$ 求两个新的输入 – 输出变量：

$$\begin{cases} \tilde{x}(k) = \dfrac{x(k)}{A(q^{-1})} \\[2mm] \tilde{y}(k) = \dfrac{y(k)}{A(q^{-1})} \end{cases} \qquad (9.6.10)$$

将式(9.6.10)代入式(9.6.9)可得

$$\tilde{y}(k) = \frac{B(q^{-1})}{A(q^{-1})} \tilde{x}(k) + e(k) \qquad (9.6.11)$$

这样，$e(k)$ 仍为白噪声，保证了 $y(k)$ 不存在偏差。

实际估计中，$A(q^{-1})$、$B(q^{-1})$ 正是被求量，事先并不知道，故采用迭代法，逐步修正，其步骤如下：

（1）由输入 $x(k)$ 和输出 $y(k)$ 估计 $A(q^{-1})$、$B(q^{-1})$ 作为迭代初值 $A^{(1)}$、$B^{(1)}$；

（2）设第 i 次迭代求得 $A^{(i)}$、$B^{(i)}$，取 $\tilde{x}(k) = \dfrac{x(k)}{A^{(i)}}$，$\tilde{y}(k) = \dfrac{y(k)}{A^{(i)}}$；

（3）对 $A^{(i+1)}\tilde{y}(k) = B^{(i+1)}\tilde{x}(k) + e(k)$ 进行估计，求出 $A^{(i+1)}$、$B^{(i+1)}$；

（4）令 $i = i + 1$，回到第二步，直至满足迭代终止条件。

2）传递函数极点的调整

为保证传递函数模型的稳定性，$H(z^{-1})$ 的极点（即 $A(z^{-1})$ 的零点）应落在单位圆内，但是在解最小二乘问题时并没有考虑这一点，因此在估计实际传递函数模型时需调整 $H(z^{-1})$ 的极点。最方便的办法是将 $H(z^{-1})$ 的所有单位圆外极点变换到单位圆内。具体做法是：若极点 $|P_r| > 1$，则以 $(P_r^*)^{-1}$ 代替 P_r（* 表示共轭）。这种替换能够保证传递函数的幅频特性形状不变，因为 $P_r = p_r e^{j\theta}$，故

$$\left| \frac{1}{1 - e^{j\omega} p_r e^{j\theta}} \right| = \frac{1}{\left\{ \left[1 - p_r \cos(\theta - \omega) \right]^2 + p_r^2 \sin^2(\theta - \omega) \right\}^{1/2}}$$

$$= \frac{1}{\left[p_r^2 + 2p_r \cos(\theta - \omega) + 1 \right]^{1/2}} \qquad (9.6.12)$$

而极点变换后：

$$\left| \frac{1}{1 - e^{-j\omega} \dfrac{1}{p_r} e^{j\theta}} \right| = \frac{p_r}{\left\{ \left[p_r - \cos(\theta - \omega) \right]^2 + \sin^2(\theta - \omega) \right\}^{1/2}}$$

$$= \frac{p_r}{\left[p_r^2 - 2p_r\cos(\theta - \omega) + 1\right]^{1/2}} \tag{9.6.13}$$

可见,极点调整前后,传递函数的幅度只差一个常数。

3)模型阶次的确定

对于实际系统,其离散传递函数模型的阶次是未知的,因此模型阶次的确定是一个首先需要解决的问题。从理论上讲,阶数较高的模型比阶数低的模型更能精确地反映系统的状况,即模型的损失函数较小。但实际上,模型阶次的过分增大,不仅增加了模型的复杂性,给运算带来困难,误差也增大。因此,模型阶次过高,并不总是有利的。通常确定阶次的做法是考虑所有可能阶次 n 的估计误差 $J(n) = |Y - X\theta(n)|$,根据某一判据准则确定最佳的阶次。一种比较直观的方法是,根据观察到的不同阶次时 $J(n)$ 变化情况确定模型阶次。为了阶次判定的方便,在估计离散传递函数模型时通常取 $H(z)$ 分子、分母的阶次相同(即 $m = n$)或令分子阶次比分母低一阶($m = n - 1$)。一般来说,随着阶数的增加,$J(n)$ 在不断减小,但它总存在一个从 $J(n-1)$ 到 $J(n)$ 有较大下降,而 $J(n+1)$、$J(n+2)$… 的变化又相对较小的情况,这时的 n 就是一个较合适的阶数。

9.6.2 实例

在上一节的传感器校准波形中,图 9.57 曾经给出了一组 B 传感器与 B – dot 传感器的实际测量波形,从中可以看出两种传感器的测量结果与原始被测波形都有一定的差距。为恢复真实的被测波形,分别为这两种传感器设计了数字校正滤波器。图 9.59 是设计滤波器时采用的两组输入 – 输出波形。

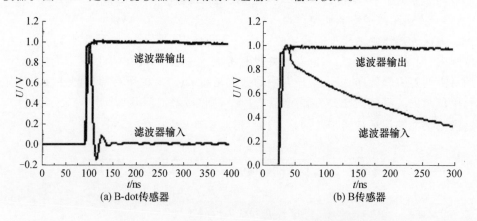

图 9.59　滤波器设计时采用的输入 – 输出波形

经过估计,得到用于 B 传感器与 B – dot 传感器的数字滤波器参数,见表 9.5。利用这两种滤波器,对图 9.57 给出的实际测量波形进行了校正,校正结果如图 9.60 所示,从图中可以看出,失真波形得到了很好的恢复。

表 9.5   数字校正滤波器参数辨识结果

传感器	a_0	a_1	b_0	b_1
B – dot	1.0000	– 0.9999	0.1898	– 0.0928
B	1.0000	– 0.9992	1.0700	– 1.0646

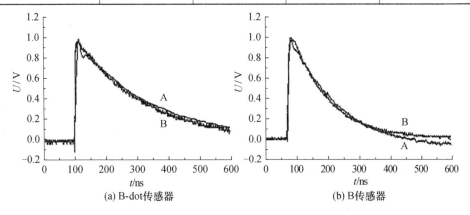

(a) B-dot传感器   (b) B传感器

图 9.60   校正滤波器使用效果归一化波形图(A 为校正结果,B 为实际信号)

参 考 文 献

[1] Carl E B, Edward L B, Joseph C. Giles et al. Sensors for electromagnetic pulse measurements both inside and a-way from nuclear source regions[J]. IEEE Trans. AP,1978,26(1):22 – 34.

[2] International Electrotechnical Commission. Electromagnetic compatibility (EMC) – part 4 – 20: testing and measurement techniques – emission and immunity testing in transverse electromagnetic (TEM) waveguides:IEC 61000 – 4 – 20[S]. 2010.

[3] International Electrotechnical Commission. Electromagnetic compatibility (EMC) – part 4 – 23: testing and measurement techniques – test methods for protective devices for HEMP and other radiated disturbances: IEC 61000 – 4 – 23[S]. 2000.

[4] International Electrotechnical Commission. Electromagnetic compatibility (EMC) – part 4 – 24: testing and measurement techniques – test methods for protective devices for HEMP conducted disturbance: IEC 61000 – 4 – 24[S]. 1997.

[5] International Electrotechnical Commission. Electromagnetic compatibility (EMC) – part 4 – 25: Testing and measurement techniques – HEMP immunity test methods for equipment and systems: IEC 61000 – 4 – 25 [S]. 2001.

[6] International Electrotechnical Commission. Electromagnetic compatibility (EMC) – part 4 – 33: Testing and measurement techniques—Measurement methods for high – power transient parameters:IEC 61000 – 4 – 33[S]. 2007.

[7] Tansandote A,Stuchly S S,Stuchly M A,et al. Broadband active E – field sensors for measurement of transients [J]. IEEE Trans. IM,1991,40(2):465 – 468.

[8] Stuchly M A,Leponcher H,Gibbons D T,et al. Active magnetic field sensors for measurements of transients[J]. IEEE Trans. EMC,1991,33(4):275 – 280.

[9] Kanda M. An electromagnetic near – field sensor for simultaneous electric and magnetic field measurements[J]. IEEE Trans. EMC,1984,26(3):102 – 110.

[10] Upton M G,Marvin A C. Improvements to an electromagneticc near – field sensor for simultaneous electric and magnetic field measurement[J]. IEEE Trans. EMC,1993,35(1):96 – 98.

[11] Driver L D,Kanda M. An Optically linked electric and magnetic field sensor for Poynting vector measurement in the near fields of radiating sources[J]. IEEE Trans. EMC,1983,30(4):495 – 503.

[12] 王启武. 快前沿电磁脉冲抗扰度实验系统研制与实验研究[D]. 南京:解放军理工大学,2011.

[13] 司荣仁. 微型化电磁脉冲传感器技术研究[D]. 南京:解放军理工大学,2011.

[14] 石立华,周璧华. 自积分式脉冲磁场传感器的补偿研究[J]. 电波科学学报,1995,10(4):50 – 55.

[15] 曲长云,蒋全兴,吕仁清. 电磁发射和敏感度测量[M]. 南京:东南大学出版社,1988.

[16] 毛振珑. 磁场测量[M]. 北京:原子能出版社,1985.

[17] 丁雅菲. 导体表面雷电流分布测量研究[D]. 南京:解放军理工大学,2013.

[18] 汪涛. 柱面导体表面雷电流分布测量研究[D]. 南京:解放军理工大学,2014.

[19] 胡松青,杨渭. 巨磁电阻应用的现状与展望[J]. 青岛大学学报,2003,16(1):69 – 72.

[20] 孙圣和. 现代时域测量[M]. 哈尔滨:哈尔滨工业大学出版社,1989.

[21] Mauro M F,Luigi M M. Analysis of errors in transient disturbance measurements using high – pass probes[J]. IEEE Trans. EMC,1990,32(3):205 – 216.

[22] 国防科工委. 军用设备和分系统电磁发射和敏感度测量:GJB 152A – 97[S]. 1997.

[23] 石立华,陶宝祺,周璧华. 脉冲磁场传感器的时域校准[J]. 计量学报,1997,18(2):140 – 144.

[24] IEEE. IEEE standard for calibration of electromagnetic field sensors and probes,excluding antennas,from 9kHz to 40GHz:IEEE Std 1309 – 1996[S]. 1996.

[25] 王廷永. FDTD 法在分析电磁脉冲模拟、测量等问题中的应用[D]. 南京:工程兵工程学院,1996.

[26] 汤仕平,蒋全兴,周忠元,等. 异形吉赫横电磁波室场强装置[J]. 计量学报,2005,26(2):171 – 175.

[27] 奥本海姆 A V,谢佛 R W. 数字信号处理[M]. 北京:科学出版社,1980.

[28] 柳重堪. 信号处理的数学方法[M]. 南京:东南大学出版社,1992.

[29] 石立华,周璧华. EMP 磁场传感器的理论与实验研究[J]. 高电压技术,1996,6(2):9 – 11.

[30] Shi L H,Zhou B H. Reconstruction of the electromagnetic pulse deformed by the measuring system[C]. Proceedings of the International Symposium on EMC,Sendai,Japan,1994:145 – 147.

[31] Shi L H,Zhou B H. A discrete transfer function model for the time – domain calibration data of EMP sensors[C]. Proceedings of the International Conference on EMC,Zurich,1999,2:149 – 152.

第10章 电磁脉冲对电子设备的 干扰与毁伤效应

随着信息时代的到来和微电子技术的迅猛发展,微电子设备获得了空前广泛的应用。而微电子设备集成化程度的不断提高,又导致其电磁脉冲干扰与损伤效应日趋严重。因此,研究电磁脉冲对微电子设备的效应,对保障各种电子信息系统的安全运行具有非常重要的意义。

本章根据国内外电磁脉冲模拟试验中取得的一些实测数据,分析了电磁脉冲对微机和微型数字系统的干扰与损伤效应以及电磁脉冲时域特性、受试设备类型、系统中各类线缆排布及长度对受试电子设备干扰阈值和损伤阈值的影响。此外,考虑到地面核爆炸电磁脉冲源区场是以磁场为主的低阻抗场,对微电子设备构成了极为严重的威胁,专门介绍了电子设备在低阻抗电磁脉冲场中进行模拟试验的结果,并进行了简要讨论;针对计算机不同端口开展的一系列电磁脉冲传导注入试验结果,分析了电子设备端口的电磁脉冲传导干扰和毁伤效应及相关影响因素。最后,分析了电磁脉冲对微电子设备的干扰与损伤机理。

10.1 电磁脉冲对微机系统的干扰与毁伤效应试验

随着科学技术的发展,信息终端和个人电脑等电子设备逐渐成为人们日常生活、工作中不可或缺的重要工具。与此同时,各种故意或非故意的高功率、高能量电磁环境所引起的设备故障或毁伤效应越来越难以防护。电子设备技术升级和更新换代的时间间隔越来越短,相关的电磁兼容性标准和电磁防护标准已很难及时跟上。为考察电磁脉冲环境对电子设备的干扰与毁伤效应,本节对作者及国外学者多年来所开展的一些相关试验及获得的数据,进行了梳理和分析。

10.1.1 在有界波模拟器中的试验结果

10.1.1.1 不同电磁脉冲时域特性情况下的试验结果

为观察电磁脉冲对微机及微机测控设备的干扰与损伤效应,确定其干扰阈值及损伤阈值,作者曾利用电磁脉冲模拟器进行过有关试验研究。图10.1为微机测控设备试验系统框图。图中试件分为两类:①微机测控系统的直流模拟量智能测量前端。微机测控系统由主控计算机、直流模拟量智能测量前端、通信电缆(屏蔽双绞线)组成。智能测量前端作为系统的关键部件,其内部电路包括信号输入通道处理模块、运放组件、AD 转换组件、通信模块、电源模块以及以 8031CPU 为核心的单片机系统等部分,具有金属屏蔽外壳,一个测量前端可同时接 20 个测量通道。CPU 可对这 20 个通道分别处理,单个单次处理时间约为 20ms。②微机。选用 PC－XT 型微机(主频 4.7MHz)及 PC－386 型微机(主频 25MHz)。对微机进行试验时,图中试件改为微机,去掉通信电缆、适配器和主控计算机。

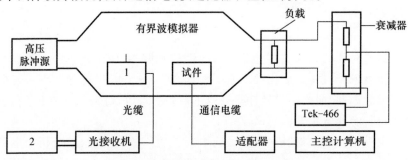

图 10.1 微机测控设备抗 EMP 试验系统框图

1—电场传感器及光发射机;2—Tek TDS－540 示波器。

电磁脉冲模拟器采用两种有界波 EMP 模拟器:①EMPS－50,其工作空间长 ×宽 ×高 = 1.2m × 1.0m × 0.8m,电场波形如图 10.2(a)所示,上升时间(从峰值场强的 10% 上升至 90% 的时间,下同)t_{ra} = 8.4ns,衰落时间(从峰值场强的 90% 衰减至 10% 的时间,下同)t_{fa} = 811ns。②EMPS－600,其工作空间长 × 宽 × 高 = 10m ×8m ×5m,在接不同高压脉冲源时,电场波形分别如图 10.2(b)、图 10.2(c)、图 10.2(d)所示,对应的上升时间和衰落时间分别为 t_{rb} = 29ns,t_{fb} = 2500ns;t_{rc} = 45ns,t_{fc} = 1624ns;t_{rd} = 21ns,t_{fd} = 458ns。

试验时使试件处于工作状态,调整模拟器工作空间电场强度,观察试件状态变化,一旦发现异常情况,随时记录。此外,在进行微机测控系统的试验时,为了观测通信电缆引入的干扰对主机的影响,在模拟器工作空间电场强度峰值为 56kV·m^{-1} 的条件下,采用示波器的高阻探头,对通信电缆芯线与外皮间的感应电压进行了测量。试验结果见表 10.1 至表 10.3。

表 10.1 微机抗电磁脉冲性能试验结果

模拟器类型	工作空间场强 $E_p/(kV·m^{-1})$	微机类型	试件受影响情况
EMPS－50(a)	<1.125	PC－XT	不受影响
	>1.25		显示出错
	>1.85		计算机死机
	<2.4	PC－386	不受影响
	2.8～4.3		显示出错

模拟器类型	工作空间场强 $E_p/(\mathrm{kV \cdot m^{-1}})$	微机类型	试件受影响情况
EMPS－600(b)	＞4.5	PC－XT	显示出错
	＞8.5	PC－386	显示出错
EMPS－600(c)	7	PC－386(电源线架 高2m与电场方向平行)	计算机死机

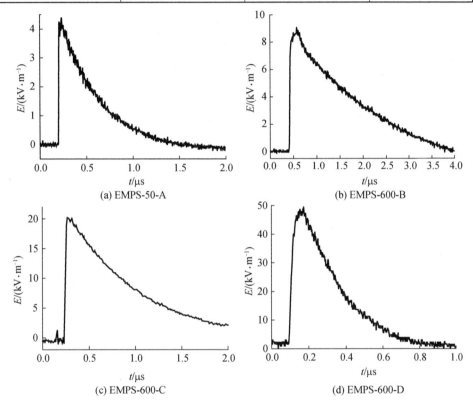

(a) EMPS-50-A　　　　(b) EMPS-600-B

(c) EMPS-600-C　　　　(d) EMPS-600-D

图10.2　电磁脉冲模拟器工作空间场的波形

由表中数据可以看出：

（1）在以上试验所选用的两类受试设备中，PC－386型微机抗电磁脉冲性能优于更早期的产品PC－XT型。上升时间为10ns上下、峰值为每米千伏量级的脉冲电场足以使PC－XT型微机工作状态发生变化，随着场强的增加，微机从显示格式出错直至死机，需重新启动才能工作。

（2）若将微机一类微电子设备在电磁脉冲作用下所出现的显示出错、死机等临时性故障称为设备受到干扰；而所造成的设备永久性损坏称为设备受到损伤，则对于直流模拟量智能测量前端这样一种包含有微机和单片机系统(具有金属屏蔽外壳)

的微电子设备而言，上升时间为 10ns 上下的电磁脉冲场干扰阈值 $E_{\text{PTI}} > 1\text{kV} \cdot \text{m}^{-1}$；损伤阈值 $E_{\text{PTD}} > 45\text{kV} \cdot \text{m}^{-1}$。

表 10.2　直流模拟量前端抗电磁脉冲性能试验结果

模拟器类型	试件状态	工作空间场强 $E_{\text{p}}/(\text{kV} \cdot \text{m}^{-1})$	试件受影响情况
EMPS－50(a)	模拟量前端接 3V 电池置于机壳内作为被测信号	<1	没有影响
		>1.55	一个测试通道出错（干扰持续时间短）
		>3.75	几个测试通道出错（干扰持续时间长）
		>5	前端单片机系统复位
EMPS－600(b)	模拟量前端输入端短路（机壳内）	<8.8	没有影响
	电源线架高 3m 与电场方向平行	8.4	一个测试通道出错
EMPS－600(c)	模拟量前端输入端短路（机壳内）	11.8～25.2	一个测试通道出错
		42～56	一个或几个测试通道出错
		56	前端单片机系统复位
EMPS－600(d)	电源线架高 2m 与电场方向平行	44.8	有一个测试通道损坏

表 10.3　通信电缆感应电压测试结果

工作空间场强 $E_{\text{p}}/(\text{kV} \cdot \text{m}^{-1})$	通信电缆状态	电缆内外导体间感应电压峰峰值 U_{PP}/V
56	与主控机断开，通信电缆盘置于工作空间	＋250～－250
	接上主控机，通信电缆尽可能短	＋60～－40
	通信电缆同上，前端电源线架高 1m	＋80～－40
	通信电缆同上，前端电源线架高 2m	＋200～－150

（3）当被试设备系统中的线缆与脉冲场的电场方向（即所谓的极化方向）一致时，脉冲场对设备的效应更为严重，且线缆越长，效应越严重。由此可看出，电子系统中的各类线缆是耦合电磁脉冲能量的重要渠道。因此，在考查设备对电磁脉冲的敏感程度时，不能不考虑设备各种引线的影响。

（4）模拟器工作空间电磁脉冲场的波形，对被试微电子设备的干扰阈值和损伤阈值起决定性影响。对 EMPS－50 模拟器，其工作空间场的上升时间最短，但被试微电子设备的干扰阈值最低。这说明，上升时间短的脉冲场，对微电子设备的干扰与损伤效应严重。值得注意的是，受试微电子设备中的连线都不长，这也间接验证了电线之类的长度能否与环境电场的波长相比拟,是影响线缆耦合效应不可忽视的重要因素。

10.1.1.2 不同型号微机试验结果

为进一步分析电磁脉冲电场对不同类型微机系统的干扰效应,作者于十多年前利用图 10.1 所示的有界波电磁脉冲模拟器再次进行了试验研究。试验辐照源同样采用双指数脉冲信号,其上升时间为 $t_{ra} = 8.4ns$,衰落时间为 $t_{fa} = 540ns$。图 10.3 给出了脉冲峰值电压 10kV 时负载上测到的一个典型波形,10kV 峰值电压对应的脉冲电场峰值为 $12.5kV \cdot m^{-1}$。

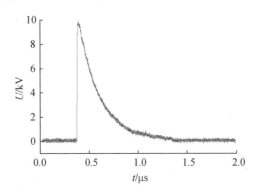

图 10.3　模拟器负载端的测试波形

受试设备分为三类:①486 兼容微机(主频 66MHz,DOS 操作系统);②Dell486 微机(主频 133MHz,Win98 操作系统);③586 兼容微机(主频 300MHz,WinME 操作系统)。试验时使试件处于工作状态,调整模拟器工作空间电场强度,观察试件状态变化,随时记录。试验结果见表 10.4。

表 10.4　微机电磁脉冲电场试验结果

微机类型	工作空间场强 $E/(kV \cdot m^{-1})$	试件受影响情况
486 兼容机	< 15.6	不受影响
	15.6	键盘锁死,需冷启动恢复
	33.0	黑屏,需冷启动
Dell486 微机	< 12.5	不受影响
	12.5	键盘锁死,需冷启动恢复
	13.7	黑屏,需冷启动恢复
	33.7	键盘损坏
586 兼容微机	< 6.25	正常
	6.25	键盘锁死,需冷启动恢复

试验时由低到高调整模拟器的脉冲电压,发现干扰现象后调低注入电压再次确认干扰场强阈值以下是否还会出现干扰现象,如有,则记录最低的一个。由于受

试设备数量有限,试验中未对微机的毁伤效应进行研究。从试验现象来看,微机的干扰效应大多体现为外部设备的失效,如显示器黑屏、键盘锁死、键盘损伤等。从表 10.4 可以看出,586 兼容机的干扰阈值最低,为 6.25kV · m^{-1}。Dell486 微机次之,486 兼容机的干扰阈值最高,在工作场强达到 15.6 kV · m^{-1}时,键盘锁死,工作场强增加到 33kV · m^{-1}时,显示器出现黑屏现象。

10.1.2 在 GTEM 室中的试验结果

德国学者 D. Nitsch 和 M. Camp 等曾利用 GTEM 室对三种不同类型的微机系统进行过抗扰度试验[1],试验场景如图 10.4 所示。图 10.5 为试验配置示意图。其中激励源采用单极性超宽带(UWB)脉冲信号,上升时间 $t_r = 100$ps,脉冲半峰值宽度 $t_{hw} = 2.5$ns。对 GTEM 室中场强的实时观测采用工作带宽为 6GHz,采样率为 20GHz 的示波器。

图 10.4　GTEM 室试验场景图[1]

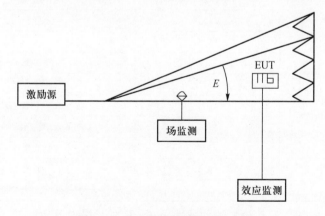

图 10.5　GTEM 室试验配置示意图

360

为表征不同的故障类型,文献[2,3]给出了干扰率(Breakdown Failure Rate, BFR)和毁伤率(Destruction Failure Rate,DFR)的定义:

$$BFR = N_{\text{Breakdown}}/N_{\text{Pulse}} \qquad (10.1.1)$$

$$DFR = N_{\text{Destruction}}/N_{\text{Testobject}} \qquad (10.1.2)$$

式中:BFR 为同一受试设备在重复试验情况下被干扰的次数与试验总次数之比;考虑到同一受试设备无法重复毁伤,故 DFR 定义为多个设备受试情况下的设备毁伤数与设备总数之比。图 10.6 给出了 BFR 和 DFR 随试验场强变化的曲线,图中干扰阈值(Breakdown Threshold,BT)或毁伤阈值(Destruction Threshold,DT)指 BFR 或 DFR 取 0.05 时的电场强度;干扰带宽(Breakdown Bandwidth,BB)或毁伤带宽(Destruction Bandwidth,DB)指 BFR 或 DFR 为 0.05 ~ 0.95 时的电场强度变化范围。由图 10.6 可以看出,毁伤阈值和毁伤率曲线所对应的电场强度要高于干扰阈值和干扰率曲线所对应的电场强度,这与实际的物理机制相一致。

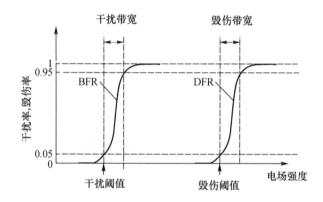

图 10.6　BFR 和 DFR 随试验场强的变化曲线[3]

受试设备为三台微机,处理器型号分别为 386 型(主频 25MHz)、486 型(主频 33MHz)和 486 型(主频 66MHz),操作系统为 DOS 最简版本。为减少外部干扰,三台设备都为最简配置,仅包含主板、处理器、内存、ISA 总线监视卡和蓄电池电源。

为观察微机不同运行状态对设备电磁敏感性的影响,在微机上运行预先编制的程序,以控制直接内存存取控制器(Direct Memory Access Controller,DMAC)和可编程间隔计时器(Programmable Interval Timer,PIT)处于不同的运行进程(共 6 个进程)。试验中,当每个进程分别运行,微机系统受到 UWB 脉冲照射时,分别记录不同型号微机的干扰阈值,如图 10.7 所示。可以看出,6 个进程分别工作时同一型号微机的干扰阈值(BT)有一定差别,但不明显;采用较高档次处理器的微机(486-66)的干扰阈值稍小于采用低档次处理器的微机。

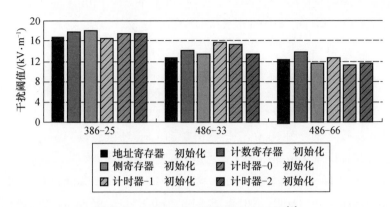

图 10.7　三台微机干扰阈值试验结果[1]

10.1.3　在混响室中的扫频试验结果

英国学者 Richard Hoad 和 Nigel J. Carter 等在混响室中对不同类型的微机做了大量的辐照实验[4]。受试设备的处理器型号、时钟频率和主机类型等信息列于表 10.5。为保证试验条件相对统一,所有受试微机配备有相同的外部设备,包括键盘、鼠标、显示器和线缆配线等。试验中,将受试设备置于混响室中,混响室尺寸为 10m×8m×3m,试验场景如图 10.8 所示。其中辐照源采用调制连续波扫频方式,测试频率为 400MHz～8GHz,共选择 100 个频点。考虑到能量累积效应,长时间照射容易引起受试设备毁坏,不利于开展重复性试验,故设置每个频点脉宽为 30μs。

表 10.5　受试微机配置

处理器类型	时钟频率	微机类型	版本	微机数量
486	66MHz	台式	C	1
486	100MHz	台式	E	1
Pentium 3	667MHz	台式	D	3
Pentium 4	1.4GHz	迷你直立式	C	1
Pentium 4	1.4GHz	迷你直立式	I	1

前期的微机敏感性试验表明,当处理器和硬盘处于高速运转状态时更易遭受电磁干扰。为此,试验时在微机上运行预先编制的程序,使微机 CPU 使用率达到 100%。试验过程中,逐步加大辐照源入射功率,直至以下事件发生,并记录此时刻试验环境中的叠加场强:①运行程序不再工作;②计算机死机;③计算机关机或重启。

10.1.3.1　同一型号不同批次处理器电磁抗扰度试验结果

将三台含不同批次 Pentium 3 处理器(序列号 S/N 分别以 X、Y、Z 代表)的微

图 10.8   在混响室中的试验场景

机作为受试设备,分别对其抗扰度进行试验。结果示于图 10.9 和图 10.10。可以看出,不同批次 Pentium 3 处理器的抗扰度阈值曲线基本吻合,其失效模式也大致相同。

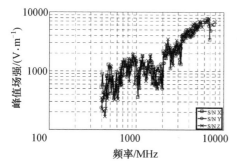

图 10.9   含不同批次 Pentium 3
处理器的微机抗扰度阈值[4]

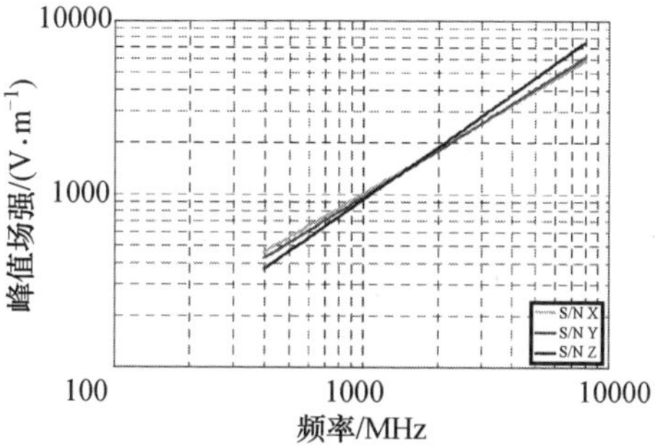

图 10.10   含不同批次 Pentium 3 处理器的
微机抗扰度阈值线性拟合结果[4]

10.1.3.2   不同型号处理器电磁抗扰度试验结果

为检验含不同型号处理器微机的电磁抗扰度,对表 10.5 所示的五种微机分别进行了试验,结果示于图 10.11 和图 10.12。由图可见,含先进处理器微机的抗扰度明显高于老的产品。这是因为电子设备越先进,其内部架构会更加合理,其电磁兼容性设计也更加完善。从图 10.12 中还可看出,即便是含同一型号处理器(Pentium 4)的微机,两者主频相同,但由于版本不同,其抗扰度存在一定程度的差异,高版本产品(Brand I Pentium 4)比低版本产品(Brand C Pentium 4)的电磁抗扰度高。这是由于 Brand I Pentium 4 采用金属簧片式边缘封装和金属底板,风扇罩四周的孔缝处理更加得当,当然高版本产品的价格会高些。

需要说明的是,以上试验结果是在近似连续波扫频辐照条件下得到的,并不能完全代表微机对脉冲信号的响应情况。由之前的脉冲试验可知,微机设备的干扰阈值受脉冲波形前沿的影响较大。

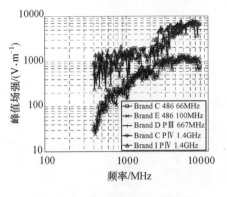

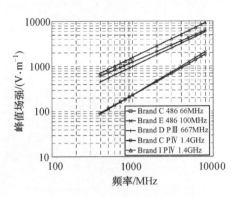

图 10.11 含不同类型处理器的
微机抗扰度阈值[4]

图 10.12 含不同类型处理器的
微机抗扰度阈值线性拟合结果[4]

10.2 电磁脉冲对微型数字系统的干扰与毁伤效应

除了微机以外,起到设备控制、信息传感、数据传输和处理等作用的微型数字系统,应用也非常广泛。文献[5]曾总结了微机接口电路、直接数字控制器和微控制器系统在电磁脉冲辐照下的干扰和毁伤效应试验结果,分析了电磁脉冲对此类微型数字系统的干扰与毁伤特点。

10.2.1 微机接口电路试验结果

10.2.1.1 试验模型

为研究电磁脉冲对微机系统的干扰与损伤特点,以便采取相应的防护措施,文献[5]设计的受试系统由微处理器、系统总线、存储器及输入/输出接口构成,与显示器、打印机、扫描仪等外设或其他系统的信息交换均通过输入/输出接口完成。试验在有界波电磁脉冲模拟器中进行,试验时采用微机与打印机并行接口电路进行数据传输。

微机接口电路试验模型(包括耦合电压和耦合电流测量电路)如图 10.13所示。

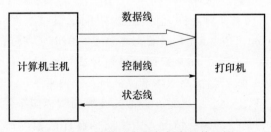

图 10.13 计算机主机与打印机接口图

考虑到该并行接口是一个全双工的通信接口,既可以发送也可以接收数据,而微机与打印机各为一个独立系统,这里分别设计一个电路来替代,其逻辑图如图10.14所示。电路A模拟计算机一侧,电路B模拟打印机一侧,两块电路板通过约80cm长的扁平电缆连接。在试验中,电路A向电路B发送控制信号以及并行数据信号,B则向A发送应答控制信号。为了检验两块板之间是否实现了正确的数据传输,在B输出端接一只七段数码管,将程序所要传递的数据适时地显示出来。为了避免系统中PCB印制电路板以及板上元器件受到脉冲场的直接照射,各用一个金属盒将两个单片机系统分别屏蔽起来,仅仅将它们的连接电缆暴露在脉冲场中,单片机与电缆通过D25插头连接,屏蔽良好,如图10.15所示。可见试验模型与实际微机系统并行接口电路在物理模型和运行机理上都非常相似。对两个单片机系统用汇编语言分别编程并写入MCS-51中,系统便可工作。

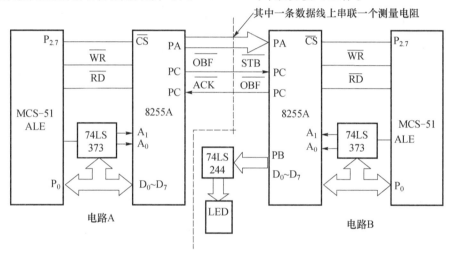

图 10.14　单片机系统逻辑图

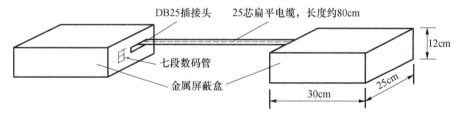

图 10.15　试验模型外形图

试验时将图10.15所示的单片机系统试验模型置于图10.1所示的有界波电磁脉冲模拟器工作空间。试验所选用的脉冲信号上升时间 $t_r = 10$ns,半峰值宽度 $t_{hw} = 200$ns。从低到高调节模拟器工作空间场强,观察系统面板上LED显示变化情况及示波器测试结果。采用 Tek - TDS3032 数字示波器观测并记录波形。数据线上的耦合电压从数据信号输入端测量,而耦合电流的测量则通过在数据线上串

365

联采样电阻来实现。为考察场的极化方向对电缆上感应电压和感应电流的影响，电缆的敷设取平行于电场方向和垂直于电场方向两种方式。选用的电缆类型有两种：非屏蔽（多芯扁平）电缆和屏蔽（多芯）电缆，后者为微机与打印机之间常用的连接电缆。

10.2.1.2 试验结果及分析

试验测得的耦合电压和耦合电流的典型波形如图 10.16、图 10.17、图 10.18 和图 10.19 所示。有关数据列于表 10.6、表 10.7、表 10.8 和表 10.9 中。

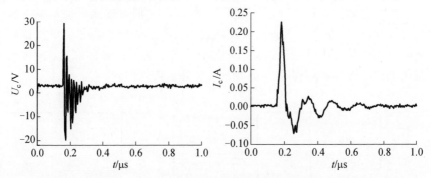

图 10.16　E_p 为 2.26kV·m^{-1} 时非屏蔽电缆平行于电场放置耦合电压与电流波形

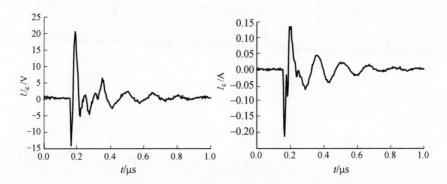

图 10.17　E_p 为 2.26kV·m^{-1} 时非屏蔽电缆垂直于电场放置耦合电压与电流波形

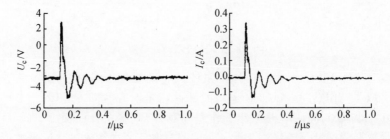

图 10.18　E_p 为 2.26kV·m^{-1} 时屏蔽电缆平行于电场放置耦合电压与电流波形

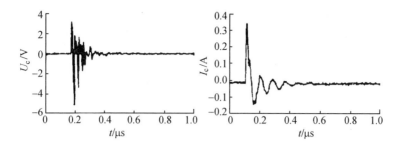

图 10.19 E_p 为 2.26kV·m^{-1} 时屏蔽电缆垂直于电场放置耦合电压与电流波形

表 10.6 非屏蔽电缆平行于电场方向放置时的试验结果

峰值场强 $E_p/(kV·m^{-1})$	1.3	1.7	2.26	2.98
耦合电压峰值 U_p/V	19.5	23.2	29.6	33.2
耦合电流峰值 I_p/mA	121	192	227	265
试验现象	放电后,LED 停止在正在 显示的数字上	LED 个别管脚 显示不正常	LED 开始出现 全部熄灭现象	LED 瞬间 完全停止显示, 全部熄灭

表 10.7 非屏蔽电缆平行于电场方向放置时的试验结果

峰值场强 $E_p/(kV·m^{-1})$	1.5	1.9	2.26	2.98
耦合电压峰值 U_p/V	13.2	17.5	21.2	24.6
耦合电流峰值 I_p/mA	95	138	142	185
试验现象	LED 从正在显示的数字 一直持续到"1"而停止	LED 部分管脚显示停止, 个别正常显示	LED 全部点亮	LED 瞬间 全部熄灭

表 10.8 屏蔽电缆平行电场放置时试验结果

峰值场强 $E_p/(kV·m^{-1})$	1.5	1.9	2.26	3.0
耦合电压峰值 U_p/V	1.96	2.5	3.2	3.8
耦合电流峰值 I_p/mA	228	310	355	410
试验现象	LED 开始出现 显示错乱现象	LED 部分管脚常亮, 个别正常显示	LED 全部点亮	LED 瞬间 全部熄灭

表 10.9   屏蔽电缆垂直电场放置时试验结果

峰值场强 $E_p/(kV \cdot m^{-1})$	1.5	1.9	2.5	3.7
耦合电压峰值 U_p/V	1.8	2.35	2.6	2.96
耦合电流峰值 I_p/mA	182	240	275	320
试验现象	LED 开始出现显示错乱	LED 部分管脚常亮,个别正常显示	LED 全部点亮	LED 瞬间全部熄灭

试验结果表明:

(1) 电磁脉冲对单片机电路的耦合电压、耦合电流随着模拟器工作空间场强的增加而增大。从试验现象看,峰值为每米千伏量级的脉冲电场足以使单片机系统工作状态发生变化,随着场强的增加,单片机系统从显示出错直至死机,当场强进一步增加,即造成接口芯片的永久性损伤。

(2) 对于单片机接口电路而言,在该试验设置的条件下,电磁脉冲场的干扰阈值约为 $1.3kV \cdot m^{-1}$,损伤阈值约为 $40kV \cdot m^{-1}$。就电磁脉冲场对试验模型的干扰阈值和损伤阈值而言,与以上电磁脉冲对微机及微机测控设备的试验结果是一致的。

(3) 分别比较图 10.16 和图 10.17、图 10.18 和图 10.19,可以看出,电缆平行于电场方向放置时的耦合电压和耦合电流与垂直于电场方向放置时相比,要高出一些,但高出的数值很有限。如果接口芯片输入端的电磁脉冲耦合电压、耦合电流只是由电缆对脉冲场的耦合决定,那么平行于电场方向放置的电缆耦合最强,垂直于电场放置的电缆几乎不产生耦合。可见,测得的耦合电压、耦合电流不仅仅决定于电缆对脉冲场的耦合。

经过分析,试验模型的机壳屏蔽虽然严密,但面板与壳体间仍存在缝隙,特别是面板上开有各种孔洞,并且存在导线的不接触贯穿,不仅连接线缆是耦合电磁脉冲能量的重要渠道,机壳屏蔽体上的孔洞、缝隙和腔体的谐振也都为脉冲场的能量耦合作出了贡献。而由此形成的能量耦合是与电缆的取向没有关系的。关于贯通屏蔽体的导线造成屏蔽壳体屏蔽效能下降的问题,在前面第 6、7 章中已从理论上进行过分析。

(4) 比较非屏蔽电缆和屏蔽电缆的试验波形和数据,可以发现,屏蔽电缆的耦合电压比非屏蔽电缆减小近一个量级,而耦合电流的差别则不是很大。

10.2.2   直接数字控制器试验结果

为检验直接数字控制器(Direct Digital Controller, DDC)在电磁脉冲环境下的工作情况和受干扰阈值,作者所在实验室曾制作了试验模型,置于屏蔽箱内。其中 DDC 受主控计算机的指令控制,与主控计算机通过通信电缆连接,其开关量输出用于控制可编程逻辑控制器(Programmable logic controller, PLC),PLC 的输出再控制继电器的工作。将模型在小型有界波模拟器中进行了辐照试验,试验场景如图10.20 所示。试验中,屏蔽箱的门均处于关严锁紧的状态,通信电缆采用屏蔽双绞线。为了考察电机等受控设备电源线的耦合效应对 DDC 的影响,由箱中引出受控设备的供电线路,并在终端连接用以模拟用电设备的电风扇。DDC 在各种试验状态下的干扰现象列于表10.10 中

图 10.20　试验模型在模拟器中测试场景照片

表 10.10　各种试验状态下的干扰现象

充电电压 U/kV	电场强度 E/(kV·m⁻¹)	试验状态	试验现象
>9	>11.3	30cm 长的通信线沿电场方向敷设,外导体不接地	继电器指示灯亮,继电器有动作声 需断电继电器状态方能复位
>14	>17.5	30cm 长的通信线沿电场方向敷设,外导体接屏蔽箱地	继电器指示灯亮 继电器有动作声 需断电继电器状态方能复位
>12	>15.0	30cm 长的通信线与电场方向垂直,外导体不接地	继电器指示灯亮 继电器有动作声 需断电继电器状态方能复位
>18	>22.5	30cm 长的通信线与电场方向垂直,外导体接屏蔽箱地	继电器指示灯亮 继电器有动作声 需断电继电器状态方能复位
>11	>13.7	30cm 长的通信线与电场方向垂直;电源线沿电场方向敷设,外导体未接地	继电器指示灯亮,且有动作声 需断电继电器状态方能复位
>13	>16.2	DDC 撤除通信线,暴露在电场中	状态灯闪动
<30	<37.5	通信线撤除,DDC 置于屏蔽箱	正常

充电电压 U/kV	电场强度 $E/(\mathrm{kV \cdot m^{-1}})$	试验状态	试验现象
>15	>18.8	屏蔽箱在模拟器外 电源线在模拟器中，沿电场方向挂起 50cm 通信线外加屏蔽	继电器指示灯闪动后恢复正常
>18	>22.5	屏蔽箱在模拟器外 受控设备电源线由屏蔽箱内引出，在模拟器中沿电场方向挂起 50cm 外加屏蔽的通信线	继电器指示灯闪动后恢复正常

根据以上试验结果可得出如下结论：

（1）通信线、电源线等各类外接线缆是电磁脉冲对设备干扰的主要耦合途径，且线缆排布方向与辐射电场方向一致时，耦合效应最强。

（2）对电子设备屏蔽和将线缆外皮接地可显著提高受试设备的抗干扰能力。当 DDC 置于屏蔽箱中，并将通信电缆撤除后，并无干扰现象发生；当将通信线缆外导体接地时，干扰阈值明显提高。

10.2.3 微控制器系统试验结果

德国学者 M. Camp 和 H. Gerth 等还利用图 10.4 和图 10.5 所示的试验设备和配置，对微控制器的电磁敏感性进行了试验[3]。选用的微控制器内部电路结构如图 10.21 所示，其主要特点：① RISC 架构；② 高速 CMOS 处理技术；③ 32×8 通用工作寄存器；④ 板上集成闪存和可擦除只读存储器。

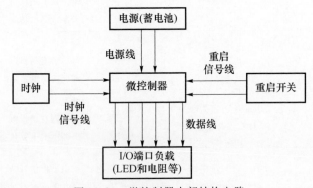

图 10.21 微控制器内部结构电路

微型控制器通过微带线将各个端口与负载或 LED 指示灯相连，而后将组合好的多组电路板固定在木质支架上（图 10.22），并置于图 10.4 所示的 GTEM 室中。

由图 10.22 可以看出,试验配置的微带线方向与辐照电场方向一致,此时耦合效应最强,可尽量保证试验处于最严酷条件下。

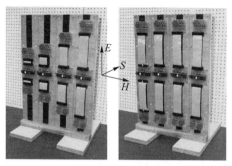

(a) 改变数据线长度　　　　(b) 固定数据线长度

图 10.22　微型控制器系统试验配置图[3]

10.2.3.1　I/O 端口电平状态高、低对微控制器干扰率的影响

试验选用了四块同一型号(AT90S8515)的微控制器,系统中微带线长度一致。辐照源采用双指数型 UWB 脉冲信号,上升时间 $t_r = 0.1\text{ns}$,半峰值宽 $t_{hw} = 2.5\text{ns}$。图 10.23(a)和(b)分别给出了在 I/O 端口低电平和高电平状态下,四块同一型号(AT90S8515)微控制器的干扰率曲线。可以看出,I/O 端口的电平状态对微控制器的干扰率影响较小,在以上试验配置下,其干扰阈值大致在 $7.5\text{kV} \cdot \text{m}^{-1}$。

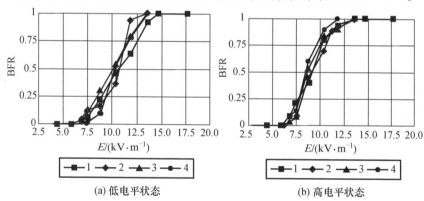

(a) 低电平状态　　　　　　(b) 高电平状态

图 10.23　四块同一型号(AT90S8515)微控制器干扰率曲线[3]

10.2.3.2　信号线长度对微控制器(AT90S8515)干扰阈值的影响

为考察信号线长度不同对微控制器干扰阈值的影响,四类信号线长度分别设置如下:

I/O 数据线:0cm,4cm,8cm,12cm,16cm,20cm。

复位信号线:0cm,4cm,8cm,12cm,16cm,20cm。

时钟信号线:0cm,5cm,10cm,15cm,20cm。

电源线:0cm,5cm,10cm,15cm,20cm。

辐照源同样采用双指数型 UWB 脉冲信号($t_r = 0.1$ns,$t_{hw} = 2.5$ns),当端口处于不同电平状态下,信号线长度对微控制器(AT90S8515)干扰阈值的影响及拟合曲线示于图 10.24。可以看出,随着信号线长度的增加,微控制器干扰阈值降低,即电磁敏感性增加。其中,复位信号线长度变化对干扰阈值的影响最大,时钟信号线和电源线次之,I/O 数据线影响最小。

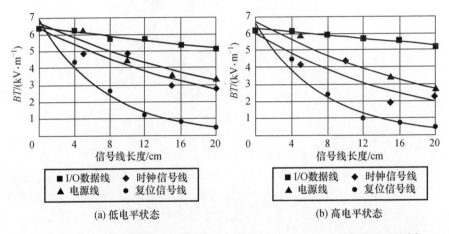

图 10.24　信号线长度对微控制器(AT90S8515)干扰阈值的影响及拟合曲线[3]

10.2.3.3　辐照信号脉冲上升时间与峰值对微控制器干扰阈值的影响

尽管辐照脉冲信号的峰值场强对电子设备的干扰和毁伤效应具有直接的影响,但它不是唯一决定性因素。Garbe 等的实验表明[2],UWB($t_r = 100$ps,$t_{hw} = 2.5$ns)和 EMP($t_r = 1.5$ns,$t_{hw} = 80$ns)两种不同脉冲信号的辐照下,同一微控制器出现干扰现象的阈值场强有很大差异。虽然在同一峰值场强下,EMP 的总能量远远高于 UWB,但 UWB 辐照下的微控制器干扰阈值要小于 EMP。UWB 对应的干扰阈值约在 7kV·m^{-1},而 EMP 对应的干扰阈值约在 17kV·m^{-1}。这表明,微控制器对 UWB 更加敏感,换言之 UWB 更容易引起设备的干扰和毁伤效应。引起这种现象的一个最本质的原因是,UWB 的上升时间更短,其覆盖的频段较高,与微控制器电尺寸可以比拟的频率分量容易形成较强的耦合。

作者团队对不同前沿 EMP 的影响也进行了对比。图 10.25 是受试的一种微机控制模块,将其置于 TEM 室中,分别施加两类 EMP 波形的激励,其中 EMP1 前沿上升时间为 4.2~5.2ns,底宽为 49~51ns,EMP2 前沿上升时间为 8.8~10.1ns,底宽为 0.29~0.31μs。前者对应的干扰阈值约为 1.2kV·m^{-1},而后者对应的干扰阈值约为 0.7kV·m^{-1},如图 10.26 所示。这一结果同样表明,短而陡的脉冲场对应的干扰阈值较低。这主要是因为这类脉冲的高频成分更丰富,对电子系统的耦合效应更强。

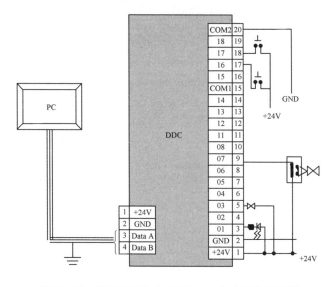

图 10.25　用于不同上升时间 EMP 实验的微控制器

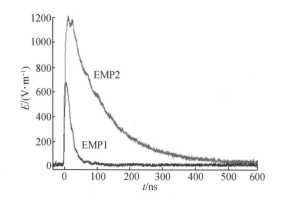

图 10.26　微控制器开始受到干扰时两类脉冲的波形和幅度

10.3　脉冲磁场对电子设备的干扰与毁伤效应试验研究

考虑到地面核爆炸电磁脉冲源区场是磁场分量极强的低阻抗场,在研究其相关毁伤效应时,有界波模拟器、TEM 室等平面波型电磁脉冲模拟器已不适用,为此,作者所在实验室研制了用以模拟地面核爆炸源区电磁脉冲磁场的模拟器。并利用该模拟器对不同类型的微机及电子设备模型进行了一系列的试验研究,对试验中产生的一些干扰与毁伤效应进行了分析[6]。

10.3.1　脉冲磁场模拟器的研制

为研究脉冲磁场对微电子设备的干扰与毁伤阈值与磁场波形上升时间、脉冲

衰落时间的关系,以评估脉冲磁场的毁伤、干扰效应,研制了可产生上升时间为 μs
量级、半峰值宽度为 ms 量级、峰值达 mT 等级并可适时调整的脉冲磁场模拟器。

10.3.1.1 脉冲磁场模拟器的组成及工作原理

脉冲磁场模拟器由控制台、直流高压源、脉冲电流源、放电环、测量示波器等组
成,如图 10.27 所示,其中放电环既是脉冲电流源的负载,也是脉冲磁场形成装置。

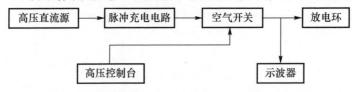

图 10.27　脉冲模拟器的组成框图

脉冲磁场模拟器的工作原理:首先对充放电回路中的空气开关充气,直流高压
源通过对交流供电升压整流可产生高达 50kV 的直流电压,经限流电阻给脉冲电
容器充电,当电容器上的电压达到指定值后,由高压控制台令空气开关放气导通,
于是电容器通过调波电阻对电流环放电,在环内产生脉冲。取放电环中脉冲电流
经分流器转变为电压波形,通过数字示波器可监测其波形及大小。

10.3.1.2 设备的电路设计

脉冲电流源由直流高压源、脉冲大电流形成电路组成,如图 10.28 所示。图中
B_1 为调压自耦变压器、B_2 为升压变压器,D_S 为整流硅堆,r 为充电回路限流电阻。
B_1、B_2、D_S 和 r 组成了直流高压电源。C_1,C_2,…,C_{10} 共十只,为同样大小的无感脉
冲电容器,R_1,R_2,…,R_{10} 为十只阻值相同的电阻,S_1 为控制充电的开关,S_2 是控制
放电电流的充气开关,S_2 受控制台控制,L 为导电环的等效电感和电路中各部分分
布电感之和。

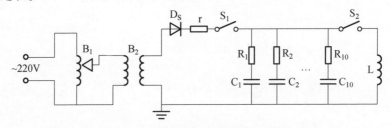

图 10.28　脉冲磁场形成设备的等效电路

电路工作原理:首先直流源经充电回路中限流电阻给电容器 C_1,C_2,…,C_{10} 充
电。当电压达到预定值 U_0 后,通过控制台控制空气开关 S_2 放气,开关内的火花隙
放电导通,电容经 R_1,R_2,…,R_{10} 向 L 放电,于是,在导电环中产生双指数型冲击大
电流,在导电环内形成脉冲。充放电回路中有 10 组相同的电阻、电容串联分支的
并联电路,故在等效电路中 $R = R_1/10$,$C = 10C_1$。放电回路的等效电感 L 主要由导
电环决定。

调波电阻($R_1,R_2,\cdots,R_{10}$)与脉冲电容器($C_1,C_2,\cdots,C_{10}$)、直流高压电源构成充电回路,与脉冲电容器、放电开关和导体环构成放电回路。其中调波电阻既是充电回路中脉冲电容器的充电限流电阻又是放电回路的负载电阻,一旦放电回路发生故障(如短路)还可起到保护电阻的作用。由于电容器放电时,放电回路产生的电流为 kA 级,调波电阻如采用一般电阻难以承受,故选用 $CuSO_4$ 水电阻,每个调波电阻的阻值为 100Ω,用 4 根 $CuSO_4$ 水阻并联实现。其优点在于:①功率大,在瞬时大电流通过时不会被击穿、烧坏;②电阻值可以通过改变 $CuSO_4$ 溶液的浓度来调节。

当 S_1 断开,S_2 闭合的瞬间,放电回路电路方程为

$$Ri(t) + L\frac{\mathrm{d}i(t)}{\mathrm{d}t} + \frac{1}{C}\int i(t)\,\mathrm{d}t = U_0 \tag{10.3.1}$$

对上式两端微分,得二阶常系数微分方程:

$$L\frac{\mathrm{d}^2i(t)}{\mathrm{d}t^2} + R\frac{\mathrm{d}i(t)}{\mathrm{d}t} + \frac{1}{C}i(t) = 0 \tag{10.3.2}$$

利用初始条件:$i(0)=0,\mathrm{d}i(0)/\mathrm{d}t = U_0/L$,得放电回路电流方程:

$$i(t) = \frac{U_0}{L(\beta-\alpha)}(\mathrm{e}^{-\alpha t} - \mathrm{e}^{-\beta t}) \tag{10.3.3}$$

$$\alpha = \frac{R}{2L} - \sqrt{\rho^2-1}, \beta = \frac{R}{2L} + \sqrt{\rho^2-1} \tag{10.3.4}$$

式中:$\rho = R(C/4L)^{1/2}$,称为临界比。

在对图 10.28 中的电路参数进行设计时,实现要满足 $\rho^2 > 1$ 的条件。设放电回路为过阻尼情况,对式(10.3.3)描述的双指数波形,当 $\alpha << \beta$,可认为脉冲上升时间 $t_r(10\% \sim 90\%)$ 主要决定于 β,而衰落时间 $t_f(90\% \sim 10\%)$ 则主要决定于 α。当 ρ 较大时(一般指 $\rho > 5$),可近似认为

$$t_r \approx 2.2L/R \tag{10.3.5}$$

$$t_f \approx 2.2RC \tag{10.3.6}$$

根据电磁场理论,放电环内形成的脉冲磁场波形与放电电流一致,大小可按毕奥-沙伐定律计算。对于圆形电流环,其圆心处的磁场为

$$B = \frac{\mu_0 I}{2a} \tag{10.3.7}$$

式中:a 为圆环半径(m);I 为通过圆环的电流(A);μ_0 为自由空间的磁导率。

当电流环取边长为 b 的正方形,通过的电流为 I,其环中心处的磁感应强度为

$$B = \frac{2\sqrt{2}\mu_0 I}{\pi b} \tag{10.3.8}$$

方环和圆环产生的磁场其方向与电流的关系遵循右手定则,与环平面垂直,且环心处的磁场最弱,四周逐渐增强。

通过充气开关可控制电路的放电电压,模拟器所产生的磁场峰值可在 0.05 ~ 10mT 范围内调整。

10.3.1.3　固定脉冲磁场衰落时间 t_f 情况下对上升时间 t_r 的调整

为分析并验证不同 t_r 的磁场对电子设备的干扰阈值,要求模拟器产生的磁场波形 t_r 可调,可通过调整放电电流的波形来实现。方案一:在放电电路中分别取 10 组、5 组、2 组、1 组电阻、电容的串联分支,并联后作为充放电回路的电阻、电容。放电回路的等效电感主要由电流环决定,当电流环的结构不变时,可以认为电感不变。这样,便可得到一组 $t_f = 2.2R_1C_1$,t_r 分别为 $2.2 \times 10L/R$、$2.2 \times 5L/R$、$2.2 \times 2L/R$、$2.2 \times L/R$ 的脉冲磁场。方案二:改变放电回路的电感 L,即通过采用不同形状、不同尺寸的放电环来改变脉冲磁场的上升时间,这里选用了两种放电环:半径为 1m 的圆环和边长为 1m 的方环。

当放电回路取半径 1m 的圆环时,实测放电环电流波形的上升沿及全波如图 10.29 所示;当放电回路取边长为 1m 的方环时,实测放电环电流波形的上升沿和全波如图 10.30 所示。

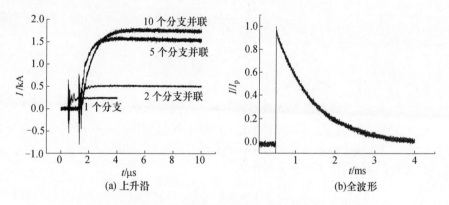

图 10.29　放电环取圆环时电流波形的上升沿和全波形

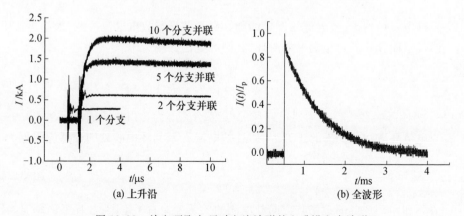

图 10.30　放电环取方环时电流波形的上升沿和全波形

从以上两图中均可看出,上升沿比较陡的波形波前均有比较大的震荡,经分析,原因可能有二:一是用来测量电流波形的管式分流器,对于上升时间小于 $1\mu s$ 的信号,其分布参数会引起寄生震荡,二是火花放电时产生的脉冲电场也可能对测量系统形成干扰。环内产生的脉冲磁场波形与电流波形相同,其峰值可按式(10.3.7)、式(10.3.8)进行计算。通过调节电路参数,可以实现脉冲磁场的上升时间在 $0.1\sim5\mu s$ 范围内的调整。

10.3.1.4　固定脉冲磁场上升时间 t_r 情况下脉冲衰落时间 t_f 的调整

分析 t_r 相同而 t_f 变化的脉冲磁场对电子设备的干扰阈值,通过图 10.31 所示的电路来实现。充放电电路中的电阻 R 保持不变,n 个相同的电容 C_1 并联作为充放电回路的电容,放电回路的等效电感主要由电流环决定,当电流环的结构不变时,可以认为电感 L 不变。当并联电容的个数 n 分别取 1、2、3、4、5 时,这时会得到一组脉冲衰落时间分别为 $t_f = 2.2RC_1$、$t_f = 2\times2.2RC_1$、$t_f = 3\times2.2RC_1$、$t_f = 4\times2.2RC_1$ 和 $t_f = 5\times2.2RC_1$,脉冲上升时间为 $t_r = 2.2\times10L/R$ 的脉冲磁场。

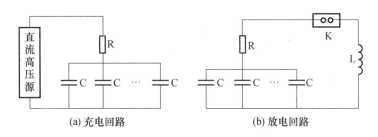

图 10.31　充电与放电回路的构成

当放电环取半径为 $1m$ 的圆环,实测的电流波形的上升沿和归一化全波形如图 10.32 所示。环内产生的脉冲磁场波形与电流相同,其峰值同样可通过式(10.3.7)、式(10.3.8)来计算。

通过调节电路参数,可以实现脉冲磁场宽度在 $100\mu s\sim4ms$ 范围内变化。

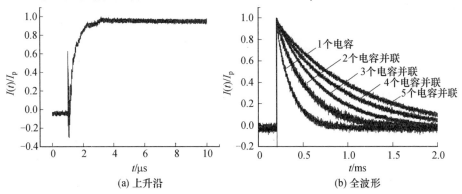

图 10.32　放电环取圆环时电流波形的上升沿和全波形

10.3.2 微机受脉冲磁场作用的试验结果

利用以上研制的脉冲磁场模拟器,选用 486 型微机(主频 50MHz)作为试件,在脉冲磁场上升时间和半峰值宽度取不同值情况下对试件进行了效应试验[6]。

10.3.2.1 脉冲磁场衰落时间不变,上升时间不同情况下的试验

为研究脉冲磁场对微电子设备的干扰效应,将 486 型微机置于脉冲磁场模拟器中进行了试验。模拟器由脉冲电流发生器和与之相连的环路构成,环路取两种形式:一为 φ15mm 铜管构成的直径 2m 的圆环;二为 20cm 宽不锈钢板条构成的边长 1m 的方环,图 10.33 为以圆环作为环路的照片。

图 10.33　微机置于磁场模拟器半径为 1m 圆环内进行脉冲磁场敏感度试验

试验时,脉冲磁场的半峰值宽度(50% ~50%)保持在 0.6ms,只改变磁场的上升时间(10% ~90%)。受试微机的鼠标可经 RS232 串口线连接于主机的多功能板卡上,在去掉主机箱的盖板时,会使机内各种板卡裸露。试验在微机去不去掉主机箱的盖板、接不接鼠标 4 种状态下进行,不同上升时间脉冲磁场造成微机死机时的波形如图 10.34、图 10.35 所示,数据列于表 10.11 中。

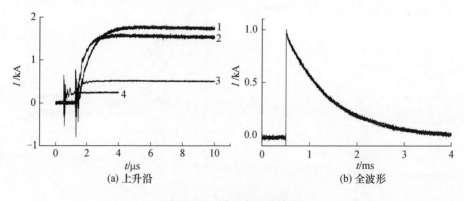

图 10.34　圆环中心处波形

378

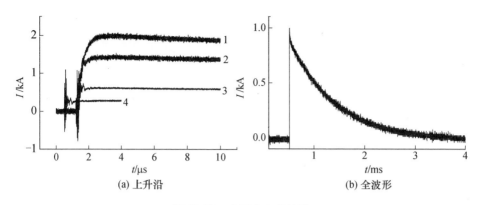

(a) 上升沿   (b) 全波形

图 10.35 方环中心处波形

表 10.11 486 微机置于脉冲磁场模拟器中只改变脉冲 t_r 的试验数据

序号	去主机箱盖板，机内各板卡裸露，接鼠标器*		去主机箱盖板，机内各板卡裸露，不接鼠标器*		不去主机箱盖板，接鼠标器*		不去主机箱盖板，接鼠标器**	
	磁场上升时间 $t_r/\mu s$	微机死机时磁场峰值 B_p/mT	磁场上升时间 $t_r/\mu s$	微机死机时磁场峰值 B_p/mT	磁场上升时间 $t_r/\mu s$	微机死机时磁场峰值 B_p/mT	磁场上升时间 $t_r/\mu s$	微机死机时磁场峰值 B_p/mT
1	2.0	1.11	2.0	2.6	2.0	2.7	1.10	2.5
2	1.2	0.65	1.2	1.2	1.2	1.2	0.60	1.2
3	0.4	0.27	0.4	0.69	0.4	0.59	0.30	0.50
4	0.2	0.19	0.2	0.48	0.2	0.41	0.15	0.24

注：* 磁场模拟器环路取圆环；** 磁场模拟器环路取方环

10.3.2.2 脉冲磁场上升时间不变，脉冲宽度变化时的试验

将 486 型微机置于磁场模拟器半径为 1m 的圆形放电环中央，盖上微机主机箱的金属盖板，鼠标通过 RS232 串口线连接在主机的多功能板卡上。脉冲磁场上升时间保持为 1.2μs，改变脉冲宽度，不同宽度脉冲磁场的波形如图 10.36 所示，造成微机死机时的阈值列于表 10.12。

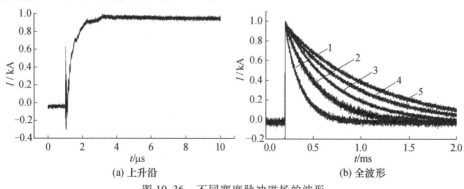

(a) 上升沿   (b) 全波形

图 10.36 不同宽度脉冲磁场的波形

表 10.12 486 微机置于脉冲磁场模拟器中只改变脉冲宽度的试验数据

序号	微机死机时磁场峰值 E_p/mT	磁场上升时间 （10%~90%）$t_r/\mu s$	磁场半峰值宽度 （50%~50%）t_{hw}/ms	磁场持续时间 （10%~10%）t_d/ms
1	1.2	1.2	0.30	0.4
2	1.1	1.2	0.42	0.8
3	1.1	1.2	0.54	1.2
4	1.3	1.2	0.66	1.6
5	1.2	1.2	0.78	2.0

10.3.3 直接数字控制器受脉冲磁场作用的试验结果

为检验直接数字控制器（Direct Digital Controller，DDC）在脉冲磁场环境下的工作情况和受干扰阈值，将 10.2.2 节所介绍的 DDC 分别置于小型屏蔽箱和屏蔽柜中，如图 10.37 所示，并利用所研制的脉冲磁场模拟器对其进行了试验。图 10.38 是根据线圈中实测电流数据计算得出的距模拟器中心 51.5cm 处磁场波形。表 10.13 给出了 DDC 在各种试验状态下的干扰现象。

(a) 置于小型屏蔽箱中　　　　　　　　(b) 置于屏蔽柜中

图 10.37 对 DDC 进行屏蔽加固

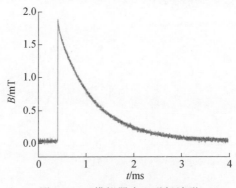

图 10.38 模拟器中心磁场波形

由表 10.13 中所列试验结果可以看出：

（1）脉冲磁场对 DDC 与主控计算机相连接的通信线产生的耦合效应，是引起 DDC 产生错误指令并进一步造成继电器产生误动作的主要原因，在去掉该通信线后，相同的场值下继电器未发生误动作。

（2）脉冲磁场在不同类型通信线缆中耦合产生的干扰电流是不同的，在平行双导线中引入的干扰明显比双绞线强。选用带有网状屏蔽层的双绞线作通信线时，即使在磁感应强度高达 3mT 时，系统仍然能够正常工作。

表 10.13　各种试验状态下的干扰现象

试件	放电电压 U_d/kV	分流器输出 U_o/V	环中心磁感应强度峰值 B_p/mT	试验设置	试验现象
置于小型屏蔽箱内	32	7.6	1.6	通信线为屏蔽双绞线;屏蔽层接地;门开;距环平面 51.5cm	正常,无误动作
	32	8.0	1.7	通信线为屏蔽双绞线;屏蔽层未接地;门关严;距环平面 51.5cm	继电器状态灯闪动,最终恢复正常
	32	8.0	1.7	通信线为屏蔽双绞线;屏蔽层接地;门关严;距环平面 51.5cm	正常
	32	8.1	1.7	通信线为屏蔽双绞线;屏蔽层接地;门关严;电源线挂出 1.0m;距环平面 51.5cm	正常
	33	8.3	1.8	不接通信线;DDC 撤出屏蔽柜;放置于边长 1m 的正方形环中	控制器输出状态翻转
置于屏蔽柜中	26	6.28	1.3	通信线为同轴电缆;屏蔽层未接地;门未关严;距环平面 51.5cm	继电器状态灯闪动,最终熄灭;继电器反复动作,有咔嗒响声
	26	6.4	1.4	通信线为屏蔽双绞线;屏蔽层未接地;门未关严;距环平面 51.5cm	继电器状态灯闪动,最终熄灭;继电器反复动作,有咔嗒响声
	35	8.36	1.8	通信线为同轴电缆;屏蔽层未接地;门关严;距环平面 51.5cm	继电器状态灯闪动,最终回原状态;继电器响声不明显
	35	8.88	1.9	同上,但继电器由 DDC 控制设置为手动控制	正常,无误动作
	35	8.76	1.9	通信电缆撤除;门关严;距环平面 51.5cm	正常,无误动作
	40	10.8	3.0	通信线为屏蔽双绞线;屏蔽层接地;门关严;距环平面 10cm	正常,无误动作

10.4　电磁脉冲对电子设备的干扰与毁伤效应分析

由 10.1 节至 10.3 节电磁脉冲场（包括脉冲磁场）对电子设备的干扰及毁伤效应试验结果，可以得出以下几点结论：

1）影响电子设备干扰和毁伤效应的重要参数

电磁脉冲波形的峰值和上升时间是影响电子设备干扰和毁伤效应的重要参数，脉冲波形的峰值与上升时间之比即峰升率可作为评判电磁脉冲威胁程度的关键指标。

由 10.1.1 节、10.2.3 节和 10.3.2 节所述国内外试验结果可以清楚地看出，在脉冲波形峰值确定的情况下，其上升时间越短，对被试微电子设备的干扰阈值越低，不论持续时间长短、脉冲宽度如何，几乎都遵循这一规律。这说明，微电子设备对上升时间越短的脉冲场越敏感。这一点可从脉冲场能谱密度的角度来理解，电子设备及其外接线缆的外观尺寸一般在几厘米到几米量级，其对应的波长范围，也就是电子设备最容易形成耦合的频段，为几百至几千兆赫。在脉冲峰值相同情况下，其波形的上升时间越短（如 UWB 信号）在这一频段的能谱密度越高，越容易达到和超过电子设备的干扰阈值。

因此，在讨论微电子设备对电磁脉冲的敏感度问题时，对脉冲电场干扰阈值和损伤阈值的确定，必须同时列出脉冲的峰值和上升时间。这里为了讨论方便，引入参数"峰升率"（Peak - value to Rising - time Ratio，PRR），电磁脉冲时域波形的峰升率越高，其对电子设备的干扰和毁伤效应越强。电场峰升率和磁场峰升率的表达式和单位为

电场峰升率：$PRR_E = E_p/t_r (kV \cdot m^{-1} \cdot ns^{-1})$。

磁场峰升率：$PRR_M = B_p/t_r (mT \cdot \mu s^{-1})$。

使敏感设备受到干扰时的峰升率称为干扰峰升率，写为 PRR_{EI} 和 PRR_{MI}；而使敏感设备受到损伤时的峰升率称为损伤峰升率，写为 PRR_{ED} 和 PRR_{MD}。

此外，对新引入的脉冲参数峰升率 PRR，由于上升时间 t_r 取脉冲上升沿从峰值的 10% 上升至 90% 的时间，工程上常以这段时间内脉冲瞬时值对时间变化率的平均值定义为脉冲的上升陡度 G，如图 10.39 所示，G 可由下式求得，即

$$G = 0.8F_p/t_r = 0.8PRR \quad (10.4.1)$$

G 的单位与 PRR 一致。G 与 PRR 之间可

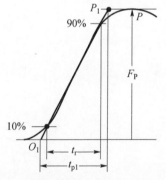

图 10.39　脉冲上升沿示意图

P—峰点；P_1—虚拟峰点；

O_1—虚拟零点；F_p—场强峰值；

t_r—上升时间；t_{p1}—虚拟峰时。

直接换算,有

$$PRR = G/0.8 = 1.25G \qquad (10.4.2)$$

2) 影响耦合效应的因素

与电子设备连接的各类线缆,是耦合电磁脉冲场的重要途径,其走线的方位与脉冲电场方向一致的程度以及长度可否与脉冲场分布频段所对应的波长相比拟,是影响其耦合效应的两大因素。

10.2 节中列出的相关试验结果表明,当与电子设备相连的各类电线、电缆(包括电源线、信号传输线等)暴露在电磁脉冲场中时,会成为重要的耦合途径将电磁脉冲引入设备内部。此时,电线、电缆可看作置于电磁脉冲场中的接收天线。依据天线理论,当天线极化方向(电线、电缆走线方向)与电磁场中电场的方向一致,且长度与入射场波长可相比拟时,其接收效率最高。

文献[7]曾就不同带宽高功率电磁环境对架空线缆的耦合效应进行了研究。通过计算在三种电磁脉冲(雷电电磁脉冲和两种高空核电磁脉冲)辐照下架空线缆的外皮感应电流和感应电压,分析了不同线缆长度、不同入射波极化方向情况下架空线缆耦合效应的变化规律。

电磁脉冲作用下架空线缆耦合模型如图 10.40 所示,平行于地面敷设的架空线缆长度为 l,距地面高度为 h。线缆两端接匹配电阻 R,并通过引下线与接地体相连接。为方便计算,接地体采用矩形结构,埋深 1m。有耗大地相对介电常数和电导率分别取 $\varepsilon_r = 10$ 和 $\sigma_g = 10^{-3} S \cdot m^{-1}$。电磁脉冲的来波方向由角 θ 和 φ

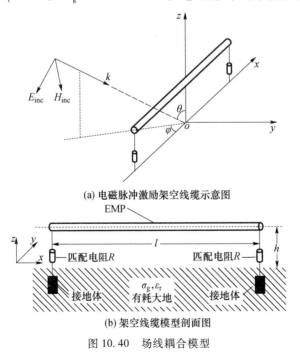

(a) 电磁脉冲激励架空线缆示意图

(b) 架空线缆模型剖面图

图 10.40 场线耦合模型

决定。

为比较不同带宽入射波条件下架空线缆的耦合效应,计算中涉及三种高功率电磁环境:LEMP(IEC 61643-1)、HEMP1(贝尔波形)和 HEMP2(IEC 1000-2-9),以上三种双指数型脉冲的特征参数列于表10.14。

表10.14 三种双指数型脉冲波形特征参数对比

脉冲类型	LEMP	HEMP1	HEMP2
表达式	$kE_0(e^{-\alpha t} - e^{-\beta t})$		
α/s^{-1}	1.473×10^4	4×10^6	4×10^7
β/s^{-1}	2.08×10^6	4.76×10^8	6×10^8
k	1.043	1.05	1.3
t_r/ns	1.2×10^3	4.1	2.5
t_{hw}/ns	50×10^3	184	23

相比较而言,LEMP 上升时间最长,半峰值宽最大,频带最窄;HEMP2 上升时间最短,半峰值宽最小,频带最宽。表10.15 给出了三种脉冲不同频段能量占总能量的百分比。其中,对 LEMP 而言,99.6% 的能量集中在 1MHz 以下,最大能量频段为 $10^4 \sim 10^5$ Hz,该频段对应波长为几千到几十千米级;对于 HEMP1,98.2% 的能量集中在 100MHz 以下,最大能量频段为 $10^6 \sim 10^7$ Hz,对应波长为几十到几百米级;对于 HEMP2,99.7% 的能量集中在 1GHz 以下,最大能量频段为 $10^7 \sim 10^8$ Hz,对应波长为几到几十米级。

表10.15 三种脉冲不同频段能量占总能量的百分比

频率/Hz	$10^2 \sim 10^3$	$10^3 \sim 10^4$	$10^4 \sim 10^5$	$10^5 \sim 10^6$	$10^6 \sim 10^7$	$10^7 \sim 10^8$	$10^8 \sim 10^9$	累积
LEMP	0.039	0.339	**0.531**	0.083				**0.996**
HEMP1			0.014	0.141	**0.607**	0.218		**0.982**
HEMP2				0.015	0.149	**0.638**	0.193	**0.997**

入射 LEMP 和 HEMP 在地面附近可视为平面波,其电场时域表达式取以上三种双指数脉冲。为了说明入射波的极化方向,在等相位面上规定一个参考矢量 $k \times z$,其中 k 为单位波矢量,z 为 z 坐标单位矢量。设入射波的电场矢量与参考矢量之间的夹角为 ψ,此即入射波的极化方向。

为分析不同入射波极化方向对场线耦合效应的影响,取极化角 $\psi = 0°,45°$ 和 $90°,h = 1m,\theta = 30°$ 和 $\varphi = 90°$,分别计算了上述三种电磁脉冲入射下架空线缆中点感应电流,其波形示于图10.41。

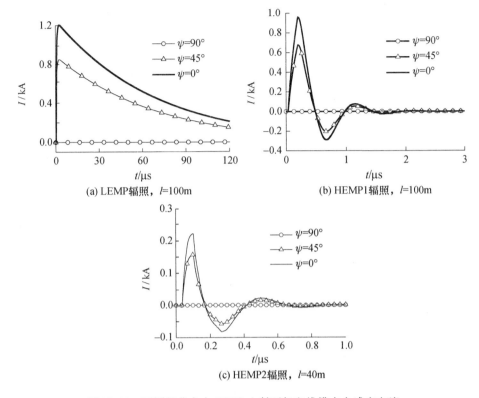

(a) LEMP辐照，l=100m

(b) HEMP1辐照，l=100m

(c) HEMP2辐照，l=40m

图 10.41　不同极化方向 LEMP 入射下架空线缆中点感应电流

由图 10.41 可以看出，不同入射波极化方向对场线耦合效应影响较大，当 $\psi=0°$ 即电场方向与线缆轴向一致时，耦合效应最严重；当 $\psi=90°$ 即电场方向与线缆轴向垂直时，耦合效应较小。

为分析不同线缆长度对场线耦合效应的影响，取 $h=1\text{m}$，$\psi=0°$，$\theta=30°$ 和 $\varphi=90°$，分别计算了三种电磁脉冲作用下，架空线缆取不同长度时其中点感应电流，其波形示于图 10.42。可以看出，在三种电磁脉冲作用下，随线缆长度增加，架空线缆中点感应电流和端点电压上升沿陡度不变，但峰值变大，波形变宽。当线缆长度与入射波长相比为电小尺寸时，峰值增加较快；当线缆长度增加到一定程度，即线缆长度与入射波能量最集中频段波长可相比拟时，其峰值变化趋于平稳，具体为：当频带较窄的 LEMP 作用时该长度为几千米以上量级，HEMP1 作用时为几百米量级，频带最宽的 HEMP2 作用时为几十米量级。另外，在相同条件下，LEMP 对线缆耦合效应最强，HEMP1 次之，HEMP2 最弱，这是由于对相同峰值入射波而言，LEMP 总体能量与单位频段能量最大，而 HEMP2 总体能量与单位频段能量最小。

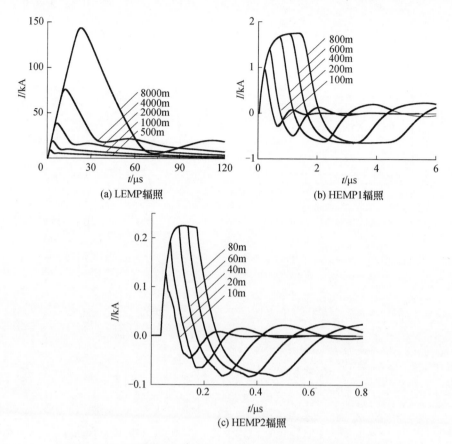

图 10.42　不同极化方向 LEMP 入射下架空线缆中点感应电流

10.5　电磁脉冲对计算机端口的传导干扰与毁伤效应试验

10.5.1　计算机端口对电磁脉冲的敏感度测试

对于有外部金属线缆连接的电子设备来说,电磁脉冲对线缆耦合形成传导干扰是引起设备工作失常和功能失效的重要原因之一。以计算机设备为例,其与外部连接的电缆包括电源线、网络线、VGA 线、USB 线等,这些线缆端接的设备端口对传导性电磁脉冲的敏感度也有所不同。本节主要介绍针对计算机不同端口开展的一系列电磁脉冲传导注入试验结果[8]。

电磁脉冲传导干扰试验系统的典型配置如图 10.43 所示。其中,高压脉冲产生装置采用编号为 A ~ E 的 5 类脉冲源,分别与 HEMP 和 LEMP 对电源、通信等线路耦合产生的典型波形相对应,其波形参数见表 10.16。耦合装置采用耦合/去耦网络(CDN)和容性耦合夹,分别适用于电源线路直接注入和信号线路耦合注入。

测量信号由数字存储示波器记录并通过 GPIB 接口送至计算机处理。

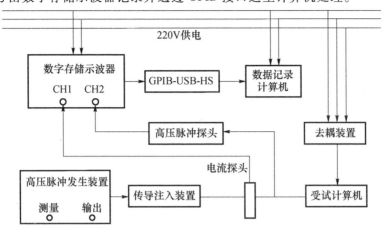

图 10.43　电磁脉冲传导骚扰敏感度试验系统连接图

表 10.16　高压脉冲发生装置波形指标

装置类型	A	B	C	D	E
上升时间 t_r	(3 ± 0.9) ns	(10 ± 2) ns	(10 ± 3) ns	(10 ± 3) μs	(1.2 ± 0.36) μs
半峰值宽度 t_{hw}	(25 ± 5) ns	(100 ± 20) ns	(600 ± 120) ns	(700 ± 140) μs	(50 ± 10) μs
输出电压 U_o/kV	0～6	0～4	0～30	0～4	0～20
触发功能	连续/单次	单次	单次	单次	单次
输出极性	正	正	正	正或负	正

注入电压的调整采用步进法,即按照脉冲电压等级由小到大的顺序进行试验,观察受试装置(Equipment Under Test, EUT)的状态变化,测量并记录试验波形及数据。随着注入脉冲电压的加大,EUT 会出现干扰和损伤现象,干扰现象包括程序出错、通信中断、报警、死机、关机等,属于功能暂时失效,一般通过重启或复位操作可恢复 EUT 的正常工作;而损伤现象意味着硬件的损坏,必须通过硬件维修才能恢复。对快脉冲信号,每个脉冲的注入间隔时间为 1～2s,每个电压等级注入次数一般为 5 次;对慢脉冲信号,在每个电压等级上分别施加 5 次正极性和 5 次负极性,每个脉冲信号施加的时间间隔为 1min。

注入的脉冲信号通过耦合装置后会产生波形和峰值的变化,因此监测装置主要测量 EUT 典型受试线路的实际耦合电压和电流。对于电源端口,主要在 L 线上进行注入和测量;对于网络端口,主要选橙白色线(传输数据正极)进行测量;对于串行通信端口,选择数据收发线进行测量。试验采用的 EUT 为 PII 300MHz 等级的兼容机型。

10.5.1.1　计算机电源端口电磁脉冲传导干扰敏感度试验结果

在计算机正常开机工作状态下,通过耦合/去耦网络将脉冲干扰信号耦合注入其电源端口。在 A 类脉冲注入下,计算机受扰关机时监测到的 L 线上耦合电压和电流波形如图 10.44 所示。在不同等级 A、E 两类脉冲注入下的实验结果列于表 10.17。

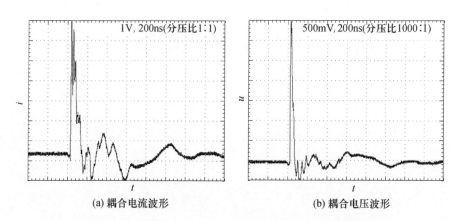

图 10.44　计算机出现自动关机现象时电源端口耦合波形

表 10.17　A、E 两类脉冲注入计算机电源端口时的试验结果

A 类脉冲注入				E 类脉冲注入			
序号	电压峰值 U_p/kV	电流峰值 I_p/A	试验现象	序号	电压峰值 U_p/kV	电流峰值 I_p/A	试验现象
1	1.0	10.0	正常	1	0.5	10.5	正常
2	1.5	16.1	正常	2	1.0	14.7	正常
3	2.0	22.8	正常	3	1.5	16.1	正常
4	2.5	28.7	正常	4	2.0	18.8	正常
5	3.0	33.6	自动重启	5	2.5	22.1	正常
6	3.5	39.2	自动重启	6	3.0	22.7	正常
7	4.0	44.4	自动关机	7	3.5	26.2	正常

10.5.1.2　计算机 RS232 端口电磁脉冲传导干扰敏感度试验结果

通过 RS232 端口建立两台计算机间的串行通信,通过容性耦合夹对串行通信线路施加脉冲注入,借助串行通信检查软件判断通信状态,在 A、D 两类脉冲注入下进行了串口敏感度试验。因采用 2 台计算机,试验设置与图 10.43 有所不同,试验现场照片见图 10.45。不同脉冲注入下的试验结果列于表 10.18。在 A 类脉冲作用下计算机出现自动关机现象时 RS232 端口耦合电压和电流波形如图 10.46 所示。

388

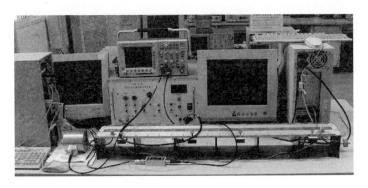

图 10.45　计算机串口电磁脉冲注入试验设置

表 10.18　A 和 D 两类脉冲注入计算机串口时的试验结果

A 类脉冲注入				D 类脉冲注入			
序号	电压峰值 U_p/kV	电流峰值 I_p/A	试验现象	序号	电压峰值 U_p/kV	电流峰值 I_p/A	试验现象
1	0.25	2.7	正常	1	0.20	—	正常
2	0.37	4.1	正常	2	0.51		正常
3	0.49	7.2	正常	3	0.62	—	通信中断
4	0.60	8.9	通信中断	4	0.75	—	一台计算机端口损坏
5	0.82	12.9	通信中断				
6	0.91	14.4	一台计算机自动关机				

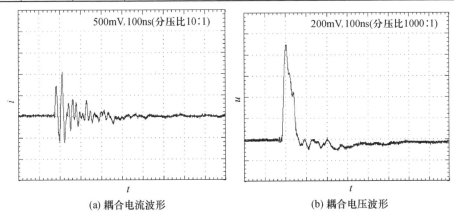

(a) 耦合电流波形　　　　　　　　　(b) 耦合电压波形

图 10.46　计算机出现自动关机现象时 RS232 端口耦合波形

10.5.1.3　计算机网络端口的电磁脉冲传导干扰敏感度试验结果

通过以太网端口建立两台计算机间的数据通信,采用容性耦合夹对网线施加脉冲注入,借助网络通信检查软件判断通信状态,分别在 A、D 两类脉冲注入下进行了网络端口敏感度试验,试验设置与图 10.45 类似。不同脉冲注入下的试验结果列于表 10.19。在 A 类脉冲作用下出现通信中断时网络端口耦合电压和电流波形如图 10.47 所示。

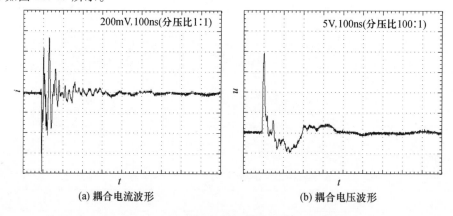

图 10.47 计算机网络通信中断时网口耦合波形

表 10.19 A、D 两类脉冲注入计算机串口时的试验结果

A 类脉冲注入				D 类脉冲注入			
序号	电压峰值 U_p/kV	电流峰值 I_p/A	试验现象	序号	电压峰值 U_p/kV	电流峰值 I_p/A	试验现象
1	0.61	2.4	正常	1	0.51	—	正常
2	0.89	4.0	正常	2	1.52	—	正常
3	1.20	8.5	计算机报警	3	1.76	—	计算机报警
4	1.97	9.0	传输中断	4	1.94	—	网络传输中断,其中一台计算机网卡损坏

对计算机三类受试端口在电磁脉冲传导耦合注入下的敏感度数据进行了整理,将脉冲类型划分为宽、窄两类,其中窄脉冲指表 10.16 中的 A 波形,宽脉冲包括表 10.16 中的 D、E 两种波形。表 10.20 则列出的是 EUT 出现异常时的端口电压、电流峰值。结合试验数据及现象,经分析得到以下规律:

(1) 不同受试端口对同种类型电磁脉冲的敏感度差异较大。按照对电磁脉冲敏感程度由高到低的顺序依次为:RS232 串行通信端口(0.6kV)、网络传输端口(1.2kV)、电源端口(3.0kV)。端口的传导干扰敏感度与其工作电压相关,工作电压越高、敏感度越低。

(2) 宽、窄两种电磁脉冲耦合形成的干扰效应有所不同。窄脉冲作用下设备容易受到干扰,即在端口电压达到一定程度时使其功能暂时失效,一般通过系统重启操作计算机都可以恢复正常;宽脉冲信号因其能量较大,对计算机系统则容易造成损伤和破坏效应,即造成计算机系统硬件设备的损坏。

表 10.20　计算机出现异常现象时各受试端口耦合电压

受试端口	窄脉冲			宽脉冲		
	电压峰值 U_p/kV	电流峰值 I_p/A	试验现象	电压峰值 U_p/kV	电流峰值 I_p/A	试验现象
电源端口	3.00	33.6	计算机自动重启	3000	22.7	正常
	4.00	44.4	计算机自动关机	3500	26.2	正常
RS232串口	0.60	8.9	串口通信中断	624	—	串口通信中断
	0.91	14.4	计算机自动关机	752	—	计算机串口损坏
网络端口	1.20	8.5	计算机报警	1760	—	计算机报警
	1.97	9.0	网络传输中断	1940	—	网络传输中断且网卡损坏

（3）受试验设备条件限制，未观察到宽脉冲作用下电源端口的敏感度阈值，但数据表明窄脉冲比宽脉冲更容易通过电源回路影响到计算机的正常工作，这一现象并不是由于窄脉冲容易引起电源模块出现故障，而是由于窄脉冲更容易串入微机内部其他线路上，影响到设备的正常工作。RS232 端口的一例试验结果与这一判断也是吻合的，当耦合电压达到某一阈值时计算机自动关机；表明耦合的传导骚扰并非直接使串口出现故障，而是串入设备其他线路中，引起设备自动关机。

10.5.2　脉冲上升沿的影响及受试装置的失效概率

随着耦合电流和耦合电压峰值的增加，受试设备在电磁脉冲传导骚扰影响下会逐渐出现通信中断、程序出错、死机甚至硬件损伤等现象。但是，设备出现异常会有一定的偶然性，特别是当试验电压达到临界点附近时。在某个电压等级上，并不是每个脉冲的注入都会使设备出现相应的异常现象，这种异常的出现会有一定的概率，通过试验得出这一失效概率对于敏感度的定量评估更具有价值。本节主要针对用于 485 总线通信的计算机板卡进行电磁脉冲传导骚扰敏感度概率试验[8,9]。

采用干扰失效率（Interfere Failure Rate, IFR）可描述 EUT 敏感度随干扰电压或电流的概率分布。IFR 定义为相互间隔足够长的一个批次脉冲注入试验条件下，EUT 出现性能失常的次数与注入试验的总次数之比。IFR 随注入脉冲电压的升高而增大，最终达到 1。失效带宽（FB）定义为 IFR 由 0.1 变为 0.9 时注入电压（或电流）值的区间范围。

485 端口的传导干扰试验参照图 10.45 的串口试验设置开展。数据采集前端模块与监控计算机通过线缆进行连接并保持通信，电磁脉冲发生装置的脉冲信号通过容性耦合夹耦合至通信线缆。试验中脉冲幅度通过步进法调整,按照脉冲电压等级由小到大的顺序进行。每个脉冲的注入间隔时间为 10s,每个电压等级注入次数一般为 50 次,在干扰失效率较大的情况下适当减少脉冲注入次数,避免累积效应对试验结果的影响。观察受试设备的工作状态,得到每个电压等级相应的干扰失效率(IFR)。注入脉冲选用表 10.16 所列的 A、B 两类脉冲,A 脉冲前沿较陡,称为快前沿脉冲,B 脉冲前沿较缓,称为慢前沿脉冲。图 10.48 和图 10.49 分别给出了随注入电压和耦合电压变化的 IFR 曲线。图 10.50 给出了随耦合电流变化的 IFR 曲线。

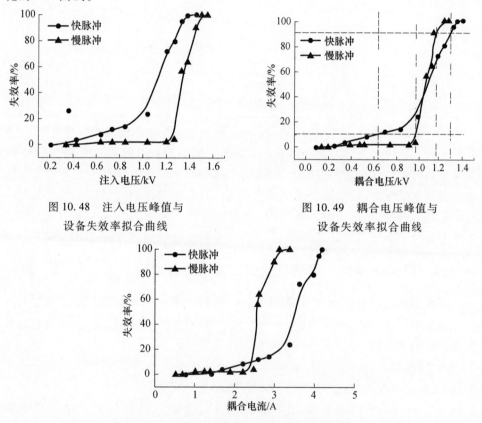

图 10.48 注入电压峰值与
设备失效率拟合曲线

图 10.49 耦合电压峰值与
设备失效率拟合曲线

图 10.50 耦合电流峰值与设备失效率拟合曲线

通过对以上试验数据的分析可以得到以下结论:

(1) 快前沿电磁脉冲的传导耦合效应强于慢前沿电磁脉冲。由图 10.48 两条曲线可以看出,在注入脉冲电压峰值相同的条件下,受试设备在快前沿电磁脉冲作用下的干扰失效率高于慢前沿电磁脉冲。一方面,由于容性耦合夹的作用使得快前沿电磁脉冲的传导耦合能力略强于慢前沿电磁脉冲,二者的实际耦合电压在同样的注入幅度下相差 25% 左右;另一方面,快前沿电磁脉冲更容易引起设备运行的失常,这与 10.5.1 节中的计算机端口试验结果是相互印证的。

（2）快前沿电磁脉冲对应的失效带宽 FB 略大于慢前沿电磁脉冲，图 10.48 中快前沿脉冲曲线失效带宽区间约为（700～1300V），而慢前沿脉冲曲线失效带宽约为（1000～1200V）。这进一步表明快前沿电磁脉冲更容易引起干扰现象，同时也说明慢前沿电磁脉冲引起的失效现象更为稳定（即电压达到某个特定阈值后，可能干扰或可能不干扰的不确定性显著低于慢前沿脉冲的情况）。

（3）快前沿电磁脉冲对 RS485 端口的试验结果与 10.5.1 节的计算机串口测试结果具有一致性。从前面表 10.18 所列的数据看，计算机串口出现干扰现象的最低耦合电压为 600V（A 波形），与本节对 RS485 总线试验得到的 IFR 为 0.1 时的快脉冲（A 波形）耦合电压 600V 一致，所以两者的测试结果可以作为串口数据线接口快前沿电磁脉冲敏感度的典型指标。

10.6　电磁脉冲对微电子设备的干扰与损伤机理分析

这里以微机接口电路试验模型中所采用的 8255 芯片为例，来讨论电磁脉冲对微电子设备中集成电路的干扰与损伤机理：当电磁脉冲通过不同耦合渠道在芯片输入端产生的电压或电流高达一定程度时，可导致输出端逻辑值改变，即由“1”变为“0”或相反，从而产生误码。此时，由于电磁脉冲形成的电压、电流尚未达到使芯片烧损的程度，故在该电压、电流消失后或者复位后，电路还可恢复正常工作。这种故障是暂时性的，属于瞬态干扰。在上述电磁脉冲模拟试验中所观察到的各种现象除了芯片烧损以外均为瞬态干扰。

8255 芯片 CMOS 集成电路的永久性失效主要有金属引线烧毁和栅氧化层击穿两种情况，集成电路中 P 管间的连线采用金属铝，当耦合进 8255 输入端的电磁脉冲能量所产生的微量电流超过该连线的电流门限值时，连线会像保险丝一样烧断，这就造成了永久性损坏。试验中，当场强峰值大于 $40kV \cdot m^{-1}$ 时，即观察到这种永久性损坏的现象。

对于在核电磁脉冲环境中运行的微电子设备与系统，通过各种耦合途径进入系统的电磁脉冲能量在设备元器件上或组件输入端建立的电流、电压一旦超过某一阈值，轻则使系统的正常运行受到干扰，重则造成元器件或组件的损伤。元器件或组件的永久性损伤势必使设备停止运行，从这一意义上讲，即造成了设备的永久性损伤。

对半导体器件而言，在电磁脉冲产生的过电压或电涌的冲击下，可能出现的损伤包括开路、短路、晶体管增益下降。与之相应的损伤机理为：金属化系统烧毁、氧化层介质击穿、结表面击穿、结热二次击穿。进入系统的这些电磁能量如果加到集成电路上，由于集成电路的端口和通路较多，每个通路又包含多个元件和器件，造成损伤的可能性增加，因而，比起半导体分立元器件来，易损性增加。对集成电路本身而言，易损伤的是输入端、输出端，电源端则不敏感。

进入系统的电磁脉冲能量所形成的脉冲电压、脉冲电流,作用于电阻器时,当超过其所能承受的功率,亦会发生损伤。电阻器的损伤表现为阻值变化或烧毁、击穿。主要的失效模式是功率失效、热失效和高压飞弧失效。值得注意的是,有些敏感的电阻器在某些半导体器件损伤或失效功率范围内就已受损或失效。制备在集成电路中的电阻往往更为敏感。例如 CMOS 数字电路 LC4023,最易受损的部件不是器件本身,而是电阻(输入端多晶硅电阻)和导线(输出端铝条)。对电容器来说,在脉冲过电应力的作用下,无论是充电电压,还是充放电电流,当超过电容器所能承受的容限,都将使之受到损伤。其电容值,损耗角正切及绝缘特性等都会发生变化,损伤或失效的模式主要是单纯电压击穿和热击穿或烧毁。单纯电压击穿是由于在强电场作用下,介质被击穿所致。热击穿则是介质中薄弱部分温度升高,致使介质电导率以及损耗角增大。热击穿会造成元件的失效。

作为计算机关键部件的存储记忆元件对电磁脉冲也比较敏感。常用的磁性记忆元件其磁性材料在外电磁场作用下,磁性或磁状态会发生变化,导致原储存的信息被清除或者发生逻辑错误,对于执行既定任务的某些电子系统来说,也就是使该系统遭到了永久性失效。

参 考 文 献

[1] Nitsch D, Camp M, Sabath F, et al. Susceptibility of some electronic equipment to HPEM threats [J]. IEEE Trans. Electromagn. Compat. , 2004, 46(3): 380–389.

[2] Garbe H, Camp M. Susceptibility of different semiconductor technologies to EMP and UWB [C]. Proc. XXVI-lth General Assembly Int. Union of Radio Science (URSI),2002, Maastricht,Netherlands, 17–24.

[3] Camp M, Gerth H, Garbe H, et al. Predicting the breakdown behavior of microcontrollers under EMP–UWB impact using a statistical analysis [J]. IEEE Trans. Electromagn. Compat. , 2004, 46(3): 368–379.

[4] Hoad R, Carter N J, Herke D, et al. Trends in EM susceptibility of IT equipment [J]. IEEE Trans. Electromagn. Compat. , 2004, 46(3): 390–395.

[5] 潘峰. 电磁脉冲对单片机系统的干扰及损伤效应研究 [D]. 南京:工程兵工程学院, 2001.

[6] 高成. 地面核爆炸电磁脉冲屏蔽效能及其测量技术研究 [D]. 南京:解放军理工大学, 2003.

[7] 孟鑫,周璧华,曲新波. 不同带宽高功率电磁环境对架空线缆耦合效应分析[J]. 电波科学学报, 2013, 28(4): 616–621.

[8] 俞阳. 微电子设备电磁脉冲传导骚扰抑制技术研究 [D]. 南京:解放军理工大学, 2007.

[9] 俞阳,万浩江,石立华,等. 监控系统数据采集模块电磁脉冲传导敏感度试验与分析 [C]. 第九届全国抗辐射电子学与电磁脉冲学术交流会, 重庆, 2007: 418–423.

第 11 章　γ辐射与电磁脉冲同时作用

　　由第 1~3 章的介绍可以看出,核电磁脉冲(NEMP)其峰值场强极高,上升至峰值的时间极短,而作用范围又极宽,因此对各种军用以至民用的电子、电气设备与系统构成了严重的威胁。更为严重的是,由于 NEMP 是核爆炸释放的高能 γ 光子与空气及各种介质相互作用而产生的,在 NEMP 源区,γ 辐射与 NEMP 不可分割,一旦电子、电气设备与系统暴露于 NEMP 源区,除了 NEMP 的威胁以外,还要受到 γ 辐射的直接作用。因此,对于那些有可能处于 NEMP 源区环境中的电子、电气设备与系统,必须考虑 γ 辐射与 NEMP 同时作用的情况。在对 γ 辐射与 NEMP 同时作用的有关问题进行研究时,首先必须形成一个类似 NEMP 源区的核环境,使得其中同时存在 γ 辐射与 NEMP。关于内电磁脉冲(IEMP)的研究结果表明,处于 γ 辐射下的金属腔体,其中既有 γ 辐射存在又有 IEMP 生成[1]。对此,本章先从理论上进行探讨。采用一束平行的 γ 射线垂直照射一个金属圆柱腔体的端部(分圆柱空腔、圆柱同轴腔体、同轴—空腔混合腔体三种情况),从而在腔体中形成 γ 辐射与 EMP 同时存在的核环境,并设法找出影响 EMP 特性的因素,加以控制,以满足对 EMP 特性的要求。考虑到处于 γ 辐射与 EMP 同时作用下的电子系统,其电子元器件间的连接电缆是将 EMP 能量和 γ 辐射能量(通过在电缆中形成 IEMP)引进系统的主要渠道,为此,将一段电缆置于这样一种 γ 辐射与 EMP 同时存在的综合环境中,观察电缆对 γ 辐射和 EMP 能量的耦合情况。由于电缆对电磁能量的耦合很大程度上取决于电缆外导体上形成的电流,对于相同型号、相同尺寸、相同负载、相同连接方式的电缆,在其端接负载上形成的电压与电流只与外导体上的皮电流有关。因此,本章在讨论 γ 辐射和 EMP 同时作用下电缆能量耦合情况时,只考虑了电缆外导体上产生的皮电流。更确切地说是讨论一段实芯细长导体(用来模拟电缆)上的表面电流。

　　关于 γ 辐射下金属圆柱腔体、同轴腔体以及混合腔体内 EMP(即 IEMP)的计算,γ 射线从柱体端部垂直入射,因柱体轴对称,是一个二维问题。而置于腔内非轴线(称之为"偏轴")位置上的细长导体表面电流的计算,则是三维问题。由于 EMP 各场量在轴线附近表现出的奇异性以及腔内细长导体的小尺寸给计算网格划分造成的困难,使得这样的计算具有较高的难度。本章采用时域有限差分(FDTD)法,在二维计算中采用均匀网格;在三维计算中采用局部均匀细网格和扩展网格相结合的差分方程,并对空腔部分轴线附近奇异点的差分网格作了特殊处理,从而使计算速度和计算精度都能得到一定保证。通过计算获得了感兴趣的大量数据。

为了便于对比,采用 FDTD 法分析了平面波 EMP 单独作用下细长导体(用来模拟电缆)上的感应电流。计算中,平面波 EMP 的电场分量和混合腔体中细长导体附近的轴向电场分量相同。而计算得出的导体表面电流与 γ 辐射和 EMP 同时作用的结果相比,波形有较大变化,峰值减小了两个量级。相关的实验结果同样表明,电缆处于 γ 辐射与 IEMP 并存的环境中,其终端匹配电阻上的感应电压与该电缆端头单独受 γ 辐射相比,要高出近 5 倍。γ 辐射与 EMP 同时作用所引出的问题可见一斑。

11.1 γ 辐射与 EMP 同时作用的环境模拟

11.1.1 金属圆柱腔体 IEMP 数值分析

1) 圆柱空腔内麦克斯韦方程组及其差分方程的建立

对于圆柱腔体,选择柱坐标系下的麦克斯韦方程组,当采用 CGS – G 单位制,有

$$\nabla \times E = -\frac{\partial B}{\partial t} \tag{11.1.1}$$

$$\nabla \times B = \varepsilon \frac{\partial E}{\partial t} + 4\pi\sigma E + 4\pi J \tag{11.1.2}$$

式中:$t = ct'$,其中 c 为光速。

考虑 γ 沿图 11.1 所示方向入射金属圆柱腔体。根据柱对称条件,上述方程可取为 TM 方程组,即只有 E_z,E_r 和 B_θ 分量的情况。

$$\frac{\partial B_\theta}{\partial t} = \frac{\partial E_z}{\partial r} - \frac{\partial E_r}{\partial z} \tag{11.1.3}$$

$$-\varepsilon \frac{\partial E_r}{\partial t} = \frac{\partial B_\theta}{\partial z} + 4\pi\sigma_r E_r + 4\pi J_r \tag{11.1.4}$$

$$\varepsilon \frac{\partial E_z}{\partial t} = \frac{B_\theta}{r} + \frac{\partial B_\theta}{\partial r} - 4\pi\sigma_z E_z - 4\pi J_z \tag{11.1.5}$$

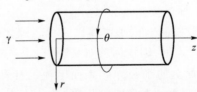

图 11.1　γ 辐射下的金属圆柱空腔

选择图 11.2 形式的差分网格,可建立如下差分方程组:

$$B_\theta \big|_{i+1/2,j+1/2}^{n+1/2} = B_\theta \big|_{i+1/2,j+1/2}^{n-1/2} + \frac{\Delta t}{\Delta r}\left(E_z \big|_{i+1,j+1/2}^{n} - E_z \big|_{i,j+1/2}^{n}\right) -$$

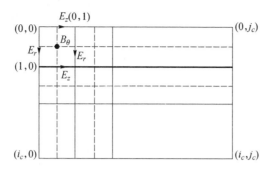

图 11.2 二维差分网格

$$\frac{\Delta t}{\Delta z}(E_r\big|_{i+1/2,j+1}^{n} - E_r\big|_{i+1/2,j}^{n}) \tag{11.1.6}$$

$$E_r\big|_{i+1/2,j}^{n+1} = \frac{1}{1+2\pi\Delta t\sigma_r/\varepsilon}\left[\left(1-\frac{2\pi\Delta t\sigma_r}{\varepsilon}\right)E_r\big|_{i+1/2,j}^{n} + \right.$$

$$\left. \frac{\Delta t}{\varepsilon\Delta z}(B_\theta\big|_{i+1/2,j-1/2}^{n+1/2} - B_\theta\big|_{i+1/2,j+1/2}^{n+1/2}) - \frac{\Delta t}{\varepsilon}4\pi J_r\right] \tag{11.1.7}$$

$$E_z\big|_{i,j+1/2}^{n+1} = \frac{1}{1+2\pi\Delta t\sigma_z/\varepsilon}\left[\left(1-\frac{2\pi\Delta t\sigma_z}{\varepsilon}\right)E_z\big|_{i,j+1/2}^{n} + \frac{\Delta t}{i\varepsilon\Delta r}((i+1/2)B_\theta\big|_{i+1/2,j+1/2}^{n+1/2} - \right.$$

$$\left. (i-1/2)B_\theta\big|_{i-1/2,j+1/2}^{n+1/2}) - \frac{\Delta t}{\varepsilon}4\pi J_z\right] \tag{11.1.8}$$

式中

$$\sigma_r = \sigma_r\big|_{i+1/2,j}^{n+1/2}, \ J_r = J_r\big|_{i+1/2,j}^{n+1/2}, \ \sigma_z = \sigma_z\big|_{i,j+1/2}^{n+1/2}, \ J_z = J_z\big|_{i,j+1/2}^{n+1/2}$$

若记

$$B_\theta\big|_{i,j}^{n+1} = B_\theta\big|_{i+1/2,j+1/2}^{n+1/2}, \ E_z\big|_{i,j}^{n+1} = E_z\big|_{i,j+1/2}^{n+1}, \ E_r\big|_{i,j}^{n+1} = E_r\big|_{i+1/2,j}^{n+1}$$

$$\sigma_r\big|_{i,j}^{n+1} = \sigma_r\big|_{i+1/2,j}^{n+1/2}, \ J_r\big|_{i,j}^{n+1} = J_r\big|_{i+1/2,j}^{n+1/2}, \ \sigma_z\big|_{i,j}^{n+1} = \sigma_z\big|_{i,j+1/2}^{n+1/2}, J_z\big|_{i,j}^{n+1} = J_z\big|_{i,j+1/2}^{n+1/2}$$

差分方程可写为

$$B_\theta\big|_{i,j}^{n+1} = B_\theta\big|_{i,j}^{n} + \frac{\Delta t}{\Delta r}(E_z\big|_{i+1,j}^{n} - E_z\big|_{i,j}^{n}) - \frac{\Delta t}{\Delta z}(E_r\big|_{i,j+1}^{n} - E_r\big|_{i,j}^{n}) \tag{11.1.9}$$

$$E_r\big|_{i,j}^{n+1} = \frac{1}{1+2\pi\Delta t\sigma_r\big|_{i,j}^{n+1}/\varepsilon}\left[\left(1-\frac{2\pi\Delta t\sigma_r\big|_{i,j}^{n+1}}{\varepsilon}\right)E_r\big|_{i,j}^{n} + \right.$$

$$\left. \frac{\Delta t}{\varepsilon\Delta z}(B_\theta\big|_{i,j-1}^{n+1} - B_\theta\big|_{i,j}^{n+1}) - \frac{\Delta t}{\varepsilon}4\pi J_r\big|_{i,j}^{n+1}\right] \tag{11.1.10}$$

397

$$E_z\Big|_{i,j}^{n+1} = \frac{1}{1 + 2\pi\Delta t\sigma_z\big|_{i,j}^{n+1}/\varepsilon} \left[\left(1 - \frac{2\pi\Delta t\sigma_z\big|_{i,j}^{n+1}}{\varepsilon}\right)E_z\Big|_{i,j}^{n} + \frac{\Delta t}{i\varepsilon\Delta r}\left((i+1/2)B_\theta\big|_{i,j}^{n+1} - \right.\right.$$

$$\left.\left.(i-1/2)B_\theta\big|_{i-1,j}^{n+1}\right) - \frac{\Delta t}{\varepsilon}4\pi J_z\big|_{i,j}^{n+1}\right] \tag{11.1.11}$$

对于边界条件及奇异点的处理,采用如下方法:

(1)将金属导体视为理想导体,由理想导体表面边界条件可得到

$$E_z\Big|_{i_c,j}^{n+1} = 0, \quad 0 \leqslant j \leqslant j_c - 1$$

$$E_r\Big|_{i,j_c}^{n+1} = 0, \quad 0 \leqslant i \leqslant i_c - 1$$

(2)在 $r = 0$ 点的 E_z 值根据安培环路积分定理由下式导出:

$$\varepsilon\int\frac{\partial E}{\partial t}\cdot\mathrm{d}S + 4\pi\cdot\int E\cdot\mathrm{d}S + 4\pi\int J\cdot\mathrm{d}S = \int B\cdot\mathrm{d}l \tag{11.1.12}$$

上式的差分方程形式为

$$E_z\Big|_{0,j}^{n+1} = \frac{1 - 2\pi\,\sigma_z\big|_{0,j}^{n+1}\Delta t/\varepsilon}{1 + 2\pi\,\sigma_z\big|_{0,j}^{n+1}\Delta t/\varepsilon}E_z\Big|_{0,j}^{n} + \frac{\Delta t/\varepsilon}{1 + 2\pi\,\sigma_z\big|_{0,j}^{n+1}\Delta t/\varepsilon}\left(\frac{4}{\Delta r}B_\theta\big|_{0,j}^{n+1} - 4\pi J_z\big|_{0,j}^{n+1}\right)$$

$$\tag{11.1.13}$$

式中:$0 \leqslant j \leqslant j_c - 1$。

2)康普顿电流源与传导电流

圆柱腔内的电流源主要由康普顿电流和传导电流两部分组成。

康普顿电流是康普顿电子前向运动形成的。在场值不太大的情况下(小于 $10^5\mathrm{V}\cdot\mathrm{m}^{-1}$)可不考虑电磁场对康普顿电子运动轨迹的影响,再略去次级 γ 对康普顿电流的贡献,则康普顿电流基本上沿直线运动。康普顿电流的近似计算公式近似为

$$4\pi J_c = -4.177\times10^{-22}\frac{1}{(R_0 + z)^2}\mathrm{e}^{-(R_0+z)/\lambda_j}\cdot T\left(t - \frac{R_0 + z}{C}\right)z \tag{11.1.14}$$

式中:$T[t - (R_0 + z)/C]$ 由 γ 出弹时间谱给出;λ_j 为碰撞自由程;$\lambda_j = 1.9\times10^4/\rho_\gamma\mathrm{cm}$;$\rho_\gamma$ 为空腔内的物质密度,计算时取 $\rho_\gamma = 1\mathrm{mg}\cdot\mathrm{cm}^{-3}$;$R_0$ 为空腔受 γ 照射端与爆心的距离。考虑到差分方程的形式,康普顿电流的分量为

$$4\pi J_z\Big|_{i,j}^{n+1} = -4.177\times10^{-22}\frac{\mathrm{e}^{-[R_0 + (j-1/2)\Delta z/\lambda_j]}}{[R_0 + (j-1/2)\Delta z]^2}\cdot$$

$$T[(n+1/2)\Delta t - R_0 - (j-1/2)\Delta z] \tag{11.1.15}$$

$$4\pi J_r\Big|_{i,j}^{n+1} = 0 \tag{11.1.16}$$

而传导电流则是在场的作用下通过具有一定电导率的导电介质传导的电子流,其值为 σE。σ 值根据以下的空气电离方程求得:

$$\frac{\partial n_e}{\partial t} + [\alpha + \beta(n_e + N_-) - G]n_e = J_e \tag{11.1.17}$$

$$\frac{\partial N_-}{\partial t} + \gamma(n_e + N_-)N_- = \alpha n_e \tag{11.1.18}$$

$$N_+ = N_- + n_e \tag{11.1.19}$$

式中:n_e、N_-、N_+分别为电子、负离子及正离子的密度;J_e为康普顿电子离化次级电子的生成率,有

$$J_e = 2.3 \times 10^{-12} g(z) T\left(t - \frac{R_0 + z}{c}\right) \cdot \zeta \tag{11.1.20}$$

其中:$g(z) = \frac{1}{(R_0 + z)^2} e^{-(R_0 + z)/\lambda_\sigma}$;$\zeta$为康普顿电子在场作用下能量变化的百分比;$\alpha$为附着系数,$\alpha = 0.43 \times 10^{-2} \rho_r'^2$($cm^{-1}$),$\rho_r'$为离化物质的相对密度;$\beta$为正离子与电子复合系数,$\beta = 0.83 \times 10^{-17} cm^2$;$\gamma$为正、负离子的复合系数,$\gamma = 0.76 \times 10^{-16} \rho_r'$($cm^2$);$\lambda_\sigma$为能量吸收自由程,$\lambda_\sigma = 4.05 \times 10^4 cm$。

上述方程的差分形式为

$$n_e\big|_{i,j}^{n+1} = n_e\big|_{i,j}^{n-1} e^{-\varphi_e} + (1 - e^{-\varphi_e})\frac{J_{ez}^n \Delta t}{\varphi_e} \tag{11.1.21}$$

$$N_-\big|_{i,j}^{n+1} = N_-\big|_{i,j}^{n-1} e^{-\varphi_-} + (1 - e^{-\varphi_-})\frac{n_{ez}^n \alpha \Delta t}{\varphi_-} \tag{11.1.22}$$

式中

$$\varphi_e = 2\Delta t[\alpha + \beta(n_e\big|_{i,j}^n + N_-\big|_{i,j}^n) - G], \quad \varphi_- = 2\Delta t\gamma(n_e\big|_{i,j}^n + N_-\big|_{i,j}^n)$$

考虑到离子导电后,介质导电率为

$$\sigma = 1.601 \times 10^{-20}[n_e\mu_e + (2N_- + n_e)\mu_+] \tag{11.1.23}$$

式中:$\mu_e = 10^6 \rho_r'$($ESU \cdot cm^3 \cdot s^{-1}$);$\mu_+ = 750$($ESU \cdot cm^3 \cdot s^{-1}$)

在实际计算中,σ依所处的整点网格和半点网格取不同公式:

$$\sigma_r\big|_{i,j}^{n+1} = 1.601 \times 10^{-20}[n_{er}\big|_{i,j}^{n+1}\mu_e + (2N_{-r}\big|_{i,j}^{n+1} + n_{er}\big|_{i,j}^{n+1})\mu_+] \tag{11.1.24}$$

$$\sigma_z\big|_{i,j}^{n+1} = 1.601 \times 10^{-20}[n_{ez}\big|_{i,j}^{n+1}\mu_e + (2N_{-z}\big|_{i,j}^{n+1} + n_{ez}\big|_{i,j}^{n+1})\mu_+] \tag{11.1.25}$$

式中

$$n_{er}\big|_{i,j}^{n+1} = n_{er}\big|_{i,j}^{n-1} e^{-\varphi_{er}} + (1 - e^{-\varphi_{er}})\frac{2\Delta t}{\varphi_{er}} J_{er}\big|_{i,j}^{n+1/2}$$

$$N_{-r}\big|_{i,j}^{n+1} = N_{-r}\big|_{i,j}^{n-1} e^{-\varphi_{-r}} + (1 - e^{-\varphi_{-r}})\frac{2\alpha\Delta t}{\varphi_{-r}} n_{er}\big|_{i,j}^n$$

$$\varphi_{er} = 2\Delta t[\alpha + \beta(n_{er}\big|_{i,j}^n + N_{-r}\big|_{i,j}^n)]$$

$$\varphi_{-r} = 2\Delta t\gamma\left[\, n_{er}\big|_{i,j}^{n} + N_{-r}\big|_{i,j}^{n}\,\right]$$

$$J_{er}\big|_{i,j}^{n+1/2} = 0.29178\times10^{-11}\frac{\mathrm{e}^{-(R_0+j\Delta z)/\lambda_{\sigma}}}{(R_0+j\Delta z)^2}T\left[\,(n+1/2)\Delta t - R_0 - j\Delta z\,\right]$$

$$n_{ez}\big|_{i,j}^{n+1} = n_{ez}\big|_{i,j}^{n-1}\mathrm{e}^{-\varphi_{ez}} + (1-\mathrm{e}^{-\varphi_{ez}})\frac{2\Delta t}{\varphi_{ez}}J_{ez}\big|_{i,j}^{n+1/2}$$

$$N_{-z}\big|_{i,j}^{n+1} = N_{-z}\big|_{i,j}^{n-1}\mathrm{e}^{-\varphi_{-z}} + (1-\mathrm{e}^{-\varphi_{-z}})\frac{2\alpha\Delta t}{\varphi_{-z}}n_{ez}\big|_{i,j}^{n}$$

$$\varphi_{ez} = 2\Delta t\left[\,\alpha + \beta(n_{ez}\big|_{i,j}^{n} + N_{-z}\big|_{i,j}^{n})\,\right]$$

$$\varphi_{-z} = 2\Delta t\gamma\left[\, n_{ez}\big|_{i,j}^{n} + N_{-z}\big|_{i,j}^{n}\,\right]$$

$$J_{ez}\big|_{i,j}^{n+1/2} = 0.29178\times10^{-11}\frac{\mathrm{e}^{-[R_0+(j-1/2)\Delta z]\lambda_{\sigma}}}{(R_0+(j-1/2)\Delta z)^2}\,\cdot$$
$$T\left[\,(n+1/2)\Delta t - R_0 - (j-1/2)\Delta z\,\right]$$

3) γ 出弹时间谱

计算中采用的 γ 出弹时间谱假设为图 11.3 所示的双指数形状,图中给出了其归一化波形。实际计算时可根据不同的要求改变其峰值比例因子 p_r 和时间比例因子 t_r,构成 γ_1 和 γ_2 两种出弹时间谱:

$$\gamma_1: p_r = 1.1\times10^{-31},\ t_r = 9.3\times10^{-8}\mathrm{s}$$
$$\gamma_2: p_r = 4.1\times10^{-31},\ t_r = 1.85\times10^{-6}\mathrm{s}$$

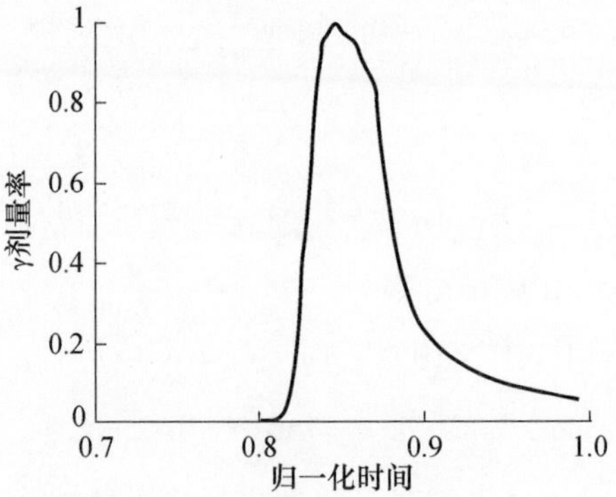

图 11.3　γ 归一化出弹谱

4) 计算稳定性问题的处理

关于差分方程式(11.1.9)至式(11.1.11)解的稳定性问题,由于感生电导率的存在,对其稳定性条件难以给出一个解析的表达式,但数值模拟表明其在少数条件下才是稳定的。为此,有文献建议采用空间平滑滤波的方法改善差分计算的稳定性。对任一场量 f 的滤波平滑方法是

$$f_{i,j}^{n+1} = (1-a_s)f_{i,j}^{n+1} + \frac{a_s}{2}(f_{i+1,j}^{n+1} + f_{i-1,j}^{n+1}) \tag{11.1.26}$$

式中:a_s 为平滑系数(小于 1)。采取这一措施后,差分方程的稳定性条件可取为

400

$$\Delta t \leqslant \frac{1}{\sqrt{2}} \min(\Delta r, \Delta z) \tag{11.1.27}$$

与上述方法不同的是,这里为了改善差分计算的稳定性,在构成差分网格时,r方向E_z处于整网格上,B_θ、E_r处于半网格上;z方向E_r处于整网格上,B_θ、E_z处于半网格上。这不仅便于腔内放置导体时边界条件的设置,而且便于$r=0$处奇异点的处理。采用这一差分网格,使得计算的稳定性也得到改善。计算实践表明,多数情况下计算是稳定的。在少数不稳定情况下,采用空间滤波平滑方法,a_s取较小值即可解决。

5)计算结果

为了检验上述计算方法的正确性,对空腔IEMP进行了一组计算。计算条件与陈雨生[2]等的设定相同,但网格和奇异点的处理略有不同。取$R_0 = 400\text{m}$,腔体半径55cm,腔长52cm,r方向网格数$i_c = 12$,z方向网格数$j_c = 13$,计算结果与陈等得出的相比,一致性较好。

11.1.2 γ辐射与IEMP同时存在的综合核环境数值模拟[3-5]

从以上金属圆柱腔体IEMP数值计算的结果看,腔体中IEMP的电场波形为双极性脉冲,这一形状与典型双指数形式的核电磁脉冲有较大差别。怎样才能使生成的脉冲形状与双指数脉冲相似呢?图11.4是高空核爆炸电磁脉冲的一个典型波形,可用双指数函数表示为

$$E(t) = E_0(\mathrm{e}^{-\alpha t} - \mathrm{e}^{-\beta t}) \tag{11.1.28}$$

式中:$\alpha = 6.0 \times 10^6 \text{s}^{-1}$;$\beta = 10^8 \text{s}^{-1}$;$E_0 = 10^5 \text{V} \cdot \text{m}^{-1}$。其持续时间约$0.7\mu\text{s}$。

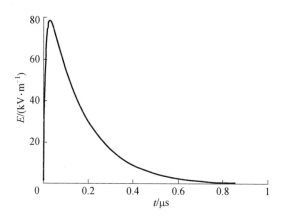

图11.4 高空核爆炸电磁脉冲典型波形

从理论上讲,圆柱腔体中同轴导体的存在与否、其长短及位置会直接影响场的波形,通过调节以上参数有可能生成与真实核爆炸电磁脉冲场波形相类似的环境。基于这一思想,可对γ辐射与IEMP同时存在的综合核环境生成方法进行数值模拟。

这里采用的模型为一束平行的 γ 射线垂直照射一个金属圆柱腔体的端部,腔体取圆柱空腔、圆柱同轴腔体、同轴—空腔混合腔体三种结构,混合腔中的同轴内导体取三种不同位置、三种不同尺寸,以便对腔体中形成的 γ 与 IEMP 共存的核环境作对比研究。

1) 金属同轴腔 IEMP 数值分析

同轴腔 IEMP 的计算方法与空腔内的基本相同,只要另外增加理想导体内边界条件,原来空腔中 $r = 0$ 处的奇异点处理部分也不用考虑了。内边界条件为

$$E_z \mid_{\mathrm{nr1},j}^{n+1} = 0, \quad 0 \leqslant j \leqslant j_c - 1$$

式中:nr1 为同轴内导体的边界。

图 11.5 是 $R_0 = 400\mathrm{m}$ 处,半径 55cm、长 52cm 的圆柱腔体中有无同轴内导体存在的一组计算结果对比。

同轴内导体贯穿圆柱腔轴心,两端与腔体端面相接,其半径取为 22.9cm。取 r 方向网格数 $i_c = 12$,z 方向网格数 $j_c = 13$。观察点取为腔体中部的一点,其网格号为(7,6),对 E_z:$r = 32.1\mathrm{cm}$,$z = 26\mathrm{cm}$;对 E_r:$r = 34.4\mathrm{cm}$,$z = 24\mathrm{cm}$;对 B_θ:$r = 34.4\mathrm{cm}$,$z = 26\mathrm{cm}$;对 J_z:$r = 32.1\mathrm{cm}$,$z = 26\mathrm{cm}$。

由图 11.5 可见,同轴腔中的 E_z 与双指数脉冲波形已比较接近。同时也可以看出同轴腔内场的一些特点:E_r 峰值是 E_z 的十分之一左右,且波形很窄,由此可以认为同轴腔内电场以 E_z 为主,且为单极性脉冲,其上升沿约为 20ns,底宽大于 0.5μs。与空腔相比,同轴腔内电场和磁场的峰值均较小。

2) 同轴—空腔混合腔 IEMP 分析

为进一步考察空腔内同轴段对内电磁脉冲波形的影响,将同轴内导体取为不同长度并在轴上不同位置放置,构成一种同轴腔与空腔并存的混合腔。对于带有一小段同轴内导体的混合腔,其计算方法与同轴腔相同,只不过又在同轴段的端面处增加了理想导体边界条件:

$$E_r \mid_{i,\mathrm{nzs}}^{n+1} = 0, \quad 0 \leqslant i \leqslant \mathrm{nrr} - 1$$

$$E_r \mid_{i,\mathrm{nze}}^{n+1} = 0, \quad 0 \leqslant i \leqslant \mathrm{nrr} - 1$$

式中:nrr 为内导体半径;nzs 为同轴段的前端面在 z 轴上的位置;nze 为同轴段后端面在 z 轴上的位置。

图 11.6 至图 11.8 是同轴段半径取为 22.9cm,长度取为 16cm,放置在腔体轴线上前、中、后三个位置上时,腔体中部(7,6)点的 E_r,E_z,B_θ 和 J_z 的波形,经比较可以看出,同轴段的存在及其位置对电场波形有较大影响。因同轴段的存在,使得同轴段与空腔界面附近的电场波形接近双指数形状,同轴段分别放置在腔体前、后位置时,均使径向电场波形宽度增大,E_z 和 E_r 波形更为接近,而同轴端放置在腔体中部时主要造成 E_z 峰值的减小。

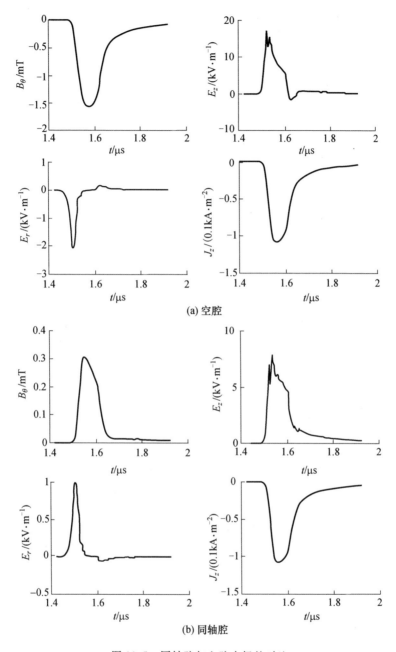

(a) 空腔

(b) 同轴腔

图 11.5　同轴腔与空腔内场的对比

　　图 11.9 至图 11.11 是同轴段长度取为 40cm,放置在腔体前端,但内导体半径分别取为 9.2cm、22.9cm、27.5cm 时,网格点(7,6)处各场量的波形。将图 11.10 的结果与图 11.5、图 11.6 相比,可看出内导体较长时,脉冲更接近双指数波。而图 11.9 至图 11.11 的比较则表明,混合腔情况下,内导体半径越大,E_r 则更接近双

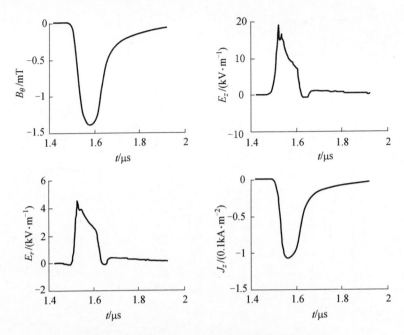

图 11.6　同轴导体置于腔体前端时腔内 EMP 波形

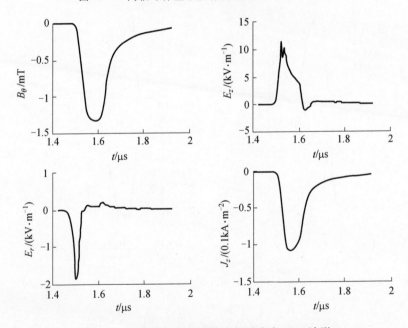

图 11.7　同轴导体置于腔体中部时腔内 EMP 波形

指数波,且其峰值越来越接近 E_z,在图 11.11 中 E_z 和 E_r 峰值相当。因此,可以得出这样一个结论:当观察点取在腔体中部时,在腔体前端放置同轴段,可造成 E_r,E_z,B_θ 均接近双指数型脉冲波形的内电磁脉冲环境。随着内导体加长,半径增加,

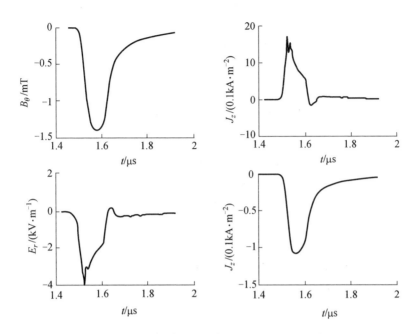

图 11.8　同轴导体置于腔体后端时腔内 EMP 波形

波形则更接近双指数波形。通过适当选取腔体尺寸、同轴内导体位置与尺寸,可按要求造成一种 γ 与 IEMP 并存的综合核环境。

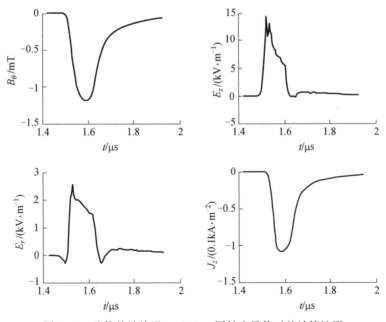

图 11.9　腔体前端放置 $r = 9.2\text{cm}$ 同轴内导体时的计算波形

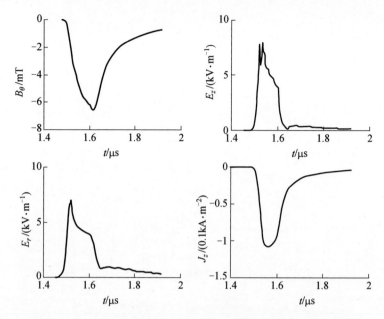

图 11. 10　腔体前端放置 $r = 22.9\,\mathrm{cm}$ 同轴内导体时的计算波形

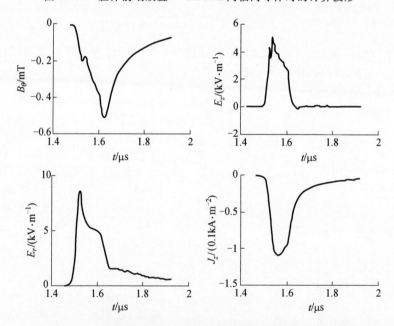

图 11. 11　腔体前端放置 $r = 27.5\,\mathrm{cm}$ 同轴内导体时的计算波形

根据以上数值分析结果可得到如下结论。

（1）由 γ 照射圆柱空腔端部而在腔体内部形成的 IEMP 电场波形为双极性的，在腔体内部放置同轴内导体的情况下，电场波形则为单极性的，且持续时间较长。

（2）调整圆柱腔结构，构成一种空腔与同轴内导体并存的混合腔，可形成电场波形为单极性的 IEMP 环境。调整同轴端长短、粗细及位置可改变电场波形的宽窄和大小。观察点取在腔体中部时,同轴段放置在腔体前部对形成单极性电场波形效果显著;同轴段越长,脉冲宽度越宽。同轴段半径越大,E_r 波形与 E_z 波形越接近,均为单极性脉冲。

（3）基于上述结果,可设想采用混合腔结构产生一个同时存在双指数波型电磁脉冲和 γ 辐照环境的模拟核环境。

11.1.3　IEMP 及细长导体表面电流的三维数值计算

为了研究 γ 辐射与 EMP 同时作用下的电缆外导体表面电流,采用一束平行的 γ 射线照射一同轴—空腔混合腔体,在腔体内生成 γ 与 EMP 同时存在的环境。将一细长导体置于腔体中,如图 11.12 所示。为了计算模型和研究结果的通用性,导体不放置在轴线上,由此计算得出的导体外表面的感应电流便可粗略地看作电缆的皮电流,在一定程度上说明了系统对 IEMP 能量耦合的大小。

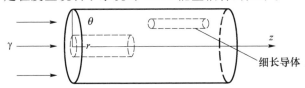

图 11.12　一细长导体置于混合腔中

按图 11.12 所示的模型计算,是一个三维问题,计算量较二维大为增加。另外,由于细长导体的截面尺寸相对较小,差分计算时若采用均匀网格,会因计算量太大而难以承受,为此这里采用了扩展网格(一种非均匀的差分网格)进行计算。

11.1.3.1　麦克斯韦方程在三维条件下的数值解

1) 描述三维问题的麦克斯韦方程组

对于三维问题,麦克斯韦方程组可写成

$$\frac{\partial B_r}{\partial t} = \frac{\partial E_\theta}{\partial z} - \frac{1}{r}\frac{\partial E_z}{\partial \theta} \tag{11.1.29}$$

$$\frac{\partial B_z}{\partial t} = \frac{1}{r}\frac{\partial E_r}{\partial \theta} - \frac{1}{r}\frac{\partial (rE_\theta)}{\partial r} \tag{11.1.30}$$

$$\frac{\partial B_\theta}{\partial t} = \frac{\partial E_z}{\partial r} - \frac{\partial E_r}{\partial z} \tag{11.1.31}$$

$$\varepsilon\frac{\partial E_r}{\partial t} + 4\pi\sigma E_r + 4\pi J_r = \frac{1}{r}\frac{\partial B_z}{\partial \theta} - \frac{\partial B_\theta}{\partial z} \tag{11.1.32}$$

$$\varepsilon\frac{\partial E_z}{\partial t} + 4\pi\sigma E_z + 4\pi J_z = \frac{1}{r}\frac{\partial (rB_\theta)}{\partial r} - \frac{1}{r}\frac{\partial B_r}{\partial \theta} \tag{11.1.33}$$

$$\varepsilon\frac{\partial E_\theta}{\partial t} + 4\pi\sigma E_\theta + 4\pi J_\theta = \frac{\partial B_r}{\partial z} - \frac{\partial B_z}{\partial r} \tag{11.1.34}$$

2）差分方程的建立

为了提高偏轴细长导体表面电流的计算精度,差分网格必须取得很小。例如,导体的半径为2cm时,Δr可取为2mm,如果采用均匀网格,整个计算域的网格数目非常大。要求计算机具有很大的内存,同时将花费大量的计算时间,甚至使计算难以在微机和工作站上实现。而采用非均匀差分网格是解决这一问题的有效方法,即在结构尺寸小的局部(如偏轴导体区域)采用细网格,其余部分采用粗网格。

在圆柱坐标中,将计算域划分为任意的非均匀网格,即令

$$r = r(i),\ r(i+1) = r(i) + \Delta r(i),\ r(0) = 0 \tag{11.1.35}$$

$$\theta = \theta(j),\ \theta(j+1) = \theta(j) + \Delta\theta(j),\ \theta(0) = 0 \tag{11.1.36}$$

$$z = z(k),\ z(k+1) = z(k) + \Delta z(k),\ z(0) = 0 \tag{11.1.37}$$

并令

$$B_r\big|_{i,j,k}^{n+1/2} = B_r(r(i),\theta(j+0.5),z(k+0.5),(n+0.5)\Delta t) \tag{11.1.38}$$

$$B_z\big|_{i,j,k}^{n+1/2} = B_z(r(i+0.5),\theta(j+0.5),z(k),(n+0.5)\Delta t) \tag{11.1.39}$$

$$B_\theta\big|_{i,j,k}^{n+1/2} = B_\theta(r(i+0.5),\theta(j),z(k+0.5),(n+0.5)\Delta t) \tag{11.1.40}$$

$$E_r\big|_{i,j,k}^{n} = E_r(r(i+0.5),\theta(j),z(k),n\Delta t) \tag{11.1.41}$$

$$E_z\big|_{i,j,k}^{n} = E_z(r(i),\theta(j),z(k+0.5),n\Delta t) \tag{11.1.42}$$

$$E_\theta\big|_{i,j,k}^{n} = E_\theta(r(i),\theta(j+0.5),z(k),n\Delta t) \tag{11.1.43}$$

$$\sigma_r\big|_{i,j,k}^{n+1/2} = \sigma_r(r(i+0.5),\theta(j),z(k),(n+0.5)\Delta t) \tag{11.1.44}$$

$$\sigma_z\big|_{i,j,k}^{n+1/2} = \sigma_z(r(i),\theta(j),z(k),(n+0.5)\Delta t) \tag{11.1.45}$$

$$\sigma_\theta\big|_{i,j,k}^{n+1/2} = \sigma_\theta(r(i),\theta(j+0.5),z(k),(n+0.5)\Delta t) \tag{11.1.46}$$

$$J_r\big|_{i,j,k}^{n+1/2} = J_r(r(i+0.5),\theta(j),z(k),(n+0.5)\Delta t) \tag{11.1.47}$$

$$J_z\big|_{i,j,k}^{n+1/2} = J_z(r(i),\theta(j),z(k+0.5),(n+0.5)\Delta t) \tag{11.1.48}$$

$$J_\theta\big|_{i,j,k}^{n+1/2} = J_\theta(r(i),\theta(j+0.5),z(k),(n+0.5)\Delta t) \tag{11.1.49}$$

各场量的位置如图11.13所示,则麦克斯韦方程的非均匀网格差分方程形式为

$$B_r\big|_{i,j,k}^{n+1/2} = B_r\big|_{i,j,k}^{n-1/2} + \frac{\Delta t}{\Delta z_k}(E_\theta\big|_{i,j,k+1}^{n} - E_\theta\big|_{i,j,k}^{n}) - \frac{\Delta t}{r_i\Delta\theta_j}(E_z\big|_{i,j+1,k}^{n} - E_z\big|_{i,j,k}^{n})$$

$$\tag{11.1.50}$$

$$B_z\big|_{i,j,k}^{n+1/2} = B_z\big|_{i,j,k}^{n-1/2} + \frac{\Delta t}{r_{i+1/2}\Delta\theta_j}(E_r\big|_{i,j+1,k}^{n} - E_r\big|_{i,j,k}^{n}) - \frac{\Delta t}{r_{i+1/2}\Delta r_i}\big[r_{i+1}E_\theta\big|_{i+1,j,k}^{n} - r_iE_\theta\big|_{i,j,k}^{n}\big]$$

$$\tag{11.1.51}$$

408

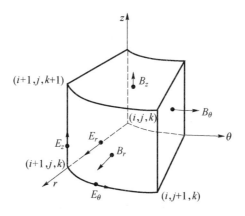

图 11.13 柱坐标中的差分网格

$$B_\theta\big|_{i,j,k}^{n+1/2} = B_\theta\big|_{i,j,k}^{n-1/2} + \frac{\Delta t}{\Delta r_i}\big(E_z\big|_{i+1,j,k}^n - E_z\big|_{i,j,k}^n\big) - \frac{\Delta t}{\Delta z_k}\big(E_r\big|_{i,j,k+1}^n - E_r\big|_{i,j,k}^n\big)$$

$$(11.1.52)$$

$$E_r\big|_{i,j,k}^{n+1} = \frac{\varepsilon - 2\pi\sigma_r\big|_{i,j,k}^{n+1/2}\Delta t}{\varepsilon + 2\pi\sigma_r\big|_{i,j,k}^{n+1/2}\Delta t} E_r\big|_{i,j,k}^n + \frac{1}{\varepsilon + 2\pi\sigma_r\big|_{i,j,k}^{n+1/2}\Delta t}\left(2\Delta t\left(\frac{B_z\big|_{i,j,k}^{n+1/2} - B_z\big|_{i,j-1,k}^{n+1/2}}{r_{i+1/2}(\Delta\theta_j + \Delta\theta_{j-1})} - \right.\right.$$
$$\left.\left. \frac{B_\theta\big|_{i,j,k}^{n+1/2} - B_\theta\big|_{i,j,k-1}^{n+1/2}}{\Delta z_k + \Delta z_{k-1}}\right) - 4\pi\varepsilon J_r\big|_{i,j,k}^{n+1/2}\right) \qquad (11.1.53)$$

$$E_z\big|_{i,j,k}^{n+1} = \frac{\varepsilon - 2\pi\sigma_z\big|_{i,j,k}^{n+1/2}\Delta t}{\varepsilon + 2\pi\sigma_z\big|_{i,j,k}^{n+1/2}\Delta t} E_z\big|_{i,j,k}^n +$$
$$\frac{1}{\varepsilon + 2\pi\sigma_z\big|_{i,j,k}^{n+1/2}\Delta t}\left(2\Delta t\left(\frac{r_{i+1/2}B_\theta\big|_{i,j,k}^{n+1/2} - r_{i-1/2}B_\theta\big|_{i-1,j,k}^{n+1/2}}{r_i(\Delta r_i + \Delta r_{i-1})} - \right.\right.$$
$$\left.\left. \frac{B_r\big|_{i,j,k}^{n+1/2} - B_r\big|_{i,j-1,k}^{n+1/2}}{r_i(\Delta\theta_j + \Delta\theta_{j-1})}\right) - 4\pi\varepsilon J_z\big|_{i,j,k}^{n+1/2}\right) \qquad (11.1.54)$$

$$E_\theta\big|_{i,j,k}^{n+1} = \frac{\varepsilon - 2\pi\sigma_\theta\big|_{i,j,k}^{n+1/2}\Delta t}{\varepsilon + 2\pi\sigma_\theta\big|_{i,j,k}^{n+1/2}\Delta t} E_z\big|_{i,j,k}^n + \frac{1}{\varepsilon + 2\pi\sigma_\theta\big|_{i,j,k}^{n+1/2}\Delta t}\left(2\Delta t\left(\frac{B_r\big|_{i,j,k}^{n+1/2} - B_r\big|_{i,j,k-1}^{n+1/2}}{\Delta z_k + \Delta z_{k-1}} - \right.\right.$$
$$\left.\left. \frac{B_z\big|_{i,j,k}^{n+1/2} - B_z\big|_{i-1,j,k}^{n+1/2}}{\Delta r_i + \Delta r_{i-1}}\right) - 4\pi\varepsilon J_\theta\big|_{i,j,k}^{n+1/2}\right) \qquad (11.1.55)$$

3) 奇异点差分网格的处理

在 $r=0$ 的轴线上,各电磁场量表现出数学上的奇异性,因此,轴线附近的差分方程需作特殊处理。在 $r=0$ 的轴线上,只取电场 E_z 分量,E_θ 和 B_r 自然消失。$r = r(1/2)$ 处,取 B_θ。E_z 和 B_z 的差分方程分别由麦克斯韦方程的积分形式导出。

关于轴线上 E_z 的差分方程可由如下积分方程导出

$$\varepsilon\int\frac{\partial \boldsymbol{E}}{\partial t}\cdot\mathrm{d}\boldsymbol{S} + 4\pi\sigma\int\boldsymbol{E}\cdot\mathrm{d}\boldsymbol{S} + 4\pi\int\boldsymbol{J}\cdot\mathrm{d}\boldsymbol{S} = \oint\boldsymbol{B}\cdot\mathrm{d}\boldsymbol{l} \qquad (11.1.56)$$

409

式中:对 $\boldsymbol{B}$ 的线积分的积分路径为 (r,θ) 平面内以 $r=0$ 为圆心, $r=r(1/2)$ 为半径的圆周,面积分的积分区域为该圆周所包围的面积,如图 11.14 所示,图中 E_z 为轴线上电场 $E_z\big|_{0,j,k}^{n+1}$, B_θ 为 $r=r(1/2)$ 处的磁场 $B_\theta\big|_{0,j,k}^{n+1/2}$。则由式(11.1.56)易导出其差分方程:

$$
E_z\big|_{0,j,k}^{n+1} = \frac{\varepsilon - 2\pi\sigma_z\big|_{0,j,k}^{n+1/2}\Delta t}{\varepsilon + 2\pi\sigma_z\big|_{0,j,k}^{n+1/2}\Delta t} E_z\big|_{0,j,k}^{n} +
$$

$$
\frac{1}{\varepsilon + 2\pi\sigma_z\big|_{0,j,k}^{n+1/2}\Delta t}\left(\frac{\Delta t}{\pi\Delta r_0}\sum_{m=0}^{N_j}(\Delta\theta_l + \Delta\theta_{l-1})B_\theta\big|_{0,l,k}^{n+1/2} - 4\pi\varepsilon J_z\big|_{0,j,k}^{n+1/2}\right)
$$

$$(11.1.57)$$

关于 B_z 的差分方程可由如下积分方程导出:

$$
-\int\frac{\partial\boldsymbol{B}}{\partial t}\cdot\mathrm{d}\boldsymbol{S} = \oint\boldsymbol{E}\cdot\mathrm{d}l \tag{11.1.58}
$$

对 E 线积分的路径是 (r,θ) 平面内,以 $r=0$ 为圆心, $r=r(1)$ 为半径围一个扇形的周边。面积分的积分区域就是该扇形区域(图 11.15)。则根据式(11.1.58)可导出关于 B_z 的差分方程为

$$
B_z\big|_{0,j,k}^{n+1/2} = B_z\big|_{0,j,k}^{n-1/2} - \frac{\Delta r_0\Delta\theta_j E_\theta}{2}(\Delta\theta_j E_\theta\big|_{1,j,k}^{n} + E_r\big|_{0,j,k}^{n} - E_r\big|_{0,j+1,k}^{n}) \tag{11.1.59}
$$

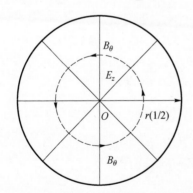 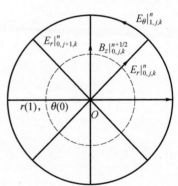

图 11.14 轴线上 E_z 差分方程导出示意图　　图 11.15 $B_z\big|_{0,j,k}^{n+1/2}$ 差分方程导出示意图

4)关于扩展网格的讨论

差分方程式(11.1.50),式(11.1.55)是非均匀网格差分方程的一般形式,式(11.1.35)至式(11.1.37)是非均匀网格的一般表示式。如果令:

$$\Delta r(i) = r(i+1) - r(i) = \Delta r \quad i = 0,1,2,\cdots$$
$$\Delta\theta(j) = \theta(j+1) - \theta(j) = \Delta\theta \quad j = 0,1,2,\cdots$$
$$\Delta z(k) = z(k+1) - z(k) = \Delta z \quad k = 0,1,2,\cdots$$

则得到均匀网格的差分方程。为了便于分析所提出的问题,这里选用了局部(包

410

含偏轴导体的区域)均匀细网格和扩展网格相结合的差分方程。其网格划分可由下式表示:

$$\Delta r(i) = r(i+1) - r(i) = \begin{cases} \Delta r a_r^{i-\text{nr2}} & \text{nr}m > i \geq \text{nr2} \\ \Delta r & \text{nr2} > i \geq \text{nr1} \\ \Delta r a_r^{\text{nr1}-i-1} & \text{nr1} > i \geq 0 \end{cases} \quad (11.1.60)$$

$$\Delta \theta(j) = \theta(j+1) - \theta(j) = \begin{cases} \Delta \theta a_\theta^{j-\text{nct1}} & \text{nct}m > j \geq \text{nct1} \\ \Delta \theta & \text{nct1} > j \geq 0, 2\text{nct}m > j \geq \text{nct2} \\ \Delta \theta a_\theta^{\text{nct2}-j-1} & \text{nct2} > j \geq \text{nct}m \end{cases}$$

$$(11.1.61)$$

$$\Delta z(k) = z(k+1) - z(k) = \Delta z \quad k = 0, 1, 2, \cdots \quad (11.1.62)$$

式中:a_r, a_θ 为大于 1 的常数,式(11.1.60)至式(11.1.62)表明,差分网格在 z 方向是均匀的,在 (r, θ) 平面内是不均匀的,在包含偏轴导体的区域

$$r(\text{nr2}) \geq r \geq r(\text{nr1}), \quad \theta(\text{nct1}) \geq \theta \geq \theta(\text{nct2})$$

网格为均匀密网格,离开该区域,网格向两个方向按相同的比例(a_r, a_θ)均匀扩展,扩展系数 a_r 与 a_θ 一般在 1.2~2 之间取值。(r, θ) 平面的扩展网格如图 11.16 所示。

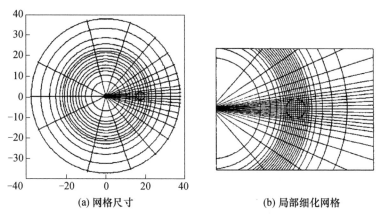

(a) 网格尺寸   (b) 局部细化网格

图 11.16 非均匀网格的划分

5) 细长导体上的感应电流

根据安培环路定理,细长导体表面电流为

$$I = \oint (n \times H) \mathrm{d}l = \oint H \cdot \mathrm{d}l \quad (11.1.63)$$

式中:积分路径为沿导体表面的圆周,如图 11.17 所示。

11.1.3.2 电流源

三维计算的电流源情形与二维的情况相似,电流源主要由康普顿电流和传导

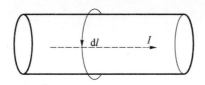

图 11.17　电流积分路径

电流两部分组成。对于康普顿电流,有

$$4\pi J_c = -4.177 \times 10^{-22} \frac{1}{(R_0+z)^2} \mathrm{e}^{-(R_0+z)/\lambda_j} \cdot \dot{T}\left(t - \frac{R_0+z}{C}\right)z \quad (11.1.64)$$

式中:各符号的定义同式(11.1.14)。考虑到差分方程的形式,式(11.1.64)写为

$$4\pi J_z\big|_{i,j,k}^{n+1} = -4.177 \times 10^{-22} \frac{\mathrm{e}^{-[R_0+(k-1/2)\Delta z/\lambda_j]}}{[R_0+(k-1/2)\Delta z]^2} \cdot$$

$$T[(n+1/2)\Delta t - R_0 - (k-1/2)\Delta z] \quad (11.1.65)$$

$$4\pi J_r\big|_{i,j,k}^{n+1} = 0 \quad (11.1.66)$$

$$4\pi J_\theta\big|_{i,j,k}^{n+1} = 0 \quad (11.1.67)$$

传导电流按式(11.1.23)计算。

根据计算需要,整网格和半网格上 σ 值的分量为

$$\sigma_r\big|_{i,j,k}^{n+1} = 1.601 \times 10^{-20}\left[n_{er}\big|_{i,j,k}^{n+1}\mu_e + (2N_{-r}\big|_{i,j,k}^{n+1} + n_{er}\big|_{i,j,k}^{n+1})\mu_+\right] \quad (11.1.68)$$

$$\sigma_\theta\big|_{i,j,k}^{n+1} = 1.601 \times 10^{-20}\left[n_{e\theta}\big|_{i,j,k}^{n+1}\mu_e + (2N_{-\theta}\big|_{i,j,k}^{n+1} + n_{e\theta}\big|_{i,j,k}^{n+1})\mu_+\right] \quad (11.1.69)$$

$$\sigma_z\big|_{i,j,k}^{n+1} = 1.601 \times 10^{-20}\left[n_{ez}\big|_{i,j,k}^{n+1}\mu_e + (2N_{-z}\big|_{i,j,k}^{n+1} + n_{ez}\big|_{i,j,k}^{n+1})\mu_+\right] \quad (11.1.70)$$

式中

$$n_{er}\big|_{i,j,k}^{n+1} = n_{er}\big|_{i,j,k}^{n-1}\mathrm{e}^{-\varphi_{er}} + (1 - \mathrm{e}^{-\varphi_{er}})\frac{2\Delta t}{\varphi_{er}}J_{er}\big|_{i,j,k}^{n+1/2}$$

$$N_{-r}\big|_{i,j,k}^{n+1} = N_{-r}\big|_{i,j,k}^{n-1}\mathrm{e}^{-\varphi_{-r}} + (1 - \mathrm{e}^{-\varphi_{-r}})\frac{2\alpha\Delta t}{\varphi_{-r}}n_{er}\big|_{i,j,k}^{n}$$

$$\varphi_{er} = 2\Delta t[\alpha + \beta(n_{er}\big|_{i,j,k}^{n} + N_{-r}\big|_{i,j,k}^{n})]$$

$$\varphi_{-r} = 2\Delta t\gamma[n_{er}\big|_{i,j,k}^{n} + N_{-r}\big|_{i,j,k}^{n}]$$

$$J_{er}\big|_{i,j,k}^{n+1/2} = 0.29178 \times 10^{-11}\frac{\mathrm{e}^{-(R_0+k\Delta z)/\lambda_\sigma}}{(R_0+k\Delta z)^2}T[(n+1/2)\Delta t - R_0 - k\Delta z]$$

$$n_{ez}\big|_{i,j,k}^{n+1} = n_{ez}\big|_{i,j,k}^{n-1}\mathrm{e}^{-\varphi_{ez}} + (1 - \mathrm{e}^{-\varphi_{ez}})\frac{2\Delta t}{\varphi_{ez}}J_{ez}\big|_{i,j,k}^{n+1/2}$$

$$N_{-z}\big|_{i,j,k}^{n+1} = N_{-z}\big|_{i,j,k}^{n-1}\mathrm{e}^{-\varphi_{-z}} + (1 - \mathrm{e}^{-\varphi_{-z}})\frac{2\alpha\Delta t}{\varphi_{-z}}n_{ez}\big|_{i,j,k}^{n}$$

$$\varphi_{ez} = 2\Delta t[\alpha + \beta(n_{ez}\big|_{i,j,k}^{n} + N_{-z}\big|_{i,j,k}^{n})]$$

$$\varphi_{-z} = 2\Delta t\gamma[n_{ez}\big|_{i,j,k}^{n} + N_{-z}\big|_{i,j,k}^{n}]$$

$$J_{ez}\Big|_{i,j,k}^{n+1/2} = 0.29178 \times 10^{-11} \frac{e^{-[R_0 + (k-1/2)\Delta z]\lambda_\sigma}}{(R_0 + (k-1/2)\Delta z)^2} \cdot$$
$$T[(n+1/2)\Delta t - R_0 - (k-1/2)\Delta z]$$

α 为附着系数,在 $E/\rho'_r < 10^4 \mathrm{V \cdot m^{-1}}$ 时(ρ'_r 为离化物质的相对密度),$\alpha = 0.43 \times 10^{-2}\rho'^2_r \mathrm{cm^{-1}}$;$\beta$ 为正离子与电子复合系数,$\beta = 0.83 \times 10^{-17}\mathrm{cm^2}$;$\gamma$ 为正、负离子的复合系数,$\gamma = 0.76 \times 10^{-16}\rho'_r\mathrm{cm^2}$。

在电流源计算中用到的出弹时间谱与二维计算采用的 γ_2 相同。

11.1.3.3 圆柱空腔内 IEMP 场的三维计算结果

取 $R_0 = 400\mathrm{m}$ 处,腔体半径为 55cm、腔长 52cm 的圆柱空腔。计算时 r 方向网格数为 12,θ 方向网格数为 20,z 方向网格数为 13,取为均匀网格。计算结果得出了与二维计算相似的结论。即空腔内轴向电场 E_z 的波形为双极性的,腔内有同轴内导体存在时,E_z 波形成为单极性的;对于同轴段边缘的观察点,由于同轴段的存在,使得径向电场 E_r 大大增强,随着同轴段的延长(混合腔情况下),E_z 的峰值和波形都没有很大的变化,但 E_r 与 E_z 越来越接近;对于腔体后部的观察点,其电场和磁场波形在同轴腔和几种混合腔情况下均没有大的区别,电场以 E_z 分量为主。这说明腔体前部同轴内导体的变化对同轴段有较大影响,但对后部空腔部分影响较小;只要有一定长度的同轴段存在,腔体内的轴向电场即为单极性的。

11.1.3.4 偏轴导体表面电流的计算结果

选择混合腔后部一区域,放置了长 40cm,半径 2cm 的偏轴导体,该导体的中心位于 $r = 17.5\mathrm{cm}$,$z = 70\mathrm{cm}$ 处,如图 11.18 所示。计算中选择 γ_2 型出弹时间谱,采用同轴段及偏轴段为密网格的非均匀网格。图 11.19 是偏轴导体中部 $z = 70\mathrm{cm}$ 处的表面电流。从形状上看,该电流波形与磁场波形及源波形极为相近,其峰值达 265A。

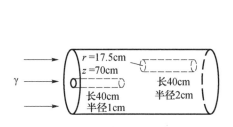

图 11.18 计算模型尺寸

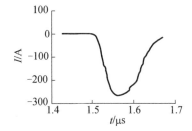

图 11.19 混合腔内偏轴导体中部表面电流

11.1.4 EMP 平面波单独作用下细长导体表面电流的计算

为了将有无 γ 存在时细长导体的表面电流作一比较,这里对 EMP 平面波单独作用下细长导体的感应电流进行了计算。EMP 电场取上述偏轴导体位置中心处 E_z,如图 11.20 所示。在该平面波作用下的细长导体轴线方向与 E_z 一致,截面为正方形,其周长与偏轴导体相等,长度为偏轴导体的 1 倍和 2.5 倍。计算中采用了 FDTD 法,取 Yee 氏差分格式,采用 MPML 吸收边界。细长导体表面电流的计算结果如图 11.21、图 11.22 所示。

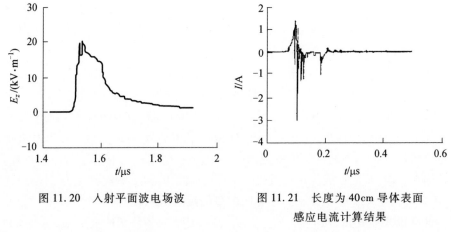

图 11.20　入射平面波电场波　　　图 11.21　长度为 40cm 导体表面
感应电流计算结果

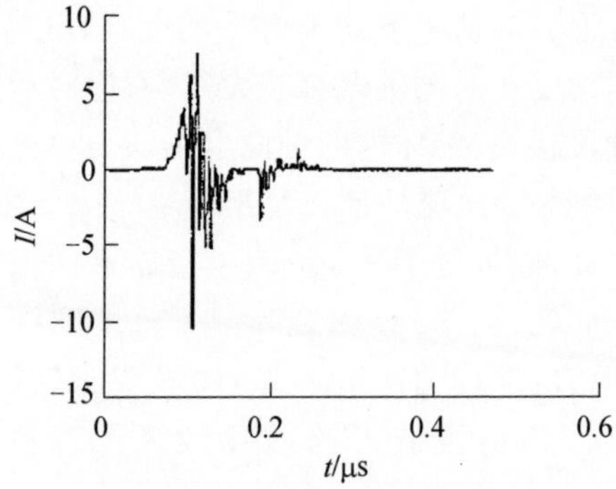

图 11.22　长度为 100cm 导体表面感应电流计算结果

对这一计算结果的分析如下:

(1) 细长导体的表面电流在量值上与以上 11.1.3 节偏轴导体的表面电流相比,约小两个量级,这一结果是合理的。因为偏轴导体处于 γ 和 IEMP 共同作用下,且 IEMP 为低阻抗场,较强的磁场耦合对形成偏轴导体表面电流贡献较大。另外,在 γ 作用下,混合腔空间产生一定的电导率,使电场耦合相对加强。这一结果也是很有意义的。它表明,在电场波形和大小完全一样的情况下,与平面波在细长导体表面产生的电流相比,EMP 源区内 γ 与 EMP 共同作用下的细长导体表面产生的电流要大得多。可见,在 EMP 源区范围内,暴露在 γ 和 EMP 同时作用下的电缆可将可观的电磁能量耦合进电子、电气系统,而造成系统薄弱环节的损伤。这在抗核加固研究中必须引起足够的重视。

(2) 导体表面电流的波形与入射波相比,在一定程度上构成了微分关系。这是由于这里所谓的细长导体,只是在长度与截面尺寸相比时显示为"长",若与入

414

射波波长相比,入射波变化最快的部分对应的频率分量波长也在几米以上。故这里设置的"细长导体"为电小尺寸,对入射波呈电容性。因此,粗略地看,导体表面电流与入射电场构成了微分关系。

11.2 电缆受 γ 辐射和 EMP 同时作用及分别作用的试验

11.2.1 试验目的和试验内容

为了与理论研究结果相互印证和补充,利用 γ 脉冲源,通过试验对下列问题进行了研究。

(1) 对端部受 γ 照射的同轴腔 IEMP 各场量的波形进行测试。

(2) 端部受 γ 照射的同轴腔内同轴内导体取同轴电缆,电缆外导体与腔体端面电连接良好,受照端开路,终端接匹配电阻。于是,一方面由电缆外导体与腔体构成了同轴腔,另一方面,电缆端部受 γ 照射,并处于 γ 与 EMP 同时作用下,从电缆终端的匹配电阻上还可观察电压波形。

(3) 取同样型号和长度的电缆(与同轴腔轴线上电缆相比),令其端部单独受 γ 照射,在其终端匹配电阻上观察电压波形。这样就可排除腔体内 IEMP 及 γ 照射下电导率的变化对终端电压的影响。与(2)中电压测试结果对比,便可明确这部分影响对电缆终端电压的贡献。

(4) 将混合腔中的同轴内导体换成同轴电缆,并设置在腔体的前端。这样,混合腔中的同轴腔部分实际由同轴电缆的外导体充当腔体的同轴内导体。改变电缆的长度,即改变混合腔中同轴内导体的长度,既可观测混合腔中 IEMP 的变化,又可在电缆终端匹配电阻上观测电压的变化。

11.2.2 试验结果及其分析

(1) 直径和长度均为 1m 的同轴腔,在端部 γ 照射量率为 $7.74 \times 10^6 A \cdot kg^{-1}$ 时,电场的轴向分量高于径向分量约 60%,峰值为 $kV \cdot m^{-1}$ 量级。在电缆终端匹配电阻的感应电压高达 4V 以上。实际上的地面核爆炸,当量为万吨级时,距爆点百米位置上,γ 剂量率即可达到 $2.58 \times 10^8 A \cdot kg^{-1}$。可见,在 EMP 源区内暴露的电缆,受到 γ 与 EMP 的同时作用,其耦合的电磁能量是十分可观的。

(2) 仅端部受到 γ 照射的电缆,与端部受 γ 照射并同时处于受 γ 照射同轴腔内的电缆相比,在其终端匹配电阻上测得的电压要小好几倍。这说明 γ 与 EMP 共同作用下的电缆,电缆内部因受 γ 照射形成 IEMP 对终端电压的贡献所占份额较小。而 EMP 的作用及 γ 照射使空气电导率增加,对终端电压的贡献起主要作用。

(3) γ 照射下的混合腔,通过改变同轴内导体的长度,可使腔内 IEMP 的波形及峰值有一定变化。这与理论研究的结果是一致的。

（4）受 γ 照射圆柱腔内,IEMP 环境相近情况下,处于轴线位置上的同轴电缆长度减半,其终端电压的减小超过 50%。

参 考 文 献

[1] 乔登江. 核爆炸物理概论 [M]. 北京：原子能出版社, 1979.

[2] Chen Y S, Qiao D J. A numerical study of the IEMP generated in a cylindrical cavity [J]. IEEE Trans. on Nuclear Science, 1986, 33(2)：1042－1044.

[3] Dietz J F W, Merkel G, Spohn D. Radiation－induced coupling to a truncated cylinder within a cylinder [J]. IEEE Trans. on Nuclear Science, 1976, 23(6)：1982－1985.

[4] Zhou B H, Chen B, Shi L H, et al. Calculation of the IEMP induced surface current on a thin cylinder [C]. Proc. Int. Symp. on EMC, Tokyo, Japan, 1999：149－152.

[5] Chen B, Fang D, Zhou B. Modified Berenger PML absorbing boundary condition for FDTD meshes [J]. IEEE Microwave and Guided Wave Lett, 1995, 5：399－401.

第 12 章　电磁脉冲工程防护中的屏蔽问题

　　屏蔽是常用的电磁脉冲工程防护手段,为充分利用各种天然条件和工程条件以提高防护措施的效费比。本章首先分析大地岩土介质对电磁脉冲的衰减情况,列举有关参数说明 SREMP 覆盖范围内地面以下电磁脉冲各场量随着深度的变化情况,并建立模型对 HEMP 在地下岩土介质中的传播规律及大地电参数的影响进行分析。各种数据表明,大地岩土介质对电磁脉冲的衰减为地下工程实施电磁脉冲防护提供了一道天然的屏障,在有关屏蔽设计中,应加以利用。需要指出的是电磁脉冲频谱极为丰富,与对单一频率正弦电磁场的屏蔽相比,虽然屏蔽原理一致,但不能随便套用计算单一频率正弦电磁场屏蔽效能的公式。故本章基于屏蔽的基本概念,从分析对连续波的屏蔽效能和提高屏蔽性能的常用措施入手,用解析方法计算 HEMP 穿透无限大金属板后的衰减量,说明厚度仅为微米量级的没有任何孔洞缝隙的无限大连续金属板,对 HEMP 的屏蔽效能就很可观。接下来列举电磁脉冲模拟试验的有关数据,分析屏蔽体上的孔缝对电磁脉冲屏蔽性能的影响;介绍在考虑对电磁脉冲的屏蔽问题时如何应用防止电磁泄漏的工程措施;讨论对电磁脉冲磁场的屏蔽效果。再看工程上常用的建筑材料中,有一部分是既导电又导磁的,若能同时兼作屏蔽材料使用,可提高工程的效费比,于是重点介绍了对于钢筋混凝土电磁脉冲屏蔽效能的数值分析,并将计算结果与有关试验结果作对比分析。就如何利用钢筋混凝土并提高其电磁脉冲屏蔽效能的问题得出了一些结论。另外,还介绍了用钢板网、白铁皮、钢板等金属材料制作的屏蔽室模型在电磁脉冲模拟器中进行模拟试验,测试其屏蔽效能的结果。

12.1　电磁脉冲在岩土介质中的衰减[1-3]

12.1.1　SREMP 场在地面以下岩土介质中的衰减

　　第 3 章在介绍地面核爆炸电磁脉冲数值计算的部分结果时,已涉及 SREMP 场在岩土介质中的衰减问题。由 3.2.5 节所列的数据可以看出,在源区内岩土介质电参数取常数(例如取 $\mu_r = 1$,$\sigma_g = 2 \times 10^{-2} \mathrm{S} \cdot \mathrm{m}^{-1}$,$\varepsilon_{rg} = 16$)的条件下,随着深度的增加,各场量的峰值明显降低,上升至峰值的陡度明显变缓,其包含的各频率分量中,90% 以上能量集中的频段下移,典型数据列于表 12.1、表 12.2。

表 12.1　100kt 级核爆炸距爆点 750m 处各场量峰值及陡度随深度的变化

深度 /m	E_r		E_z		B_φ	
	峰值衰减[①] /dB	陡度[②] /(V·m^{-1}·μs)	峰值衰减 /dB	陡度 /(V·m^{-1}·μs)	峰值衰减 /dB	陡度 /(V·m^{-1}·μs)
0.38	6.0	1.395×10^6	17.1	2.924×10^5	0.05	6.557
3.0	14.8	5.081×10^5	36.9	1.559×10^4	1.02	4.492
16.5	25.4	7.409×10^2	49.5	1.167×10	5.25	1.538
70.5	37.1	1.162×10^2	60.8	1.218	17.2	0.118
286.5	57.9	2.392	113.9	1.002×10^{-2}	109.8	9.61×10^{-4}

①各场量峰值衰减量皆以地面场强为 0dB；②陡度为峰值与峰时之比

表 12.2　100kt 级核爆炸距爆点 750m 处各场量 90% 以上
能量集中的频段随深度的变化

深度 /m	E_r		E_z		B_φ	
	频段 /Hz	与总能量比 /%	频段 /Hz	与总能量比 /%	频段 /Hz	与总能量比 /%
0.38			$10^4 \sim 10^8$	96.55	$10^4 \sim 10^5$	93.06
0.75	$10^5 \sim 10^7$	93.52				
3.00			$10^4 \sim 10^5$	90.75	$10^4 \sim 10^5$	93.69
4.50	$10^5 \sim 10^6$	91.49				
16.5			$10^4 \sim 10^5$	93.37	$10^4 \sim 10^5$	93.29
22.5	$10^4 \sim 10^5$	96.91				
70.5			$10^3 \sim 10^5$	97.80	$10^3 \sim 10^5$	97.68
286.5	$10^4 \sim 10^5$	94.45				

12.1.2　HEMP 在岩土介质中的衰减

HEMP 在地面附近可视为均匀平面波，其电场强度表达式为

$$E(t) = AE_0(e^{-\alpha t} - e^{-\beta t}) \tag{12.1.1}$$

式中：$A = 1.3$；$E_0 = 50\text{kV} \cdot \text{m}^{-1}$；$\alpha = 4 \times 10^7 \text{s}^{-1}$；$\beta = 6 \times 10^8 \text{s}^{-1}$。

当 HEMP 从地面上方斜入射，$E(t)$ 的水平极化分量 $E_h(t)$ 和垂直极化分量 $E_v(t)$ 分别表示为

$$E_h(t) = AE_{h0}(e^{-\alpha t} - e^{-\beta t}) \tag{12.1.2}$$

$$E_v(t) = AE_{v0}(e^{-\alpha t} - e^{-\beta t}) \tag{12.1.3}$$

418

式(12.1.2)、式(12.1.3)经傅里叶变换,在频域中对应的表达式为

$$E_h(\omega) = AE_{h0}\left(\frac{1}{\alpha + j\omega} - \frac{1}{\beta + j\omega}\right) \qquad (12.1.4)$$

$$E_v(\omega) = AE_{v0}\left(\frac{1}{\alpha + j\omega} - \frac{1}{\beta + j\omega}\right) \qquad (12.1.5)$$

设平面波以 θ 角入射到地面,大地为线性各向同性有耗媒质,如图 12.1 所示。

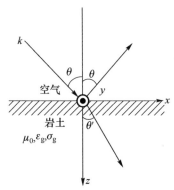

图 12.1　平面波向地面斜入射

根据边界条件,地下的波矢量为

$$k' = k'_x X + k'_z Z \qquad (12.1.6)$$

式中

$$k'_x = \frac{\omega}{c}\sin\theta \qquad (12.1.7)$$

$$k'_z = \frac{\omega}{c}\left(\varepsilon_{rg} - \frac{j\sigma_g}{\omega\varepsilon_0} - \sin^2\theta\right)^{1/2} \qquad (12.1.8)$$

水平极化和垂直极化时的折射系数分别为

$$T_h(\omega) = \frac{2\cos\theta}{\cos\theta + (\varepsilon_{rg} - j\sigma_g/\omega\varepsilon_0 - \sin^2\theta)^{1/2}} \qquad (12.1.9)$$

$$T_v(\omega) = \frac{2(\varepsilon_{rg} - j\sigma_g/\omega\varepsilon_0)^{1/2}\cos\theta}{(\varepsilon_{rg} - j\sigma_g/\omega\varepsilon_0)\cos\theta + (\varepsilon_{rg} - j\sigma_g/\omega\varepsilon_0 - \sin^2\theta)^{1/2}} \qquad (12.1.10)$$

由此可得出 HEMP 向地下传播的各场量的频域表达式。

对 $E_h(\omega)$ 有

$$E'_y(\omega) = E_h(\omega) T_h(\omega) e^{j(\omega t - k' \cdot r)} \qquad (12.1.11)$$

$$H'_x(\omega) = \frac{-E_h(\omega)}{Z_0} T_h(\omega)(\varepsilon_{rg} - j\sigma_g/\omega\varepsilon_0 - \sin^2\theta)^{1/2} e^{j(\omega t - k' \cdot r)} \qquad (12.1.12)$$

419

$$H_z'(\omega) = \frac{E_y'(\omega)}{Z_0}\sin\theta \qquad (12.1.13)$$

对 $E_v(\omega)$ 有

$$E_x'(\omega) = E_v(\omega)T_v(\omega)\left[1 - \frac{\sin^2\theta}{\varepsilon_{rg} - j\sigma_g/\omega\varepsilon_0}\right]^{1/2} e^{j(\omega t - k' \cdot r)} \qquad (12.1.14)$$

$$E_z'(\omega) = E_v(\omega)T_v(\omega)\frac{-\sin\theta}{[\varepsilon_{rg} - j\sigma_g/\omega\varepsilon_0]^{1/2}}e^{j(\omega t - k' \cdot r)} \qquad (12.1.15)$$

$$H_y'(\omega) = \frac{E_v(\omega)}{Z_0}T_v(\omega)(\varepsilon_{rg} - j\sigma_g/\omega\varepsilon_0)^{1/2}e^{j(\omega t - k' \cdot r)} \qquad (12.1.16)$$

式中

$$r = x\boldsymbol{x} + y\boldsymbol{y} + z\boldsymbol{z} \qquad (12.1.17)$$

$$Z_0 = \sqrt{\frac{\mu_0}{\varepsilon_0}} \qquad (12.1.18)$$

再对式(12.1.11)至式(12.1.16)作傅里叶逆变换,即可得到 HEMP 透射波各场量的时域表达式:

对 $E_h(t)$ 分量有

$$E_y'(\boldsymbol{r},t) = \frac{1}{2\pi}\int_{-\infty}^{\infty} E_h(\omega)T_h(\omega)e^{j(\omega t - k'\cdot r)}\mathrm{d}\omega \qquad (12.1.19)$$

$$H_x'(\boldsymbol{r},t) = \frac{-1}{2\pi Z_0}\int_{-\infty}^{\infty} E_h(\omega)T_h(\omega)\left[\varepsilon_{rg} - \frac{j\sigma_g}{\omega\varepsilon_0} - \sin^2\theta\right]^{1/2}e^{j(\omega t - k'\cdot r)}\mathrm{d}\omega$$

$$(12.1.20)$$

$$H_z'(r,t) = E_y'(r,t)\sin\theta/Z_0 \qquad (12.1.21)$$

对 $E_v(t)$ 分量有

$$E_x'(\boldsymbol{r},t) = \frac{1}{2\pi}\int_{-\infty}^{\infty} E_v(\omega)T_v(\omega)\left[1 - \frac{\sin^2\theta}{\varepsilon_{rg} - j\sigma_g/\omega\varepsilon_0}\right]^{1/2}e^{j(\omega t - k'\cdot r)}\mathrm{d}\omega$$

$$(12.1.22)$$

$$E_z'(\boldsymbol{r},t) = \frac{1}{2\pi}\int_{-\infty}^{\infty} E_v(\omega)T_v(\omega)\frac{-\sin\theta}{[\varepsilon_{rg} - j\sigma_g/\omega\varepsilon_0]^{1/2}}e^{j(\omega t - k'\cdot r)}\mathrm{d}\omega \quad (12.1.23)$$

$$H_y'(\boldsymbol{r},t) = \frac{1}{2\pi Z_0}\int_{-\infty}^{\infty} E_v(\omega)T_v(\omega)\left[\varepsilon_{rg} - \frac{j\sigma_g}{\omega\varepsilon_0}\right]^{1/2}e^{j(\omega t - k'\cdot r)}\mathrm{d}\omega \quad (12.1.24)$$

以上各式中的指数项可写作:

420

$$e^{j(\omega t - k' \cdot r)} = e^{j(\omega t - k'_x x - k'_z z)} = e^{j\left(\omega t - \frac{\omega}{c}\sin\theta x - k'_z z\right)} \tag{12.1.25}$$

由傅里叶变换的性质可知,任一 x 处的脉冲波形和 $x=0$ 处的波形完全相同,但时间上延迟 $x\sin\theta/c$(c 为光速)。另外,由式(12.1.19)至式(12.1.25)可以看出,HEMP透射波的各场量均与 y 无关。因此,脉冲的形状只随深度 z 变化,不随 x、y 变化。式(12.1.21)还表明,H'_z 和 E'_z 脉冲波形完全相同,只是大小变化 $\sin\theta/Z_0$ 倍。经计算得出的HEMP向地下传播的透射波典型波形如图12.2所示,图中电场和磁场波形均按入射场强峰值归一化。其峰值、峰时随深度的变化情况列于表12.3至表12.5;90%以上能量集中的频段随深度的变化情况列于表12.6。

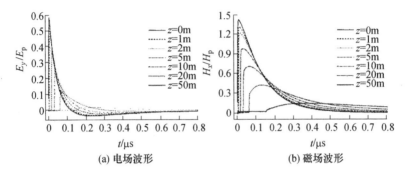

(a) 电场波形　　　　　　　　　　(b) 磁场波形

图 12.2　HEMP垂直极化分量垂直入射沙质干土时地下不同深度处的时域波形

表 12.3　HEMP对沙质干土($\varepsilon_{rg}=5$,$\sigma_g=10^{-3}\mathrm{S}\cdot\mathrm{m}^{-1}$)垂直入射时
($\theta=0°$)地下不同深度处各场量的峰值和峰时

深度/m	E'_y		H'_x	
	峰值 $20\lg(E'_y/E_p)$/dB	峰时/ns	峰值 $20\lg(H'_x/H_p)$/dB	峰时/ns
0	-4.7	7.32	3.09	12.2
1	-5.4	14.64	2.4	24.4
2	-6.1	24.4	1.7	29.28
5	-8.2	46.36	-0.2	75.64
10	-11.6	82.96	-3.0	151.3
20	-18.8	161.04	-7.5	317.2
50	-35.3	570.96	-16.5	897.92
100	-52.4	1539.64	-23.0	2361.92

表 12.4　HEMP 对沙质干土($\varepsilon_{rg}=5$,$\sigma_g=10^{-3}\mathrm{S}\cdot\mathrm{m}^{-1}$)斜入射
($\theta=60°$)时地下不同深度处各场量峰值变化情况

| 深度/m | 地下不同深度处各场量峰值与入射波峰值之比/dB | | | | | |
| | 垂直极化 | | | 水平极化 | | |
	$20\lg(E'_y/E_p)$	$20\lg(H'_x/H_p)$	$20\lg(H'_z/H_p)$	$20\lg(E'_x/E_p)$	$20\lg(E'_z/E_p)$	$20\lg(H'_y/H_p)$
0	− 8.8	− 1.7	− 61.6	− 7.3	− 15.4	1.2
1	− 9.5	− 2.4	− 62.3	− 7.9	− 16.1	0.47
2	− 10.2	− 3.1	− 63.0	− 8.7	− 17.0	− 0.2
5	− 12.6	− 5.3	− 65.5	− 11.0	− 19.2	− 2.0
10	− 16.4	− 8.3	− 69.4	− 14.8	− 23.1	− 4.6
20	− 24.0	− 13.3	− 77.0	− 22.1	− 30.6	− 8.7
50	− 41.0	− 22.3	− 93.9	− 36.8	− 51.7	− 17.1
100	− 58.0	− 28.9	− 111.0	− 53.4	− 51.8	− 23.2

表 12.5　HEMP 对典型沼泽土($\varepsilon_{rg}=10$,$\sigma_g=10^{-2}\mathrm{S}\cdot\mathrm{m}^{-1}$)垂直入射
($\theta=0°$)时地下不同深度处各场量的峰值和峰时

| 深度/m　场分量 | E'_y | | H'_x | |
	峰值 $20\lg(E'_y/E_p)$/dB	峰时/ns	峰值 $20\lg(H'_x/H_p)$/dB	峰时/ns
0	− 8.2	4.88	4.5	21.96
1	− 12.9	17.08	1.7	63.44
2	− 17.2	29.28	− 0.5	102.48
5	− 27.8	104.9	− 5.6	241.56
10	− 37.6	280.6	− 11.6	500.20
20	− 51.0	741.8	− 19.0	1193.16
50	− 77.4	3147.6	− 24.9	4543.28
100	− 109.2	—	− 25.6	—

表 12.6　HEMP 垂直入射($\theta=0°$)时透射波 90%
以上能量集中频段随深度的变化情况

| 深度/m | 90% 以上能量集中的频段/Hz | | | | | |
| | $\varepsilon_{rg}=5$,$\sigma_g=10^{-3}\mathrm{S}\cdot\mathrm{m}^{-1}$ | | | $\varepsilon_{rg}=10$,$\sigma_g=10^{-2}\mathrm{S}\cdot\mathrm{m}^{-1}$ | | |
	电场	磁场	电磁场	电场	磁场	电磁场
0	$10^6\sim10^8$	$10^5\sim10^7$	$10^5\sim10^7$	$10^6\sim10^8$	$10^5\sim10^7$	$10^5\sim10^7$
1	$10^6\sim10^8$	$10^5\sim10^7$	$10^5\sim10^7$	$10^6\sim10^8$	$10^5\sim10^7$	$10^5\sim10^7$
2	$10^6\sim10^8$	$10^5\sim10^7$	$10^5\sim10^7$	$10^6\sim10^8$	$10^5\sim10^7$	$10^5\sim10^7$

深度 /m	90% 以上能量集中的频段/Hz					
	$\varepsilon_{rg}=5,\sigma_g=10^{-3}\,S\cdot m^{-1}$			$\varepsilon_{rg}=10,\sigma_g=10^{-2}\,S\cdot m^{-1}$		
	电场	磁场	电磁场	电场	磁场	电磁场
5	$10^6\sim10^8$	$10^5\sim10^7$	$10^5\sim10^7$	$10^6\sim10^7$	$10^5\sim10^7$	$10^5\sim10^7$
10	$10^6\sim10^8$	$10^5\sim10^7$	$10^5\sim10^7$	$10^5\sim10^7$	$10^4\sim10^6$	$10^4\sim10^6$
20	$10^6\sim10^7$	$10^5\sim10^7$	$10^5\sim10^7$	$10^5\sim10^6$	$10^4\sim10^6$	$10^4\sim10^6$
50	$10^5\sim10^7$	$10^4\sim10^6$	$10^4\sim10^6$	$10^4\sim10^6$	$10^3\sim10^5$	$10^3\sim10^5$
100	$10^5\sim10^6$	$10^4\sim10^6$	$10^4\sim10^6$	$10^4\sim10^5$	$10^3\sim10^5$	$10^3\sim10^5$

上述计算结果表明,从地面上方入射的 HEMP 在地下传播过程中,随着深度的增加,其场强峰值减小,上升沿变缓,高频成分与低频成分均有所削弱。当大地岩土介质的电导率较高时,变化格外显著。另外,透射波磁场具有零频(直流)分量,脉宽明显大于电场,低频分量比电场丰富得多,其峰值的衰减量也明显低于电场。电场与磁场之间不再保持空气中平面波的关系,波阻抗低于 377Ω。就透射波的峰值场强而论,HEMP 垂直入射时的衰减最小。

12.1.3 HEMP 对无限大有耗介质板的穿透

12.1.3.1 模型

考虑到从地面上方入射的 HEMP 在垂直入射时,其穿透性最强(衰减最小),这里假定:HEMP 垂直投射于一无限大有耗介质板上,如图 12.3 所示。HEMP 的时域表达式仍取式(12.1.1)。

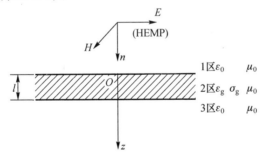

图 12.3 HEMP 垂直投射到无限大有耗介质板上

12.1.3.2 理论分析

在分析有耗介质板对瞬态 HEMP 的衰减特性时,方便的办法是首先对式(12.1.1)作傅里叶变换,得出其频域中各场量的表达式,然后计算介质板对各单色波的衰减量,再通过傅里叶逆变换便可求得透射电磁脉冲。

图 12.3 中三个区域中电磁场分别为

$$E_1(z) = E_1 e^{-\gamma_1 z} + E_1' e^{\gamma_1 z} \qquad (12.1.26)$$

423

$$E_2(z) = Ae^{-\gamma_2 z} + B'e^{\gamma_2 z} \tag{12.1.27}$$

$$E_3(z) = Ce^{-\gamma_3 z} \tag{12.1.28}$$

$$H_1(z) = \frac{1}{\eta_1}(E_1 e^{-\gamma_1 z} - E_1' e^{\gamma_1 z}) \tag{12.1.29}$$

$$H_2(z) = \frac{1}{\eta_2}(Ae^{-\gamma_2 z} - B'e^{\gamma_2 z}) \tag{12.1.30}$$

$$H_3(z) = \frac{C}{\eta_3}e^{-\gamma_3 z} \tag{12.1.31}$$

式中:η_1、η_2、η_3分别为三个区域中的波阻抗。由于 1 区和 3 区都是空气,因此有

$$\eta_1 = \eta_3 = \sqrt{\frac{\mu_0}{\varepsilon_0}} \tag{12.1.32}$$

$$\eta_2 = \sqrt{\frac{j\omega\mu_0}{\sigma_g + j\omega\varepsilon_g}} \tag{12.1.33}$$

γ_1、γ_2、γ_3分别表示三个区域中的传播常数,并且有

$$\gamma_1 = \gamma_3 = j\omega\sqrt{\mu_0\varepsilon_0} \tag{12.1.34}$$

$$\gamma_2 = \sqrt{j\omega\mu_0(\sigma_g + j\omega\varepsilon_g)} \tag{12.1.35}$$

E_1的频域表达式为

$$E_1 = E_0\left(\frac{1}{\alpha + j\omega} - \frac{1}{\beta + j\omega}\right) \tag{12.1.36}$$

由电磁场的边界条件容易求出

$$C = \frac{4\eta_1\eta_2 E_1}{(\eta_1 + \eta_2)^2}\left[1 - \frac{(\eta_2 - \eta_1)^2}{(\eta_2 + \eta_1)^2}e^{-2\gamma_2 l}\right]^{-1}e^{(\gamma_1 - \gamma_2)l} \tag{12.1.37}$$

由式(12.1.28)、式(12.1.31)和式(12.1.37)可得穿透介质板的电磁场分量。显然该电场和磁场之比等于自由空间的波阻抗。因此,介质板对电场和磁场的衰减相等,即

$$A_E = A_H = -20\lg T_E = -20\lg T_H \tag{12.1.38}$$

$$T_E = T_H = P(1 - qe^{-2r_2 l})^{-1}e^{-r_2 l}e^{r_1 l} \tag{12.1.39}$$

式中

$$P = \frac{4\eta_1\eta_2}{(\eta_1 + \eta_2)^2} \tag{12.1.40}$$

$$q = \frac{(\eta_2 - \eta_1)^2}{(\eta_1 + \eta_2)^2} \tag{12.1.41}$$

对式(12.1.28)和式(12.1.31)作傅里叶逆变换,便可得出穿透介质板的时域

电磁脉冲。

12.1.3.3　计算结果

当入射 HEMP 取式(12.1.1),并记为 HEMP1,介质板的电参数:ε_{rg} 为 5、10;σ_g 为 10^{-2} S·m^{-1}、10^{-3} S·m^{-1}、10^{-4} S·m^{-1};$\mu = \mu_0$。介质板的厚度取 2m、5m、10m、20m、50m、100m。数值计算的部分结果如图 12.4 所示,有关数据列于表 12.7。此外,表 12.8 列出了两组连续波垂直入射情况下透射波的衰减情况。

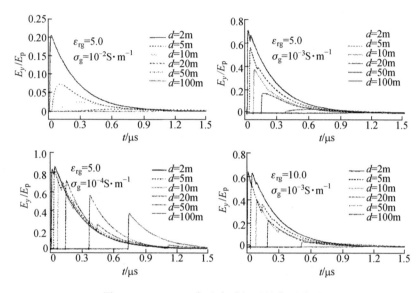

图 12.4　HEMP1 穿透介质板后的典型波形

由图 12.4 可见,穿透介质板的脉冲波,其波形保持了入射波的一些特点,基本上还是按指数规律变化的。随着介质板厚度的增加,脉冲峰值越来越小。从表中数据可以发现:①介质板厚度相同情况下,当 ε_{rg} 值不变,σ_g 值变化,脉冲峰值的衰减量随 σ_g 值的增加有较大的增加。而当 σ_g 不变,ε_{rg} 变化,脉冲峰值衰减量的变化不明显。②将频率为 10^5 Hz 和 10^6 Hz 的连续波穿透介质板的衰减量与脉冲波穿透同一介质板的衰减量作比较便可看出,二者在多数情况下是比较接近的。

当介质板的 ε_{rg} 从 10 增至 20、30、70,σ_g 从 10^{-4} S·m^{-1} 减至 $(10^{-5}, 10^{-6})$ S·m^{-1},板厚从 100m 增加至 $(200, 500)$ m,脉冲峰值衰减量的变化规律依然如此,可见 ε_{rg} 的数值大小对脉冲峰值衰减量的影响较小,可以忽略。另外,对连续波而言,由于介质板对 $10^5 \sim 10^6$ Hz 连续波的衰减量和对脉冲峰值的衰减量在多数情况下比较接近,在评估隧道或坑道的自然覆盖层对 HEMP 的衰减情况时,可利用频率为 $10^5 \sim 10^6$ Hz 的广播信号进行测试,根据取得的数据进行分析和研究。

表 12.7　HEMP1 透射脉冲场强峰值比入射场强峰值的衰减量(dB)

介质电参数	ε_{rg}	5			10		
	σ_g/(S·m^{-1})	10^{-2}	10^{-3}	10^{-4}	10^{-2}	10^{-3}	10^{-4}
介质板厚度/m	2	13.8	3.1	1.3	12.9	3.9	2.0
	5	22.8	5.1	1.7	22.4	5.4	3.0
	10	32.1	8.6	2.1	31.9	8.0	3.3
	20	44.6	15.6	2.9	44.4	13.0	3.7
	50	66.0	30.0	5.0	66.0	27.9	5.4
	100	83.9	45.0	8.6	83.9	44.1	7.9

表 12.8　连续波透射场强比入射场强的衰减量(dB)

介质电参数	ε_{rg}	5						10					
	σ_g/(S·m^{-1})	10^{-2}		10^{-3}		10^{-4}		10^{-2}		10^{-3}		10^{-4}	
	频率/Hz	10^5	10^6	10^5	10^6	10^5	10^6	10^5	10^6	10^5	10^6	10^5	10^6
介质板厚度/m	2	13.6	13.6	2.8	2.8	0.32	0.35	13.6	13.6	2.8	2.8	0.32	0.46
	5	20.4	20.6	5.8	5.8	0.78	0.93	20.4	20.5	5.8	5.9	0.79	1.48
	10	26.0	28.5	9.2	9.1	1.5	1.9	26.0	28.3	9.2	9.2	1.5	3.3
	20	32.2	45.4	13.6	13.7	2.8	3.5	32.2	45.0	13.6	13.0	2.8	5.4
	50	48.0	96.5	20.6	27.5	5.8	4.8	48.0	95.4	20.5	25.1	5.9	4.1

　　为了观察入射 HEMP 取不同波形条件下透射脉冲波形及其峰值衰减量的变化,按式(12.1.1)将入射 HEMP 的参数改为:$A = 1.30, \alpha = 4.0 \times 10^7 \mathrm{s}^{-1}, \beta = 6.0 \times 10^8 \mathrm{s}^{-1}$,记作 HEMP2。随着波形参数的改变,入射脉冲上升沿变陡,脉宽变窄,上升时间 t_r 由 4.1ns 减至 2.5ns,半高宽 t_{hw} 由 184ns 减小至 23ns。计算得出的透射脉冲波形及其峰值的衰减量见图 12.5 和表 12.9。

表 12.9　HEMP2 透射脉冲峰值场强比入射脉冲的衰减量(dB)

介质电参数	ε_{rg}	5			10		
	σ_g/(S·m^{-1})	10^{-2}	10^{-3}	10^{-4}	10^{-2}	10^{-3}	10^{-4}
介质板厚度/m	2	14.7	2.9	1.5	13.1	3.9	2.9
	5	28.7	5.0	1.6	26.5	5.3	3.0
	10	43.6	8.6	2.0	42.7	7.9	3.2
	20	61.0	15.8	2.8	60.7	12.9	3.6
	50	84.6	37.3	5.2	84.5	28.5	5.4
	100	102.5	62.9	8.6	102.5	54.1	8.0

　　计算结果表明,HEMP2 穿透介质板后的波形变化规律与 HEMP1 的透射波一致。在介质电参数和板厚相同的情况下,透射脉冲峰值的衰减量明显增加,σ_g 值

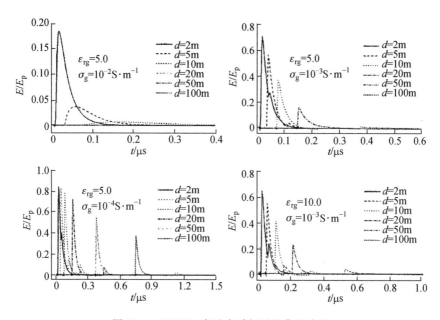

图 12.5　HEMP2 穿透介质板后的典型波形

越大,介质板越厚,这种增加越显著。其原因在于入射脉冲的频谱发生了变化,如图 12.6 所示。

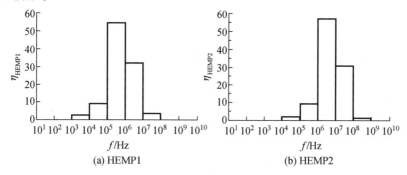

(a) HEMP1　　　　　　　　　　(b) HEMP2

图 12.6　入射 HEMP 在频域的能量分布

由图 12.6 可以看出,就入射 HEMP 频谱中 90% 以上能量集中的频段而言,HEMP1 为 $10^4 \sim 10^7$ Hz,而 HEMP2 为 $10^5 \sim 10^8$ Hz,其高频成分要丰富得多。岩土介质对于入射电磁能量的吸收损耗是随频率的升高而增加的,故 HEMP2 透射脉冲频率较高的频段衰减量显著增加。

12.1.4　岩土介质的色散效应对电磁脉冲传播的影响

由于描述电磁波在岩土介质中传播特性的参量为频率的函数,而且,岩土介质的电参数本身亦与频率有关,因此,不同频率的电磁波在岩土介质中的传播速度将随频率变化,这种现象通常称为色散。以上在研究 HEMP 在岩土介质中的衰减问题时,未对岩土介质的色散效应专门进行讨论,计算时岩土介质的电参数均取常量,当考虑这些电参数对频率的依赖关系后将会带来怎样的影响,这是值得研究的。

这里所说的电参数有介电常数 ε_g,电导率 σ_g 和磁导率 μ。而实际上除了铁磁族元素(铁、镍、钴等)含量特别丰富的岩土之外,天然材料的磁导率和真空的磁导率 $\mu_0(4\pi \times 10^{-7}\,\text{H} \cdot \text{m}^{-1})$ 数值都非常接近,因此,这里在讨论色散效应时,只考虑岩土介质 ε_g 和 σ_g 对频率的依赖关系。

12.1.4.1 大地岩土介质电参数随频率的变化

大地岩土介质的 ε_g 和 σ_g 数值变化的范围很宽。对岩石而言[4],ε_{rg} 的变化范围为 2 ~ 70,比较常见的是 4 ~ 10;σ_g 的变化范围为 10^{-6} ~ $1\text{S} \cdot \text{m}^{-1}$,对于指定的岩土类型和某一固定的频率,$\sigma_g$ 的数值可能散布于两个数量级以上的范围。一般地说,ε_{rg} 和 σ_g 都随着水分含量的增加而增大,通常情况下,当频率提高时,σ_g 增加而 ε_{rg} 减小。此外,ε_{rg} 和 σ_g 可能与压力有关,在地下深处本来有极强的压力,开挖隧道或坑道后,其围岩出现减压现象,岩石的压力效应可以忽略。

在实验室里可以相当精确地测出样品的 ε_{rg} 和 σ_g,然而对于这类测定值的有效性应持十分谨慎的态度。其原因在于,很难做到将样品取出并带到实验室里而又不改变其电参数。何况大地岩土介质的分布存在非均匀性,取出的样品未必具有代表性。原地测量,特别是仔细地比较电磁波的传播数据,并选取适当的模型进行计算无疑是可取的,然而求得 ε_{rg} 和 σ_g 的数值同样是很难的。

图 12.7 所示几种岩石和其他材料的电参数由 J. C. Cook 于 1975 年在实验室里测得[5]。

尽管图中数值来自一系列深入细致的测定,但依然只能将它们看作是参考性的,实际遇到的数值有可能超过图中所示的范围。

J. H. Scott 也曾在 10^2 ~ 10^6 Hz 频率范围内对许多土壤样品的 σ_g 和 ε_{rg} 作过测定[6],并根据测得的数据作了数学上的拟合。C. L. Longmire 等通过建立 RC 网络模型,利用这些结果和更高频率上的数据,得出了覆盖频段达 10^2 ~ 10^8 Hz 的土壤通用阻抗函数。在文献[7]中给出了体积含水量为 10% 的土壤 σ_g 和 ε_{rg} 的拟合公式:

$$\sigma_g = \sigma_0 + \sum_{n=1}^{13} \frac{a_n \varepsilon_0 \omega^2/\beta_n}{1 + (\omega/\beta_n)^2} \qquad (12.1.42)$$

$$\varepsilon_{rg} = \varepsilon_\infty + \sum_{n=1}^{13} \frac{a_n}{1 + (\omega/\beta_n)^2} \qquad (12.1.43)$$

式中:σ_0 和 ε_∞(当 $|\omega| \to \infty$ 时,ε_{rg} 逼近一个正实数)均为常数。

$$\beta_n = 2\pi (10)^{n-1} \qquad (12.1.44)$$

其他参数的取值见表 12.10。

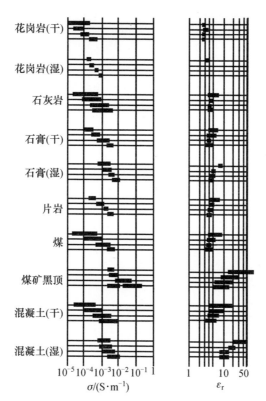

图 12.7　几种岩石和其他材料的电参数

（每种材料从上至下的粗线对应的测量频率为 1MHz、5MHz、25MHz、100MHz）

表 12.10　体积含水量为 10% 的土壤的拟合参数

$\sigma_0 = 8.0 \times 10^{-3} S \cdot m^{-1}$			$\varepsilon_{rg} = 5$		
n	a_n	n	a_n	n	a_n
1	3.14×10^6	6	1.33×10^2	11	9.80×10^{-1}
2	2.74×10^5	7	27.2	12	3.92×10^{-1}
3	2.58×10^4	8	12.5	13	1.73×10^{-1}
4	3.38×10^3	9	4.80		
5	5.26×10^2	10	2.17		

　　按式（12.1.42）至式（12.1.44）和表 12.10 中的数据画出的 $\sigma_g - f$ 曲线和
$\varepsilon_{rg} - f$ 曲线见图 12.8 和图 12.9。

　　由图 12.8、图 12.9 可见，ε_{rg} 随频率的升高而减小，σ_g 随频率的升高而增加。

　　另外，文献[8]列出了美国地质勘探处收集的内华达凝灰岩样品的电参数和
圣地亚实验室取得的干燥花岗岩样品的电参数数据，见表 12.11。

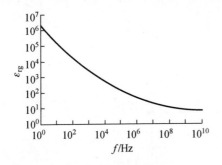

图 12.8　体积含水量为 10% 的
土壤 ε_{rg} -f 曲线

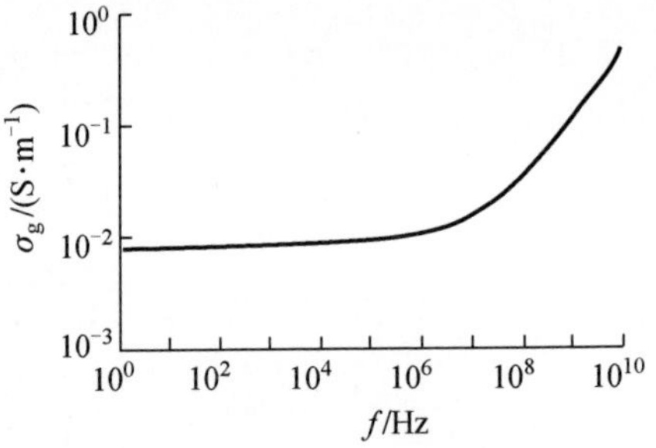

图 12.9　体积含水量为 10% 的
土壤 σ_g -f 曲线

表 12.11　两种岩石样品电参数随频率的变化

频率 f/Hz	凝灰岩		花岗岩	
	ε_{rg}	σ_g/(S·m^{-1})	ε_{rg}	σ_g/(S·m^{-1})
10^2	35100	0.0124	10.20	7.00×10^{-7}
10^3	4110	0.0128	9.95	2.21×10^{-6}
10^4	620	0.0131	9.70	7.30×10^{-6}
10^5	166	0.0138	9.46	2.40×10^{-5}
10^6	45	0.0158	9.11	7.84×10^{-5}
10^7	25	0.0214	8.71	2.62×10^{-4}
10^8	22	0.0555	8.30	8.80×10^{-4}

文献[8]设计了神经网络模型(三层)拟合程序,对表 12.11 中的数据进行了拟合,建立了这两种岩石 ε_{rg} 和 σ_g 随频率 f 变化的函数 $\varepsilon_{rg}(f)$ 和 $\sigma_g(f)$。人工神经网络拟合公式如下:

$$o_i^{(m)} = g\left[\sum_{j=1}^{L_{m-1}} w_{ij}^{(m)} o_j^{(m-1)} - \theta_i^{(m)} \right] \quad m = 1,2,3 \qquad (12.1.45)$$

式中: $o_j^{(m-1)}$ 为前一层的输出;在输入层, $o_1^{(0)} = \lg(f)$;在输出层, $o_1^{(3)} = \lg(\varepsilon_{rg})$ 或 $o_1^{(3)} = \lg(\sigma_g)$; L_m 是第 m 层神经元的个数, $L_1 = 3, L_2 = 2, L_3 = 1$; $w_{ij}^{(m)}$ 为权重; $\theta_i^{(m)}$ 为阈值。在第 1、2 层, $g(\cdot)$ 是 S 型函数:

$$g(z) = \frac{1}{1 + e^{-z}} \qquad (12.1.46)$$

在第 3 层,有

$$g(z) = z \qquad (12.1.47)$$

经拟合,得出的两种岩石样品的 ε_{rg} -f 和 σ_g -f 曲线如图 12.10、图 12.11 所示。表 12.11 中的数据以"×"的形式在图中作了标示,由图可见,拟合效果很好。

表 12.11 中的数据和图 12.10、图 12.11 同样说明: ε_{rg} 随频率的升高而减小,

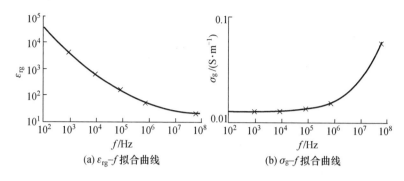

图 12.10　凝灰岩的电参数拟合曲线

σ_g 随频率的升高而增加。可见,对岩土介质而言,无论土壤或岩石,其 ε_{rg} 和 σ_g 随频率变化的趋势是一致的。

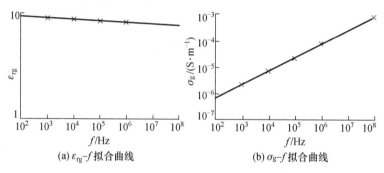

图 12.11　花岗岩的电参数拟合曲线

12.1.4.2　岩土介质色散效应对 HEMP 传播的影响

采用 12.1.3 节 HEMP 穿透无限大有耗介质的计算模型,入射 HEMP 波形按式(12.1.1),取 HEMP1 和 HEMP2 两种参数。将岩土介质 σ_g、ε_{rg} 随频率变化的算式(12.1.42)至式(12.1.47)代入式(12.1.28)、式(12.1.31)和式(12.1.37),得出的计算结果见图 12.12 至图 12.14 和表 12.12。

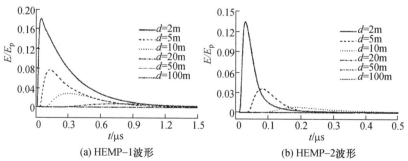

图 12.12　考虑介质电参数随频率变化情况下穿透体积含水量为 10% 土壤层的脉冲波形

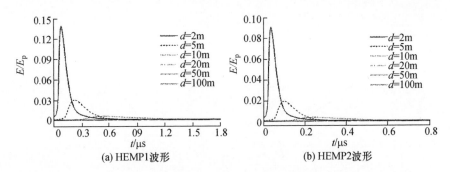

(a) HEMP1波形   (b) HEMP2波形

图 12.13　考虑介质电参数随频率变化情况下穿透凝灰岩介质板的脉冲波形

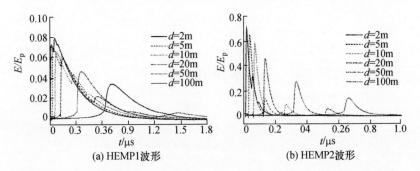

(a) HEMP1波形   (b) HEMP2波形

图 12.14　考虑介质电参数随频率变化情况下穿透花岗岩介质板的脉冲波形

表 12.12　考虑介质电参数随频率变化情况下透射脉冲的衰减量/dB

介质层厚度	HEMP 峰值衰减量/dB			HEMP 值衰减量/dB		
d/m	土壤①	凝灰岩	花岗岩	土壤①	凝灰岩	花岗岩
0	0.01	0.01	0.01	0.04	0.04	0.04
1	11.1	13.0	1.2	12.0	14.5	2.7
2	14.9	17.5	1.9	17.5	20.9	2.9
5	22.5	26.3	3.0	29.3	34.4	3.7
10	31.3	35.8	3.5	42.5	48.9	4.7
20	43.2	48.7	4.4	59.4	65.8	6.7
50	64.0	70.4	6.5	82.6	89.0	11.3
100	81.4	88.1	9.1	100.0	106.7	16.9
①含水量为 10%						

　　将这些计算结果与未考虑岩土介质电参数随频率变化的情况相比较,可以看出:

　　(1) 当入射 HEMP 的波形相同时,若不考虑岩土介质电参数随频率变化,计算时取 $\sigma_g = \sigma_0$, ε_{rg} 取常见值,与考虑介质电参数随频率变化的计算结果相比,透射脉冲波形变化不大,脉冲场强峰值的衰减量有所减小。例如花岗岩, $\sigma_0 \ll 10^{-4}\,S \cdot m^{-1}$,

无论对 HEMP1,还是 HEMP2,就透射脉冲峰值衰减量而言,取 $\sigma_g = 10^{-4}\,\text{S}\cdot\text{m}^{-1}$ 的计算结果均小于考虑介质电参数随频率变化的情况。计算时若按 HEMP 在频域能量比较集中的频段(HEMP1 和 HEMP2 50% 以上能量分别集中于 $10^5 \sim 10^6\,\text{Hz}$ 和 $10^6 \sim 10^7\,\text{Hz}$),$\sigma_g$ 和 ε_{rg} 仍取常见值,与考虑色散的计算结果相比,就透射脉冲波形和峰值的衰减而言,二者的一致性都比较好。例如图 12.12 中 HEMP1 的透射脉冲波形与图 12.4 中的相比,图 12.14 中 HEMP1 的透射脉冲与图 12.4 中 $\sigma = 10^{-4}\,\text{S}\cdot\text{m}^{-1}$ 的情况相比,波形一致,峰值的衰减量也是相接近的。

(2)无论考虑不考虑 σ_g 和 ε_{rg} 随频率的变化,对 HEMP 穿透介质板的计算结果均未产生明显的影响。

综上所述,采用无限大有耗介质板模型研究 HEMP 在岩土介质中的传播问题时,与 σ_g 和 ε_{rg} 取常量的计算结果相比,考虑了介质电参数随频率变化后其差别的大小取决于 σ_g 和 ε_{rg} 的取值。利用通常提供的直流 σ_0 和某一频率下测得的 ε_{rg} 值,计算得出的透射脉冲波形与考虑了介质电参数随频率变化后的波形无明显差别,而脉冲峰值的衰减量偏小。这是因为脉冲峰值的衰减量主要取决于 σ_g 数值的大小,而 σ_g 是随频率的升高而增加的。

以上虽然仅讨论了岩土介质色散效应对 HEMP 传播的影响,然而有关结论对研究地面核爆炸源区电磁脉冲(SREMP)在地面以下的传播问题具有同样的意义。既然考虑介质电参数随频率的变化与否,对透射脉冲的波形无明显影响,取直流 σ_g(即 σ_0)计算得出的脉冲峰值衰减量又是偏小的,那么按 σ_g、ε_{rg} 为常量作有关计算是可取的,计算结果是有意义的。

12.1.4.3 电磁脉冲穿透土介质的试验研究

将辐射水平极化波的电磁脉冲模拟器架设于一人防工事的上方,如图 12.15 所示。模拟器辐射的脉冲波形接近双指数波。工事自然防护层为沙质土。在测点 2 处测得的波形如图 12.16 所示,电场峰值的衰减量为 37.5dB。按以上 12.1.2 中的模型计算,当土壤 $\sigma_g = 10^{-3}\,\text{S}\cdot\text{m}^{-1}$,$\varepsilon_{rg} = 5$,$\theta = 0°$,$z = 6.5\text{m}$ 处平行于地面的电场分量衰减量约 10dB,预制拱钢筋网对电场分量的衰减量约 20dB[3],与实测结果大致相当。

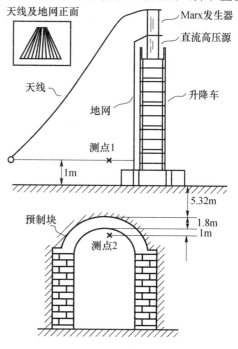

图 12.15　模拟试验示意图

433

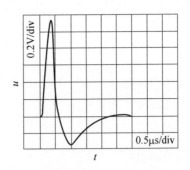

图 12.16　测点 2 水平场波形

12.2　电磁脉冲屏蔽技术

12.2.1　屏蔽的基本概念

采用屏蔽措施,将那些对于电磁脉冲比较敏感的电子、电气设备及系统在空间上与电磁脉冲辐射环境相隔离,减小电磁脉冲场对设备及系统的耦合影响,是实施电磁脉冲防护的重要手段之一[10,11]。所谓屏蔽就是用导电或导磁材料,或用既导电又导磁的材料,制成屏蔽体,将电磁能量限制在一定的空间范围内,使电磁能量从屏蔽体的一面传输到另一面时受到很大的削弱。

12.2.1.1　屏蔽效果的表示方法

屏蔽体的屏蔽效果一般可用以下两种方法表示:

1）传输系数 T

传输系数 T 系指加屏蔽后某一测点的场强 E_s 和 H_s 与同一测点未加屏蔽时的场强 E_0 和 H_0 之比,即

$$对电场：T_e = E_s/E_0 \tag{12.2.1}$$

$$对磁场：T_m = H_s/H_0 \tag{12.2.2}$$

T 值愈小,表示屏蔽效果愈好。

2）屏蔽效能 SE

屏蔽效能 SE 系指未加屏蔽时某一测点的场强 E_0 和 H_0 与加屏蔽后同一测点的场强 E_s 和 H_s 之比,当以 dB 为单位时,有

$$对电场：SE_e = 20\lg(E_0/E_s)　（dB） \tag{12.2.3}$$

$$对磁场：SE_m = 20\lg(H_0/H_s)　（dB） \tag{12.2.4}$$

屏蔽效能有时也称屏蔽损耗,其值越大,表示屏蔽效果越好。

12.2.1.2 屏蔽原理

在讨论屏蔽原理时,可将屏蔽分为电场屏蔽、磁场屏蔽、电磁屏蔽几种类型。

1) 电场屏蔽

以电导率较高的材料作屏蔽体并良好接地,将电场终止在屏蔽体表面并通过接地泄放表面上的感应电荷,可防止电场耦合。完整的屏蔽体和良好的接地是实现电场屏蔽必须具备的两个条件。

2) 磁场屏蔽

磁场屏蔽的屏蔽机理与磁场频率有关。对于低频(包括直流)磁场的屏蔽,屏蔽体须采用高导磁率材料,从而使磁力线主要集中在由屏蔽体构成的低磁阻磁路内,以防止磁场进入被屏蔽空间。因此要获得好的低频磁场屏蔽效果,屏蔽体不仅要选用磁导率较高的材料,而且屏蔽材料在被屏蔽磁场内不应处于饱和状态,这就要求屏蔽体的壁具有相当的厚度。对于高频磁场的屏蔽其原理则有所不同,主要利用金属屏蔽体上感应的涡流产生反磁场起排斥原磁场的作用。因此,在同一外场条件下,屏蔽体表面的感应涡流越大,则屏蔽效果越好。所以高频磁场的屏蔽应选电导率高的金属材料。对同一屏蔽体材料,感应涡流随外场频率的提高而增大,屏蔽效果随之提高。由于高频的趋肤效应,涡流局限于在屏蔽体的表面流动,因此对于高频磁场的屏蔽只需采用很薄的金属材料就可收到满意的屏蔽效果。

3) 电磁屏蔽

电磁波在穿透导体时会急剧衰减并在导体界面上发生反射,利用由导体制作的屏蔽体的这一特性便可有效地隔离时变电磁场的相互耦合。

实际上对电磁场而言,电场和磁场不可分割,电场分量和磁场分量总是同时存在的。只是当电流源的频率较低时,在距离电流源不远处(距离远小于波长的$1/6$),按照源的不同特性,其近场的电场分量和磁场分量各自在总场中所占的份额有所不同。在近场以磁场为主的情况下,可忽略电场分量;反之,近场若以电场为主,磁场分量可忽略。在分析屏蔽体的屏蔽效能时,一般从以下三个方面考虑:

(1) 在空气中传播的电磁波到达屏蔽体表面时由于空气—金属交界面的波阻抗不连续,对入射波产生反射作用,这种反射与屏蔽体材料的厚度无关,只决定于波阻抗的不连续性,其单次反射损耗用 R 表示。

(2) 未被表面反射进入屏蔽材料内的电磁波,在屏蔽材料中继续向前传播的过程中不断为屏蔽材料吸收和衰减,衰减量的大小与屏蔽材料及材料厚度有关。这种吸收损耗用 A 表示。

(3) 在屏蔽材料内尚未衰耗掉的电磁波传到屏蔽材料的另一表面将遇到另一金属—空气交界面,由于波阻抗的不连续性再次产生反射重新折回屏蔽材料内,这种反射在两交界面间可能重复多次,多次反射引入的损耗用多次反射修正项 B 来表示。

于是,屏蔽体的电磁屏蔽效能可用下式计算:

$$SE = A + R + B \quad (dB) \qquad (12.2.5)$$

12.2.2 连续波屏蔽效能分析及提高屏蔽性能的常用措施

12.2.2.1 无限大连续金属板的屏蔽效能

当平面波垂直入射于一无限大金属板,在板厚远小于入射波波长的情况下,根据 Schelkunoff 屏蔽理论[12],利用传输线原理,可得出以下近似公式:

金属板的吸收损耗

$$A = 1.31t \sqrt{f\sigma_r \mu_r} \quad (dB) \qquad (12.2.6)$$

式中:t 为屏蔽金属板的厚度(cm);f 为入射波的频率(Hz);σ_r、μ_r 分别为金属板的相对电导率(相对于铜)和相对磁导率,常用金属材料的 σ_r 和 μ_r 见表 12.13。

表 12.13 常用金属材料的 σ_r 和 μ_r

材料	σ_r	μ_r	材料	σ_r	μ_r	材料	σ_r	μ_r
银	1.05	1	白铁皮	0.15	1	冷轧钢	0.17	180
铜	1	1	锡	0.15	1	不锈钢	0.02	500
金	0.7	1	钽	0.12	1	4% 硅钢	0.029	500
铝	0.61	1	铍	0.10	1	热轧硅钢	0.038	1500
锌	0.29	1	铅	0.08	1	高磁导率硅钢	0.06	8000
黄铜	0.26	1	钼	0.04	1	坡莫合金	0.03	8000
磷青铜	0.18	1	铁	0.17	50 ~ 1000			

金属表面反射损耗:

远场,对平面电磁波,有

$$R = 168 + 10\lg(\sigma_r/\mu_r f) \quad (dB) \qquad (12.2.7)$$

近场,对高阻抗场(电场),有

$$R = 321.7 + 10\lg(\sigma_r/\mu_r f^3 r^2) \quad (dB) \qquad (12.2.8)$$

近场,对低阻抗场(磁场),有

$$R = 14.4 + 10\lg(\sigma_r f r^2/\mu_r) \quad (dB) \qquad (12.2.9)$$

金属屏蔽材料多次反射修正项为

$$B = 20\lg(1 - e^{-2t/\delta}) = 20\lg(1 - 10^{-0.14}) \quad (dB) \qquad (12.2.10)$$

式中:δ 为趋肤深度(mm),$\delta = 66/\sqrt{f\mu_r \sigma_r}$;$t$ 为材料厚度(mm);A 为吸收损耗(dB)。

几种常用金属材料的趋肤深度与频率的关系列于表 12.14。从式(12.2.10)可以看出,当 $t/\delta \geq 1.15$ 或 $A \geq 10dB$,多次反射修正项 B 很小,可以忽略不计。

436

表 12.14　几种常用金属材料的趋肤深度 δ(mm)

材料	σ_r	μ_r	f/Hz							
			10^2	10^3	10^4	10^5	10^6	10^7	10^8	10^9
铜	1	1	6.7	2.1	0.67	0.21	0.067	0.021	0.0067	0.0021
铝	1	0.57	8.5	2.7	0.85	0.27	0.085	0.027	0.0085	0.0027
钢	200	0.17	1.1	0.36	0.11	0.036	0.011	0.0036	0.0011	0.0004

用以上近似方法计算两种不同厚度的常用金属板对不同频率平面波的屏蔽效能，得出的数据列于表 12.15。

表 12.15　两种不同厚度的常用金属板对不同频率平面波的屏蔽效能(dB)

材料	厚度 t/mm	屏蔽效能	入射波频率 f/Hz			
			10^4	10^5	10^5	10^7
钢板 $\mu_r = 360$ $\sigma_r = 0.1$	1	A	78.6	248.5	786	2485
		R	92.4	82.4	72.4	62.4
		B	0	0	0	0
		SE	171	331	858.4	7912
	2	A	157.2	497	1572	
		R	92.4	82.4	72.4	
		B	0	0	0	
		SE	249.6	579.4	164	
白铁皮 $\mu_r = 1$ $\sigma_r = 0.15$	1	A	2.5	7.9	25	250
		R	119.7	109.7	99.7	79.7
		B	-11.8	-4.35	0	0
		SE	110.4	113.2	124.7	329.7
	2	A	3.75	11.85	37.5	375
		R	119.7	109.7	99.7	79.7
		B	-8.9	-2.447	0	0
		SE	114.5	119	137	454.7

12.2.2.2　孔洞和缝隙对屏蔽体屏蔽效能的影响[13,14]

由表 12.15 中所列的数据可以看出，没有任何孔洞和缝隙的连续金属板具有很高的电磁屏蔽效能。但实际应用的屏蔽室由于使用的需要，必须设置门、通风窗、进线孔等，从而在屏蔽体上形成孔洞和缝隙，造成电磁泄漏，导致屏蔽室的屏蔽效能降低。

对孔洞而言，影响其电磁能量泄漏的因素很多，其中最主要的是孔洞的面积和形状。实验证明，对于某一个固定场源，电磁泄漏随孔洞面积增加而增加，在孔洞

面积相同的情况下矩形孔泄漏大于圆形孔。其泄漏规律如图 12.17 及图 12.18
所示。

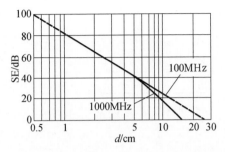

图 12.17 屏蔽效能(SE) – 孔洞直径(d)关系曲线

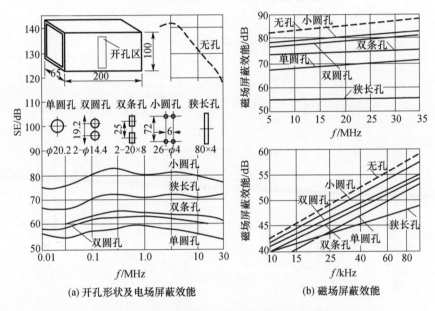

(a) 开孔形状及电场屏蔽效能

(b) 磁场屏蔽效能

图 12.18 屏蔽效能 – 孔洞形状关系曲线图

关于缝隙对屏蔽体屏蔽效能的影响,可从缝隙对入射电磁波的屏蔽作用入手
来分析。缝隙的屏蔽作用由两部分构成:其一,由于缝隙开口处的阻抗与自由空间
的阻抗不同而造成的反射损耗;其二,当电磁波透入缝隙后,在缝隙内传输时产生
的传输损耗。常见的金属板上的狭缝和搭接缝隙如图 12.19 所示。

以图 12.19(a)中所示的狭长缝为例,若缝隙的反射损耗以 R_g 表示,传输损耗
以 A_g 表示,则

$$R_g = 20\lg \frac{|1+N|^2}{4|N|} \quad (\text{dB}) \qquad (12.2.11)$$

式中:N 为缝隙开口处波阻抗与自由空间入射波波阻抗之比值,当入射场为低阻

438

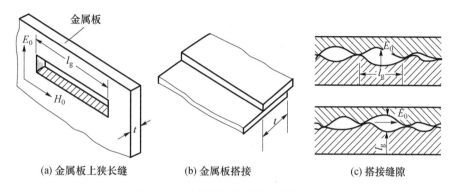

(a)金属板上狭长缝　　　(b)金属板搭接　　　(c)搭接缝隙

图 12.19　金属板上的狭缝和搭接缝隙

抗场时,$N = l_g / \pi r$,当入射波为平面波时,$N = j669 \times 10^{-3} f \cdot l_g$,其中:$r$ 为缝隙与场源的距离(cm);l_g 为与电场方向垂直的缝隙长度(cm);f 为入射波的频率(MHz)。

当缝隙的长度远小于泄漏电磁波的波长时

$$A_g = 20 \lg e^{\pi t / l_g} = 27.3 t / l_g \quad (\text{dB}) \tag{12.2.12}$$

式中:t 为缝隙的深度(cm)。

缝隙屏蔽效能:

$$\text{SE}_{\text{gap}} = A_g + R_g = 27.3 t / l_g + 20 \lg \frac{|(1+N)^2|}{4|N|} \quad (\text{dB}) \tag{12.2.13}$$

式(12.2.13)表明,增加缝隙的深度 t,减小缝隙的长度 l_g(例如,在结合面加入导电衬垫,在接缝处涂上导电涂料,缩短连接螺钉的间距等),可减少缝隙的泄漏,提高屏蔽体的屏蔽效能。对于屏蔽箱体,图 12.20 所示的结构可增加缝隙的深度。

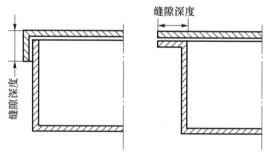

图 12.20　可增加缝隙深度的结构

一般情况下,应使缝隙的长度远小于被屏蔽的电磁波波长 λ,即缝隙长度 $l < \lambda / 10$。当 $l > \lambda / 4$,缝隙将成为电磁波辐射器,造成电磁能量的大量泄漏,从而使屏蔽体屏蔽效能大大降低。

12.2.2.3　防止屏蔽体孔缝电磁泄漏的工程措施

1）屏蔽门的电磁密封措施

对于安装在屏蔽室上的屏蔽门,由于门扇与门框之间存在门缝,必须采取电磁密封措施。通常采用由锡磷青铜或铍青铜制成的梳形簧片和图 12.21 所示的结构形式,可确保门缝在频繁活动的情况下仍具有良好的电气接触。亦可在门缝处安装导电衬条,通过门扇与门框之间的挤压实现电磁密封。在对磁场屏蔽有较高要求的场合,还可采用充气推拉门,门缝内外两侧装有簧片和气囊,在门关上后,通过气囊充气可使簧片紧贴在门缝上,从而获得比较理想的电磁密封效果。不同屏蔽要求的屏蔽室,可选用采取不同电磁密封措施,因而具有不同屏蔽效能的屏蔽门。

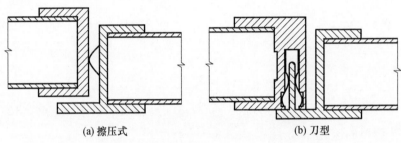

(a) 擦压式　　　　　　　　　　　　　(b) 刀型

图 12.21　屏蔽门电气密封结构示意图

2）防止通风窗口电磁泄漏的措施

为了防止屏蔽室通风窗口造成的电磁泄漏,可采取以下措施:

(1) 在通风窗口上覆盖金属网。金属网分为金属丝网和金属板网两类。金属丝网的屏蔽效能与丝网材料的电导率、金属丝的直径和网孔的疏密程度等因素有关。一般说网丝材料电导率高,网丝粗,网孔密,屏蔽效能就好。各种不同规格、不同材料的金属丝网在近区主要为磁场时的屏蔽效能如图 12.22 所示。由图可见,当频率高于 100MHz,屏蔽效能开始下降。因此,频率较高时不适用。此外,金属丝网使用时间长了,由于丝网交叉点处的接触电阻增加,屏蔽效能会有所下降。而金属板网是采用金属板冲缝后拉制成的,不存在这方面的问题,故性能优于金属丝网。

(2) 用穿孔金属板作通风窗口。可直接在屏蔽体上打孔,也可单独制成穿孔金属板,然后安装到屏蔽体的通风孔口上。穿孔金属板的屏蔽性能稳定优于金属丝网,但通风效果不如金属丝网。

关于以上两种措施的屏蔽效能,在孔眼尺寸远小于电磁波波长时,可用下式估算[13]:

$$SE = A_h + R_h + B_h + K_1 + K_2 + K_3 \quad (dB) \qquad (12.2.14)$$

式中:A_h 为孔眼中的传输衰减(dB),对矩形孔 $A_h = 27.3t/w$,圆形孔 $A_h = 32t/D$,其中 t 为孔深(cm),w 为与电场垂直的矩形孔宽边长(cm),D 为圆孔直径(cm);

R_h 为孔眼的单次反射损耗,其计算式与计算 R_g 的式(12.2.11)相同,将式中

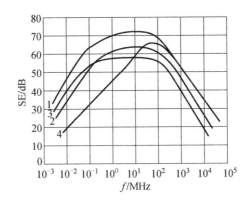

图 12.22　单层金属丝网的屏蔽效能

1—22 目,紫铜,网丝直径 0.375mm;2—11 目,紫铜,网丝直径 0.375mm;

3—22 目,紫铜,网丝直径 0.188mm;4—22 目,黄铜,网丝直径 0.375mm。

的缝隙长度定义为矩形孔宽边长度即可;

B_h 为孔眼的多次反射修正项,当 $A_h > 10\text{dB}$ 时,B_h 可略去不计,当 $A_h < 10\text{dB}$ 时,有

$$B_h \approx 20\lg\left[1 - \frac{(|N|-1)^2}{(|N|+1)^2} \times 10^{-A_h/10}\right] \quad (\text{dB}) \qquad (12.2.15)$$

K_1 为与孔眼数有关的修正项,$K_1 = -10\lg(a \cdot n)\text{dB}$,其中 a 为每一孔眼的面积(cm^2),n 为每平方厘米内的孔眼数,当形成入射场的源非常靠近屏蔽体时,K_1 可忽略;

K_2 为由趋肤深度不同引入的低频修正项,当趋肤深度接近于孔间距时,$K_2 = -20\lg(1 + 35p^{-2.3})\text{dB}$,其中 p 为孔间导体宽度或线径与趋肤深度之比;

K_3 为由相邻孔相互耦合引入的修正项,$K_3 = 20\lg[\coth(A_h/8.686)]\text{dB}$。

(3)截止波导式通风孔。金属丝网和穿孔金属板只适用于入射场频率低于 100MHz 且屏蔽效能要求不高的场合。图 12.23 所示的截止波导式通风孔则有着广泛的适应性,其屏蔽效能高,工作频段宽,即使在微波波段仍有较高的屏蔽效能,而且机械强度高,工作稳定可靠。截止波导的工作原理:当电磁波的频率低于波导截止频率时,在波导中传输的电磁波将很快地衰减,这就有效地抑制了截止频率以下的电磁波泄漏。与金属丝网和穿孔金属板相比,截止波导式通风孔优点显著,其缺点是体积大,成本高。

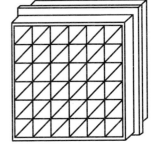

图 12.23　截止波导式通风孔

截止波导对电磁波的衰减量 A_c(屏蔽效能)可由下式估算:

$$A_c = 1.823 \times f_c \times l \times 10^{-9}\sqrt{1 - (f/f_c)^2} \quad (\text{dB}) \qquad (12.2.16)$$

式中:f_c 为波导截止频率(Hz);f 为电磁波频率(Hz);l 为截止波导的长度(cm)。

各种波导截止频率的计算:

矩形波导 $\qquad\qquad f_c = (15/a) \times 10^9$ （Hz）

式中:a 为矩形宽边长(cm)。

圆形波导 $\qquad\qquad f_c = (17.6/d) \times 10^9$ （Hz）

式中:d 为圆形内直径(cm)。

六角形波导 $\qquad\qquad f_c = (15/w) \times 10^9$ （Hz）

式中:w 为六角形内壁外接圆直径(cm)。

当 $f \ll f_c$,式(12.2.16)可进一步简化为

矩形波导 $\qquad\qquad A_c = 27.3 \times \dfrac{l}{a}$ （dB） $\qquad\qquad$ (12.2.17)

圆形波导 $\qquad\qquad A_c = 32 \times \dfrac{l}{d}$ （dB） $\qquad\qquad$ (12.2.18)

六角形波导 $\qquad\qquad A_c = 27.3 \times \dfrac{l}{w}$ （dB） $\qquad\qquad$ (12.2.19)

12.2.2.4　屏蔽体上贯通导体的影响及防止屏蔽效能下降的有关工程措施

设置屏蔽室的目的是为了将那些比较敏感的电子、电气设备及系统在空间上与外界电磁环境相隔离,减小电磁环境对设备及系统的耦合影响。而这些设备及系统不可避免地要通过电线、电缆与外界发生电气上的联系。另外,空调设备的安装也需要用金属管道将屏蔽室空间与外面的空调机连接起来。而一旦有电线、电缆穿过屏蔽体或金属管道一类的长导体以不接触方式从屏蔽体上穿过,由于这些线缆或长导体对外界电磁能量的耦合与传导,将会造成屏蔽体屏蔽效能的明显下降。对于一个完好的屏蔽室,这样做的结果,严重时可使屏蔽失效。这是在设计和使用屏蔽室的过程中一定要设法避免的。为了防止这类贯通导体造成屏蔽效能的下降,可采取以下措施。

1)构成全屏蔽系统

所谓全屏蔽系统是指将连接电线、电缆或长导体与被连接的设备一起用金属管道和屏蔽壳体包封起来,并与屏蔽室实现良好的电气连接,从而形成一个屏蔽整体,如图12.24所示。在被连接的设备本身具有完善的屏蔽外壳并与金属管道电气连接完好的情况下,将金属管道与屏蔽室的屏蔽壳体进行良好的电气连接即可。

2)滤波

在电线、电缆穿过屏蔽体的地方安装滤波器,滤除线缆上从外界耦合的电磁干扰,是防止贯通线缆造成屏蔽效能下降的有效措施。根据使用场合的不同,滤波器分为信号滤波器和电源滤波器。二者在设计时各有侧重,对信号滤波器着重考虑不能对工作信号有大的影响;而对电源滤波器则要考虑当额定范围内的电流通过时,电感的磁芯不能发生磁饱和。这里需要特别注意的是:滤波器的功能在于,仅

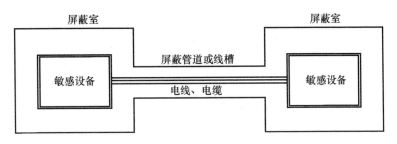

图 12.24　全屏蔽系统构成示意图

仅允许工作频带的信号通过,而对工作频带以外的电磁干扰形成较大的衰减以阻止其通过。在选用滤波器时,要选准滤波的频带。此外,要根据线缆必须通过的额定电流、电压以及对外界电磁环境的防护要求选择滤波器的额定功率、电流等参数。

3) 光隔离技术的应用

对于电线、电缆必须穿过屏蔽体的系统,还可采用图 12.25 所示的光隔离措施,由于光纤本身不会耦合和传导电磁能量,采用非金属加强件的光缆,即可避免线缆一类贯通导体对屏蔽造成的不利影响。对于连续金属板构成的屏蔽室,该光缆穿过屏蔽体处设置的孔口必须安装截止波导管,可参照式(12.2.16)设计波导管的尺寸,使其对屏蔽室外电磁波的衰减量与屏蔽体的屏蔽效能一致。光隔离技术当然不限于屏蔽体上的应用,这在下面的章节中还要专门讨论。

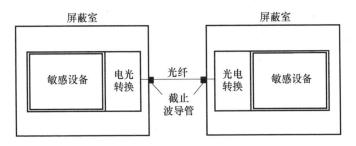

图 12.25　屏蔽室的光电隔离措施示意图

12.2.3　对电磁脉冲的屏蔽

对于电磁脉冲而言,其频谱中包含有从直流到低频到高频的各种频率分量。而且,从第 1 章至第 3 章的相关分析可知,高空核爆炸时,与源区相距较远的地面附近,HEMP 可视为平面波,而地面核爆炸电磁脉冲源区则是以磁场为主的低阻抗场。因此对电磁脉冲的屏蔽问题,与对单一频率正弦电磁场的屏蔽相比,虽然屏蔽原理是一致的,但不能随便套用计算单一频率正弦电磁场屏蔽效能的公式。对于电磁脉冲屏蔽效能的定义,尽管本书采用了通常的方法,根据屏蔽不存在和存在这两种条件下测得的峰值场强来确定,但如何定义更为恰当,尚值得研究。即使在电磁脉冲屏蔽效能定义明确的条件下,对一个具体的屏蔽室而言,要计算其屏蔽效能也是较为困难的。本节先用解析的方法计算了HEMP穿透无限大金属板后的衰减量,说明没有任何孔洞缝隙的无限大连续金属板对HEMP的屏蔽能力很强,板厚仅为微米量级时就能达到可观的衰减量。继而列举电磁脉冲模拟试验的有关数据,分析屏蔽体上的孔缝对电磁脉冲屏蔽性能的影响;介绍在考虑对电磁脉冲的屏蔽问题时如何应用防止电磁泄漏的工程措施;讨论对电磁脉冲磁场的屏蔽效果。

12.2.3.1　HEMP穿透无限大金属板后的衰减

正如第1章至第3章中相关内容所讨论的那样,在地面附近HEMP可视为平面波,其电场强度随时间的变化可用双指数形式表达为

$$E(t) = kE_0(e^{-\alpha t} - e^{-\beta t}) \qquad (12.2.20)$$

式中:$E_0 = 5.0 \times 10^4 \text{V} \cdot \text{m}^{-1}$。

k 和 α、β 有两种取法,HEMP1:$k = 1.05$,$\alpha = 4.0 \times 10^6 \text{s}^{-1}$,$\beta = 4.76 \times 10^8 \text{s}^{-1}$;HEMP2:$k = 1.3$,$\alpha = 4.0 \times 10^7 \text{s}^{-1}$,$\beta = 6.0 \times 10^8 \text{s}^{-1}$。

HEMP1的能量99.8%分布于 $10^2 \sim 10^7 \text{Hz}$ 频段,HEMP2的能量99.9%分布于 $10^4 \sim 10^9 \text{Hz}$ 频段。

采用12.1.3节在分析HEMP对无限大有耗介质板穿透问题时所用的模型与算法,对HEMP穿透金属板后的时域波形进行计算,得出的透射波波形如图12.26和图12.27所示。其峰值的衰减量列于表12.16。

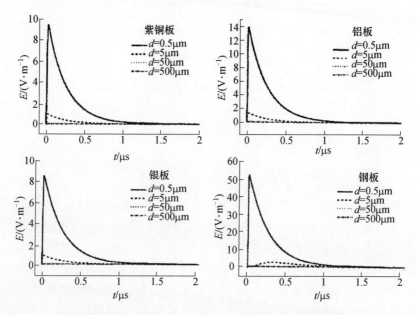

图12.26　HEMP1透过无限大金属板后的时域电场波形

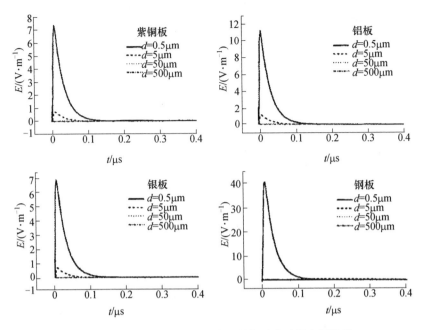

图 12.27　HEMP2 透过无限大金属板后的时域电场波形

表 12.16　HEMP 穿透无限大金属板后场强峰值的衰减（dB）

HEMP 类别	HEMP1				HEMP2			
板厚/mm	5.0×10^{-4}	5.0×10^{-3}	5.0×10^{-2}	5.0×10^{-1}	5.0×10^{-4}	5.0×10^{-3}	5.0×10^{-2}	5.0×10^{-1}
紫铜板	75	95	116	157	79	99	125	179
铝板	71	91	112	150	75	95	119	172
银板	76	96	117	158	79	99	126	180
钢板	60	87	140	175	64	103	162	198

从表 12.16 可以看出,若以没有任何孔洞缝隙的无限大连续金属板作为屏蔽体,则对 HEMP 的屏蔽效能非常高,厚度仅为 5 μm 时其屏蔽效能就很可观。尤其是表中对应于 HEMP2 的数据更高一些,这是由于 HEMP2 所覆盖的频段高于 HEMP1 所致,就 90% 以上能量集中的频段而言,HEMP2 高出 HEMP1 约两个量级。

12.2.3.2　影响屏蔽体对电磁脉冲屏蔽效能的主要因素及相关工程措施

以上在分析屏蔽体对连续波的屏蔽效能时,涉及孔缝泄漏、贯通导体对屏蔽性能的不利影响。同样,屏蔽体上的孔缝、贯通导体也将导致电磁脉冲屏蔽效能的下降。

1) 屏蔽体上孔缝导致电磁脉冲屏蔽效能下降的试验结果

利用 2 m × 2 m × 2 m 全焊接钢板屏蔽室,在其一面的中央设置接口孔,安装开有不同形状和尺寸孔缝的接口板,置于有界波电磁脉冲模拟器工作空间(长 × 宽 × 高 = 10 m × 8 m × 5 m),使孔缝处于来波方向的迎面。测试设备及试件布置示意图见图 10,实物照片见图 12.28。模拟器采用 600kV 双指数高压脉冲源激励,试件置入前激励电压峰值调为 350kV,模拟器工作空间峰值场强 $E_{op} = 68kV \cdot m^{-1}$,$B_{op} = 2.27 \times 10^{-4}T$,其波形及频谱如图 12.29 所示。

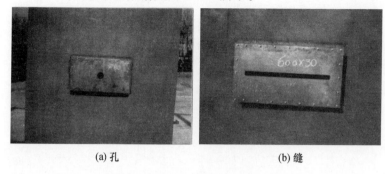

(a) 孔　　　　　　　　　　　　　(b) 缝

图 12.28　孔缝耦合试验实物照片

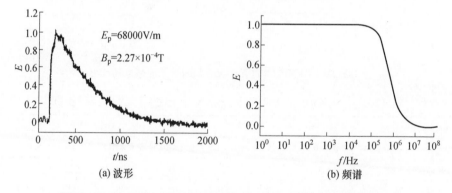

(a) 波形　　　　　　　　　　　　　(b) 频谱

图 12.29　有界波电磁脉冲模拟器工作空间电场强度波形及其频谱

当试件置入后,在屏蔽室内不同测点放置测试探头,分别对电场和磁场进行测试。若测得的峰值场强为 E_{ip} 和 B_{ip},则对电磁脉冲的衰减量或屏蔽效能可表示为

电场　　　　　　　　　$A_{se} = 20lg(E_{op}/E_{ip})$　　（dB）　　　　　　（12.2.21）

磁场　　　　　　　　　$A_{sm} = 20lg(H_{op}/H_{ip})$　　（dB）　　　　　　（12.2.22）

试验的结果表明:

（1）圆孔对电磁脉冲的耦合随孔径的增加而增加。沿来波的入射方向,耦合场的场强较高,电场和磁场的波形与入射波基本一致,仍维持双指数波形状。

（2）与电场方向垂直的缝耦合较强。

（3）在孔洞面积相同的情况下,圆孔耦合较弱。

（4）长度方向与磁场一致的缝磁场耦合较强。

（5）长度相同而宽窄不同的缝,对入射场的耦合强弱不同,但耦合强弱随缝宽的变化关系不明确。

446

2）防止孔缝和贯通导体导致电磁脉冲屏蔽效能下降的工程措施及试验结果

对于屏蔽体上孔缝、贯通导体导致电磁脉冲屏蔽效能下降的问题,在工程上的处理方法和对待连续波的屏蔽问题一样。但需注意:电磁脉冲的频谱很宽,对平面波型电磁脉冲场的屏蔽,无论是屏蔽门的电磁密封还是孔口的处理,要按电磁脉冲最高频率分量来考虑。而对以磁场为主的低阻抗电磁脉冲场的屏蔽,要充分考虑对电磁脉冲磁场的屏蔽要求。

（1）截止波导式通风窗电磁脉冲模拟试验结果。

利用 $2m \times 2m \times 2m$ 全焊接钢板屏蔽室及其在来波方向的接口板。在接口板上开一 $250mm \times 250mm$ 的方孔,然后在方孔位置上安装截止波导式通风窗(波导窗尺寸见图 12.30)。安装波导窗前后,分别在屏蔽室内多个测点上对电场进行测试。测量结果表明:波导窗对入射波峰值场强的衰减量普遍在 50dB 以上,离孔面最近的测点衰减量最高,近 120dB。由此可看出该截止波导对电磁脉冲具有明显的衰减作用。

（2）采取电密封措施后的钢质密闭门电磁脉冲屏蔽效能测试。

为了检验带有橡胶芯的金属丝网衬垫材料在防止电磁脉冲泄漏方面所起的作用,利用钢质密闭门在有界波模拟器中进行了电磁脉冲模拟试验。试验所用钢质密闭门用于有气密封要求的场合,为达到气密封要求,在门扇与门框间采用了不导电、不导磁的"P"型胶条,即使门扇与门框通过挤压达到了气密封要求,然而在电气上却形成了一道"门缝",当这样的钢质密闭门安装在屏蔽壳体上时,势必造成电磁泄漏。将密闭门连同钢门框安装于 $2m \times 2m \times 2m$ 全焊接钢板屏蔽室迎向来波方向的一面,在屏蔽室内沿门缝取不同位置对电场和磁场进行测试。然后,在"P"型密封胶条上外裹不锈钢金属丝网,取代原密封胶条,再重新测试,以便看出胶条上外裹不锈钢金属丝网在防止电磁脉冲泄漏方面所起的作用。试验设备及试件布置仍按图 10.1。试验现场照片见图 12.31。

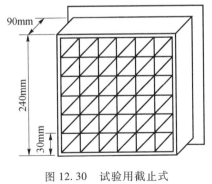

图 12.30　试验用截止式
波导窗示意图

图 12.31　钢质密闭门屏蔽
效能试验现场照片

试验结果表明,普通钢质密闭门对脉冲电场有近 70dB 的屏蔽效能,但因未采取电磁密封措施,在钢质门扇与门框间装有不导电、不导磁的"P"型胶条,对磁场几乎没有屏蔽作用。当"P"型胶条外裹不锈钢丝网后,门扇与门框压紧,保证了门扇与门框之间的电磁连续性,故电场屏蔽效能提高了近35dB,对磁场也有明显的屏蔽作用。

(3)市售屏蔽室电源滤波器对电磁脉冲的衰减特性测试。

为了研究两种市售电源滤波器对电磁脉冲的衰减特性。将双指数脉冲信号源、衰减器、被试滤波器及数字示波器按图12.32或图12.33、图12.34接线,并构成全屏蔽系统。由数字示波器的两个信号通道分别测出滤波器的输入及输出波形。

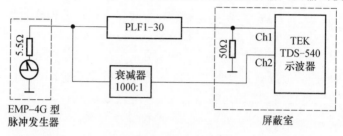

图12.32 PLF1-30型电源滤波器电磁脉冲衰减试验接线

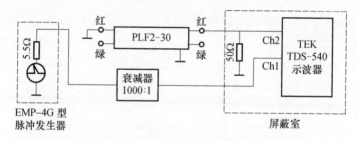

图12.33 PLF2-30型电源滤波器电磁脉冲衰减试验接线方式之一

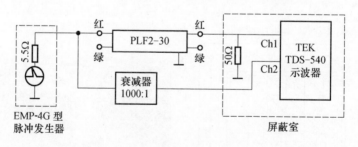

图12.34 PLF2-30型电源滤波器电磁脉冲衰减试验接线方式之二

设脉冲输入电压峰值及输出电压峰值分别为U_{ip},U_{op},则滤波器对脉冲信号的衰减量为

$$A_f = 20\lg\frac{U_{ip}}{U_{op}} \quad (dB) \tag{12.2.23}$$

试验时,PLF1-30型射频干扰滤波器电磁脉冲衰减试验按图12.32接线;

448

PLF2 - 30 型电源滤波器电磁脉冲衰减试验分别按图 12.33、图 12.34 接线。试验
结果:PLF1 - 30 型滤波器及 PLF2 - 30 型滤波器输入脉冲及输出脉冲的典型波形
分别如图 12.35 及图 12.36 所示。图中输入波形在下,输出波形在上。测得的数
据列于表 12.17 和表 12.18。

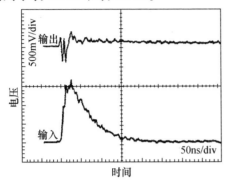
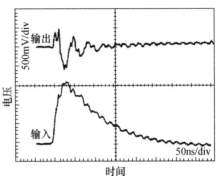

图 12.35　PLF1 - 30 型滤波器输入及
输出脉冲典型波形

图 12.36　PLF2 - 30 型滤波器输入及
输出脉冲典型波形

表 12.17　PLF1 - 30 型滤波器电磁脉冲衰减试验测试数据

序号	输入电压峰值 U_{ip}/V	输出电压峰值 U_{op}/V	衰减量 A_f/dB	备注
1	1000	0.33	70	试验线路如图 12.32 所示
2	1640	0.90	65	
3	3120	3.44	59	

表 12.18　PLF2 - 30 型滤波器电磁脉冲衰减试验测试数据

序号	接线图	接线方式	输入电压峰值 U_{ip}/V	输出电压峰值 U_{op}/V	衰减量 A_f/dB
1	图 12.33	红线输入,红线输出	1040	0.9	61
2			1600	2.1	58
3		绿线输入,绿线输出	1080	1.0	61
4			1600	2.16	57
5			3040	5.9	54
6		绿线输入,绿线输出,红线接地	3120	4.5	57
7	图 12.34	绿线输入,红线输出(接地)	3240	5.9	54
8		绿线输入,红线输出但不接地	2960	5.1	55

　　测试结果表明,市售的两种电源滤波器对电磁脉冲的衰减,就峰值而论不够理
想,衰减量都在 70dB 以下,尤其是 PLF2 - 30 型滤波器更差一些。虽然,这两种滤
波器频域的衰减特性在 100 kHz 以上的衰减量大于 100dB,但对电磁脉冲的尖峰

衰减量相差甚远。可见，对于有电磁脉冲屏蔽要求的屏蔽室，在选用电源滤波器时要考虑其对电磁脉冲的衰减特性是否合乎要求。

3）屏蔽室模型磁场屏蔽效能测试结果

对于低阻抗电磁脉冲场磁场屏蔽效能的测试，采用的方法与连续波磁场屏蔽效能测试中常用的小环法[14]相仿，见图12.37。辐射环面积为700mm×600mm，当辐射环与测量环均水平放置，在与辐射环边缘相距600mm处测得的磁场波形如图12.38（a）所示，其峰值为1.46×10^{-4}T，电场强度峰值为550 V·m^{-1}。若以电场和磁场的峰值之比来定义测点处的波阻抗，则$E_p/H_p \approx 9\Omega$，可见，是低阻抗场。

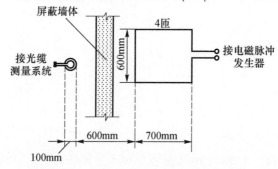

图12.37 脉冲磁场屏蔽效能测试示意图

试件选以下三种屏蔽室模型：

模型1，以木龙骨做成2m×1m×2m的木支架，将0.75mm厚的白铁皮采取对接方式贴于木支架上，缝隙处加宽度为50mm的白铁皮条（拐角处宽度加倍并做成包角），用两排木螺钉固定，木螺钉间距为200mm，左右两排相互错开100mm。试件背向来波方向，设置供非金属加强件光缆穿越的下截止波导和测试人员进出口。

模型2，采用ϕ6mm-50mm×50mm焊接钢筋网，浇注厚度为100mm的焦炭骨料混凝土，制作成外形尺寸为2m×2m×2m的钢筋混凝土结构模型。

模型3，采用ϕ6mm-50mm×50mm焊接钢筋网，浇注厚度为100mm的焦炭骨料钢纤维混凝土，制作成外形尺寸为2m×2m×2m的钢筋混凝土结构模型。

在测量屏蔽效能时，辐射环与测量环仍水平放置，两环边缘的距离保持为600mm。辐射环置于室外，环边缘距墙体中心线300mm。测量环置于室内相应位置，环边缘距墙体中心线300mm（模型2、模型3墙体厚100mm）。在模型2中测得的磁场波形如图12.38（b）所示；在模型1内测得的波形如图12.38（c）所示。按式（12.2.22）计算得出的电磁脉冲磁场屏蔽效能：模型1为50～56dB；模型2为28.7dB；模型3为26dB。

为了便于对比，按照小环法，采用频率为14kHz的连续波，对上述三个屏蔽室模型的磁场屏蔽效能进行测试的结果：模型1取不同位置测试均在30dB上下；模型2、模型3均为8dB。

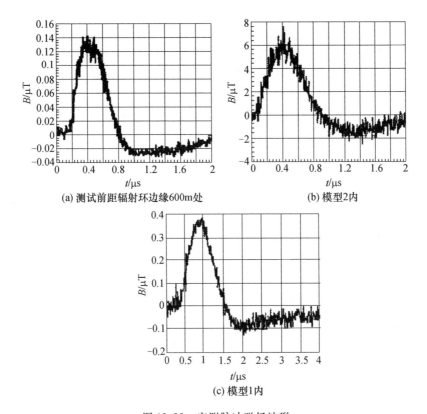

(a) 测试前距辐射环边缘600m处   (b) 模型2内

(c) 模型1内

图 12.38   实测脉冲磁场波形

12.2.4   钢筋混凝土层对电磁脉冲的屏蔽效能[15,16]

12.2.4.1   单层无限大钢筋混凝土屏蔽层电磁脉冲屏蔽效能的时域全波分析

1) 物理模型

平面波形电磁脉冲波入射单层无限大钢筋混凝土屏蔽层,如图 12.39 所示。屏蔽层由两排正交排列的钢筋和混凝土构成。钢筋直径 $\phi = 12\text{mm}$;间距 100mm;混凝土层厚度为 100mm,电导率 $\sigma_{\text{m}} = 10^{-2}\ \text{S} \cdot \text{m}^{-1}$,相对介电常数 $\varepsilon_{\text{rm}} = 8.0$。入射波的电场矢量与一组钢筋平行,磁场与另一组钢筋平行。

2) 数值方法

采用 FDTD 法,按有耗介质中麦克斯韦方程组的标量形式,采用 Yee 氏差分形式,得出差分方程如下:

$$H_x^{n+1/2}(i,j,k) = \text{CP} \cdot H_x^{n-1/2}(i,j,k) + \text{CQ} \cdot (E_y(i,j,k+1) - E_y^n(i,j,k) +$$
$$E_z^n(i,j,k) - E_z^n(i,j+1,k)) \tag{12.2.24}$$

$$H_y^{n+1/2}(i,j,k) = \text{CP} \cdot H_y^{n-1/2}(i,j,k) + \text{CQ} \cdot (E_z^n(i+1,j,k) - E_z^n(i,j,k) +$$
$$E_x^n(i,j,k) - E_x^n(i,j,k+1)) \tag{12.2.25}$$

451

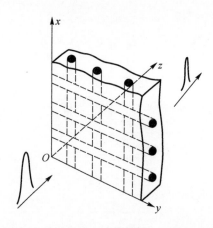

图 12.39　单层无限大钢筋混凝土屏蔽层示意图

$$H_z^{n+1/2}(i,j,k) = \text{CP} \cdot H_z^{n-1/2}(i,j,k) + \text{CQ} \cdot (E_x^n(i,j+1,k) - E_x^n(i,j,k) +$$
$$E_y^n(i,j,k) - E_y^n(i+1,j,k)) \tag{12.2.26}$$

$$E_x^{n+1}(i,j,k) = \text{CA} \cdot E_x^n(i,j,k) + \text{CB} \cdot (H_z^{n+1/2}(i,j,k) - H_z^{n+1/2}(i,j-1,k) +$$
$$H_y^{n+1/2}(i,j,k-1) - H_y^{n+1/2}(i,j,k)) \tag{12.2.27}$$

$$E_y^{n+1}(i,j,k) = \text{CA} \cdot E_y^n(i,j,k) + \text{CB} \cdot (H_x^{n+1/2}(i,j,k) - H_x^{n+1/2}(i,j,k-1) +$$
$$H_z^{n+1/2}(i-1,j,k) - H_z^{n+1/2}(i,j,k)) \tag{12.2.28}$$

$$E_z^{n+1}(i,j,k) = \text{CA} \cdot E_z^n(i,j,k) + \text{CB} \cdot (H_y^{n+1/2}(i,j,k) - H_y^{n+1/2}(i-1,j,k) +$$
$$H_x^{n+1/2}(i,j-1,k) - H_x^{n+1/2}(i,j,k)) \tag{12.2.29}$$

式中

$$\text{CP} = \frac{2\mu - \sigma_m \Delta t}{2\mu + \sigma_m \Delta t}, \quad \text{CA} = \frac{2\varepsilon - \sigma_e \Delta t}{2\varepsilon + \sigma_e \Delta t} \tag{12.2.30}$$

$$\text{CQ} = \frac{2\Delta t}{(2\mu + \sigma_m \Delta t)\delta}, \quad \text{CB} = \frac{2\Delta t}{(2\varepsilon + \sigma_e + \Delta t)\delta} \tag{12.2.31}$$

对于自由空间 CA = CP = 1,对于自由空间和混凝土的交界面,电磁参数取两者平均值。

计算域的划分及边界条件设置如图 12.40 所示。无限大屏蔽层已被周期边界条件(PBC)在 x,y 方向上截断成一个单元,如图 12.40(a)所示,在 z 方向上被修正的完全匹配层吸收边界条件(MPML)截断。为了便于入射波引入和参数的提取,将整个计算域分成两个区域:总场区和散射场区,其连接边界如图中的虚线所示,入射波就从该界面引入。

假设钢筋在 x,y 方向上的间距相同,均为 D,即计算单元在 x,y 方向上的周期为 D,则 Floquet 周期边界条件为

452

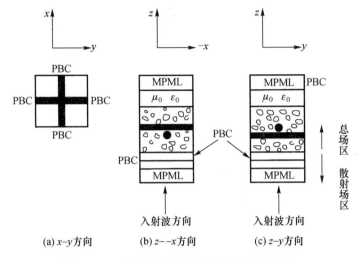

(a) x-y方向   (b) z-$-x$方向   (c) z-y方向

图 12.40   计算单元区域划分和边界条件设置

$$H_z(x+D,y,z) = H_z(x,y,z)\,e^{-jk_xD} \tag{12.2.32}$$

$$H_z(x,y+D,z) = H_z(x,y,z)\,e^{-jk_yD} \tag{12.2.33}$$

$$H_y(x+D,y,z) = H_y(x,y,z)\,e^{-jk_xD} \tag{12.2.34}$$

$$H_y(x,y+D,z) = H_y(x,y,z)\,e^{-jk_yD} \tag{12.2.35}$$

对于垂直入射的电磁波，$kx = ky = 0$，则上式简化为

$$H_z(x+D,y,z) = H_z(x,y,z) \tag{12.2.36}$$

$$H_z(x,y+D,z) = H_z(x,y,z) \tag{12.2.37}$$

$$H_y(x+D,y,z) = H_y(x,y,z) \tag{12.2.38}$$

$$H_y(x,y+D,z) = H_y(x,y,z) \tag{12.2.39}$$

修正的完全匹配层(MPML)由各向异性的非物理有耗介质层组成。在这种介质中，麦克斯韦方程被修正为

$$\mu_0\frac{\partial H_{xy}}{\partial t} = -\frac{\partial E_z}{\partial y} \tag{12.2.40}$$

$$\mu_z\mu_0\frac{\partial H_{xz}}{\partial t} + \sigma_z^*\,H_{xz} = \frac{\partial E_y}{\partial z} \tag{12.2.41}$$

$$\mu_z\mu_0\frac{\partial H_{yz}}{\partial t} + \sigma_z^*\,H_{yz} = -\frac{\partial E_x}{\partial z} \tag{12.2.42}$$

$$\mu_0\frac{\partial H_{yx}}{\partial t} = \frac{\partial E_z}{\partial x} \tag{12.2.43}$$

453

$$\mu_0 \frac{\partial H_z}{\partial t} = \frac{\partial E_x}{\partial y} - \frac{\partial E_y}{\partial x} \tag{12.2.44}$$

$$\varepsilon_0 \frac{\partial E_{xy}}{\partial t} = \frac{\partial H_z}{\partial y} \tag{12.2.45}$$

$$\varepsilon_z \varepsilon_0 \frac{\partial E_{xz}}{\partial t} + \sigma_z E_{xz} = -\frac{\partial H_y}{\partial z} \tag{12.2.46}$$

$$\varepsilon_z \varepsilon_0 \frac{\partial E_{yz}}{\partial t} + \sigma_z E_{yz} = \frac{\partial H_x}{\partial z} \tag{12.2.47}$$

$$\varepsilon_0 \frac{\partial E_{yx}}{\partial t} = -\frac{\partial H_z}{\partial x} \tag{12.2.48}$$

$$\varepsilon_0 \frac{\partial E_z}{\partial t} = \frac{\partial H_y}{\partial x} - \frac{\partial H_x}{\partial y} \tag{12.2.49}$$

$$E_x = E_{xy} + E_{xz} \tag{12.2.50}$$

$$E_y = E_{yx} + E_{yz} \tag{12.2.51}$$

$$H_x = H_{xy} + H_{xz} \tag{12.2.52}$$

$$H_y = H_{yx} + H_{yz} \tag{12.2.53}$$

并且有

$$\sigma_z / \varepsilon_0 = \sigma_z^* / \mu_0 \tag{12.2.54}$$

$$\mu_z = \varepsilon_z \tag{12.2.55}$$

在计算中,为了刻画钢筋网的细节(如交叉点焊接与否),空间步长必须取得非常小,而 FDTD 法的稳定性条件要求时间步长满足:

$$\Delta t \leqslant \Delta / 2c \tag{12.2.56}$$

式中:Δt 为时间步长;Δ 为空间步长;c 为光速。例如空间步长 $\Delta = 3\text{mm}$,则时间步长一般取 $\Delta t = \Delta / 2c$,即 $\Delta t = 5 \times 10^{-12}\text{s}$。但电磁脉冲的持续时间和 Δt 相比是相当长的,一般为 μs 级,也就是说,如果差分计算在电磁脉冲完全通过屏蔽层时中止,则所需计算的总时间步数至少在 2×10^5 步以上。这在以往,如此巨大的计算量在微机和工作站上都是难以实现的。文献[15]提出了一种解决办法,即先以一个窄脉冲(如高斯脉冲)平面波照射屏蔽层,采用 FDTD 法求出穿透屏蔽层的瞬态响应,用该响应的频谱除以窄脉冲的频谱,得到电磁波穿透屏蔽层的频域传递函数。最后,对电磁脉冲的频谱函数与传递函数的积作傅里叶逆变换,则可得到电磁脉冲穿透屏蔽层的瞬态响应。

关于频域和时域屏蔽效能的求取,频域屏蔽效能定义明确,时域尚无明确定义,为便于问题的讨论,对有关量定义如下:

454

频域电场屏蔽效能 $\qquad$ $\mathrm{SE_e} = 20\lg \dfrac{|E_i(\omega)|}{|E_t(\omega)|}$ $\qquad$ (12.2.57)

频域磁场屏蔽效能 $\qquad$ $\mathrm{SE_m} = 20\lg \dfrac{|H_i(\omega)|}{|H_t(\omega)|}$ $\qquad$ (12.2.58)

频域电场传递函数 $\qquad$ $T_e = \dfrac{E_t(\omega)}{E_i(\omega)}$ $\qquad$ (12.2.59)

频域磁场传递函数 $\qquad$ $T_m = \dfrac{H_t(\omega)}{H_i(\omega)}$ $\qquad$ (12.2.60)

时域电场屏蔽效能 $\qquad$ $\mathrm{SE_{ep}} = 20\lg \dfrac{|E_i(t)|_{\max}}{|E_t(t)|_{\max}}$ $\qquad$ (12.2.61)

时域磁场屏蔽效能 $\qquad$ $\mathrm{SE_{mp}} = 20\lg \dfrac{|H_i(t)|_{\max}}{|H_t(t)|_{\max}}$ $\qquad$ (12.2.62)

式中:$E_i(t)$、$H_i(t)$ 分别为入射波电场和磁场;$E_i(\omega)$、$H_i(\omega)$ 为 $E_i(t)$、$H_i(t)$ 的频谱;$E_t(t)$、$H_t(t)$ 分别为穿透屏蔽层的电场、磁场(简称为泄漏场);$E_t(\omega)$、$H_t(\omega)$ 分别为 $E_t(t)$、$H_t(t)$ 的频谱。

为了研究屏蔽层宽带屏蔽特性,希望入射脉冲有较宽的频谱,尤其是频谱变化比较平缓而又有比较陡峭的截止特性。高斯脉冲具有这样的特性,其随时间的变化规律及傅里叶变换分别为

$$g(t) = \exp\left[-\frac{(t-t_0)^2}{T^2} \right] \qquad (12.2.63)$$

$$G(\omega) = \sqrt{\pi}\, T \exp\left[-\frac{T^2\omega^2}{4} \right] \qquad (12.2.64)$$

式中:t_0 的选择要保证 $t=0$ 时脉冲的起始值足够小;T 的选择决定于所需脉冲的频谱宽度。若 FDTD 的空间步长选为 $\Delta = 3\,\mathrm{mm}$,根据稳定性条件,时间步长可取 $\Delta t = \Delta/2c = 5\times10^{-12}\mathrm{s}$,则 t_0 和 T 分别取为 $t_0 = 200\Delta t$,$T = 30\Delta t$,于是可得 $t=0$ 时的脉冲起始值为 $g(0) = 4.99\times10^{-20}$。高斯脉冲的最高频率大约可达 $f_{\max} = 1/2T = 1/60\Delta t \approx 3.3\,\mathrm{GHz}$,对于研究核电磁脉冲的屏蔽问题而言已是够高了。

实际运算表明,当 FDTD 迭代运算到 10^3 步,高斯脉冲响应就基本收敛到零了。为保险起见,计算是在 8×10^3 步时中止的。在求得高斯脉冲透过屏蔽层的瞬态响应 $E_g(t)$、$H_g(t)$ 后,经傅里叶变换再除以高斯脉冲的频谱函数 $G(\omega)$,便可求得屏蔽层的频域传递函数:

$$T_e(\omega) = \left[\int_{-\infty}^{+\infty} E_g(t)\,\mathrm{e}^{-\mathrm{j}\omega t}\mathrm{d}t \right] / G(\omega) \qquad (12.2.65)$$

$$T_m(\omega) = \left[\int_{-\infty}^{+\infty} H_g(t)\,\mathrm{e}^{-\mathrm{j}\omega t}\mathrm{d}t \right] / G(\omega) \qquad (12.2.66)$$

于是 HEMP 透过屏蔽层的瞬态响应为

$$E_t(t) = \frac{1}{2\pi}\int_{-\infty}^{+\infty} T_e(\omega) \cdot E(\omega) e^{j\omega t} d\omega \qquad (12.2.67)$$

$$H_t(t) = \frac{1}{2\pi}\int_{-\infty}^{+\infty} T_m(\omega) \cdot E(\omega) \cdot \sqrt{\frac{\varepsilon_0}{\mu_0}} e^{j\omega t} d\omega \qquad (12.2.68)$$

式中：$E(\omega)$ 的表达式及有关参数取值见式（6.2.17）和式（6.2.18）。

上述运算通过 FFT 完成。考虑到高斯脉冲与 HEMP 相比，在时域中为窄脉冲，故运算中时域分辨率按高斯脉冲选取，频域分辨率按 HEMP 选取。

3）数值结果

部分计算结果如图 12.41 至图 12.44 所示，计算中入射电场强度峰值取 $1\text{V} \cdot \text{m}^{-1}$。

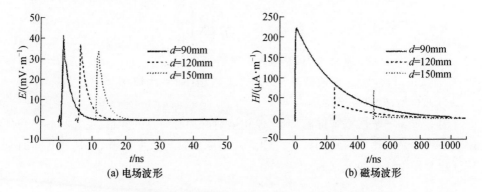

(a) 电场波形   (b) 磁场波形

图 12.41　EMP 穿透钢筋网后在不同传输距离（d）处的时域波形

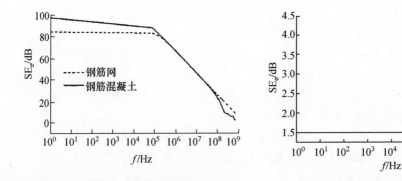

图 12.42　钢筋混凝土屏蔽层及钢筋网　　　图 12.43　100mm 厚无限大混凝土
　　　屏蔽层频域屏蔽效能比较　　　　　　　　介质板频域屏蔽效能

按图 12.41、图 12.42 中的数据，由式（12.2.61）、式（12.2.62）可求得钢筋网的时域电场屏蔽效能 SE_{ep}，时域磁场屏蔽效能 SE_{mp}，见表 12.19。表中数据表明，当传输距离 $d \geqslant 150\text{mm}$，SE_{ep} 和 SE_{mp} 就近似相等了。这说明，此时的透射波基本上为平面波。

456

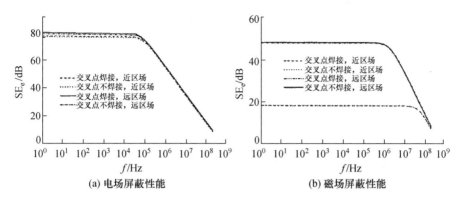

	(a) 电场屏蔽性能	(b) 磁场屏蔽性能

图 12.44　钢筋网交叉点焊接与不焊接时钢筋网屏蔽层对电磁脉冲的频域屏蔽效能

表 12.19　钢筋网的电磁脉冲屏蔽效能

d/mm	90	120	150
SE_{ep}/dB	27.6	28.8	29.6
SE_{mp}/dB	19.1	28.2	29.3

由图 12.42 可见,钢筋屏蔽网加上混凝土后,低频段的屏蔽效能有一定提高,而频率高于 10^5Hz 后,对屏蔽效能几乎就没有影响了。图 12.43 进一步说明,混凝土的电导率即使提高到 $\sigma_m = 10^{-2} S \cdot m^{-1}$(一般在 10^{-4} 左右),100mm 厚的无限大混凝土板屏蔽效能也很小。图 12.44 则表明,对平面波型电磁脉冲而言,钢筋网屏蔽层中的钢筋交叉点焊接与不焊接,对钢筋网的电磁脉冲屏蔽效能无明显影响。

12.2.4.2　钢筋混凝土屏蔽室模型电磁脉冲屏蔽效能的试验研究

1)试验模型及试验条件

试验模型:由单层钢筋网构成 2m × 2m × 2m 的屏蔽室或再利用钢筋网浇筑 100mm 厚混凝土构成钢筋混凝土屏蔽室。屏蔽室模型的钢筋网与钢筋混凝土材料规格列于表 12.20。

表 12.20　试验模型钢筋网或钢筋混凝土材料规格

模型编号	钢筋网规格	混凝土浇筑	备注
1	ϕ6 钢筋,50 × 50 网孔,交叉点全焊接	无	钢筋直径及网孔尺寸均以 mm 为单位
2	同模型 1	钢筋网两侧浇筑 100mm 厚混凝土层	
3	ϕ6 钢筋,50 × 50 网孔,交叉点全绑扎	无	
4	ϕ6 钢筋,100 × 100 网孔,交叉点全绑扎	无	
5	ϕ6 钢筋,200 × 200 网孔,交叉点全绑扎	无	
6	ϕ12 钢筋,100 × 100 网孔,交叉点全绑扎	无	
7	ϕ12 钢筋,200 × 200 网孔,交叉点全绑扎	无	

试验条件:将屏蔽室模型置于有界波电磁脉冲模拟器工作空间地面上中央位

置,试验设备及试件布置示意图见图 10.1,图中试件改为屏蔽室模型,去掉通信电缆、适配器和主控计算机。未放入试件时测得的场强波形见图 12.29。

2）试验结果

屏蔽室模型置于有界波电磁脉冲模拟器工作空间后,在其中心处测得的典型波形如图 12.45、图 12.46 所示。

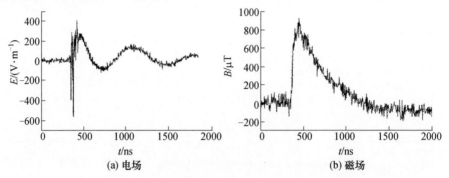

(a) 电场　　　　　　　　　　　(b) 磁场

图 12.45　焊接钢筋网屏蔽室模型中心处场强波形

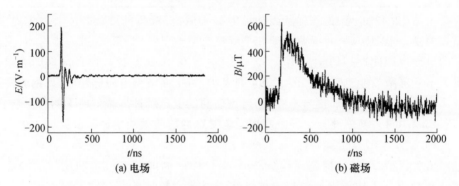

(a) 电场　　　　　　　　　　　(b) 磁场

图 12.46　焊接钢筋网混凝土屏蔽室模型中心处场强波形

其他绑扎式钢筋网模型中心处测得的场强波形与图 12.45 相比有些差别,这里不一一列举。此处以有无屏蔽室条件下同一测点的峰值场强来定义屏蔽室的屏蔽效能,即按下式计算屏蔽效能,所得出的各屏蔽室模型对电磁脉冲的屏蔽效能见表 12.21。

$$SE_e = 20\lg\frac{E_{op}}{E_{cp}} \tag{12.2.69}$$

$$SE_m = 20\lg\frac{B_{op}}{B_{cp}} \tag{12.2.70}$$

式中:SE_e 为屏蔽室对脉冲电场的屏蔽效能(dB);E_{op} 为模拟器工作空间未放入屏蔽室模型时某一测点的峰值电场强度(V·m^{-1});E_{cp} 为模拟器工作空间放入模型后同一测点(为模型中心处)的峰值电场强度(V·m^{-1});SE_m 为屏蔽室对脉冲磁

场的屏蔽效能(dB);B_{op}为未设屏蔽室时某一测点的峰值磁感应强度(T);B_{cp}为设屏蔽室后同一测点(这里取屏蔽室中心处)的峰值磁感应强度(T)。

表 12.21　各屏蔽室模型对电磁脉冲的时域屏蔽效能

模型编号	屏蔽效能/dB	
	电场	磁场
1	44.4	27.8
2	50.8	31.3
3	51	27
4	35.1	19.2
5	27.1	13.3
6	39.9	18.7
7	34.7	14.9

3)试验结果分析

(1)由表 12.21 所列数据可以看出,对于平面波型脉冲电磁场(无论电场还是磁场),钢筋网均具有一定的屏蔽效能。由相同直径的钢筋构成的钢筋网,其钢筋间距越小,屏蔽效能越高;由不同直径钢筋构成的网孔尺寸相同的钢筋网,其钢筋越粗,屏蔽效能越高,这是不言而喻的。然而,让我们感兴趣的是,模型 3 和模型 6 相比,虽然模型 3 的钢材用量为模型 6 的一半,但模型 3 的屏蔽效能却明显高于模型 6,这是因为模型 3 钢筋网孔较小的缘故。这一试验结果意味着在钢材用量不变的条件下,细钢筋密网格,有利于电磁脉冲屏蔽效能的提高。

(2)对比模型 1 和模型 3 的试验数据可以看出,钢筋交叉处焊接与绑扎的相比,屏蔽效能不仅没有提高,甚至绑扎钢筋网的电场屏蔽效能还要高出将近 7dB,这是不符合一般规律的。经分析认为,在对钢筋网交叉处进行绑扎时,所用铁丝的长尾也起到一定的遮挡作用,从而导致绑扎钢筋网的屏蔽效能偏高。对焊接钢筋网和绑扎钢筋网作对比试验的目的在于,考察钢筋交叉点电接触是否良好对屏蔽效能的影响。为此,又做了一个补充试验,将模型 3 在室外放置了相当长一段时间,待铁丝锈蚀后重新作了测试。此时,电场屏蔽效能由 51dB 下降为 39.5dB,磁场屏蔽效能由 27dB 下降为 21.1dB。试验结果表明,钢筋交叉点焊接或采取其他措施保证电接触良好,可提高钢筋网的屏蔽效能,但提高得不多。

(3)从表 12.21 中模型 1 和模型 2 的测试数据看,钢筋网在浇筑混凝土后对电磁脉冲的屏蔽效能有所提高。再比较一下图 12.45 和图 12.46 的波形,不难看出,在这两个模型中心处测得的磁感应强度波形差别不大,但电场波形存在较大的差异。为了进一步比较,这里对图 12.29、图 12.45(a)、图 12.46(a)所示波形作了频谱分析,其结果如图 12.47 所示。

由图 12.47 可以清楚地看出,浇筑混凝土后,低频段屏蔽效能增加了近 20dB。

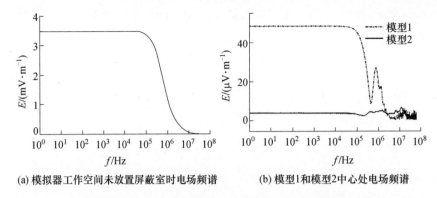

(a) 模拟器工作空间未放置屏蔽室时电场频谱　　(b) 模型1和模型2中心处电场频谱

图 12.47　图 12.29 与图 12.45(a)和图 12.46(a)的频谱比较

更为重要的是,未浇筑混凝土的钢筋网屏蔽室,在 1MHz 附近屏蔽效能显著降低,这是屏蔽室在该频率上出现了谐振所致,即通常所说的"谐振灾难"。在浇筑混凝土后,在电磁脉冲频谱所覆盖的频段内,这一谐振现象消失了。这里得出了两点有意义的结论:其一,按实壁谐振腔体考虑,该屏蔽室模型几何尺寸所决定的最低谐振频率约为 107MHz,而由网状屏蔽体所构成的相同尺寸的屏蔽室,谐振频率远远低于实壁屏蔽体。其二,浇筑混凝土后使屏蔽室在低频段的屏蔽效能大大提高,并且消除了电磁脉冲频谱范围内的"谐振灾难"。

关于网状屏蔽体对腔体谐振频率的影响问题可以这样来解释:钢筋网或钢筋混凝土屏蔽层在泄漏场中除了传输电磁能量外,屏蔽层附近为磁场占优势的低阻抗场。由于磁场相对集中,可将屏蔽层粗略地看作感性负载,其实部(电阻部分)对应于泄漏场中的传输能量,虚部(感抗部分)对应于磁场储能。于是,钢筋网一类网状屏蔽墙体与理想导电板构成的谐振腔的电壁相比,二者的作用是有区别的。可粗略地认为,后者相当于端接了短路负载,而前者相当于端接了感性负载,相当于扩大了谐振腔的体积,从而造成了谐振频率的下降。

综上所述,可以得出如下结论:

(1) 理论研究和试验研究的结果均表明,建筑结构中的钢筋网经专门设计可构成屏蔽室,对电磁脉冲具有一定的屏蔽作用。就平面波型电磁脉冲的峰值而言,试验结果,钢筋网屏蔽室对电场的屏蔽效能可达 40dB 上下,对磁场的屏蔽效能可达 20dB 上下。钢筋越粗,钢筋网的网孔越小,屏蔽作用越强。在钢筋用量不变的条件下,选细钢筋密网格,可提高屏蔽效能。

(2) 对平面波型电磁脉冲,钢筋交叉点焊接的钢筋网,其屏蔽效能与交叉点电接触不良的相比,差别不大。计算结果,这一差别几乎可以忽略。试验结果,交叉点焊接的,其电场屏蔽效能高出约 10dB,磁场屏蔽效能高出约 5dB。

(3) 钢筋网在浇筑混凝土后,对电脉冲的屏蔽作用有所提高,计算结果和试验结果均表明,10^5Hz 以下的低频屏蔽效能增加显著。模型试验结果还说明,浇筑混凝土后,使电磁脉冲频谱范围内的"谐振灾难"消除。

12.2.5　不同屏蔽材料对平面波型电磁脉冲的屏蔽效能

除了钢筋网以外,钢板网、白铁皮、钢板等都是常用的建筑材料,若结合墙体抹面、装修和建筑结构等方面的需要,构成具有不同材料屏蔽体的屏蔽室,用于屏蔽电磁脉冲,可提高工程的效费比。对于用这些材料构成的屏蔽室,本节对其电磁脉冲屏蔽效能作定量分析时,仍采用电磁脉冲模拟试验的方法来实现。

12.2.5.1　钢板网屏蔽室对电磁脉冲的屏蔽效能

将不同规格的钢板网用铁钉钉在 $2m \times 2m \times 2m$ 的木龙骨支架上,制成钢板网屏蔽室模型。钢板网屏蔽室模型置于有界波电磁脉冲模拟器工作空间试验时的实物照片见图 12.48。模型放入后,于其中心处测得的电场和磁场的典型波形如图 12.49 所示。

图 12.48　钢板网屏蔽室屏蔽效能试验实物照片

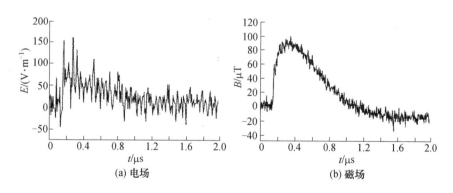

(a) 电场　　　　　　　　　　　(b) 磁场

图 12.49　钢板网屏蔽室模型中央处电场和磁场的典型波形

测试结果表明,由钢板网构成的屏蔽室对电场的屏蔽效能为 40~50dB,对磁场的屏蔽效能为 20~30dB。钢板网网孔小的屏蔽效果优于网孔大的。就测得的波形看,与钢筋笼相比,网孔大的钢板网与网孔小的钢筋网类似,网孔小的钢板网,透入的电场波形衰减更快,持续时间更短,说明低频分量更难通过。从工程使用角度,采用网孔小的钢板网有利于提高其电磁脉冲屏蔽效能。

12.2.5.2 钢板网水泥砂浆抹面结构模型对电磁脉冲的屏蔽效能

利用以上试验所用的钢板网屏蔽室(选择其中网孔大小适中的),内衬木板条,外表面抹上厚约50mm的水泥砂浆,制成钢板网水泥砂浆抹面结构模型。将该模型置于有界波电磁脉冲模拟器工作空间,在模型内测得的典型电场波形及磁场波形如图12.50所示,根据模型内各点测得的电场强度及磁感应强度峰值计算得出的屏蔽效能:对电场多数测点大于50dB,磁场约为30dB。

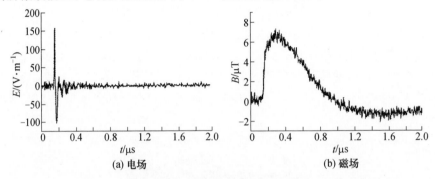

(a) 电场   (b) 磁场

图 12.50　钢板网水泥抹面结构模型内测得的典型场强波形

试验结果分析:

(1) 由试验结果可以看出,对相同型号的钢板网,加水泥砂浆抹面后,对电场的屏蔽效能提高约10dB;对磁场的屏蔽效能提高的数量还要高一些。考虑到该结构模型制作期间阴雨不断,不仅水泥抹面含有一定水分,而且木板条内衬含水量较高,对该模型的屏蔽效能有所贡献。换言之,所测得的屏蔽效能是钢板网、水泥砂浆抹面与木板条内衬的综合效能。如果除去木板条内衬的贡献,估计屏蔽效能有所减少。

(2) 由测得的波形看,仅有钢板网时,电场波形为单极性,较之入射波大大变窄,低频分量明显丢失。磁场虽失去一些低频分量,但波形基本维持指数波形状。加水泥抹面及木板条衬后,电场波形变窄的同时,变为双极性。这是入射波在多层界面间多次反射的结果。

12.2.5.3 白铁皮屏蔽室对电磁脉冲的屏蔽效能

用木龙骨做成 2m×2m×2m 的木支架,取 2m×1m×0.75mm 的整张白铁皮对接贴于木支架上,所有缝隙处加50mm宽的白铁皮压条或40mm×40mm×0.75mm的白铁皮包角,用两排木螺丝固定,木螺丝间隔200mm,左右两排相互错开100mm。试件背向来波方向的一面设置一400mm×800mm的人员出入口,装有铁皮门并与四周铁皮压紧。出入口下方设一φ12mm×40mm的截止波导管供量测系统的光缆穿越。试件置于有界波模拟器工作空间,现场照片见图12.51。白铁皮屏蔽室中心处测得的电场波形及磁场波形如图12.52所示。

测试结果表明,白铁皮固定于木龙骨支架上构成的屏蔽室,在接缝处作简单处

图 12.51　白铁皮屏蔽室屏蔽效能测试现场照片

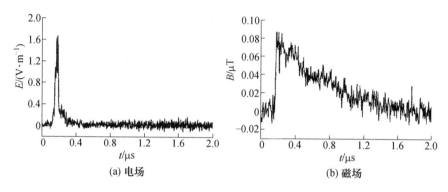

(a) 电场　　　　　　　　　　　　　　(b) 磁场

图 12.52　白铁皮屏蔽室中央测得的场强波形

理的情况下可获得较高的电磁脉冲屏蔽效能。电场屏蔽效能在 90dB 上下,磁场屏蔽效能接近 70dB。从测得的波形看,透入屏蔽室的脉冲电场波形大大变窄,磁场波形基本维持指数波形式。可见,白铁皮对入射脉冲电场低频分量的(反射)衰减量是比较高的。

12.2.5.4　钢板屏蔽室对电磁脉冲的屏蔽效能

用 2mm 厚的钢板焊接成 2m × 2m × 2m 的全封闭屏蔽室,置于有界波电磁脉冲模拟器工作空间,屏蔽室背向来波方向的一面设置一 420mm × 760mm 的人员出入口,该出入口用钢板覆盖,以间隔为 100mm 的螺钉紧固。出入口下方设一 ϕ12mm × 40mm 的截止波导管供量测系统的光缆(非金属加强件)穿越,试验现场照片如图 12.53 所示。

试验结果:在屏蔽室内任何测点用灵敏度分别为 $0.5\ \mathrm{V\cdot m^{-1}}$ 和 $0.008\mu\mathrm{T}$ 电场探头和磁场探头均测不到任何信号。模拟器工作空间在未放入试件时,电场强度峰值 $E_{\mathrm{op}} = 68000\mathrm{V\cdot m^{-1}}$,磁感应强度 $B_{\mathrm{op}} = 227\mu\mathrm{T}$,依所用测试探头的灵敏度,在测不出任何信号的情况下,说明测点处电场强度峰值 $E_{\mathrm{p}} < 0.5\ \mathrm{V\cdot m^{-1}}$,磁感应强度峰值 $B_{\mathrm{p}} < 0.008\mu\mathrm{T}$。因此,可以断定钢板屏蔽室对电磁脉冲的屏蔽效能如下:

对电场　　　　　　　$\mathrm{SE_e} > 20\lg(68000/0.5) = 103(\mathrm{dB})$

对磁场　　　　　　　$\mathrm{SE_m} > 20\lg(227/0.008) = 89(\mathrm{dB})$

图 12.53　钢板屏蔽室屏蔽效能测试现场照片

　　对上述不同材料屏蔽室模型在电磁脉冲模拟试验中测得的数据作整理和归纳,可得出这些屏蔽体材料对电磁脉冲的屏蔽效能,有关数据列于表 12.22。

表 12.22　不同材料屏蔽室模型在有界波电磁脉冲

模拟器中测得的电磁脉冲屏蔽效能

序号	屏蔽体材料及其规格	屏蔽效能 SE/dB		备注
		电场	磁场	
1	0.75 白铁皮	92.2	68	钢板网型号含义:板厚 - 网孔长对角线×网孔短对角线×网丝宽度(单位均为 mm)
2	1 - 25 × 12 × 1.2 钢板网	52.6	27	
3	1.2 - 60 × 40 × 2 钢板网	41.8	23.8	
4	1.5 - 100 × 50 × 3.1 钢板网	40.8	22.1	
5	1.2 - 60 × 40 × 2 钢板网混凝土砂浆抹面	52.7	30	
6	2mm 钢板焊接式屏蔽体	>103	>89	实际值更大,受探头灵敏度限制未测出

参 考 文 献

[1] 周璧华,陈彬,石立华,等. 核电磁脉冲在岩土介质中的传播研究 [J]. 解放军理工大学学报,2001,2(1):49 - 57.

[2] Cheng D J, Zhou B H, Shi L H. An investigation into under - ground EMP produced by a surface burst [C]. Proc. Int. Symp. on EMC, Beijing, China,1992:40 - 43.

[3] Chen B, Zhou B H. A Study of the underground EMP environment of high - altitude nuclear explosion [C]. Proc. Int. Symp. on EMC, Sendai, Japan,1994:97 - 99.

[4] Delogne P. Leaky feeders and subsurface radio communications [M]. Belgium:Peter Peregrinus Ltd, 1982

[5] Cook J C. Radar Tran. Sparencies of mineand tunnel rocks [J]. Geophysics, 1975, 40(5):865 - 885.

[6] Scott J H. Electrical and magnetic properties of rock and soil:AFWL EMP 2 - 1 [R]. 1971.

[7] Longmire C L, Gilbert J L. Theory of EMP coupling in the source region:AD - A108751 [R]. 1980.

[8] Vittitoe C N. Models for electromagnetic pulse production from underground nuclear explosions, Part IX:Models for tow Nevada Soils:SC - RR - 72 0173 [R]. 1972.

[9] 万海军,周璧华,陈彬,等. HEMP 穿透无限大有耗介质板的色散影响研究 [C]. 2000 年全国电磁兼容学术会议,张家界,中国,2000, 112 - 119.

［10］白同云，赵姚同．电磁干扰与兼容［M］．长沙：国防科技大学出版社，1991．

［11］赖祖武．电磁干扰防护与电磁兼容［M］．北京：原子能出版社，1993．

［12］孔金瓯．电磁波理论［M］．吴季，等译．北京：电子工业出版社，2003．

［13］Richard B S, et al. Shielding theory and practice［J］. IEEE Trans. on EMC 1988，30（3）：187 – 201.

［14］吕仁清，蒋全兴．电磁兼容性结构设计［M］．南京：东南大学出版社，1990．

［15］陈彬．FDTD 法及其在核电磁脉冲防护等问题中的应用［D］．南京：工程兵工程学院，1997．

［16］周璧华，陈彬，高成，等．钢筋网及钢筋混凝土电磁脉冲屏蔽效能研究［J］．电波科学学报，2000，15（3）：251 – 259．

第13章 与电磁脉冲相关的接地问题

接地的目的是为了在正常和事故情况下,利用大地作为接地回路的一个元件将接地处的电位固定在某一允许值上。接地电位的大小,除与入地电流的峰值(或振幅)和波形有关外,还与接地体的组成(含结构、电参数、几何形状和尺寸)及大地的电参数有关。可按不同情况、不同要求,对接地系统进行分类。从电磁防护的角度看,接地可分为两大类,一是安全接地(又分设备安全接地和防雷接地),二是干扰控制接地,即信号接地。而就电气设备而言,接地又分工作接地、保护接地、防雷接地等三种。

工程上一般不单独设置防核电磁脉冲接地,而是与防雷接地、保护接地、工作接地一起组成一个共用接地系统。无疑,此时对工频接地电阻的要求应以有关标准规定的各种接地电阻的最小值为依据,至少不应大于 4Ω。非电力设备(通信及其他电子设备、电子计算机)的接地,除有特殊要求者外,也可采用共用接地系统,此时工频接地电阻一般不宜大于 1Ω。如果非电力设备要独立设置接地系统,其工频接地电阻不宜大于 4Ω,并且与共用接地系统的距离应大于 $20m$。对于有防核电磁脉冲要求的工程,在设计共用接地系统时,除应遵守有关标准的规定外,在接地体的形式和规格、尺寸以及接地线规格等方面必须满足防核电磁脉冲的要求,通常情况下,冲击接地电阻不宜大于 10Ω。

本章首先回顾前人对冲击接地问题的研究成果,在此基础上介绍本书作者及其团队对接地系统冲击阻抗的一些研究成果,其中包括对不同类型接地系统冲击阻抗的数值分析结果和实测结果。特别是针对新近出现的一些非金属接地模块、可移动的便捷接地装置等所进行的数值模拟和测试研究。

13.1 冲击接地问题

处于电磁脉冲环境中的电子、电气设备及系统,其接地状况、接地系统的瞬态电磁特性是影响设备安全的重要因素之一。对于电磁脉冲的防护不能不考虑设备和系统的接地问题,冲击接地电阻是工程上常用的描述接地系统对脉冲电流响应特性的参数。

13.1.1 概述

接地体的散流特性与流经它的电流性质有关。第 6 章理论分析表明,在

HEMP 作用下,10kV 电力系统的最大的脉冲短路电流峰值为 3 ~ 5kA,峰值时间为 100 ~ 300ns,持续约 1 μs。发生在云与地之间的闪电其放电电流一般为几十千安,最大可达二三百千安。与直流、工频相比较,此类电磁脉冲环境中产生的冲击电流通过接地体散流有如下特点:

(1)流入接地体的冲击电流其高频分量很丰富,例如,上述 HEMP 作用下的脉冲短路电流,所分布频段的高端达兆赫以上,地闪回击电流覆盖的频段最高也达上兆赫。因此,除接地体本身的导电性能和土壤电导率与介电常数以外,接地体的电感和对地电容等都会直接影响散流过程,其影响程度取决于接地体的构成(包括组成、电磁参数)、入地电流特性、大地电参数(σ_g、ε_{rg})等。

(2)接地体(或地网)无论多大,在工频情况下,总可以把接地体的表面看成等位面,故接地体(或地网)可以全部利用。而在冲击电流作用下,接地体的表面并非等位面,接地体不能得到充分利用,这对散流不利。

(3)冲击电流在地下流动时,由于高频电流的趋肤效应,不像直流那样可以穿透无限深处的地层,也不像工频电流那样具有比较大的穿透深度,而是在距离地面不太深的范围内流动。这一现象不利于散流。

(4)在高频情况下,大地的电参数 σ_g 有增大的趋势,ε_{rg} 有减小的趋势。当地中场强较高时,电流、电压可能出现非线性。这些现象对散流有利,但目前对此类问题的研究甚少。

(5)对形形色色的电磁脉冲而言,一般情况下所覆盖的频段较宽,冲击接地电阻(阻抗)的时域特性如何,对接地泄流的质量会产生怎样的变化,接地装置、接地系统应如何优化,值得关注。

(6)以往的接地体均采用金属材料,而今除引上线采用钢材外,专用接地模块可由不同非金属复合材料构成,模块还可进行各种组合。有的接地模块甚至是柔性的、非埋地的,等等,给脉冲电流接地问题带来了一些有待解决的新课题。

综上所述,无论 HEMP、LEMP 或其他电磁脉冲环境下产生的冲击电流,在大地中散流时具有不同于工频电流的许多特性。下面首先沿用常用的冲击接地概念对冲击接地问题进行量化分析,基于前人相关研究成果,给出工程上计算冲击接地电阻的算式。

13.1.2 接地装置的冲击接地参数

度量接地装置冲击接地作用的参数有冲击接地电阻、冲击接地阻抗、冲击系数等三种。

13.1.2.1 冲击接地电阻

$$R_{imp} = U_P/I_P \qquad (13.1.1)$$

式中:R_{imp} 为冲击接地电阻(Ω);U_P 为接地体对地冲击电压峰值(V);I_P 为流入接地体的冲击电流峰值(A)。

因为冲击电压和冲击电流的峰值往往不在同一时刻出现（由于接地体电感的作用，冲击电压峰值出现在电流峰值之前），所以冲击接地电阻是一个人为的概念。工程上利用这一定义，可以方便地在已知冲击电流峰值和冲击接地电阻的条件下，计算出冲击电流通过接地体散流时的电压峰值。

13.1.2.2　冲击接地阻抗

冲击接地阻抗为接地点冲击电压与冲击电流的瞬时值之比，可写为

$$Z_{imp} = u(t)/i(t) \tag{13.1.2}$$

式中：Z_{imp} 为冲击接地阻抗（Ω）；$u(t)$ 为接地点冲击电压瞬时值（Ω）；$i(t)$ 为流入接地体冲击电流瞬时值（Ω）。

Z_{imp} 作为时间的函数，反映了接地体对冲击电流的动态响应过程以及冲击电压、冲击电流的峰值与相互关系。

13.1.2.3　冲击系数

$$\alpha = Z_{imp}/R_{pow} \tag{13.1.3}$$

式中：α 为冲击系数；Z_{imp} 为冲击接地阻抗（Ω）；R_{pow} 为工频接地电阻（Ω）。

有了冲击系数，在接地体形状、大地电阻率以及冲击电流波形一定时，可以很方便地利用工频接地电阻来估计冲击接地电阻的大小。但由于工频电流和冲击电流在接地体中的散流机理差异很大，因而冲击系数仅适用于简单、集中的接地体，对于尺寸较大的接地网或连续水平接地体以及非传统接地体来说，冲击系数毫无意义。

13.1.3　冲击接地阻抗的时间特性[1]

当电流由接地体向地中散流时，该电流由传导电流和位移电流两个分量组成，其电流密度分别为传导电流密度 δ_c 和位移电流密度 δ_d，有

$$\delta_c = \sigma_g E \tag{13.1.4}$$

$$\delta_d = \omega \varepsilon_g E \tag{13.1.5}$$

式中：E 为大地中电场强度（V·m^{-1}）；ω 为电流的角频率（rad·s^{-1}）；σ_g 为大地电导率（S·m^{-1}）；ε_g 为大地介电常数（F·m^{-1}）。

定义一个系数 k，有

$$k = \delta_c/\delta_d = \sigma_g/(\omega \varepsilon_g) \tag{13.1.6}$$

当 $k > 10$，可以不计位移电流，如工频接地那样；若 $k < 10$，则必须考虑位移电流，即接地体电容对散流的影响。当电磁脉冲电流上升沿部分对应的角频率为 $(1 \sim 3) \times 10^7$ rad·s^{-1}，大地的电参数 ε_{rg} 为 $5 \sim 50$，σ_g 为 $10^{-3} \sim 10^{-2}$ S·m^{-1}，在设计用于电磁脉冲防护的接地装置时，一般都应考虑接地体电容的作用。以单根水平接地体为例，在脉冲电流作用下可等效为一传输线，如图 13.1 所示。在脉冲电

流流入接地体的最初瞬间,冲击阻抗与接地体的工频电阻无关,接地体的冲击阻抗 $Z_0 \approx (L'/C')^{1/2}$。当电流往接地体深处流动时,土壤的传导电流比例增加,这时接地体的冲击阻抗主要由接地体电感和土壤电导决定,称为"电感—电导"泄流过程。最后当电流变化率很小,电感可忽略不计,冲击阻抗出现电阻性质,趋于工频接地电阻。典型的冲击阻抗时间特性如图 13.2 所示。

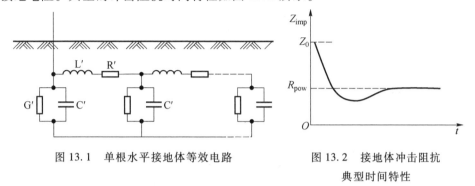

图 13.1 单根水平接地体等效电路　　图 13.2 接地体冲击阻抗
典型时间特性

通常,接地体的冲击接地阻抗大于工频接地电阻,因此在电磁脉冲防护接地设计时,应尽量减小接地体的冲击接地阻抗和缩短其达到工频接地电阻的时间,即减小接地体的电感和增大电容。

13.1.4　单根接地体冲击接地电阻的估算[1,2]

接地体多采用钢材,对其要求的最小尺寸列于表 13.1。

表 13.1　接地体材料最小尺寸

类别		最小尺寸/mm
圆钢(直径)		10
角钢(厚度)		4
钢管(壁厚)		3.5
扁钢	截面/mm²	100
	厚度	4

由式(13.1.3),电磁脉冲电流作用下单根等截面接地体的冲击电阻可按下式计算

$$R_{\mathrm{imp}} = \alpha \cdot R_{\mathrm{pow}} \tag{13.1.7}$$

式中:α 为冲击系数;R_{pow} 为工频接地电阻(Ω)。

13.1.4.1　工频接地电阻的计算

以图 13.3 和图 13.4 所示的单根垂直接地体和水平接地体为例,给出估算其工频接地电阻表达式。

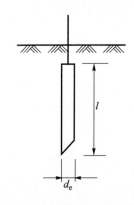

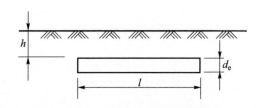

图 13.3　垂直接地体示意　　　　图 13.4　水平带状接地体示意图

（1）垂直接地体的工频接地电阻为

$$R_{\text{vpow}} = \frac{1}{2\pi l_{\text{v}} \sigma_{\text{g}}} \ln \frac{4l_{\text{v}}}{d_{\text{e}}} \tag{13.1.8}$$

式中：σ_{g} 为土壤电导率（S·m^{-1}），参考数据见表 13.2，下同；l_{v} 为垂直接地体的长度（m）；d_{e} 为接地体直径或等效直径（m），数据见表 13.3，下同。

至于接地体上端是否紧贴地面，R_{vpow} 值相差有限，一般情况下埋深不宜小于 0.7m。

（2）水平带状接地体的工频接地电阻为

$$R_{\text{hpow}} = \frac{1}{2\pi \sigma_{\text{g}} l_{\text{h}}} \ln \frac{l_{\text{h}}^2}{h d_{\text{e}}} \tag{13.1.9}$$

式中：σ_{g} 为土壤电导率（S·m^{-1}）；l_{h} 为水平接地体长度（m）；h 为水平接地体埋深（m），一般取 0.8m；d_{e} 为接地体等效直径（m）。

表 13.2　土壤电导率参考值

土壤类别		σ_{g}/(S·m^{-1})
含有机物的潮湿黏土		10^{-1}
一般潮湿土壤		10^{-2}
沙质或一般干燥土壤		10^{-3}
沙石、碎石、多石土地		10^{-4}
花岗石		10^{-5}
混凝土	在水中	2×10^{-2}
	在湿土中	10^{-2}
	在干土中	10^{-3}
	在干空气中	10^{-4}
海水		0.25
淡水		1.25×10^{-2}

表 13.3 常用型钢的等效直径

种类	圆钢	钢管	扁钢	角钢
简图				
d_e	d	d	$b/2$	等边 $d_e = 0.84b$ 不等边 $d_e = 0.71(b_1 b_2(b_1^2 + b_2^2))^{1/4}$

（3）不同形状水平接地体的工频接地电阻。

由式（13.1.9）可以看出，R_{hpow} 随 l_h 的增加而减小，为减小 R_{hpow}，应增加接地体的长度，但长度增加至 10m 以上时 R_{hpow} 的下降率就减缓了。于是考虑在接地体总长度不变情况下采用等截面长导体构成不同形状的水平接地体，通过增加接地体与大地接触的面积来降低 R_{hpow} 值。虽然当水平接地体取非直线形状时，各接地段之间或环形段内侧会产生散流屏蔽效应，使其散流效应受到不同程度的限制，但可选择合适的形状使 R_{hpow} 值减小。此时，R_{hpow} 的算式可改写为

$$R_{hpow} = \frac{1}{2\pi\sigma_g l_h}\left(\ln \frac{l_h^2}{hd_e} + k \right) \qquad (13.1.10)$$

式中：l_h 为水平接地体总长度，除增加了形状系数 k 之外没有其他变化。不同形状接地体的 k 值列于表 13.4。

表 13.4 非直线型水平接地的形状系数 k 值

形状							
k 值	0.378	0.867	2.14	5.27	8.81	1.69	0.48

13.1.4.2 单根接地体冲击系数的估算[2]

对于尺寸较小的单根接地体，其冲击特性对于冲击电流的波形变化不甚敏感，对雷电流而言，冲击系数 α 可按下式估算

$$\alpha = 1/[0.9 + 10^{-3}a'(10^{-3}I_{pimp} \cdot \rho_g)^{0.8}/l^{1.2}] \qquad (13.1.11)$$

式中：I_{pimp} 为通过接地体冲击电流峰值（kA），一般取为 3kA；ρ_g 为土壤电阻率（$\Omega \cdot m$）；l 为接地体长度（m）；a'、m 为系数，对垂直接地体 $a' = 0.9$，$m = 0.8$，对水平带状接地体 $a' = 2.2$，$m = 0.8$。

13.1.5 多根并联接地体冲击电阻的估算[2]

（1）由水平接地体连接的 n 根垂直接地体组成的接地装置，其冲击接地电阻可按下式计算：

$$R_{\text{nvimp}} = \left[\left(R_{\text{vimp}}/n \right) \cdot R_{\text{himp}} / \left(R_{\text{vimp}}/n + R_{\text{himp}} \right) \right] \cdot \eta_{\text{imp}}^{-1} \qquad (13.1.12)$$

式中：R_{vimp} 为每根垂直接地体的冲击电阻（Ω）；R_{himp} 为每根水平接地体的冲击电阻（Ω）；η_{imp} 为接地体的冲击利用系数（见表 13.5）。

（2）n 根等长辐射式水平接地体冲击接地电阻按下式计算

$$R_{\text{nhimp}} = \frac{R_{\text{himp}}}{n} \cdot \frac{1}{\eta_{\text{imp}}} \qquad (13.1.13)$$

式中：R_{himp} 为每根辐射式水平接地体的冲击电阻（Ω）；η_{imp} 为接地体的冲击利用系数（见表 13.5）。

表 13.5　接地体的冲击利用系数 η_{imp}

接地体形式	接地导体根数	冲击利用系数	备注
n 根水平射线 （每根 10～80m）	2	0.83～1.0	较小值用于较短的射线
	3	0.75～0.90	
	4～6	0.65～0.8	
以水平接地体连接 的垂直接地体	2	0.80～0.85	垂直接地体间距与垂直接地体长度之比 $D/l_{\text{v}} = 2～3$
	3	0.70～0.80	
	4	0.70～0.75	
	6	0.65～0.70	

13.1.6　一般性问题

13.1.6.1　自然接地条件的利用

对于那些本来就埋设于大地中的金属导体，例如混凝土地基中的钢筋、隧道被覆或护坡结构中的锚杆与钢筋、埋地的金属水管或水箱等，将其与附近的接地体相连接，可有效地降低接地系统的接地电阻。在设计接地系统时可考虑对这些金属导体的利用，通过接地主干线将这些埋地金属导体并联起来，使整个接地系统形成树干式布局。

13.1.6.2　长效化学降阻剂的应用

应用降阻剂改良土壤以降低土壤的电阻率，是通常采用的减小接地体接地电阻的方法之一。传统的降阻剂如食盐、木炭等因其具有腐蚀性或降阻效果不持久，目前已逐渐为长效化学降阻剂取代。

长效化学降阻剂由多种化学物质组成，平时呈液体状，固化后为不溶于水的凝胶体。该降阻剂降阻的机理是：呈水状液体的降阻剂具有很强的渗透能力，浇入接地体周围后即刻呈树枝状向四周渗透扩散，并在数分钟内聚合成凝胶状物，将接地极紧紧包住。这种包住接地极的纯胶状物虽然直径只有 15～20cm，但伸向四周的树枝状芒刺可达数米且电阻率很低（小于 $0.1\Omega \cdot m$），大大降低了土壤与接地极的接触电阻，相当于将接地极加粗加长，从而使接地电阻大大减小。

长效化学降阻剂的特点如下：

（1）降阻效果好，一般可使接地电阻降低到不采用时的 20% ~ 50%；

（2）降阻效果持久，预计寿命在 20 年以上；

（3）有良好的耐冲击特性，具有迅速均匀的散流能力；

（4）经济、使用方便。

目前国内生产长效化学降阻剂的厂家很多，市场上的降阻剂型号各异，使用时应注意按产品使用说明施工。特别要注意不可对环境造成污染。

13.2　接地系统冲击阻抗的数值分析

采用数值方法对接地系统的冲击阻抗进行分析，是近三四十的事。自 1987 年 Papalexopoulos A. D. 等基于传输线概念，采用有限元分析方法，在文献[4]中提出了电力接地系统与瞬态特征相应的频域计算模型以来，1990 年 Grcev L. 等给出了基于有限元法的接地系统瞬态分析模型[5]，此后文献[6-9]也都采用有限元法对接地系统进行了分析。为数不多的关于接地系统冲击响应方面的数值分析大多针对电力系统接地网，对水平长导体接地模型的计算，采用传输线模型近似。有关接地系统冲击响应的理论或实验研究成果中，未见给出接地系统冲击阻抗的具体波形。值得一提的是，Tanabe K. 于 2000 年采用 FDTD 法，分析了高压输电线的铁塔埋地基础在雷电泄流情况下的冲击阻抗，并将计算结果与实验数据进行了对比[10]，此后 Tanabe K. 、Yoshihiro Baba 等陆续发表了采用 FDTD 法分析接地体瞬态特性的论文[11-15]。2006 年，Masanobu Tsumura 等用 FDTD 法分析了水平接地体并给出了等效电路模型[16]。接下来，随着非金属及可移动接地模块的出现，如何评估其在雷电流等脉冲电流泄流情况下的动态响应，不同的形状、尺寸与电磁特性、不同的大地电参数与埋设方法或敷设方法会对接地系统的冲击接地阻抗产生什么样的影响等问题，提上了日程。贺宏兵、陈加清等对接地体在脉冲泄流时瞬态特性的分析也都采用了 FDTD 法[17-26]，并分别在 2007 年、2009 年完成的博士学位论文[27,28]中，对块状非金属接地体和金属线状接地体所构成的接地系统，在雷电流泄流情况下的冲击阻抗(Transient Grounding Resistance TGR)，采用 FDTD 法进行了数值分析，给出了不同接地体在不同埋设情况下的 TGR 波形。同时搭建了 TGR 测试装置，用试验方法研究了接地系统的动态响应，给出了相应的 TGR 的波形。熊润等在文献[29,30]中提出了一种模拟接地系统中角钢、扁钢和方钢的 FDTD 亚网格技术，可在正常网格尺寸下较为精确地模拟接地体的响应。付亚鹏、曲新波等则针对车辆类可移动装置的接地问题，研制成一种软垫式接地模块，便于在不同岩土介质地面上快速敷设且与地面保持良好的电接触[33,36]。继而利用所研制的接地模块构成不同组合的接地装置，以雷电流模拟装置为源，在土壤、草地、水泥地三种路面条件下对其进行了一系列实验研究；采用 FDTD 法进行数值模拟，取得了与实验实测数据较为一致的数值结果[31,32]。

13.2.1 块状接地体冲击接地阻抗分析

贺宏兵等[27]参照测量工频接地电阻的三极法建立的块状接地体接地系统如图 13.5 所示。图中所示接地体为长方体,其上、下表面埋深分别为接地体上表面和下表面到地平面的距离,引上线与参考电极之间用金属线连接。

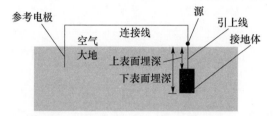

图 13.5　块状接地体接地系统示意图

为分析方便,土壤厚度设为 30m,其电参数不作特别交代时取为:电导率 $\sigma_g = 0.01\mathrm{S \cdot m^{-1}}$,相对介电常数 $\varepsilon_{rg} = 9$。图中"源"设为 LEMP 一类的脉冲电流,表达式见式(13.2.1),波形及其在频域的分布情况见图 13.6。

$$I = kI_0(\mathrm{e}^{-\alpha t} - \mathrm{e}^{-\beta t}) \tag{13.2.1}$$

式中:$\alpha = 37618(1/\mathrm{s})$;$\beta = 1.13643 \times 10^7(1/\mathrm{s})$;$k = 1.02$;$I_0 = 5.4\mathrm{kA}$。

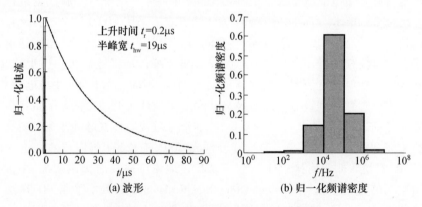

图 13.6　激励源的时域波形及分布的频段

采用 FDTD 法进行数值模拟时,参考电极、引上线及连接线均以细线近似,源的加入采用强迫激励源(点源)技术,如图 13.7 所示。

选用简单实用且占用内存少的插值吸收边界对图 13.5 中所示接地系统进行分析。

TGR 定义为瞬变冲击电压 V_t 与冲击电流 I_t 之比:

$$R_t = V_t/I_t \tag{13.2.2}$$

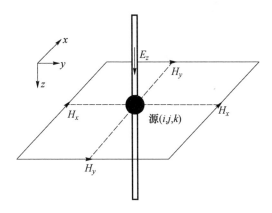

图 13.7　激励源的加入

在每个单元网格范围内可以认为电场 E 是均匀分布的,故每个单元网格两边的电位差 V_j 可写为

$$V_j = -E \cdot \Delta s \qquad (13.2.3)$$

从接地体到无限远处的冲击电压 V_t 可通过从接地体入地点积分到场区边界求得:

$$V_t = \sum_{j=N_{PS}}^{N_{PL}} V_j \qquad (13.2.4)$$

式中:N_{PS} 为接地体入地点的网格位置;N_{PL} 为场区边界的网格位置。

由安培环路定律,有

$$\oint_c \boldsymbol{H} \cdot d\boldsymbol{l} = I \qquad (13.2.5)$$

式中:I 为闭合路径所包围面积内的净电流。对于流过接地体引上线任一点的电流 I_t 可按下式计算,设其方向与 z 方向一致,如图 13.8 所示。

$$I_t = \left[H_x\left(i, j-\frac{1}{2}, k+\frac{1}{2}\right) - H_x\left(i, j+\frac{1}{2}, k+\frac{1}{2}\right) \right] \Delta x$$

$$+ \left[H_y\left(i+\frac{1}{2}, j, k+\frac{1}{2}\right) - H_y\left(i-\frac{1}{2}, j, k+\frac{1}{2}\right) \right] \Delta y \qquad (13.2.6)$$

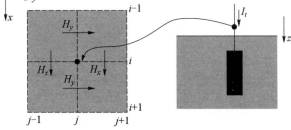

图 13.8　冲击电流计算

接下来,分别对水平接地体及垂直接地体的 TGR 进行数值模拟。设水平接地体尺寸为 $4m \times 4m \times 0.01m$,埋深 $h = 4m$,$\sigma_{gh} = 0.001S \cdot m^{-1}$;垂直接地体尺寸为 $0.2m \times 0.2m \times 1m$,下表面埋深 $h = 2m$,$\sigma_{gv} = 0.01S \cdot m^{-1}$。

脉冲源注入点的选择:将源的位置分别设置在引上线与地平面交点以上 0.5、1.5、2.5 及 2.5 网格处的数值结果表明,注入位置仅对 TGR 波形的峰值稍有影响,移动一格造成的误差约 3%,对波形其他部分的影响很小。故可选择引上线与地平面交点以上 1.5 网格处作为注入点。

参考电极位置的设置:模拟结果表明,参考电极与接地体的距离设为接地体最大埋深的 5 ~ 10 倍时,TGR 波形前面部分会有一定波动,波动后即趋于稳定,与此前对接地体散流特性的物理分析结果相合。

参考电极深度的影响分析:当参考电极的位置设在距离接地体最大埋深的 10 倍处,埋深分别设为 0.5m、1.0m、1.5m 及 2.0m,对垂直接地体的模拟结果为:参考电极埋得越深,TGR 的波动越大,到达稳态的时间越长;而埋深对 TGR 的峰值及稳态值没有影响。故在数值模拟时,根据实际网格大小取参考电极的埋深为 0.5 ~ 1m。冲击接地实验时,参考电极的埋深设为 0.5m 左右即可。

积分路径和连接线架空高度的设置问题:积分路径的方向可选在任何方向,但为方便起见,通常选在放电回路的相反方向。

将积分路径的长度分别设为接地体最大埋深的 1 ~ 10 倍,从数值模拟的结果看,积分路径越长,得出的 TGR 越大,但达到 3 倍的接地体最大埋深后,长度的影响即可忽略不计。

连接线架设高度越高,TGR 的波动越大,到达稳态的时间越长;而架高对 TGR 的峰值及稳态值没有影响。

以下针对土壤电参数、接地体埋深及土壤分层、接地体几何特征及电磁特性对 TGR 的影响等问题,介绍相关数值分析的结果。

13.2.1.1 土壤电参数对 TGR 的影响分析

通过接地体流入大地的总电流由传导电流和位移电流两部分组成,当正弦电流流过各向同性的土壤介质,由麦克斯韦方程有

$$\nabla \times \boldsymbol{H} = j\omega\varepsilon_g\boldsymbol{E} + \sigma_g\boldsymbol{E} \tag{13.2.7}$$

式中:$\boldsymbol{H}$ 为磁场强度($A \cdot m^{-1}$);$\boldsymbol{E}$ 为电场强度($V \cdot m^{-1}$);ω 为电流角频率($rad \cdot s^{-1}$);σ_g 为土壤电导率($S \cdot m^{-1}$);ε_g 为土壤介电常数,$\varepsilon_g = \varepsilon_{rg}\varepsilon_0$,其中 $\varepsilon_0 = 8.85 \times 10^{-12}F \cdot m^{-1}$,为真空中介电常数,$\varepsilon_{rg}$ 为土壤的相对介电常数。

式(13.4.7)右第一项为位移电流密度,其模 δ_d 为

$$\delta_d = |j\omega\varepsilon_g\boldsymbol{E}| = \omega\varepsilon_g|\boldsymbol{E}| \tag{13.2.8}$$

式(13.2.7)右第二项为传导电流密度,其模 δ_c 为

$$\delta_c = |\sigma_g\boldsymbol{E}| = \sigma_g|\boldsymbol{E}| \tag{13.2.9}$$

由式(13.2.7)可以看出，σ_g 和 ε_g 及电流的频率决定了土壤中任一点交变电流的分布。传导电流密度与位移电流密度模值之比为

$$K = \frac{\delta_c}{\delta_d} = \frac{\sigma_g}{\omega \varepsilon_g} = \frac{\sigma_g}{2\pi f \varepsilon_{rg} \varepsilon_0} = \frac{1}{2\pi \varepsilon_0} \frac{\sigma_g}{f \varepsilon_{rg}} \qquad (13.2.10)$$

土壤中任一点上虽可同时存在传导电流与位移电流两个分量，但往往是其中一个分量远大于另一分量，故在分析研究中，当 $K > 10$，即传导电流远大于位移电流情况下便不计位移电流，将土壤近似为导体；当 $K < 0.1$ 时，位移电流远大于传导电流，不计传导电流，则将土壤近似为电介质；而当 $10 > K > 0.1$ 时，便可将土壤近似为半导体。

在分析 LEMP 的 TGR 问题时，因其覆盖的频段较宽，最高频率分量可达兆赫以上(见图 13.6)，此时位移电流即电容效应的影响就不可忽略了。

以边长 2m、厚 0.01m 的正方形钢板接地体为例，设其埋深(接地体下表面与地表间距离)2m，水平放置。土壤电导率 σ_g 分别取 $0.01\mathrm{S} \cdot \mathrm{m}^{-1}$、$0.005\mathrm{S} \cdot \mathrm{m}^{-1}$、$0.003\mathrm{S} \cdot \mathrm{m}^{-1}$、$0.001\mathrm{S} \cdot \mathrm{m}^{-1}$，$\varepsilon_{rg}$ 设为 9。采用 FDTD 法的计算结果如图 13.9 所示，TGR 稳态值与土壤电导率的对应关系列于表 13.6，表中第三列给出了 TGR 稳态值与土壤电导率的乘积($\zeta = R_{gpow}\sigma_g$)。

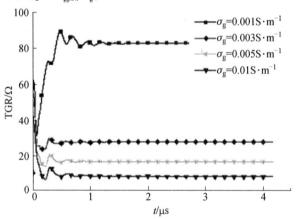

图 13.9　TGR 随大地电导率的变化

表 13.6　TGR 稳态值随土壤电导率的变化情况

$\sigma_g /(\mathrm{S} \cdot \mathrm{m})^{-1}$	TGR 稳态值$/\Omega$	ζ /m^{-1}
0.001	82.3	0.082
0.003	27.3	0.082
0.005	16.4	0.082
0.01	8.2	0.082

由图 13.9 可见，σ_g 变化对接地体的 TGR 影响很大，TGR 随 σ_g 值的增大而减

小(稳态值尤为明显),且 TGR 在 σ_{g} 较小时呈容性(起始段的阻抗较稳态值小),在 σ_{g} 较大时呈感性(起始段的阻抗较稳态值大),这一规律亦与文献[33]中的相关结论一致。另由表 13.6 中数据亦可看出:TGR 稳态值与土壤电导率成反比关系,这与前面计算工频接地电阻的式(13.1.8)、式(13.1.9)也都是一致的。

至于土壤介电常数对 TGR 的影响问题,设土壤相对介电常数 ε_{rg} 在 $5 \sim 50$ 之间变化,电导率 σ_{g} 取 $0.01\text{S} \cdot \text{m}^{-1}$,采用 FDTD 法的计算结果如图 13.10 所示。由图可见,ε_{rg} 在一定范围内变化时,TGR 波形的变化不明显,其峰值稳态值几乎没有变化,只在 $1\mu\text{s}$ 内的振荡部分略有不同。可见 ε_{rg} 数值的大小对 TGR 的影响不大,文献[1]对 TGR 的计算中均取为 9。

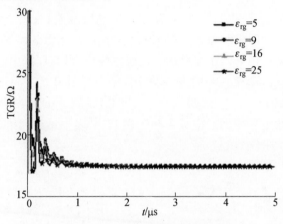

图 13.10　TGR 随土壤介电常数的变化

13.2.1.2　TGR 随接地体埋深的变化

以边长 2m、厚 0.01m 的正方形钢板接地体为例,设埋深 d 分别取为 1,2,3,4m,σ_{g} 分别取 $0.001\text{S} \cdot \text{m}^{-1}$、$0.003\text{S} \cdot \text{m}^{-1}$,该接地装置的 TGR 随接地体埋深的变化计算结果见图 13.11。表 13.7 给出了接地体取不同埋深情况下的 TGR 稳态值,表中 $R_{1\text{gim}}$ 和 $R_{2\text{gim}}$ 分别为 σ_{g} 取 $0.001\text{S} \cdot \text{m}^{-1}$ 和 $0.003\text{S} \cdot \text{m}^{-1}$ 时的 TGR 稳态值。

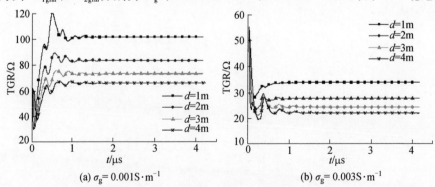

图 13.11　TGR 随接地体埋深的变化

表 13.7　TGR 稳态值随接地体埋深的变化表

埋深 d/m	稳态值 $R_{1\mathrm{gim}}$/Ω	稳态值 $R_{2\mathrm{gim}}$/Ω
1	101.5	33.8
2	83.2	27.7
3	72.9	24.2
4	65.7	21.8

由以上图表中的数据可以看出,接地体埋深 d 的变化对接地体 TGR 的影响也很大,TGR 随接地体埋深的增加而减小,但随着深度的加大,其变化量变小;土壤电导率越高,埋深对 TGR 影响越小。

13.2.1.3　分层土壤对 TGR 的影响

在接地工程中,当碰到两层电导率不同的土壤时,如何选择接地体的埋设方法有利于 TGR 的减小是必须考虑的问题。为此,分别对垂直接地体和水平接地体穿过两层电导率不同土壤情况下的 TGR 进行了数值分析。

先看垂直接地体。设其截面为 $0.2\mathrm{m} \times 0.2\mathrm{m}$,长度为 $1 \sim 3$ m,埋设情况如图 13.12 所示。相关参数设置及计算结果对比情况见表 13.8,表中 R_{gpow} 为工频接地电阻估算值,为了与数值模拟得出的冲击接地阻抗稳态值 $R_{0\mathrm{gim}}$ 进行比较,设 $\delta_{\mathrm{R}} = [(R_{\mathrm{gpow}} - R_{0\mathrm{gim}})/R_{0\mathrm{gim}}] \times 100\%$。

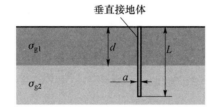

图 13.12　垂直接地体埋设于双层土壤中示意图

表 13.8　垂直接地体埋设于双层土壤中数值模拟参数及计算结果对比

σ_{g1}/(S·m^{-1})	σ_{g2}/(S·m)$^{-1}$	d/m	L/m	R_{gpow}/Ω	$R_{0\mathrm{gim}}$/Ω	δ_{R}/%
0.005	0.002	1	2	65.7	66.6	1.5
0.002	0.005	1	2	59.4	53.4	10.1
0.005	0.002	2	1.8	50.5	49.9	1.2
0.002	0.005	2	1.8	107.8	101.3	5.6
0.005	0.002	2	2	49.2	48.0	2.4
0.002	0.005	2	2	94.4	83.4	11.6
0.005	0.002	2	2.2	47.5	47.4	0.2
0.002	0.005	2	2.2	80.2	68.9	14.1

从表 13.8 中数据可以看出,$\sigma_{\mathrm{g1}} > \sigma_{\mathrm{g2}}$ 情况下,数值模拟得出的 TGR 稳态值

R_{0gim} 与估算的工频接地电阻 R_{gpow} 接近。图 13.13(a)为上层土壤厚 1m,长为 2m 的垂直接地体在两层电导率互换土壤中的冲击响应情况。从模拟结果可看出:下层土壤的电导率大于上层土壤的电导率,更加利于散流,接地性能更好。图 13.13(b)模拟了上层土壤厚度为 2m,电导率 σ_{g1} 为 0.005S·m^{-1},下层土壤电导率 σ_{g2} 为 0.002S·m^{-1},垂直接地体长分别为 1.8m、2m 与 2.2m 时的冲击响应情况。从模拟结果可看出:如果上层土壤电导率比下层土壤电导率大,垂直接地体长度在小于上层土壤厚度时,垂直接地体长度增加,TGR 改善明显,但垂直接地体长度超过上层土壤厚度时,TGR 改善效果下降。

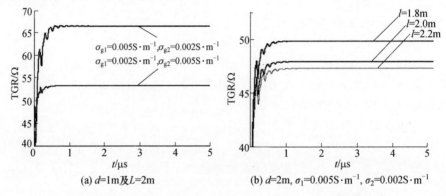

(a) d=1m及L=2m   (b) d=2m, σ_1=0.005S·m^{-1}, σ_2=0.002S·m^{-1}

图 13.13　水平接地体埋设于双层土壤中时 TGR 的数值结果

再看水平接地体。设其为一边长 2m、厚 0.01m 的正方形钢板,假定上层土壤厚度为 2.5m,上、下两层土壤的电导率分别为 0.001S·m^{-1} 和 0.003S·m^{-1}。对 TGR 进行数值模拟的结果如图 13.14(a)、图 13.14(b)所示,两图分别为上层土壤电导率和下层土壤电导率分别取较大值(0.003S·m^{-1})的情形。由图可见,在土壤为两层的条件下,水平接地体应埋在电导率较高的土壤层中,对于上层土壤电导率高的情况,接地体不要靠近土壤的分界面埋设。

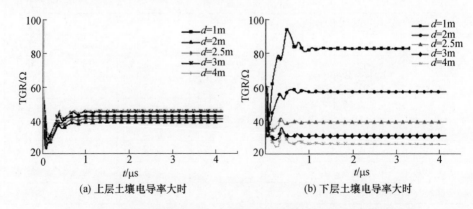

(a) 上层土壤电导率大时   (b) 下层土壤电导率大时

图 13.14　水平接地体在双层土壤中的埋设位置影响 TGR 的数值结果

480

至于局部改善土壤电导率对 TGR 的影响,在接地体周围加入降阻剂,可使周边土壤电导率增加。以前文分析过的水平接地体为例,设接地体埋深 $d = 2\text{m}$,降阻剂作用区域 V_s 分别取 $2\text{m} \times 2\text{m} \times 3\text{m}$、$3\text{m} \times 3\text{m} \times 3\text{m}$、$4\text{m} \times 4\text{m} \times 3\text{m}$,降阻剂将施剂范围内的土壤电导率从 $0.001\text{S} \cdot \text{m}^{-1}$ 提升至 $0.01\text{S} \cdot \text{m}^{-1}$,计算结果如图 13.15 所示。

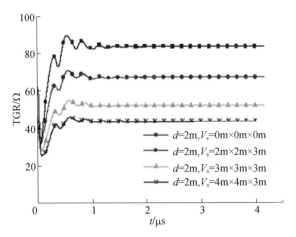

图 13.15 TGR 随降阻区域改变的变化

由图可见,降阻剂对降低 TGR 效果明显,TGR 随降阻剂作用区域变大而迅速下降。至于再进一步提升降阻剂施剂范围内的土壤电导率,计算结果表明,对 TGR 影响就有限了。

13.2.1.4 接地体几何特征及电磁特性对 TGR 的影响

接地体的几何特征包括形状、尺寸、体积和表面积等。简单的接地体通常可以是一根金属棒、一段金属条或一块金属板,可水平放置成为水平接地体,或垂直放置成为垂直接地体,在 13.1 节中已有介绍。由于金属价格贵,易氧化腐蚀、耗资大、寿命短、稳定性差,目前以非金属材料为主体的接地模块用量逐渐增多,其形状各异,其中较为典型的如图 13.16 所示。

图 13.16 接地模块形状

这类接地模块金属用量少、耗资小、寿命长、稳定性好,尤其适用于低电导率土壤和砂石类地层,且无污染毒害,抗腐蚀,使用方便。

表面积相同接地体形状改变对 TGR 的影响。对两组形状不同而表面积相同块状接地体的 TGR 进行数值分析的结果表明,在接地体上下表面埋深都相同的情况下，TGR 时域波形及其稳态值基本相同，但面积形状系数 φ_s 小的用材少，性价比高。所谓面积形状系数系指接地体的体积与相同表面积的球体体积相比而减小的程度，设球形体的表面积形状系数为 1，则其他形状物体的表面积形状系数 φ_s 均小于 1，故 φ_s 小的接地体意味着用材少。

体积相同接地体形状改变对 TGR 的影响。选择两组体积相同而表面积不同的两组接地体，两组的体积分别为 2.304 m^3 和 1.344 m^3。数值结果为：在接地体体积相同情况下，表面积越大，TGR 稳态值越小，体积形状系数 φ_v 大的 TGR 小，接地性能好。

外形相同接地体上刻槽对 TGR 的影响。为进一步分析接地体外形尺寸变化对 TGR 的影响，文献[27]在外形相同的接地体上刻槽，刻槽后的体积与表面积即发生变化。选取长×宽×高 = 1.6m×1.6m×1.0m 的接地体，针对刻槽位置、深度、宽度及数量取不同值的情况进行数值模拟。刻槽位置改变前后的体积与表面积变化见表 13.9（表中图示刻槽形状为顶视图，槽的横截面尺寸为 0.4m×0.4m），刻槽后的数值结果见图 13.17。

表 13.9　接地体刻槽位置变化情况

接地体外尺寸 1.6m×1.6m×1.0m	槽0	槽1	槽2	槽3
体积/m^3	2.56	1.92	1.92	1.92
表面积/m^2	11.52	13.44	10.24	16.64
φ_v	1.27	1.8	1.37	2.23

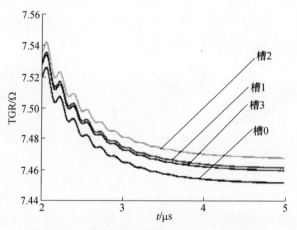

图 13.17　接地模块上刻槽位置对 TGR 的影响

482

由图可见,在外表面相同的接地体上刻槽,刻槽的位置改变,影响 TGR 的效果不同。挖去接地体的四角(槽2),接地体外表面积及体积都下降很多,接地体外形明显改变,导致接地体的 TGR 增大。当刻槽选槽1及槽3,接地体表面积的减小要少一些,故 TGR 变化不明显,不过接地体的用材减少了。从模拟结果还可看出,在接地体内部挖孔(槽3)比在外围刻槽效果略好,这与体积形状系数 φ_v 的增大效果相一致。

数值结果还表明,当刻槽横截面由正方形改为长方形,取沿接地体外表面的一面为长边,其表面积及体积明显减小,接地体的 TGR 增大。如改变接地体上的刻槽数量,其体积与表面积变化,在挖去相同材料的情况下,随着刻槽数量的增多,TGR 趋近于不刻槽的接地体。可见,合理设计接地体上刻槽,可在获得一定接地性能的前提下节省用材。

接地体电导率 σ_j 变化对 TGR 的影响。接地体外尺寸(长×宽×高)取 0.8m × 0.8m × 1.6m 及 0.4m × 0.4m × 1.0m,大地电导率 σ_g 取为 0.01S·m⁻¹、0.001S·m⁻¹。计算结果如图 13.18 所示。

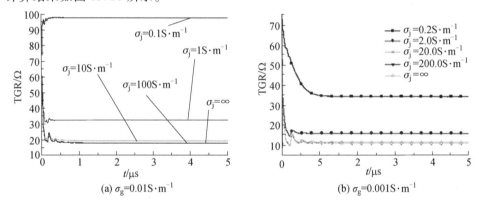

图 13.18 σ_g 取不同值时接地体自身电导率变化对 TGR 的影响

由数值结果可以看出,接地体自身的电导率对 TGR 的影响不可忽视,电导率足够高的非金属接地体,其泄流效果与金属导体基本相同;大地电导率 σ_g 较高的情况下(如 $\sigma_g = 0.001 \sim 0.01 \mathrm{S \cdot m^{-1}}$),接地体自身的电导率尽管不太高(几十西[门子]/米)时,即可达到可与金属导体接地体相比的泄流效果。

接地体磁导率变化对 TGR 的影响。接地体外尺寸(长×宽×高)取 0.2m × 0.2m × 0.6m,接地体自身相对磁导率 μ_{rg} 分别取 1、500、1500。模拟结果表明,接地体自身磁导率变化对 TGR 没有明显的影响。

13.2.2 线状接地体的冲击接地阻抗分析

所谓线状接地体是指其截面尺寸远小于长度。陈加清等[16,21-23]对线状接地体冲击接地阻抗的分析亦采用 FDTD 法,所建立物理模型如图 13.19 所示。图中,注入接地体的脉冲电流波形选 0.13/4μs 和 3/69μs 两种,前者 95.5% 的能量集中于 $10^4 \sim 10^7$Hz 频段,后者 94.1% 的能量集中于 $10^3 \sim 10^6$Hz 频段。

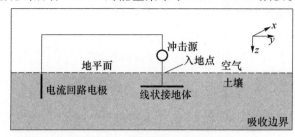

图 13.19   接地系统的物理模型

13.2.2.1   不同波形电流注入不同组合线状接地体情况下的 TGR

文献[16]对图 13.20 所示四种线状接地体进行了数值模拟。

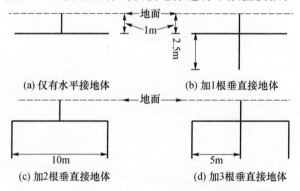

图 13.20   接地系统的物理模型

取大地电参数 $\sigma_g = 0.01$S·m^{-1},$\varepsilon_{rg} = 8$,数值结果如图 13.21 所示。

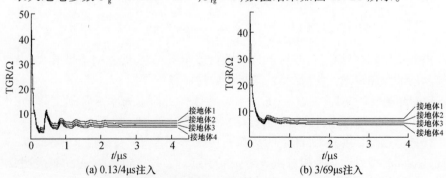

图 13.21   两种激励源注入接地装置时的 TGR 波形

由图 13.21 可见,接地系统在注入不同波形脉冲电流情况下,TGR 的波形均显示了从波动到稳态的过渡过程,但也有所不同。该过渡过程时间的长短与冲击电流的频谱有关。冲击电流的高频成分含量越丰富,则由振荡到稳定的过渡时间

484

越长,而从初始最大值下降至第一次波动的最小值的时间越短。

13.2.2.2 在一根水平接地体上附加多根垂直接地体对 TGR 的影响

为实现在一狭长地域埋设接地体,往往采取在一根水平接地体上附加多根垂直接地体的方案,如图 13.22 所示,图中的粗实线为接地体。计算此类接地体 TGR 时,设大地电导率 $\sigma_g = 0.002 \mathrm{S} \cdot \mathrm{m}^{-1}$,相对介电常数 $\varepsilon_{rg} = 8$,选用 2.6/50μs 双指数波从水平接地体中心点注入。TGR 的数值结果见图 13.23。

图 13.22 一根水平接地上附加多根垂直接地体示意图

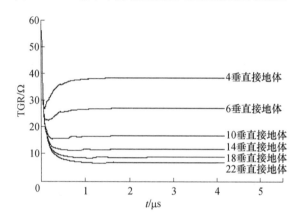

图 13.23 一根水平接地上附加多根垂直接地体情况下的 TGR 波形

图 13.23 所示的一组 TGR 波形表明,该接地装置上垂直接地体根数较少(如 $n = 4$、6、10)时,TGR 稳定值相对较高,在 $t \leqslant 0.8 \mu s$ 时段,TGR 先下降到低于稳定值的某个值后再回升。而当垂直接地体根数较多(如 $n > 10$)时,TGR 稳定值下降,冲击过后便单调下降到稳定值。显然,TGR 随 n 的增加而减小,当垂直接地体的根数由 4 根增至 6 根,进而至 10 根时,TGR 下降显著,而从 10 根增加到 14 根、18 根,进而增加到 22 根时,TGR 的降低越来越小。

13.2.2.3 蜈蚣形接地体的 TGR 分析

为充分利用埋设接地体的有限地域,可将接地体设计成图 13.24 所示的十字形和蜈蚣形,下面来分析此类接地体的 TGR。大地电参数和脉冲电流波形同上。

(a)十字形   (b) n 对脚的蜈蚣形

图 13.24 十字形和蜈蚣形接地体

对于十字形及 $n=3,4,5,6,7,8$ 的蜈蚣形,TGR 计算结果如图 13.25 所示。

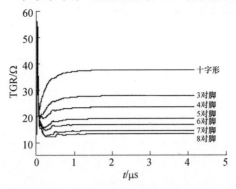

图 13.25　十字形及 6 种不同 n 的蜈蚣形接地体的 TGR

由上图可见,在土壤电参数 $\sigma_g = 0.002\mathrm{S} \cdot \mathrm{m}^{-1}$,$\varepsilon_{\mathrm{rg}} = 8$ 情况下,对于十字形和蜈蚣形接地体,在 0 后约 $0.8\mu\mathrm{s}$ 内,TGR 总是先下降到低于稳定值的某个值后再回升。"蜈蚣"脚数增加,TGR 随之减小,稳定值降低。当垂直接地体由十字形变为 3 对脚、4 对脚直至 5 对脚时,TGR 逐次明显下降。而脚数从 5 对增加到 6 对、7 对直至 8 对时,TGR 的降低的幅度越来越小。

当可用于接地施工的开挖面积受限时,如何用等量的钢材达到最佳的接地效果,具有工程意义。如图 13.26 所示,图中(a)、(b)两种结构开挖面积相等,均为 $4\mathrm{m}^2$,接地体用材量相等,然而垂直接地体的长度不同,分别为 1m 和 2m。

岩土介质条件和冲击电流波形同上。

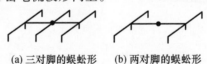

(a) 三对脚的蜈蚣形　　(b) 两对脚的蜈蚣形

图 13.26　两种用材相等的蜈蚣形接地体

TGR 计算结果如图 13.27 所示。可以看出,在接地体用材量相等的情况下,图 13.26(b)所示的两对长脚的蜈蚣形接地体的 TGR 稳定值为 24Ω,而图 13.27(a)所示的 3 对短脚的蜈蚣形接地体的 TGR 稳定值为 27Ω。分析结果认为,除了图 13.27(b)的垂直接地体长度较长这一因素之外,蜈蚣脚之间的距离加大也是造成 TGR 稳定值降低的重要因素。这一计算结果对于在有限可开挖面积条件下如何降低 TGR 具有指导意义。

以上三种类型的接地装置均可概括为由不同接地体单元串接而成,图 13.22 中的接地体单元由一根垂直接地体与所连接的一段水平接地体构成,而图 13.24、图 13.26 中的接地体单元则由 3 根垂直接地体与其共同连接的一段水平接地体构成。接地体单元与大地之间都存在分布电容 C_g,当 n 个电容串接,总电容即为 $C_{\mathrm{gtotal}} = C_g/n$,接地电容在冲击电流通过接地装置向大地泄放的初始阶段其充电电

486

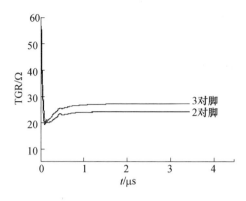

图 13.27　垂直接地体用材量相等的两种蜈蚣形接地装置 TGR

压不能突变,而冲击电流达到最大且随着电容量的增大而增大,故 C_{gtotal} 的减小势必造成初始冲击电流减小,这便是接地冲击阻抗瞬时增大的原因。

13.2.3　软垫式可移动接地模块的冲击接地阻抗分析[31,32]

对于可移动的车载电子、电气装备,不仅要求其接地装置携带方便、可快速安装和撤收,且需满足对接地效果的要求。近年来国内外对快速接地问题的研究取得了不少成果,包括学术论文、多种专利及产品。

常用的接地体均埋设在地面以下,可移动接地体为便于移动,一般须放置在地面上,研究其 TGR 的物理模型如图 13.28 所示。

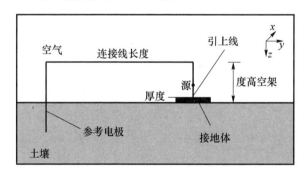

图 13.28　可移动接地系统简化模型

模型中的接地体置于大地表面,通过架空高度 0.5m 的导线连接远处的参考电极,连接线长度约 20m,参考电极埋入土壤 1.0m,由脉冲源在地面上方向接地体注入电流,从而与大地构成传导回路。

接地体按采用铜网等材料制作的实际制品,取边长 0.9m、厚 0.01m 的正方形铜网,网格尺寸为 $0.1m \times 0.1m$,网格中填充盐水,以模拟外加棉絮垫及注入盐水的效果,设盐水的电导率 $\sigma_{\text{b}} = 3.3\text{S} \cdot \text{m}^{-1}$,相对介电常数 $\varepsilon_{\text{rb}} = 81.5$,如图 13.29 所示。大地表层厚度设为 3m,其电导率 σ_{g} 视不同接地条件而定,相对介电常数 $\varepsilon_{\text{rg}} = 9$。

487

在以下的数值分析中,均利用图 13.29 所示接地模块组成各种形式的组合接地装置。

按相关模拟实验中采用的脉冲电流源,其表达式如下:

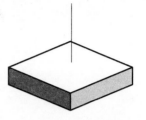

$$I = kI_0(e^{-\alpha t} - e^{-\beta t}) \qquad (13.2.11)$$

式中:$\alpha = 14730\text{s}^{-1}$;$\beta = 2.08 \times 10^6\text{s}^{-1}$;$k = 1.043$;$I_0 = 5400\text{A}$。

图 13.29 可移动接地模块示意图

电流源设置在接地体的上方,计算时为了消除虚假反射,把源作为电场的一个修正项,采用了图 13.30 所示的点源及强迫激励源加入技术。

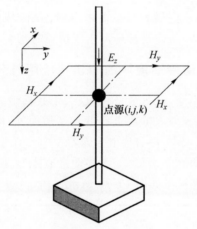

图 13.30 点源的加入

激励源可作为电压源加入,也可作为电流源加入,这里采用电流源加入方式,即按下式强行对点源周围的磁场进行修正。

$$H_x^{n+1/2}\left(i,j+\frac{1}{2},k\right) = H_x^{n-1/2}\left(i,j+\frac{1}{2},k\right) + I^n/(4\Delta s) \qquad (13.2.12)$$

$$H_y^{n+1/2}\left(i+\frac{1}{2},j,k\right) = H_y^{n-1/2}\left(i+\frac{1}{2},j,k\right) - I^n/(4\Delta s) \qquad (13.2.13)$$

$$H_x^{n+1/2}\left(i,j-\frac{1}{2},k\right) = H_x^{n-1/2}\left(i,j-\frac{1}{2},k\right) - I^n/(4\Delta s) \qquad (13.2.14)$$

$$H_y^{n+1/2}\left(i-\frac{1}{2},j,k\right) = H_y^{n-1/2}\left(i-\frac{1}{2},j,k\right) + I^n/(4\Delta s) \qquad (13.2.15)$$

式中:I^n 为 n 时刻电流源的值;Δs 为对应的空间步长。

考虑到所采用的激励源覆盖的频段较低,对吸收边界条件的要求不很高,故选择了插值吸收边界条件。另外,计算模型中的参考电极、引上线和连接线的直径均小于空间最小网格尺寸,为避免计算中在其周围产生奇异场而带来计算误差,同时兼顾计算量的大小,采用 FDTD 法中的细线近似进行了处理。而连接线处于水平状态,其细线近似 FDTD 差分格式需要另行推导,但三者的推导过程是一致的。

TGR 定义为瞬时冲击电压 V_t 与冲击电流 I_t 之比[8],即

$$R_t = V_t / I_t \qquad (13.2.16)$$

每一个单元网格中的电场近似均匀,则每一个网格两边的电压 V_j 可由下式得到:

$$V_j = - E \cdot \Delta s \qquad (13.2.17)$$

从引上线对应的地面点到无限远处的冲击电压 V_t 可通过从该地面点到场区边界的积分求得,如下式:

$$V_t = \sum_{j = N_{PS}}^{N_{PL}} V_j \qquad (13.2.18)$$

式中:N_{PS} 为引上线对应的地面点;N_{PL} 为场区边界的网格位置。

以 z 方向为正方向,根据安培环路定律,引上线上任一点的冲击电流 I_t 表达式如下:

$$I_t = \left[H_x\left(i, j - \frac{1}{2}, k + \frac{1}{2} \right) - H_x\left(i, j + \frac{1}{2}, k + \frac{1}{2} \right) \right] \Delta x +$$

$$\left[H_y\left(i + \frac{1}{2}, j, k + \frac{1}{2} \right) - H_y\left(i - \frac{1}{2}, j, k + \frac{1}{2} \right) \right] \Delta y \qquad (13.2.19)$$

13.2.3.1 接地模块个数对 TGR 时域特性的影响分析

设五种接地装置中接地模块的个数 a 分别为 1、2、3、4、5,由导线连接,成一字形排列,如图 13.31 所示。

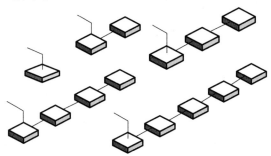

图 13.31 接地模块五种不同组合示意图

设大地电导率 $\sigma_g = 0.012 \mathrm{S \cdot m^{-1}}$,接地模块不同组合情况下,TGR 时域特性计算结果如图 13.32 所示。

由图可见,在其他条件都相同的情况下,改变接地装置中接地模块的个数,使其呈一字形排列,随着接地模块个数 a 的增大,接地体 TGR 呈下降趋势,且下降幅度减缓。此外,随着 a 的变化,TGR 的曲线走势有所不同,当 $a = 1$ 时没有下降的过程。

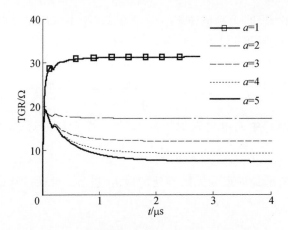

图 13.32　接地模块五种不同组合 TGR 波形图

13.2.3.2　引上线接入点的位置对 TGR 时域特性的影响分析

以由五块接地模块构成的一字形接地装置为例,设引上线的接入点分别位于第一、第二和中间接地模块的中心,如图 13.33 所示。

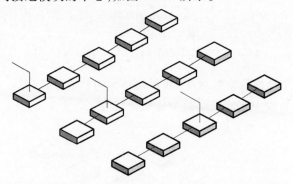

图 13.33　五块接地模块组合引上线接入点选位示意图

设大地电导率 $\sigma_g = 0.012 \mathrm{S} \cdot \mathrm{m}^{-1}$,对图 13.33 中所示三种接地装置 TGR 时域特性的计算结果如图 13.34 所示。

由图 13.34 可以看出,接地模块组合接地装置引上线接入点选不同模块情况下,TGR 的稳态值相同,但峰值及至稳态值的变化速度不同。引上线接入点与组合装置的中心越近,TGR 峰值越小且下降至稳态值的速度越快。为分析造成这种变化的原因,接下来比较上述三种接入点情况下注入接地装置的冲击电压与冲击电流波形,见图 13.35。

图 13.35 中两种波形图的变化情况表明,随着引上线接入点的不同,三种接地装置的冲击电流波形几乎一致,而冲击电压的初始值有所不同,并且最终趋向一致。可见,造成三种接地装置 TGR 不同是由电压波形不同造成的,且引上线接入点的不同只对冲击电压有影响,而对冲击电流影响较小。

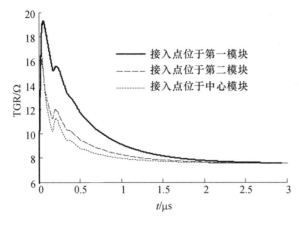

图 13.34 五块接地模块组合 TGR 波形随接入点位置的变化

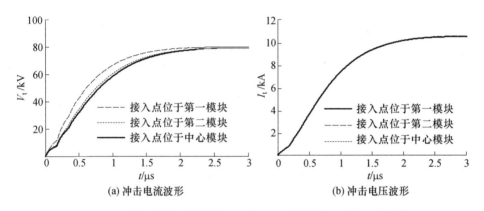

(a) 冲击电流波形　　　　　　　　　　(b) 冲击电压波形

图 13.35 接地模块组合冲击电流与电压波形随接入点位置的变化

13.2.3.3　大地电导率对 TGR 的影响分析

由三块接地模块连接而成的一字形的组合接地装置如图 13.36(a) 所示,其他条件不变,大地电导率 σ_g 分别取为 0.012S·m^{-1}、0.009S·m^{-1}、0.006S·m^{-1}、0.003S·m^{-1},TGR 计算结果如图 13.36(b) 所示。

由图 13.36 可见,大地电导率对 TGR 波形的影响很大,在其他条件都相同的情况下,大地电导率越大,TGR 越小,且随着大地电导率的增大,TGR 下降幅度减缓。可见,设法降低大地电导率,是降低 TGR 的有效措施。

13.2.3.4　电压积分路径长度对 TGR 的影响

采用图 13.36(a) 所示的由三块接地模块连接而成的一字形接地装置,保持其他条件相同,大地电导率 σ_g 取为 0.012S·m^{-1},积分路径长度 d 分别设为接地模块对角线长度 dl 的 1~4 倍,其中 dl 约为 1.3m,则积分路径长度分别为 1.3m、2.6m、3.9m、5.2m。数值计算结果如图 13.37 所示。

由图 13.37 可见,积分路径长度 2 倍于接地模块对角线长度时,TGR 显著增

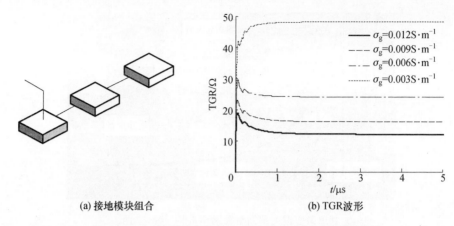

(a) 接地模块组合   (b) TGR波形

图 13.36 三块接地模块组合 TGR 随大地电导率的变化

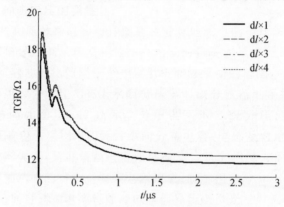

图 13.37 TGR 随积分路径长度的变化

高,但长度继续增加,TGR 基本上不变。故在进行冲击接地实验时,电压回路所用接地线不需要太长,接地电极的位置不必太远。

13.2.3.5 十字形与一字形组合接地装置 TGR 对比

一字形和十字形组合接地装置模型如图 13.38(a)所示,设大地电导率为 $0.005S \cdot m^{-1}$,TGR 计算结果如图 13.38(b)所示。

由图 13.38 的对比结果可以看出,十字形与一字形相比,其 TGR 的值下降比较快,而一字形的 TGR 稳态值要低一些。在工程应用中可按对接地的具体要求进行选择。

13.2.4 FDTD 模拟亚网格技术在 TGR 数值模拟中的应用

熊润在文献[29,30]中采用 FDTD 模拟亚网格技术,克服了仿真精度对 FDTD 空间步长的限制,实现了在正常网格尺寸下较为精确地模拟接地体的响应。分别针对接地系统中常用的角钢、扁钢、方钢推导了其在 FDTD 法中相应的亚网格公式。对于角钢,通过引入扁平金属板散射场来近似角钢接地体的近场,代入法拉第

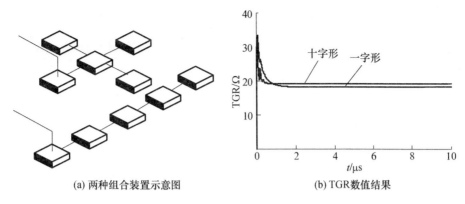

(a) 两种组合装置示意图　　　　　(b) TGR数值结果

图 13.38　一字形和十字形接地模型示意图及其 TGR 数值结果

定律推导了角钢 FDTD 模拟的亚网格公式。对于扁钢和方钢,首先通过不同形状导体表面近似的电荷分布规律求出接地导体附近网格上的近场。然后将此电磁场畸变规律代入亚网格上的差分方程,由环路积分法导出相应的亚网格公式。下面以角钢为例做介绍。

13.2.4.1　角钢接地体 TGR 计算中 FDTD 模拟亚网格差分公式推导

对于角钢附近电磁场强度的变化规律,可通过扁平金属板的散射场近似得到。考虑到角钢的截面尺寸远小于 FDTD 亚网格技术的空间步长,将法拉第定律应用于包含角钢的网格,可导出角钢接地体 FDTD 模拟亚网格。以截面为等边角钢的接地体为例,其截面及 FDTD 网格示意图如图 13.39 所示。

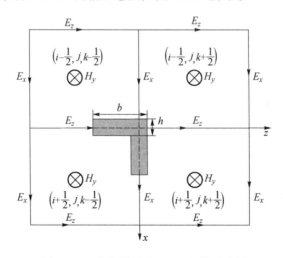

图 13.39　角钢截面及 FDTD 网格示意图

图 13.39 中,角钢的长度沿 y 方向。由于接地体长度远大于其横截面尺寸,故认为电磁场在 y 方向是慢变化的,但在其横截面方向的变化是必须要考虑的。参照扁平金属板散射近场表达式,角钢附近的环向磁场和径向电场可以近似为按 $1/r^{1/2}$ 的

规律变化,其中 r 为场点至角钢边缘的距离。图中 xoz 面内包含角钢的 FDTD 网格共有四个,对于第四象限中的 FDTD 网格,其环路上的场强变换规律为

$$
\begin{cases}
E_x(x,j\Delta_y,k\Delta_z) = E_x\left(\left(i+\dfrac{1}{2}\right)\Delta_x,j\Delta_y,k\Delta_z\right)\sqrt{\left[\Delta_x/2-h/2\right]/\left[x-(i\Delta_x+h/2)\right]} \\[2mm]
E_y(i\Delta_x,y,k\Delta_z) = 0 \\[2mm]
E_z(i\Delta_x,j\Delta_y,z) = E_x\left(i\Delta_x,j\Delta_y,\left(k+\dfrac{1}{2}\right)\Delta_z\right)\sqrt{\left[\Delta_z/2-(b-h/2)\right]/\left[z-(k\Delta_z+b-h/2)\right]}
\end{cases}
$$

$$(13.2.20)$$

在角钢接地体内部,各电磁场分量均为零。按法拉第定律有

$$
\mu_0 \frac{\partial}{\partial t}\iint_s H \cdot \mathrm{d}S = -\oint_c E \cdot \mathrm{d}l \tag{13.2.21}
$$

应用到图 13.39 所示第四象限的网格中,场的变化规律由式(13.2.20)可以得到该 FDTD 网格内 H_y 分量的差分公式:

$$
H_y^{n+\frac{1}{2}}\left(i+\frac{1}{2},j,k+\frac{1}{2}\right) = H_y^{n-\frac{1}{2}}\left(i+\frac{1}{2},j,k+\frac{1}{2}\right) + \frac{\Delta t}{\mu_0 S}\left[E_z^n\left(i+1,j,k+\frac{1}{2}\right)\Delta z - \right.
$$

$$
E_z^n\left(i,j,k+\frac{1}{2}\right)l_{Ez} - E_x^n\left(i+\frac{1}{2},j,k+1\right)\Delta x +
$$

$$
\left.E_x^n\left(i+\frac{1}{2},j,k\right)l_{Ex}\right] \tag{13.2.22}
$$

式中

$$
S = \left[\Delta_x\Delta_z - (b-h/2)h/2\right] \tag{13.2.23}
$$

$$
l_{Ez} = 2\sqrt{(\Delta_z/2-h/2)(\Delta_z-h/2)} \tag{13.2.24}
$$

$$
l_{Ex} = 2\sqrt{(\Delta_x/2-(b-h/2))(\Delta_x-(b-h/2))} \tag{13.2.25}
$$

其他靠近角钢边缘的场分量差分方程可以通过类似的方法得到。

13.2.4.2　角钢水平与垂直接地体组合接地装置 TGR 计算

由角钢构成的水平与垂直接地体组合接地装置如图 13.40 所示,采用 FDTD 模拟亚网格技术对其进行了数值模拟,设埋深为 1.0m,垂直接地体长 2.5m,垂直接地体个数为 n,间隔 5m。

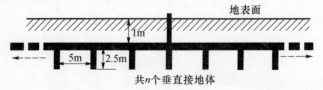

图 13.40　水平与垂直接地体组合接地装置示意图

为研究垂直接地体数目对冲击接地电阻的影响,计算了 n 从 1～401 时的 TGR,所得结果见图 13.41(a)。

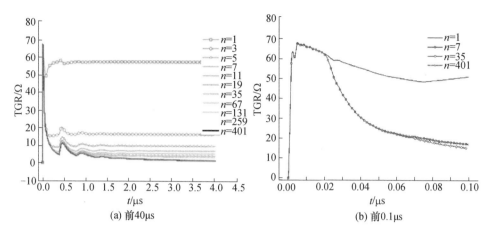

图 13.41　垂直接地体数量对 TGR 波形的影响

由图可见,接地体 TGR 稳态值随着垂直接地体数目的增加而减小,但当 $n > 5$ 时,增加垂直接地体的数量已经不能明显减小 TGR 稳态值。图 13.41(b)为前 0.1μs 的 TGR 波形,可以看出,虽然 n 值不同,但 TGR 波形上升沿峰值至稍后 0 ~ 0.02μs 时间内的波形是重合的,换言之,增加垂直接地体的数量对 TGR 的峰值没有影响。

数值结果表明,对于 TGR 峰值而言,该组合接地体的水平向有效尺寸在 10m 以内(以引上线为中心向两侧各 5m 范围)。

13.3　接地系统冲击阻抗测试研究[19,22,32]

对 TGR 的测量一般借鉴工频接地电阻测试方法,采用误差相对较小的三极法。贺宏兵、陈加清和付亚鹏等在对各种不同构成接地系统的 TGR 进行试验研究的过程中,均采用了三极法。试验过程中注入大地的电流一般为几百安,放电电压可达 10kV 以上,故对冲击电流、冲击电压的测量不仅采用了专用分流装置和分压装置。同时,为防止冲击电流电磁辐射对测量系统连线的耦合影响,均采用光隔离系统,将测得的电流、电压信号转换为光信号后,经非金属加强件的全介质光缆传输至远端的光接收机转换为电信号后,再接入示波器实施信号的显示并存储。另外,考虑到电压测量系统中的 $CuSO_4$ 水阻分压器的阻值,往往会随时间和环境温度的变化而有所改变,分压比随之变化,故每次试验之前均需通过标定来确定分压比。

至于大地电参数对 TGR 的测量结果的影响问题,当然不可忽视,但根据国内外当前的测量技术,还难以随时通过测量给出不同频率情况下的大地电导率 σ_g 与介电常数 ε_g。在对 TGR 进行测试研究的过程中,还只能采用工频测量方法给出相应的 σ_g,根据相关资料估计 ε_g 值。

13.3.1 接地系统冲击阻抗测试系统的构成

TGR 测试系统框图如图 13.42 所示,图中冲击电流源由高压直流源、高压控制台、高压脉冲电容、高压放电开关等组成。

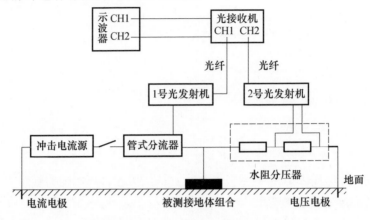

图 13.42 TGR 测试系统框图

13.3.1.1 冲击电流的测量

冲击电流源的电原理图如图 13.43 所示。当开关闭合,经高压硅堆整流后的电流经限流电阻对高压脉冲电容充电,直至电压达到所要求的数值断开高压放电开关。

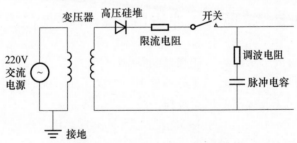

图 13.43 冲击电流源原理图

图中脉冲电容的电容值为 $7\mu F$,耐高压 30kV,调波电阻既可在电容器充电时对充电回路限流,又可在对地放电时作为放电回路的保护电阻,实验中选用了具有功率大、电感小、热容量大、能够承受较大电流的 $CuSO_4$ 水阻作为调波电阻,可通过改变 $CuSO_4$ 水溶液的浓度来调节电阻值的大小,冲击电流源实物见图 13.44。

对冲击电流的测量通常采用无感分流器,以避免电感对测量信号的干扰,以流过分流器中电流产生的电压降来度量被测电流。通常采用与 $CuSO_4$ 水阻分压器具有类似作用的同轴管式分流器,由该分流器对放电回路中的冲击大电流进行取样,以满足光发射机输入端对信号动态范围的要求。

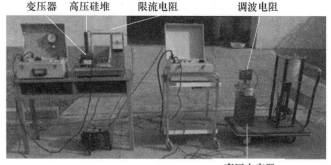

变压器　高压硅堆　　限流电阻　　　调波电阻

高压电容器

(a) 全貌　　　　　　　　(b) 高压电容器(上)与调波电阻(下)

图 13.44　冲击电流源实物照片

　　试验中用于测量冲击电流的同轴管式分流器是一种低阻值无感分流器,串联阻值为 0.002Ω,可用以测量最大峰值达几十到几百千安的双指数脉冲大电流,其剖面示意图与实物照片如图 13.45 所示。

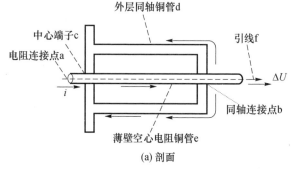

外层同轴铜管d

中心端子c

电阻连接点a

引线f

ΔU

i

同轴连接点b

薄壁空心电阻铜管e

(a) 剖面　　　　　　　　　　(b) 照片

图 13.45　同轴管式分流器剖面示意图及实物照片

　　图 13.45(a) 中,电流从中心端子 c 流入,沿着用高电阻材料制作的薄壁空心电阻铜管 e 的外壁传导,并经由外层同轴铜管 d 返回;在空心电阻铜管 e 内部,从电阻连接点 a 引出一条线 f 连接到同轴电缆的内部芯线。需引起注意的是,引线 f 与中心端子 c 的内壁不接触;同轴连接点 b 与同轴电缆外金属皮相连。a、b 两点之间的电阻串联在冲击回路中,两者之间的电压即是回路冲击电流的取样电压。此外,电阻铜管 e 与同轴铜管 d 上的电流反向,两者形成的磁场相反,同时,采用同轴圆管式的结构且 e、d 之间空间很小,因此,分流器自身产生的总磁场很小,且仅局限于 e、d 之间,分流器近似无感的纯电阻,大大减小了测量误差。

　　冲击电流测量回路实物连接图如图 13.46 所示,图中同轴管式分流器接入冲击电流回路,对回路大电流以电压的形式取样,通过同轴电缆输入光隔离传输系统,最终接数字示波器显示并存储冲击电流的波形和数据。

497

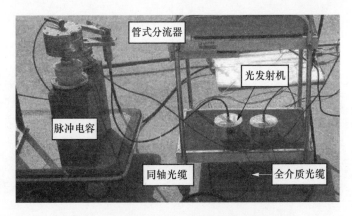

图 13.46　冲击电流测量回路实物连接照片

13.3.1.2　冲击电压的测量

TGR 测试中,高压脉冲电容通过接地装置对地放电的电压峰值在 15kV 左右,而用于传输电压信号的电光转换装置——光发射机输入端电压动态范围在 1V 以内,故必须将高压脉冲的峰值降低至光发射机能够承受的范围。为此,采用了实验室自行研制的专用大分压比 $CuSO_4$ 水阻分压器。该分压器的系统构成及其一、二两级分压器的结构如图 13.47 所示。分压器采取二级分压,其中第一级选用 $CuSO_4$ 水电阻,既避免了采用电阻元件纵向分布电容、电感及对地电容造成脉冲信号在分压后的波形失真,又可兼顾电阻元件通流容量和绝缘方面的要求。第二级分压器由形成同轴结构的多个金属膜电阻组成,既承担部分分压功能,又作为整个分压器的输出级,通过同轴电缆将脉冲电压信号传送至光发射机输入端。

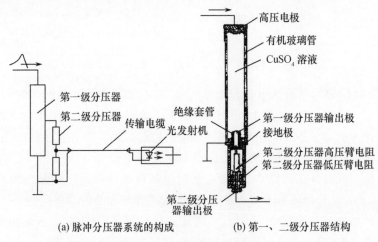

(a) 脉冲分压器系统的构成　　(b) 第一、二级分压器结构

图 13.47　$CuSO_4$ 水阻分压器原理图

必须注意的是,尽管 $CuSO_4$ 水阻分压器具有功率大、电感小、热容量大、能够承受较大电流、易调节等优点,但 $CuSO_4$ 阻值易受温度、浓度等影响,不够稳定,进而

498

影响分压比。故每次实验前都要对 $CuSO_4$ 水阻分压器进行标定。

13.3.2　大地电导率的测量

如前所述,接地的目的是为了在正常和事故情况下,利用大地作为接地回路的一个元件将接地处的电位固定在某一允许值上。接地电位的大小,除与入地电流的峰值(或振幅)和波形有关外,还与接地体的组成(含结构、电参数、几何形状和尺寸)及大地的电参数有关。

试验现场测量土壤电导率最常用的方法是:在给定范围内的土壤中注入已知电流,测量电流流过土壤时所产生的电压降,然后根据欧姆定律来计算土壤电导率。当采用 ZC-8 型接地电阻测量仪时,其设置如图 13.48 所示。

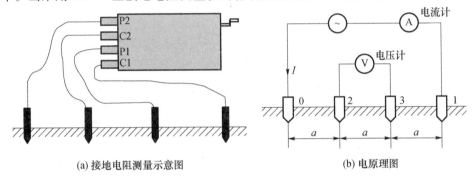

(a) 接地电阻测量示意图　　　　　　(b) 电原理图

图 13.48　土壤电阻率测量示意图

图中四个电极,以相等间隔(如 10m)排成直线打入土壤中,然后将这些电极分别与摇表(仪表发电机)的四个端子相连。接着转动图中接地电阻测量仪右边的把手,使其转速达到 120r/min,此时,表盘上的指针会发生偏转;配合把手的旋转,改变接地电阻的挡位,使得表盘上的指针在 0 点附近摆动;然后慢慢改变接地电阻值旋钮,使得指针最终指向 0 点,此时测得的电压极 2 和电压极 3 之间的大地电阻值 R_{23},即为图 14.48(b)中电压计测得的电压值 U 与电流计测得的电流值 I 之比,即

$$R_{23} = \frac{U}{I} = \frac{U_2 - U_3}{I} = \frac{\rho}{2\pi a} \tag{13.3.1}$$

式中:ρ 为土壤的电阻率($\Omega \cdot m$);I 为电流计测得的电流值(A)。大地电导率 σ_g 为 $1/\rho$,于是有

$$\sigma_g = 1/(2\pi a R_{23}) \tag{13.3.2}$$

显然,采用上述方法测得的 σ_g 属于工频范围内的数据。至于 σ_g 随频率变化的问题,由于影响因素颇多,至今也只能得到一些随频率变化的大概趋势。

13.3.3　块状接地体冲击接地阻抗测试研究

文献[27]在对 TGR 测试中选用的接地模块及其埋入地坑的照片如图 13.49

所示,接地体为长 0.8m,直径 15cm 的圆柱体,埋坑深 1.8m。

(a) 接地模块　　　　　　　　　(b) 埋入地坑

图 13.49　测试用接地模块及其埋入地坑的照片

　　该接地模块实测工频接地电阻为 16.5Ω,土壤电导率约 0.02S·m^{-1}。图 13.50 给出了脉冲电流注入接地体情况下四通道示波器上显示的一次实测波形,C1 为冲击电流,C2 ~ C4 分别是距离电流注入点 5m、10m、15m 处的电压。示波器带宽为 200MHz,幅度挡取 100mV/div,采样频率为 1GS/s,左图波形时间挡取 10μs/div,右图为 200ns/div。

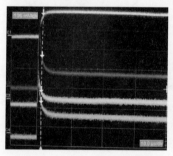
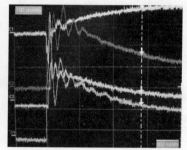

图 13.50　四个通道的实测波形

　　由图可见,实测电压波形前部存在一定幅度的振荡,同时在大量的测试中观察到,参考电极与引上线间的连线越长或架得越高,所测波形振荡的幅度就越高,故在后续的测试中将连接线直接放在地面上,线长仅取 5m。对测得的信号进行滤波处理后,按标定结果得出的 $i_{im}(t)$、$u_{im}(t)$ 及 TGR 波形如图 13.51 所示,其稳态值约为 20Ω,其中图 13.51(d) 是 0.2m×0.4m×0.8m 的方形截面接地体 TGR 计算结果。由图可见,实测波形与 13.2.1 中的相关计算结果是一致的,不仅波形类似,从 TGR 稳态值看,方形接地体比圆柱接地体低不少。究其原因,在于计算模型的表面积是测试用接地体的 2 倍多,这也验证了接地体表面积的增大有利于 TGR 稳态值的降低。需要说明的是,测试中参考电极设在距引上线中心点 20m 处,取 10m 处的电压 $u_{im}(t)$ 作为冲击电压来计算 TGR 较为合适。之所以取 5m 处测得的 $u_{im}(t)$,是考虑了测量 $u_{im}(t)$ 的接地桩离引上线中心点较远情况下拉线变长了,耦合形成的干扰较强,同时测试场地土壤的均一性也难以保证。

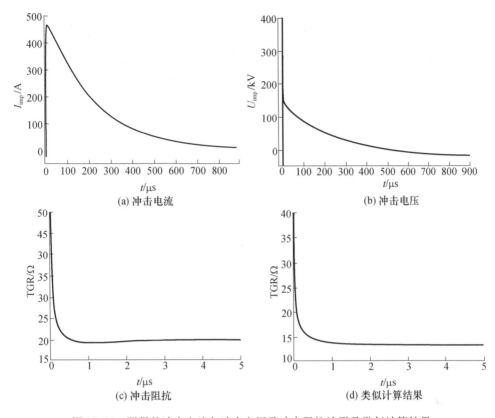

(a) 冲击电流

(b) 冲击电压

(c) 冲击阻抗

(d) 类似计算结果

图 13.51　测得的冲击电流与冲击电压及冲击阻抗波形及类似计算结果

13.3.4　线状接地体冲击接地阻抗测试研究[22-26,28]

辐射状接地体用 $\phi10$ 的圆钢焊接而成，分为一字形、十字形和米字形三种，其圆钢总长均为 16m，可谓名副其实的"线状"。埋地过程中的照片如图 13.52 所示，埋深均为 0.6m，土壤电导率 $\sigma_g = 0.07\mathrm{S} \cdot \mathrm{m}^{-1}$。试验所用示波器带宽 300MHz，最高采样速率 $2.5\mathrm{GS} \cdot \mathrm{s}^{-1}$。图 13.53 为示波器显示的冲击电流和冲击电压典型波形。

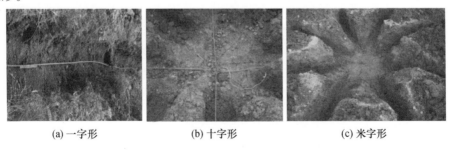

(a) 一字形　　　　　　　　(b) 十字形　　　　　　　　(c) 米字形

图 13.52　三种线状接地体埋地过程中照片

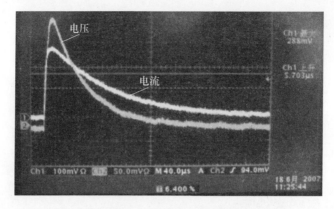

图 13.53　TDS3032 示波器显示的两路脉冲信号

13.3.4.1　三种水平辐射状接地体 TGR 测试结果

分别对图 13.52 所示三种不同形状水平接地体冲击电压和冲击电流波形进行测量,测得的典型波形如图 13.54 所示,数据经计算得出的 TGR 波形见图 13.55 到图 13.57。

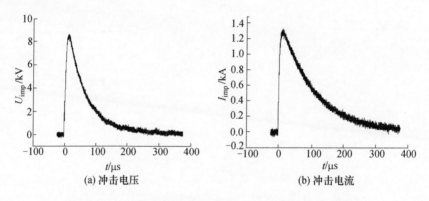

(a) 冲击电压　　　　　　　　(b) 冲击电流

图 13.54　米字形接地体的冲击电压和冲击电流实测波形

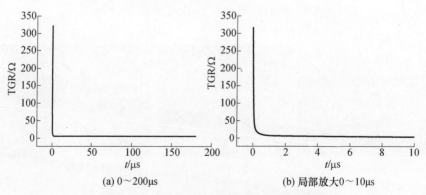

(a) 0~200μs　　　　　　　　(b) 局部放大 0~10μs

图 13.55　一字形接地体的 TGR 实测波形

502

图中冲击电压读数:峰值 U_{imp} 为 8500V,峰时 13.5μs,上升时间(0.1～0.9)和半峰宽(0.5～0.5)分别为 9μs 和 52μs;冲击电流:峰值 I_{imp} 为 1300A,峰时 11.5μs,上升时间(0.1～0.9)和半峰宽(0.5～0.5)分别为 6.7μs 和 86μs。

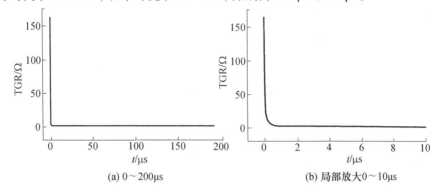

(a) 0～200μs   (b) 局部放大0～10μs

图 13.56　十字形接地体的 TGR 实测波形

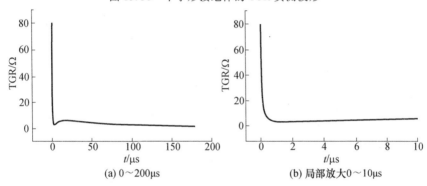

(a) 0～200μs   (b) 局部放大0～10μs

图 13.57　米字形接地体的 TGR 实测波形

从以上三种线状接地体的 TGR 测试结果看,一字形接地体 TGR 的起始值为 330Ω,十字形的为 163Ω,米字形的为 80Ω。可见,在冲击电流入地点,随着分流通道数量的增加,TGR 的起始值有减小的趋势。但无论 TGR 的起始值如何变化,总的趋势还是趋于一稳定值,而冲击电流通过接地体的最初瞬间其冲击阻抗的变化则反映了泄流通道的阻抗特性,与工频接地电阻 R_{hpow} 或 TGR 稳态值无关,这和文献[1]的有关论述相一致。

从米字形接地体的 TGR 波形变化情况看,是从起始值下降到谷值,然后反弹,再下降,尔后逐渐稳定,这样的变化规律呈现了明显的容性特征。这从该接地装置冲击电压和冲击电流波形的峰时也可看出,冲击电压为 13.5μs,而冲击电流则是 11.5μs,电流超前电压 2μs 达到峰值。再看十字形和一字形接地体,冲击电压和冲击电流波形几乎完全相似,两者上升沿、半峰宽几乎一致,所以其冲击接地阻抗从初始的通道波阻抗下降后,迅速平稳,没有波动,近乎一条直线,容性特征就不明显了。

上述三种接地体的截面积和总长度相同,但容性特征却有如此大的区别,这可从下面的简单计算得到解释:如果将米字形接地体中的一根水平接地体设为一个接地体单元,其接地电容为 $C_{1/8}$,则米字形接地体对地总电容为 $8C_{1/8}$;十字形接地体对地总电容为 $(4/2)C_{1/8}$;一字形接地体对地总电容为 $(4/4)C_{1/8}$。从上述试验结果和计算结果都得到了验证。

再看以上三种水平接地体接地体的 R_{ghpow},按式(13.1.10)可计算得出,式中 k 的取值一字形为 0,十字形和米字形分别为 2.14 和 8.81;当取 σ_g 为 0.07S·m^{-1},得米字形接地体的 R_{ghpow} 为 2.71Ω,与图 13.57 中试验测定的 TGR 的稳定值 2.2Ω 相近;十字形接地体的 R_{ghpow} 为 1.78Ω,与图 13.56 中十字形 TGR 稳定值 1.55Ω 相近。当取 σ_g 为 0.02S·m^{-1},一字形接地体的 R_{ghpow} 为 5.19Ω,与图 13.55 中一字形接地体 TGR 稳定值 4.88Ω 相近。可见,TGR 波形的稳定值与 R_{ghpow} 的理论估算值是相接近的。

13.3.4.2　不同组合快速垂直接地装置 TGR 测试结果

图 13.58 所示的一种杆状接地装置可用作垂直接地体,总长 75cm,其下段为长 35cm 的钻头和钻身;中段为 ϕ16 空心圆管,长 30cm;上段为空心钻柄,长 10cm。将其打入地下后,通过露出地面的空心钻柄,再通过空心圆管管壁上的数个小孔,向岩土介质中注入离子液,以进一步降低接地电阻。数根这样的接地棒快速打入地中后,用水平金属连接线卡相连即可快速构成一个由水平接地体连接的 n 根垂直接地体组合接地系统。撤收时取下接地棒上的连接线卡,用专用的电动钻套住接地棒,反向旋转,即可将其从地中拔出。

图 13.58　单个快速入地垂直接地装置照片

一字形分布快速接地装置的冲击接地响应。由 4 根快速入地垂直接地装置与水平连线组成的接地系统如图 13.59 所示,(a)、(b)两分图中冲击电流注入位置是不同的。土壤电导率为 0.07S·m^{-1},工频接地电阻计算值为 4.58Ω,根据实测冲击电压和冲击电流数据计算得出的 TGR 波形见图 13.60。

星形分布快速接地装置的冲击接地响应。星形分布快速接地装置冲击接地响应测量系统顶视图见图 13.61,图中黑点表示垂直接地棒,黑点之间用金属线连接,冲击电流分别从两个不同的位置注入。土壤电导率和工频接地电阻同上。

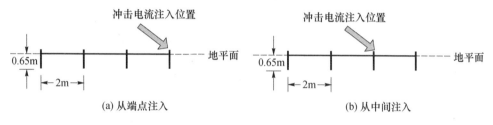

(a) 从端点注入   (b) 从中间注入

图 13.59　从一字形快速接地装置不同位置注入冲击电流示意图

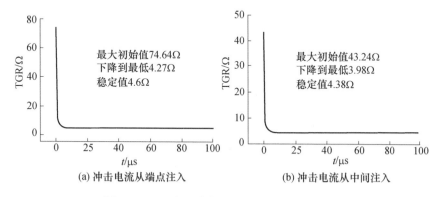

(a) 冲击电流从端点注入   (b) 冲击电流从中间注入

图 13.60　一字形分布快速接地装置 TGR 波形

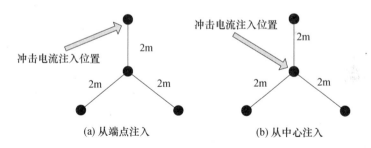

(a) 从端点注入   (b) 从中心注入

图 13.61　对星形快速接地装置的不同位置注入冲击电流

根据实测冲击电压和冲击电流数据计算得出的 TGR 波形如图 13.62 所示。

由图 13.62 可见,在雷电流一类冲击电流作用下,星形分布快速接地装置的冲击接地阻抗从一个比较高的初始值迅速下降,下降到谷值之后再缓慢上升,最终达到稳定值,呈现出一定的容性。相对于从中间注入冲击电流而言,从端点注入冲击电流时,TGR 起始值要大一些,容性弱一些,最终的稳定值相近。

13.3.4.3　TGR 测试结果与数值结果的比较

$\phi10$ 圆钢焊接而成的一字形、十字形和米字形三种辐射状水平接地体的 TGR 测试结果,与相应数值分析结果的对比情况,如图 13.63 所示。

两种不同组合快速接地装置的 TGR 测试结果与相应数值分析结果的对比情况见图 13.64。

由图可见,无论接地体是水平敷设还是由快速装置施工完成,以及接地系统又

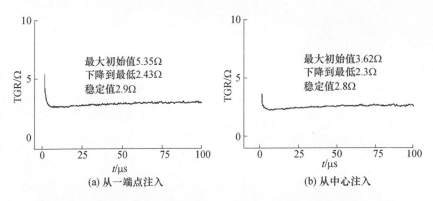

图 13.62　星形分布快速接地装置不同位置注入冲击电流时的 TGR 波形

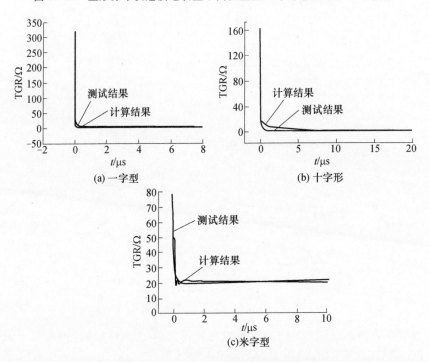

图 13.63　三种辐射状水平接地体 TGR 波形测试与数值结果对比

是如何组合的,TGR 波形的稳态值即工频接地电阻与计算结果一致,波形起始部分的变化情况大体上也是一致的,相差有限。

13.3.5　软垫式可移动接地模块冲击接地阻抗测试研究

文献[32,33]利用便于车载的正方形软垫式接地模块,构成不同组合的接地装置,对多种路面条件下的 TGR 进行了试验研究。

接地模块为边长 0.9m 的正方形软垫,以铜网为基材制作而成。通过对模块上覆盖的棉絮垫喷洒盐水,有效提高了导电性能且利于与大地的电接触。选取不

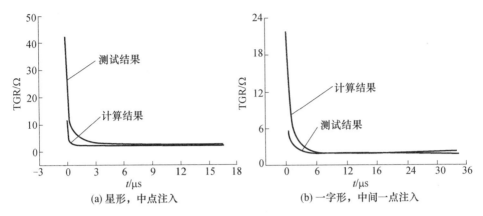

(a) 星形，中点注入　　　　　　(b) 一字形，中间一点注入

图 13.64　两种不同组合快速接地装置 TGR 测试与数值结果对比

同路面对不同组合接地装置进行了 TGR 测试研究,在水泥路面上进行测试的现场照片如图 13.65 所示,图中十字形与十字放射形的区别在于,前者的接入点位于周边组件上,而后者位于中间组件上。

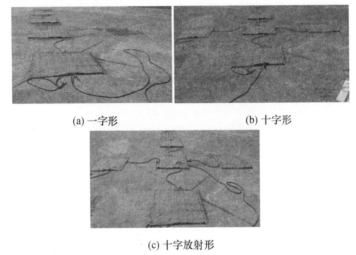

(a) 一字形　　　　　　　(b) 十字形

(c) 十字放射形

图 13.65　三种辐射状水平接地体 TGR 波形测试与数值结果对比

对图 13.65 所示三种路面、三种不同形式组合接地装置分别进行 TGR 测试的结果见图 13.66。可以看出,在组合接地装置组件个数相同而排列形式不同时,对 TGR 虽有一定影响,但路面的不同影响更大。从总体上看,土壤路面上测得的 TGR 最低,不同组合的影响相对较小,但仍有区别,十字形组合的 TGR 稳态值最大,十字放射形次之,一字形最小。草地上的测试结果依然是十字形组合的 TGR 稳态值最大,米字放射形次之,一字形最小。而水泥地的情况略有不同,十字形和十字放射形的 TGR 稳态值大小基本一致,而一字形的 TGR 稳态值明显小于前两者,显示出了更好的接地特性。总之,三组试验结果均说明一字形组合接地装置具

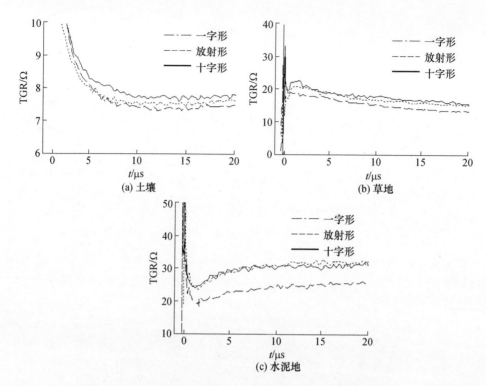

图 13.66　三种路面三种形式组合接地装置 TGR 测试结果

有最小的 TGR 稳态值;土壤、草地上十字放射形的 TGR 稳态值居中,十字形的最大,水泥地上十字放射形和十字形的 TGR 稳态值基本一致。

以十字形接地装置在土壤路面测得的 TGR 波形为例,与数值结果的对比情况如图 13.67 所示,计算中取 $\sigma_g = 0.011\mathrm{S} \cdot \mathrm{m}^{-1}$(系实测数据)。

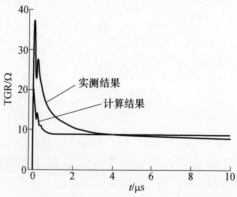

图 13.67　十字形组合接地装置 TGR 波形实测与计算结果对比

由图可见,实测 TGR 波形和数值结果的一致性较好,稳态值接近,相互得到验证。

13.3.6 降低垂直接地装置 TGR 的匹配式方法研究

对于接地装置的 TGR,不仅需要关心其稳定值,即工频接地电阻 R_{gpow},同时也要关注其初始阶段的峰值。就固定结构的接地装置而言,当大地电导率 σ_g、介电常数 ε_g 等环境参数一定时,TGR 峰值应该是确定的。在降低接地装置 TGR 稳定值的同时,有效降低 TGR 峰值,对降低雷电流等脉冲电流峰值的反击很有必要。近年来,熊润进行了这方面的研究[35],采用给接地体引上线"加套筒"的方式来降低系统的 TGR 峰值,通过计算分析对这种方式进行了检验。这里值得一提的是,曲新波等以垂直棒状接地体为例,将其看作另类的单极子天线,采用 FDTD 法进行了数值分析,进一步探讨了采用阻抗匹配方式来降低 TGR 峰值的可行性,并给出了计算结果[36]。

当棒状接地体被视为单极子天线,引上线为馈电同轴线,而大地则等同于自由空间,如图 13.68 所示。单极子天线与棒状接地体的最大区别在于,天线是面向自由空间辐射电磁波,而接地体则是向大地泄放电流,当然,大地的情况要比自由空间复杂得多。如将接地装置看作图 13.69 所示的单端口网络,当雷电流注入时,引上线上每时每刻电压与电流的比值即所关心的 TGR 时域特性。欲降低TGR,从频域的角度看,即须想方设法实现阻抗匹配。一旦实现了对接地系统的良好匹配,那么通过接地装置泄放的电流即随之增大,自然就实现了降低 TGR 的目的。

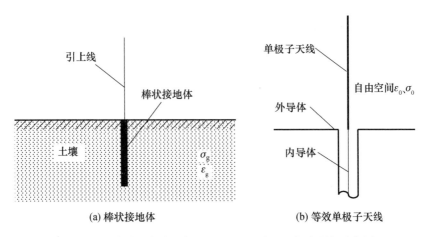

(a) 棒状接地体　　　　　　　　(b) 等效单极子天线

图 13.68　降低垂直接地装置 TGR 的一种匹配方式研究示意图

图 13.69　视接地装置为单端口网路研究 TGR 的阻抗匹配网络示意图

图 13.69 中 Z_0 为传输线的特性阻抗，Z_L 为负载阻抗，阻抗匹配网络置于传输线与负载之间，从匹配网络输入端看入的阻抗被设计成 Z_0，且在理想情况下应该是无耗的。而实际上在增加阻抗匹配网络后，未能传输出去的能量会在负载与匹配网络之间进行多次反射，并最终传输出去；但对匹配网络左侧的传输线而言，相当于入地的冲击电流能量全都被传输出去就没有能量反射。通过增加阻抗匹配网络，就保证了最大的功率被传输到负载，并且在传输线上功率损耗最小。因此，文献[35]通过在引上线和接地装置之间增加介质套筒，相当于增加了一段阻抗匹配网络，从而减少了引上线与接地体之间的电波反射，使得泄放电流尽可能地流入大地，以实现降低 TGR 的目的。

自然，实现阻抗匹配还可从改变负载阻抗 Z_L 入手，使之尽可能地接近 Z_0，从而达到阻抗匹配的目的。对于单极子天线，其面向自由空间，主要通过改变天线结构（如调整长度、粗细，或者进行局部加载等）来改变负载阻抗。而对于接地装置而言，合理改变接地体的结构在某种程度上同样可以达到类似的效果，但与单极子天线不同的是，接地体与土壤直接接触，同一种结构的接地体埋设在不同土壤中，其负载阻抗也会不同。而且，接地装置是通过引上线与接地体泄放雷电流，其特征阻抗 Z_0 难以确定，要想通过数学表达式对其进行分析是困难的。为此，曲新波等以常用的棒状垂直接地体为例，采用 FDTD 法对如何通过改变其周围的介质条件达到阻抗匹配效果以降低 TGR 进行了数值模拟，所建模型如图 13.70 所示。图中连接线架高 0.5m，长 20m，两端分别与参考电极和截面为正方形的棒状接地体相接，参考电极埋深 1.0m，接地体引上线接双指数脉冲电流源，与接地体、大地、参考电极、连接线构成传导回路。计算中，首先针对未增加介质层的棒状接地体进行了计算，设接地体尺寸为 $d_1 \times d_1 \times l_1$，土壤的电参数为 ε_{g1}、σ_{g1}，然后增加一层匹配介质，其尺寸为 $d_2 \times d_2 \times l_2$，电参量为 ε_{g2}、σ_{g2}。接下来又计算增加了两层匹配介质的情况，设：第二层介质的尺寸为 $d_3 \times d_3 \times l_3$；电参数为 ε_{g3}、σ_{g3}；空气的电参数为 ε_0、σ_0；土壤的电参数 $\varepsilon_{g1} = 9\varepsilon_0$、$\sigma_{g1} = 0.01 \mathrm{S} \cdot \mathrm{m}^{-1}$。为便于计算，棒状接地体尺寸设为 $d_1 = 0.1\mathrm{m}$，$l_1 = 0.5\mathrm{m}$。激励源采用内阻为 50Ω 的 $1.2/50\mu\mathrm{s}$ 双指数脉冲源。

13.3.6.1　未加匹配介质层的 TGR 计算结果

TGR 波形如图 13.71 所示，其中图 13.71（b）为 $0.4\mu\mathrm{s}$ 内的局部放大图，从中可以看出，在 $0.0045\mu\mathrm{s}$ 时 TGR 达到了第一个峰值 35.30Ω，然后短暂下降后又迅速回升，稍有抖动后达到了稳定值 52.11Ω。由于 σ_{g1} 取为 $0.01\mathrm{S} \cdot \mathrm{m}^{-1}$，造成 TGR 在出现第一个峰值之后会出现上升，甚至出现了超过第一个峰值的情况，故在后续的讨论中，将以出现的第一个明显波峰为 TGR 峰值。

13.3.6.2　增加一层匹配介质对 TGR 计算结果的影响

增加一层匹配介质，计算 TGR 的可变参量包括 d_2、l_2、σ_{g2}，按以下几种组合进行：

① $d_2 = 0.2\mathrm{m}$，$l_2 = 0.75\mathrm{m}$，$\sigma_{g2} = 1\mathrm{S} \cdot \mathrm{m}^{-1}$，$3\mathrm{S} \cdot \mathrm{m}^{-1}$，$9\mathrm{S} \cdot \mathrm{m}^{-1}$；

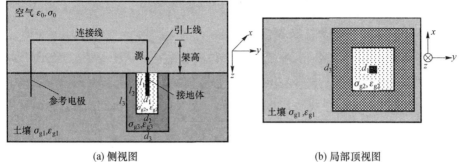

(a) 侧视图   (b) 局部顶视图

图 13.70　匹配式接地 FDTD 模型示意图

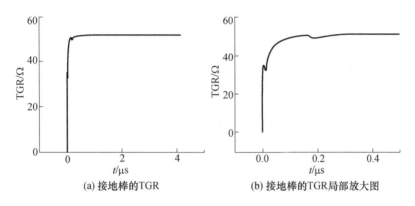

(a) 接地棒的TGR   (b) 接地棒的TGR局部放大图

图 13.71　未加匹配介质时的 TGR 波形

② $d_2 = 0.3\text{m}, l_2 = 0.75\text{m}, \sigma_{g2} = 1\text{S} \cdot \text{m}^{-1}, 3\text{S} \cdot \text{m}^{-1}, 9\text{S} \cdot \text{m}^{-1}$；

③ $d_2 = 0.2\text{m}, l_2 = 1.0\text{m}, \sigma_{g2} = 1\text{S} \cdot \text{m}^{-1}, 3\text{S} \cdot \text{m}^{-1}, 9\text{S} \cdot \text{m}^{-1}$；

④ $\sigma_{g2} = 9\text{S} \cdot \text{m}^{-1}, l_2 = 0.75\text{m}, d_2 = 0.2\text{m}, 0.3\text{m}, 0.4\text{m}, 0.5\text{m}$；

⑤ $\sigma_{g2} = 9\text{S} \cdot \text{m}^{-1}, d_2 = 0.2\text{m}, l_2 = 0.75\text{m}, 1.0\text{m}, 1.25\text{m}, 1.5\text{m}$。

针对以上几种设定计算得出的 TGR 波形主要参数列于表 13.10 中，典型波形如图 13.72 所示。

表 13.10　增加一层匹配介质后的 TGR 计算结果

组合编号	相关参数设定		TGR 峰值/Ω	TGR 稳定值/Ω
①	$d_2 = 0.2\text{m}, l_2 = 0.75\text{m}$	$\sigma_{g2} = 1\text{ S} \cdot \text{m}^{-1}$	26.13	26.74
		$\sigma_{g2} = 3\text{ S} \cdot \text{m}^{-1}$	25.08	26.03
		$\sigma_{g2} = 9\text{ S} \cdot \text{m}^{-1}$	24.19	25.78
②	$d_2 = 0.3\text{m}, l_2 = 0.75\text{m}$	$\sigma_{g2} = 1\text{ S} \cdot \text{m}^{-1}$	21.32	21.39
		$\sigma_{g2} = 3\text{ S} \cdot \text{m}^{-1}$	20.01	20.86
		$\sigma_{g2} = 9\text{ S} \cdot \text{m}^{-1}$	19.06	20.68

组合编号	相关参数设定		TGR 峰值/Ω	TGR 稳定值/Ω
③	$d_2 = 0.2\,\mathrm{m}, l_2 = 1.0\,\mathrm{m}$	$\sigma_{g2} = 1\mathrm{S} \cdot \mathrm{m}^{-1}$	25.44	21.74
		$\sigma_{g2} = 3\mathrm{S} \cdot \mathrm{m}^{-1}$	24.47	20.69
		$\sigma_{g2} = 9\mathrm{S} \cdot \mathrm{m}^{-1}$	23.76	20.30
④	$\sigma_{g2} = 9\mathrm{S} \cdot \mathrm{m}^{-1}$, $l_2 = 0.75\,\mathrm{m}$	$d_2 = 0.2\,\mathrm{m}$	24.19	25.78
		$d_2 = 0.3\,\mathrm{m}$	19.06	20.68
		$d_2 = 0.4\,\mathrm{m}$	15.98	17.55
		$d_2 = 0.5\,\mathrm{m}$	13.91	15.25
⑤	$\sigma_{g2} = 9\mathrm{S} \cdot \mathrm{m}^{-1}$, $d_2 = 0.2\,\mathrm{m}$	$l_2 = 0.75\,\mathrm{m}$	24.19	25.78
		$l_2 = 1.0\,\mathrm{m}$	23.79	20.30
		$l_2 = 1.25\,\mathrm{m}$	23.76	16.86
		$l_2 = 1.5\,\mathrm{m}$	23.70	13.89

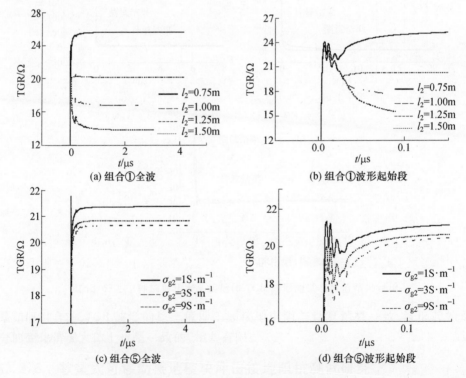

(a) 组合①全波 　　(b) 组合①波形起始段

(c) 组合⑤全波 　　(d) 组合⑤波形起始段

图 13.72 增加一层匹配介质时的 TGR 波形

计算结果表明：增加一层匹配介质后，降阻效果明显。在接地体和匹配介质层尺寸一定的情况下，即使匹配介质层的电导率有变化，但 TGR 的波形整体下移，其走势整体上相似。随着介质层电导率的增加，TGR 峰值和稳定值均下降，但峰值下降速度要更快一些。即使匹配介质电导率 σ_{g2} 和截面边长 d_2 分别降至 $1S \cdot m^{-1}$ 和 0.2m，TGR 峰值和稳定值分别为 26.13Ω 和 26.74Ω，仍远低于未加匹配介质时的 TGR 峰值 35.30Ω 和稳定值 52.11Ω。

在匹配介质电导率 σ_{g2} 一定的情况下，增大匹配介质截面边长 d_2 和高度 l_2 的尺寸均能有效降低 TGR 的峰值和稳定值。从 TGR 波形的走势来看，随着 d_2 的改变，TGR 波形趋势变化不大，均出现峰值后的抖动下降，然后上升趋于稳定，但随着 l_2 的增大，TGR 在出现峰值后，抖动下降并迅速趋于稳定。

再看匹配介质层与四周土壤的接触面积（包括侧向的和底端的）对 TGR 的影响，接触面积最大的并不决定 TGR 的峰值和稳定值都是最低的。具体而言，d_2 的增大会使得 TGR 整体下降，l_2 的增大会影响 TGR 峰值后的下降速度，从而影响到最终的稳定值。

当匹配介质 σ_{g2} 一定时，l_2 的增大能迅速降低 TGR 的稳定值，但对 TGR 峰值基本没影响；而 d_2 的增大则能同时降低 TGR 的峰值与稳定值。

13.3.6.3 增加两层匹配介质对 TGR 计算结果的影响

设两层匹配介质的尺寸为：$d_2 = 0.2\text{m}$，$l_2 = 0.75\text{m}$；$d_2 = 0.3\text{m}$，$l_2 = 1.0\text{m}$；土壤的电导率 σ_{g1} 仍取 $0.01S \cdot m^{-1}$。分别按以下三种情况来计算 TGR：

① 第一层匹配介质分别取 $\sigma_{g2} = 1S \cdot m^{-1}$，$3S \cdot m^{-1}$，$9S \cdot m^{-1}$，第二层匹配介质取 $\sigma_{g3} = (\sigma_{g1} \cdot \sigma_{g2})^{1/2}$；

② 第一层匹配介质取 $\sigma_{g2} = 9S \cdot m^{-1}$；第二层匹配介质分别取 $\sigma_{g3} = 0.1S \cdot m^{-1}$，$0.3S \cdot m^{-1}$，$3S \cdot m^{-1}$，$12S \cdot m^{-1}$；

③ 第二层匹配介质取 $\sigma_{g3} = 9S \cdot m^{-1}$，第一层匹配介质分别取 $\sigma_{g2} = 0.1S \cdot m^{-1}$，$0.3S \cdot m^{-1}$，$3S \cdot m^{-1}$，$12S \cdot m^{-1}$。

针对以上几种设定计算得出的 TGR 波形主要参数列于表 13.11 中，波形如图 13.73 所示。

表 13.11　增加两层匹配介质后的 TGR 计算结果

组合编号	相关参数设定		TGR 峰值/Ω	TGR 稳定值/Ω
①	$\sigma_{g2} = 1S \cdot m^{-1}$	$\sigma_{g3} = 0.1S \cdot m^{-1}$	23.71	20.49
	$\sigma_{g2} = 3S \cdot m^{-1}$	$\sigma_{g3} = 0.17S \cdot m^{-1}$	22.17	18.78
	$\sigma_{g2} = 9S \cdot m^{-1}$	$\sigma_{g3} = 0.3S \cdot m^{-1}$	21.09	17.82
②	$\sigma_{g2} = 9S \cdot m^{-1}$	$\sigma_{g3} = 0.1S \cdot m^{-1}$	22.19	19.50
		$\sigma_{g3} = 0.3S \cdot m^{-1}$	21.09	17.82
		$\sigma_{g3} = 3S \cdot m^{-1}$	19.61	16.82
		$\sigma_{g3} = 12S \cdot m^{-1}$	18.95	16.65

（续）

组合编号	相关参数设定		TGR 峰值/Ω	TGR 稳定值/Ω
③	$\sigma_{g2} = 0.1\mathrm{S} \cdot \mathrm{m}^{-1}$	$\sigma_{g3} = 9\mathrm{S} \cdot \mathrm{m}^{-1}$	20.79	16.93
	$\sigma_{g2} = 0.3\mathrm{S} \cdot \mathrm{m}^{-1}$		20.27	16.89
	$\sigma_{g2} = 3\mathrm{S} \cdot \mathrm{m}^{-1}$		19.40	16.75
	$\sigma_{g2} = 12\mathrm{S} \cdot \mathrm{m}^{-1}$		18.98	16.66

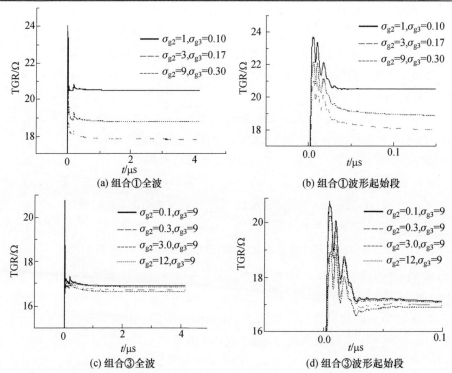

图 13.73　增加两层匹配介质后的 TGR 波形（图中 σ_{g2}、σ_{g3} 的单位均为 $\mathrm{S} \cdot \mathrm{m}^{-1}$）

由计算结果可以看出：与只增加一层匹配介质相比，增加了第二层匹配介质层后，TGR 波形峰值进一步降低，且在达到峰值继而下降后没有再明显升高，对 TGR 稳定值的降低效果突出。特别是在 $\sigma_{g2} < \sigma_{g3}$ 情况下可获得较低的 TGR 峰值和稳定值；在匹配介质层尺寸一定的情况下，TGR 的稳定值更多地取决于 σ_{g3}，虽然会随着 σ_{2g} 的增大而降低，但降低幅度并不大。

13.3.6.4　研究成果的意义

根据微波领域中的单端口网络理论所提出的匹配接地概念，从另一个角度探讨了降低非金属接地模块 TGR 的可能性。以棒状接地体为例，通过数值分析得出的一些结论，为此类接地模块在电磁脉冲工程防护领域的应用与发展提供了可行的思路。特别是，当前具有一定导电性能的非金属材料不断涌现，且在抗腐蚀性能方面远优于金属材料。加之 TGR 测量技术的发展和工程设计的智能化,大大提升接地体的性能以满足电磁脉冲防护的需求,是可以预期的。

参 考 文 献

[1] 曾永林. 接地技术 [M]. 北京:水利电力出版社,1979.

[2] 谢广润. 电力系统接地技术 [M]. 北京:中国电力出版社,1996.

[3] 高攸纲. 屏蔽与接地[M]. 北京:北京邮电大学出版社,2004.

[4] Papalexopoulos A D, Meliopoulos A P. Frequency Dependent Characteristicsof Grounding Systems [J]. IEEE Trans. Power Delivery, 1987, PWRD − 2(4): 1073 − 1081.

[5] Grcev L, Dawalibi F. An electromagnetic model for transients in grounding systems [J]. IEEE Trans. on Power Delivery, 1990, 5(4): 1773 − 1781.

[6] Nekhoul B, Duerin C, Labie P, et al. A finite element method for calculating the electromagnetic fields generated by substation grounding systems [J]. IEEE Trans. on Magnetics, 1995, 31(3): 2150 − 2153.

[7] Trlep M, Hamler A, Hribernik B. The analysis of complex grounding systems by FEM [J]. IEEE Trans. On Magnetics, 1998, 34(5): 2521 − 2524.

[8] Guemes J A, Hernando F E. Mehtod for calculating the ground resistance of grounding grids using FEM [J]. IEEE Trans. on Power Delivery, 2004, 19(2): 595 ~600.

[9] Wu W, Ruan J J, Chen Y P. Transient analysis of grounding system under lightning stroke using 3D FEM method [C]//Power System Technology, 2002. Proceedings. PowerCon 2002. International Conference on. IEEE, 2002,4: 2034 − 2037.

[10] Tanabe K. Calculation results for dynamic behavior of grounding systems obtained using the FDTD method [C]. Proceedings of ICLP2000 Rhodes, Greece, 2000,452 − 457.

[11] Yoshihiro B, Naoto N, Akihiro A. Numerical analysis of grounding resistance of buried thin wires by the FDTD method [C]. IPST2003, New Orleans, USA, 2003.

[12] Tanabe K. Novel method for analyzing the transient behavior of grounding systems based on the finite − difference time − domain method [C]// Power Engineering Society Winter Meeting, 2001. IEEE. IEEE,2001,3: 1128 − 1132.

[13] Tanabe K, Asakawa A. Compute analysis of transient performance of grounding grid element based on the finite − difference time − domain method [C]//Electromagnetic Compatibility, 2003. EMC'03. 2003. IEEE, International Symposium on. IEEE, 2003, 1: 209 − 212.

[14] Tanabe K, Kawamoto T. Impedance with respect to vertical and rotational symmetric grounding electrodes and its computational from full − wave analysis using FDTD method [C]//EMC, 2005. 2005 International Symposium on. IEEE, 2005, 2: 534 − 538.

[15] Eduardo T T, Ronaldo O, et al. Transient analysis of parameters governing grounding systems by the FDTD method [J]. IEEE Trans. on Latin American, 2006, 4(1): 55 − 61.

[16] Masanobu T, Yoshihiro B, Naoto N, et al. FDTD Simution of Horizontal Grounding Elcctrode and Modeling of its Equivalent Circuit [J]. IEEE Trans. on Electromagnetic Compatibility. 2006, 48(4): 817 − 825.

[17] He H B, Zhou B H, Chen J Q. Analysis of transient grounding resistance under pulsed discharging current [C]. Conference Proceedings of CEEM'2003, Hangzhou, China,2003: 554 − 557.

[18] He H B, Zhou B H, Yu T B, et al. Analysis of Transient Grounding Resistance Under Pulsed Discharging Current [C]. Proc. Asia − Pacific conf. Environmental Electromagnetics, Hangzhou,China,2003: 554 − 557.

［19］贺宏兵,周璧华,陈加清. 脉冲泄流时土壤条件对冲击接地阻抗的影响［J］. 强激光与粒子束,2004,16(10)：1295-1298.

［20］He H B, Zhou B H, Chen J Q, et al. Influence of outside environment on transient grounding resistance under pulsed discharging current［C］//Microwave, Antenna, Propagation and EMC Technologies for Wireless Communications, 2005. IEEE International Symposium on. IEEE,2005,1：565-568.

［21］He H B, Zhou B H, Chen J Q. Influence of the grounding electrode on transient grounding resistance under pulsed discharging current［C］//Environmental Electromagnetics, the 2006,4th Asia-Pacific Conference on. IEEE, 2006：830-833.

［22］陈加清,周璧华,贺宏兵,等. 四种简单接地体的冲击接地阻抗分析［J］. 高电压技术,2005,31(2)：1-3.

［23］Chen J Q, Zhou B H, He H B, et al. Analysis of Transient Grounding Resistance in Time-Domain When a Number of Vertical Grounding Rods Parallel-Connected［C］// Microwave, Antenna, Propagation and EMC Technologies for Wierless Communications, 2005, MAPE 2005. IEEE International Symposium on. IEEE, 2005：511-514.

［24］Chen J Q, Zhou B H, et al. Experimental Investigation of Transient Grounding Resistance Characteristics on a Spokewise Grounding Electrode［C］//Electromagnetic Compatibility,2007. EMC 2007. International Symposium on IEEE, 2007：350-353.

［25］Chen J Q, Zhou B H, et al. Experimental Investigation of Transient Grounding Resistance Characteristics on the Radialized Grounding Electrode［C］//Microwave and Millimeter Wave Technology, 2008,ICMMT 2008. International Conference on. IEEE,2008,3：1458-1461.

［26］Chen J Q, Zhou B H, et al. Finite-Difference Time-Domain Analysis of the Electromagnetic Environment in a Reinforced Concrete Structure When Struck by Lightning［J］. IEEE Transactions on Electromagnetic Compatibility, 2010, 52(4)：914-920.

［27］贺宏兵. 接地系统的冲击响应研究［D］. 南京：解放军理工大学, 2007.

［28］陈加清. 接地系统及钢筋结构的雷电冲击响应研究［D］. 南京：解放军理工大学, 2009.

［29］Run X, Chen B, Mao Y F, et al. FDTD modeling of the earthing conductor in the transient grounding resistance analysis［J］. IEEE Antennas and Wireless Propagat. Lett. , 2012, 11：957-960.

［30］Run X, Chen B, Fang D G. An algorithm for the FDTD modeling of flat electrodes［J］. IEEE Trans. Antennas and Propagat. , 2014, 62(1)：345-354.

［31］Tanabe K. Calculation results for dynamic behavior of grounding systems obtained using the FDTD method［C］. Proceedings of ICLP2000, Rhodes, Greece, 2000：452-457.

［32］付亚鹏,周璧华,曲新波,等. 车载接地装置冲击接地阻抗的时域分析［J］. 电波科学学报(增刊),2013, 28：290-294.

［33］付亚鹏. 车载式接地装置冲击接地阻抗研究［D］. 南京：解放军理工大学, 2014.

［34］川濑太郎. 接地技术与接地系统［M］. 冯允平,译. 北京：科学出版社,2002.

［35］Run X, Chen B, Wen Y, et al. Transient resistance analysis of large grounding systems using the FDTD method［J］. PIER, 2012, 132：159-175.

［36］曲新波. 车辆雷电防护技术研究［D］. 南京：解放军理工大学,2015.

第 14 章 电磁脉冲工程防护中的其他问题

前两章论述了电磁脉冲工程防护中的屏蔽和接地问题,重点介绍了作者及所在团队的相关研究成果。除去屏蔽和接地之外,电磁脉冲工程防护所涉及的问题还包括搭接、光隔离以及对 HEMP 环境下所形成的一些过电压的防护等技术。本章首先基于搭接的概念,介绍与搭接技术相关的国内外标准,阐述搭接的分类、搭接的实施与质量验证等问题。继而针对光隔离技术,在剖析不同光缆构成的基础上,论述光隔离的内涵以及在信号传输及信号测量系统中的应用问题。接下来,对典型市电供电系统的 HEMP 防护措施进行较为详尽的叙述。最后,讨论地下工程口部的电磁脉冲防护问题。

14.1 电磁脉冲工程防护中的搭接技术

电子、电气设备及系统电磁防护的实施离不开搭接技术,所谓搭接(bonding)是指在系统或分系统各结构件之间以及结构件、设备、附件、基础结构或物理分界面之间,通过机械、化学或物理方法实现电气连接,以建立一条稳定的低阻抗电气通路的工艺过程。良好的搭接可使电源回路的电压降维持在允许范围,保证设备的正常工作;为故障电流提供泄放回路,保障人员安全、避免发生火灾;为天线正常工作建立低阻抗回路,防止静电沉积、射频干扰和雷电对天线的毁伤;为滤波器和屏蔽体的正常工作提供电气回路;实现雷电防护技术的设计目的;防止设备运行期间的静电电荷积累,避免静电放电干扰。可见,搭接在电磁防护设计中是不可或缺的重要环节。在某些涉及防雷标准的文件中,用"等电位连接"来替代"搭接"的说法显然是欠妥的。

本节参考美国航空航天局标准 NASA – STD – 4003A – 2013 NASA technical standard. Electrical Bonding for Launch Vehicles, Spacecraft, Payloads and Flight E-quipment[1]、交通部联邦航空管理标准 FAA – STD – 019d – 2002 Lightning and Surge Protection, Grounding, Bonding and Shielding Requirements for Facilities and E-lectronic Equipment[2] 以及国家标准 GJB 1210—91《接地、搭接和屏蔽设计的实施》[3],对搭接的分类和要求、搭接的实施和质量验证等问题进行阐述。

14.1.1 搭接的分类及相关要求

1949 年,美国军标 MIL – B – 5087 中首次规定了飞行器的搭接要求,之后的修订版中将搭接按照用途分为天线安装（A）、电源回路（C）、电击和故障保护（H）、雷电防护（L）、射频干扰（R）、静电放电（S）6类。

在美国军标 MIL – STD – 464C – 2010[4]中也沿用了这一分类方法。美国航空航天局于 2013 年发布的 NASA – STD – 4003 标准中，将搭接按用途分为 C、H、L、R 和 S 五类，实质上是将 A 类归并到 R 类中，详见表 14.1。

表 14.1　搭接分类及相关要求

	电源回路	电击、故障	射频信号	雷电	静电放电
搭接类型	C	H	R	L	S
搭接目的	减少搭接面处的能量和电压损失。适用于需要通过结构体构成电源回路的设备和结构	防止火灾和人员被电击。适用于短路情况下箱体和结构体流过故障电流的设备和结构	防止射频信号对设备的干扰。适用于产生、转发射频信号以及对射频信号敏感的设备。包括天线安装和电缆屏蔽连接	雷电防护。适用于可能出现雷击电流的设备和结构	静电防护。适用于任何面临静电电荷积累的对象
搭接要求	搭接面低阻抗、低电压。可采用搭接条或搭接带	搭接面低阻抗、低电压。可采用搭接条或搭接带	高频搭接阻抗较低。首选直接搭接，不可采用搭接线，短、宽的搭接带可作为备选	低阻抗搭接。搭接件能承受强电流且不产生电弧。搭接条或搭接带能承受强电动力	允许适当的搭接阻抗。可采用搭接条或搭接带
直流搭接电阻	搭接电阻受电流影响	搭接电阻小于等于 0.1Ω。易燃危险区域有特殊要求	搭接电阻小于等于 $2.5m\Omega$。低电感	搭接电阻受电流影响。搭接电压降小于等于 500V。低电感	典型搭接电阻小于等于 1.0Ω
频率	低	低	高	高	低
电流	高	高	低	高	低

下面按表 14.1 中的分类方法逐一讨论。

14.1.1.1　电源回路搭接 – C 类

为保障电子、电气设备的正常供电，须通过合理选择传输线导线类型、尺寸以及回路来控制在传输过程中形成的电压降，而对飞行器而言，常利用结构体构成电源回路。对此类由结构体构成电源回路的系统，必须进行良好搭接，使电源与负载之间所有搭接点处总的电压降保持在相关电源质量标准的允许范围内，例如在针对飞机和舰船的美军标 MIL – STD – 704 和 MIL – STD – 1399 – 300 中，都规定了设备供电的允许范围。

另外,电源回路出现电气故障时,处于可燃材料、气体或液体区域的设备和结构,如果搭接不良,在搭接点处可能产生高温、火花或电弧,由此引发潜在的火灾。NASA – STD – 4003A 中要求,这些危险区域的搭接电阻不能超过图 14.1 中允许的最大值;条件允许情况下,电源回路应尽量避开危险区域布置。对于镁合金结构,搭接不良的接触面温度可升高到镁的燃点,故不能用于电源回路。

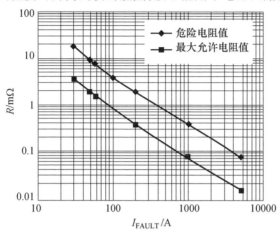

图 14.1　可燃气体或液体区域最大允许搭接电阻随故障电流的变化

通常金属结构体形成的电源回路阻抗很低,维持要求的电压水平是很容易做到的。但复合材料结构体由于导电性差,不宜用于电源回路。美军标 MIL – STD – 464C 规定,复合材料结构飞行器需要考虑设置独立的电源回路或地平面。

14.1.1.2　电击和故障保护搭接 – H 类

电源回路与设备金属壳体或导电结构体之间短路产生的故障电流,可能引起对人员的电击。故障电流流过搭接不良的分界面时产生的电弧、火花和高温,会引起可燃气体、液体或材料的燃烧。为了人员的安全或避免火灾的发生,NASA – STD – 4003A 要求飞行器中外露的电子/电气设备壳体、金属管道、电缆架或其他受短路电流影响的导电物体必须与结构体搭接,搭接电阻要求达到 0.1Ω 或更小。处于易燃危险区域的故障电流回路,搭接电阻不能超过图 14.1 中允许的最大值。由于短路故障时搭接不良的接触面温度可升高到镁的燃点,镁合金结构体也不能作为主要的故障电流回路。值得注意的是,有时断路器在其两倍额定电流作用下需要数秒时间才能动作。因此,为使保护电路迅速动作,故障回路必须良好搭接,使足够强的故障电流流过。

14.1.1.3　对电磁干扰或射频信号的防护搭接 – R 类

R 类搭接的用途之一是避免系统和分系统的干扰信号耦合,这些干扰信号可能来自其他的分系统、外部电磁环境、雷电、静电沉积、电力系统地电流等。NASA – STD – 4003 标准中规定,为了在飞行器设备壳体和结构体之间建立低阻抗通道,所有电子、电气设备和飞行器结构部件之间以及结构件和外模线构件之间必须进行 R 类搭接,每个搭接点处的直流电阻不得超过 2.5mΩ。

R 类搭接的另外一个用途是保障天线的正常工作。为满足天线方向图和增益要求,需要与地平面建立低阻抗通道的天线必须满足 R 类搭接要求。天线搭接不良,会导致通信和导航设备工作的降级。如天线底部产生的静电沉积会引起 VHF 接收机的严重降级;通信天线作为潜在的雷击附着点,如果搭接不良,雷电耦合产生的电压将严重损伤与天线连接的设备。通常,天线与地网或地平面的阻抗在工作频段可以忽略。对于需要低阻抗射频回路才能有效工作的天线,为使总阻抗尽量小,应在地平面与天线导电部位建立尽量短的低阻抗路径。当复合材料结构体与天线之间通过金属网连接时,该虚地平面必须具备传导雷击电流的能力。

美国军标 MIL – STD – 464C 中对 R 类搭接电阻为 2.5mΩ 的规定,是与 MIL – B – 5087 同步产生的,此后作为电子单元和结构的搭接要求被普遍接受。当然,至今尚无科学依据来证明必须要严格满足这一数值才能避免相关的问题发生。如在美国海军进行多年的 ASEMICAP 试验中,设备的搭接电阻并不是都满足 2.5mΩ 的搭接要求,但在随后的大量电磁环境效应试验中并未出现由此而带来的电磁干扰问题。这说明在某些场合即使不满足 2.5mΩ 的搭接要求,也能满足电磁环境效应的控制要求,但高于这一数值可能会出现质量问题。如美国陆军航空兵发现,当搭接电阻大于 8mΩ 时,舰上螺旋桨直升机会出现电磁干扰问题。现代电子设备普遍采用了初级平衡电路,对此类低阻抗的 R 类搭接要求有所降低。但 2.5mΩ 的搭接要求仍是一个很好的设计指标。当搭接要求偏离过去传统规定时,必须验证其合理性。

对于一些尚未建立搭接控制要求或验证的系统,MIL – STD – 464C 规定在系统全寿命周期内,必须满足的直流搭接要求包括:①考虑搭接面积累效应,设备壳体和系统结构之间总的直流搭接电阻不大于 10mΩ;②考虑所有连接器和附件搭接面的积累效应,电缆屏蔽层和设备壳体之间总的搭接电阻不大于 15mΩ;③设备内部独立搭接面之间(如不同部件或组件之间)的搭接电阻不大于 2.5mΩ。

14.1.1.4　雷电防护搭接 – L 类

雷击放电电流通过不良搭接点时,会在搭接处产生几千伏的电压降,导致电路的误动作,产生的电弧放电可能造成火灾或引起其他危害。

NASA – STD – 4003 标准中要求,飞行器在运输、存储、准备发射、发射和着陆过程中都要考虑雷电防护。为在飞行器周围分配电流,并使从雷击点进入机壳及附近危险区域和系统(如燃料系统、火箭发动机、燃料处理和存储区、天线、电子设备、信号线和电源线)的电流尽可能低,飞行器外模线和结构体组件之间应该建立多个互联的低阻抗通路。搭接点处的直流电阻不能大于 2.5mΩ。所有可能流过雷电流的通路中每个搭接点处的电压不能超过 500V。每个搭接点处除了低电阻要求外,搭接面积必须足够大,防止在长时间、强雷电流冲击下产生燃烧、融化、变形或其他热效应。处于易燃易爆危险区域的燃料和推进系统必须采用导电材料制作的法拉第笼进行屏蔽并与结构体搭接,推进系统电缆和设备连接器屏蔽层必须与金属箱体或基座360°搭接。

14.1.2.5 静电防护搭接－S类

静电可由物体的接触和分离、静电感应、介质极化和带电微粒的附着等物理过程而产生。静电放电可引发严重的电磁干扰和火灾,产生的危害涉及电子、石油、国防和航空航天等众多领域。如飞行器在飞行中产生的静电放电,可使燃油箱起火爆炸并干扰飞行器通信和导航系统。

NASA－STD－4003标准中规定,飞行器上除了有源天线外,所有长度超过7.6cm并面临静电沉积、摩擦起电、液体或气体流动、装料、单元分离及其他产生电荷的导电部件,必须与结构体进行可靠的静电防护搭接,并能够在遭受振动、机械运动后保持直流搭接电阻不变。存在可燃材料、燃料或气体的危险区域,所有导电物体都要进行S类搭接。搭接电阻要求在1.0Ω以下。碳纤维复合材料虽然电导率较低,但与金属结构体搭接后,仍可使沉积电荷以较快的速度消散。对于不良导电材料的静电防护搭接,必须详细分析搭接对象存储的静电能量与搭接电阻的关系;选择的搭接电阻所对应的能量必须低于人员电击、设备紊乱、可燃材料或气体及电爆装置点火的阈值;在易燃危险区域,存储能量必须小于最小点火能量阈值的$1/10$(或低于20dB)。

飞行器静电防护搭接的最大挑战是对多层绝缘复合材料板静电放电的控制。通常,面积大于$100cm^2$的多层绝缘复合材料板,其导电层必须搭接在一起,并和结构体直接搭接,要求搭接电阻不大于1.0Ω;作为冗余设计,每个单板至少两个搭接点。当面积大于$100cm^2$时,至少与结构体之间有一个搭接点,面积大于$1000cm^2$时至少与结构体之间有两个搭接点,面积每增加$40000cm^2$至少再增加一个与结构体之间的搭接点。由两个或更多部件构成的多层绝缘复合材料板,每个部件之间都要进行搭接。

当气体或液体在管道中快速流动时,与管内壁摩擦很容易产生静电。静电放电可能会造成管道击穿、腐蚀,引起周围可燃物燃烧爆炸、电击等事故发生。因此,飞行器所有气体或液体金属管路必须与结构体之间进行永久搭接,搭接电阻不大于1.0Ω。金属管路在电气系统正常或故障情况下均不应成为电源电流的主要通路。非金属管路内有流体流动时,外部每一点处的静电电压不可超过350V。为有效释放电荷,非金属软管每米电阻不可超过$1M\Omega$。

14.1.2 搭接的实施

实际应用中如何搭接,取决于系统、分系统或设备的结构、内部电路、分界面类型以及应用场合等。当某处搭接有多种用途时,应按最严格的搭接类型要求。例如,某电子设备由系统电源供电,需要R类搭接和H类搭接,按R类应满足低电感要求,搭接电阻不超过 2.5mΩ;同时根据 H 类搭接要求,接触面积必须足够大,以承载故障电流。再如,飞行器头部椎体应满足对雷电和静电防护的搭接要求,按 L 类,要求低电感、低阻抗,且接触面足够大以承载雷电流,而静电防护只要求适当的低搭接电阻,故按雷电防护搭接即可同时满足二者要求。

14.1.2.1 搭接方法

搭接类型分为两种基本类型:直接搭接和间接搭接。直接搭接是两种金属或导电性很好的金属特定部位的表面直接接触,牢固地建立一条导电良好的电气通路。直接搭接电阻的大小取决于搭接金属接触面积、接触压力、接触表面的杂质和接触表面硬度等因素。实际工程中,有许多情况要求两种互连的金属导体在空间位置上分离或者保持相对的运动,此时就需要采用间接搭接。

1)永久性直接搭接

永久性直接搭接,是利用铆接、熔焊、钎焊、压接等工艺,使两种金属物体保持固定连接。这种搭接在装置的全寿命期内,应保持固定的安装位置,不要求拆卸检查、维修或者做系统更改。在预定的寿命期内具有稳定的低阻抗电气性能,是金属物体之间的优选搭接方法。

2)间接搭接

这种搭接是采用搭接条(带)或者其他辅助导体将两个金属物体连接起来。间接搭接的总电阻等于搭接条两端的连接电阻与搭接条自身电阻之和。搭接条可用于 C 类、H 类、S 类或某些场合的 L 类搭接。由于搭接条在高频时呈现很高的阻抗(图 14.2),因此 R 类搭接很少用搭接条,只能作为不得已情况下的最后选择。

NASA - STD - 4003 标准中规定,连接运动或振动设备的搭接条不可发生金属疲劳或其他故障,并避免由于搭接条的运动产生电弧或其他电气噪声。用于 R 类搭接时,搭接条要尽可能短,截面扁平,为减小电感其长宽比要小于 5:1。用于 L 类搭接时,搭接条要尽可能短,并能承受雷电流产生的电动力。接线片的接触面积以及搭接条和接线片的截面要足够大,具备承受雷电流的能力。不会遭受直接雷击情况下若采用两根以上的搭接条,铜搭接条的横截面要大于 3308.098mm^2,铝搭接条横截面大于 5258.508 mm^2。对于可能遭受多次雷击或搭接条遭受直接雷击的情况,搭接条的截面积要大于 20264 mm^2。

3)半永久性直接搭接

半永久性直接搭接,是利用螺栓、螺钉、夹具等紧固件使两种金属物体保持连接的方法,它有利于装置的更改、维修和替换部件,有利于测量工作,可降低系统制造成本。螺钉、螺栓等紧固件主要用于保持分界面的压力。有些情况下,L 类和 R 类搭接使用紧固件的效果比搭接条要好,因为材料表面之间用多个螺栓连接进行搭接,其电感要比搭接条小。

NASA - STD - 4003 规定,当螺栓作为搭接路径的一部分时,螺栓的数量要足够多,以保证低阻抗回路的实现。飞行器 L 类搭接中,表面和结构体上的搭接连

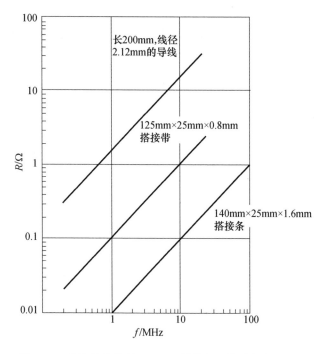

图 14.2　搭接条和线径 2.12mm 导线的阻抗随频率的变化

接点处需要多个紧固件连接,这样可通过多个通道分流雷电流。搭接后紧固件必须密封,以防止湿气和空气对螺纹的侵蚀。自攻螺钉、镀锌螺栓/螺母/螺钉、星形/阳极化或镀锌垫圈等在使用中可能会出现问题,不能用于电搭接。

14.1.2.2　腐蚀控制

当两种不同的金属互相接触时,在盐水、盐雾、雨水(雨水能够携带许多杂质使金属表面各种杂质湿润)、汽油等溶液作用下,会形成一个化学电池,使金属逐渐产生腐蚀。这种以电化学机理进行的腐蚀至少包含一个阳极反应和阴极反应,并以流过金属内部的电子流和介质中的离子流形成回路。阳极反应是氢化过程,即金属离子从金属转移到介质中并放出电子。阴极反应为还原反应,即介质中的氧化剂组分吸收来自阳极的电子过程。腐蚀的程度取决于金属在电化学序列(按照金属还原电位升序排列)中的相对位置和外界环境。表 14.2 为 298K 温度下常见金属元素相对于氢标准电极的还原电位。

表 14.2　常见金属元素标准还原电极电位(298K)

金属元素	还原反应	电极电位/V	金属元素	还原反应	电极电位/V
钙	$Ca^+ + e^- = Ca$	-3.8000	铁	$Fe^{2+} + 2e^- = Fe$	-0.4470
锂	$Li^{3+} + e^- = Li$	-3.0401	镉	$Cd^{2+} + 2e^- = Cd$	-0.4030
钾	$K^+ + e^- = K$	-2.9310	钴	$Co^{2+} + 2e^- = Co$	-0.2800
钙	$Ca^{2+} + 2e^- = Ca$	-2.8680	镍	$Ni^{2+} + 2e^- = Ni$	-0.2570

金属元素	还原反应	电极电位/V	金属元素	还原反应	电极电位/V
钠	$Na^+ + e^- = Na$	-2.7100	锡	$Sn^{2+} + 2e^- = Sn$	-0.1375
镁	$Mg^+ + e^- = Mg$	-2.7000	铅	$Pb^{2+} + 2e^- = Pb$	-0.1262
镁	$Mg^{2+} + 2e^- = Mg$	-2.3720	铁	$Fe^{3+} + 3e^- = Fe$	-0.0370
铝	$Al^{3+} + 3e^- = Al$	-1.6620	铜	$Cu^{2+} + 2e^- = Cu$	0.3419
钛	$Ti^{2+} + 2e^- = Ti$	-1.6300	铜	$Cu^+ + e^- = Cu$	0.5210
钛	$Ti^{3+} + 3e^- = Ti$	-1.3700	银	$Ag^+ + e^- = Ag$	0.7996
锰	$Mn^{2+} + 2e^- = Mn$	-1.1850	钯	$Pd^{2+} + 2e^- = Pd$	0.9510
铬	$Cr^{2+} + 2e^- = Cr$	-0.9130	铂	$Pt^{2+} + 2e^- = Pt$	1.1800
锌	$Zn^{2+} + 2e^- = Zn$	-0.7618	金	$Au^{3+} + 3e^- = Au$	1.4980
铬	$Cr^{3+} + 3e^- = Cr$	-0.7440	金	$Au^+ + e^- = Au$	1.6920

　　不同的两种金属接触,处于电化学序列前面的金属将构成一个阳极,而且受到较强的腐蚀;后面的金属将构成一个阴极,相对而言它不受腐蚀。相差越远的两种金属接触时,腐蚀更加严重。因此,对于两个搭接面的金属材料,应尽量选择同一种金属或者电化学序列中相邻的金属。如果两种金属在电化学序列中的相对位置较远,可在中间加入过渡金属垫圈。如铝机壳与铜框架搭接时,为了减小对金属铝的腐蚀,可在两金属表面间放入一个镀锡垫圈。这样即使保护层损坏,受腐蚀的将是镀锡垫圈,而不是铝壳,故可保护机壳。此外,当两种不同金属搭接时,阴极和阳极的相对面积选择也是很重要的,阴极越大意味着电子流量越大,阳极处的腐蚀作用就越严重。减小阴极接触面积,可以使电子流量减少,从而减轻腐蚀。

　　一般情况下,高盐环境下两种金属电位差不超过 0.15V,普通仓库或无温湿度控制场所不超过 0.25V,有温湿度控制的场所不超过 0.5V 时,不会发生明显的腐蚀现象。两种单纯金属的还原电位差可以通过查阅电化学序列得到。但如果搭接材料为合金,就要困难得多,需要根据经验或实际测量获得。表 14.3 中列出了工程中常见金属材料之间允许的搭接组合,在分界线上(阴影区域)的配合应尽量避免。

　　除了电化学腐蚀的影响外,两种不同金属在没有电解液的情况下相接触时可能出现熔合现象。有些金属在熔合时会形成一种易脆的合金,例如金和铝在300℃时就会形成一种非常脆的合金,虽然这种合金的导电性非常好,但是任何振动都会使合金破裂成一些碎粒,从而使接触点处于分离状态,使搭接电阻增大。熔合与腐蚀相比,后者对搭接效果的影响远大于前者。因此,实际中应尽量保持搭接件的干燥和减少对电解液的暴露。

表 14.3 常见金属材料允许搭接组合

	金,铂金	碳	铑银镀铜,银合金	银	镀镍钢	银焊料,奥氏体不锈钢	铜,铜合金	高铬不锈钢	铬锡镀钢,镀锡铜,12铬不锈钢	镀铬钢,软焊料	铝	杜拉铝	低碳钢	铝镁合金	镀镉钢	铝	80Sn20Zn镀钢,镀锌铁,镀锌钢	锌,锌合金	镁,镁合金
镁,镁合金	1.75	1.7	1.65	1.6	1.45	1.4	1.25	1.25	1.15	1.1	1.05	1	0.9	0.85	0.8	0.7	0.55	0.05	0
锌,锌合金	1.25	1.2	1.15	1.1	0.95	0.9	0.85	0.75	0.65	0.6	0.55	0.5	0.4	0.35	0.3	0.2	0.05	0	
80Sn20Zn镀钢,镀锌铁,镀锌钢	1.2	1.15	1.1	1.05	0.9	0.85	0.8	0.7	0.6	0.55	0.5	0.45	0.35	0.3	0.25	0.15	0		
铝	1.05	1	0.95	0.9	0.75	0.7	0.65	0.55	0.45	0.4	0.35	03	0.2	0.15	0.1	0			
镀镉钢	0.95	0.9	0.85	0.8	0.65	0.6	0.55	0.45	0.35	0.3	0.25	0.2	0.1	0.05	0				
铝镁合金	0.9	0.85	0.8	0.75	0.6	0.55	0.5	0.4	0.3	0.25	0.2	0.15	0.05	0					
低碳钢	0.85	0.8	0.75	0.7	0.55	0.5	0.45	0.35	0.25	0.2	0.15	0.1	0						
杜拉铝	0.75	0.7	0.65	0.6	0.45	0.4	0.35	0.25	0.15	0.1	0.05	0							
铝	0.7	0.65	0.6	0.55	0.4	0.35	0.3	0.2	0.1	0.05	0								
镀铬钢,软焊料	0.65	0.6	0.55	0.5	0.35	0.3	0.25	0.15	0.05	0									

（续）

	镁,镁合金	锌,锌合金	80Sn20Zn镀钢,镀锌铁,镀锌钢	铝	镀镉钢	铝镁合金	低碳钢	杜拉铝	铅	铬镍镀钢,镀锡钢,12铬不锈钢,镀铬钢,软焊料	高铬不锈钢	铜,铜合金	银焊料,奥氏体不锈钢	镀镍钢	银	铑银镀铜,银合金	碳	金,铂金
铬镍镀钢,镀锡钢 钢										0	0.1	0.2	0.25	0.3	0.45	0.5	0.55	0.6
高铬不锈钢											0	0.1	0.15	0.2	0.35	0.4	0.45	0.5
铜,铜合金												0	0.05	0.01	0.25	0.3	0.35	0.4
银焊料,奥氏体不锈钢													0	0.05	0.2	0.25	0.3	0.35
镀镍钢														0	0.15	0.2	0.25	0.3
银															0	0.05	0.1	0.015
铑银镀铜,银合金																0	0.05	0.1
碳																	0	0.05
金,铂金																		0

526

14.1.2.3　表面清理和涂覆

为了获得有效而可靠的搭接,搭接表面必须进行精心处理,其内容包括搭接前的表面清理和搭接后的表面防腐处理。

搭接前的表面处理主要是清除面体杂质,如灰尘、碎屑、纤维、污物等;其次是有机化合物,如油脂、润滑剂、油漆和其他油污等,还要清除表面保护层和电镀层,如铝板表面的氧化铝层以及金、银之类的金属镀层。

搭接完成后,为了保护搭接体,在接缝表面往往要进行附加涂覆(如涂油漆、环氧树脂、填缝剂、密封混合剂或电镀等)。应注意的是,若仅对阴极材料涂覆,会在涂覆不好的地方引起严重的腐蚀。因此,当不同金属接触时,特别要对阴极表面进行涂覆,或者在两种金属表面(阳极表面和阴极表面)都加涂覆,如图 14.3 所示。

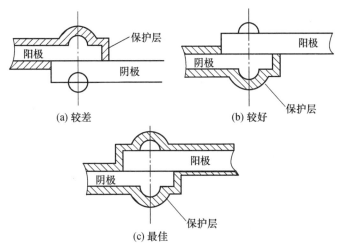

图 14.3　不同金属搭接处的涂覆

14.1.2.4　碳纤维复合材料搭接[5,6]

碳纤维复合材料虽然电导率较低,但和金属结构体构成导电回路后,足以消除静电,可以用于静电放电搭接。但不能用于 C 类或 H 类搭接,因为其搭接电阻过大,会在电源回路产生过高的电压降而影响供电质量,并且会使短路故障电流过低造成电路保护装置不能及时动作。由于碳纤维复合材料的直流搭接电阻可能超过通常的 R 类搭接要求,一般不用于 R 类搭接。但如果直流搭接电阻可以控制在几欧内,其总的射频阻抗将和金属材料一样主要依赖于电感,此时碳纤维复合材料可以作为射频地平面来使用。

碳纤维复合材料搭接前,必须去除表面绝缘材料露出内部的石墨层。碳纤维板之间通过露出石墨层的交叠实现电搭接,并用金属紧固件或导电黏合剂固定,也可通过石墨层上外露的导电树脂与金属表面进行搭接。采用火焰喷涂铝和金属丝网等表面防护技术,可改善碳纤维复合材料的固有电性能,建立低阻抗的连接。

14.1.3　搭接质量验证

对搭接质量的验证可以采用试验测量、分析或现场检查等手段,具体根据搭接控制要求进行,有时需要综合一种以上的方法进行验证。当搭接电阻要求在几毫欧或更小时,通常采用准确的四探针方法进行试验验证。搭接电阻较高时,通过分析表面涂覆和安装措施来检验搭接质量也是可以接受的。

对搭接质量的试验验证可以采用直流或低频交流电阻测量装置。而在射频频段,搭接质量的好坏不仅取决于直流搭接电阻,寄生电容和导线电感均不可忽略,此时需要采用高频搭接阻抗测量探头、网络分析仪或带有跟踪信号源的频谱仪等精密仪器。实际应用中,测量直流电阻就能粗略找出不良搭接点。

搭接电阻测量时,首先要观察搭接回路的具体情况,然后去除其他所有无关的电气连接,确保测得的仅是待测的搭接电阻。避免采用高电压或大电流测量,以免产生电弧或引起搭接部位污垢物的燃烧,从而影响搭接电阻的测量。另外,为获得良好的电接触,搭接测量经常要求电极刺穿表面涂覆,需要注意由此带来的腐蚀问题。

14.2　电磁脉冲工程防护中的光隔离技术

第 12 章中在述及屏蔽体上贯通导体的影响及防止屏蔽效能下降的有关措施时,提及光隔离技术的应用。实际上,光隔离技术并不限于在屏蔽体上的应用。采用光纤直接传输短波/超短波、移动、卫星、雷达等无线信号,已成为一种全新的有线与无线融合通信方式,既拥有光纤通信长距离、大容量的优点,又兼具无线通信机动性灵活组网的优势。特别是伴随微电子和光电子技术不断成熟和发展,光传输设备已成为多种业务的一种传输平台,可实现与各种数字话音、数据、视频业务无缝连接,且价格不断降低。如何在电磁防护领域用好光隔离技术是本节讨论的重点。

14.2.1　光纤与光缆[7,8]

光纤通信中所用的光纤是截面很小的可绕透明长丝,在长距离内具有束缚和传输光的作用,绝大多数是采用石英材料制成的横截面很小的双层同心圆柱体,其包层的折射率高于纤芯,基本结构如图 14.4 所示。

光缆则是以一根或多根光纤或光纤束制成符合化学、机械和环境特性的结构。不论何种结构形式的光缆,基本上都是由缆芯、加强元件和护层三部分组成。

缆芯的结构应使光纤在缆内处于最佳位置和状态,保证光纤传输性能稳定。在光缆受到一定打拉、侧压等外力时,光纤不应承受外力影响。缆芯中的加强元件应能经受允许拉力;缆芯截面应尽可能小,以降低成本。缆芯内有光纤、套管或骨

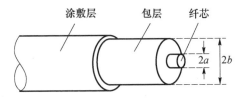

图 14.4　光纤结构示意图

架及加强元件,在缆芯内还需填充油膏,具有可靠的防潮性能,防止潮气在缆芯中扩散。

光缆的护层主要是对已成缆的光纤芯起保护作用,避免受外界机械力和环境损坏,使光纤能适应于各种敷设场合,故要求其具有耐压、防潮、温度特性好、重量轻、耐化学侵蚀和阻燃等特点。

护层可分为内护层和外护层。内护层一般采用聚乙烯或聚氯乙烯等,外护层可根据敷设条件而定,采用铝带和聚乙烯组成的外护套加钢丝铠装等。

至于加强元件,主要用于承受敷设安装时所加的外力,按其配置的方式一般分为中心加强元件和外周加强元件两种。

光缆有多种分类方法,按常用的光缆结构可分为层绞式、骨架式、中心束管式和带状四种。

层绞式光缆是经过套塑的光纤在加强芯周围绞合而成的一种结构,故收容光纤数有限,多为 6 芯、12 芯,也有 24 芯的,其截面示意图见图 14.5。随着光纤数的增多,出现单元式绞合:一个松套管就是一个单元,其内可有多根光纤。生产时先绞合成单元,再挤制松套管,然后绞合成缆。

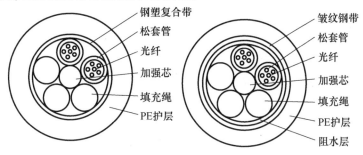

图 14.5　层绞式光缆横截面示意图

骨架式光缆是将紧套光纤或一次涂覆光纤放入螺旋形塑料骨架凹槽内而构成,骨架的中心是加强元件。如图 14.6 所示,在骨架式光缆的一个凹槽内,可放置一根或几根涂覆光纤,也可放置光纤带,从而构成大容量的光缆。骨架式光缆对光纤保护较好,耐压、抗弯性能较好,但制造工艺复杂。

中心束管式光缆是将数根一次涂覆光纤或光纤束放入一个大塑料套管中,加

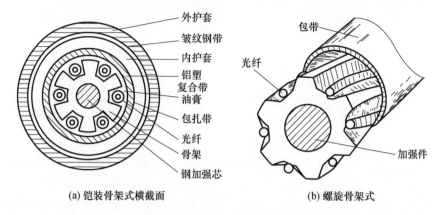

(a) 铠装骨架式横截面　　　　　　　(b) 螺旋骨架式

图 14.6　骨架式光缆结构示意图

强元件配置在塑料套管周围而构成,如图 14.7 所示。

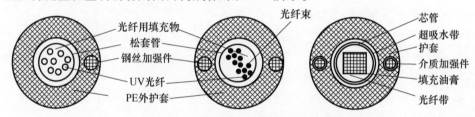

图 14.7　中心束管式光缆横截面示意图

　　带状式光缆结构是将多根一次涂覆光纤排列成行制成带状光纤单元,然后再把带状光纤单元放入塑料套管中,形成中心束管式结构;也可将带状光纤单元放入凹槽内或松套管内,形成骨架式或层绞式结构,如图 14.8 所示。带状结构光缆的优点是可容纳大量的光纤(一般在 100 芯以上),同时每个带状光缆单元的接续可以一次完成,以适应大量光纤接续、安装的需要。

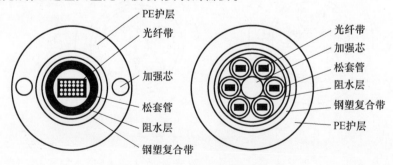

图 14.8　带状式光缆横截面示意图

　　由以上不同光缆截面示意图可以看出,多数光缆都包含有钢加强筋、铝塑复合带一类金属长导体。有的虽然未标注加强元件或加强芯是否为金属,如果再要加上辅助联络信号线之类的金属线,很少见到远距离敷设的光缆是不与金属类长线

530

相连的。这些伴随光纤远距离敷设的金属长导体在 LEMP、HEMP 之类高功率电磁环境下产生的过电压、过电流问题，在本书前面的章节中多有分析。这就是常有人抱怨既然信号传输用的是光缆，为何常在打雷时还会在光纤所接的终端设备端口上发生击穿、烧蚀等事故的一种可能的原因。

可见，这里所说的光隔离问题，并不等同于将信号的传输线换成哪种光缆即可实现对电磁脉冲的防护。

14.2.2　光隔离技术在信号传输系统中的应用

光隔离的应用因其所用场合而异，如用于信号的远距离传输，可从光缆类型的选择入手考虑以下几个方面的问题。

14.2.2.1　信号传输全部选用非金属加强件光缆

如光缆采用穿管埋地的方式，直接采用即可实现信号传输的光隔离。需要注意的是，辅助联络信号线之类的附加金属线也要同时改用光纤。

14.2.2.2　信号传输局部采用非金属加强件光缆

以下两种情况下可考虑局部采用非金属加强件光缆：

其一，光缆因选型受限（如架空是唯一的选项），只能采用金属加强件光缆。可选的方案是，在光缆端部通过插接件改用非金属加强件光缆（此时必须处理好转接处金属加强件的接地问题）。当然，随着光缆制造技术的进一步发展，非金属加强件光缆直接架空安装也是可能的。

其二，发信台天线与功率放大部分之间通常有一定距离，其间信号的传输不便采用光隔离系统。可选的方案是，将功放与发送天线一体化，向功放传送弱信号的电路采用光隔离技术。

14.2.3　光隔离技术在信号测量系统中的应用[9]

用于电磁信号测量特别是 EMP 信号测量的系统，其传感器与信号采集存储装置之间的信号传输如采用电线、电缆，测量结果会因线缆对 EMP 的耦合效应受到干扰，以致难以判读。此时，光隔离技术派上了用场。以 LEMP 磁场测量常用的光隔离系统为例，其中一维磁场测量的框图如图 14.9 所示。

图中传感器输出的信号经积分处理和放大后再通过非线性校正、放大与补偿，由光发射机将电信号转换为光信号，经全介质光缆传输至光接收机，再将光信号转换为电信号，经放大补偿后，最终由数字示波器完成信号的采集、记录。下面简要介绍光隔离系统的几个要件。

首先看前置信号处理电路，其中包含积分、放大和光发射三部分。由法拉第电磁感应定律，环天线测得的感应电压信号是脉冲磁场的微分信号，因此必须经积分处理后方可得到磁场信号。积分电路电原理图如图 14.10 所示，积分时间常数 $\tau = R_1 \cdot C_0 = 40\mu s$，经积分后的信号经电容 C_1 耦合至场效应管 MOS_1 的栅极，放大

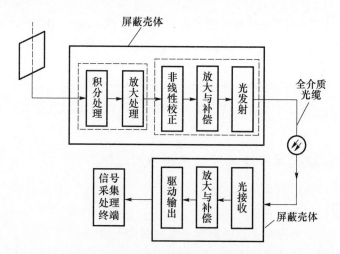

图 14.9　LEMP 磁场测量光隔离系统框图

后由 MOS_1 的源极输出。滑动变阻器 p11 用于调节对场效应管栅、源极间的电压，使栅、源极的电压大于场效应管的开启电压而导通。

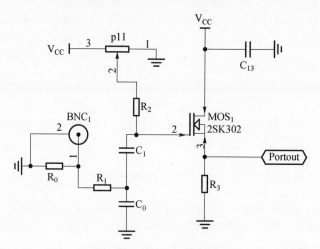

图 14.10　积分电路电原理图

积分电路之后的放大电路电原理图如图 14.11 所示。电路中采用 LMH6626MA 型运算放大器，内部集成了两个放大器且相互间没有电气连接，以避免互相干扰；采用 6 ~ 12 V 单电源供电；整个电路的带宽为 1.3 GHz，输入噪声小，直流偏置低，动态范围宽。I_{1-} 和 I_{2-} 为运算放大器的负向输入端，积分信号作为运算放大器的负向输入电压，经 R_4 输入后由 R_7 匹配输出，放大倍数 $A = R_6/R_4 = 10$。I_{1+} 和 I_{2+} 为运算放大器的正向输入端，通过调节 R_8、R_9 的值可对正向输入电压进行调整。C_{14}、C_{15} 为电源滤波电容。

经过积分和放大后的信号由电阻 R_7 耦合至光发射电路，光发射电路图如

532

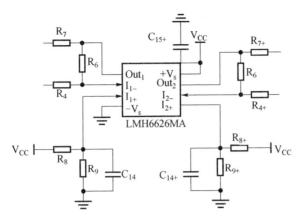

图 14.11　放大电路电原理图

图 14.12所示。图中,T_3、T_4 为 NPN 型三极管,其作用是将信号进一步放大,通过放大后的电信号经发光二极管 HFBR – 1414 转变成光信号,以便光纤传输。C_{16}是电源滤波电容,可以通过调节信号处理电路中的滑动变阻器来调节三极管的静态工作点以稳定三极管的工作。

再看光信号的接收端,将光纤传输过来的光信号转换成电信号的工作经由光敏器件 HFBR – 2416 完成,其转换原理图见图 14.13。图中,光敏器件与两个 NPN 型三极管相接,对光敏器件的输出进一步放大,整个工作过程正好与电光转换相反。

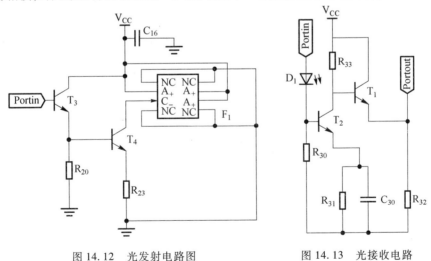

图 14.12　光发射电路图　　　　图 14.13　光接收电路

14.3　典型市电供电系统对 HEMP 的防护措施

由第 6 章讨论 HEMP(高空核爆炸电磁脉冲)对电缆的耦合问题时得出的结论可以说明,在架空输电线上的电磁脉冲感应过电压远高于埋地电缆。因此,采用埋地电缆是实施供电系统核电磁脉冲防护的一项重要措施。然而,迄今为止国内市电输电线路仅有部分埋入地下,有鉴于此,本节在讨论市电供电系统对核电磁脉冲的防护措施时,以来自架空线的 HEMP 感应过电压作为主要防护对象。

14.3.1 HEMP 过电压的特点与危害

HEMP 在架空输电线上可产生峰值达几十万伏到几百万伏的陡脉冲电压,称为 HEMP 过电压。其波形与雷电过电压相似,但二者的特征有所不同,主要表现在以下两方面。

(1)产生机理不同。雷电过电压是由雷云中的电荷倾泻到线路上(直击雷)或雷电流产生的 LEMP 场所引起的,其中地闪 LEMP 场是一局部效应,云闪 LEMP 场的实测数据虽然有限,但影响范围难以与 HEMP 相比。HEMP 过电压是空间电磁场对输电线连续耦合的结果,沿导线几乎同时出现。

(2)电压波形不同。HEMP 感应电压与雷电过电压同属脉冲电压,但与雷电过电压相比,HEMP 感应过电压上升时间和持续时间要短得多。

HEMP 感应过电压对电力系统的危害程度,与 HEMP 感应过电压大小和电力系统的绝缘水平有关。220kV 以上系统的绝缘水平较高,基本上能满足对 HEMP 过电压的防护要求。110kV 以下线路一般靠近城市,受城市建筑物的影响,HEMP 感应电压较低,35kV 以上系统的绝缘水平对 HEMP 过电压防护仍然有效。但 10kV 以下配电系统的绝缘水平低,是最易受 HEMP 危害的对象,且 10kV 及低压配电系统在市电供电系统中最为常见,故此类市电供电系统的电磁脉冲防护问题,是本节讨论的重点。

HEMP 感应过电压对市电供电系统的危害表现在:

(1)引起电气设备内绝缘击穿和外绝缘闪络。HEMP 过电压侵入电力变压器,因为其波头很陡,由绕组波过程引起的绕组电位不均匀分布更为突出,所以 HEMP 过电压对变压器纵绝缘的威胁比主绝缘大,可能引起变压器绕组匝间绝缘击穿。通过变压器高压侧耦合到低压侧的 HEMP 过电压仍有很高的数值,会引起低压电气设备,特别是测量、保护等二次设备绝缘的损坏。

(2)引起保护装置的误动作,造成停电、解列等事故。随着微电子器件、微机等微电子设备在电力系统的广泛应用,这一危害也日趋严重。

(3)配电线路中的 HEMP 感应电流向空间辐射电磁能量,恶化线路周围空间的电磁环境,可能影响敏感电子设备的安全运行。尽管 HEMP 过电压与雷电过电压存在区别,但二者的波形和对电力系统的效应很相似,所以其防护方法和措施也有相似之处,应做综合考虑。

14.3.2 10kV 架空线与 10kV 埋地电缆 HEMP 过电压比较

根据第 6 章的有关计算结果(图 6.20),10kV 架空线终端开路时 HEMP 过电压（线—地）的峰值为 1550kV，峰时 $t_\text{p}=100\text{ns}$，上升沿平均陡度 $a=15.5\text{kV}\cdot\text{ns}^{-1}$，脉冲的半高宽约为 400ns。略去由导线终端反射引起的波形尾部的异变，典型波形的表达式可近似写成：

$$U_0(t)=1.85\times10^6(\text{e}^{-1.15\times10^6 t}-\text{e}^{-3.2\times10^7 t}) \qquad (14.3.1)$$

如果考虑到电晕、闪络等实际影响因素，HEMP 在 10kV 架空线上可能产生的感应过电压将低于这一计算结果，因此，若以该典型波形作为防护依据将具有较大的安全裕度。

对比图 6.28 所示的 10kV 埋地电缆（埋深 1m）HEMP 感应电压（线—地）波形，其峰值低于架空线的 HEMP 过电压近 200 倍，因此在考虑核电磁脉冲防护时，应以架空线 HEMP 过电压为准。

14.3.3 避雷器及其对 HEMP 过电压的响应特性

考虑到 HEMP 感应电压与雷电过电压同属脉冲电压，且二者波形相似，如能在选用对 HEMP 过电压的防护措施时兼顾防雷要求，使之平时防雷，战时防 HEMP，可大大提高防护措施的效费比。为此，首先对避雷器的脉冲响应问题进行讨论。

14.3.3.1 10kV 普通阀式避雷器和氧化锌避雷器对 HEMP 过电压响应特性比较

10kV 配电线路以往常采用配电型普通阀式避雷器。目前氧化锌避雷器已获得广泛应用，10kV 配电型氧化锌避雷器分无间隙氧化锌避雷器和有串联间隙的氧化锌避雷器两种形式。表 14.4、表 14.5 和表 14.6 分别列出了这两类三种避雷器的主要技术指标。

表 14.4 10kV 配电型普通阀式避雷器的主要技术指标

产品型号	系统标称电压/kV（有效值）	避雷器额定电压/kV（有效值）	工频放电电压/kV（有效值）		1.2/50μs 冲击放电电压/kV（峰值）	8/20μs 标称电流下的残压/kV（峰值）
			不小于	不大于	不大于	不大于
FS2 – 10	10	12.7	26	31	50	50
FS3 – 10	10	12.7	26	31	50	50

表 14.5 10kV 配电型无间隙氧化锌避雷器的主要技术指标

产品型号	避雷器额定电压/kV（有效值）	系统标称电压/kV（有效值）	避雷器持续运行电压/kV（有效值）	雷电冲击电流5kA 下的残压/kV（峰值）	直流 1mA 参考电压/kV
Y₅WS1 – 12.7/50	12.7	10	6.6	≤50	24

表 14.6　10kV 配电型有串联间隙氧化锌避雷器的主要技术指标

产品型号	避雷器额定电压/kV（有效值）	系统标称电压/kV（有效值）	工频放电电压/kV（有效值）	1.2/50μs 冲击放电电压/kV（峰值）	8/20μs 标称电流5kA 下的残压/kV（峰值）
Y$_5$CS1 – 12.7/50	12.7	10	≤26	≤50	≤50

这里所说的避雷器对 HEMP 过电压的响应特性,是指在波形上升沿陡度大于 $1kV \cdot ns^{-1}$,半峰值宽度约 400ns 的脉冲电压(模拟 HEMP 过电压)作用下,避雷器冲击响应电压 U_a 和脉冲电压上升陡度 a 的关系。所谓冲击响应电压是指避雷器响应电压波形的峰值,对于普通阀式避雷器来说就是串联间隙的放电电压。

经试验得出的以上两类避雷器对电磁脉冲的响应典型电压波形如图 14.14、图 14.15 和图 14.16 所示。图 14.17 是这两类避雷器对不同上升陡度脉冲的响应特性比较。通过对 10kV 配电型普通阀式避雷器与氧化锌避雷器响应特性的比较可以看出,无间隙和有串联间隙这两种不同形式的氧化锌避雷器其响应电压波形虽略有区别,但其响应特性基本一致。而与普通阀式避雷器相比,在上升沿相同的脉冲电压作用下,普通阀式避雷器冲击响应电压明显高于氧化锌避雷器。

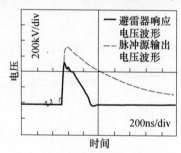

图 14.14　FS – 10 型避雷器
响应电压波形
（脉冲电压上升陡度 $a = 2.49kV \cdot ns^{-1}$）

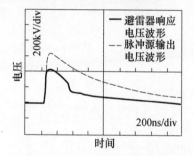

图 14.15　Y$_5$WS1 – 12.7/50 型避
雷器响应电压波形
（脉冲电压上升陡度 $a = 1.99kV \cdot ns^{-1}$）

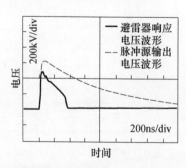

图 14.16　Y$_5$CS1 – 12.7/50 型
避雷器响应电压波形
（脉冲电压上升陡度 $a = 3.75\ kV \cdot ns^{-1}$）

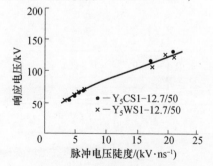

图 14.17　两种类型 10kV 配
电型避雷器响应特性的比较

14.3.3.2　10kV 避雷器对 HEMP 过电压的保护作用分析

本来是用于防雷电过电压的避雷器,防 HEMP 过电压能否有效,取决于在 HEMP 过电压作用下避雷器能否与被保护变压器作很好的绝缘配合。具体地说,在上升沿陡度为 $3 \sim 5 \mathrm{kV \cdot ns^{-1}}$ 的脉冲电压作用下,避雷器的保护水平(冲击响应电压和残压二者中的最高值)是否低于变压器的冲击耐压水平。对于普通阀式避雷器来说,所谓冲击响应电压就是避雷器的冲击放电电压。FS – 10 型避雷器的 $1.2/50\mu s$ 冲击放电电压值与 $8/20\mu s$ 标称电流(一般为 $3 \sim 5 \mathrm{kA}$)的残压相等,故可以用冲击放电电压来衡量避雷器的保护水平。在 HEMP 过电压作用下,通过避雷器的电流一般不超过 3kA,所以也可以认为此时的冲击放电电压与残压相当,故仍可用冲击放电电压来衡量避雷器的保护水平。工程上常用冲击系数 β 来表示电气设备绝缘的冲击耐压水平,其定义如下:

β = 全波冲击耐压(最大值,kV)/1min 工频耐压(有效值,kV)

10kV 电力变压器的 $1.2/50\mu s$ 全波冲击耐压为 75kV,1min 工频耐压为 35kV, $\beta = 2.1$。

为了比较,也可以对避雷器定义一个冲击系数 β':

β' = 全波冲击放电电压(最大值,kV)/工频放电电压(有效值,kV)

FS – 10 型避雷器的 $1.2/5\mu s$ 全波冲击放电电压为 50kV,工频放电电压为 $26 \sim 31 \mathrm{kV}$, $\beta' = 1.6 \sim 1.9$。图 14.18 为变压器绝缘伏秒特性和 FS – 10 型避雷器伏秒特性的比较,可以看出,避雷器具有平坦的伏秒特性,只在放电时间小于 20ns 时段(相当于脉冲电压上升陡度为 $5 \mathrm{kV \cdot ns^{-1}}$), β' 才明显高出。而变压器绝缘的伏秒特性的变化则比较快,在不到 $1\mu s$ 时段, β 变化了 1.5 倍以上。可见在 HEMP 过电压作用下,变压器的冲击系数 β 比避雷器冲击系数 β' 的升高快得多,也就是说,在陡波电压作用下,变压器的冲击耐压水平远高于阀式避雷器的冲击响应电压。因此可以认为,防雷用的普通阀式避雷器同样能够防护 HEMP 过电压。

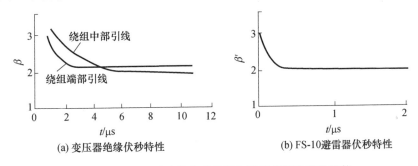

图 14.18　变压器绝缘伏秒特性与避雷器伏秒特性比较

氧化锌避雷器比普通阀式避雷器有更好的对陡脉冲电压响应特性(图 14.17),所以氧化锌避雷器不但作为防雷器件有很多优点,而且也是防 HEMP 感应电压的最佳选择。

14.3.3.3 避雷器与被保护变压器电气距离的确定

如果避雷器直接装在被保护的变压器端,那么只要避雷器的冲击响应电压和残压低于变压器的冲击耐压,变压器就可以得到可靠的保护。但实际上由于种种原因,避雷器和变压器之间总有一段长短不等的电气距离,如图 14.19 所示,图中 x 为避雷器引线长度。脉冲电压波以一定的速度在导线上传播,并且在阻抗变化的地方产生反射。因为脉冲电压在导线上传播需要一定时间,因此在避雷器动作后,被保护变压器上所出现的电压最大值会高出避雷器的冲击响应电压或残压。

不考虑复杂的波过程和其他诸多因素(如变压器入口电容等),从简单的行波概念出发,推导出在避雷器动作后变压器端出现的最高电压为

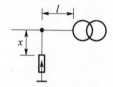

$$U_{\mathrm{T}} = \left(\frac{l}{c} + \frac{2x}{c} + \frac{U_{\mathrm{a}}}{a} \right) a \qquad (14.3.2)$$

图 14.19 避雷器和变压器之间的电气距离

式中:U_{a} 为避雷器冲击响应电压(kV);a 为脉冲电压上升沿陡度($\mathrm{kV \cdot ns^{-1}}$);$c$ 为光速。

要使变压器得到保护,变压器的冲击耐压水平 U_{I} 须高于可能出现的最高电压 U_{Tmax},即

$$U_{\mathrm{I}} \geqslant U_{\mathrm{Tmax}} = \left(\frac{l}{c} + \frac{2x}{c} + \frac{U_{\mathrm{a}}}{a} \right) a \qquad (14.3.3)$$

因此,在变压器、避雷器的来波上升沿陡度确定后,避雷器与变压器的距离(包括引线)应满足以下关系:

$$l + 2x \leqslant \frac{cmU_{\mathrm{a}}}{a} \qquad (14.3.4)$$

或

$$(l + 2x)_{\mathrm{max}} = \frac{cmU_{\mathrm{a}}}{a} \qquad (14.3.5)$$

式中:m 为保护裕度,$m = U_{\mathrm{I}}/U_{\mathrm{a}} - 1$。

由避雷器冲击响应电压 U_{a} 与脉冲电压上升沿陡度 a 的非线性关系(图 14.17),利用式(14.3.5),得到 $(l + 2x)_{\mathrm{max}}$ 随 a 的变化曲线,如图 14.20 所示。

14.3.4 串联电抗线圈和并联电容器对 HEMP 过电压的防护

14.3.4.1 串联电抗线圈

HEMP 过电压的上升沿很陡($3 \sim 5 \mathrm{kV \cdot ns^{-1}}$),这对防护器件的响应速度提出了较高的要求。在用传统的避雷器作为 HEMP 过电压的防护器件时,为了提高避雷器动作的可靠性,有时需要降低 HEMP 过电压波形上升沿的陡度。为此,可在 10kV 避雷器前的端线上串联一电感量为几十到几百微享的电抗线圈。

538

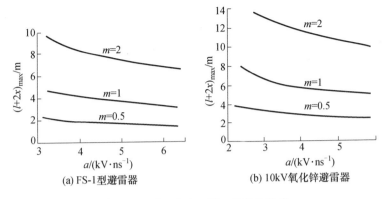

(a) FS-1型避雷器　　　　　　(b) 10kV氧化锌避雷器

图 14.20　$(l+2x)_{\text{max}}$ 随 a 的变化曲线

图 14.21 比较了串联电抗线圈后与未串联电抗线圈时传导至变压器高压侧的 HEMP 过电压的上升陡度。显而易见，串联电抗线圈后，HEMP 过电压波形上升沿的陡度降低，在串联 300μH 电抗线圈的情况下，可使陡度降低一半。为了使串联电抗线圈不影响电力系统的正常工作，应串联所谓共模电抗器，即零序电抗器，用三根导线对称地共轴绕在一起就构成了一个共模电抗器。正常运行时三相电流对称，产生的磁通相互抵消，表现的电抗很小，对系统正常工作影响甚微，而当共模电流（如 HEMP 感应电流）通过时，产生的磁通叠加，表现出很大的电抗，可有效地降低 HEMP 过电压波形上升沿的陡度。

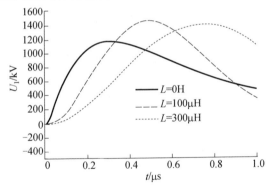

图 14.21　串联电抗线圈对 HEMP 过电压波形上升沿陡度的影响

14.3.4.2　并联电容器

HEMP 过电压从变压器高压侧传到低压侧，主要通过静电耦合，第 6 章的式(6.4.33)给出了变压器两侧的 HEMP 感应过电压之比。由该式可见，在高压侧电压 U_1 不变时，增加 C_2 可以降低低压侧电压 U_{20}，为此可在变压器低压侧每相并联适当大小的电容器。例如，每相并联一只 10μF 的电容器，则当高压侧 HEMP 感应电压峰值为 10^3kV 时，低压侧电压峰值可降到 30V 以下，见图 14.22，已无威胁可言了。

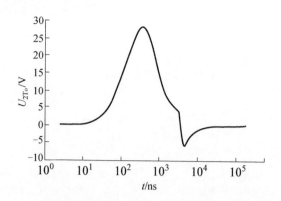

图 14.22　变压器低压侧并联电容器后的 HEMP 过电压波形

14.3.5　10/0.4kV 配电变压器 HEMP 过电压防护

14.3.5.1　高压侧安装 10kV 配电型无间隙氧化锌避雷器

10/0.4kV 配电变压器作为 10kV 市电供电系统的关键设备,是核电磁脉冲防护的重点对象。与防雷一样,其主要的防护手段是安装电压限幅器,将传导至变压器高压侧的 HEMP 过电压限制到变压器能够耐受的程度。根据以上分析,防雷用的国产 10kV 配电型避雷器具有对 HEMP 过电压的防护能力,其中氧化锌避雷器的冲击响应电压低于普通阀式避雷器,用于核电磁脉冲防护更为合适。因此,可选用 10kV 配电型氧化锌避雷器作为防雷和防核电磁脉冲的电压限幅器。需要注意的是,中性点不接地系统应选用有串联间隙的氧化锌避雷器。因为在中性点不接地的情况下,系统因断线非全线运行时,有可能产生三倍于相电压的谐振过电压,若采用无间隙氧化锌避雷器,容易受到损坏。

在安装 10kV 避雷器时,应按式(14.3.4)和图 14.19,尽量缩短避雷器引线和到变压器的电气距离。此外,还应采取三点联合接地方式。所谓三点联合接地,是指高压避雷器接地端点、低压绕组的中性点以及变压器铁壳共同接在一个接地体上,如图 14.23 所示,不允许将高压避雷器经引下线自行独立接地。

14.3.5.2　高压侧串联电抗线圈

以上理论分析表明,变压器高压侧串联电抗线圈可以降低 HEMP 过电压上升沿陡度,提高避雷器动作可靠性。但因电抗线圈必须接于高压端,实现起来有一定难度,何况市售制式电抗器体积和重量过大,不便采用。此外,为使串联电抗线圈不影响电力系统的正常工作,应采用共模电抗器。如果自制共模电抗线圈,除要考虑高电压外,还需考虑短路时短路电流的电磁力。最简单的解决办法是用三芯电缆绕制成共模电抗器,可考虑在电缆沟内或其他方便的地方将电缆绕成几十匝线圈即可。

14.3.5.3　低压侧安装低压氧化锌避雷器及并联电容器

在 HEMP 过电压作用下,即便是安装在变压器高压侧的 10kV 避雷器动作,由

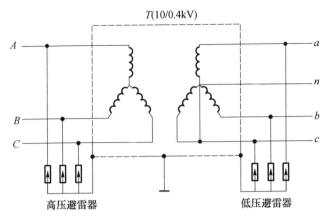

图 14.23 三点联合接地示意图

高压侧耦合到低压侧的 HEMP 过电压也高达几万伏,因此必须加以防护。最常用的防护手段是安装低压氧化锌避雷器,无间隙低压氧化锌避雷器的主要技术指标见表 14.7,其安装位置如图 14.24 所示。

按照图 14.25 所示方法在变压器低压侧并联电容器可大大降低该侧的 HEMP 感应电压。实际应用时,可选用三台 BY0.23-4-1 型单相电容器,其主要指标:额定电压 230V;额定容量 4kvar;额定频率 50Hz,单相。

表 14.7　低压氧化锌避雷器主要技术指标

产品型号	避雷器额定电压/kV(有效值)	系统标称电压/kV(有效值)	持续运行电压/kV(有效值)	标称电流下的残压/kV(峰值)	直流 1mA电压/kV(2ms 方波)	2ms 方波电流/A(20 次)
Y1.5W-0.25	0.25	0.22	0.24	1.3	0.6	50
Y1.5W-0.50	0.50	0.38	0.42	2.6	1.2	50

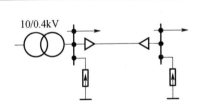

图 14.24　低压避雷器安装位置图

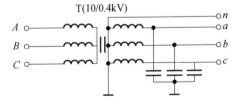

图 14.25　变压器低压侧并联电容器

如果变电所内设有功率补偿电容器柜,因为柜中电容为三角形连接,不能直接用于防核电磁脉冲。此时可将柜中的三台三相三角形连接的电容器组改成同容量的三台单相电容器连成星形接入,中性点接地。这样改装只限于电容器柜内,不另占面积,但电容器由三角形接法改成星形接法,向电网提供的无功功率减为原来的三分之一,这点在选择补偿电容器容量时应予考虑。

14.3.6 供电系统二次设备的核电磁脉冲防护

供电系统一次设备和常用用电设备(如变压器、开关、动力和照明设备等),是对核电磁脉冲不敏感的设备,对其构成威胁的主要是线路上的 HEMP 过电压,采取上述防护措施,可以保证这些电气设备的安全运行。

供电系统的二次设备,包括市电供电系统的测量、保护设备以及自供电系统的控制、测量、保护设备和控制用计算机等,均已微电子化,对核电磁脉冲极为敏感。对其构成威胁的不仅是线路上的 HEMP 感应过电压,而且还有空间的脉冲电磁场(包括以穿透方式直接进入工程内部的电磁脉冲场和长导体上电磁脉冲感应电流的二次辐射),因此,二次设备的核电磁脉冲防护,不仅要限制线路上的 HEMP 过电压,还要保障空间的电磁环境满足要求。

供电系统二次设备对核电磁脉冲辐射能量的防护一般可采取以下措施:

(1)市电供电系统的变压器室(包括高压开关柜、变压器、高压避雷器、低压避雷器及滤波电容器等)应单独置于一室。所有出线穿钢管或进入电缆屏蔽槽,电缆屏蔽槽置于地沟中,也可置于全封闭金属桥架中。

(2)低压控制室(包括低压配电盘、发电机盘等)采取适当屏蔽措施,导线经由电缆屏蔽槽或全封闭金属桥架引入。

(3)控制用计算机等最敏感设备应设置在屏蔽室内,进入屏蔽室的各类金属管线需按屏蔽室的屏蔽要求做妥善处理,最好按 12.2.2 节处理屏蔽体上贯通导体的办法(例如,构成全屏蔽系统),防止屏蔽效能下降。

(4)发电机组测控设备(如调频、调压装置,水温、油温测量装置等)都应置于电密封铁盒中,引线可穿钢管或波纹钢管,并与电缆屏蔽槽相连构成全屏蔽系统,发电机出线也需穿钢管进入电缆屏蔽槽中。

14.4 地下工程口部的电磁脉冲防护

14.4.1 电磁脉冲通过工程口部的传输及其防护

从地下工程口部通往内部的通道,一般由岩土或钢筋混凝土等具有一定导电性能的材料构成,因此可粗略地看作有耗波导。但严格分析电磁能量在其中的传播模式是非常复杂和十分困难的。对于理想导电壁的空心波导,按照电磁理论,波导中的电磁场可分解成一些称为波模的解式之和。一个波模是这样的一个解:它随纵坐标 Z(波导轴向坐标)的变化关系为 $\exp(-\gamma Z)$。其中复常数 γ 为波模的传播常数,有

$$\gamma = \alpha + j\beta \tag{14.4.1}$$

式中:α 为衰减率;β 为相位常数。

显然各种各样的波模具有不同的传播常数和不同的场分布。而特定波模的传播常数随频率 f 变化的关系则非常简单。每个波模有一个临界频率 f_c 作为表征，这个频率值依赖于波导截面的形状和尺寸。当频率低于这个值时波模是迅速衰减的，也就是说它只有衰减而没有相移，其衰减率由下式给出：

$$\alpha = \frac{2\pi f_c}{c}\left[1 - (f/f_c)^2\right]^{1/2} \tag{14.4.2}$$

式中：c 为真空中光速，$c = 3 \times 10^8 \mathrm{m \cdot s^{-1}}$。

当波的频率高于临界频率 f_c 时，波模没有衰减而只有下式给出的相移，即

$$\beta = \frac{2\pi f_c}{c}\left[(f/f_c)^2 - 1\right]^{1/2} \tag{14.4.3}$$

具有最低临界频率值的波模称为主波模，它的临界频率称为波导截止频率。低于这个频率时，一切波模都是迅速衰减的，波导完全不能输送它们的电磁能量。若将波导中的电磁波随波导轴向长度 l 的衰减量用 dB 表示，可写成以下表达式

$$A = |20\lg\alpha| = 1.823 \times 10^{-7} f_c\left[1 - (f/f_c)^2\right]^{1/2} l \tag{14.4.4}$$

式中：l 为波导长度（m）。

对于截面边长分别为 a, b 的矩形理想导电壁波导，当 $a > b$ 时，截止频率为

$$f_c = c/2a \tag{14.4.5}$$

对于半径为 a 的圆波导，截止频率为

$$f_c = 0.293c/2a \tag{14.4.6}$$

地下通道和理想导电壁波导的主要差别在于，前者的四壁虽由具有一定导电性能的材料组成，但除钢筋外的大部分材料电导率很低，属于有耗媒质，而后者则由理想的无耗导电材料构成。因此，通道的截止频率、传播常数等参数和理想导电壁波导存在较大差别。

对于地下工程口部的电磁脉冲防护问题，根据以上近似分析和大量试验研究结果，可从下面几个方面加以考虑：

（1）在电磁脉冲能量分布的频段可将地下通道粗略地看作有耗波导，其截止频率大致上可作如下估计，设任意截面坑道的周长为 l，则截止频率为

$$f_{cl} = c/l \tag{14.4.7}$$

这里的 f_{cl} 明显低于相同尺寸的金属波导的截止频率。地下通道对电磁脉冲频谱中在截止频率以下的各种频率分量的衰减可按式（14.4.4）估算。由于 $f_{cl} < f_c$，在截止频段，地下通道单位长度对电磁脉冲的衰减量要比相同尺寸的金属波导低得多。

（2）弯曲的地下通道可提高对电磁脉冲的衰减率。衰减率随曲率的增大和频率的提高而增大，所以带穿廊的地下通道口部可对进入口部的电磁脉冲起到衰减作用。

（3）以上关于有耗波导的分析仅适用于"空心"的地下通道。若通道内沿轴向敷设有电线、电缆或金属管道，在研究电磁能量在坑道内的传输和衰减问题时，

则不能像前面那样将通道看作有耗波导,而要按传输线模型考虑,此时,不存在截止频率。这样的通道因构成多导体系统(通道壁与金属管道成了一副有耗传输线)对电磁脉冲在任何频段的能量皆起传导作用。因此,在作核电磁脉冲防护设计时,要设法避免因线缆、管道直接在坑道内敷设而形成多导体系统,所有线缆必须穿金属导管且金属导管和管道必须与通道内的金属波导或接地体多点焊接。

14.4.2 与金属管道有关的电磁脉冲防护措施

进入工程设施内的各种金属管道是将电磁脉冲能量引入设施内的一条重要途径,例如,试验研究结果表明,通往设施外的金属风管可造成设施内的电磁环境恶化,严重时使设施本来具备的电磁屏蔽效能几乎完全丧失。为此,在工程设施的电磁脉冲防护设计中,应采取以下措施:

(1)水管、油管和煤气管一类输送非导电材料的金属管道可采取加进绝缘段的办法,如图14.26(a)所示。图中绝缘段的长度取3m即可,设施外金属管道的末端通过与其环周焊接的金属条接地。

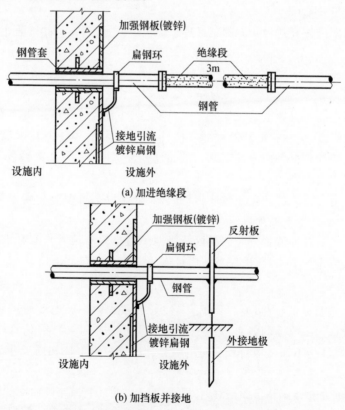

(a) 加进绝缘段

(b) 加挡板并接地

图14.26　金属管道进入工程设施的处理方法

(2)上述输送非导电材料的金属管道,如因可能承受的压力过大而无法加进绝缘段,可在管道上离设施墙体3m以内加一金属挡板,挡板与管道环周焊接与接地棒相接,如图14.26(b)所示。

参 考 文 献

［1］NASA technical standard. Electrical Bonding for Launch Vehicles，Spacecraft，Payloads and Flight Equipment：NASA－STD－4003A［S］. 2013.

［2］FAA technical standard. Lightning and Surge Protection，Grounding，Bonding and Shielding Requirements for Facilities and Electronic Equipment：FAA－STD－019d－2002［S］. 2002.

［3］国防科工委. 接地、搭接和屏蔽设计的实施:GJB 1210［S］. 北京:国防科学技术工业委员会,1991.

［4］United States Department of Defense. Department of defense interface standard. Electromagnetic environmental effects requirements for systems：MIL－STD－464C［S］. 2010.

［5］国防科工委. 军用飞机复合材料电搭接技术要求:HB7695－2001［S］. 北京:国防科学技术工业委员会,2001.

［6］沈真. 复合材料结构设计手册［M］. 北京:航空工业出版社,2001.

［7］孙学康,张金菊. 光纤通信技术［M］. 3版. 北京:人民邮电出版社,2012.

［8］顾畹仪,黄永清,等. 光纤通信［M］. 2版. 北京:人民邮电出版社,2011.

［9］刘培山. 正交环雷电流间接测量系统研究［D］. 南京:解放军理工大学,2012.

内 容 简 介

本书作为 2003 年原版的第 2 版,除系统介绍了核电磁脉冲的产生机理、数值模拟、传播途径与耦合模式、干扰毁伤效应、试验模拟与测量技术以及工程防护措施等内容外,将高功率、高能量电磁脉冲环境并列,新增了地磁暴与 HEMP E3 部分等高能量电磁环境内容,综述了雷电及雷电电磁脉冲的形成机理与电磁特性,介绍了作者对雷电观测、雷电电磁脉冲耦合、冲击接地阻抗研究的最新成果,参照国际标准阐述了搭接及有关技术要求。

本书可供从事电磁脉冲防护、电磁兼容等方面工作的科研和工程技术人员参考,亦可作为高等院校有关专业师生的教学参考书。

As the second edition of the original one published in 2003, this book adds new contents of the high power and the high energy electromagnetic environment in addition to those chapters concerning EMP generation mechanism, numerical simulation method, propagation paths and coupling modes, effects on micro-electronic equipments, facilities and technologies of experimental simulation, measurement and signal processing, engineering hardening approaches and etc. The mechanism and the effects of high energy electromagnetic environments including geomagnetic storm and HEMP E3 part, as well as their time-domain and frequency-domain characteristics are introduced. Two new chapters are arranged to discuss lightning and LEMP, which include their mechanisms, electromagnetic characteristics and new observation and analysis results of the author. For grounding technologies in lightning protection, some new achievements on numerical analysis and experimental research of impulse grounding impedance are introduced. Bonding methods and requirements are summarized based on the latest international standards.

This book can be used as a reference for researchers and engineers working on EMP protection, electromagnetic compatibility and other relevant topics. It can also be used as a reference book for course study in college education.